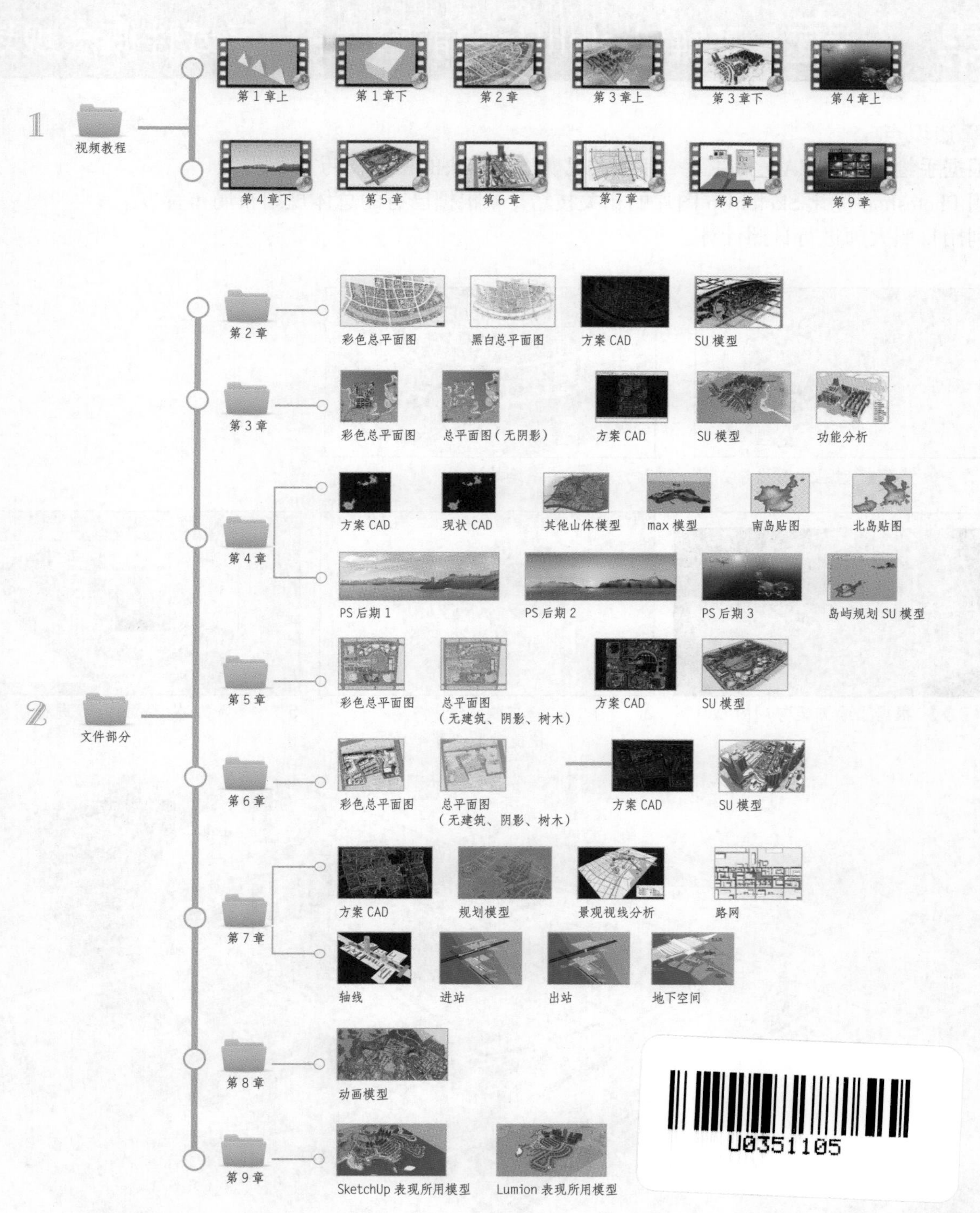

1
视频教程
第1章上
第1章下
第2章
第3章上
第3章下
第4章上
第4章下
第5章
第6章
第7章
第8章
第9章
2
文件部分
第2章
彩色总平面图
黑白总平面图
方案CAD
SU模型
第3章
彩色总平面图
总平面图（无阴影）
方案CAD
SU模型
功能分析
第4章
方案CAD
现状CAD
其他山体模型
max模型
南岛贴图
北岛贴图
PS后期1
PS后期2
PS后期3
岛屿规划SU模型
第5章
彩色总平面图
总平面图
（无建筑、阴影、树木）
方案CAD
SU模型
第6章
彩色总平面图
总平面图
（无建筑、阴影、树木）
方案CAD
SU模型
第7章
方案CAD
规划模型
景观视线分析
路网
轴线
进站
出站
地下空间
第8章
动画模型
第9章
SketchUp表现所用模型
Lumion表现所用模型

3

快捷键

第 1 章 SketchUp的易操作性——软件基础讲解

第 2 章 了解SketchUp的前瞻性——区域性概念规划

本章知识点：

■ 根据手绘图制作 CAD 文件；■ 制作大规模建筑体块的相关技巧；

■ 用 Photoshop 优化 SketchUp 图片的相关技巧；■ 根据已有的总体规划布局布置方案；

■ 利用日照大师进行日照计算。

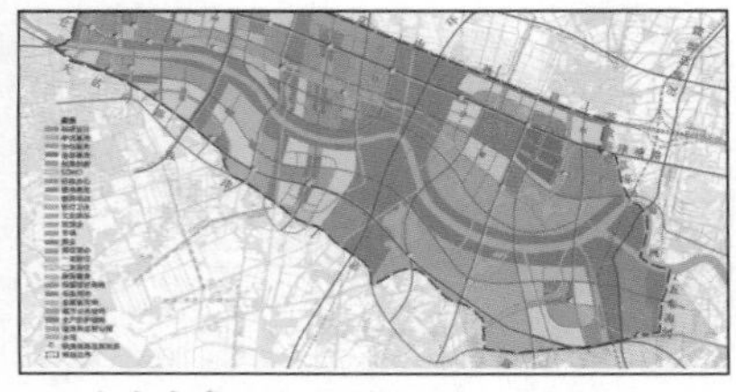

1 根据规划用地图推导方案

2 手绘的方案

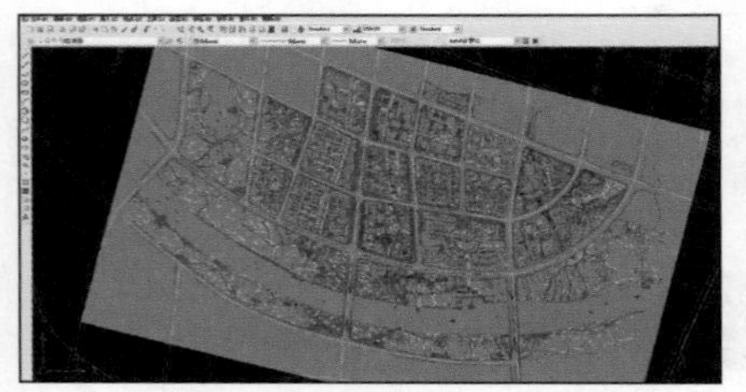

3 根据手绘方案勾勒的 CAD 图

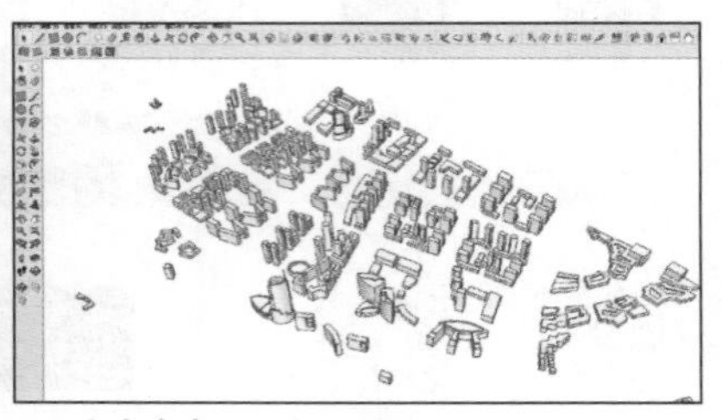

4 运用建模的技巧，快捷地塑造整个场景

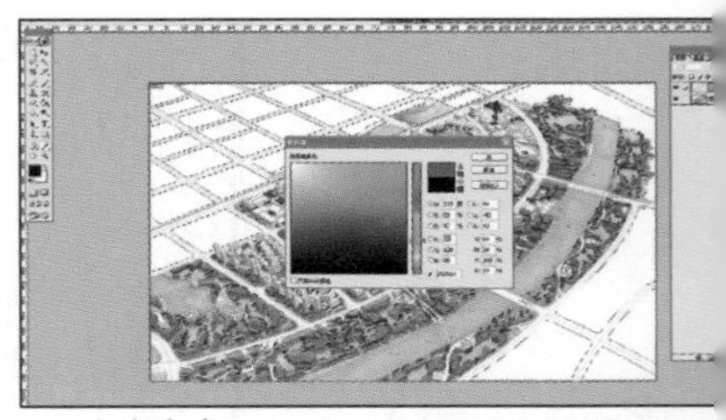

5 在 Photoshop 进行调色和

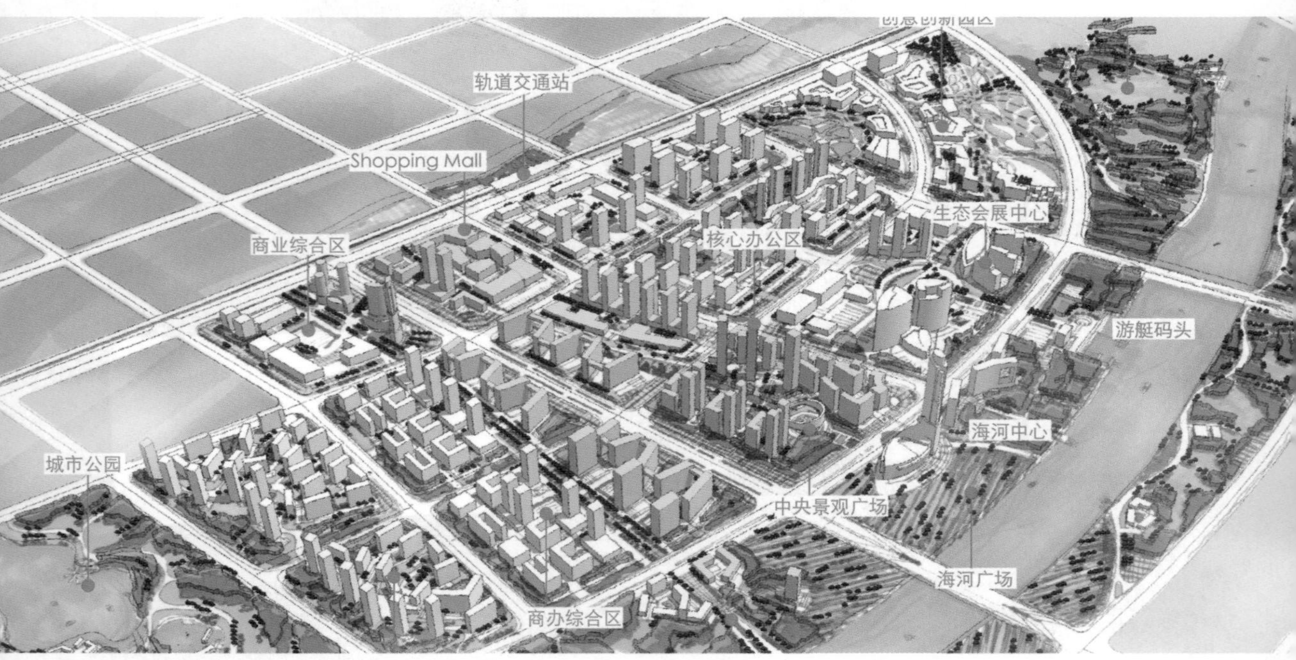

最终的效果

体验SketchUp的快捷性——城市码头概念规划 第3章

本章知识点：

- 轴线关系的应用；
- 快速制作规划模型；
- 用SU制作三维功能分区图；
- 土方量计算与土地面积平衡。

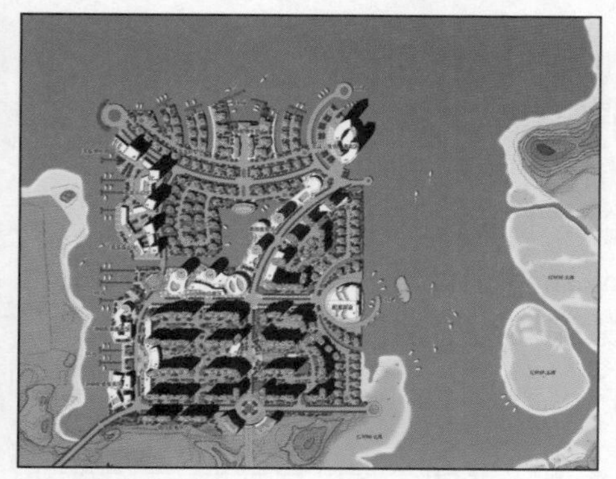

1 彩色平面图

2 公共建筑的快速塑造

3 特色建筑的塑造技巧

4 呈现三维的功能分区

SU鸟瞰图

鸟瞰效果图

第 4 章 掌握SketchUp的易塑造性——群岛规划

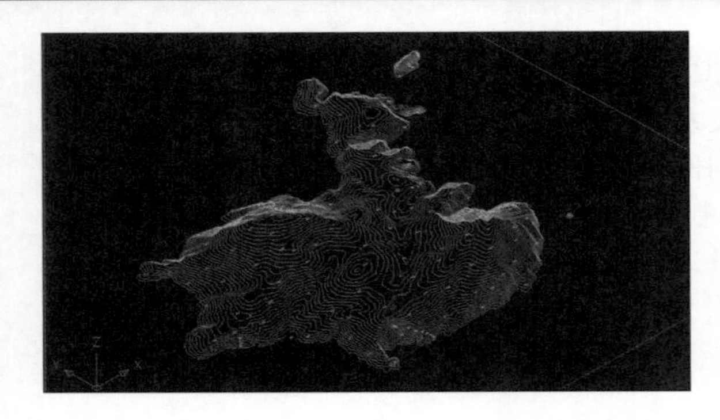

本章知识点：

- 如何节省模型量；
- 制作山体的多种方法；
- 利用插件 drop 在山体上制作建筑和植物；
- 在 Photoshop 中处理及优化 SU 素模图；
- 通过规划来解决能源与交通的问题。

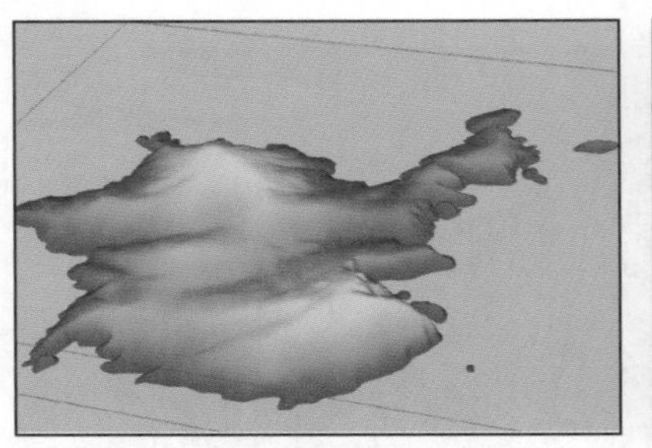

2 塑造山体模型

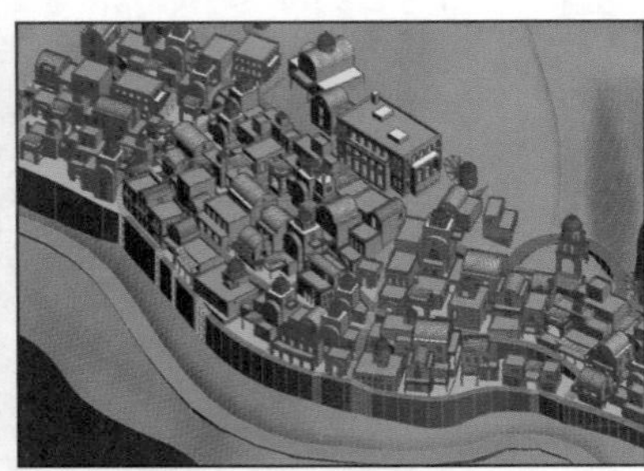

3 制作山体上的建筑

4 运用 Photoshop 渲染后期

SU 透视图

SU 鸟瞰图

发挥SketchUp的实际操作性——城市广场改造规划 第 5 章

本章知识点：

- 运用网络资源获得模型制作的信息；
- 运用简单的方法制作复杂的异形建筑；
- 运用拼接手法，制作 SU 模型环境底图。

4 特色建筑的快速表现

2 东部节点的制作

3 西部节点的制作

总体鸟瞰效果图

SU 鸟瞰图

第 6 章 驾驭SketchUp的细节性——城市综合体规划设计

本章知识点：

- 结合平立面图和现状照片制作建筑模型；
- Photoshop 制作从黑白到彩色的过渡效果；
- 周边业态与规划设计的关系。

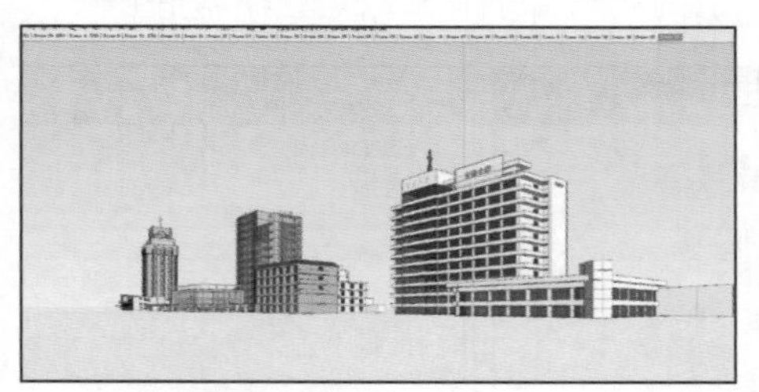

1 观察现状，制作现状模型

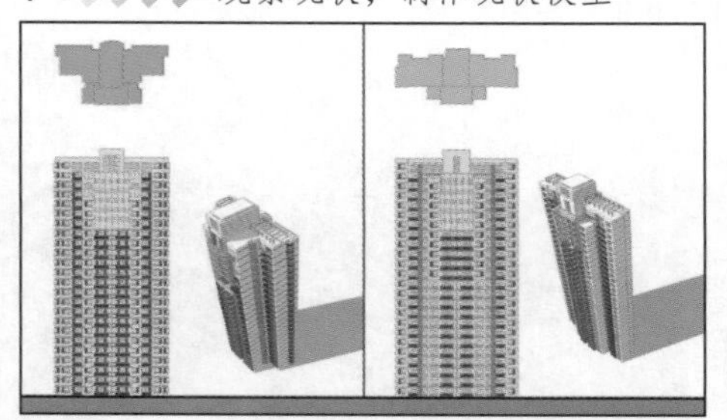

2 根据设计，制作住宅模型

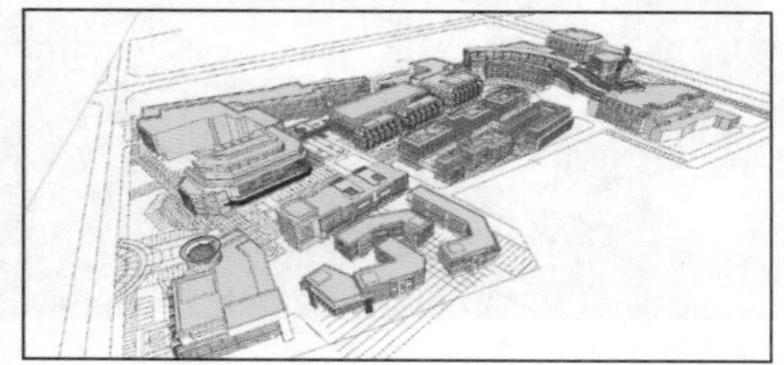

3 运用斑斓的色彩表达商业建筑

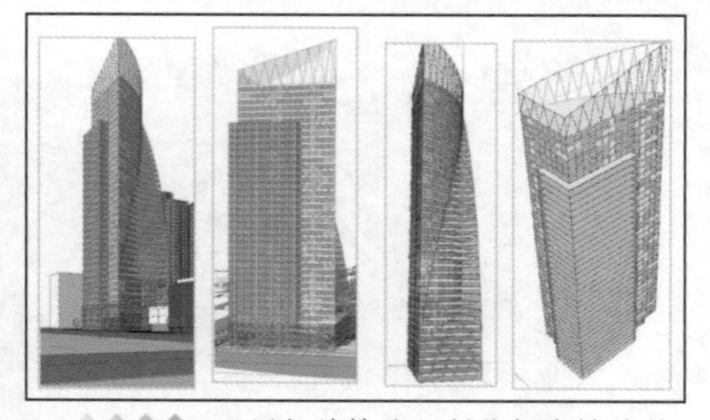

4 运用相关技法，制作标志性建筑

5 运用 Photoshop 制作后期效果

夜景鸟瞰效果图

日景鸟瞰效果图

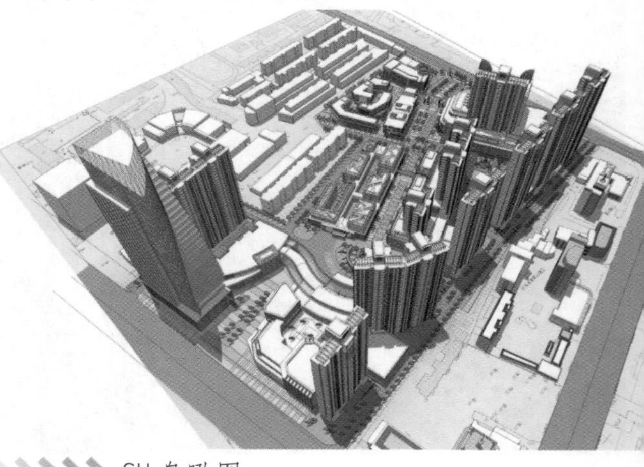

SU 鸟瞰图

第 7 章 展示SketchUp多面的表达性——分析图制作

本章知识点：

■ 分析图的种类；

■ 用 SU 制作三维分析图。

1 平面分析

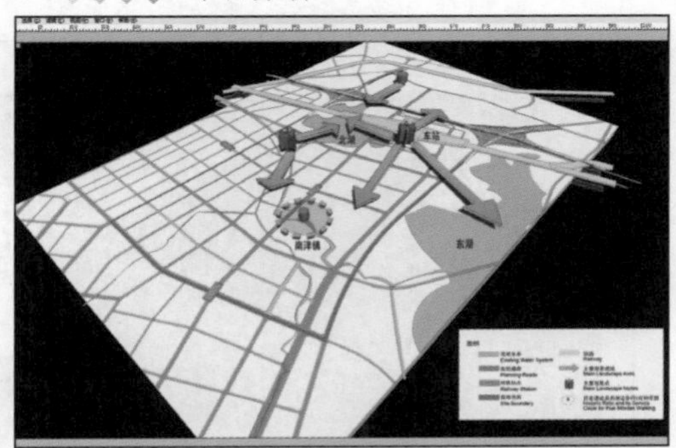

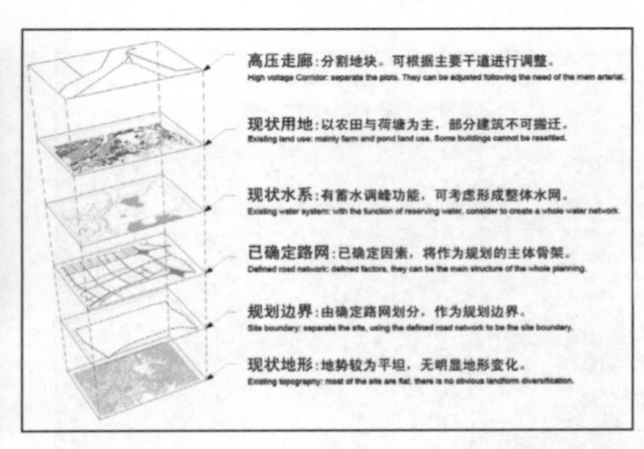

2 立体分析

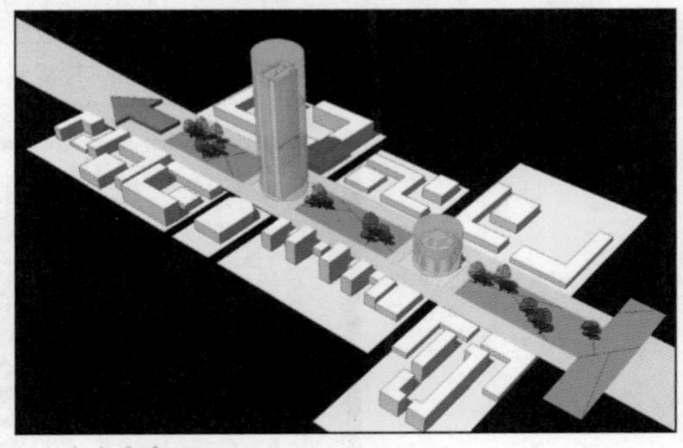

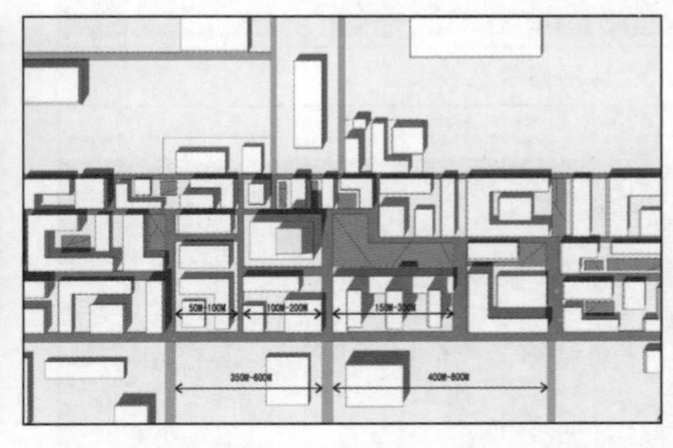

3 特色分析

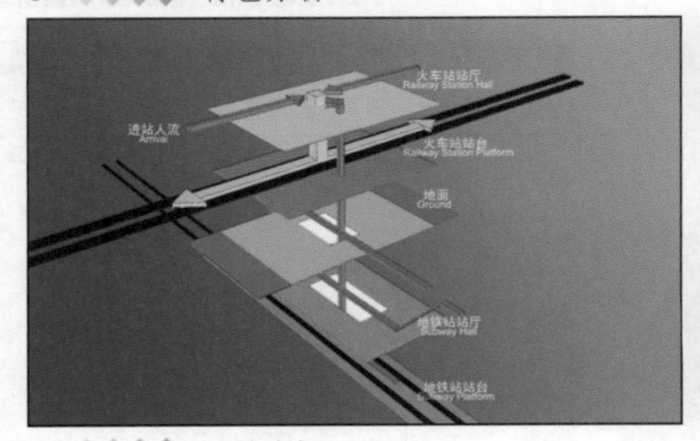

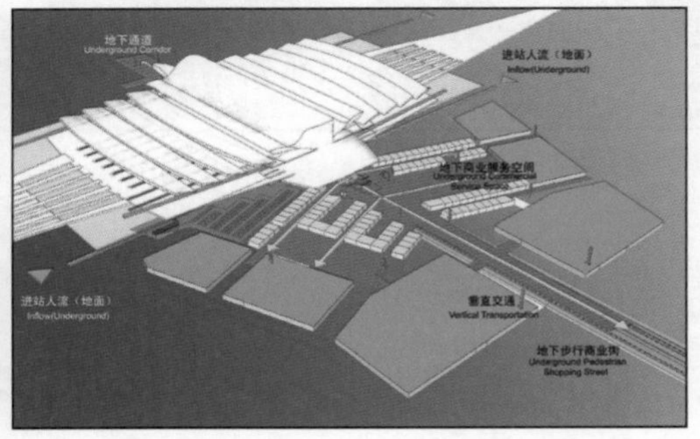

4 三维分析

第 8 章　表达SketchUp的动态性——动画制作

本章知识点：

- 环游漫画的制作；
- 建筑生长动画的制作；
- 结合 Google Earth、Snagit 等软件制作动画片头；
- 利用 Windows Movie Maker 进行动画非线性编辑。

1 >>>>> 动画路径的设置

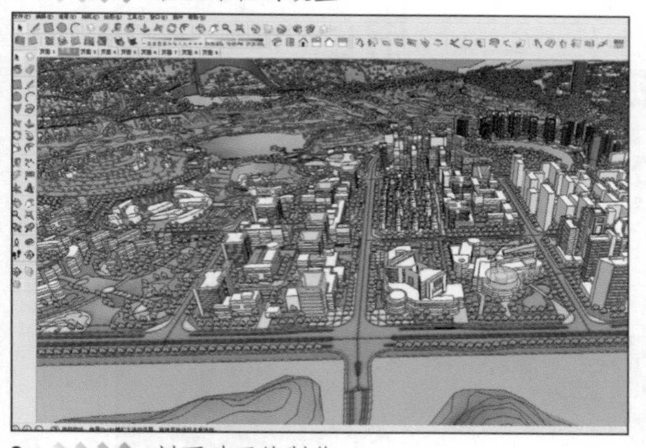

2 >>>>> 剖面动画的制作

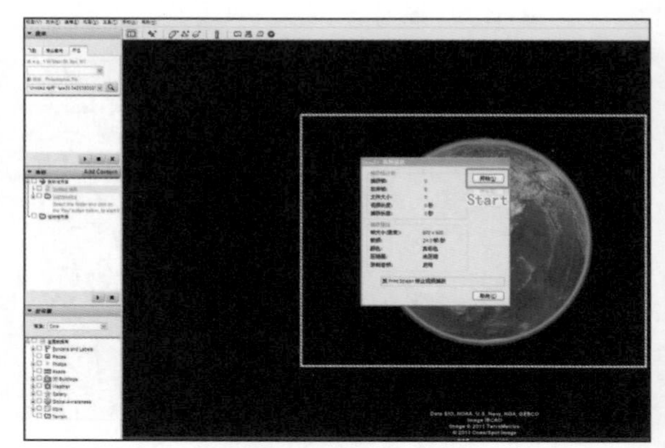

3 >>>>> 结合多个软件，增加动画元素

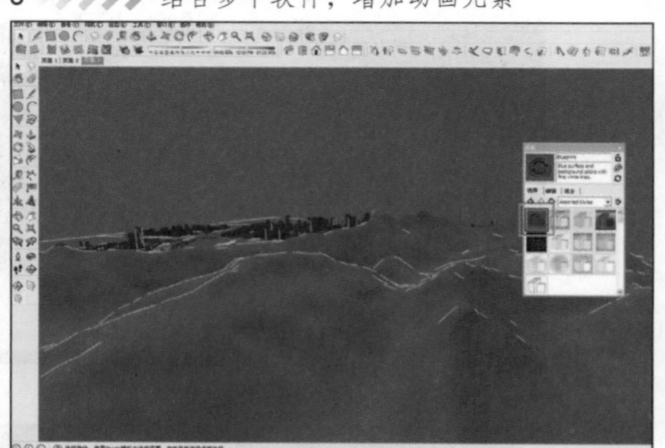

4 >>>>> 运用 SU 自带的渲染效果，丰富动画

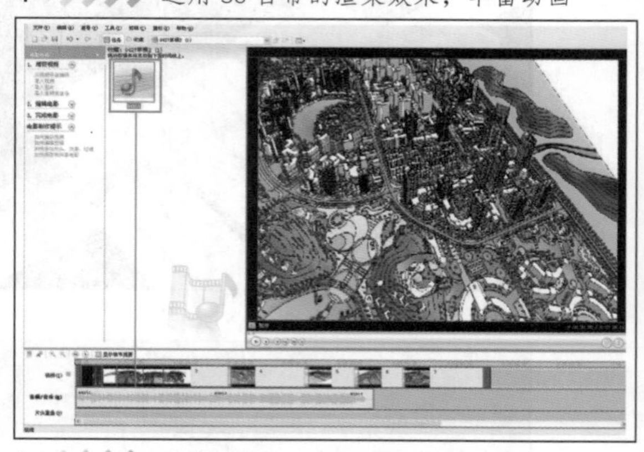

5 >>>>> 后期合成

呈现SketchUp的衍生性——虚拟现实的引入 第 9 章

本章知识点：

- 利用 Lumion 进行材质渲染；
- Lumion 与 Photoshop 的配合使用；
- 利用 Lumion 制作演示动画；
- Lumion 表现的小技巧。

1 界面介绍

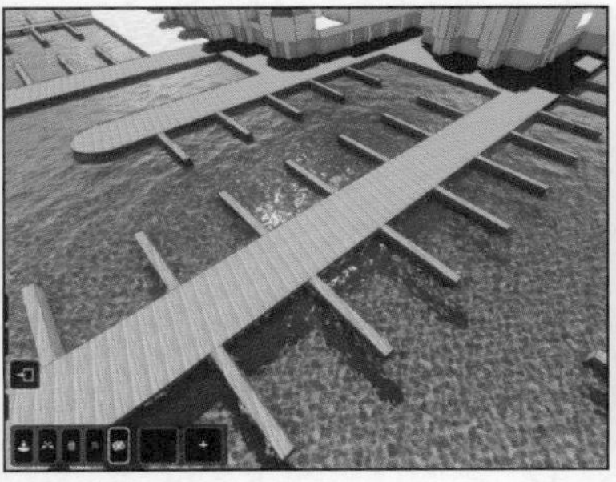

2 编辑材质

3 添置绿化

4 丰富的组件模型

5 运用 Photoshop 制作后期效果

6 动画制作

7 动画特效

SketchUp经典教程

规划设计应用精讲（第二版）

陈　岭　编著

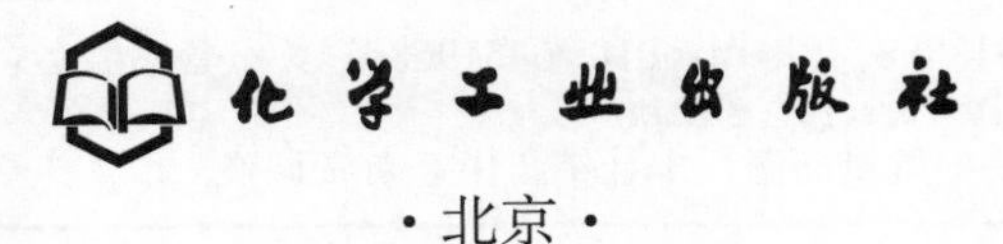

·北京·

图书在版编目（CIP）数据

SketchUp经典教程 : 规划设计应用精讲 / 陈岭编著.
— 2版. — 北京 : 化学工业出版社，2013.7
（SketchUp中文官方论坛书系）
ISBN 978-7-122-17577-9

Ⅰ. ①S… Ⅱ. ①陈… Ⅲ. ①建筑设计－计算机辅助
设计－应用软件－教材 Ⅳ. ①TU201.4

中国版本图书馆CIP数据核字(2013)第122660号

责任编辑：林　俐　　　　装帧设计：龙腾佳艺

出版发行：化学工业出版社（北京市东城区青年湖南街13号　邮政编码100011）
印　　装：北京画中画印刷有限公司
787mm×1092mm　1/16　印张 19 3/4　字数 470千字　2013年7月北京第2版第1次印刷

购书咨询：010－64518888　（传真：010－64519686）　售后服务：010－64518899
网　　址：http://www.cip.com.cn
凡购买本书，如有缺损质量问题，本社销售中心负责调换。

定　　价：89.00元

再版前言

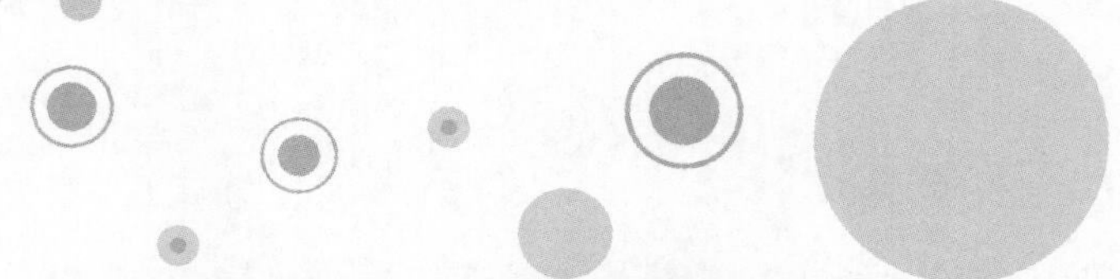

本书第一版于 2012 年年初出版，出版后得到了读者的肯定和好评。由于软件版本的更新，也基于作者对第一版提出的宝贵建议，受出版社之邀对第一版进行修订。相较于之前的版本，增加了基础部分，优化了书中每个篇章的内容，最主要的是增加了视频教学，使得读者能更直观快速地掌握 SketchUp 的精髓。

关于书中的内容，新版本共分为三大部分，九个章节。循序渐进、从浅到深地讲解 SketchUp 在规划设计专业的应用技能。

第一部分（第 1 章）为基础篇，是新增的内容，讲述 SketchUp 的基本操作，将 SketchUp 的每个按钮的功能讲解到位。

第二部分（第 2 章至第 6 章）为建模篇，优化了之前的内容，讲述 SketchUp 在规划项目中的实际应用，从初期的体块制作到复杂的模型细化，充分展示了 SketchUp 的便捷性与优越性。在设计层面上会告诉读者，每个案例的规划理念与设计方法，在操作层面上，会告诉读者如何用简单的方法与方式来制作出不同寻常的 SketchUp 模型。这一部分的每个篇章还会衍生一些 SketchUp 软件以外的软件操作，目的是共同的，都是为了美化我们的图纸，强调我们的方案。

第三部分（第 7 章至第 9 章）为后期篇，讲述 Sketchup 除了建模以外的功能特征。第七章为 SketchUp 分析图的制作，摆脱传统的平面制作模式，用三维的方式全新演绎分析图的表达。第八章为 SketchUp 的动画制作，动画的演示能把规划方案表达得更直观。第 9 章为 Lumion 软件的讲解，Lumion 是一个操作简单，但表现力卓越的软件，结合 SketchUp 与 Lumion 这两款软件，可以更好地表达出规划设计的理念和美。

关于视频的内容，共计 12 个视频文件，4 小时的视频教程，手把手地告诉读者 SketchUp 在模型制作等方面的相关技巧。

最后，在本书的编写过程中要感谢以下朋友的帮助和支持：边海、陆艳艳、胡钢、邵凯、杨逸平、高飞、韩嵩、李进、孙耀龙、周晶、韩振兴、万磊、潘毅、舒展、王韶宁、王培晟、马亮 、刘新雨、陆圣伟、徐晓聪、白熙、毛铁勇、祝彬、孙浩、潘冬梁、李忠辉、胡臻宇、贺雄、严瑛、陈昌盛、施运惠、张超、张鑫、于昊良、周俊杰。

2013 年 5 月

编著者

第一版序言

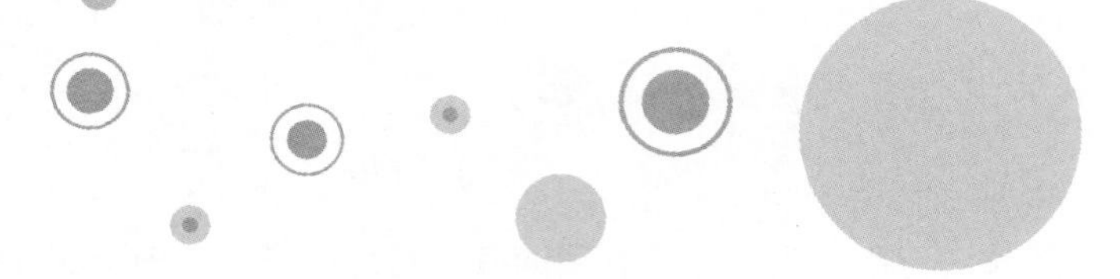

作为一名普通的 SketchUp 推广者，很荣幸能为本书作序，本书是 SketchUp 中文官方论坛书系中的规划篇，讲述了在现如今的规划项目中，SketchUp 强大的辅助设计能力。在实际项目中的成功表现，表明 SketchUp 已经成为当下规划设计中主流的设计软件。书中列举了很多实例，无论是用地规模还是设计特色，都能称得上是真正的规划设计项目。

一、规划设计与 SketchUp 的关系

规划是一门学问。从古至今，不同区域的各个民族，对此都有独特的见解。规划研究的是城市各项工程建设的综合部署、整体的合理布局和未来发展，是一定时期内城市发展的蓝图，是城市建设和管理的依据。在城市规划、城市建设、城市运行三个阶段中城市规划是龙头和先导。

在中国，城市规划通常被分为总体规划、控制性详细规划、修建性详细规划三个阶段。还有基于城市规划基础上得出的城市设计专项。

以往城市规划的项目汇报只需在平面上表达出规划的理念、城市的路网结构、各地块的相关属性与指标即可。但是随着时代的变迁、技术更新频率的提升，政府及甲方的要求越来越高，在方案汇报时必须出现与数据相关的建筑形态，甚至需要更有创意的建筑造型来夺人眼球。传统的汇报形式已经渐渐不能满足当下的需求。

城市设计是为提高和改善城市空间环境与质量而形成的一门专项设计，是基于城市总体规划及城市社会生活、市民行为和空间形体艺术，对城市进行的综合性的形体规划设计。相对于传统规划的抽象性和数据化，城市设计更为具体性和图形化。而且，20 世纪中叶以后，城市设计还要为景观设计或建筑设计提供指导与参考架构。

SketchUp 与设计行业密不可分的。当年，SketchUp 横空出世，彻底打破了三维表达的传统模式，是一种与传统三维软件相比，操作性、驾驭性都更强的三维软件。SketchUp 能够快速、具体地表达出体量感，在概念性规划、城市规划、城市设计的汇报及报规阶段对于设计师来说都是相当得力的助手。

二、本书的理念与组成部分

规划是一门科学，是城市的未来。SketchUp 是一款附有创作色彩的软件。SketchUp 可以服务于规划，使得规划能更好地发挥想象的空间。如何在实际的规划项目中结合 SketchUp 以及相关的衍生软件，做出更精彩的规划作品，是本书讲述的主要内容。

本书由九个章节组成，每个章节都是一个独立的规划案例。设计深度上从概念性规划到规划报批方案，地域空间上从普通的内陆规划到有趣的岛屿规划，每个案例都独具特色。并且，关于 SketchUp 的制作深度也是从浅至深、循序渐进的。

第 1 章至第 6 章为一个部分，讲述的是 SketchUp 在规划领域中的实际应用。从初期简单的体块制作到复杂的模型细化，充分展示了 SketchUp 在规划项目中的实际操作性与优越性。在设计层面上，会告诉读者案例的规划思想与方案设计的理念；在操作层面上，会告诉读者如何用简单的方法制作出不简单的 SketchUp 模型。值得一提的有两点：一、在第 1 个章节末引入了一个新兴软件——日照大师，日照大师的出现，能更好地解决方案初期阶段的日照计算，可以让设计师更快地选择方案的布局方式，因为在一些需要报规的规划项目中，日照的有无直接关系到方案的有无；二、第 5 章节的案例为城市广场的规划改造设计，该案例的一小部分已经出现于 SketchUp 中文官方论坛书系中的第一本书——《SketchUp8 经典教程——操作精讲与项目实训》中的规划实例篇，该案例的完整部分则在本书中向各位读者进行全面展现。

第 7 章至第 9 章为另一个部分，讲述的是 SketchUp 制作模型以外的功能特征。第 7 章讲述 SketchUp 分析图的制作，摆脱传统分析图制作的观念，用三维的方式替代传统的平面表达；第 8 章节为 SketchUp 的动画制作，动画可以使规划方案更直观地展现出来；第 9 章节讲述的是如何结合 SketchUp 与 Lumion 两款软件，更好地表达出规划设计的理念和规划方案的美。

三、本书对读者的益处

如果你是学生或者钟爱 SketchUp 的设计师，通过阅读本书，除了可以掌握 SketchUp 应用于规划设计的操作技巧，更可以了解到实际规划项目的运作流程和不同规划方案的构思理念。

如果你是政府领导或者甲方，不妨也来阅读一下，通过阅读本书，可以知道什么是“可视化设计”，什么是当下设计界的未来发展趋势。

用热爱 SketchUp 的心情编写此书，使更多的读者能够从中受益，这是我与作者共同的愿望。

SketchUp 中文官方设计论坛站长

边　海

2011 年 7 月写于上海

目录

第 1 章

01

SketchUp 的易操作性
——软件基础讲解

1.1 常用工具
1.2 绘图工具
1.3 修改工具
1.4 构造工具
1.5 截面工具
1.6 镜头工具
1.7 标准视图工具
1.8 样式工具
1.9 实体工具
1.10 阴影工具
1.11 指北针工具
1.12 沙盒工具
1.13 其他常用工具与插件
1.14 快捷键的设置

1.1 常用工具

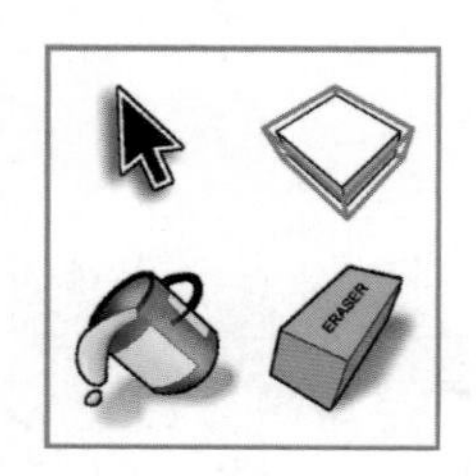

1.1.1 选择工具 

快捷键：空格键（本书快捷键皆为软件自带的快捷键）

功能：选择物体，分为点选、框选和跨选。

1. 点选

可以对该物体进行单击、双击、三击，从而得出不同效果的选择。

单击：仅仅是选择了该物体；

双击：选择了该物体以及该物体的周边；

三击：选中该物体相连的所有的线和面。

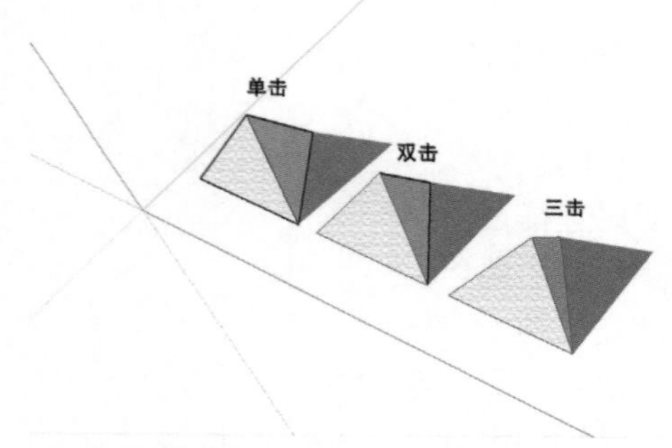

2. 框选和跨选

框选：点选空白处由左上向右下框选或者由左下向右上框选，框为实线框。若物体全在框内，即被选中。

跨选：点选空白处由右下向左上跨选或者由右上向左下框选，框为虚线框。被框碰到的物体就会被选中。

框选与跨选的选择效果与AutoCAD相似。

若要取消选择，在空白处单击即可。若选择出现了错误，要修改选择，可以结合Ctrl键和Shift键来进行修改。

按住Ctrl键出现 ，可以连续选择多个物体。若同时按住Shift键及Ctrl键出现 ，可以取消选择以选物体。

1.1.2 组件工具 

平时是灰暗色的，每当点选除单个组群或除组件外的物体，该按钮就会被点亮。

选择中间的三棱锥，点击组件工具按钮，出现了创建组件的对话框。

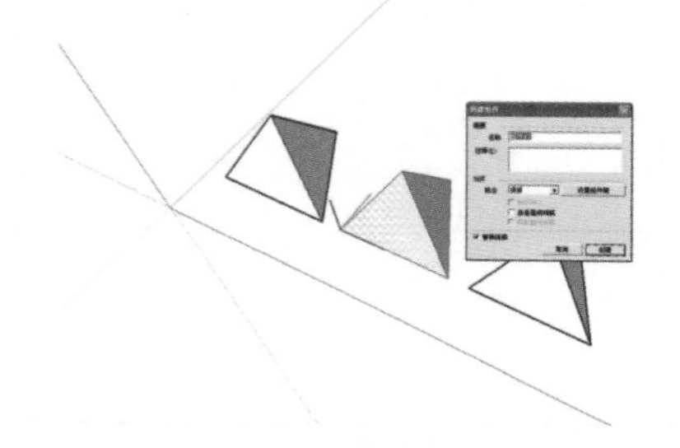

点击创建按钮，该物体成为组件。

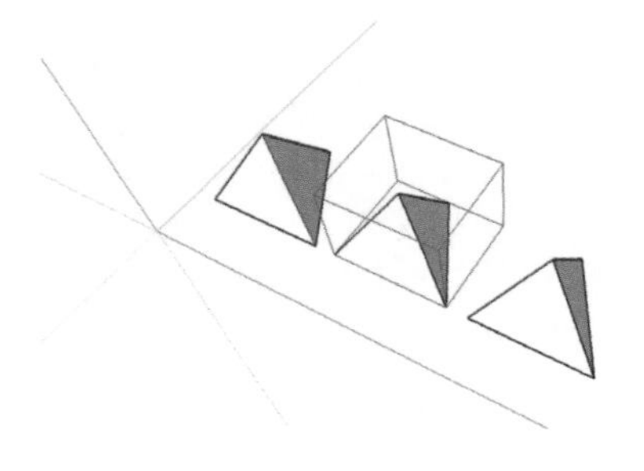

复制一个，看一下组件的作用。

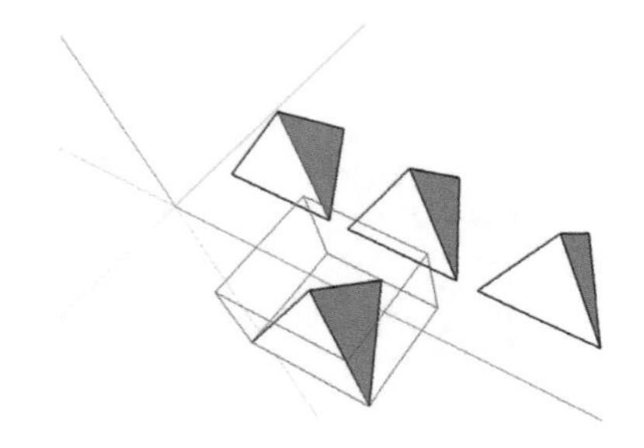

双击进入其中一个组件，三击三棱锥，物体被全选了。

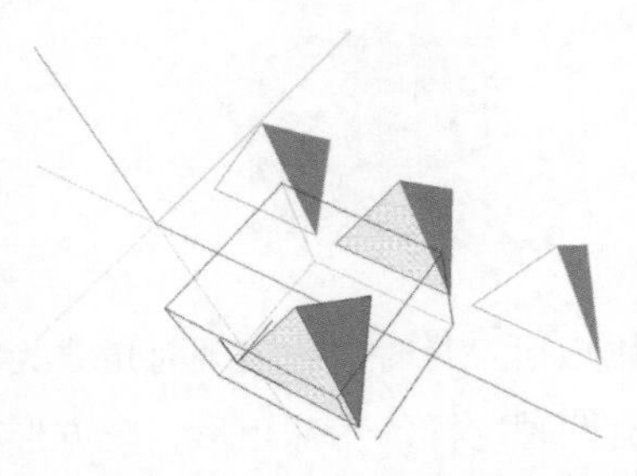

可以看到，相关的组件也显示出相同的操作。从此，可以得知，组件的作用是让组件物体之间产生关联性。修改一个组件，其他的相关组件会跟着一起被修改。

1.1.3 油漆桶、材质工具

快捷键——B

点击  ，出现材质编辑的选框，发现有许多丰富的软件自带的材质。

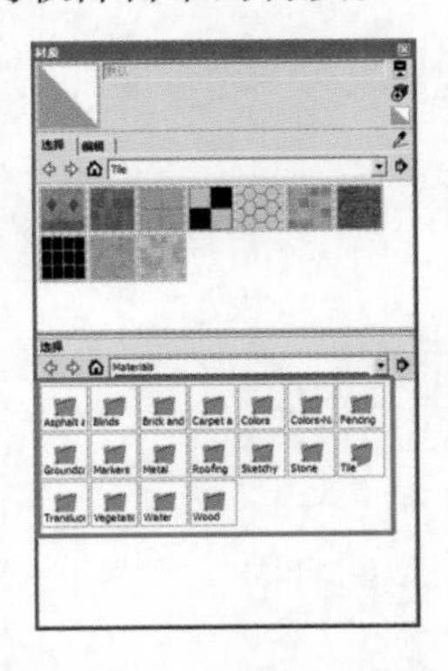

点取选择某一个材质，可以直接点击模型赋予材质，也可以结合Ctrl键和Shift键来进行不同效果的材质赋予。

1. 直接点击模型赋予材质

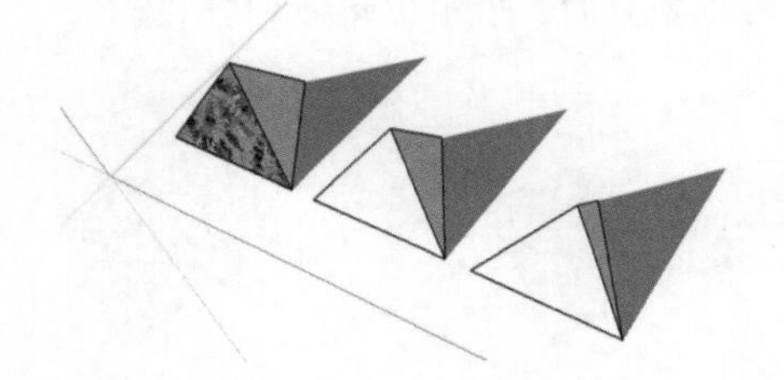

2. 按Ctrl键点击模型赋予材质

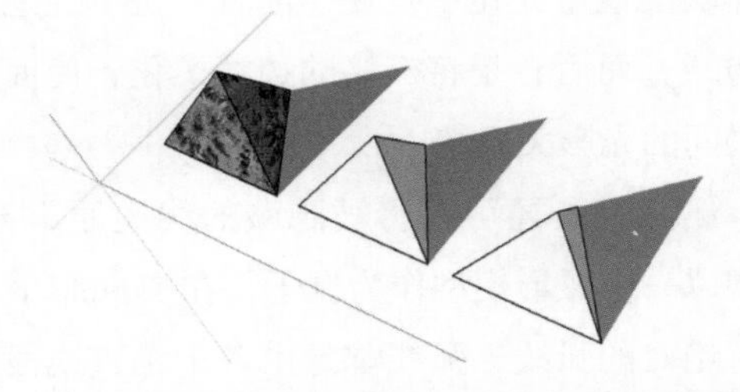

这样的操作使得与该物体相连的所有面都被赋予同一材质，也好比对该面三击后再赋予材质。

3. 按Shift键点击模型赋予材质

这样的操作相当于替换材质，使得原本有着相同材质的面，同时被赋予新的材质属性。

1.1.4 删除工具 

快捷键——E

可以删除不需要的线和物体。

按住Shift+删除工具，作用是将边线隐藏。

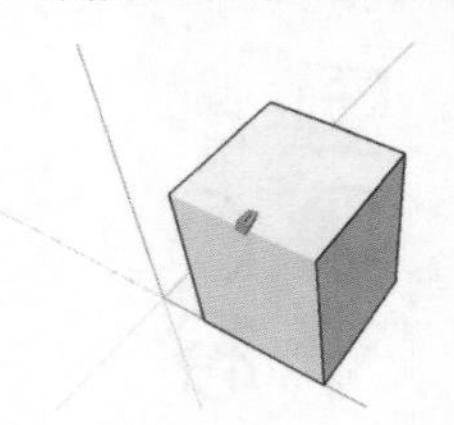

按住Ctrl+删除工具，作用是将边线柔化。

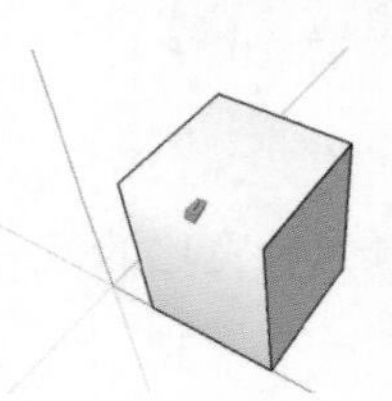

对比 Shift+ 删除与 Ctrl+ 删除，我们可以在体块的色差变化中发现，前者只是单纯地隐藏边线，而后者是将交接的边线柔化，使面与面之间的光影关系统一。

删除工具还可以将被隐藏的线还原出来。我们以一个弧形模型作为例子，在 SketchUp 中没有绝对的弧线，弧线都是由若干个直线段组成的，弧面也是由若干个矩形的面组成的，所以必然有边线的存在。

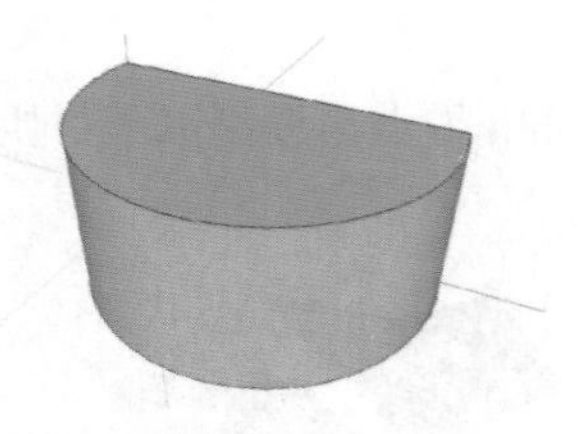

按住 Ctrl+Shift+ 删除工具，抹一下弧面，我们可以看到，被隐藏的矩形边线显示了出来。这种技巧可用于细化模型立面上。

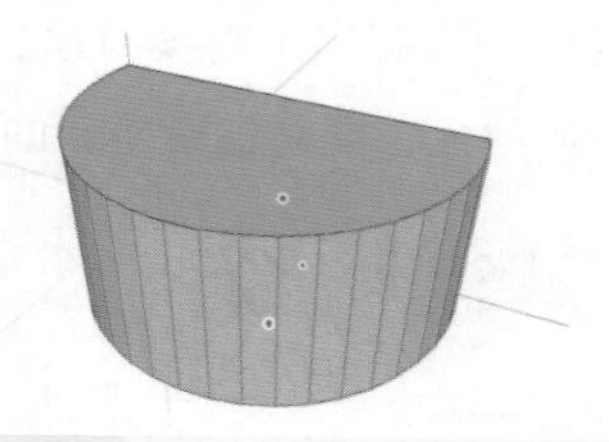

1.2 绘图工具

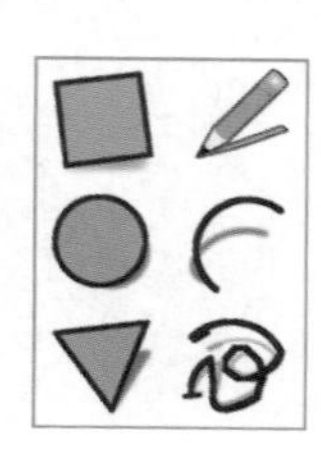

1.2.1 矩形工具

快捷键——R

可以画出任意长宽比的矩形

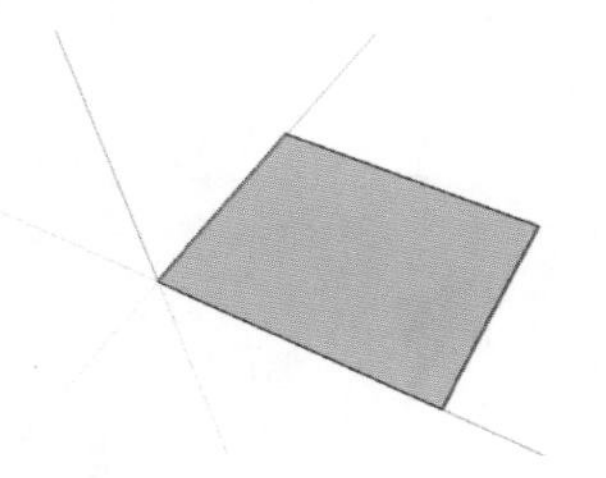

在使用矩形工具时，会出现对角线为虚线的状况。有两种这样的特殊矩形，正方形和长宽比为黄金分割的矩形。

正方形：

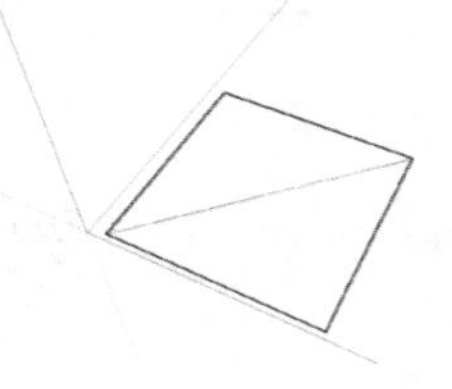

长宽比为黄金分割的矩形：

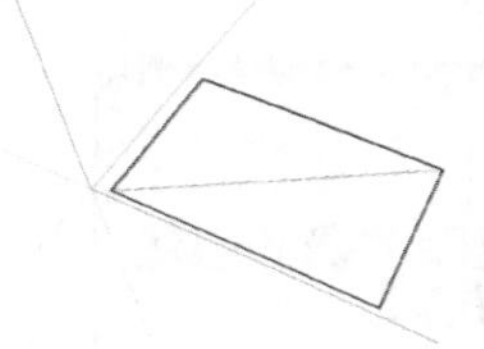

1.2.2 直线工具

快捷键——L

直线工具可以封合面

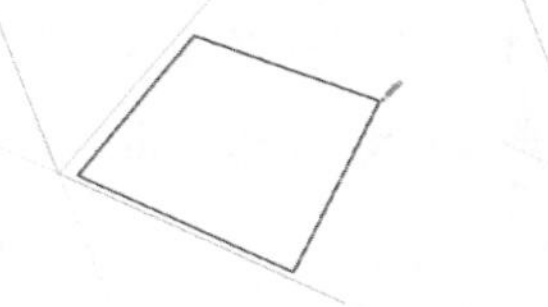

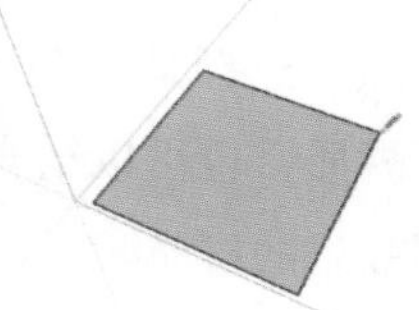

可以划分面，也可以将线划分开。

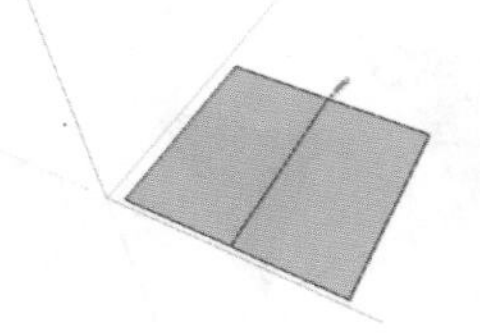

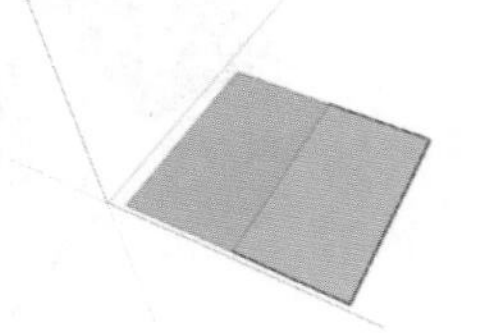

直线工具还具有测量的功能

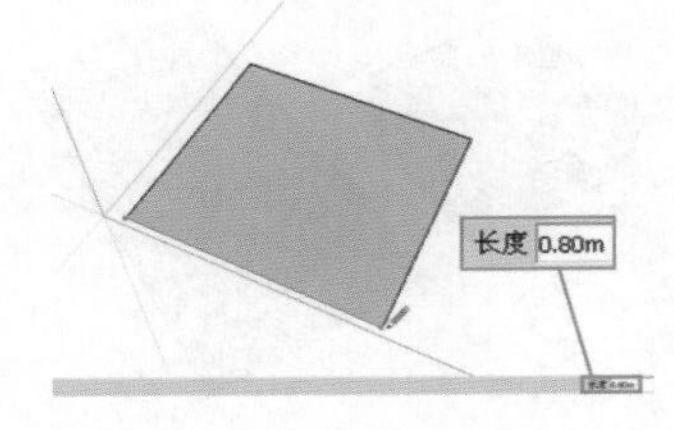

1.2.3 圆形工具 

快捷键——C

可画出随意的圆，右下角的数值为该圆的半径大小，也可直接输入数值。

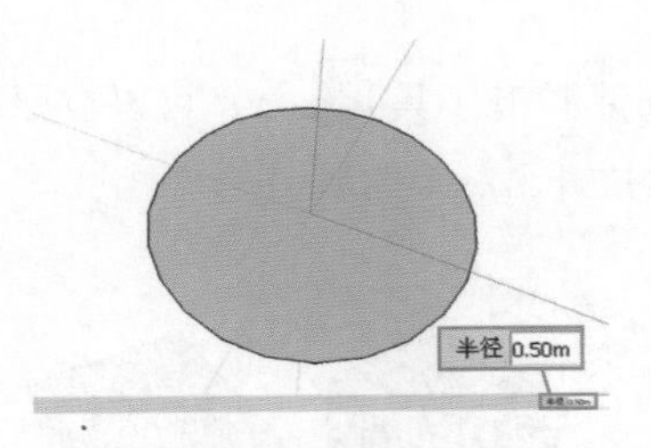

在 SketchUp 没有绝对的弧线和圆，圆的边线都是由线段来连接的，线段的多少决定圆是否光滑。

我们可以通过对边线点击右键进入“模型信息”。

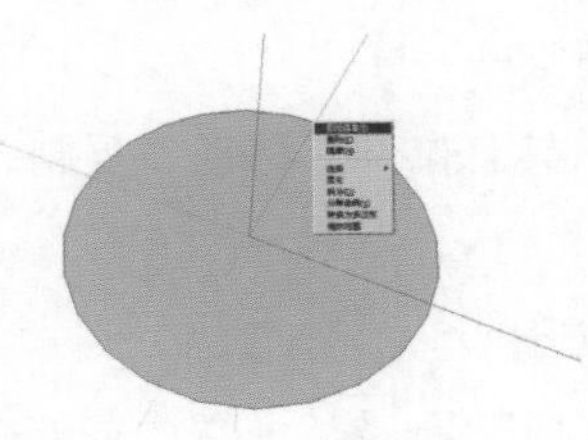

进入对话框，出现了些被选择物体的相关信息。

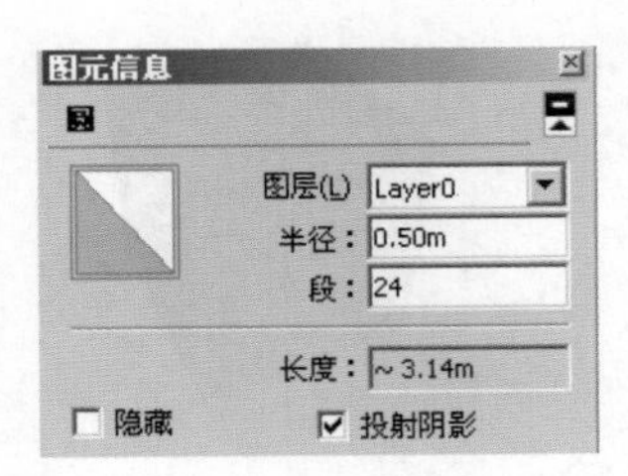

该数值为组成圆的线段个数，默认值为24，我们可以直接键入数字进行修改。数值越高，圆形越光滑，反之则相对粗糙。

根据不同场景修改数值，来达到最佳效果，圆形越光滑就代表着该模型的面越多，数据量越大，所以在圆相对多的时候可以适当的减少边线的数量以达到减少模型量，提高制作效率的目的。

1.2.4 弧线工具 

快捷键——A

分别点击绘制出弧的起点与终点后，设定弦长。

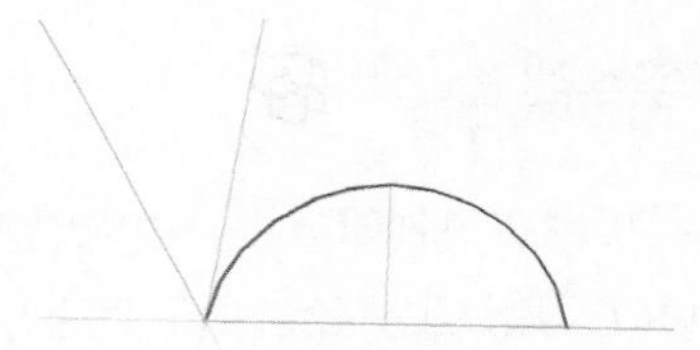

再接着前一段弧的终点绘制第二段弧时会出现青色的弧线，这个表示青色的弧线与先前的弧线相切。

弧线的段数修改与圆的一致，可参照之前的相关操作进行修改。

1.2.5 多边形工具

点选多边形工具会出现六边形的图案，在右下角的数据框里可以直接键入数值，输入几就是几边形，例如输入 3 就是等边三角形，输入 4 就是正方形，以此类推。

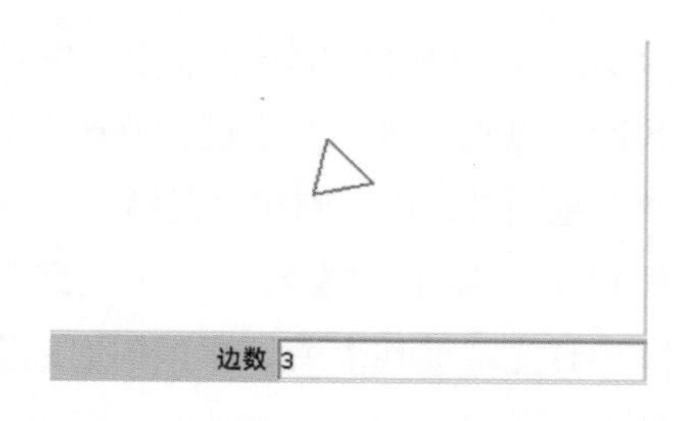

输入中点到端点的半径距离来准确确定图形大小。

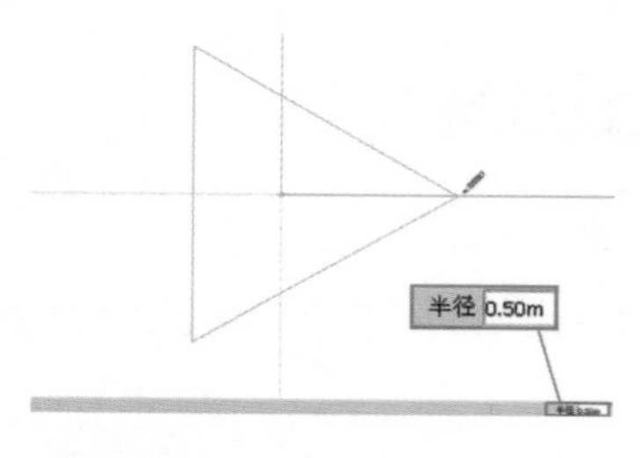

1.2.6 手绘线工具 

该工具可以在 SketchUp 中自由地绘制出手绘线，我们可以运用该工具绘制出平面的等高线。

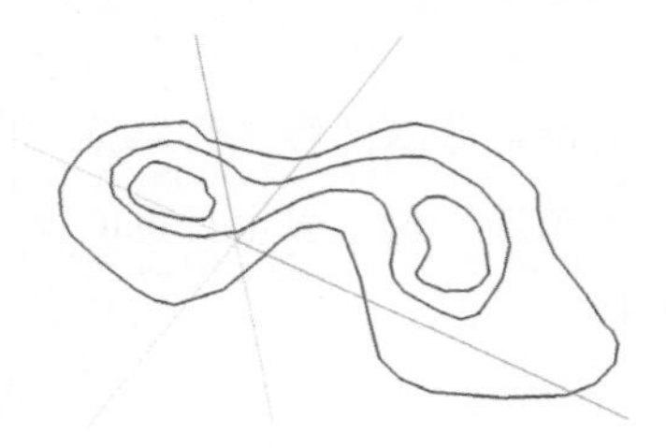

1.3 修改工具

1.3.1 推拉工具 

快捷键——P

可以将图形由平面拉升成 3D 的立体图形。

如果以同样的高度拉升第二个面，用拉升工具双击第二个面即可。

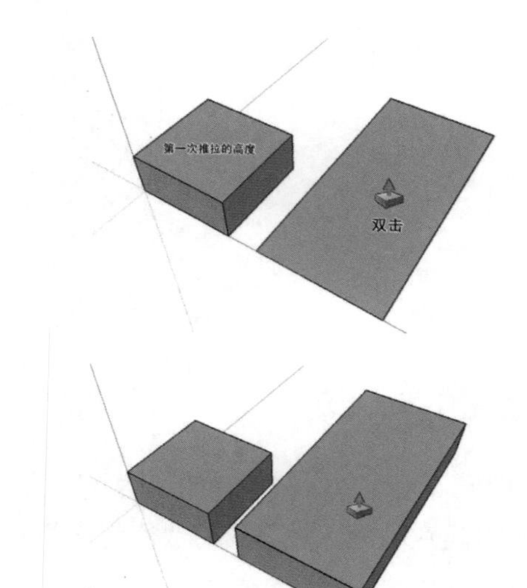

Ctrl+ 拉升工具，可以在原有的基础上再次拉升出一个体块。

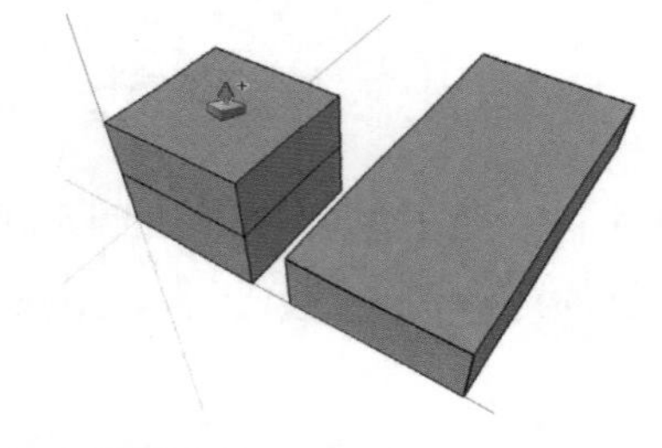

1.3.2 移动工具 

快捷键——M

该工具有拉升、移动、复制、矩形阵列的功能。

1. 拉升

用选择工具，单击或双击来选择长方体的上边面。

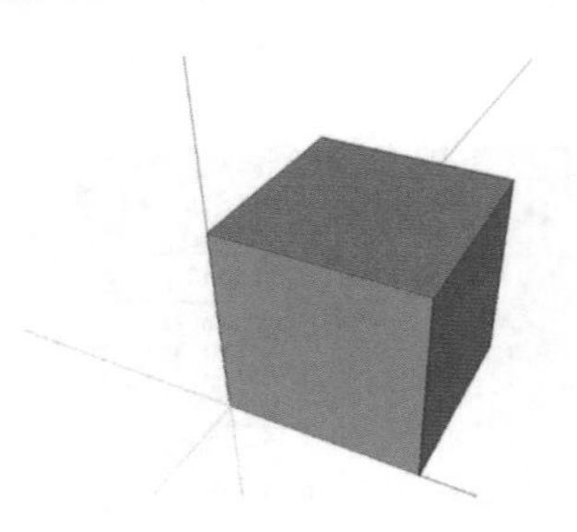

用移动工具将该面向上移动，这样整个长方体就被拉长了。

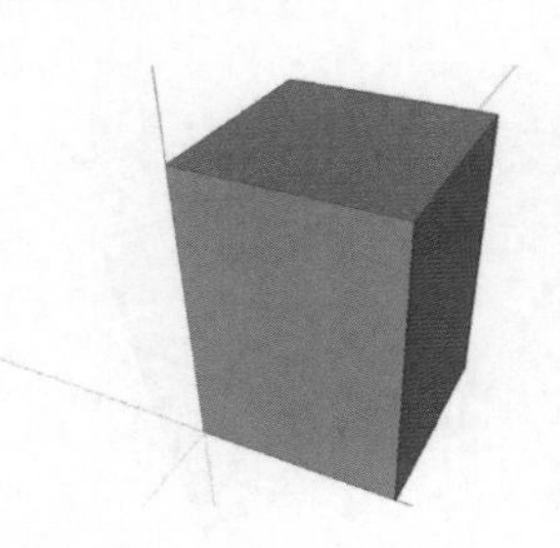

2. 移动

用选择工具选择某个模型或某个面，然后点选移动工具进行移动，也可以先确定移动方向再输入数值，进行精确移动。

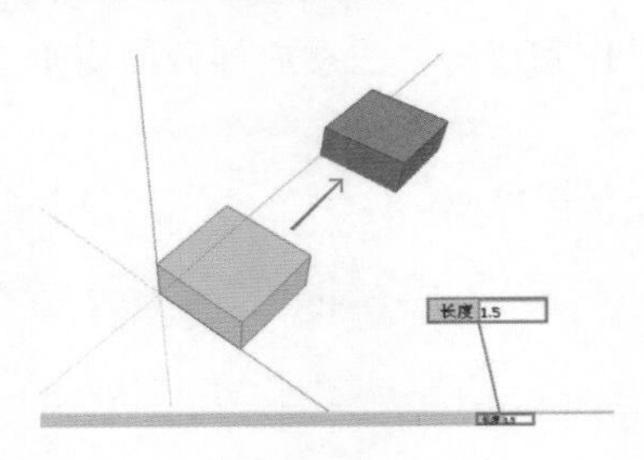

3. 复制

点选移动工具后，按住 Ctrl 就可以按照选定的方向进行复制。

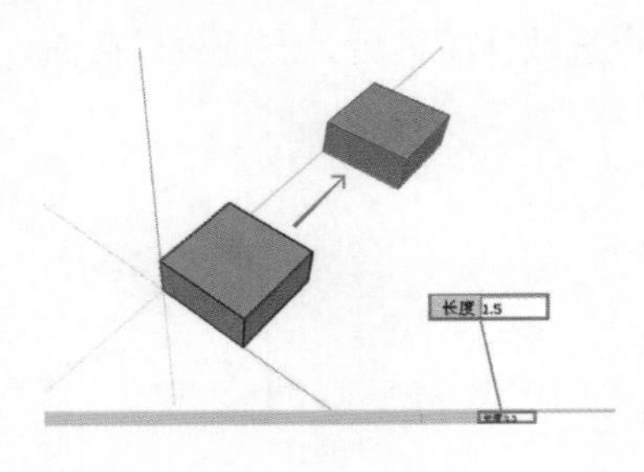

4. 矩形阵列

复制后直接键入“数字 +X”即可。例如，期望某三棱锥沿红轴阵列 4 个，间距为 30。

先沿红轴复制出一个，键入 30，表示复制了 30 个长度单位。然后直接键入“3x”即可，也可以输入“*3”。输入的数字比实际期望的阵列个数少一个。

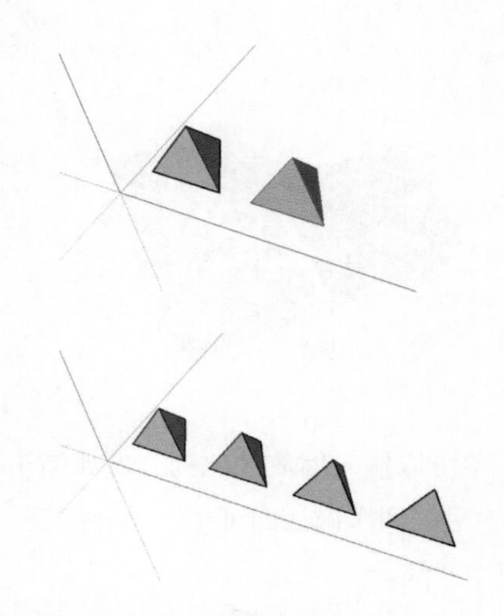

1.3.3 旋转工具 

快捷键——Q

该工具有旋转、环形阵列的功能。

1. 旋转

用选择工具选择某个模型或某个面，然后点选旋转工具，点击旋转的基准点进行旋转，也可以先确定旋转方向再输入角度值，进行精确旋转。

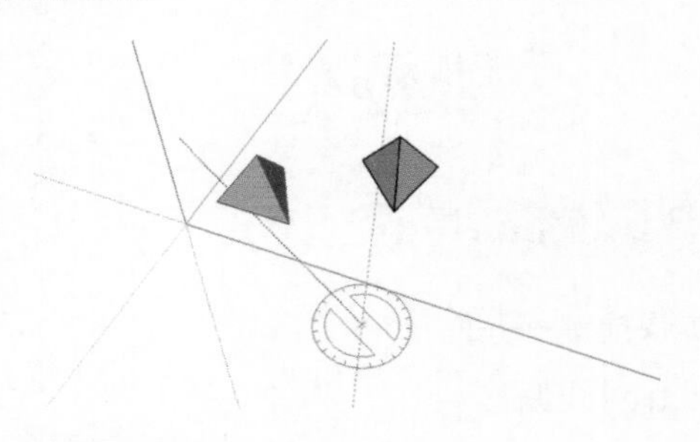

2. 环形阵列

环形阵列的相关操作与矩形阵列相似，具体操作可以予以参考。

1.3.4 缩放工具 

快捷键——S

1. 对基点缩放

选择要进行缩放的面或者模型，点选缩放工具进行缩放，

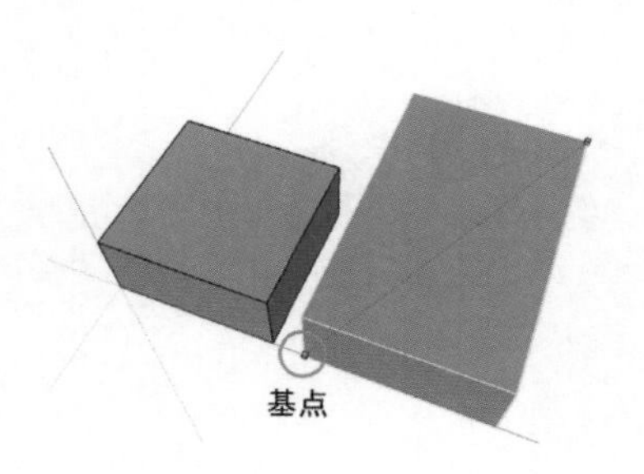

右下角可以输入缩放的比列，例如缩小一倍则键 0.5 后，回车确认即可。

2. 对中心缩放。

按住 Ctrl+ 缩放工具 ，可对该模型进行以模型中心为基准点的中心缩放。

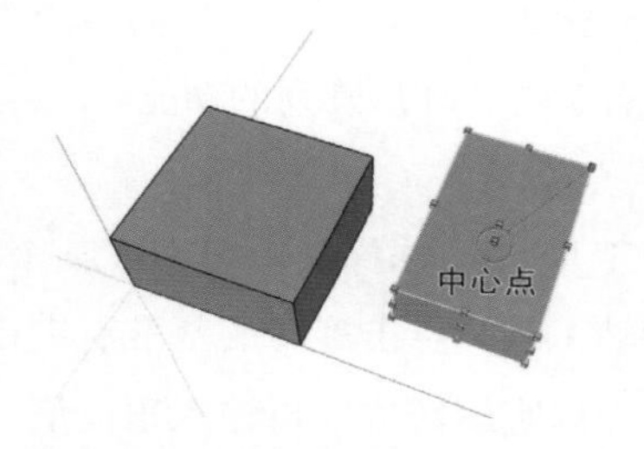

也可以直接输入缩放的比列。

比例 0.6

1.3.5 偏移工具

快捷键——F

1. 对线偏移

选择要偏移的线，点选偏移工具 进行偏移。

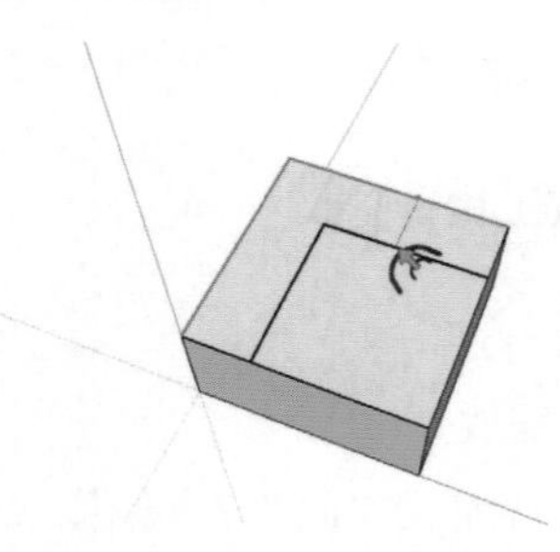

也可键入具体的数值进行精确偏移。

2. 对面偏移

单击或双击选择面进行偏移。

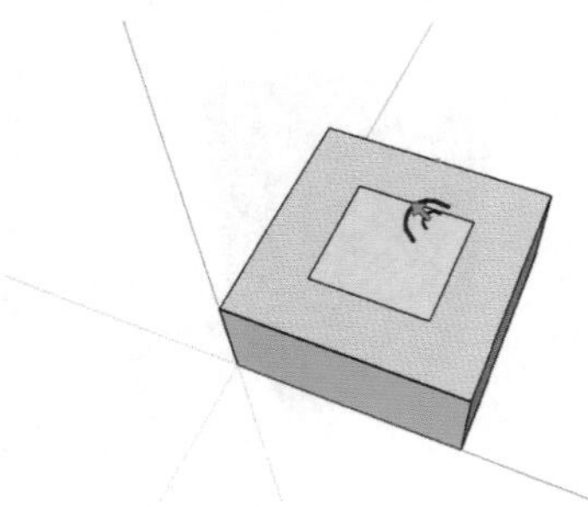

1.3.6 路径跟随工具 

SketchUp 中的放样工具与 3DMAX 中的放样工具性质相同，都是由放样截面沿着放样路径来操作完成的，注意放样截面应垂直于放样路径。

点选放样路径。

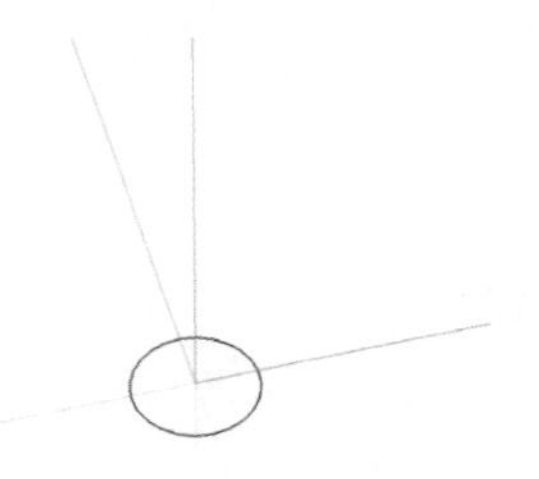

点选放样工具后，点选放样截面。

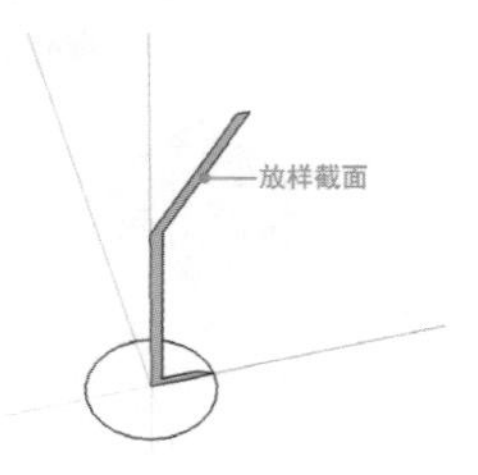

放样完成。

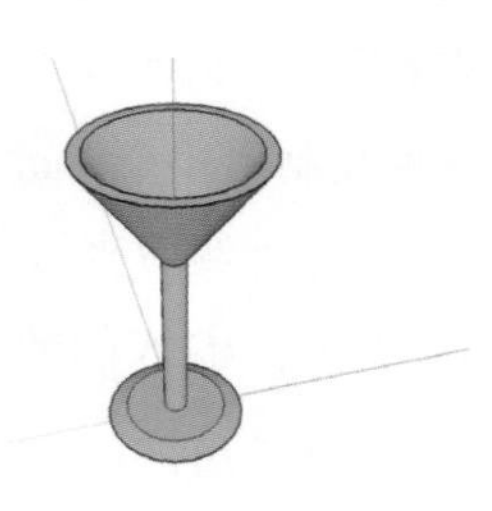

在实际项目中，可以用放样来快速制作出规划建筑的四坡顶。

假设下面体块为规划中的建筑体量。

我们在短边的中点处画出个直角三角形。

双击或单击点选建筑体量的顶面

点选放样工具 ，然后点选直角三角形，四坡顶完成。

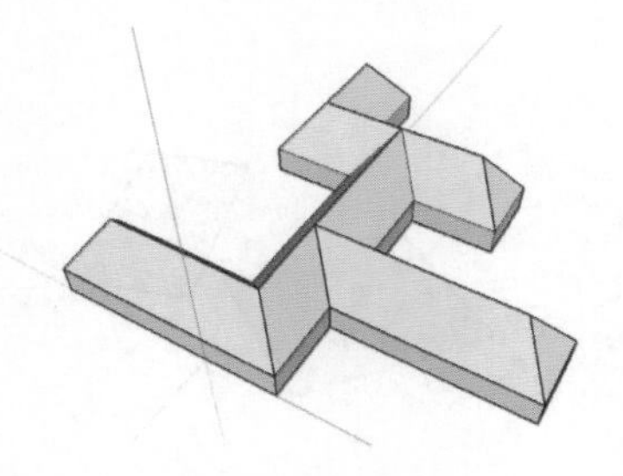

运用该手法，可以快速地制作出大面积的四坡顶建筑。

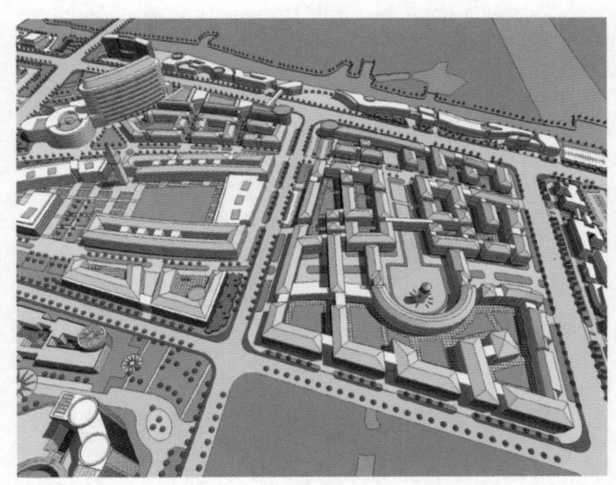

1.4 构造工具

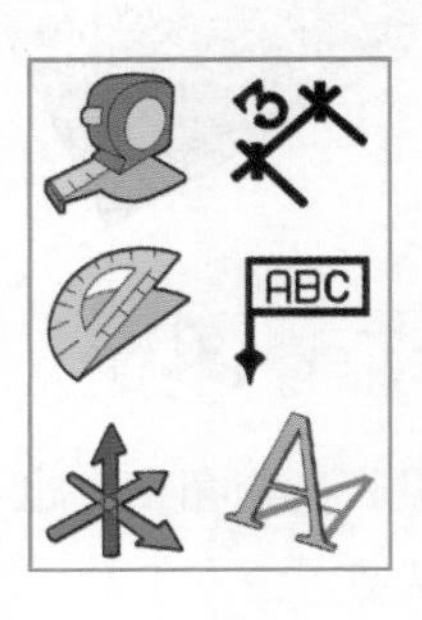

1.4.1 标注工具 

可以标注出边线的长度。

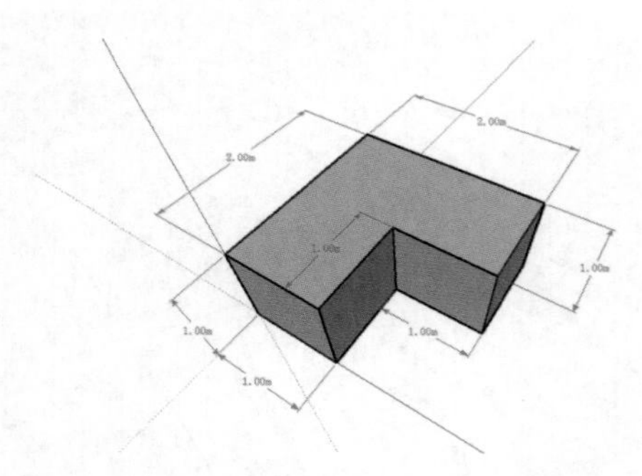

1.4.2 标识工具

可以直接在 SketchUp 中写入文字，文字总是面向于操作界面。

若标识在面上，默认的标识会显示该面的面积。

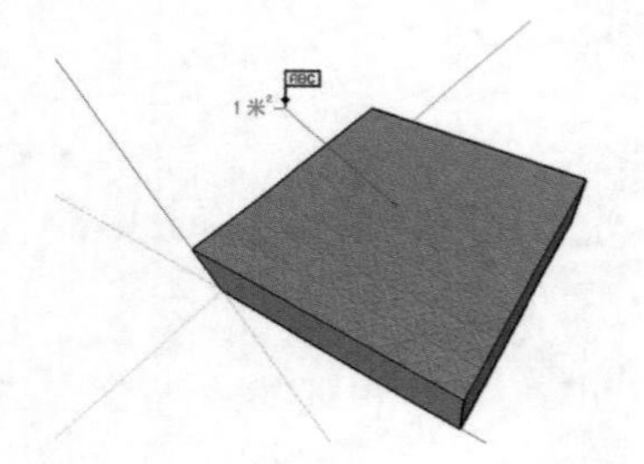

双击文字部分，可以输入自己想要表达的文字。可以运用在表明材质及相关的解释说明上。

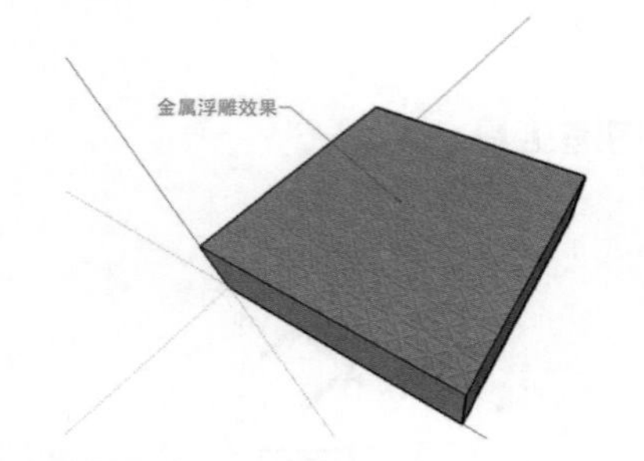

1.4.3 辅助线工具 

既可以测量长度与角度，也可以添加辅助线来帮助制作模型

1.4.4 坐标轴工具 

在建模过程中可以重新定义坐标原点。

在默认的坐标轴中绘制一个矩形。

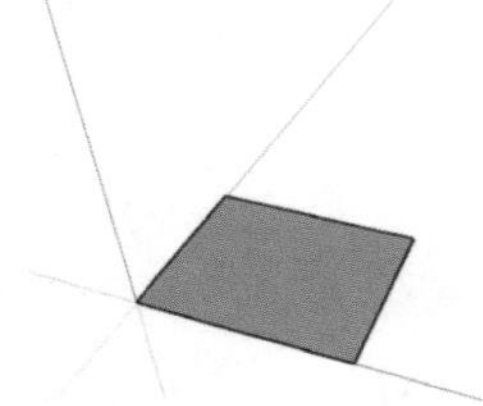

使用坐标轴工具，在空白处建立一个新的坐标体系。

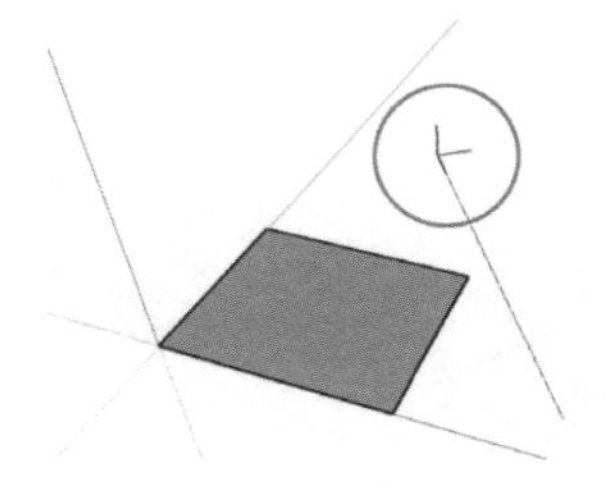

任意地点三点，第一点是新的坐标体系原点的位置，第二、三点是红轴与绿轴的方向，也就是 X、Y 轴的方向。

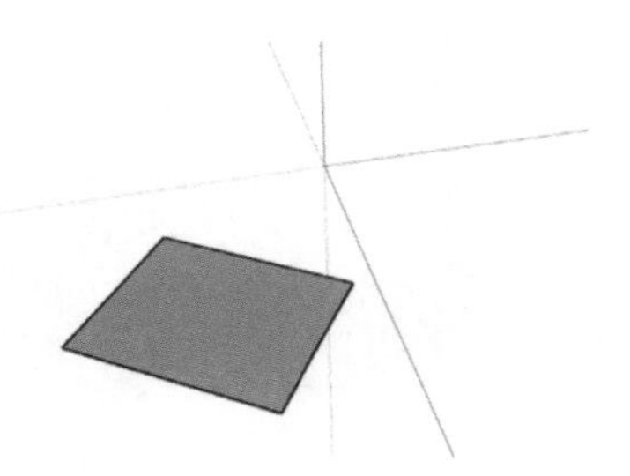

新的坐标体系建立后，再次画个矩形看看。我们可以发现，新矩形的边平行于红轴与绿轴。这样可以快速地绘制出不同方向的图形。

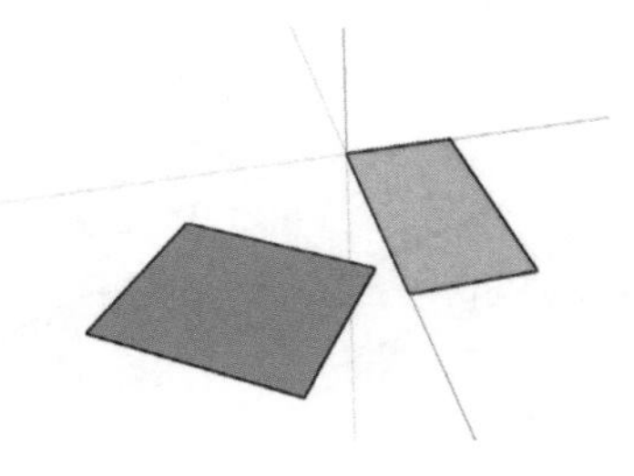

若要还原目前的坐标体系，只需对着坐标轴中任意一个轴线，点击右键，在点击重设。

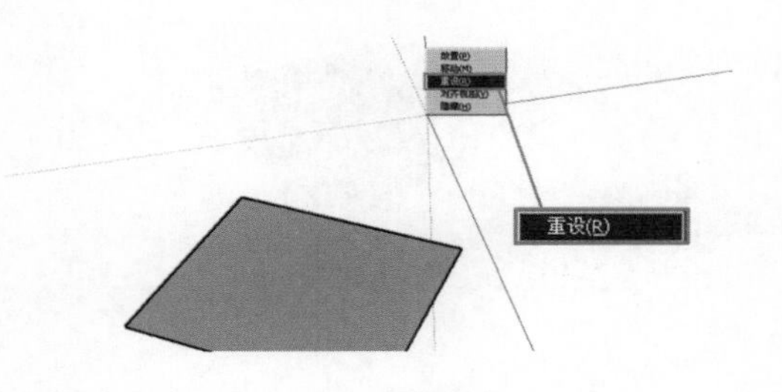

坐标体系就还原到原始的位置了。

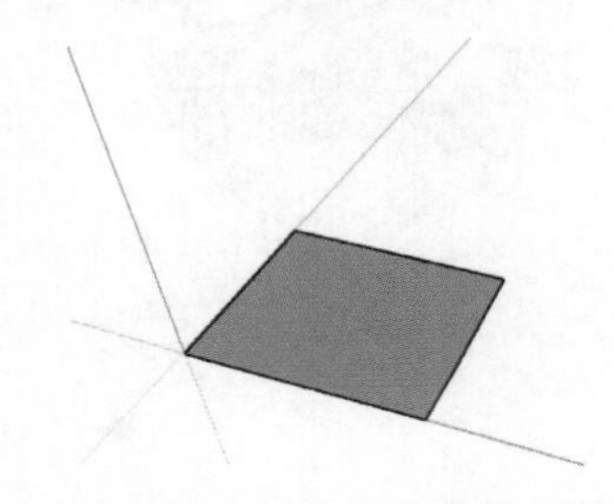

对着被还原的坐标轴线再次点击右键看看，我们发现“重设”的按钮变成灰色不可选择的了。说明当前坐标体系为默认值。

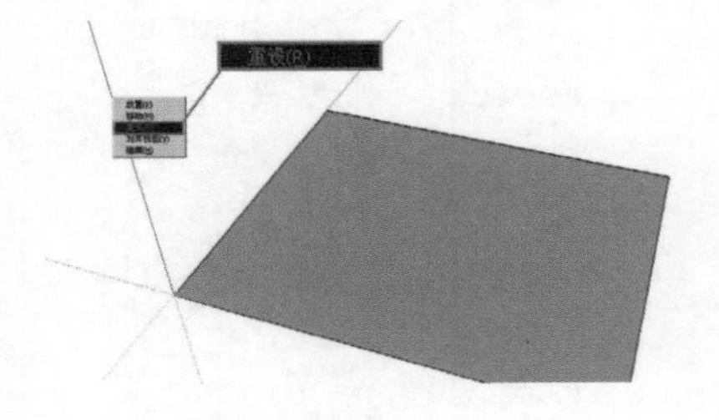

1.4.5 文字工具

这个工具就是将文字模型化。

点击文字工具按钮，弹出以下对话框。

输入文字，选择想要的字体。

点击确认后得到该文字的模型。

1.5 截面工具

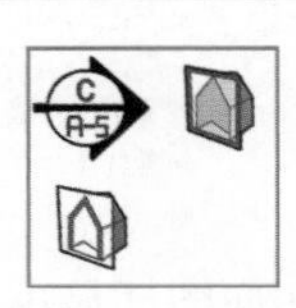

剖切工具

以下面模型为例讲解此工具的使用方法。

结合移动工具与旋转工具，可以对模型做任意的剖切。

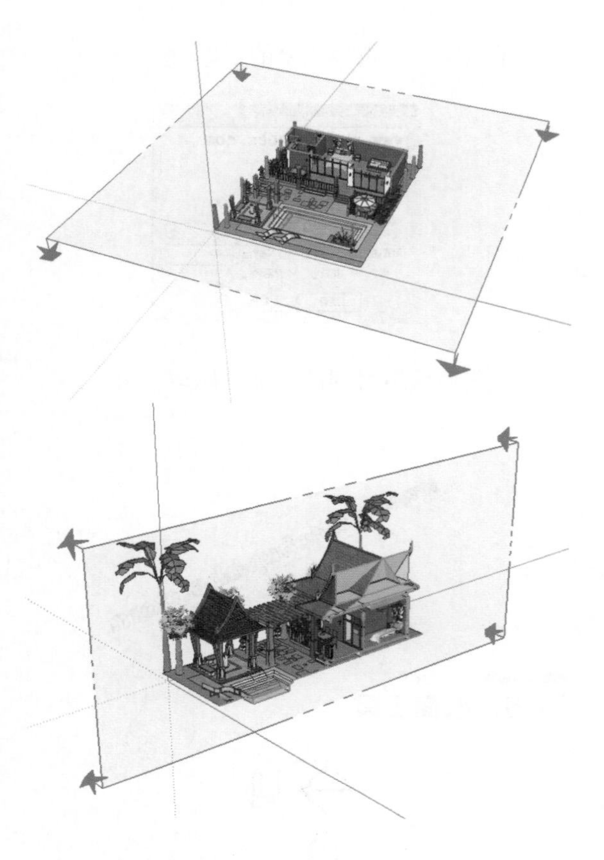

为剖切面图标显示切换。

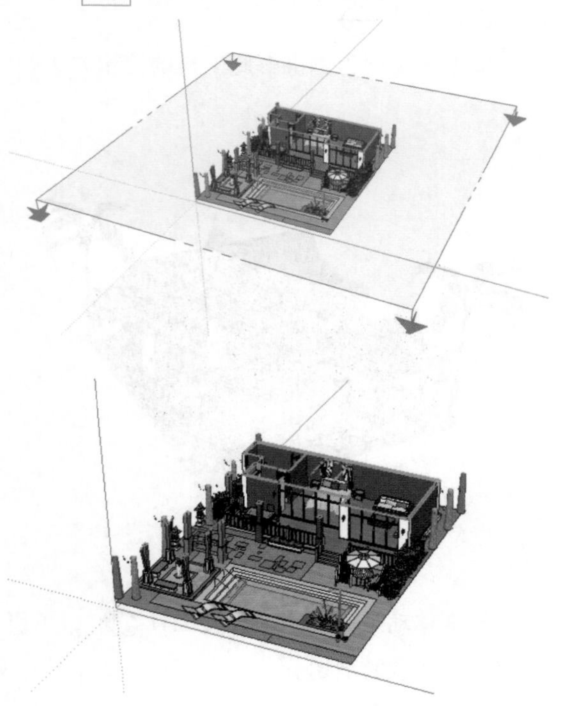

为剖切显示切换。

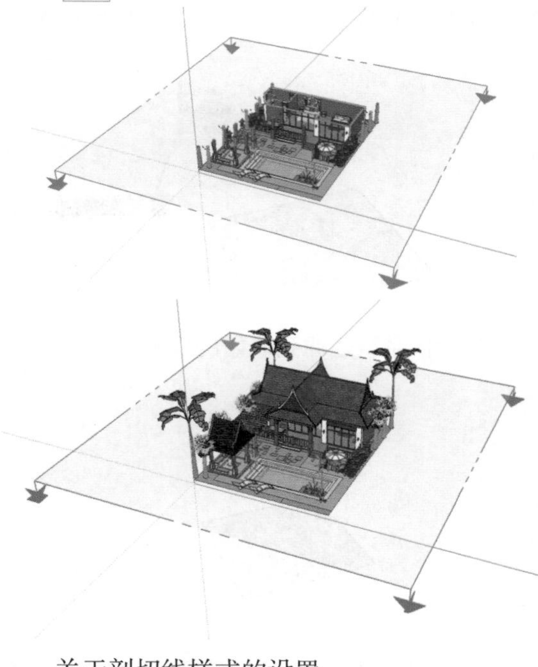

关于剖切线样式的设置

窗口—样式，进入对话框，点选“编辑”—“建模设置”。

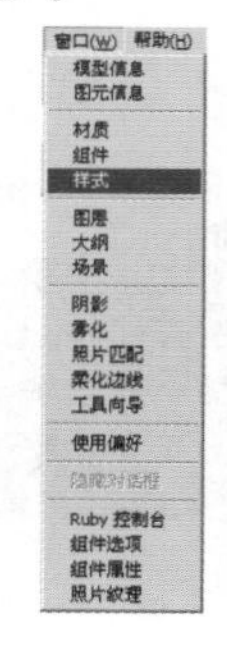

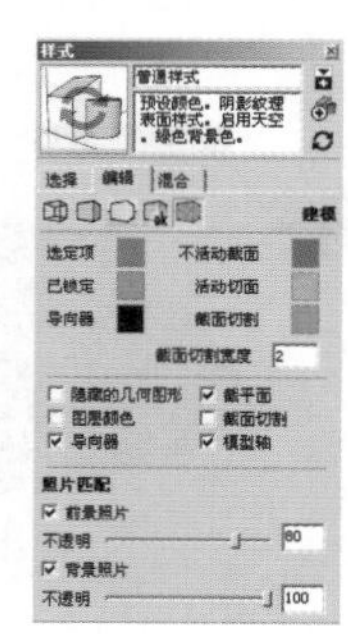

在此处可设置被剖切到的物体的颜色以及剖切线的宽度。

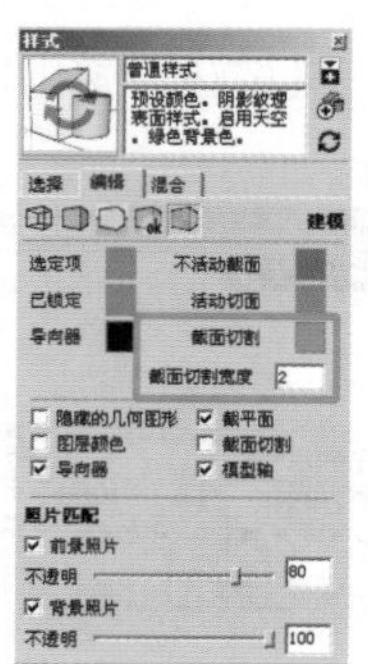

1.6 镜头工具

视图环绕工具——鼠标中键或者快捷键 O。

视图平移工具——鼠标中键 + 鼠标左键或者鼠标中键 +Shift 键，或者快捷键 H。

视图缩放工具——Z。

视图窗口放大工具——Ctrl+Shift+W。

回到前一视图工具。

退回后一视图工具。

全显视图工具——Shift+Z。

1.7 标准视图工具

对于建筑单体项目来说，经常会出一些立面图纸。我们可以运用视图工具来找到相应的视角。这里涉及到的平视、正视等标准视图，出图时必须将透视效果关掉，变成轴测图的效果。

透视效果，视角设置为 45：

轴测效果：

平视：

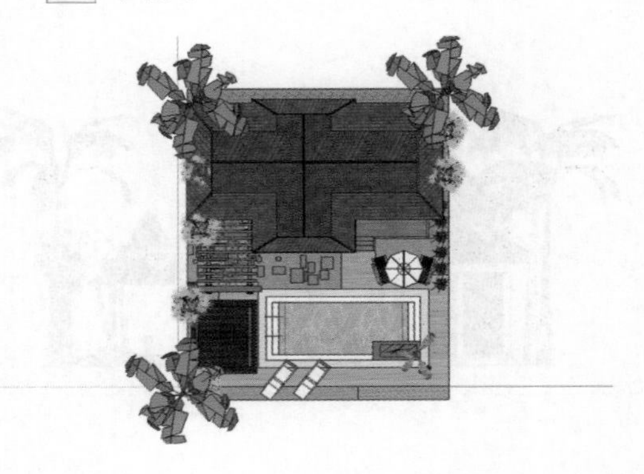

正视：

右视：

后视：

左视：

标准轴测：

在实际项目中，往往用这些标准视图来表示平面图和立面图。

1.8 样式工具

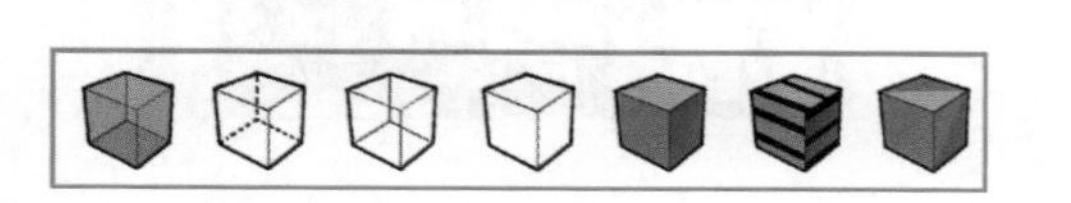

X 射线——将模型透明。

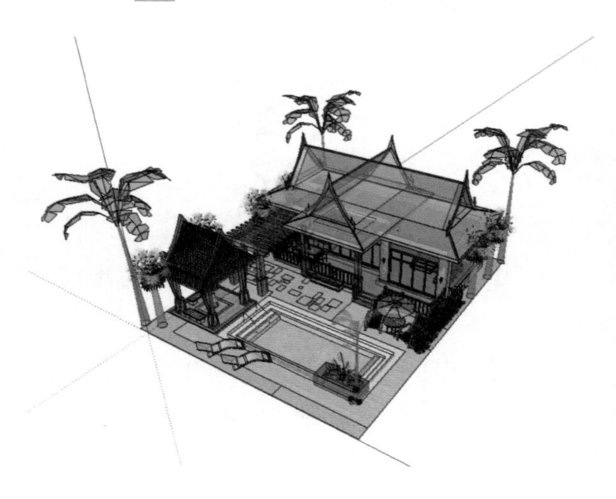

后边线——虚显模型背后的线。

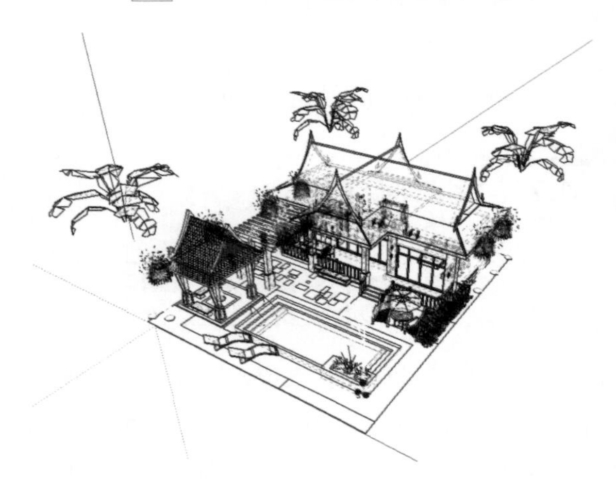

线框——显示模型所有边线。

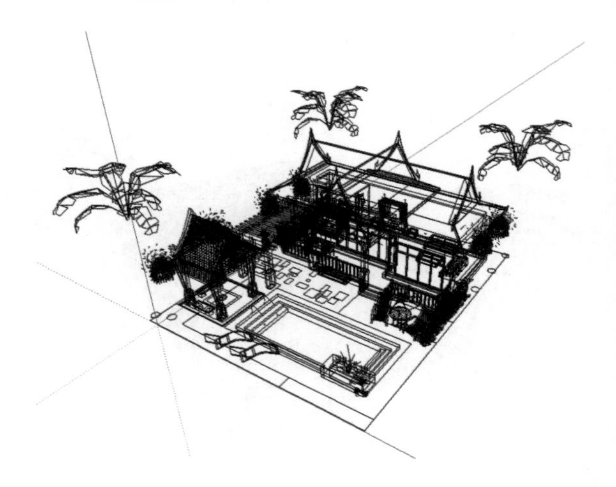

隐藏线——只显示看得到的模型边线，模型内的颜色与环境的背景色相同。

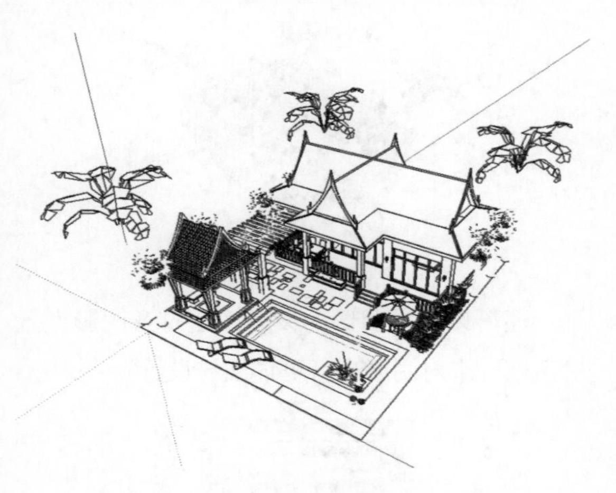

纯色——显示模型材质的单色。

材质——显示模型材质。

单色——显示模型的正反面。

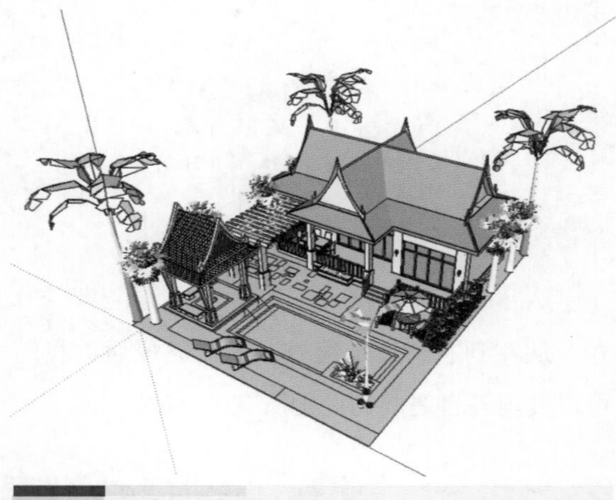

1.9 实体工具

该工具是模型交错命令的进阶，高级的布尔运算工具。

以中空圆柱与中空长方体为例。各自成组。

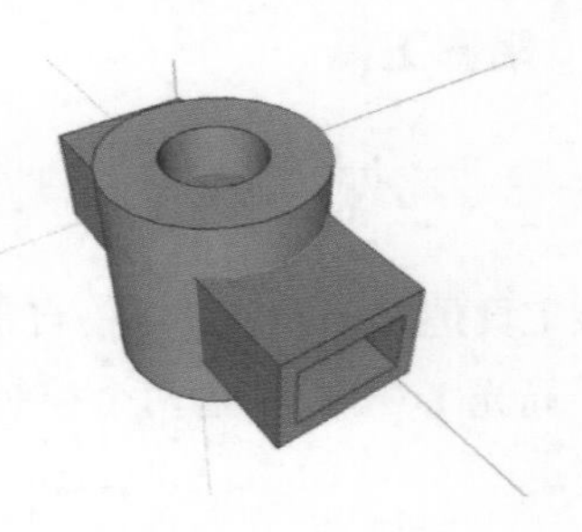

通过复制，得出 6 个相同的模型。

为了方便观察各个按键的功能，使用X射线 。

从左到右，设定编号。操作完成后，我们可以发现各自之间的区别所在。

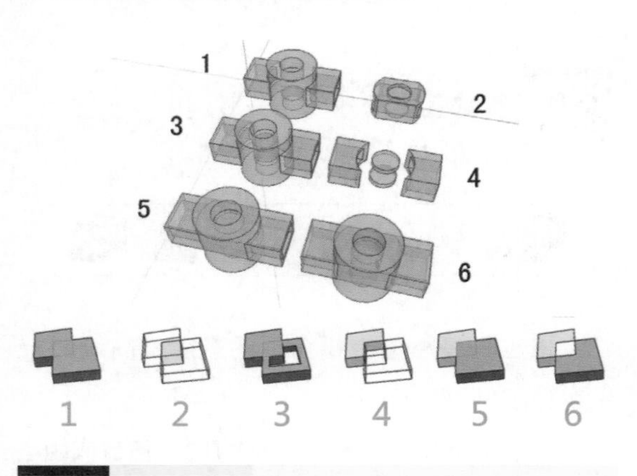

1.10 阴影工具

该工具是SketchUp中唯一自带的的灯光工具（全局光），可以由这两个控制条来设置阴影的长短。

还可以通过阴影的设置按钮打开阴影设置对话框，来对阴影进行更详细的设置。

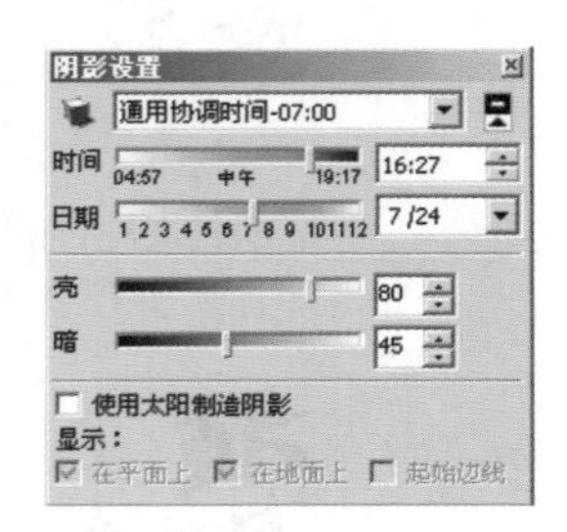

1.11 指北针工具

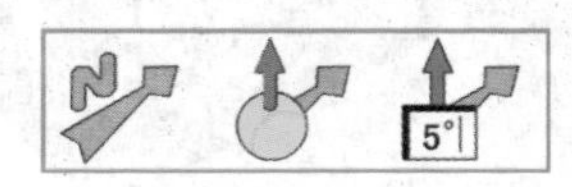

1.11.1 显示北向按钮

该工具可快速地显示，当前场景的北向。图中橙色的射线为北向。

1.11.2 设置北向工具

该工具可任意定义北向的方向，以我国为例，位于北半球，日照是由南向北照射的。若在模型中，我们想表达南向的阴影，就必须先调整指北针的方向。下图中，将原有的北向旋转了180°，这样建筑的阴影就出现在建筑南侧了。

1.11.3 北向角度设置工具

该工具可输入北向的具体角度。

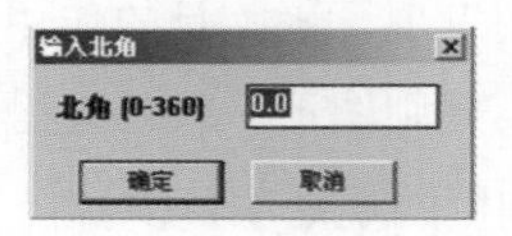

1.12 沙盒工具

1. 造山工具

在实际项目中，往往在某些规划范围里会有高起的山坡，我们可以结合cad中的等高线或者高程点，用SketchUp中的造山工具来造山。

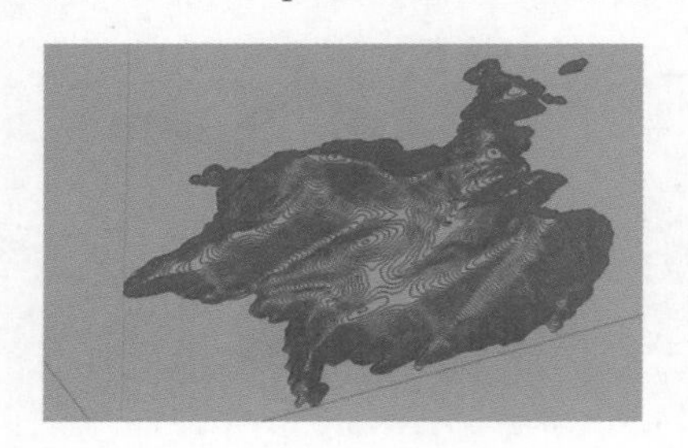

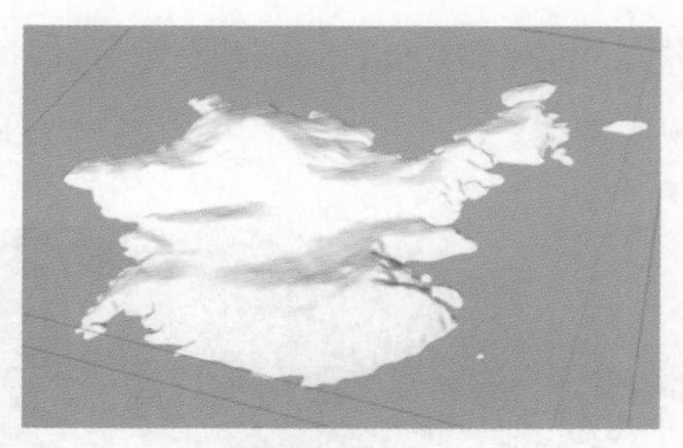

2. 格删工具

可在界面中绘制出格删，该栅格网自动成为一个组群。

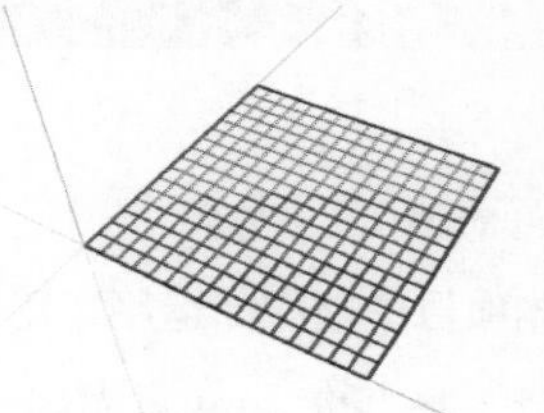

3. 拉伸格删工具

可以结合格删工具快速的做出曲面和山体。

点击拉伸格删工具，输入数值，可设置拉升范围，这个数值一般根据项目的设计范围而定。该数值可以不断变化来做出群山的感觉。

进入栅格模型的群组，点击任意一点，并向上移动。

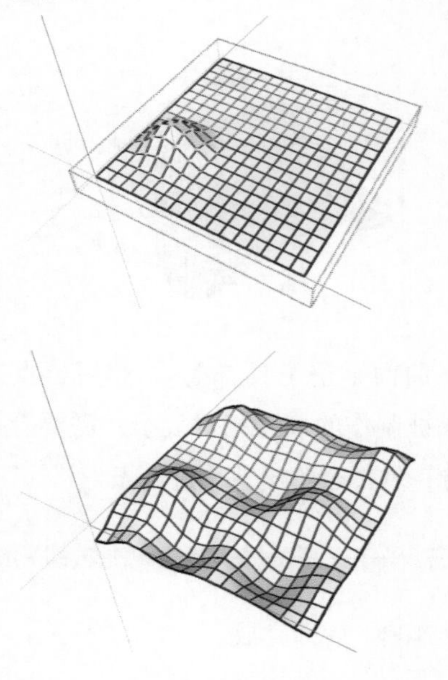

我门可以结合 cad 的山体走势与设计标高做出以下效果。

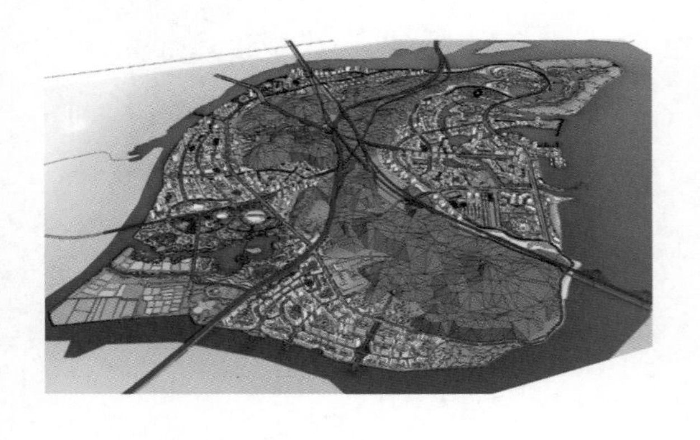

4. 曲面平整工具

在山体项目中被广泛运用，用栅格工具和拉升栅格工具，任意做出一个山体。

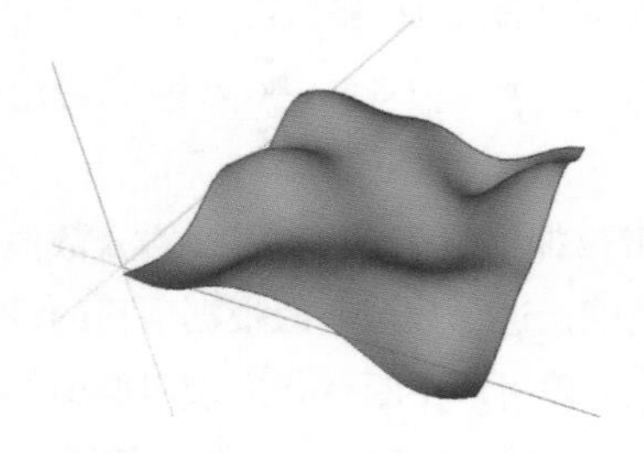

绘制一个长方体，并将其移动至山体的上方。全选该体块。

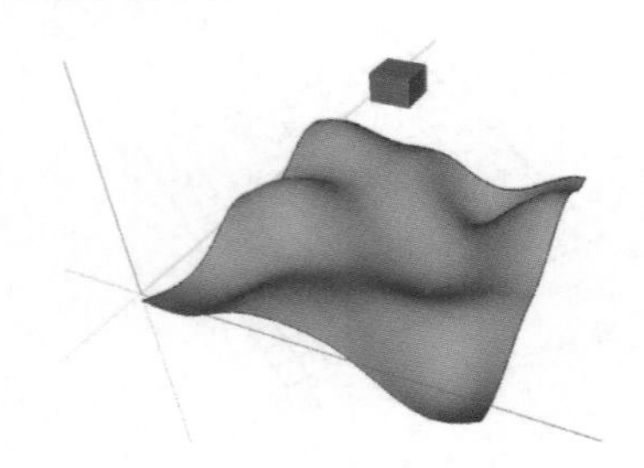

点击曲面平整工具，然后再点击山体。如果被制作的模型相对复杂，需要有一段时间等待，软件会给出一个进度条。

到达 100% 后即完成。

操作完成后，我们发现，原本的山体破了个口子，并且可以上下改动。这个破口的大小与长方体的底边面，相吻合。

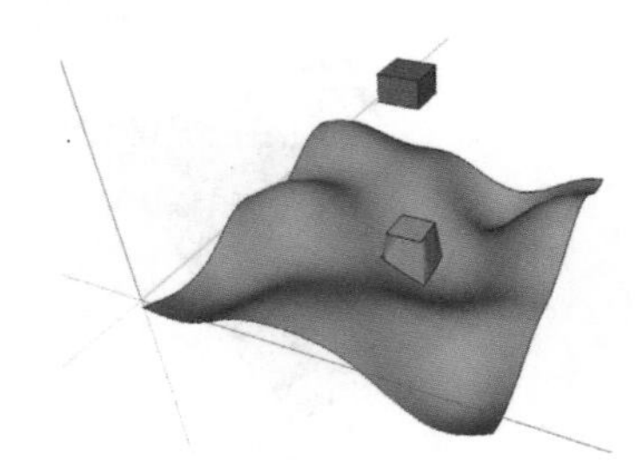

找到合适的位置，点击鼠标左键，以表示确认。

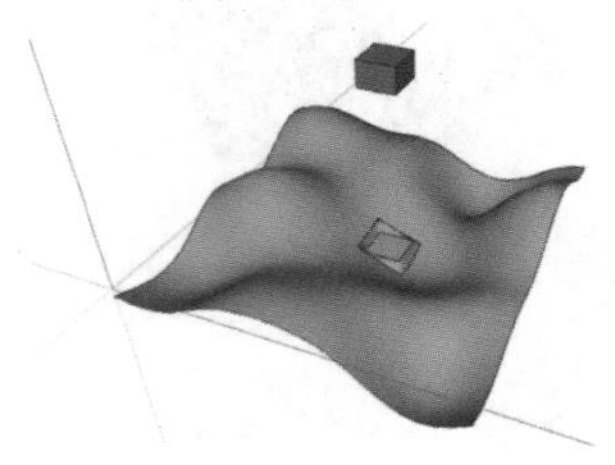

将长方体移动至破口处，观察下长方体的周边。我们发现，该工具的作用为，可以让规则图形和不规则图形，较好地融合在一起。常用于山体别墅的规划项目中。

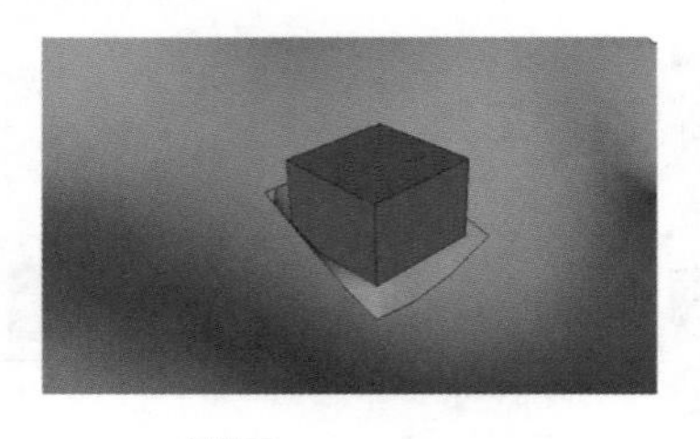

5. 投影工具

可以利用此工具在复杂的山体上开出道路。首先画出道路的平面。

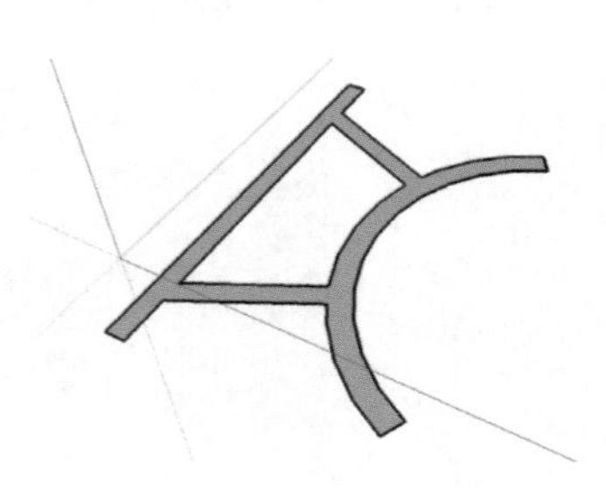

将路移动到山体的正上方。

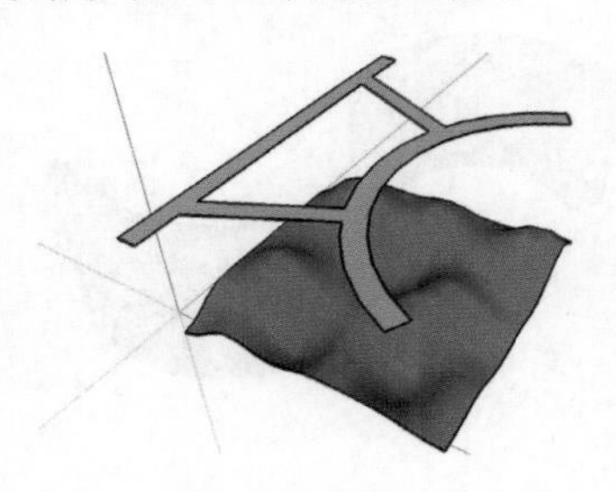

依次操作为：选择路，点选投影工具，点选山体。

6. 添加细部工具 

用栅格工具，先绘制一个栅格模型。

进入该栅格组群后，框选一部分面。

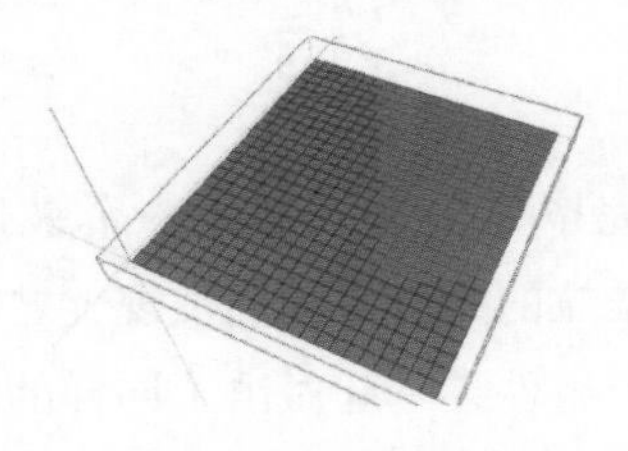

然后点击添加细部工具，被选中的部分会出现许多的分割线。

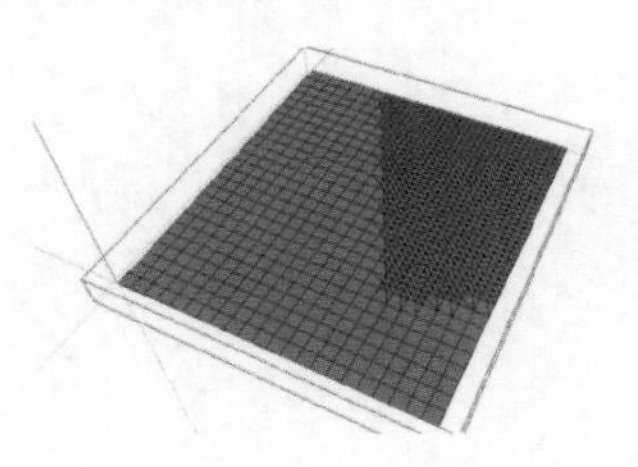

结合拉伸格删工具，可以做出更细腻、更柔和的山体。

7. 翻转边线工具

以下图为例。

使用该工具，可以调整沙盒工具计算出来的边线的方向。

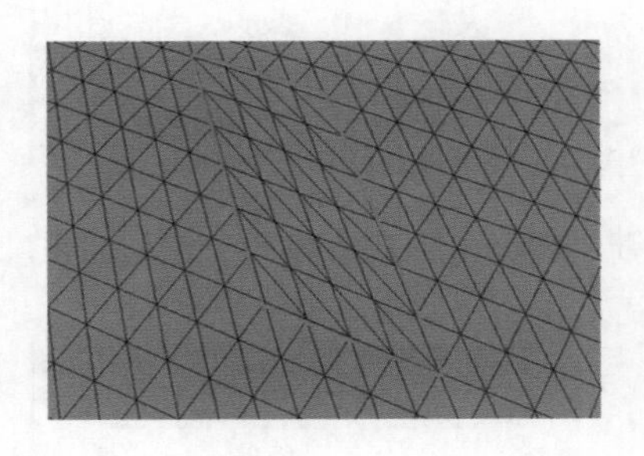

1.13 其他常用工具与插件

1.13.1 柔化工具

该工具为右键工具，以此曲线模型为例，柔化竖向的边线。

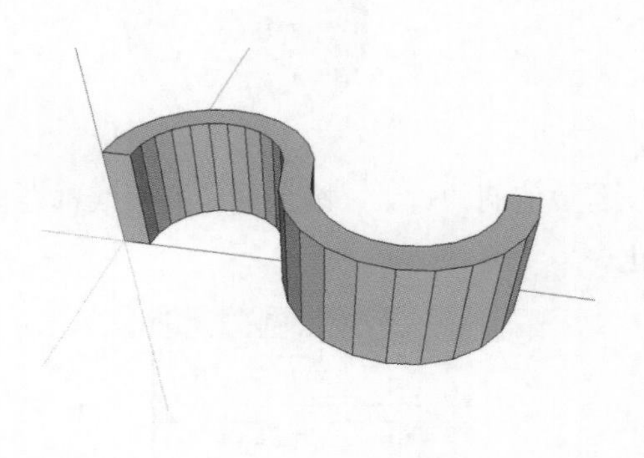

三击即全选该模型，对模型点击右键选择“柔化 / 平滑边线”。

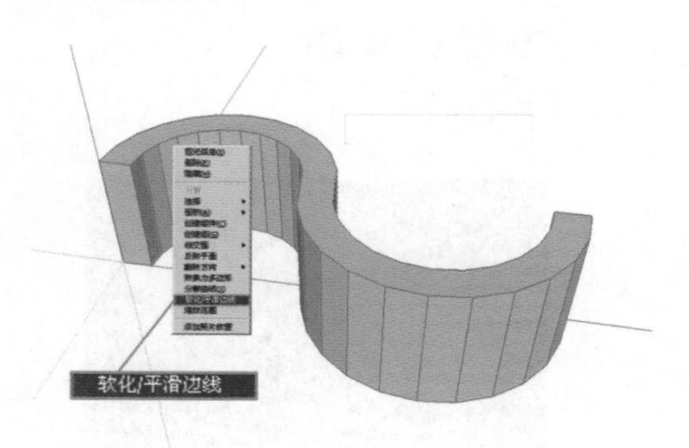

弹出相关的编辑框。

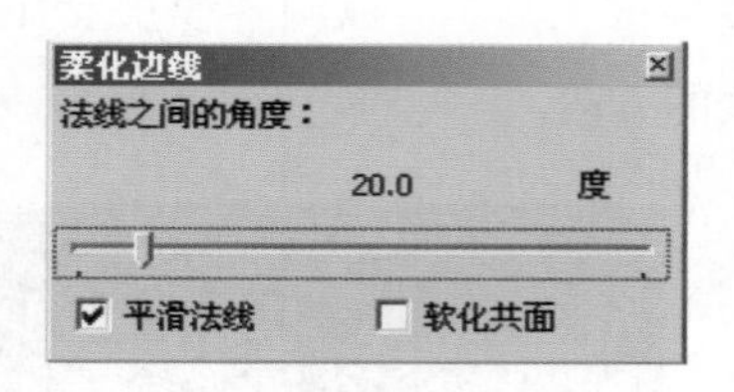

调节数据条，数值越大，柔化的强度越大。

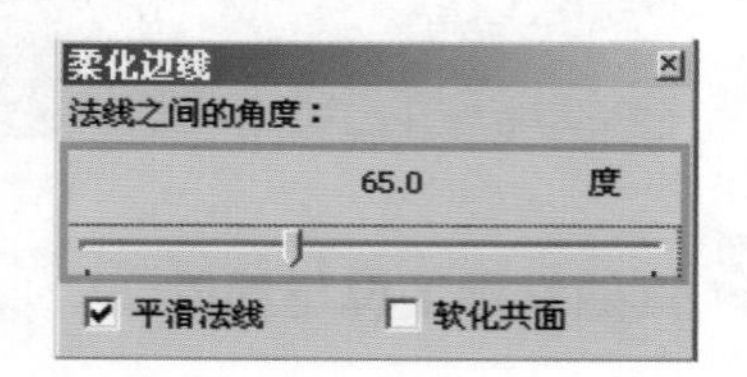

达到满意效果即可。

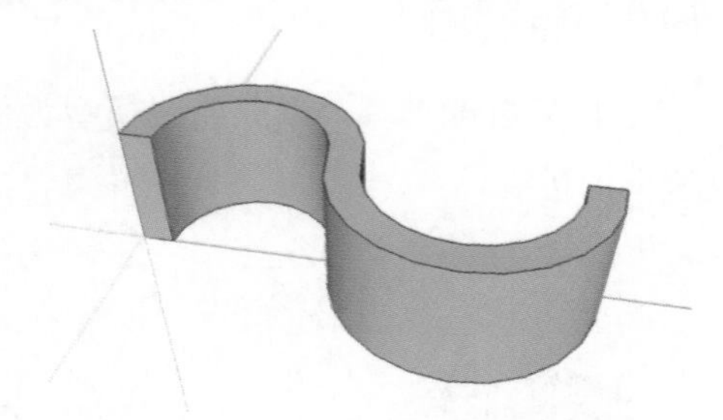

若数值调的过大，模型的所有边线都会被柔化。

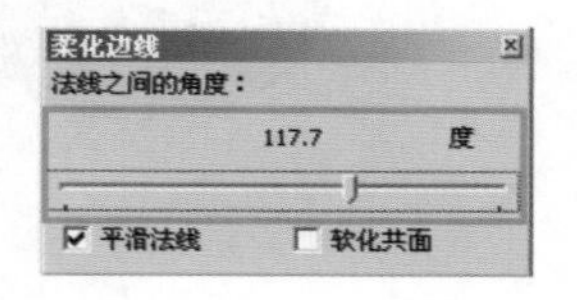

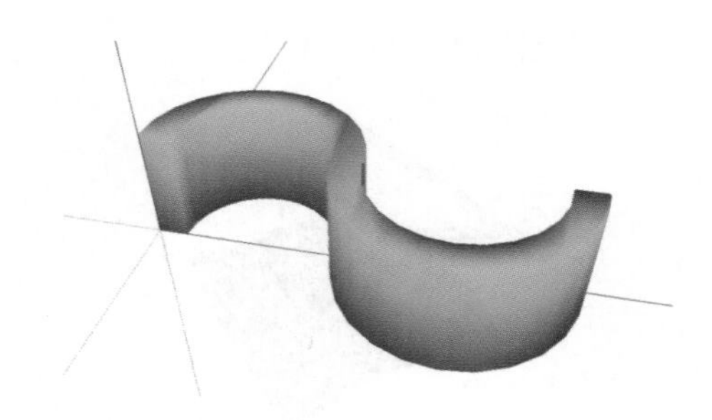

1.13.2 单独编辑

该工具为右键工具，将立方体做成组件并且矩形阵列。

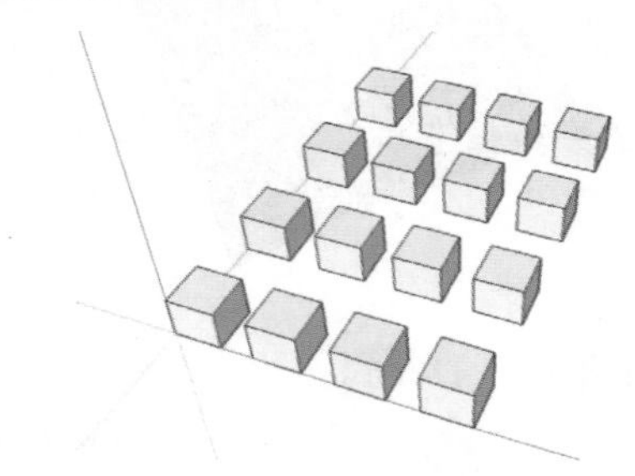

点选中间四个组件，右键，选择单独编辑。

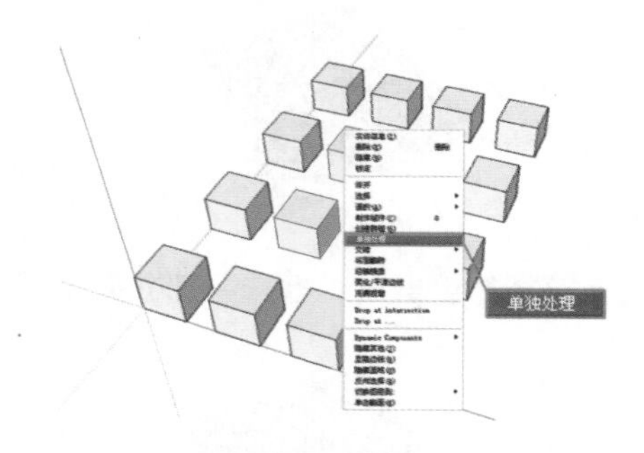

选择完毕后，进入其中一个被修改的组件，进行推拉的操作。我们发现，之前被选择的其他三个组件，一起做出了同样的修改，而其余组件则没有变化。

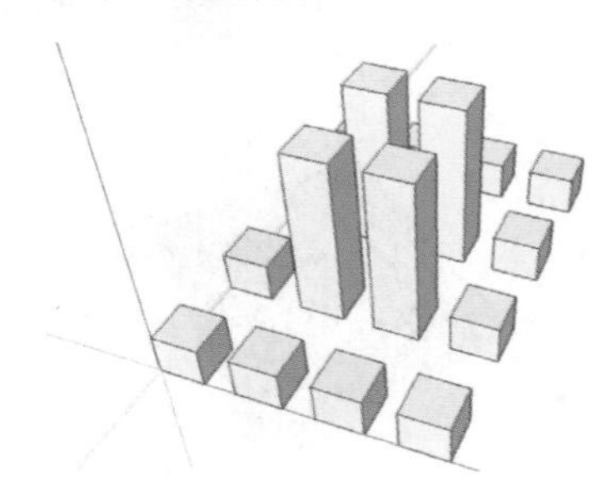

该命令的作用是，使得组件再次被分类，方便建模的操作。在实际项目中，可用于建筑玻璃幕墙参差化的操作。

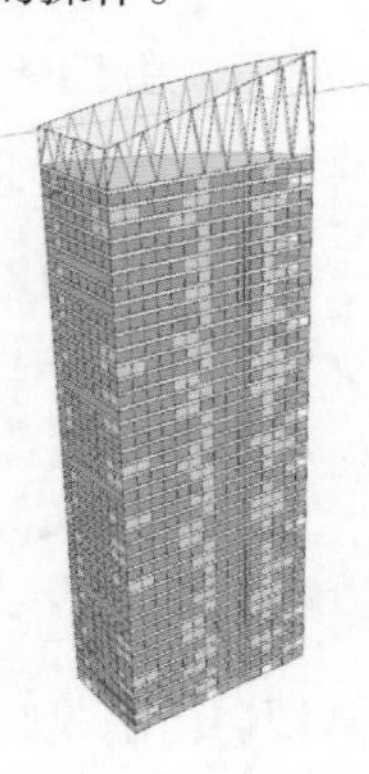

1.13.3 drop插件

该插件为山体项目中，常用插件。作用为，将成组的模型向下垂直落在最近点。该插件属于右键插件，选择物体后并点击右键，才能出现该插件的选项。

运用Sandbox工具制作一个虚拟的山体，右侧的图形代表树木。

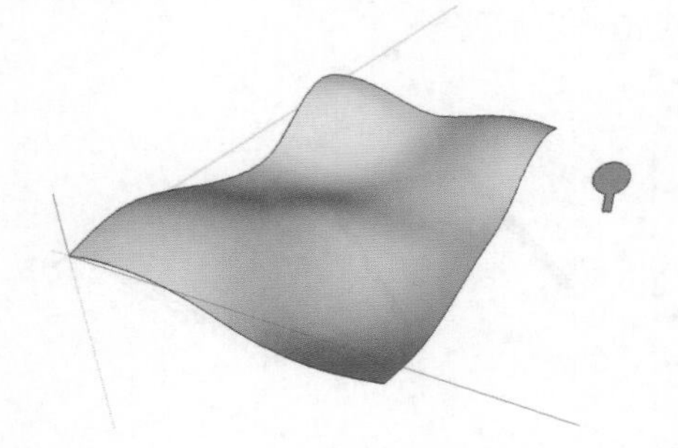

将树阵列并移动至山体之上。

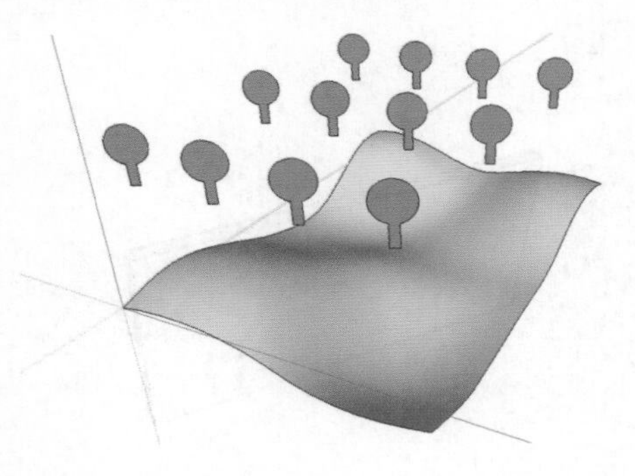

选择这些树，对其中某一棵点击右键，选择“组件落下”。

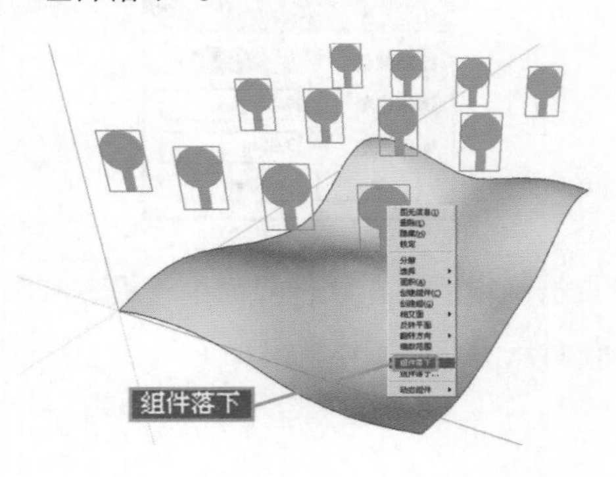

这样，被选择到的组就向下落到了最近点。

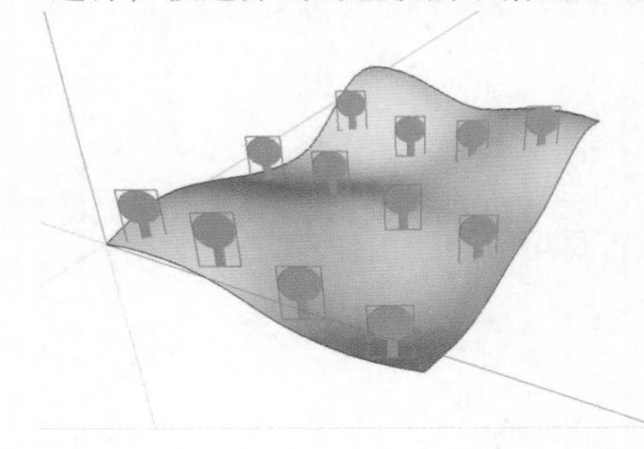

实际项目中，常运用于山体别墅，以及快速地在山体上种树

1.13.4 SUAPP插件组 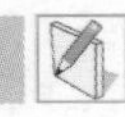

1. 绘制墙体

点击按钮，出现以下对话框，可以设定墙体的宽度与高度，以及是否需要出现轴线。对话

框中出现的默认值为实际项目中，常用的数据。

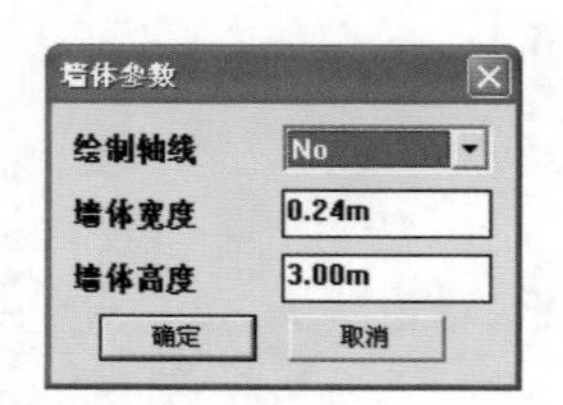

点击确定后，在软件界面中，沿着红轴方向的任意点两点，墙体就出现了。

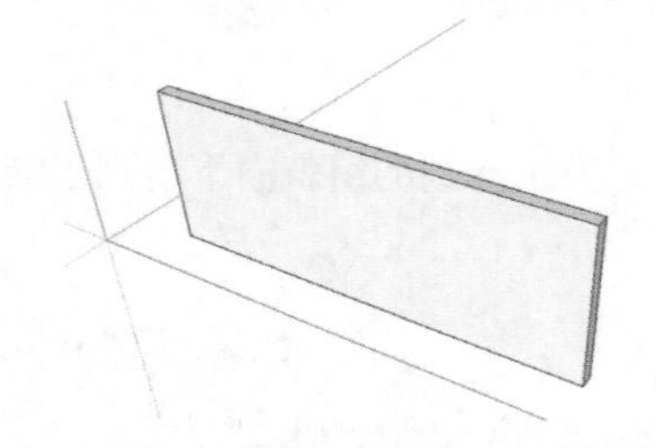

该工具可以绘制出任意方向的墙体。

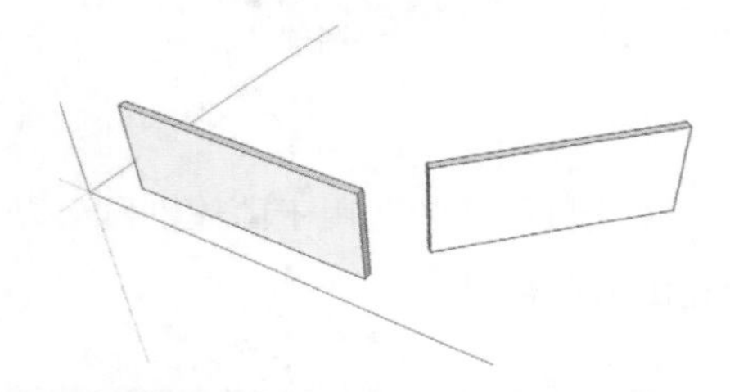

若在初始的对话框中，选择了绘制轴线。

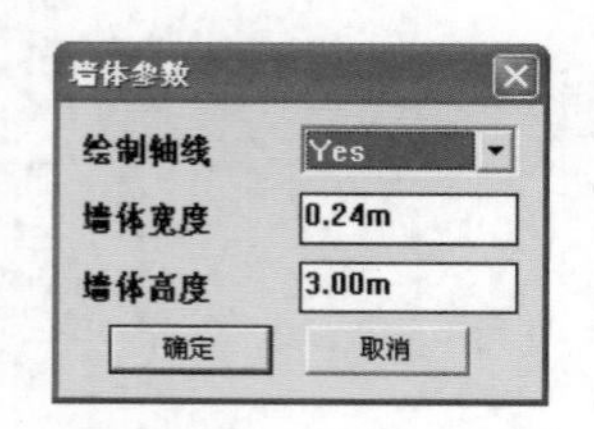

绘制出来的墙体底部便会出来一条虚线，该虚线代表这个墙体的中心轴线。

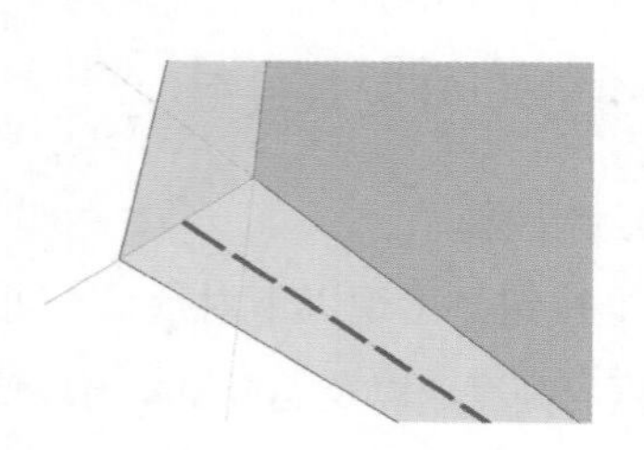

2. 拉线升墙

该工具是将单纯的线，直接拉升高度，变成一片面墙。

绘制连续的线段，并选中。

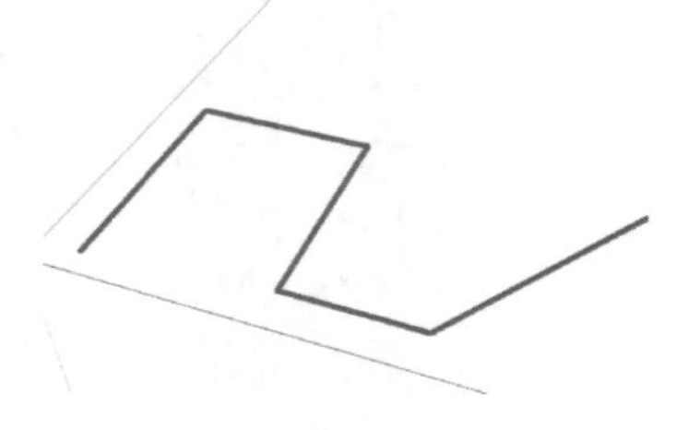

点击该工具按钮，出现以下对话框，可以选择是否要编辑成组，若选择“yes”，拉升出来的面墙则成为一个群组。还可以设定墙体的高度。

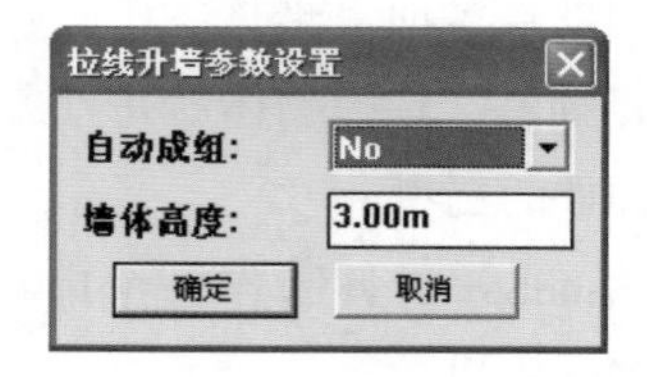

点击确定后完成。

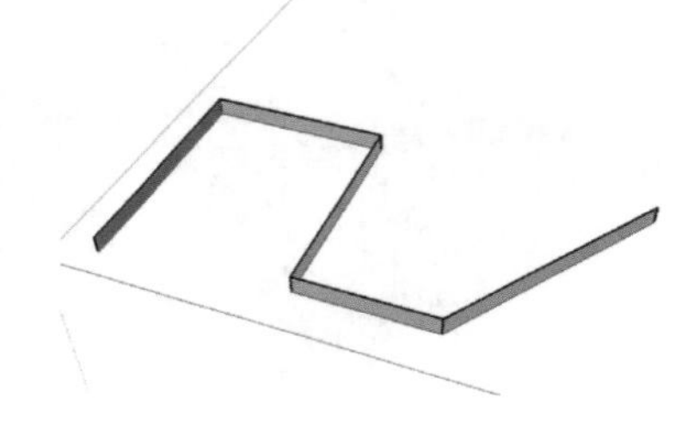

3. 墙体开窗

建立一个墙体。

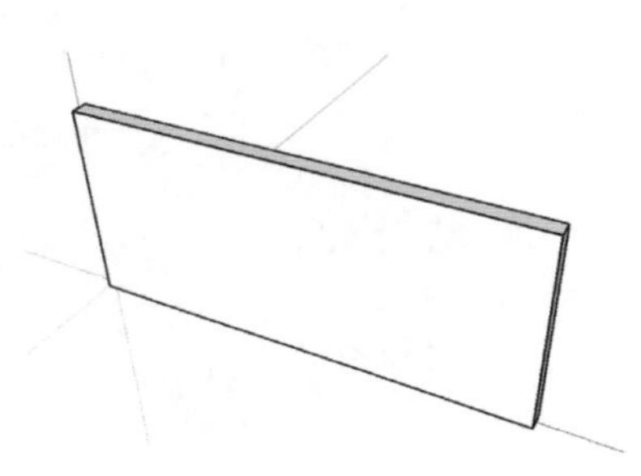

点击墙体开窗按钮，出现以下对话框。我们可以设置窗户的长与高。

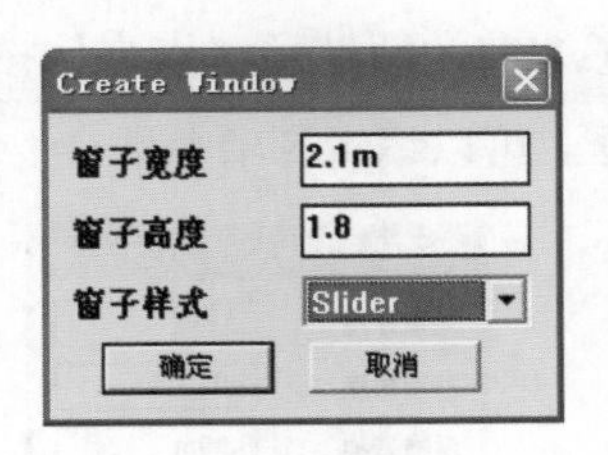

在窗户样式的下拉框里有两个选项。

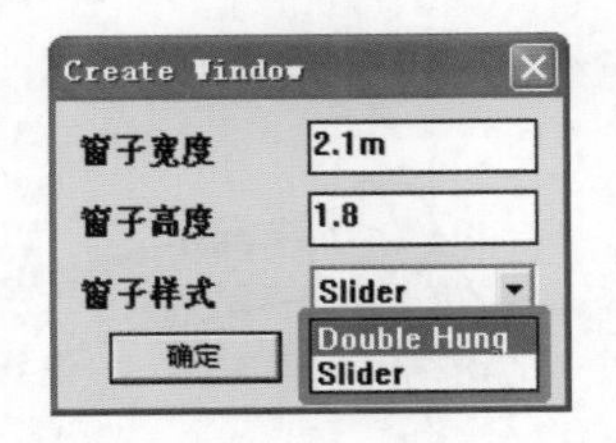

分别插入到墙体中，看下两个选项的区别。

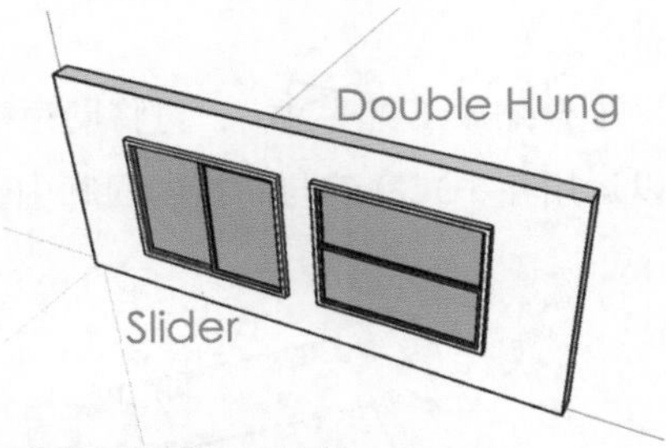

该工具作用是快速开窗。

4. 玻璃幕墙

建立一个墙体。

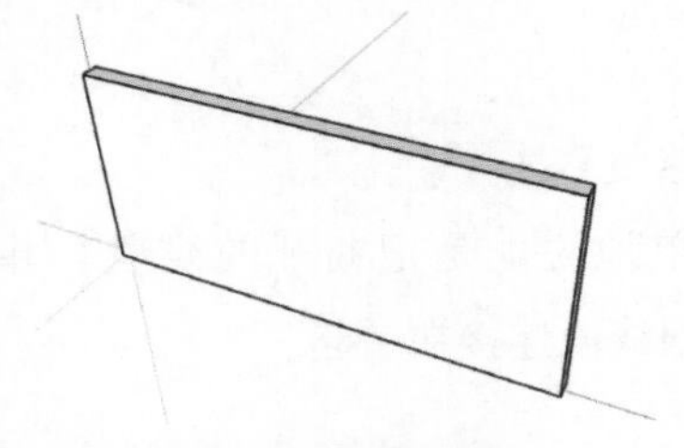

选择需要绘制玻璃幕墙的面。

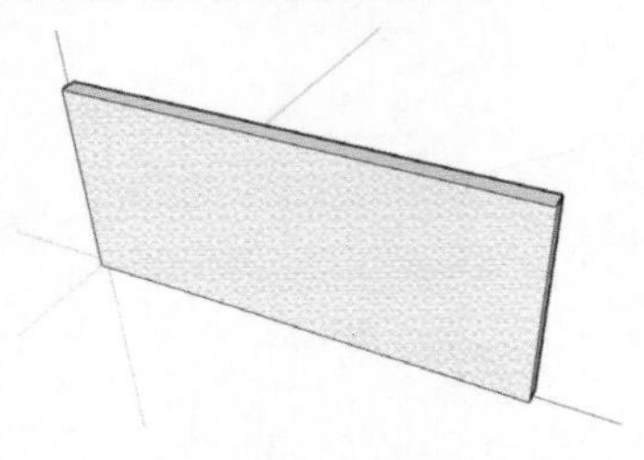

点击玻璃幕墙按钮出现以下对话框。我们发现，可以编辑玻璃幕墙的各种参数。

先用默认的选项看看效果，点击确认后，我们发现，之前被选择的墙面被分割成四份。

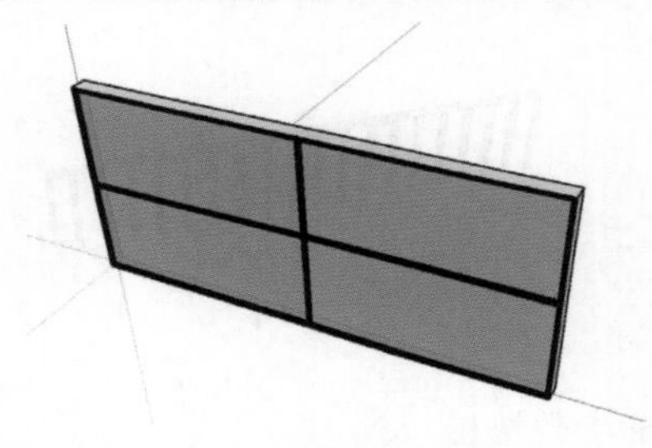

下图为常规的玻璃幕墙做法。

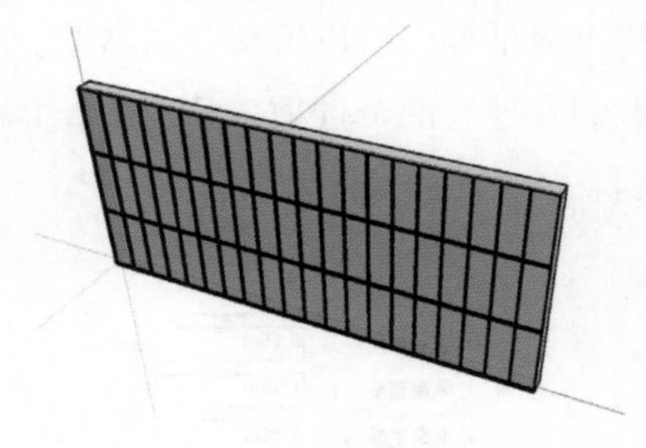

5. 创建栏杆

先用直线工具，任意绘制一根直线，并选中。

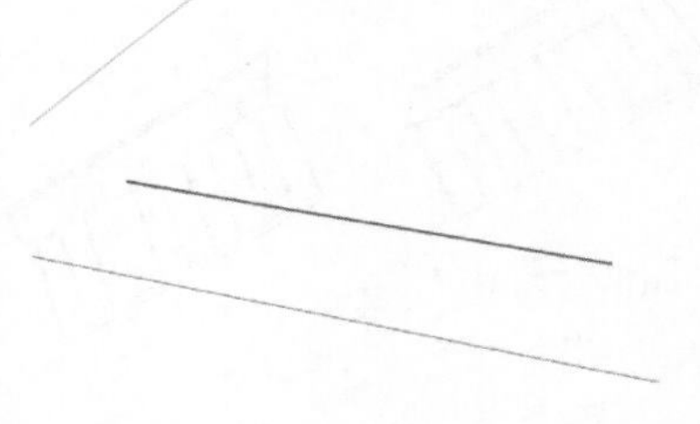

点击创建栏杆按钮，出现以下对话框，可以更改栏杆的样式和栏杆的长宽参数。

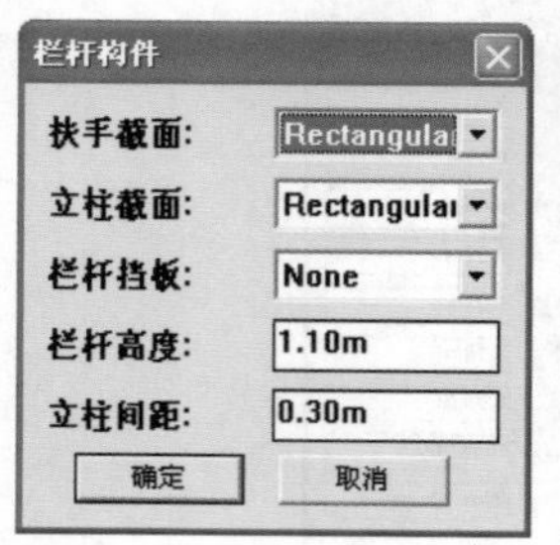

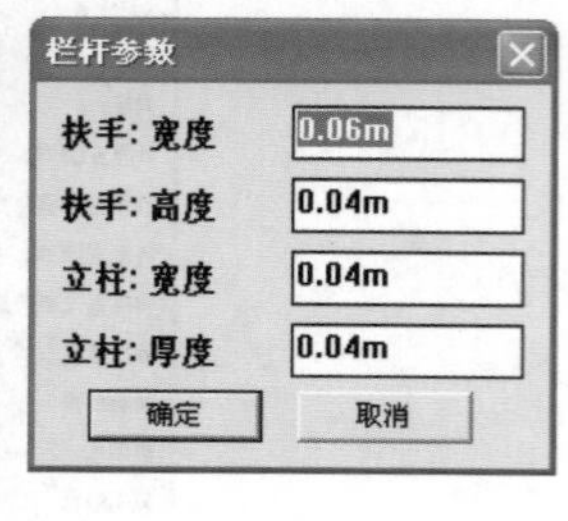

用默认的数据得出了以下图形。

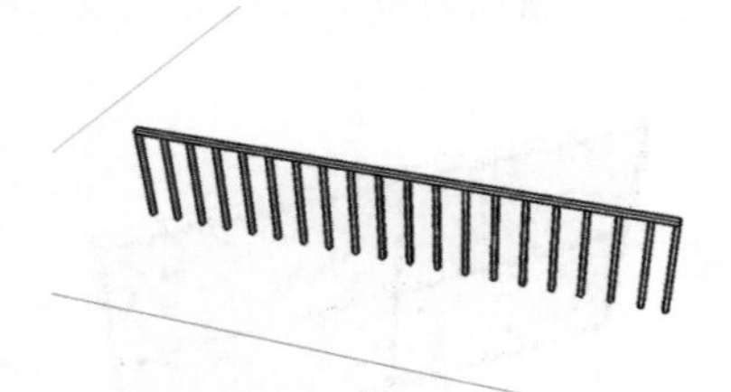

6. 参数楼梯

常被用于建筑与室内项目。点击该按钮，出现以下对话框，可以编辑各项参数。在类型里，我们发现有两个选项。分别选择并确定看下区别。

左侧为双跑楼梯，右侧为直跑楼梯。

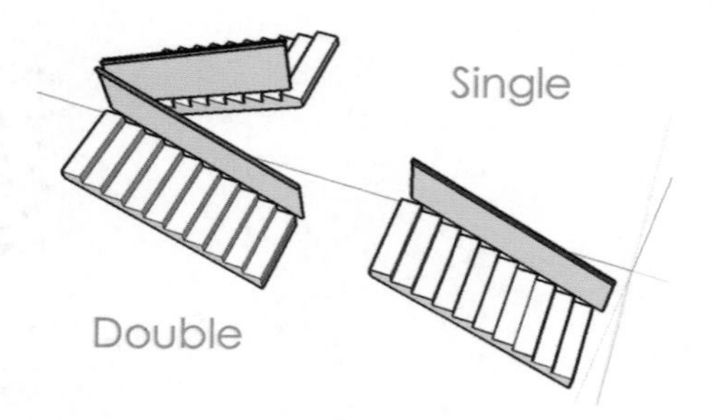

7. 自由屋顶 

与自由墙体操作方式类似，可以快速地制作出任意方向的两坡顶。点击该按钮，出现以下对话框。可以编辑各项参数。

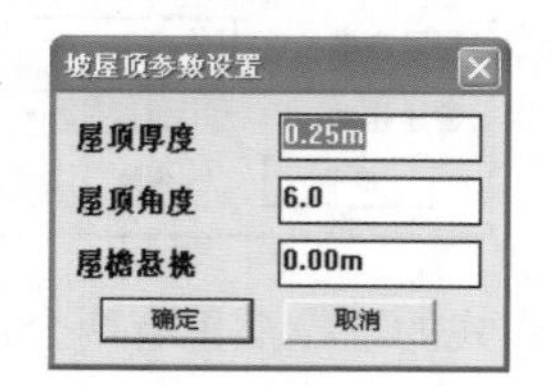

任意绘制成几个坡屋顶。

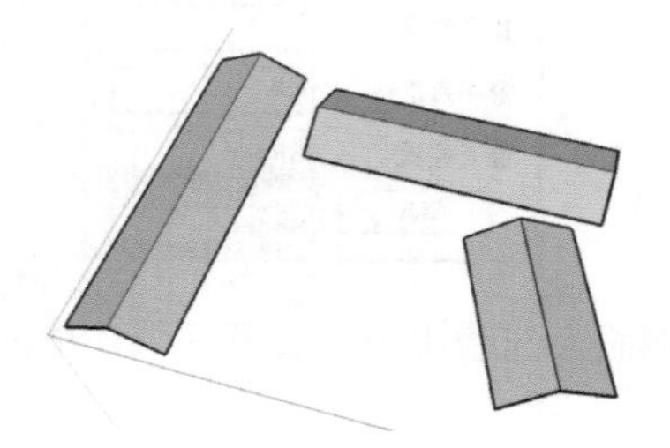

配合缩放工具，可将屋顶衔接起来，可以运用在中式庭院与曲折的回廊中。

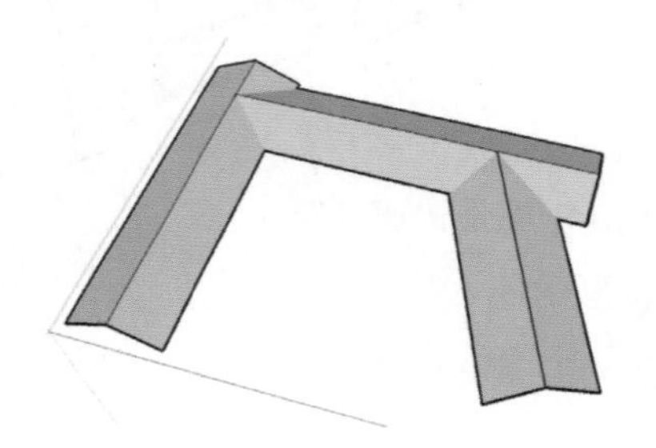

8. 修复直线

简单地说就是把断开的线段合并，如下图，两根线段连接在一起。

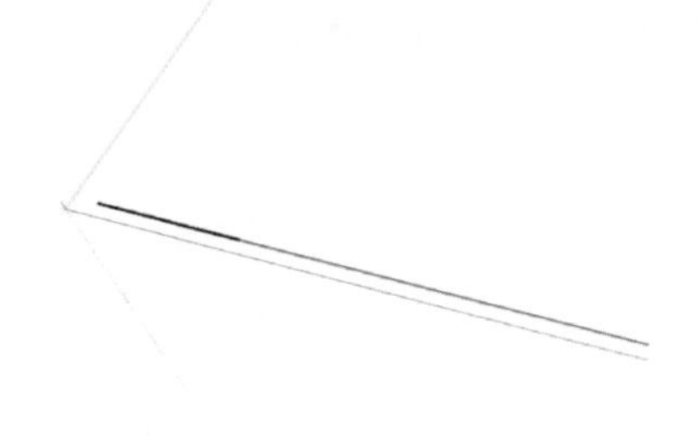

选择这两根线段并点击修复直线按钮。跳出对话框提示，修复完成。

9. 生成面域

这个相当重要的工具，使用率非常高。如下图，假设为规划建筑群。

全选，点击生成面域工具，所有边线闭合成面。非常快速，在规划模型操作中被广泛运用。

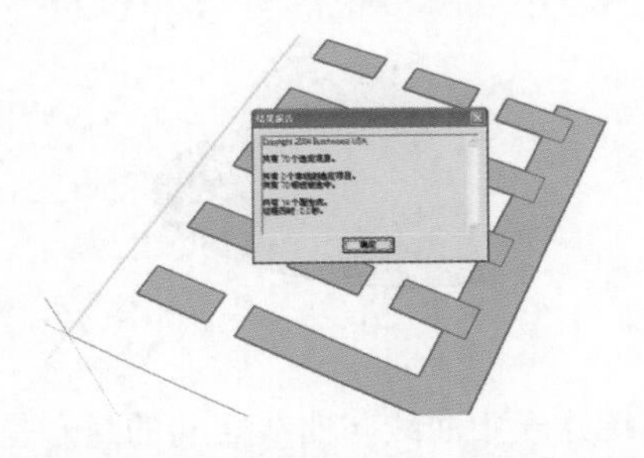

快速闭合成面的前提是，边线线要闭合，也就是说，在 CAD 绘制的时候，要注意闭合。否则进入到 SU 中，还是需要手动的操作。

10. 单击翻面

模型中的单面，有正面与反面之分，该工具可以快速地翻转正反面。

翻转正反面的主要目的在于，方便转换格式，缩小模型量。比如，有些软件在载入 su 模型输出格式的时候，只认正面，反面模型都不显示。再比如，正反面是都算模型量的，在输出 dae 格式时，有个选项是询问你是否只输出正面，如果能保证模型都在正面，那就可以只导出正面，这样可以减少一半的模型量。

11. 线倒圆角

类似 CAD 中倒角工具。绘制一个直角，选择这两根线，点击角工具。

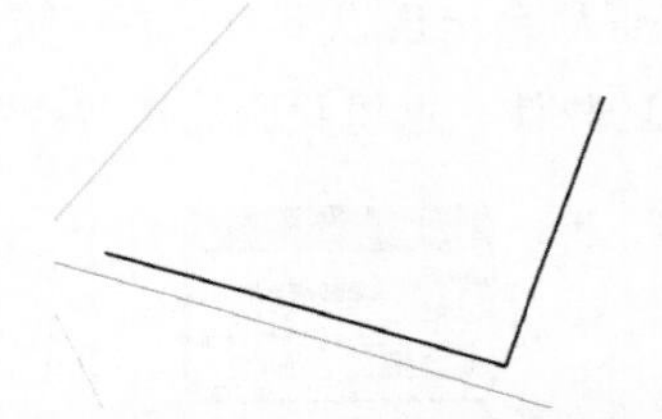

在小键盘中输入需要倒角的参数。

量度

这里我输入了 45，我们发现倒角成功。

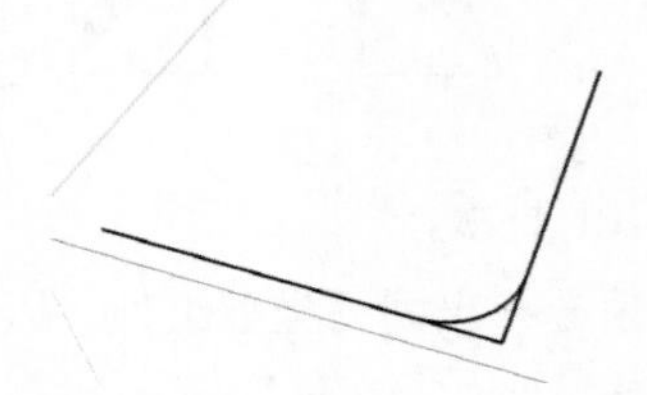

删除多余的线即可。

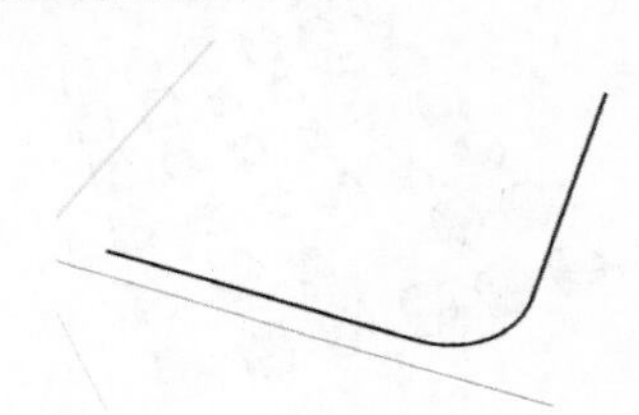

12. 任意矩形

操作形式类似于绘制墙体 与自由屋顶，作用是快速地绘制出任意方向的矩形。

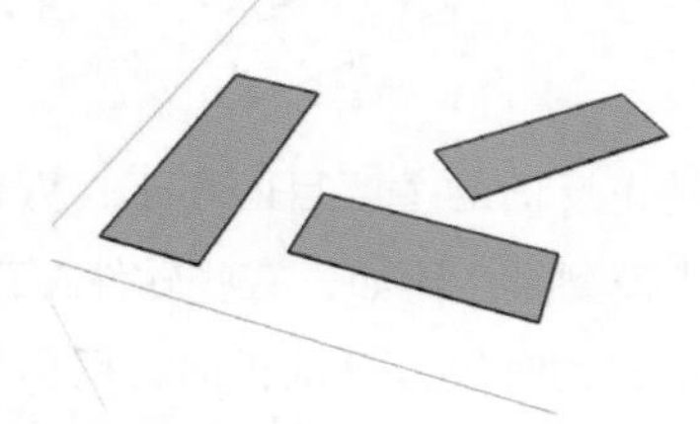

13. 镜像物体

绘制一个图形，点击镜像工具并选择好需要镜像的方向。

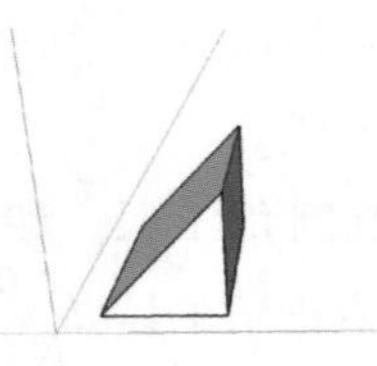

选择完毕后会出现以下对话框，询问是否删除被镜像的物体，这里我们选择“否”。

镜像完成。

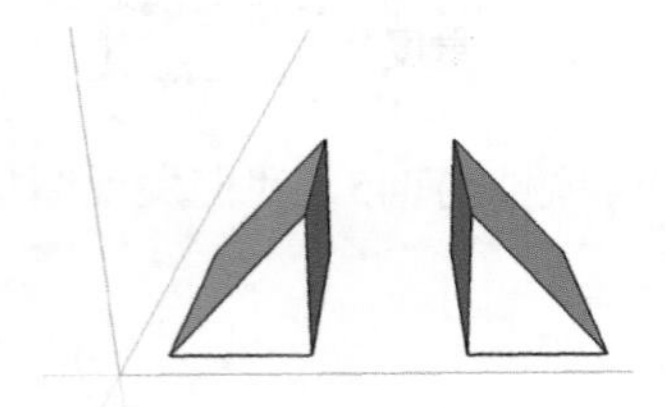

14. 选同组件

可以快速选择出同一类型组件，以下图为例，共有两种组件。

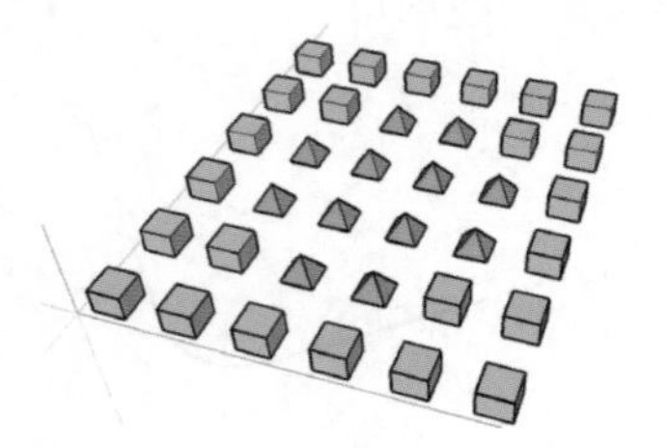

点选三棱锥的组件。

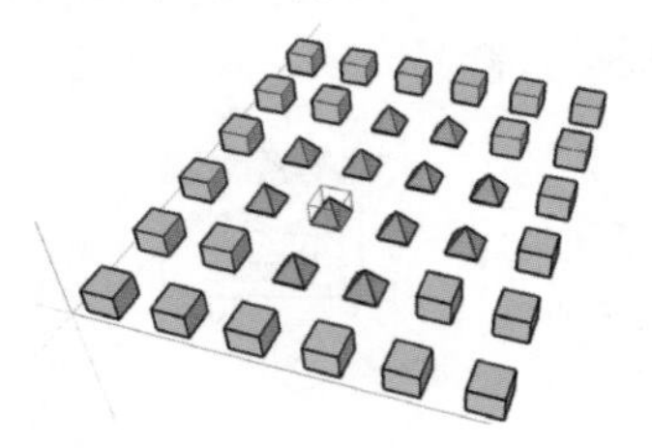

再点选该工具，我们发现，所有的三棱锥组件都被选中。

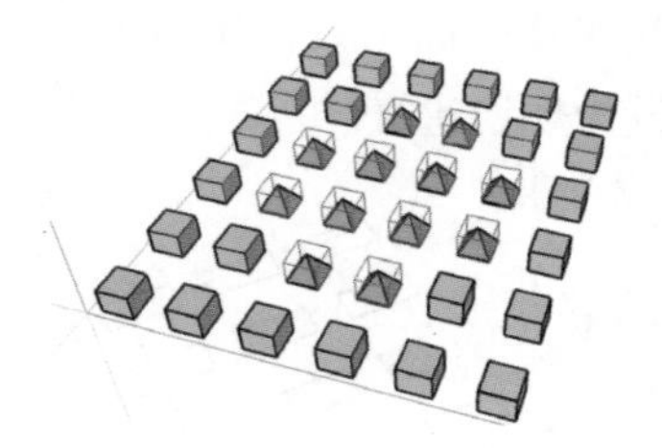

1.13.5 泡泡插件组

1. 曲面工具

绘制两个半圆，相互垂直。

传统建模中曲线与曲线之间的封合是相当难处理的，有了这个插件，可以做出一些更有创意的造型。

删除连接的直线，只保留弧线。选择这两条曲线。

点击曲面工具，软件计算出一个面。

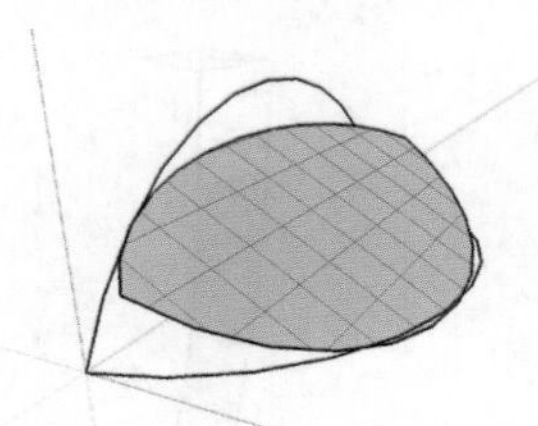

在小键盘中输入 50，作为这个面的制作参数，输入值越大，形成的曲面越柔化，模型越细致。

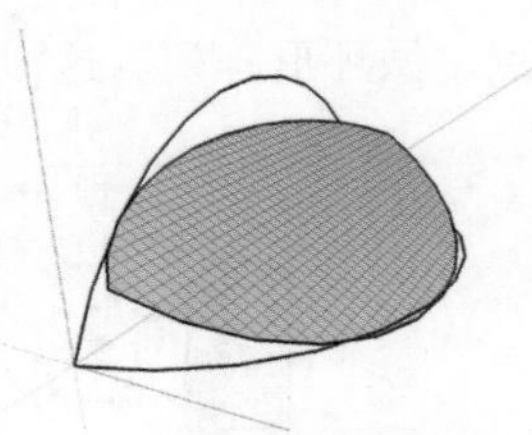

敲打两下回车，第一下回车代表确定输入的值，也就是之前的 50 这个参数，第二下回车代表按照这个值开始运算。整个运算的过程非常有趣，线与线之间会自动成面。

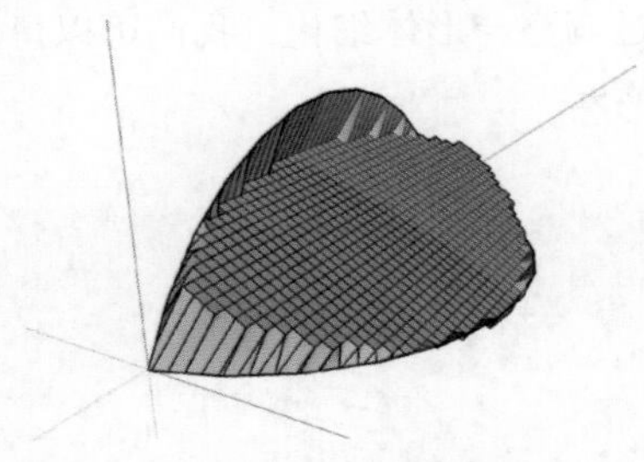

稍等片刻后，曲面就完成了。

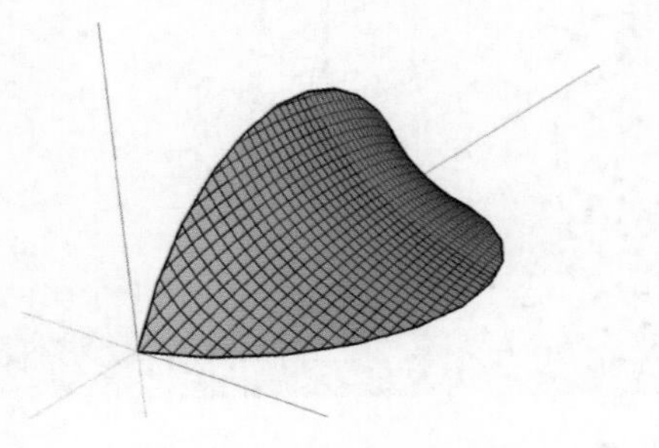

曲面的曲率与形式可以通过曲面外凸工具和曲面内凹工具进行调整。

2. 曲面外凸工具 

点击刚刚生成的曲面，再点击该按钮，输入需要外凸的值，这里我输入的是 20。外凸完成。

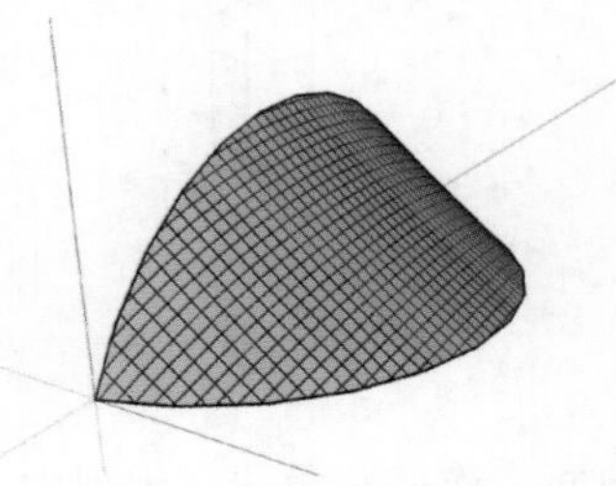

3. 曲面内凹工具 

点击被内凹的曲面，再点击该按钮，输入需要内凹的值，这里我输入的也是 20。被外凸的曲面又回到了原来的样子。

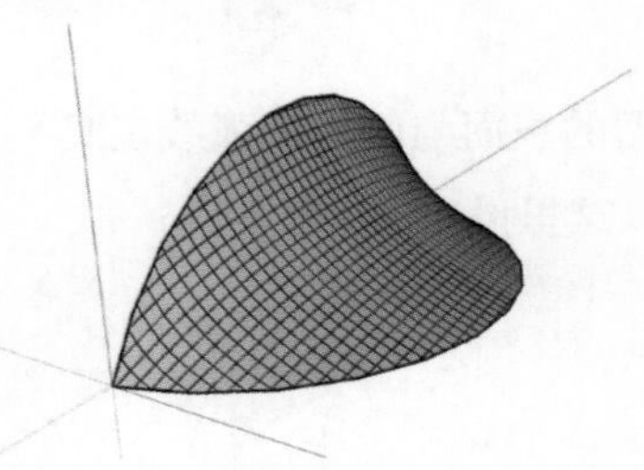

举例，做一个有规律的异形建筑。绘制一个 32X32 的正方形。

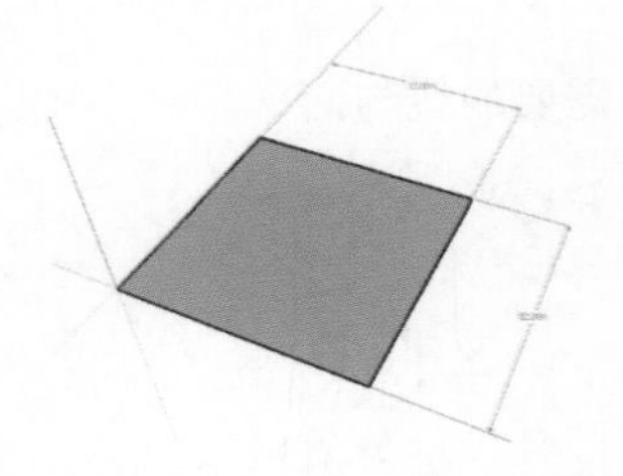

用推拉工具，将该面向上推拉 210 个单位。

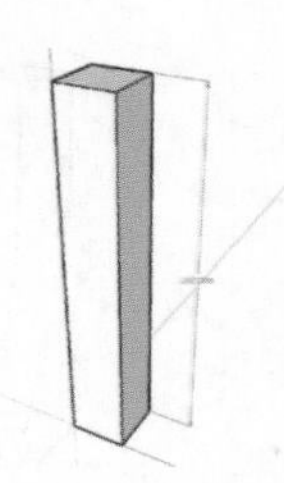

因为要变化的只是其中一部分，故将该立方体分割成两段，上面一段的高度为 40 米。

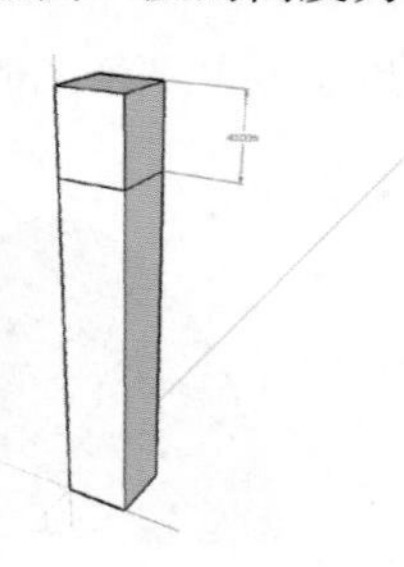

在顶面，连接对角线，出现中心点，这个点是之后操作所要用的参照点。

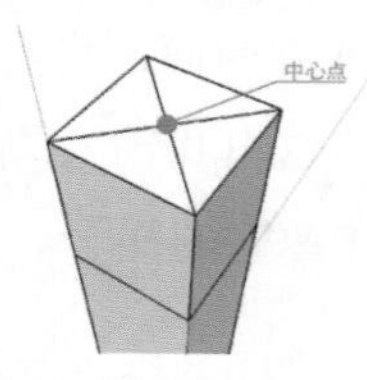

模型的正面与侧面用弧线工具，各绘制一条弧线。这里设定的玄长为 8。

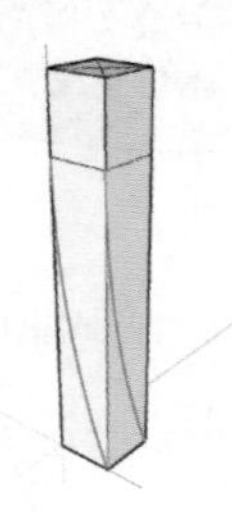

删除不需要的线与面。

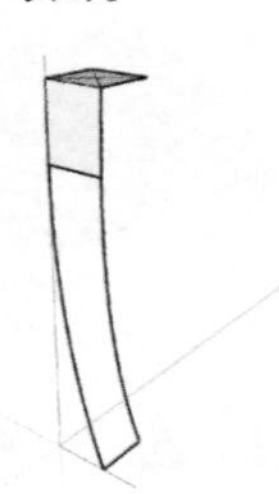

选择这四段线。

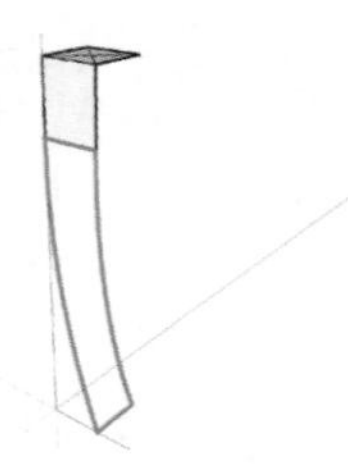

使用曲面工具 ，制作空间异形。

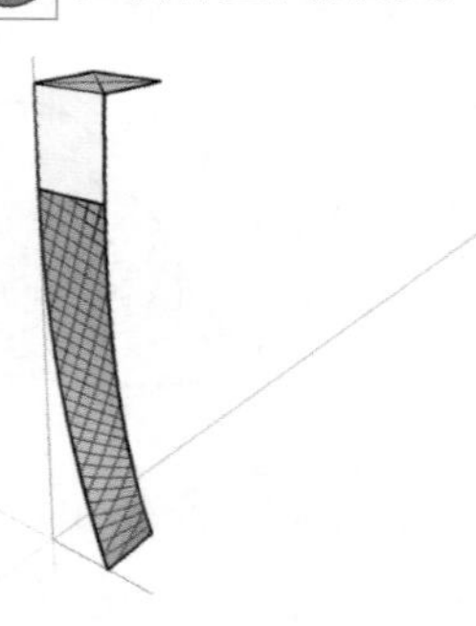

将完成的面做出组件，以之前的中心点位旋转的参照点，做环形阵列。这样异形建筑的雏形就完成了。

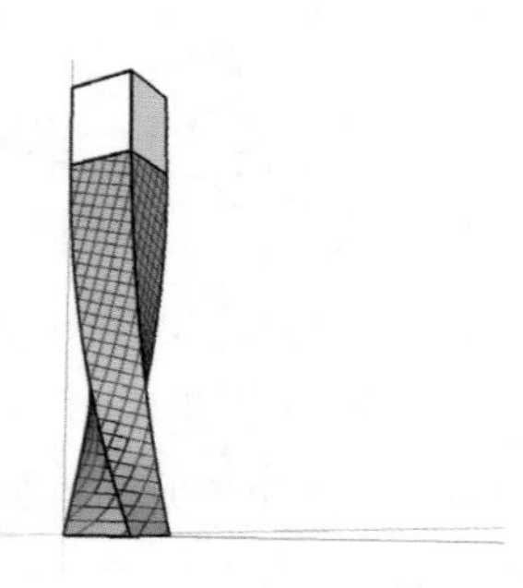

通过调整与形体细化，我们可以得出最终的建筑形态。

1.14 快捷键的设置

导入已有的快捷键文件，点击窗口——使用偏好。

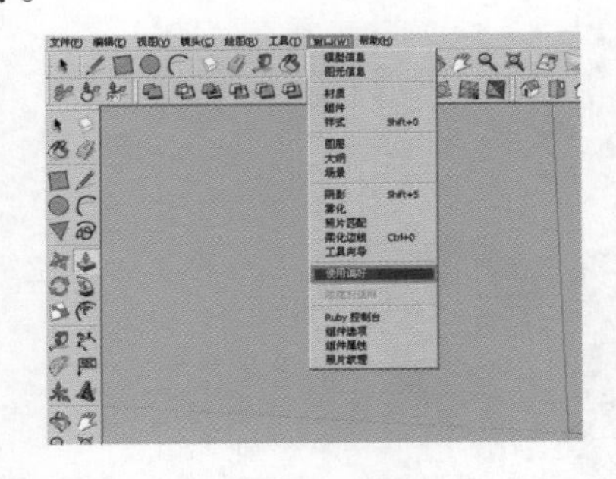

在对话框中点击“快捷”，然后点击“导入”。

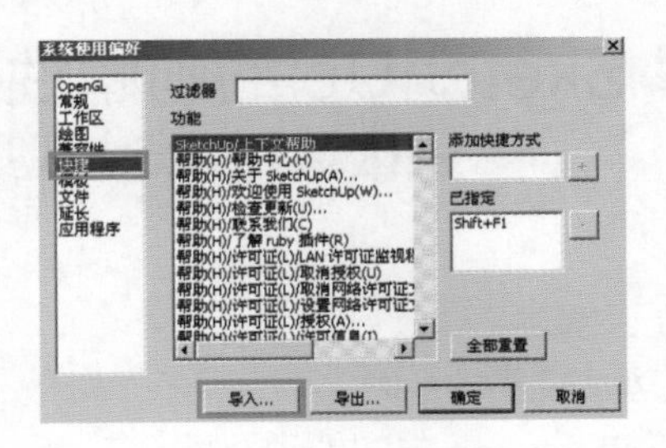

选择已有的快捷键文件（文件见随书附带光盘），然后点击“输入”。

若要输出快捷键，则在对话框中点击“快捷”，然后点击“导出”即可。

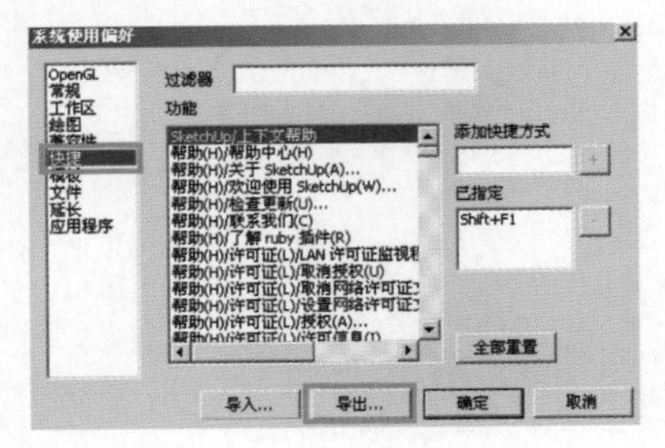

注意：关于快捷键的导入，由于版本的原因，有些快捷键不一定能被当前版本的SU认出来，这个时候我们需要用手动的方式来记录快捷键。

在功能列表中选择命令，然后在“添加快捷方式”处，键入键盘按键，以表示这个按键就是所选命令的快捷方式，全部设定完之后，点击“确定”。

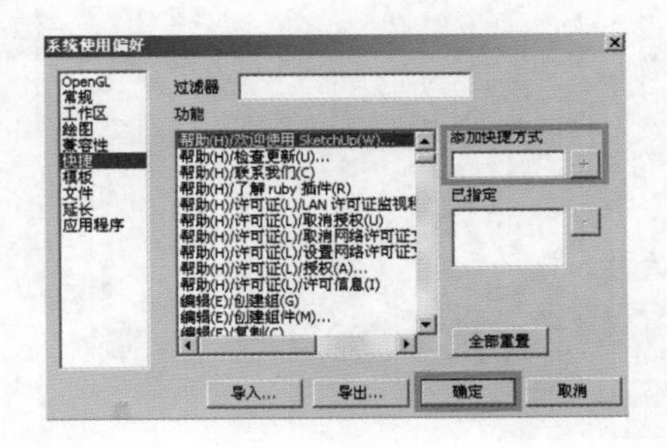

软件的快捷键设置方式，因人而异，目的是共同的，都是为了使软件操作起来更便捷。

SketchUp 自定义的快捷键列表见附录。

第 2 章

02

了解 SketchUp 的前瞻性
——区域性概念规划

本项目为策划项目，规划部分只是整个项目中的一小块，是设计师通过技术职能而拟定的核心部分。

一般来讲，要建设一块生地，必当策划先行。先有策划的定位，再由规划设计对策划定位进行调整，作出一系列分析，最终得出相对精准的开发价值与投资回报。总的来说是要对该项目有一个前瞻性的评估，在这个过程中，SketchUp 能够发挥哪些力量呢？接下来通过具体的案例来了解 SketchUp 在项目建设中所具有的前瞻性。（下文中，将简称 SketchUp 为 SU。）

2.1 项目阐述

2.1.1 项目的现状特点

1. 现状区位

该地块位于市中心城区与新区之间，其中心位置距市区中心约 20 km、距新区中心约 20 km，距国际机场约 10 km。

规划区总占地面积约 114.26 km^2，其河道全长约 22.8 km。规划区范围内，现状共计 55 个村庄、13 万人口。

2. 自然地理条件

该规划区是典型的低平原地貌，地势大致从西北向东南、从西南向东北微微倾斜；海拔均在 5 m 以下，一般为 3 ～ 4 m；受间歇性缺水及海水倒灌的影响，土壤含盐量较高，多被轻度或中度盐渍化。

水系十分发达，分布大量的海水支流及水塘，主要用于农业灌溉，主要支流的总长度约 31.2 km。

绿化植被及自然物种较为丰富，拥有三大独特的自然奇观（湿地、贝壳、牡蛎滩）；有高质量的自然环境、长度适宜的河岸和多种珍稀的生物资源。

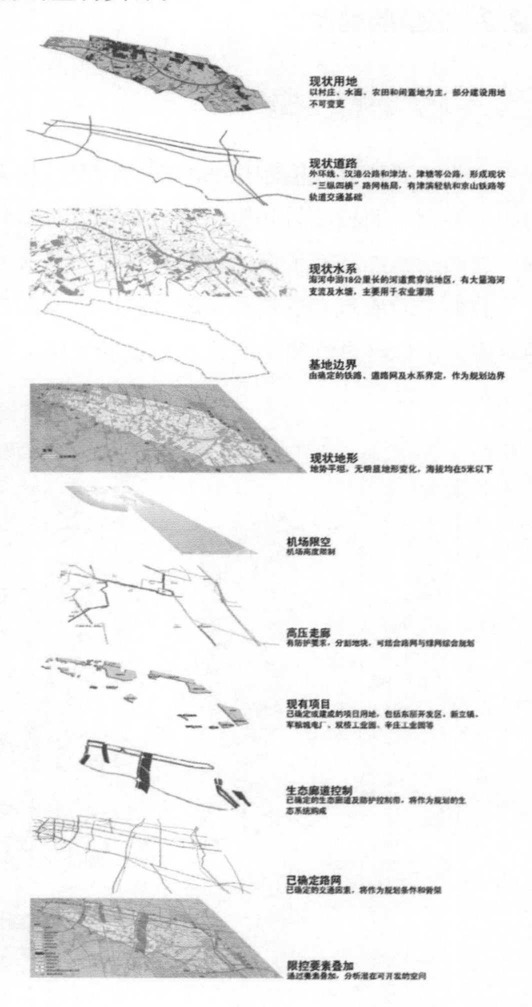

2.1.2 规划理念

1. 总体规划布局

四大组团：知识经济创新区、生态城市示范区、两港经济和谐区、生态保育区；河流两岸侧重不同的功能，体现“南居北业”、“南疏北密”的发展格局。

2. 生态发展格局

“绿廊穿插，Y 型组合”，发展组团式的生态布局结构。

2.2 模型的制作

2.2.1 掌握现有资源

首先，要明确模型制作的要求与情况。规划设计部分在此次提交的成果中所占比例不多，出现的图纸必须少而精；时间较紧张，要在短时间内拿出成果来。相信以上的情况是设计师们都碰到过的。这两条基本概括了设计行业对人才的要求：一是思路要清晰，二是效率要高。

我们来看看现有的资源：就一张手绘草图！对于有经验的设计师其实这是足够了。既然是手绘的草图，可以将最终模型制作成写意的风格。

2.2.2 根据手绘图制作 CAD 文件

之前根据策划已经做了一轮规划的用地方案。所以已经具备了该地块的路网 CAD 文件。

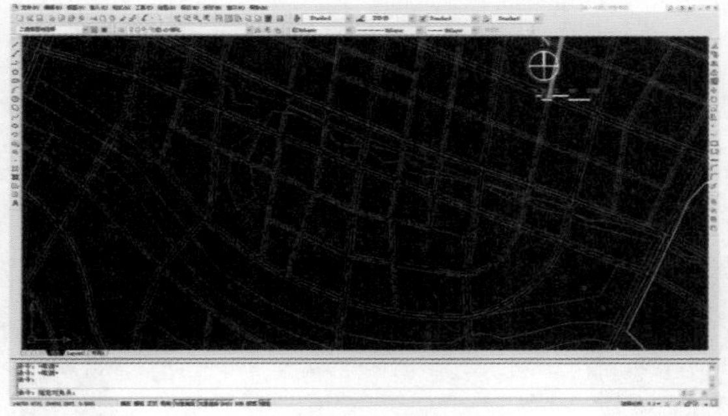

接着要做的是将完成的手绘草图插入到该 CAD 文件中，制作 SU 模型所需要的建筑与绿化。

1. 原始图纸的编辑及导入

把手绘草图用扫描仪扫描进电脑，一般来说，手绘的图幅越大，线条越复杂，扫描后得到的电子图文件大小就越大。

查看图片的属性，有将近 9 M，如果直接拖入 AutoCAD 软件中会很卡，需要给图片做个瘦身。

用 Photoshop 软件打开图片，按 Alt+I+I 的快捷方式打开图像大小的编辑窗口。可以看到图片的宽度有 6000 多像素，确实不小。

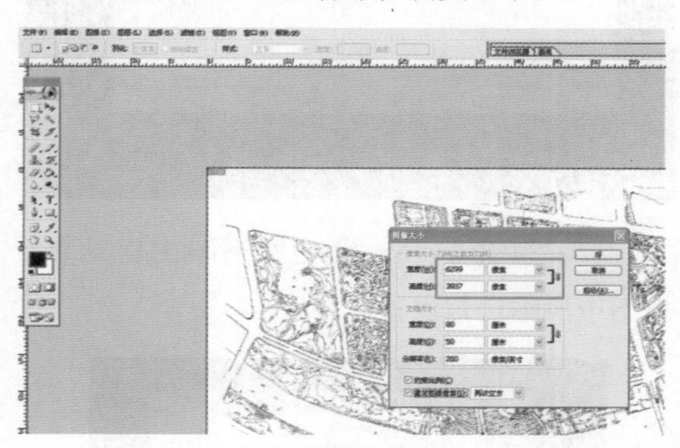

改变宽度一栏里的数字，一般 2000 点像素就够了。记得将该文件另存，不要覆盖原文件，以免清晰大图丢失。

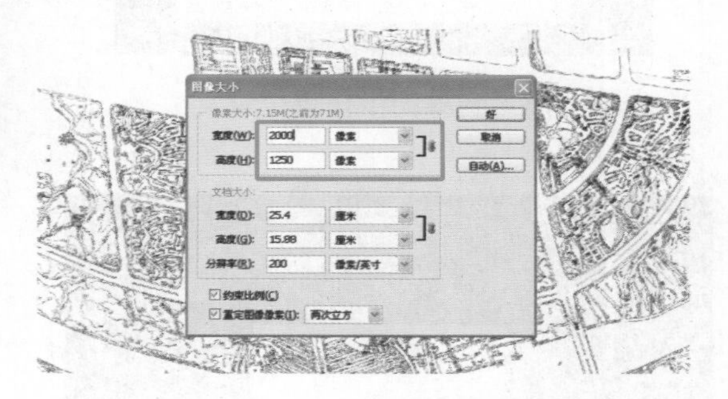

在已有的路网 CAD 文件中插入瘦身好的图片。点击菜单栏插入 > 光栅图像参照。

选择处理好的图片，可以在预览的小窗里看到图片的缩略图。

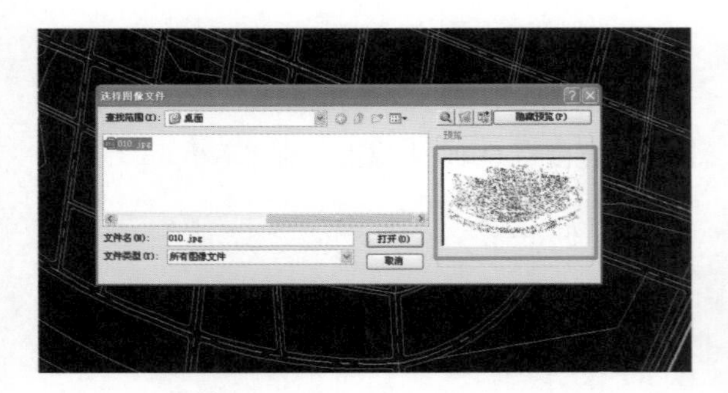

按“打开”后，出现如下图的对话框，按图中所示进行设置。

先把图插入到界面中任意位置。

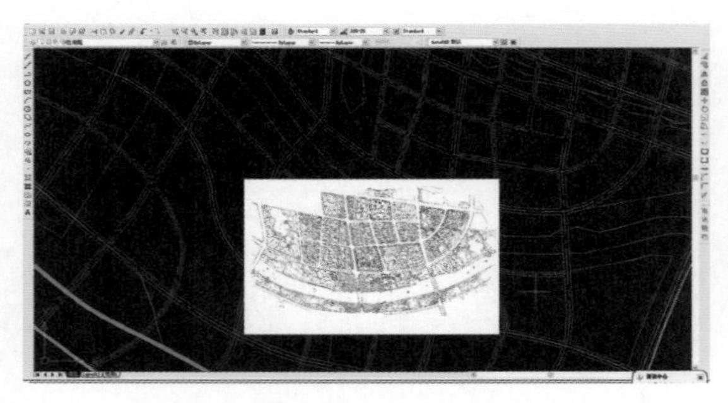

在CAD中调整图纸所在图层的先后顺序，使得图纸衬到CAD路网线之下。选择图纸后操作，在CAD中命令的快捷键为DR+空格+B+空格。

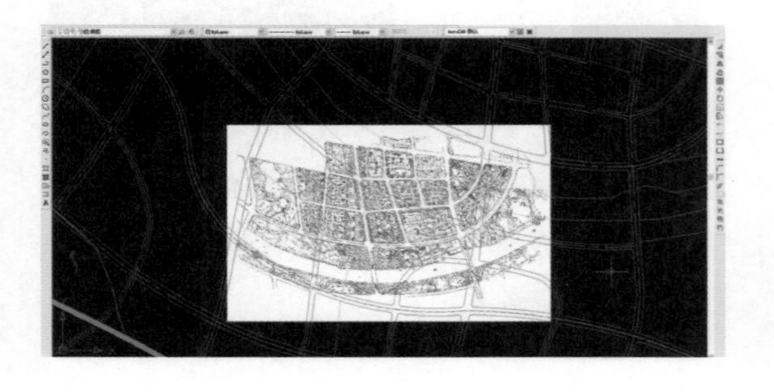

根据CAD文件的路网线按比例缩放图纸，用CAD快键命令AL及SC来调整。将底图的位置对准于现有的路网之下。

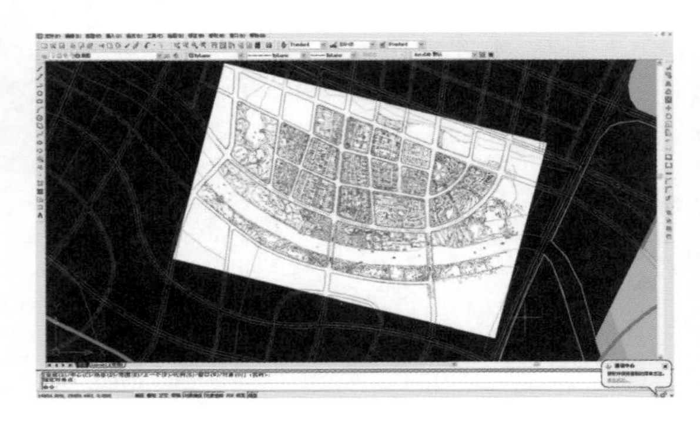

完成后，发现图纸太白了，操作起来晃眼，调整一下图片的色泽。双击图纸边框，出现以下的对话框。

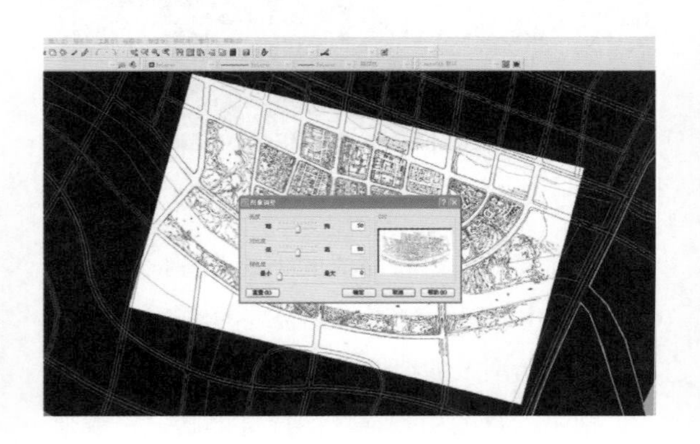

调整一些参数，使得图纸变得暗一些。

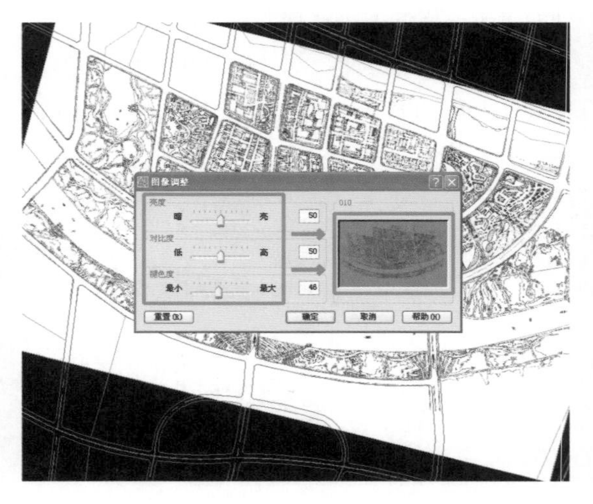

这样，CAD文件上的线就比图纸上的线更清晰了。

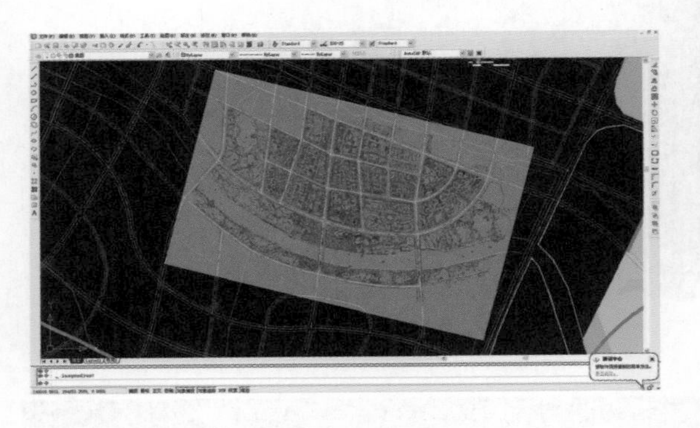

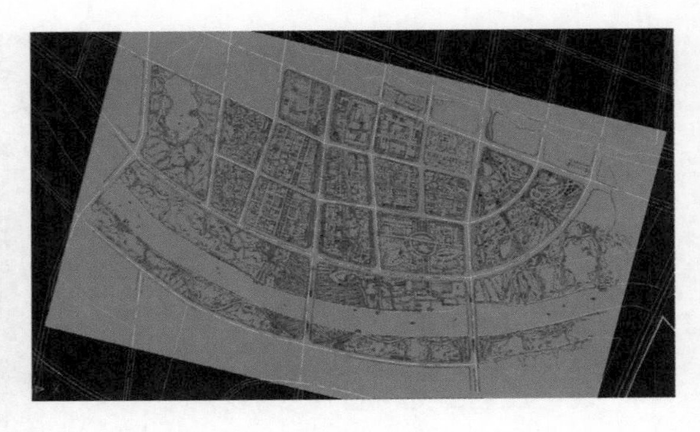

2. 绘制建筑

草图阶段的描图，做到形似即可。我们来示范某一块地的描图。

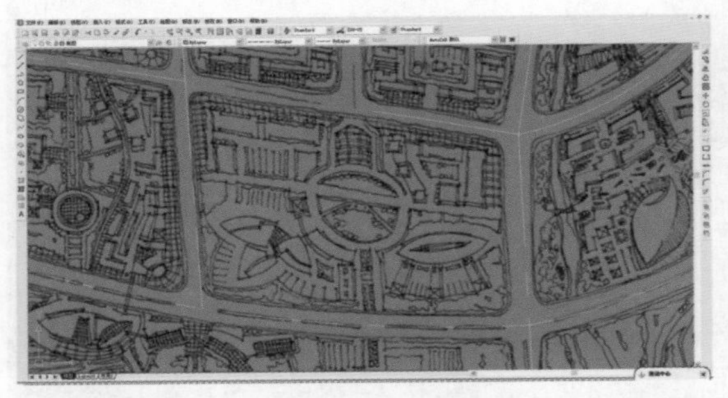

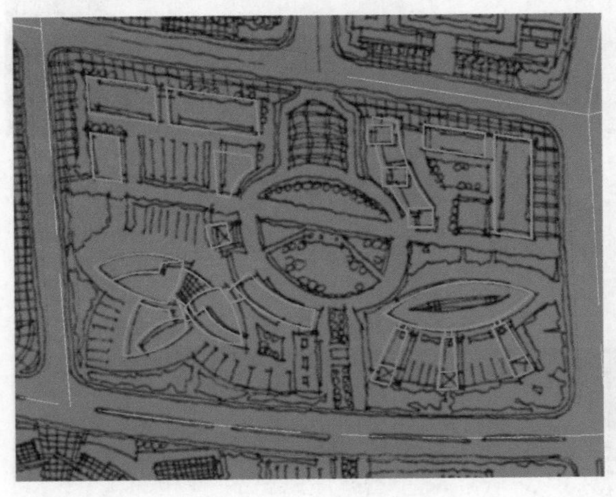

描出所有建筑，虽然工作量很大，但这是草图阶段的必经过程，只能坚持。

3. 绘制水系

将水系根据手绘的底图描绘出来。

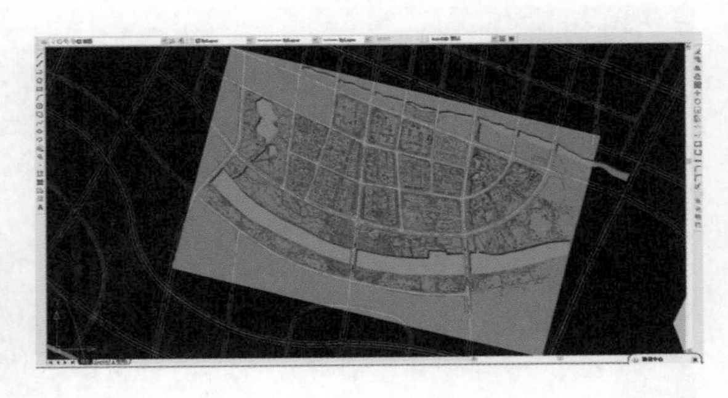

4. 绘制绿化

绿化分两种，一种是棵状树，一种是云线树。

棵状树：画一个半径为4 m的圆。半径的大小要依据规划用地的大小。切记将表示球状树的圆制作成块，依据底图复制该块。

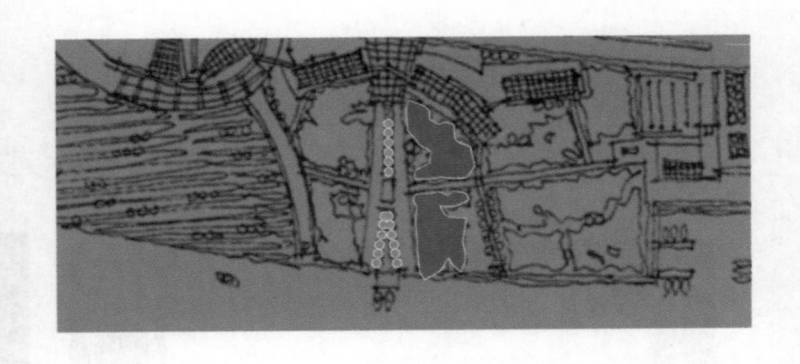

云线树一般是用云线工具来制作的，这种制作方法的优点是成图美观，缺点是形成的模型量大，描绘稍有不慎进入SU中不方便成面，费时费力。这里我们使用折线段直接进行描绘。

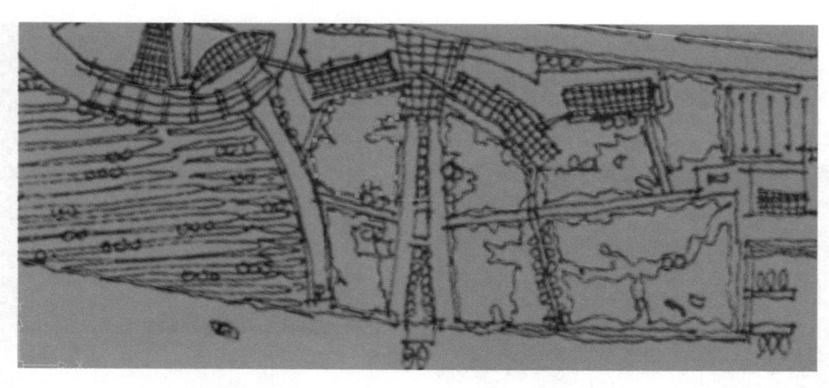

绿化的描绘完成意味着 CAD 部分的完成。

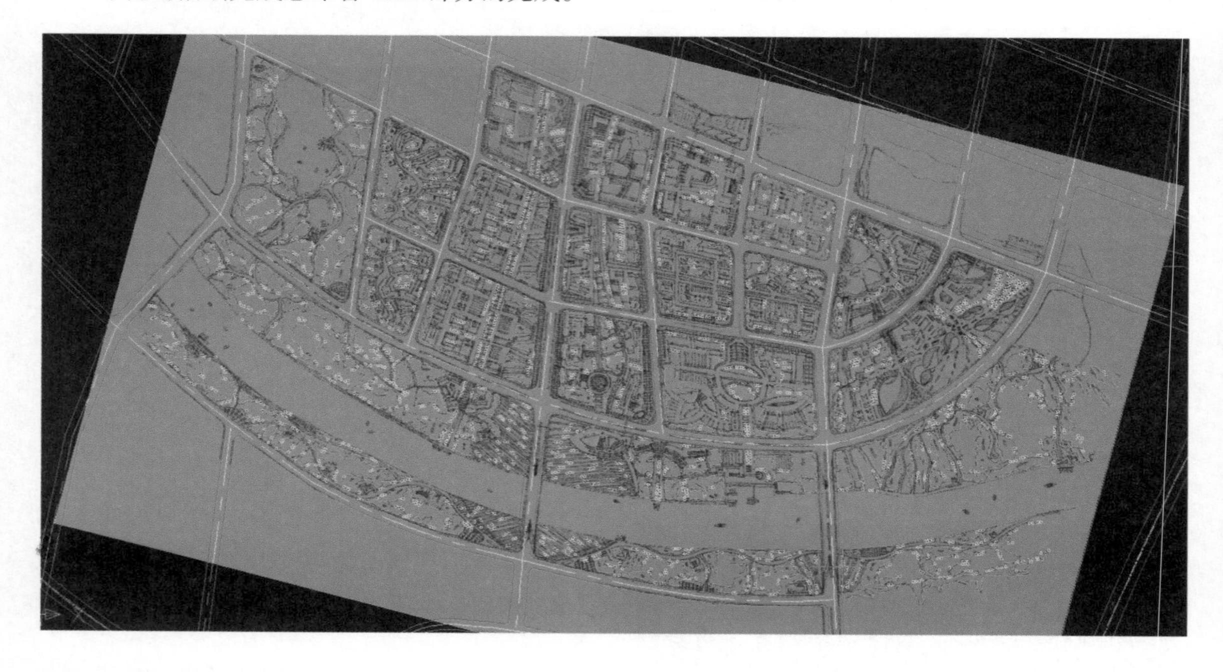

2.2.3 制作建筑体块

在 Auto CAD 中打开图层管理窗口。只显示建筑线这个图层，关闭其他的图层。

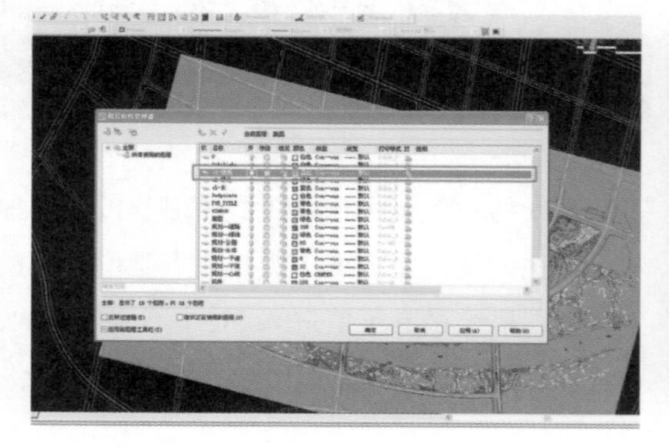

1. 面的闭合

将建筑层单独写块出来导入 SU 软件中。在 Auto CAD 中写块的命令为“W”，这样就将建筑线单独剥离出来了，便于建模。写块的时候软件会让你选择输出的单位，这里建议读者将此栏设置成“无单位”。这样绘图的时候所用的单位就是输出时的单位，这样做可以避免单位设置的错乱。

用缝合面工具将导进去的线闭合，发现有一些面没有闭合。没有闭合的原因主要是，CAD 文件中的弧线导入 SU 中就变成由多个直线段组成的类弧线。直线与类弧线没有相交，所以无法闭合成面。也就是说在 CAD 中，直线与弧线的相交，导入 SU 中这两者并不相交，需要手动处理。

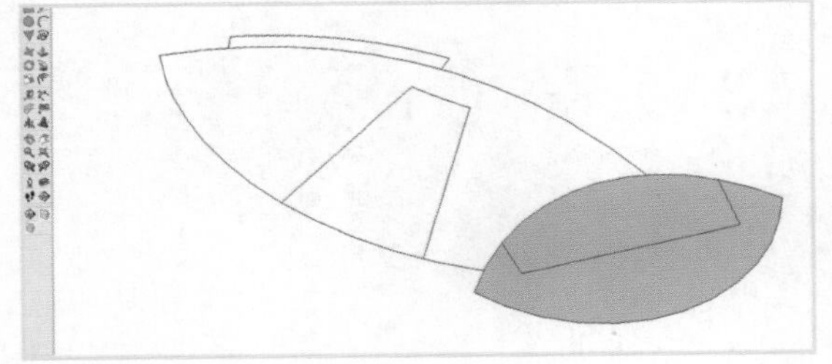

我们示范一根线的处理。用移动命令移动与弧线旁的端点，拖出去。

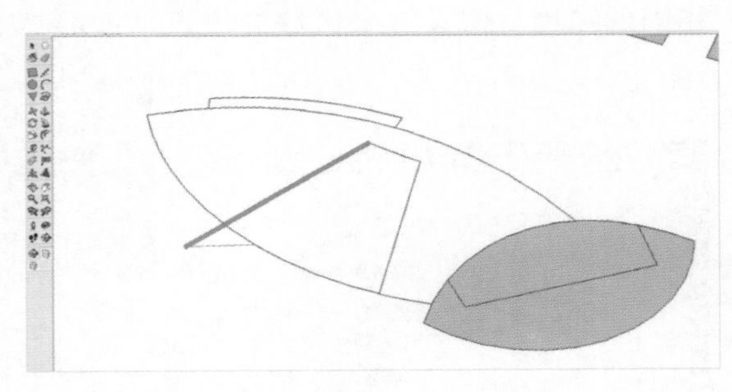

再拖回来，形成交点。这样就成了闭合的空间。

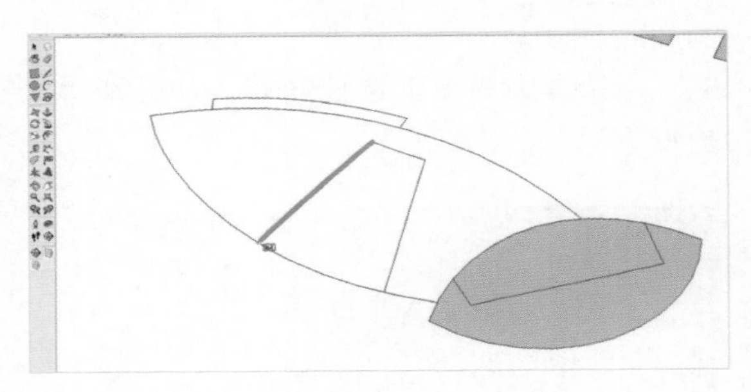

不厌其烦地用相同的方法移动其他线段的端点。

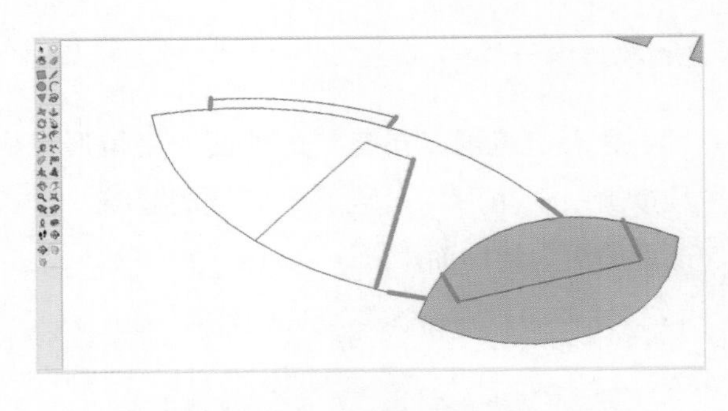

全部处理完之后，就能成面了。

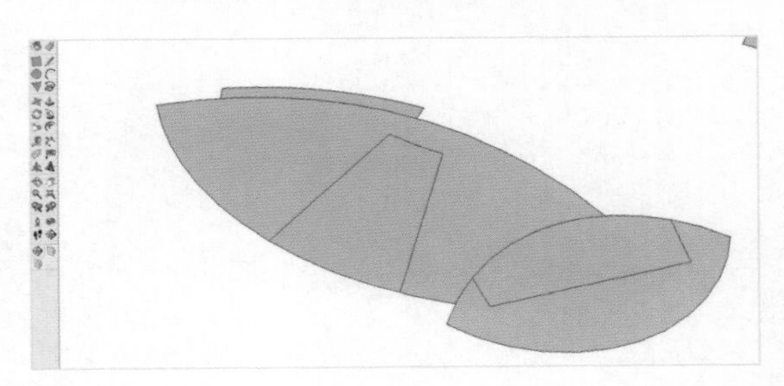

2. 高度的拉升

我们来示范如何将不同的面统一拉升到相同的高度。假设这个区域的建筑高度都是100 m。

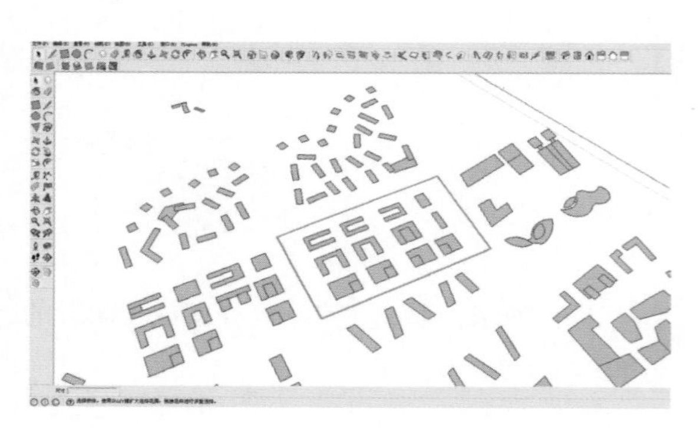

用选择命令框选该区域，并且编辑成组群。

进入该组群，在建筑的外面，用矩形工具画一个矩形，覆盖这个区域的建筑。该矩形的面为辅助面。

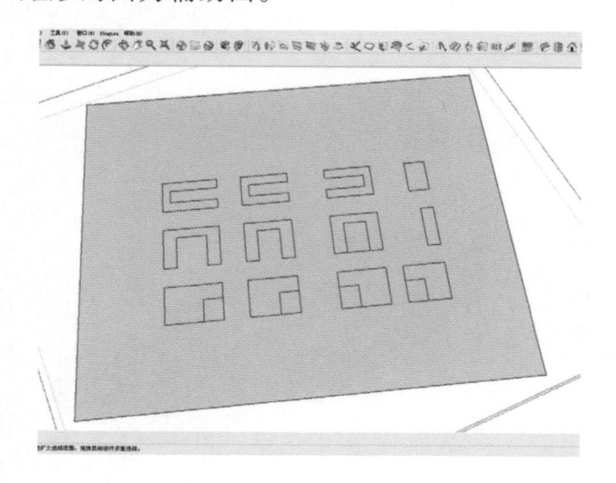

全选，用 Ctrl+ 移动工具向上复制 100 m。

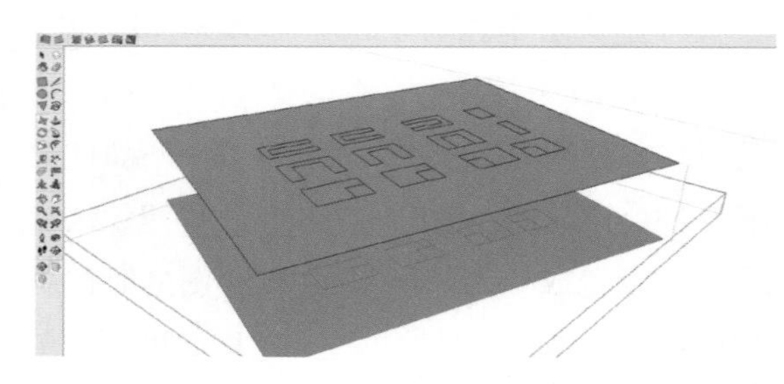

如图，用推拉工具将最外边的面向下推100 m。

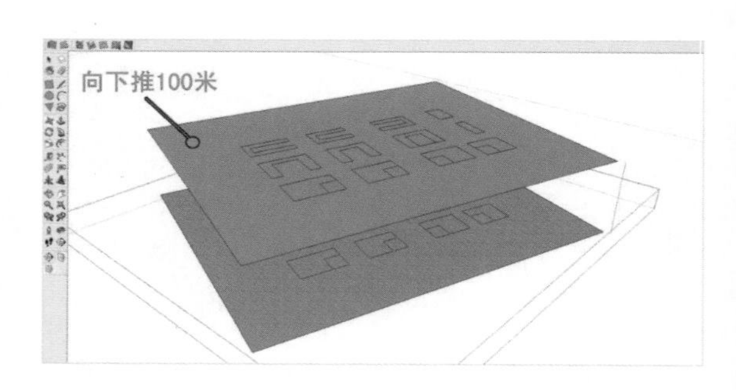

得出以下结果，并删除最外边的辅助面。

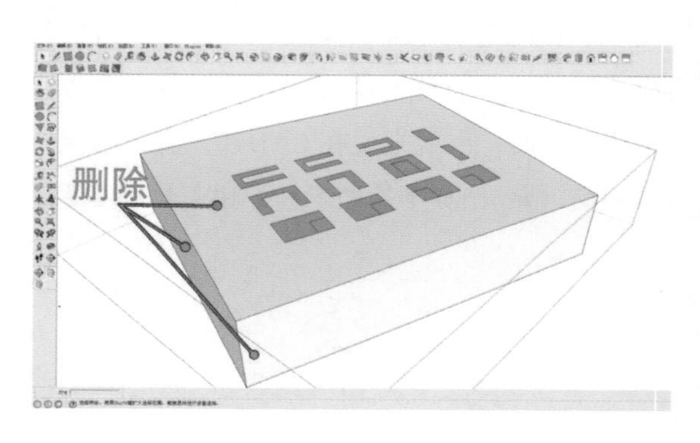

神奇的事情发生了，该区域所有的体块都是100 m。

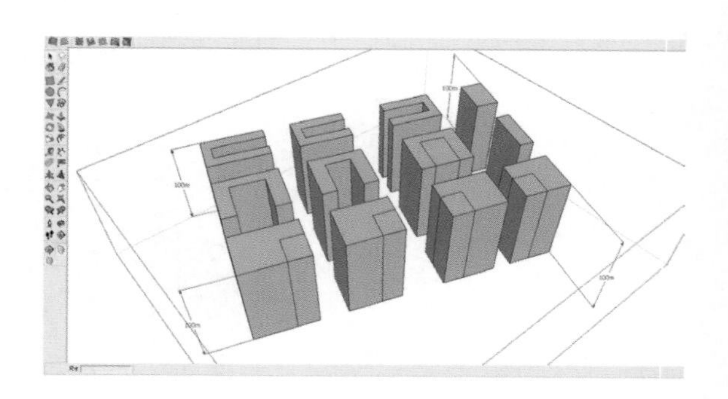

总结：

上述的方法非常适用于规划模型的制作，一般来讲规划的前期阶段，模型基本都以体块为主。描完 CAD 进入 SU 封面后，再根据设计的要求选择出相同高度的面，将这些面成组并用以上的方法做出相同高度的体块。有了如此快捷的方法，再大的建筑量也不惧怕了。

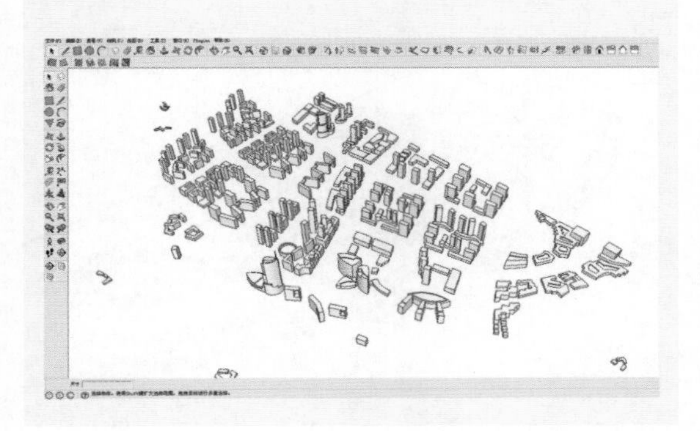

3. 突出核心区

根据规划结构我们得知，该地块的中心地带为该区域的核心区。

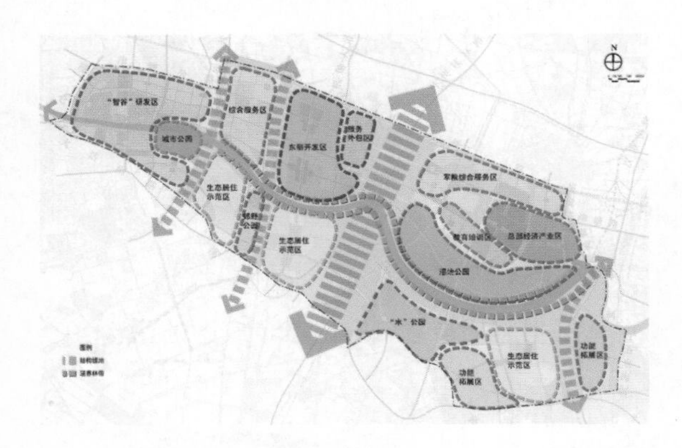

一般来说，规划的方案总有几根主要的轴线和组团片区。本项目中的主轴线为南北向，轴线上的建筑界面主要是为展示城市现代化与魅力的高层办公建筑。将核心区建筑的颜色修改一下，区别于其他建筑体块即可。

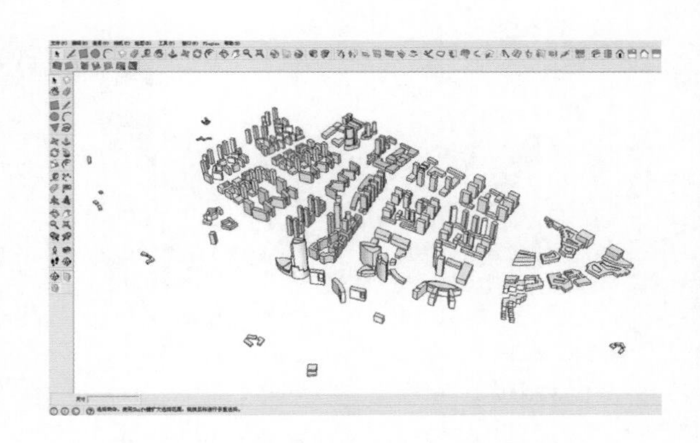

4. 路网

将规划的路网导入 SU 中并对好位置。

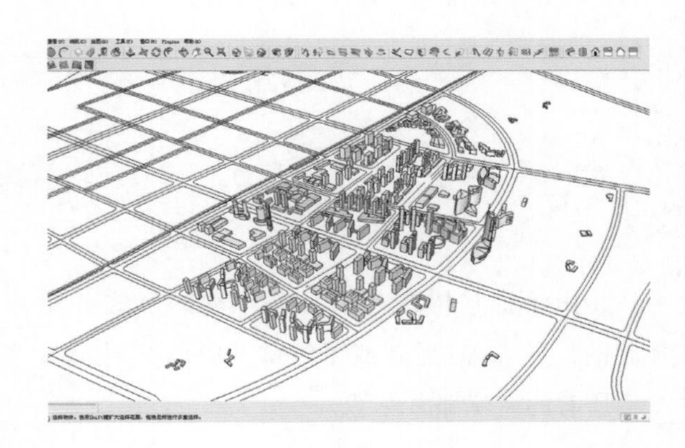

2.2.4 描绘环境

1. 云线树

将云线树导入 SU 中。

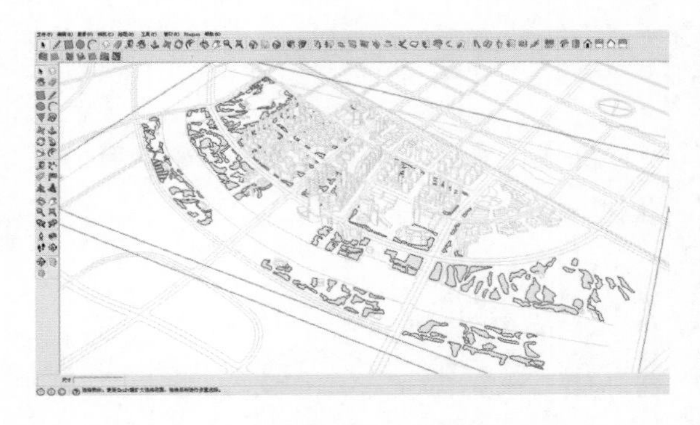

可以用之前将建筑体块拉升到统一高度的做法来制作云线树的高度，一般 5 m 的高度即可。赋予材质，用半透明的绿色即可。

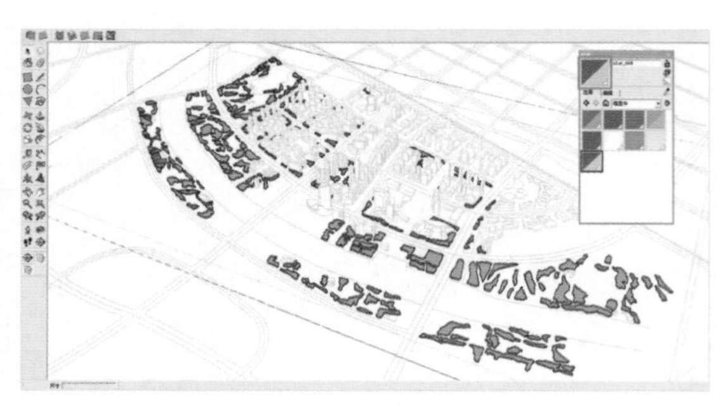

2. 棵状树

将棵状树的 CAD 文件单独导入 SU 中。

由于棵状树在 CAD 中是以块的形式来复制的，导进 SU 后就成了组件，所以种下一棵树所有的树就都出现了。

完成，看一下全景，布满密密麻麻的棵状树。

这样，模型部分就算是大功告成了，制作手法相当简单。

3. 环境底图

将预先画好的手绘平面图拖入模型中。

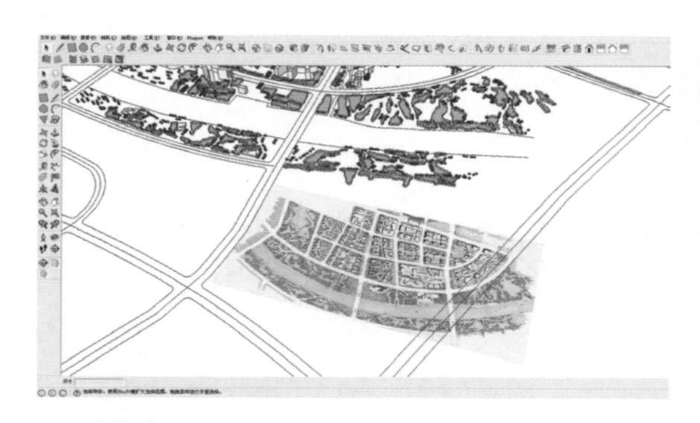

根据路网与建筑定位 JPG 底图的位置。

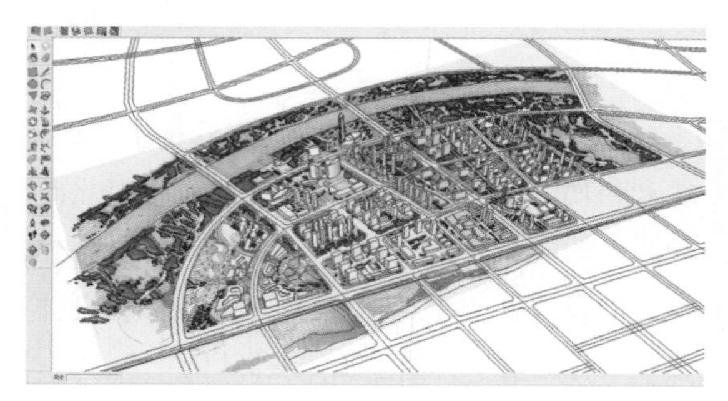

2.2.5 完成 SketchUp 模型

导几张出来看看效果。

2.3 在 Photoshop 中的处理及优化

2.3.1 制作环境色

按照不同的角度将图纸一一导出，发现模型的周边有大量的留白，需适当地美化。

随机选择一张已经导出的 JPG 文件，用 Photoshop 打开，进行后期的处理。

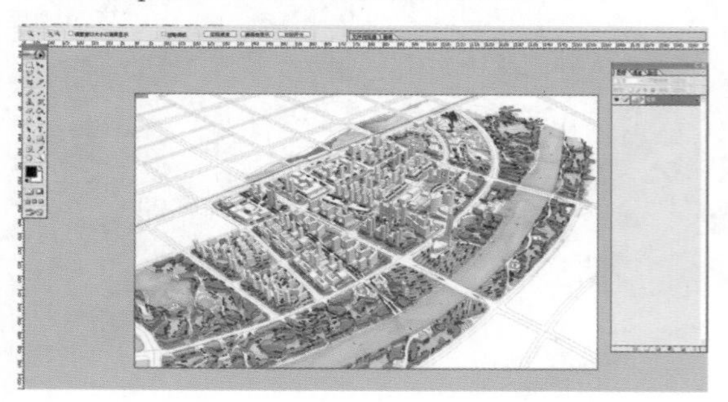

用 Photoshop 中的魔棒工具（快捷键 W）选择图中留白的部分（图中红色的范围）。

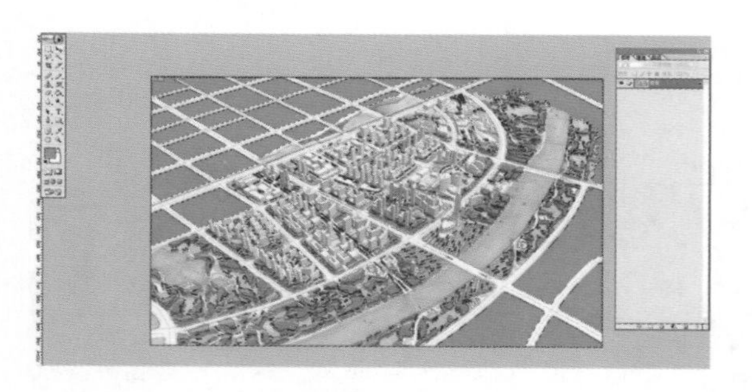

将选择的区域复制并单独成为一个层，快捷键 Ctrl+J。

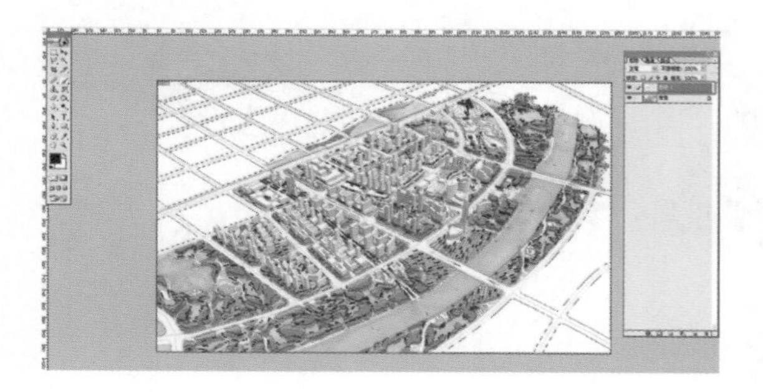

将前景色设置成绿色，深浅随意，因为后面还会做层次的处理。

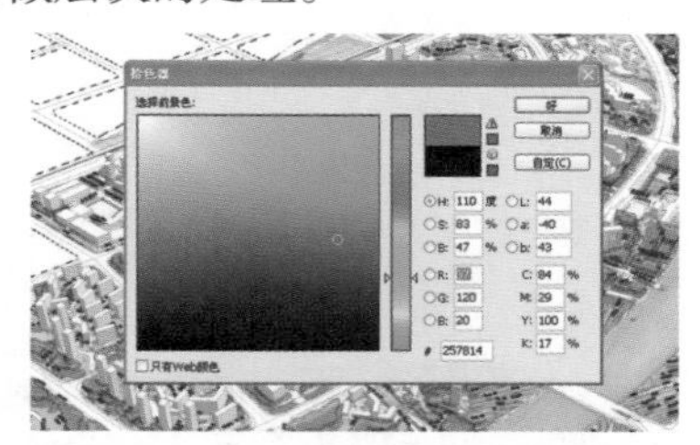

选择毛笔工具，调低笔刷的透明度和流量。这样画出来的颜色就不会那么浓烈。

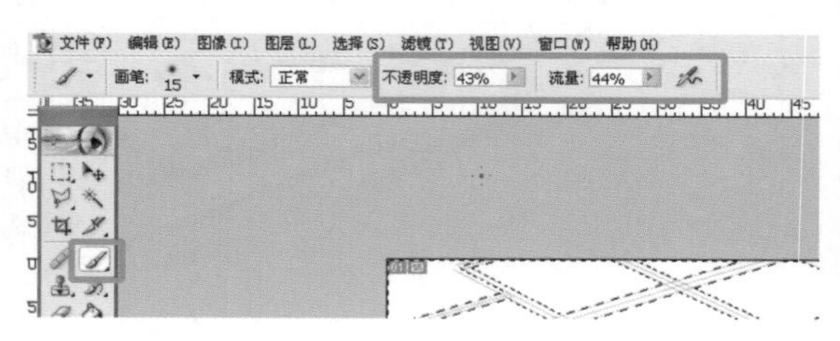

根据图纸的大小设定笔刷大小。这里之所以要选择较大的笔刷，是为了达到图面写意的效果。

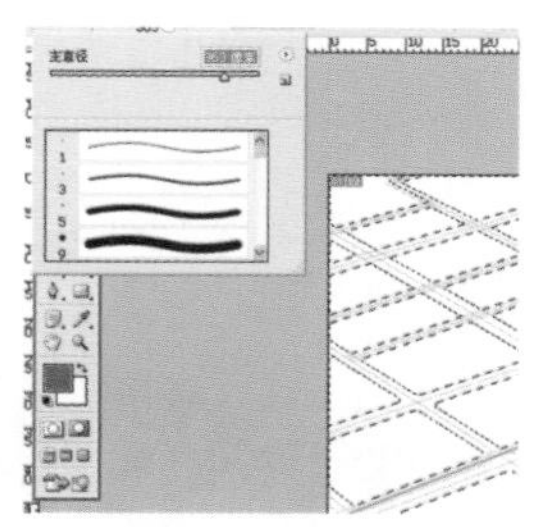

将鼠标移动至图层窗口，按住 Ctrl 键在之前复制出来的图层上点击鼠标左键。这样就选择出了留白的区域，也就是要使用笔刷工具的区域。在此区域用毛笔工具随意刷几笔。

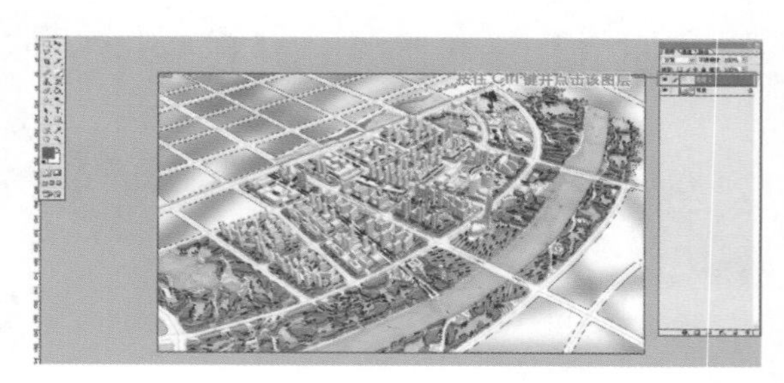

再次调整前景色的颜色，将之前的深绿色调整为淡绿色。

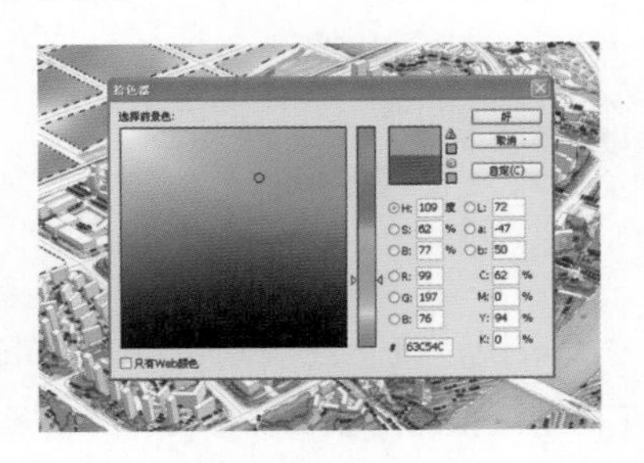

在此范围内多刷几笔，可以覆盖之前的笔刷。这样反复几次调色，反复几次涂刷，再对该图层进行半透明的处理，使笔刷的颜色融入到整个场景中去。

新建一个图层，用 Photoshop 中的橡皮章工具将图中所示的一段河水补齐。

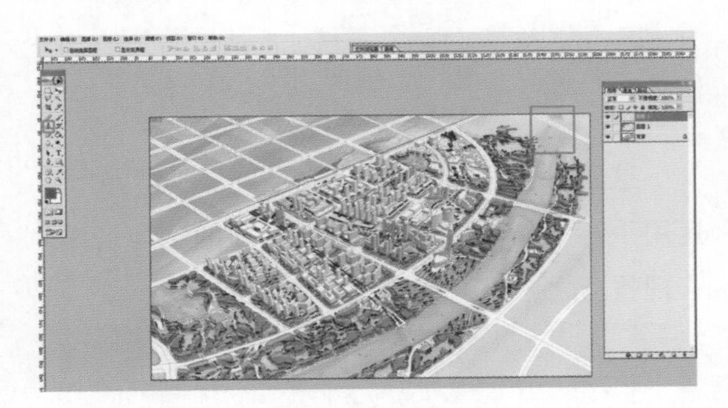

2.3.2 制作雾化效果

制作一些淡淡的云。为了遮挡不尽如人意理的地方或增加画面朦胧感，这淡淡的云是不二之选。

再次新建一个图层，用选区工具（快捷键 L）随意勾勒一个选区。

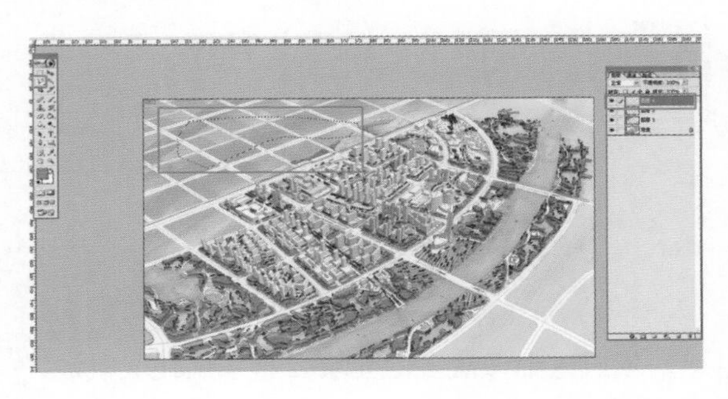

将其羽化，按快捷键 Ctrl+Alt+D 弹出羽化的对话框，将羽化的数值设置为 100。

填充白色，云彩初见雏形。

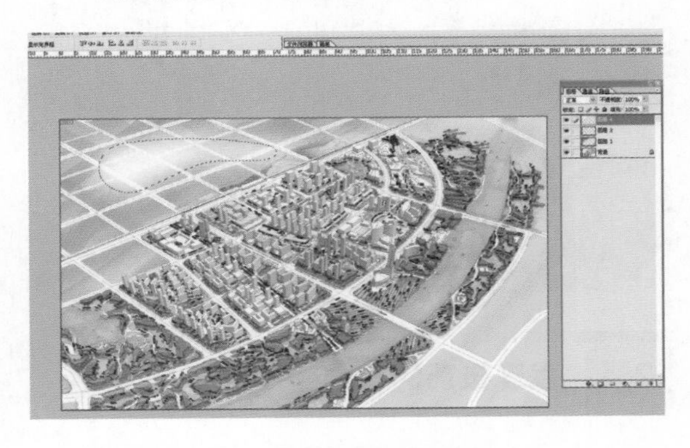

按 Ctrl+T，将云彩随意地变形。

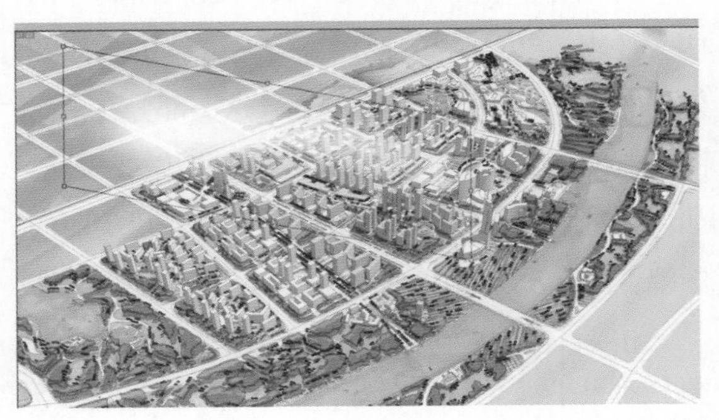

将云彩的图层透明化，让云彩显得更真实。

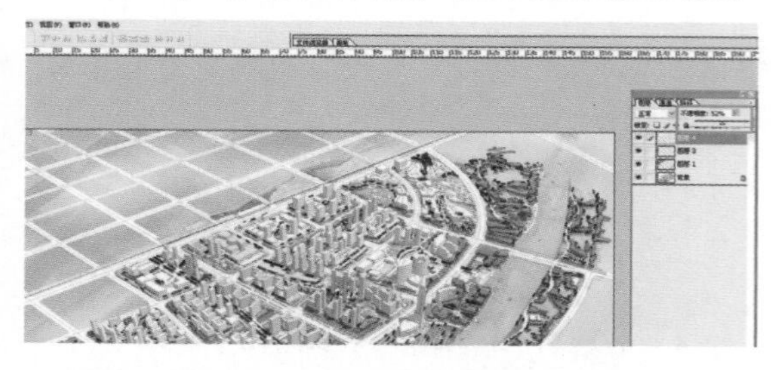

依照这个做法多做几块云彩来烘托气氛。

最后可在 Photoshop 中添加文字作为项目的索引图。

2.4 表现技巧的总结

时间紧、要求高，是本案例效果图制作的两大要求。SU 常规的使用方向是方案的推导和效果的表现。本案例方案的推导这一部分在平面图绘制时已经被解决了，只需要一心做好表现。如何在有限的时间内用讨巧的方法制作出美丽的图幅，是本次项目中 SU 要解决的主要问题。

按照传统的制作方式得出来的效果如下图。效果平淡无奇，有些许的乏味。

一般来说，概念性规划也好，城市设计也好，在初期汇报的阶段都需拿出一个方案来，哪怕是手绘草图，用来体现设计师的构思。本次规划在这一阶段同样也做了一张手绘的总平面。

再将手绘的草稿线上色。

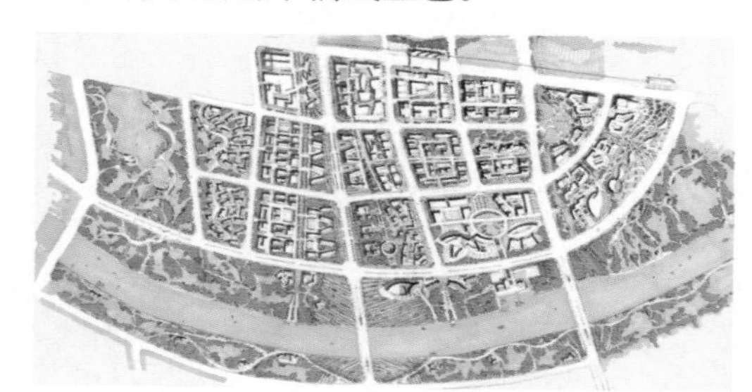

这正好可以用于 SU 表现。合理地巧妙地运用手绘平面与 SU 体块模型立体的结合是 SU 表现技巧之一。

一般项目运作的大概流程为：可行性报告、投标拿地、项目策划、概念设计、招商引资、方案的报规与报建、扩大初步设计、施工图设计、施工建造与验收、业主入驻、开业等。方案的报规与报建，是概念到实际的这个过程中最重要的环节之一，决定了设计师的构想能否变为现实。

在方案的报规与报建中，除了方案的规划设计、相关的技术指标以外，日照的计算与分析，相对于前两者的重要性而言是有过之而无不及的。日照会直接影响到项目的规划布局。

通常要考虑到的有关日照的问题有两项：一、规划设计中的住宅间距是否满足当地规定的日照条件；二、整个地块的规划设计是否能满足地块周边的日照需求。

1. 传统的日照计算

这里我们运用 CAD 插件“天正”中的多点分析来计算日照。

首先，使用 CAD 中的“图层特性管理器”将不需要显示的图层关闭，只显示建筑的图层，必须确认图层中的线都是闭合的。

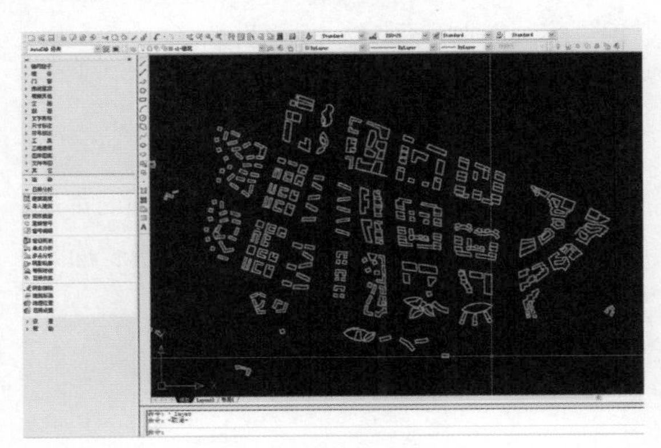

点击“建筑高度”选项。

依次输入每栋建筑的设计高度。如果建筑量比较大的话，工作量也会同比增加。输入后，原有的建筑图层会被软件归类到一个专有图层，以用于日照的计算。

点击“多点分析”选项。

框选需要进行日照计算的建筑，之后会跳出“多点分析”编辑框，根据项目的位置及相关的规范来设置“多点分析”中的参数。

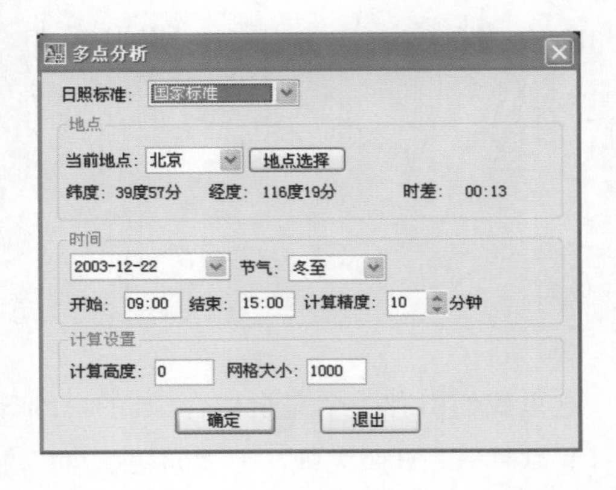

设置完成后点击“确定”，框选需要计算

的范围，计算就完成了。

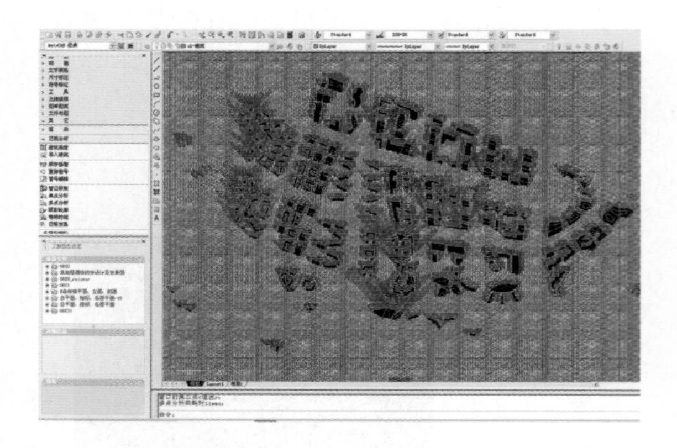

使用以上的方法，有以下的缺点：

① 方案是在 SU 中推敲的，算日照时须导入至 CAD 软件中进行计算，如果推敲的方案日照不能通过，则还要回到 SU 软件中进行修改。往返与两个软件之间，非常耗时。

② 由于是平面软件，在编辑高度时并不能看到建筑被编辑的高度。使用者不能直观地观察到编辑过程中出现的错误。

③ 将建筑默认为体块建筑，给予建筑高度。如下图，若建筑是异形体或者有架空层，计算就会不准确。

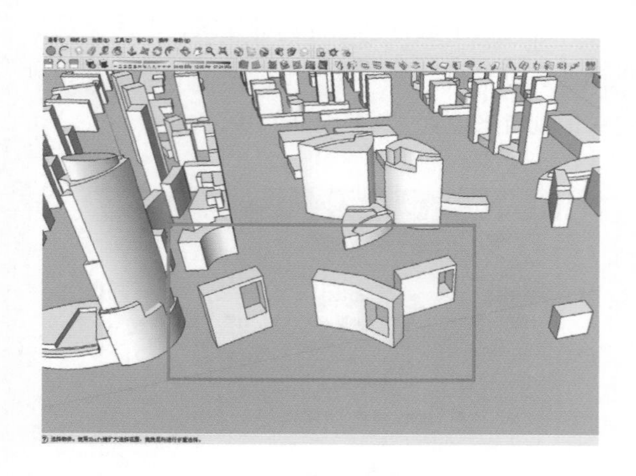

这里我们引荐一个完全切合 SU 的三维日照计算软件——日照大师，上述问题就可以迎刃而解。

2. 三维的日照计算——日照大师

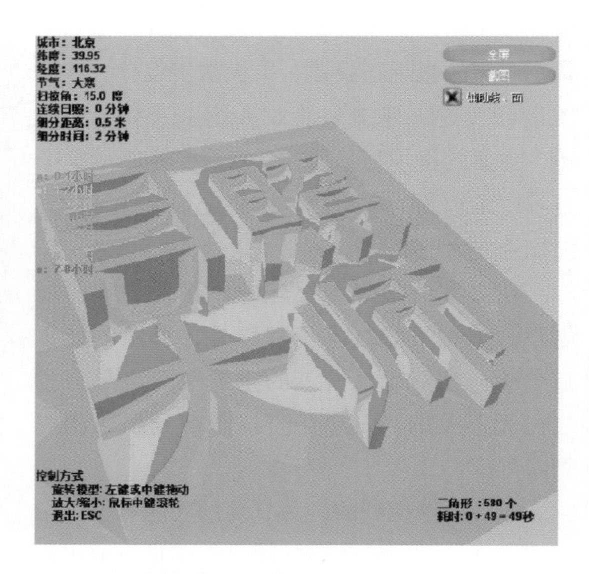

（1）计算前的准备工作

再次打开 SU 模型。

使用日照大师计算，需要将模型的面都翻成正面。依次点击窗口 > 风格 > 编辑 > 面设置，最后点击图中的按钮。

模型中的材质转换成了正反面的显示，蓝色为反面，白色为正面。

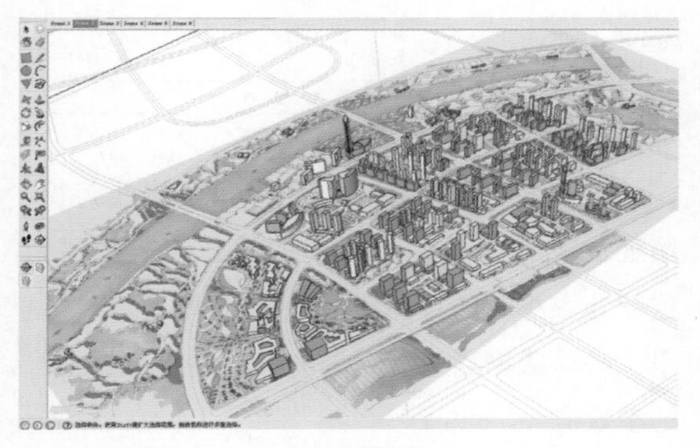

将面翻转有三种方法。

① 可以运用 Suapp 插件中的“将面翻转”功能将模型中蓝色的面翻转过来，成为正面。

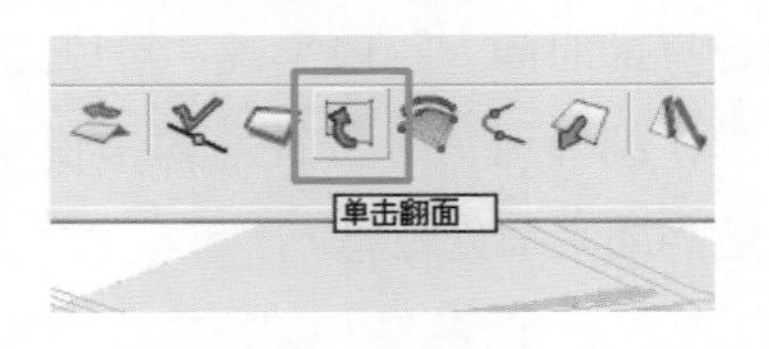

② 遇到模型都为反面的情形时，先框选需要翻转面的模型。

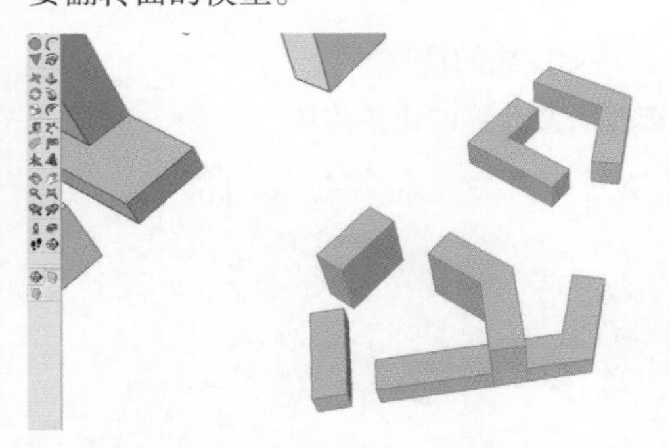

点击右键，选择“将面翻转”，所选的面就能同时转为正面。

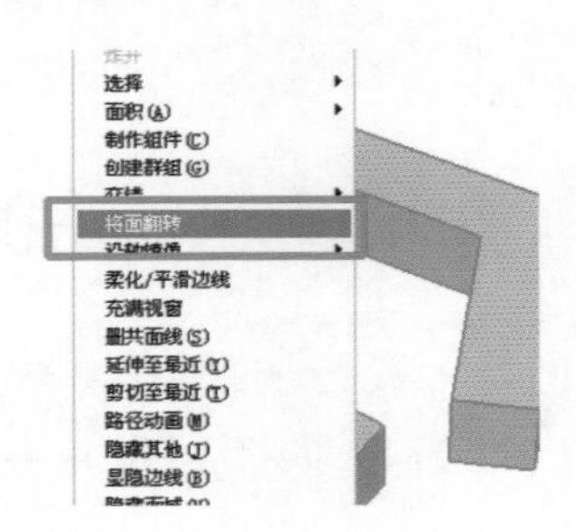

③ 遇到模型部分为反面的情形时，对正面的面点击右键，选择“将面统一”。

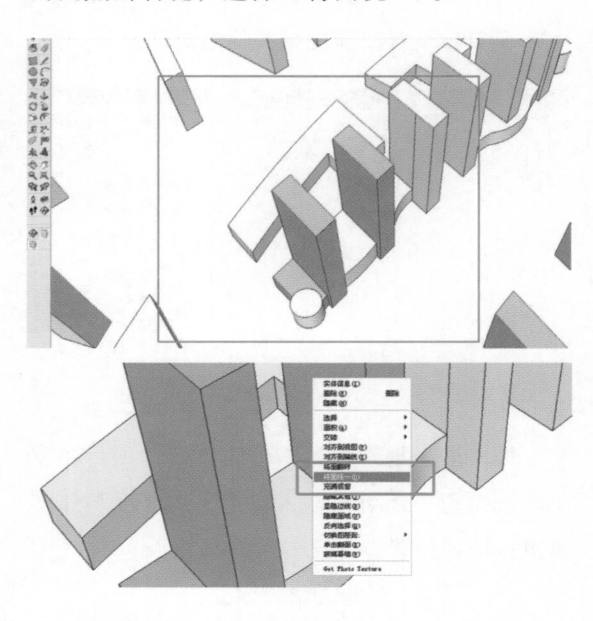

模型就统一成正面。

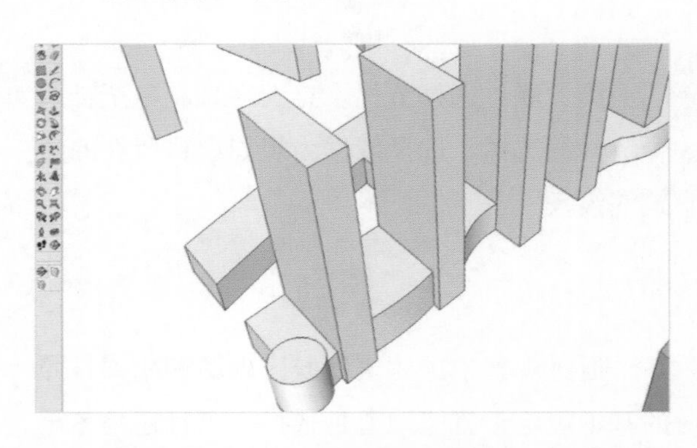

翻转完毕后，只保留建筑体块，其他的模型暂时删除。运用日照大师来计算日照的准备工作就完成了。

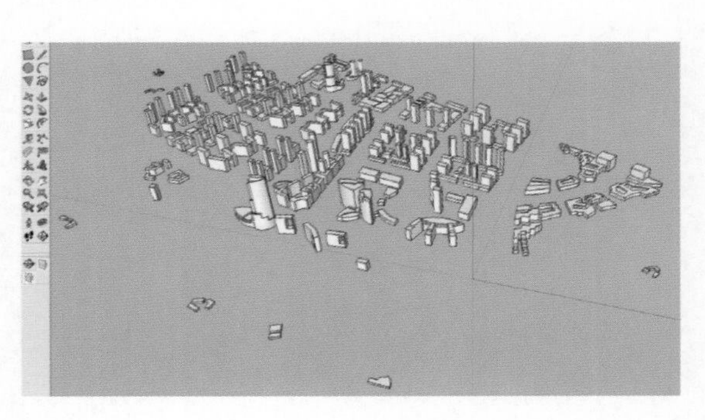

（2）日照大师操作界面简介

日照大师的工具条 Plugins > SketchUp 日照大师 > 参数设置，出现相关的编辑框。

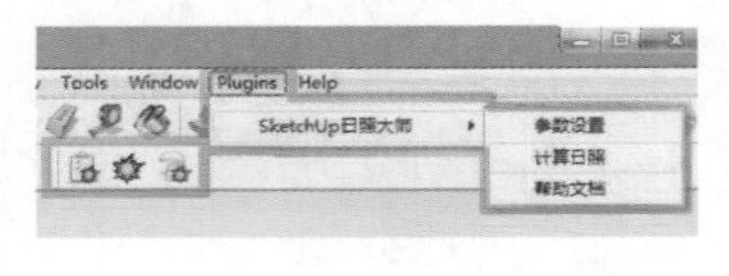

第一联，地理位置。毋庸置疑，项目在哪里就选哪里。还可以输入自定义的经度与纬度来定位地理位置。

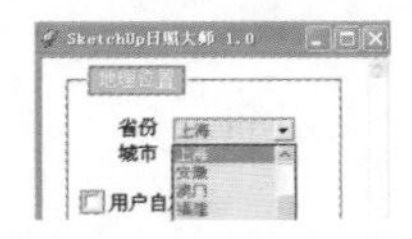

第二联，选择节气。有大寒日、冬至日两个节气的选择，选择依据为规划项目所在的建筑气候区。

通过观察中国建筑气候区划图和相关日照的基本规定，就能知道是选择大寒日还是冬至日来作为日照计算的节气。

建筑气候区划	Ⅰ、Ⅱ、Ⅲ、Ⅳ气候区		Ⅳ气候区		Ⅴ、Ⅵ气候区
	大城市	中小城市	大城市	中小城市	
日照标准日	大寒日			冬至日	
日照时数（h）	≥2	≥3		≥1	
有效日照时间带（h）（当地真太阳时）	8～16			9～15	
日照时间计算起点	底层窗台面				

注：底层窗台面是指距室内地坪 0.9m 高的外墙位置。

第三联，日照要求。扫掠角是光线与窗、墙面的夹角，连续日照指的是建筑表面需要连续几个小时的日照才能满足日照的要求。这里，必须依据当地规划局的具体要求选择适当的参数值。

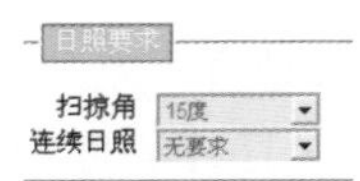

第四联，计算精度。选择计算精度将大大影响计算的时间，一般来说，可以选择细分距离 4 米，细分时间 8 分钟。如果模型很细致，可以适当缩小细分距离。

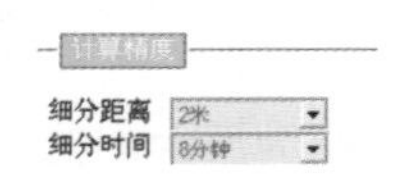

（3）计算

① 建筑体块的计算

选择需要计算的建筑体块。

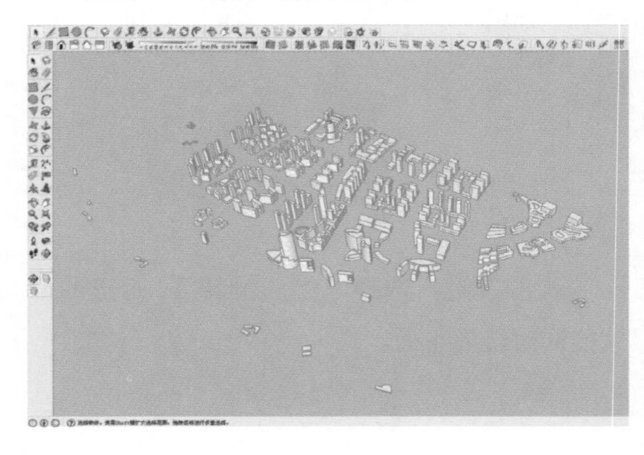

点击“计算日照”按钮进行计算。

计算中，会出现相应的百分比以表示完成的进度，计算所耗的时间根据模型量而定。

稍等片刻，日照大师的计算完成了，日照小时数一目了然。不过发现有一些灰面影响画质。这是因为在建模的时候，有的面重复了。没关系，日照大师已经考虑到这种情况，将画面右上角的“辅助线、面”之前的“X”点掉。画面就干净多了。

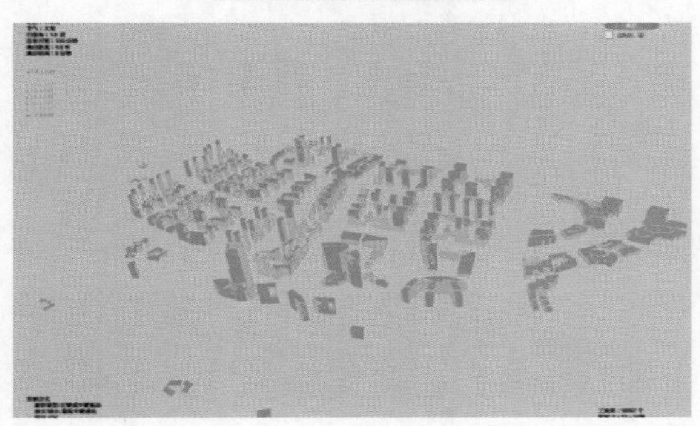

一些有建筑架空层的日照也能通过日照大师体现出来，这是平面日照软件所不能做到的。

SU模型更新时，日照大师可以相应调整计算，没有往返于软件之间的麻烦。

② 地面的计算

日照大师可以和普通的日照软件一样，计算地面。首先在模型的正下方绘制一个长方体，作为地面。

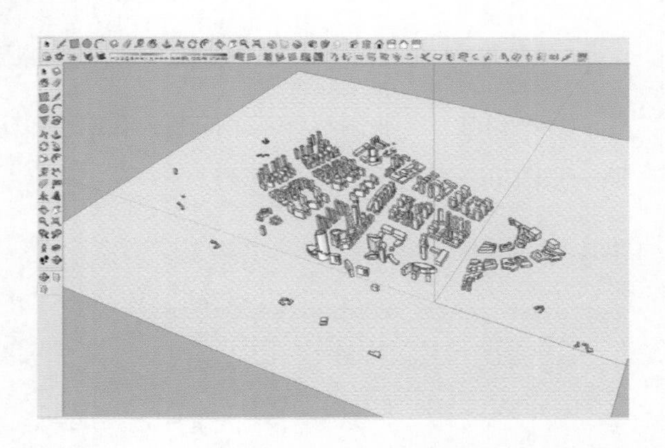

选择该地面进行日照计算，日照大师会将整个模型都考虑进去，形成以下的计算结果。

关闭“辅助线、面”的选项，计算的结果一目了然。

③ 计算结果的输出

通过鼠标左键或中键的拖动，可以变换视角。中键滚轮可以控制视野的大小。选择满意的输出角度后，点击画面的右上角的“截图”，即可将当前画面输出为图片，这些图片可以编排在规划文本中。

一个角度、一张图解释不了问题，我们可以运用多个角度、多张图来阐述日照。打破了传统日照一张图单一表达模式。

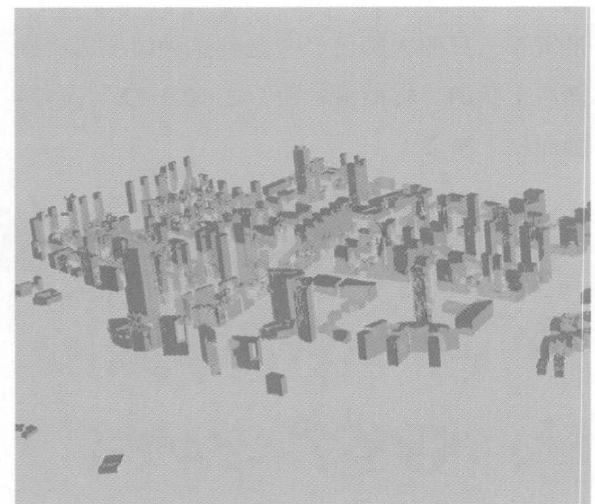

第 3 章

03

体验 SketchUp 的快捷性
——城市码头概念规划

3.1 项目阐述

3.1.1 项目的现状特点

本项目依山傍海，旅游资源丰富，历史文化底蕴深厚，拥有奇特优美的亚热带滨海风光，秀丽多姿的自然山水和丰富的历史文化。

3.1.2 规划的理念

1. 城市公共水上活动中心

健全水上运动中心、公共游艇泊位、VIP豪华游艇泊位 、游艇会所等一系列的配套服务，使门户型公共水上活动中心成为该城市未来的城市名片。

2. 高档休闲旅游区

借助现有环境景观的良好优势，设立星级酒店、度假村、度假别墅和公寓，为城市创造一处高档休闲旅游区。

3. 精英人士的生活社区

建立具有混合功能的社区，强调多元化的选择和机会，创造人性化、充满活力的城市空间，构建国际化的社区氛围。

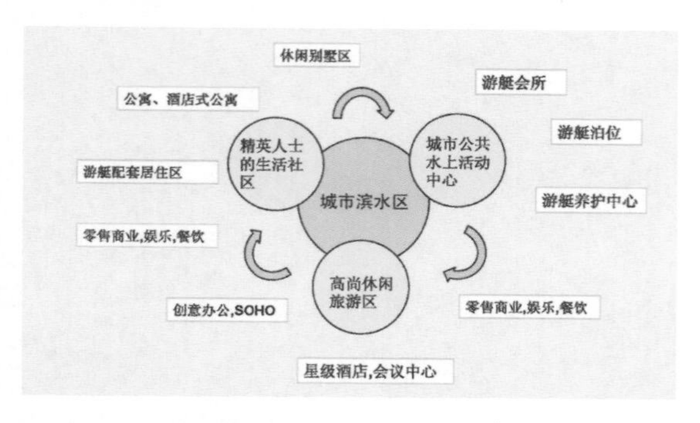

3.1.3 完成的目标

创造具有地区特色的水上运动场所；

创造填海造地的经济效益；

系统的地上地下的综合开发；

体现生态、环保的规划理念。

3.2 模型的制作

3.2.1 掌握现有资源

通过此项目 SU 模型的制作过程，下面讲解如何用最快的方法做出极有效果的表现。

打开 CAD 文件，项目基地为半岛地形，三面围水，南侧有山，依山傍水地形地势极佳。面向水的那几面基本布局可考虑景观面，为游艇码头以及游艇别墅。

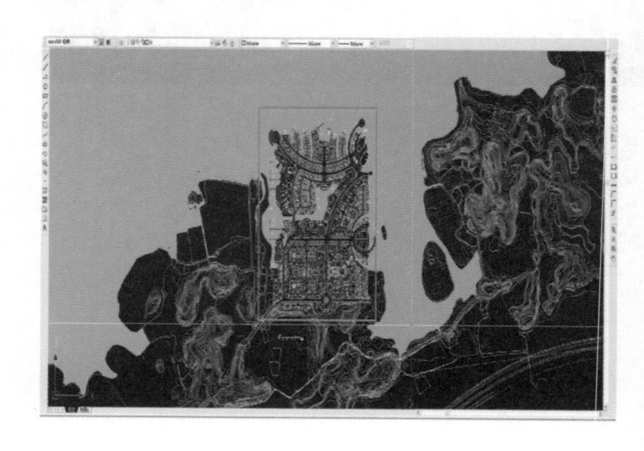

先来看一下图纸，放大局部，找出快速表现的切入点。

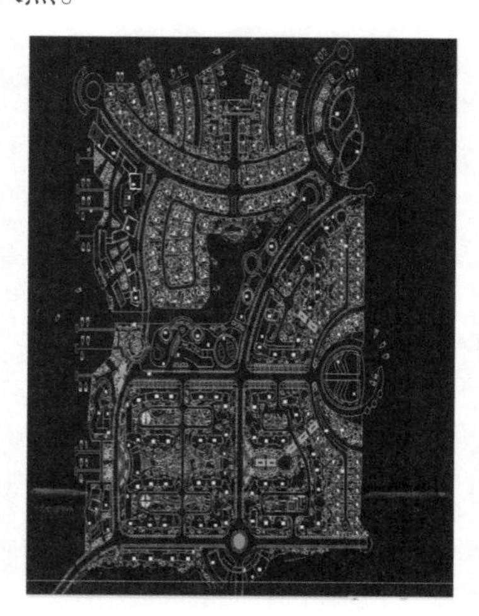

从方案布局的角度来看，本基地可分为三个部分：红色的部分为别墅区域，橙色的部分为高层住宅区域，蓝色的部分为公共建筑区域。

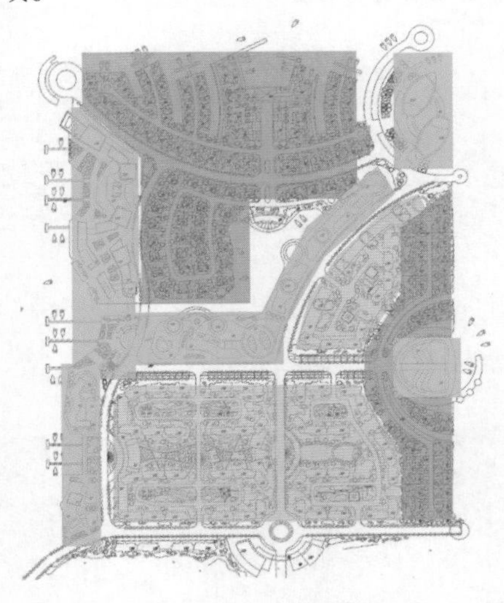

从制作模型的角度来看，CAD方案中所有的别墅和住宅都是用块来制作的，这在很大程度上减少了工作量。简单地说，可以把CAD块变成SU组件，来快速便捷地编辑别墅模型和住宅模型。

如下图，粉红色区域也就是组件的部分我们可以找模型来直接替换，绿色的区域是需要手工制作的。

读图很重要，依据上述得出的结论，我们就可以更好地开展工作了。

3.2.2 制作不同功能属性的建筑

我们按区域的划分来制作模型，将整个方案分为三大区，别墅区、住宅区与公共建筑区。

1. 别墅区模型制作

在CAD的平面中，我们发现有三种不同的别墅样式，一大两小。

因为是概念性规划，不必过于细致，模型可与CAD平面不符。因此为了节约时间，我们直接拿已有的模型来制作。

在SU的界面中，找到“获取模型”的按钮，英文版本为“get models”。点击后出现如下图中的网页框。上述操作必须在有网络的环境下进行。

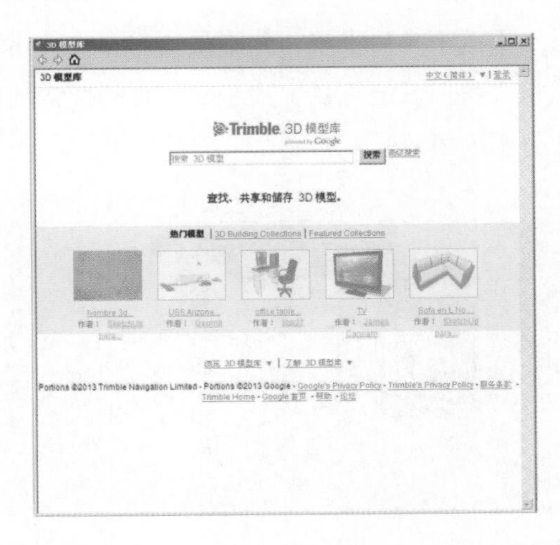

在软件中搜索模型，最好输入要找文件的英文名，这样寻找范围更广，搜索出的结果更多。

在输入框中键入别墅的英文，搜索出不少别墅的模型。

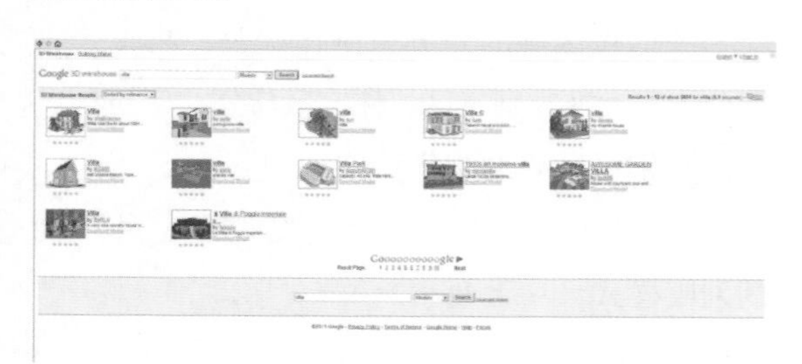

由于预览的图片是低分辨率的，很难知道这个模型是不是你所需要的。我们点击“下载模型”，将其下载。

下载下来后发现，并不是我们想要的建筑风格，我们只能重复上述步骤，直到搜索到自己想要的模型。

也可登录SketchUp中文官方论坛（www.SketchUpBBS.com）进行资源搜索。

通过网络的力量，我们找到了三种偏欧式的别墅模型，符合我们的设计方案。

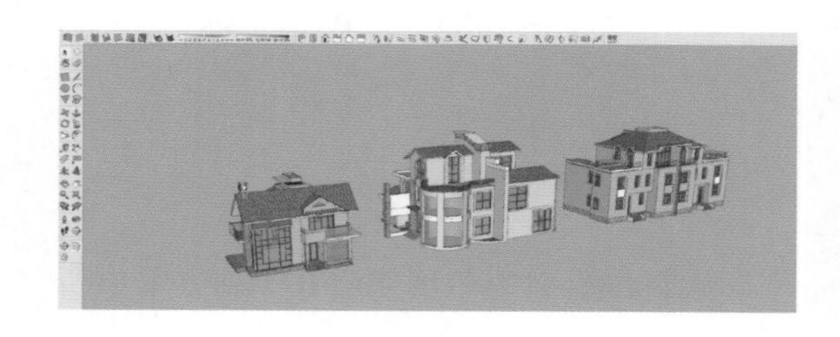

关于如何将所有别墅的块快速地从CAD平面中选择出来，以下归纳为两种方法。

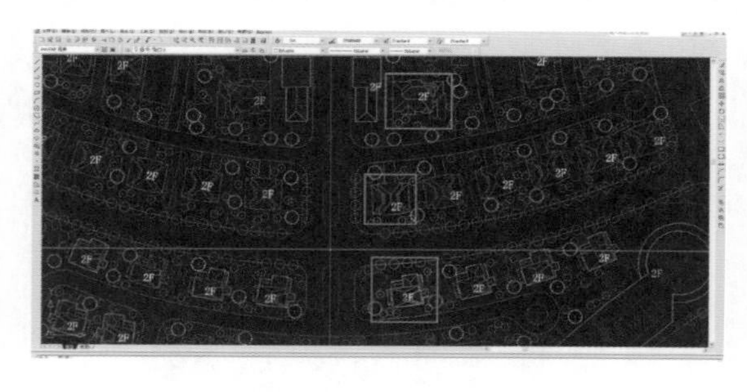

方法一：块的快速选择法

双击某一个别墅块，观察下块的名称。

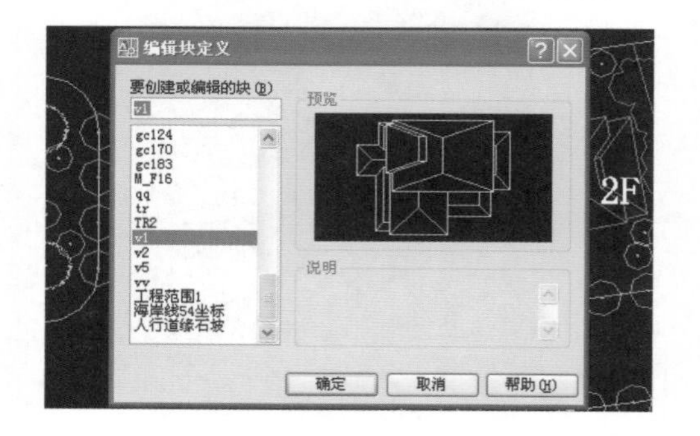

经过观察我们发现，名称为“v1”、“v2”、“v5”的块就是所对应的别墅块。

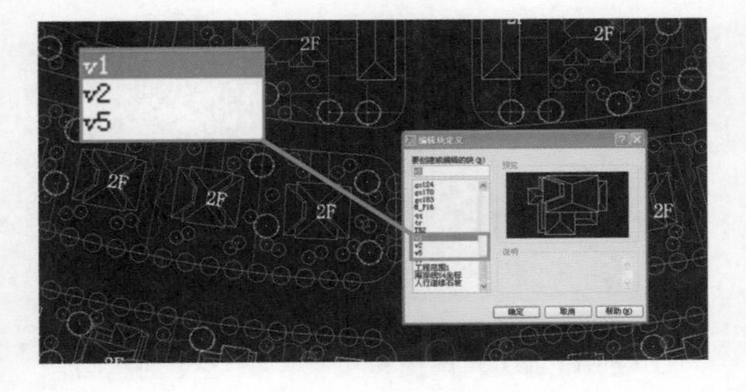

按Ctrl+1，跳出“对象特征”的编辑框。

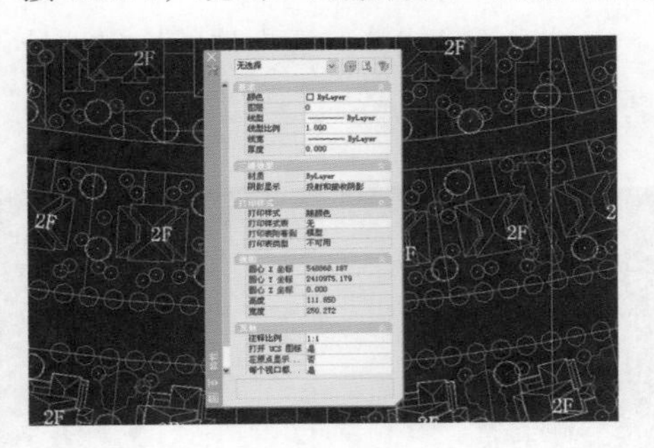

点击带有闪电符号的按钮。

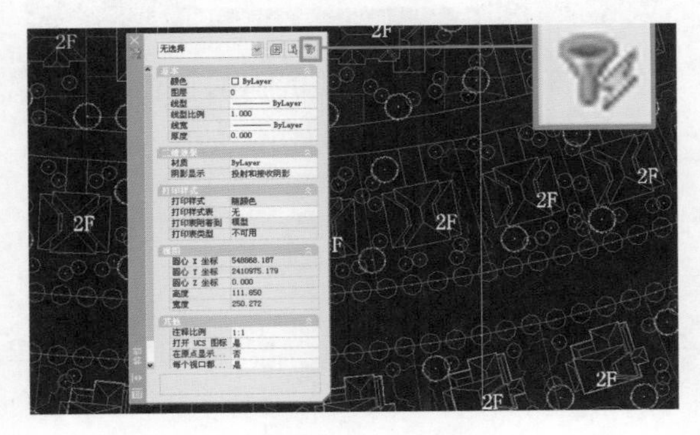

弹出“快速选择”的选项框。

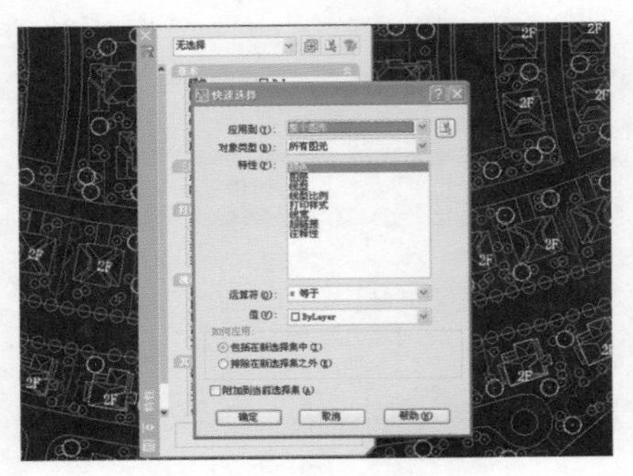

点选第二栏“对象类型”的下拉框，选择“块参照”。

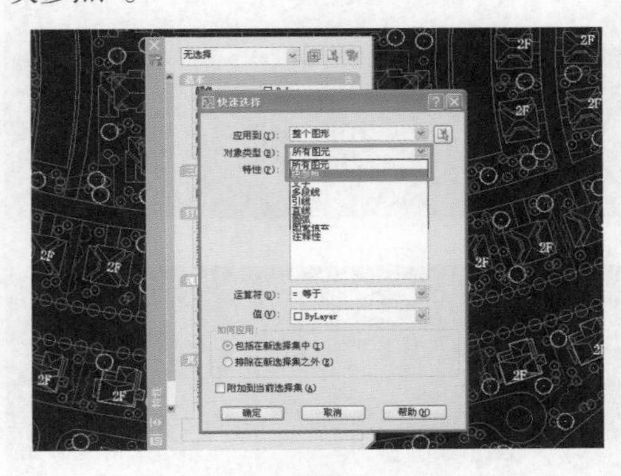

在“特性”的选项框内选择“名称”。

在“值”的下拉框内找到之前已经知道的别墅块的名称“v1”。

选好之后，点击确定。

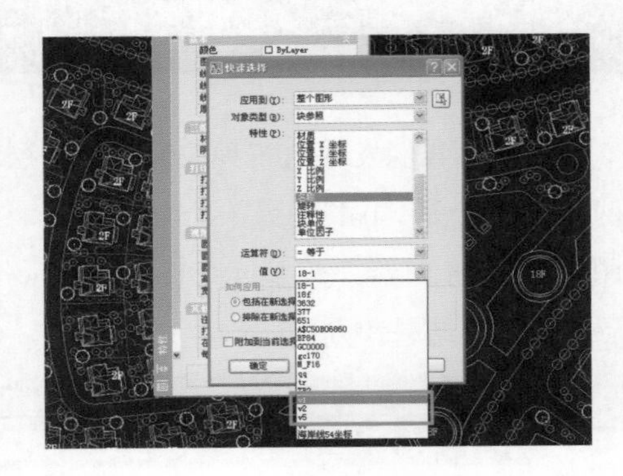

我们发现，CAD平面中所有名叫“v1”的块都被选择了，我们可以单独复制出去。以此类推将剩余的“v2”、“v5”两个块都进行快速选择一下。这样所有的别墅块就都选择出来了。

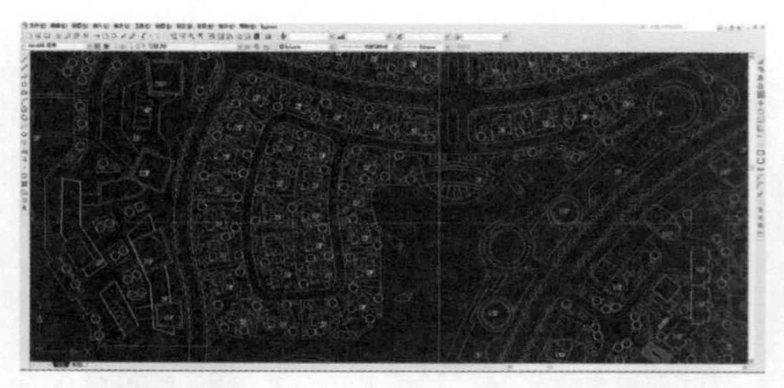

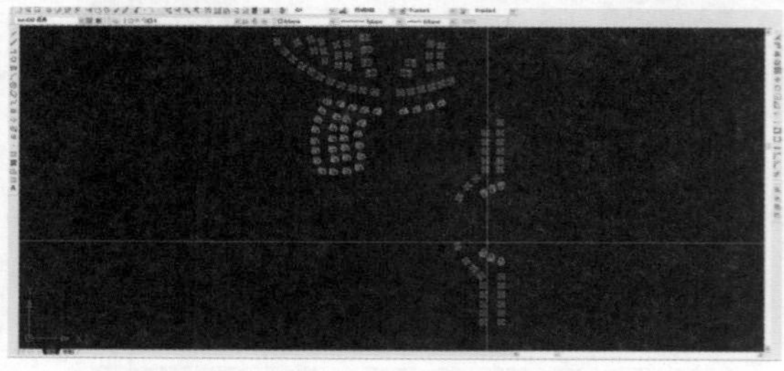

方法二：图层筛选法

将三种不同的代表别墅的块分别复制一个出来，放在一起，用CAD中的炸开命令将其全部炸开，这样就能便捷地观察到这些块所在的图层。

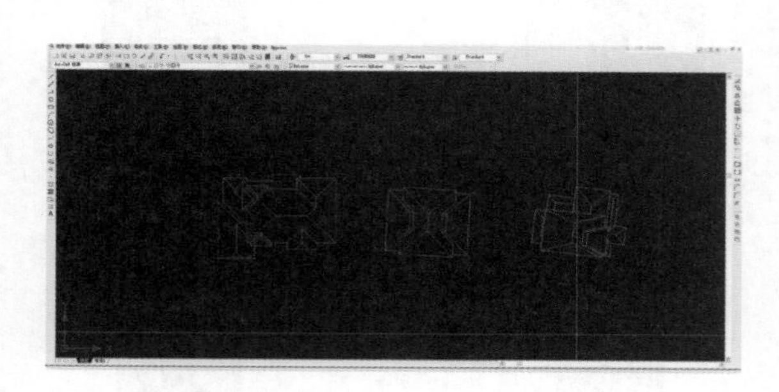

经观察，我们发现这三种块所占的图层只有两个，一个是“bal”，另一个是“wall”。打开图层特性管理器，只显示“bal”和“wall”图层。得出的结果和方法一致。

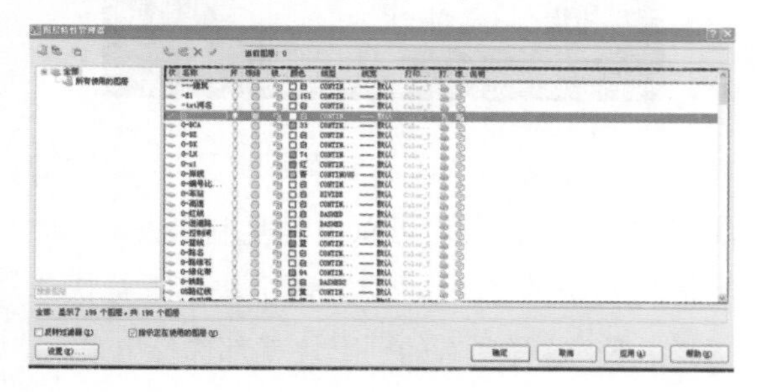

画面中只出现了别墅的相关图形，结果和方法一的是一致。

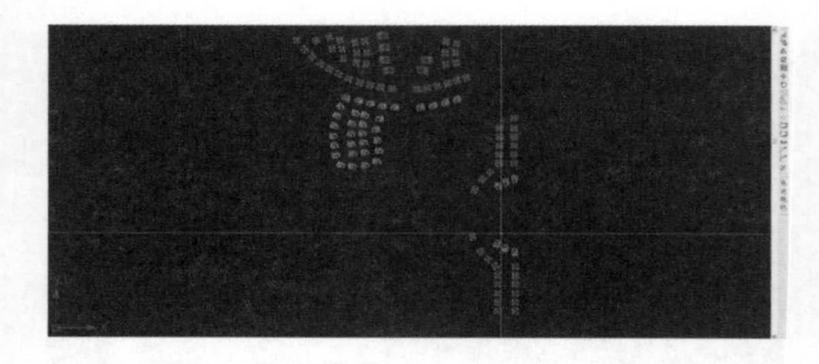

使用CAD的快捷键“W”将这些别墅写块出去，我们单独来进行编辑。

为了方便寻找，一般把块的输出地址设置为桌面，单位设置成“无单位”。

打开SU软件，将SU界面的单位设置为“米”，导入之前从CAD中写出来的块。

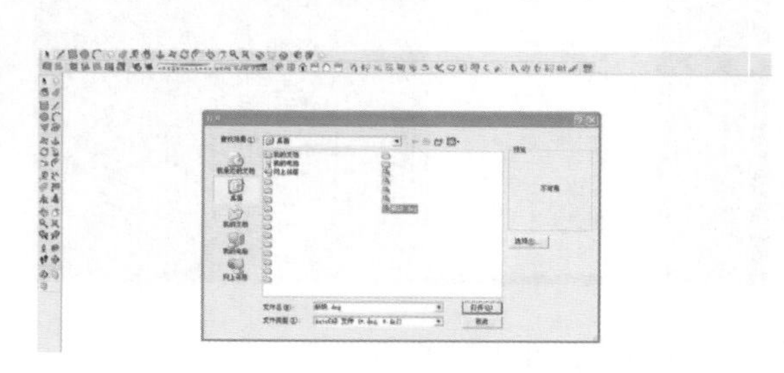

按选项，弹出导入的选项框，单位选择为“米”。

点确定，导入成功。

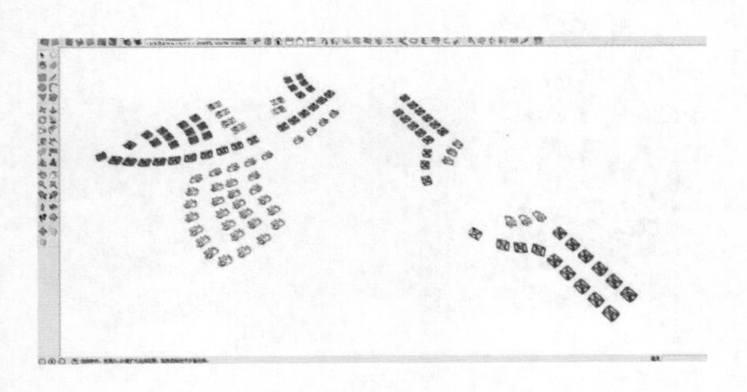

拉近视角，我们发现有个块有了高度。我们进入这个块，将高度删除。

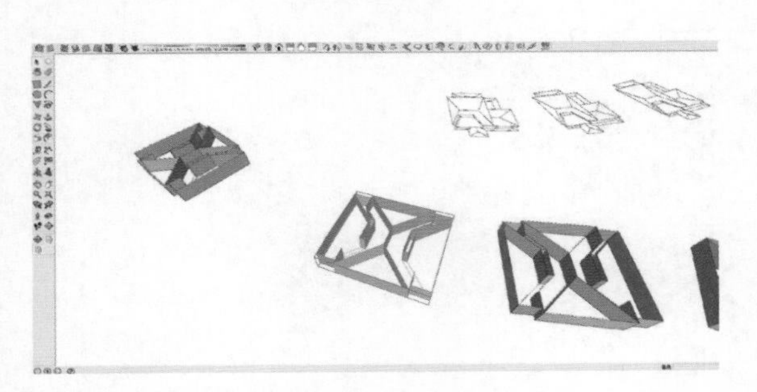

将事先找到的别墅模型粘贴到 SU 里。

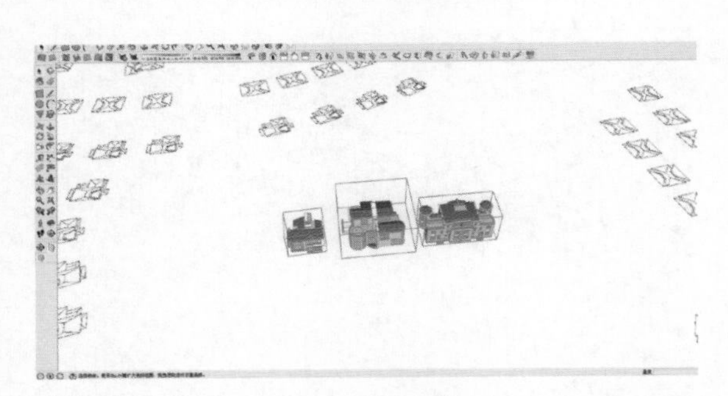

找到大别墅的区域。将别墅的模块逐一放入相应的块中。先选择模型按 Ctrl+X 剪切，再进入块中按 Ctrl+V，将剪切的模型粘贴进去。

为什么视角一拉近就成这样了？为什么显示不全呢？

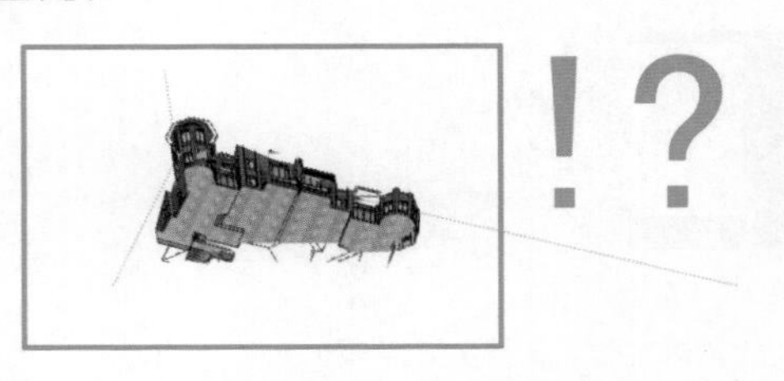

退出别墅组件后却没有这种情况。

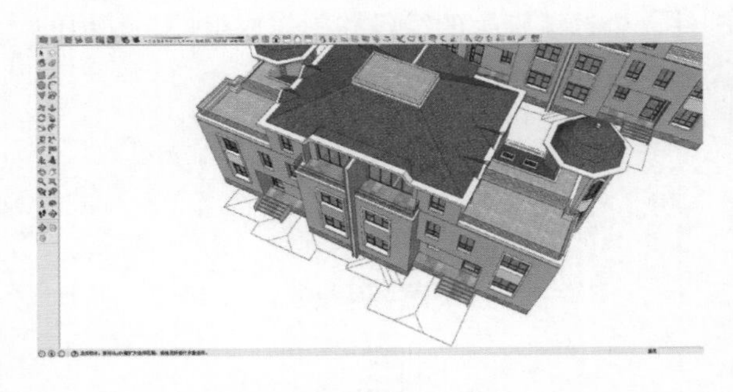

下面来分析并解决这个问题。

进入大别墅的块，先将别墅模型删除掉。我们发现，在远端有个坐标轴，这就是显示不全的主要原因——在 CAD 中做块的时候，定位点给的太偏了。

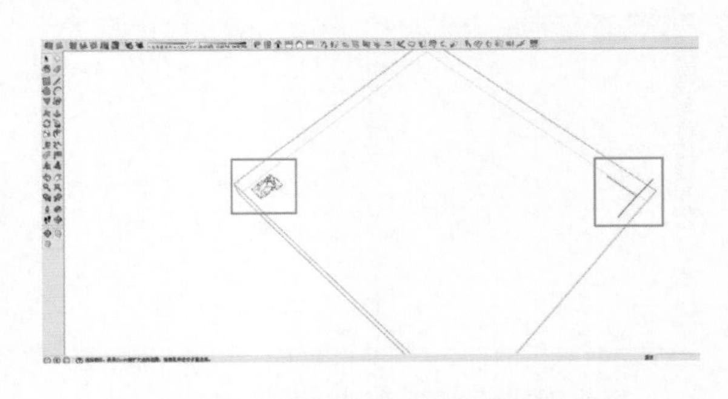

进入另外两个块看看，偏移的更厉害。

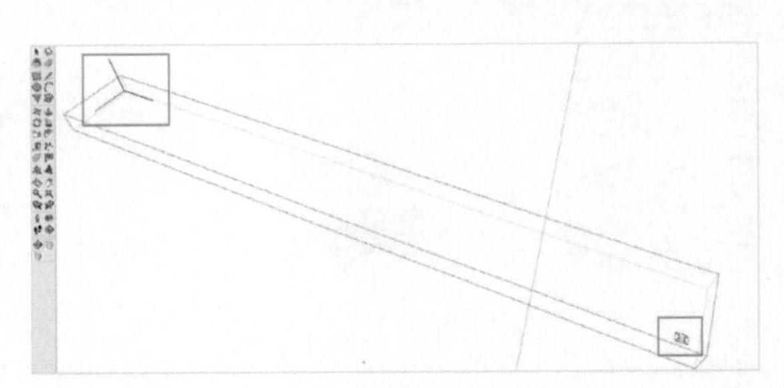

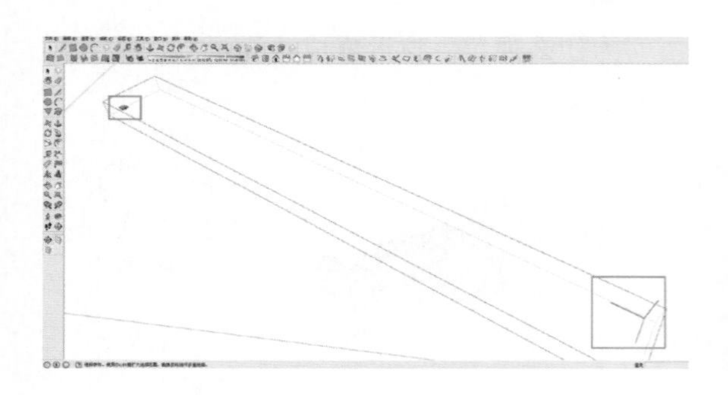

找出了原因就容易解决。进入大别墅的组件，全选该别墅的线段并制作成组件。其他的两个块也用上述的方法操作一下。

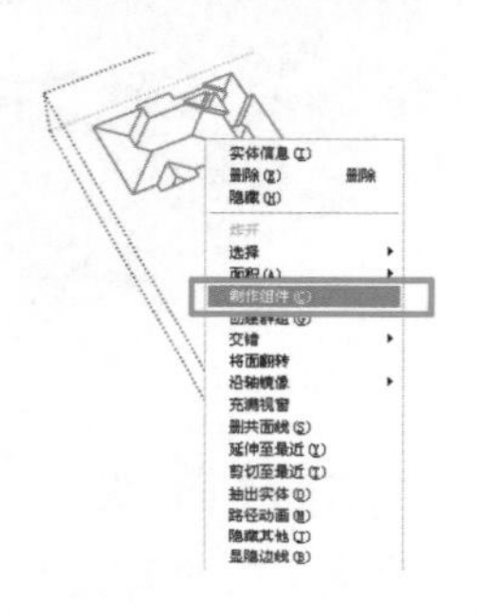

退出组件，按 Ctrl+A 全选界面中的组件。点右键，选择“炸开”。原理是重新定义了组件内坐标原点的位置。

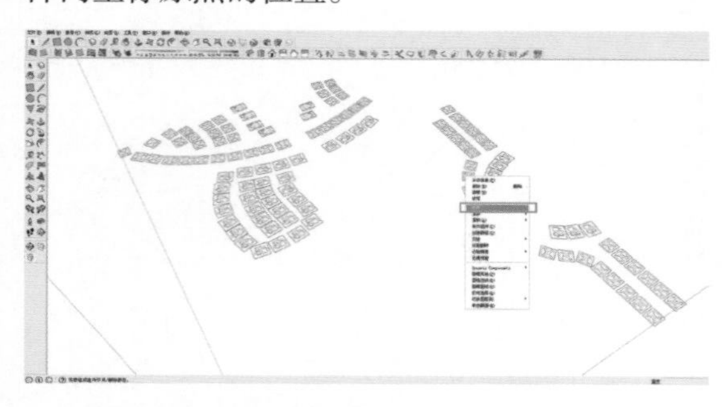

再将现成的别墅模型粘贴进去。

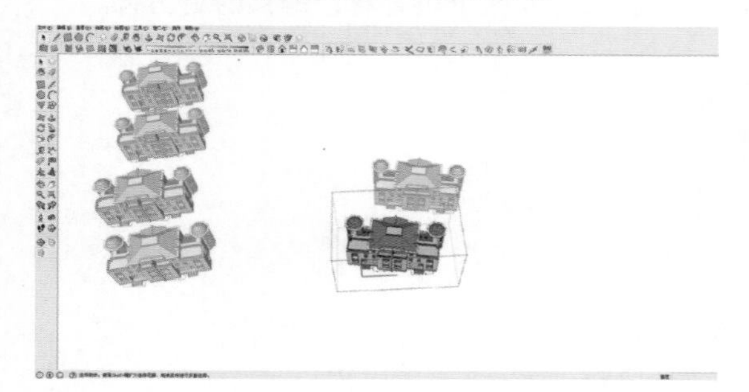

再次拉近角看看，问题解决了。

用缩放命令，调整一下模型的摆放。

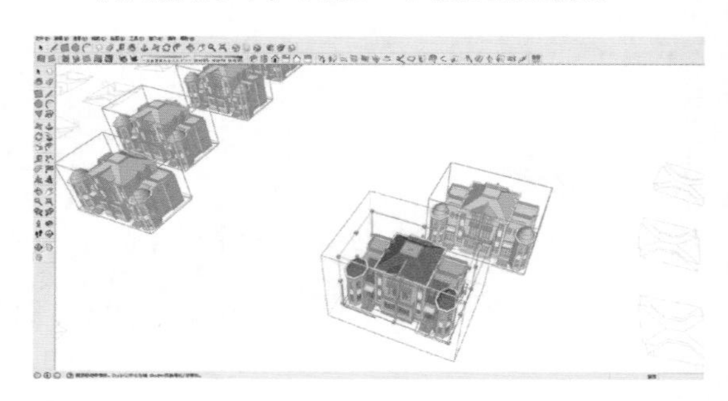

将底部的线段删除。

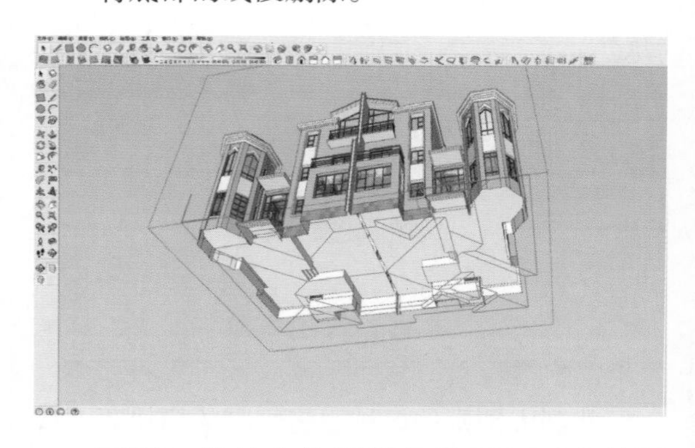

同理，将其余的别墅粘贴至相对应的组件中。

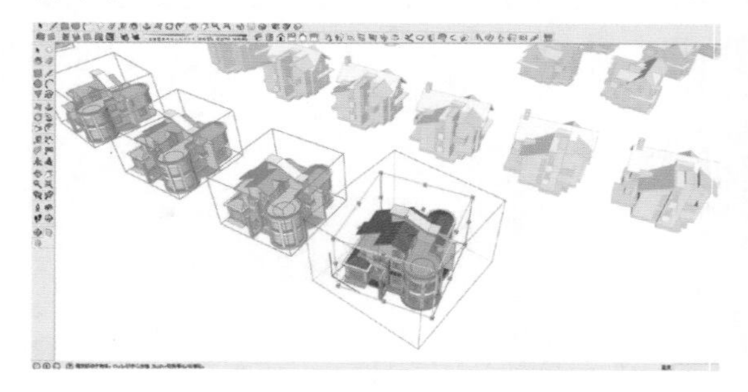

别墅区基本大功告成。

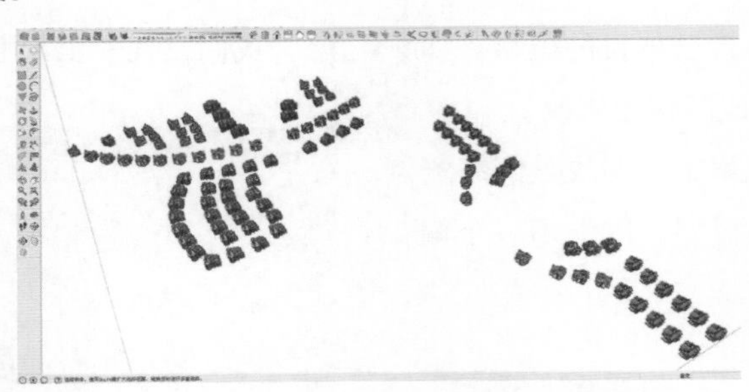

效仿欧式别墅的着色风格，将所有屋顶的颜色调成红色。看看局部，模型的细致程度是不是可以预见到最终图纸的效果？

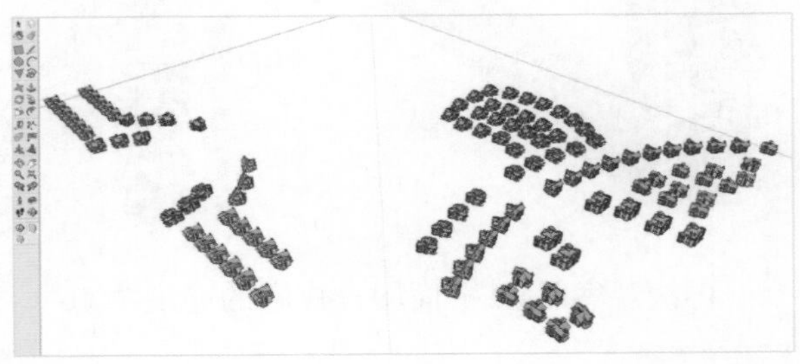

2. 住宅区模型制作

同样，我们先观察下 CAD 平面图。找到住宅区的位置，我们发现，大部分住宅建筑也都是用块来绘制的，我们可以用上述制作别墅区的方法来制作住宅区，当然不免有些小变化。

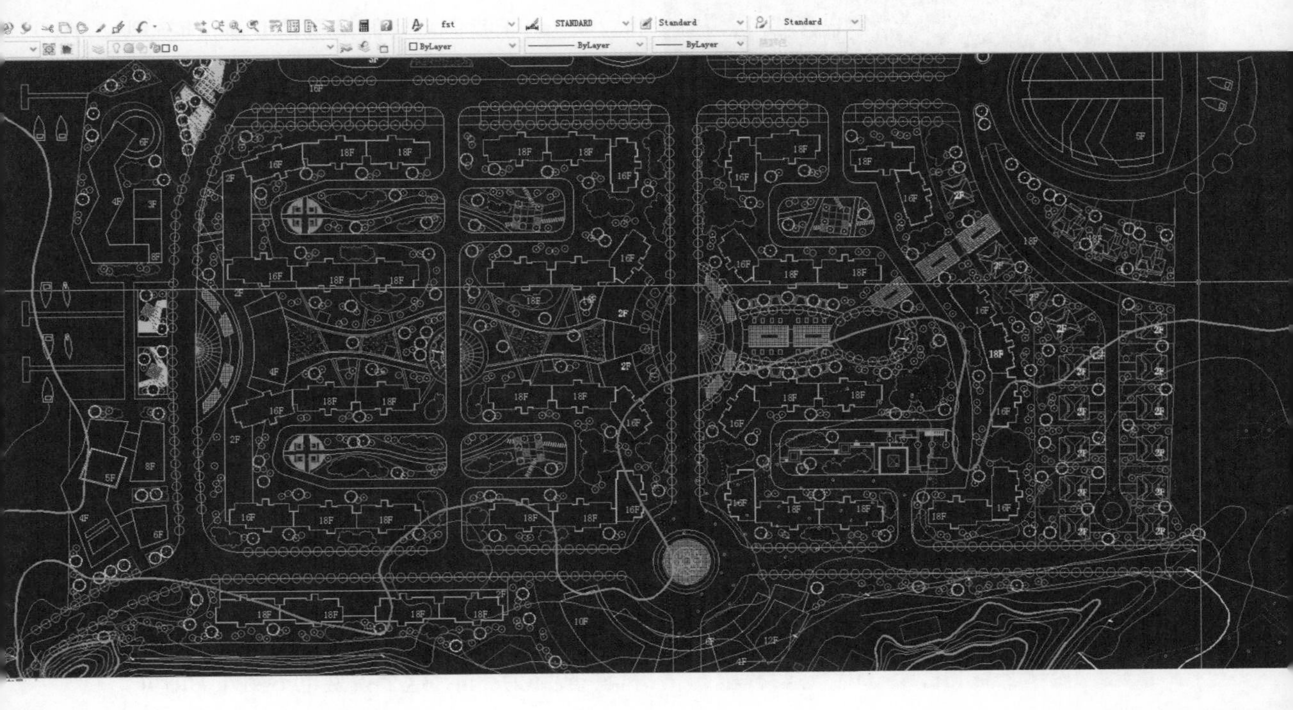

首先试着在网上搜索现成的模型。当然，并不是每次都能找到合适自己项目的模型。如果没有，那怎么办？拿现成的模型来改！

在平时制作模型的积累中，抑或是网络资源中，总会有几个合适的模型。以下用一个偏现代风格的模型来修改。

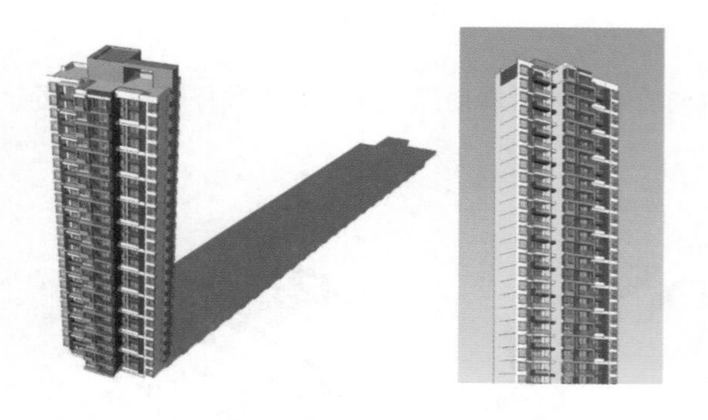

再次观察 CAD 平面图，住宅的高度为 16 层和 18 层。

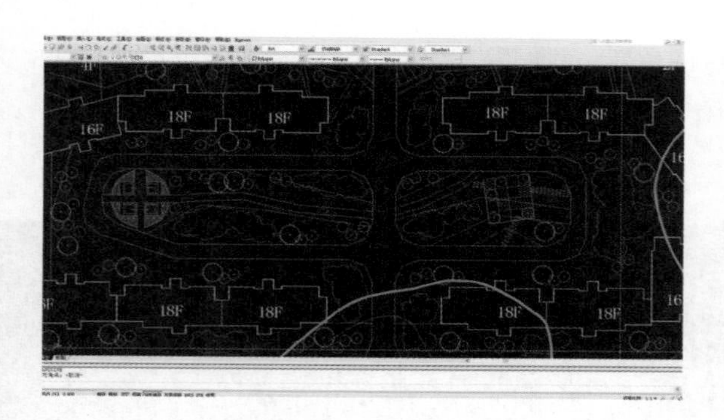

现有的模型为 24 层。将模型由下而上地删除六层标准层，使其从 24 层变为 18 层。

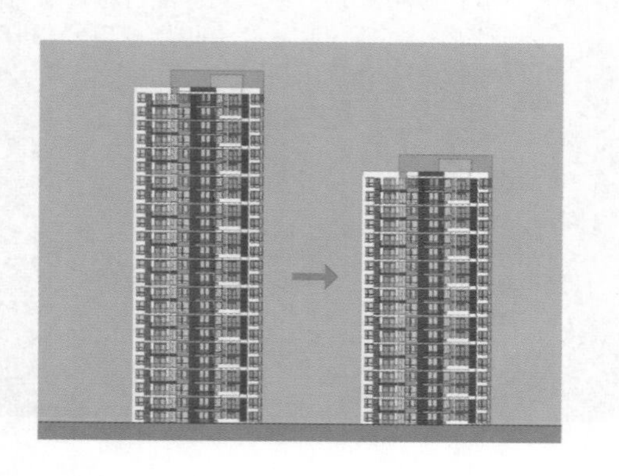

我们来解读一下该模型。双击模型的标准层，我们发现一至十七层为组件。

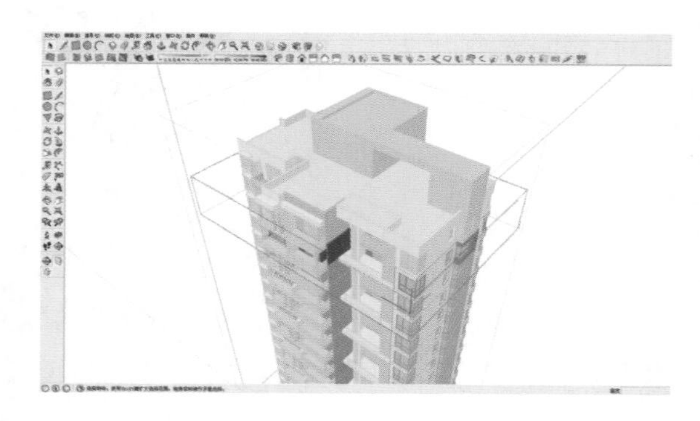

十八层是单独的一个组。

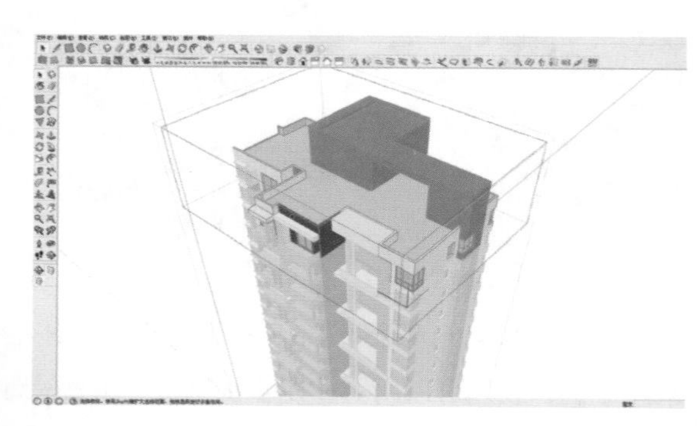

由于我们需要的模型是坡顶住宅模型，所以我们将顶层删除。

当然，删除一层后我们必须补上一层，按住 Ctrl 键使用移动命令，将第十七层向上复制 3 m（在普通住宅的模型制作中，每层的层高一般都为 3 m，这个模型也不例外）即可。

接下来制作住宅模型的坡顶。用矩形命令在顶部随意地绘制不规则图形，并编辑成组。如下图。

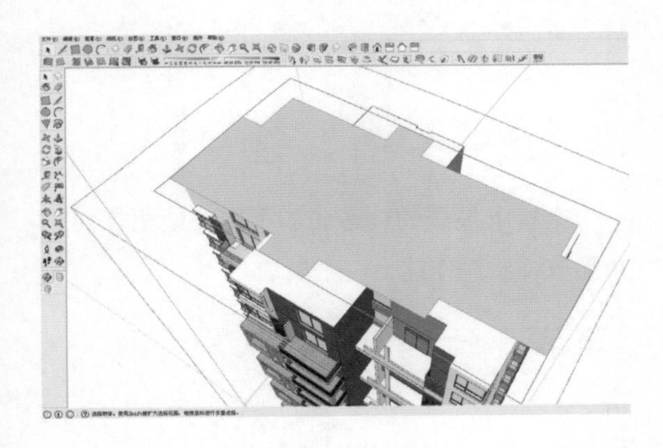

在该图形的一条长边上绘制一个垂直于该不规则图形的直角三角形，高 3 m，三角形长直角边的长度必须大于等于该长边的二分之一。

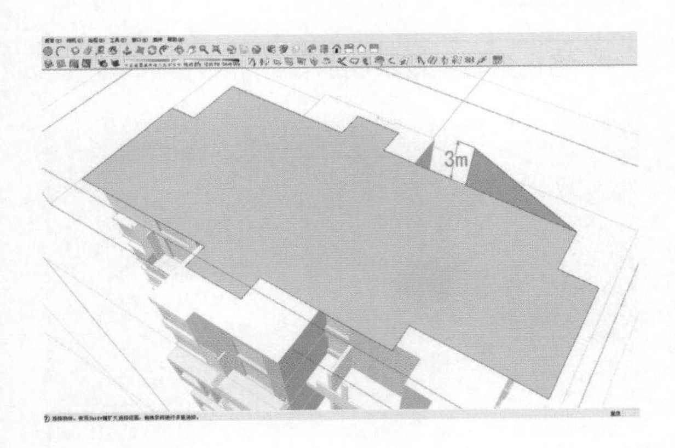

双击底部的不规则图形，选择放样的路径。

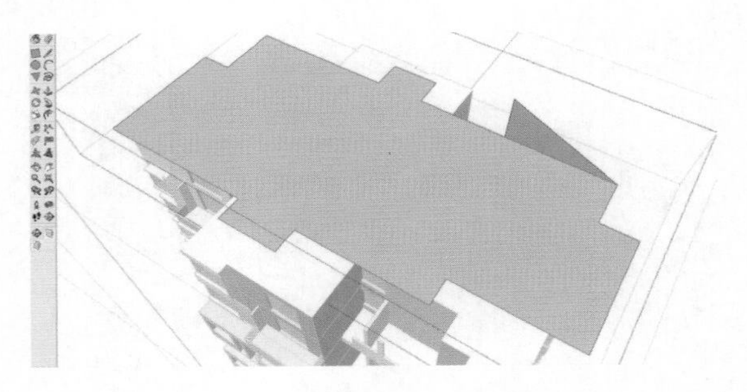

点击放样按钮后点击放样界面。

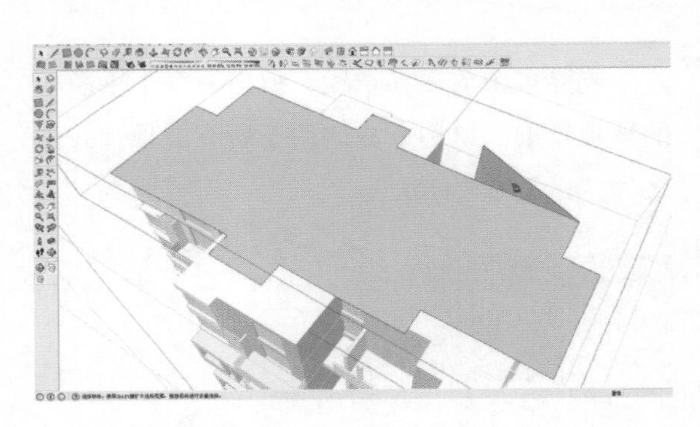

立刻就得出了一个复杂的图形。

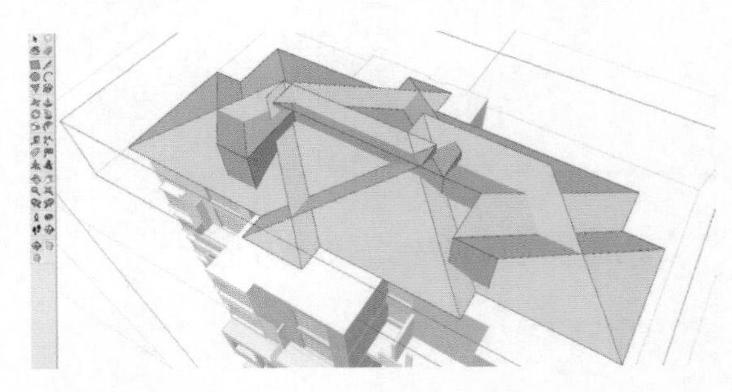

三击图形 > 右键 > 模型交错。

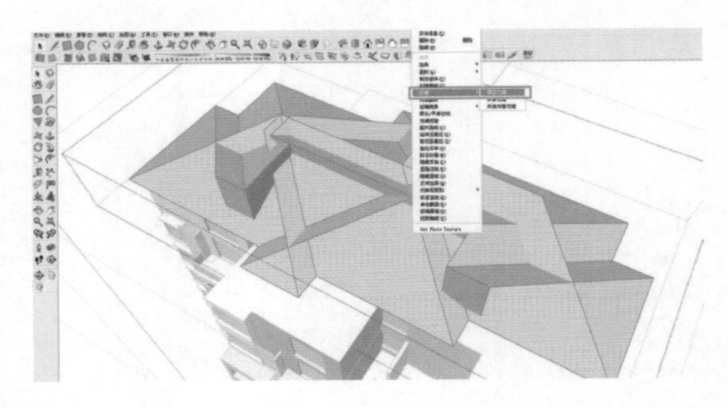

交错完成。

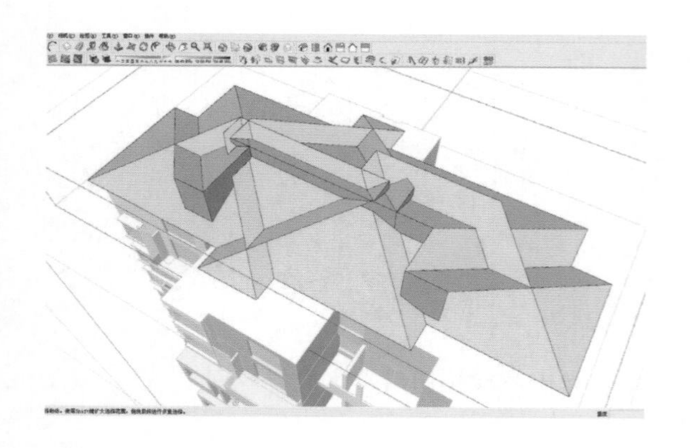

删除多余的面和杂线，得出一个干干净净的坡顶模型。这种方法适用于所有坡顶，我称之为“三角形放样法”。

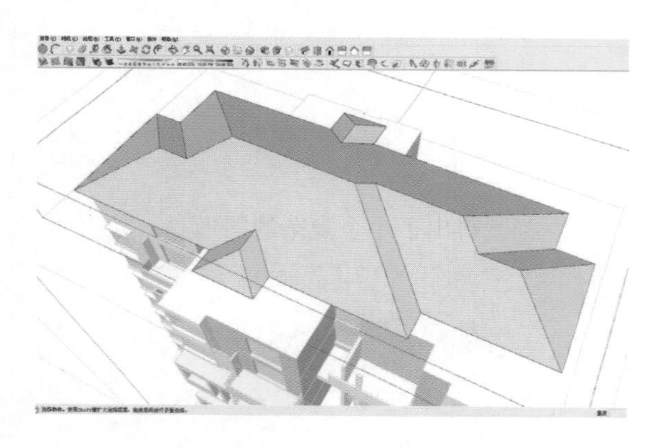

用缩放工具调整坡顶的高度。

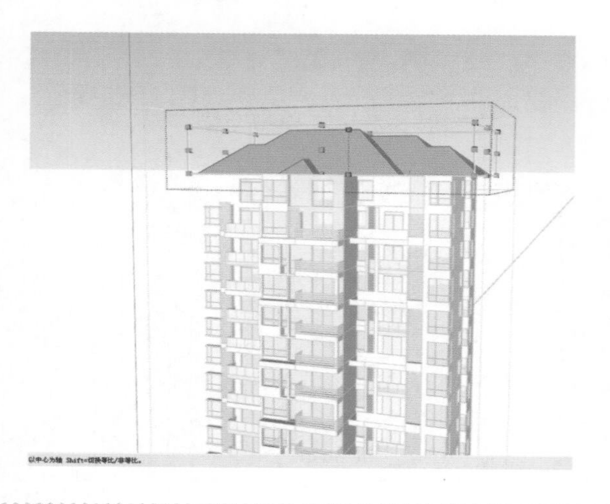

若觉得在标准层上直接起屋顶有些奇怪，不妨按以下的方法做。将坡顶向上移动 2 m。

用推拉工具将坡顶的底面向下推拉 2 m。

丰富下坡顶的构造，如下图，使用之前三角形放样法制作这么一个坡顶。

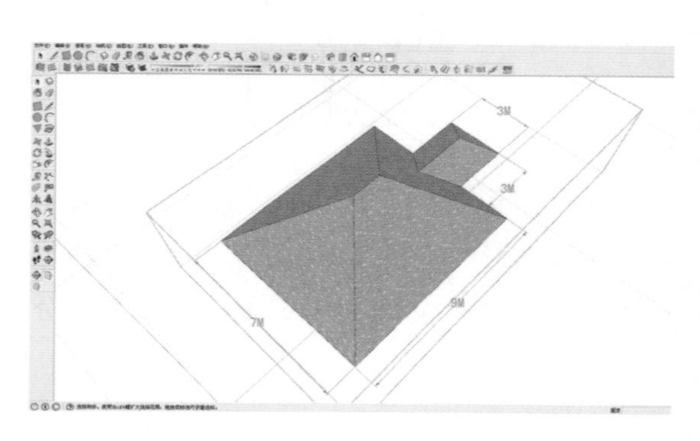

将视角转至坡顶底部。

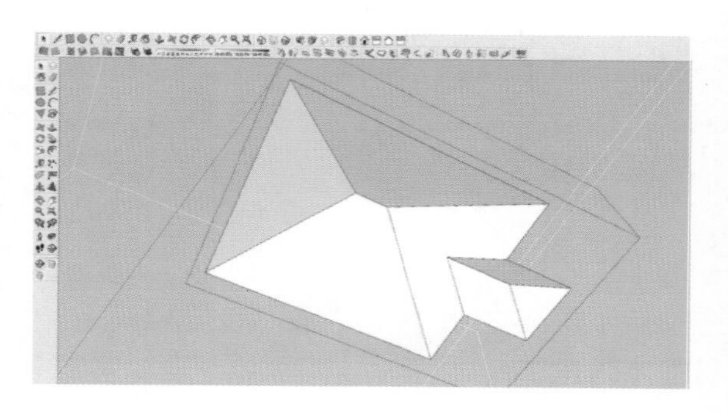

将底面缝合。

用偏移工具对底面做少许的向内偏移。

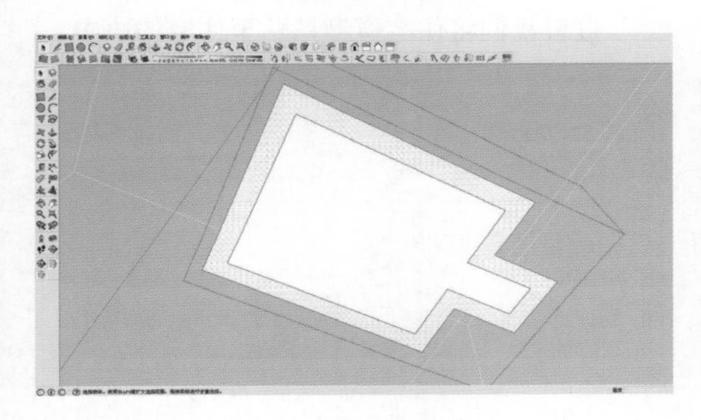

将偏移出来的面向下推拉，完成。

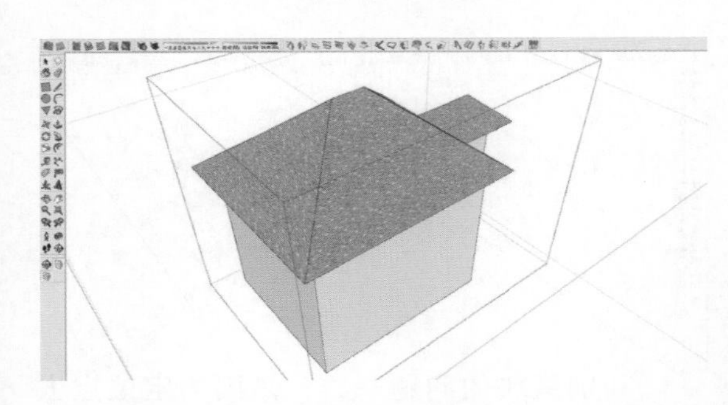

将其移动至之前那个坡顶的中间，并高于该坡顶，来看看修改后的效果。

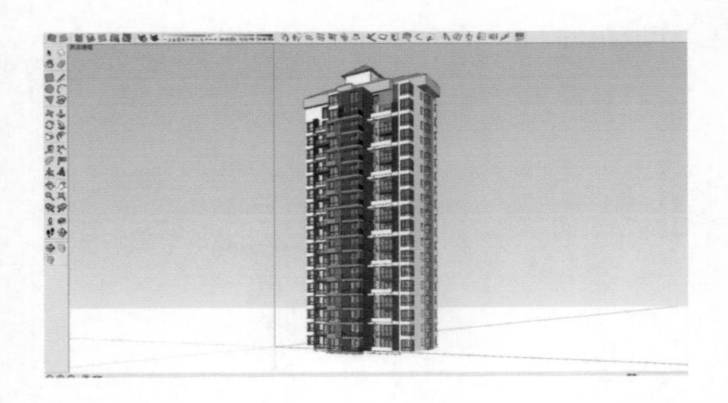

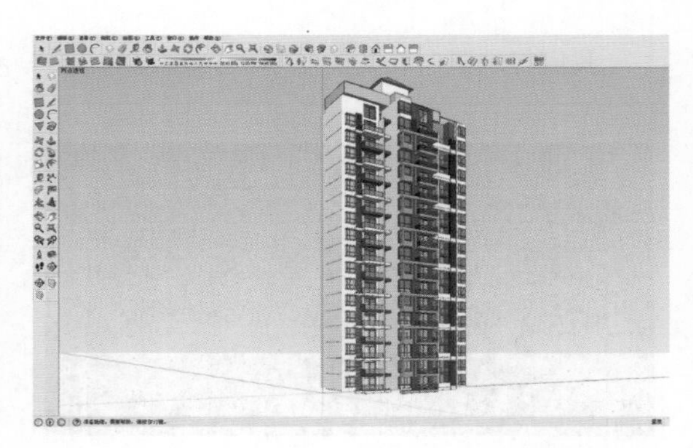

编辑材质，使该模型符合整体制作的需求。

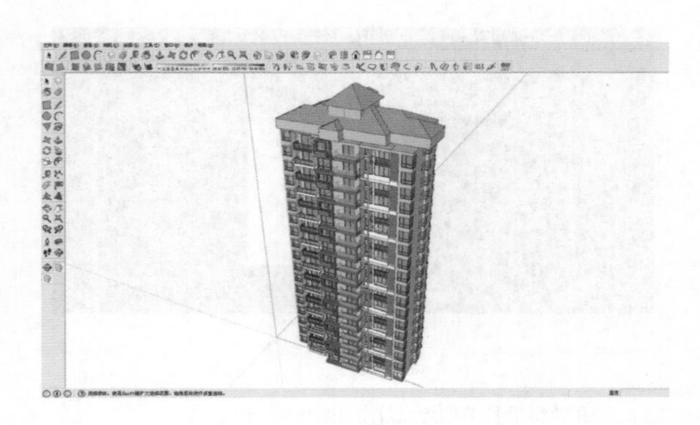

使用图层编辑器，只显示住宅部分，了解方案中18层住宅与16层住宅的位置。如图，绿色色块为18层住宅，黄色色块为16层住宅。

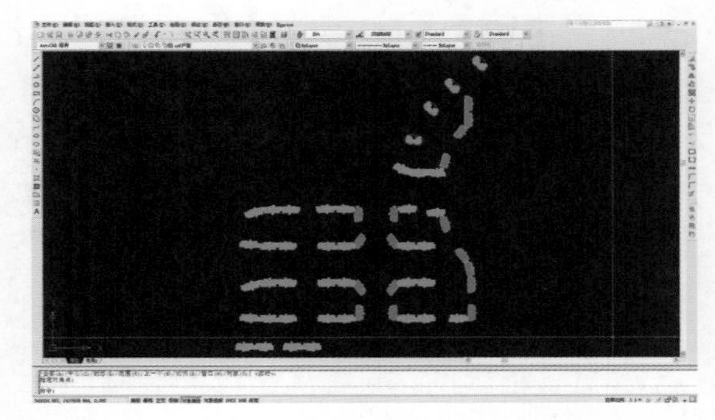

准备将住宅的图块导入至SU中，我们发现个问题，如何将这些图块与之前的别墅模型的位置对位呢？之前做别墅的时候，我们并没有制作一个参照点或者参照框，我们该如何弥补呢？

我们将别墅所在的图层再次打开。

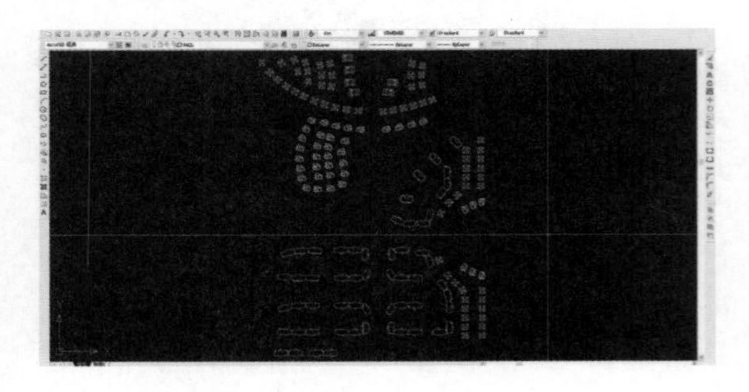

将其与住宅图块一并写块出去。

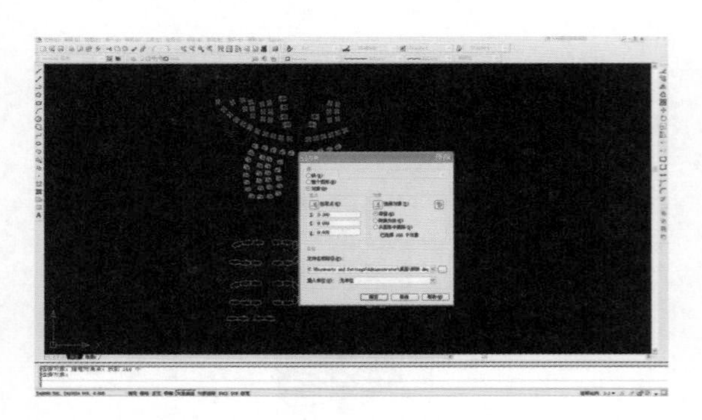

再次打开已做完的别墅模型。

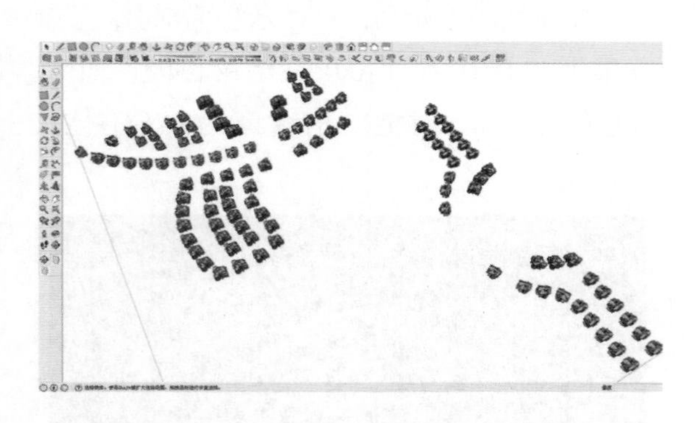

导入住宅的组群。

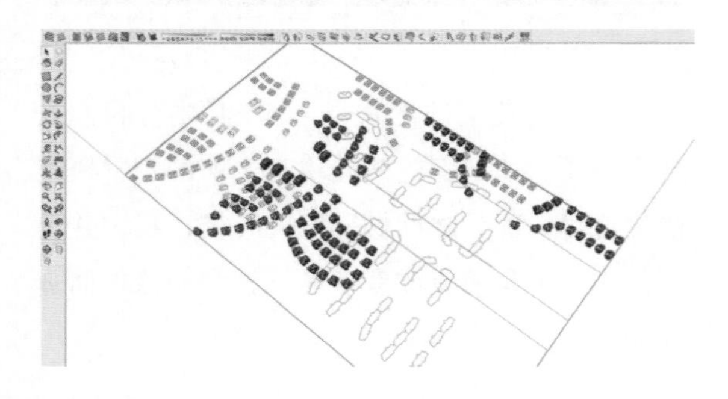

用移动命令将位置对准

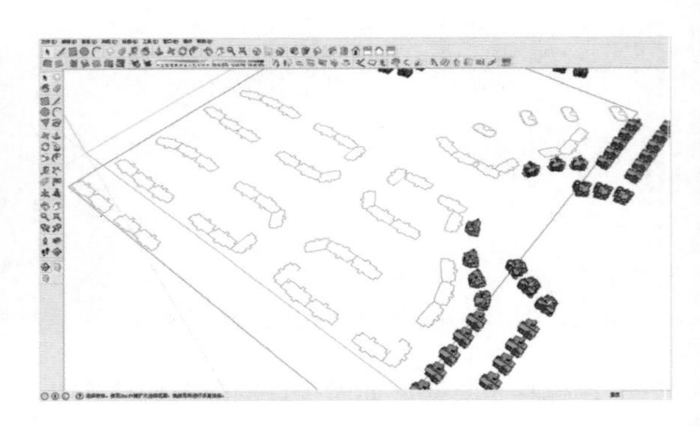

接着我们将住宅模型粘贴至住宅的块中。

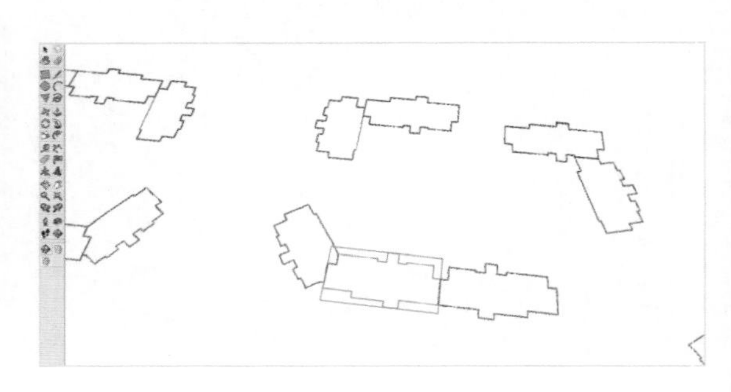

双击住宅的块，界面上变成了一片空白。

和别墅块的问题一样，是因为定位点太远，我们用之前的方法来解决这个问题。

进入任意一个住宅组件中，将住宅的线制作成组件。

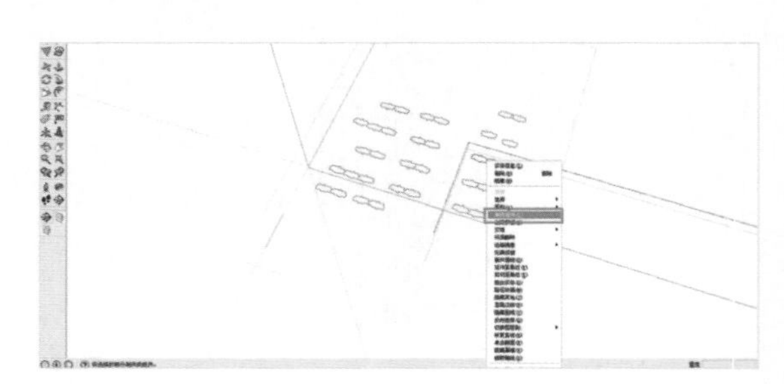

按 Esc 退出组件，按 Ctrl+A 全选后点右键，炸开。

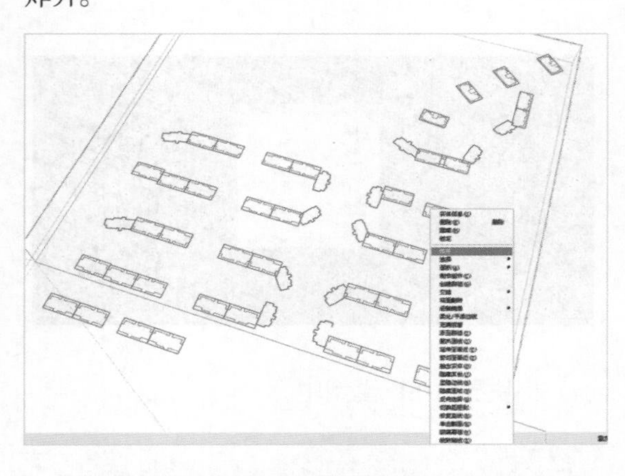

将住宅模型复制进某一个住宅块中。发现有些模型的南北朝向反了，模型中有阳台的面是南面。

必须逐个点击后进行镜像，以组件的绿轴为镜像轴。

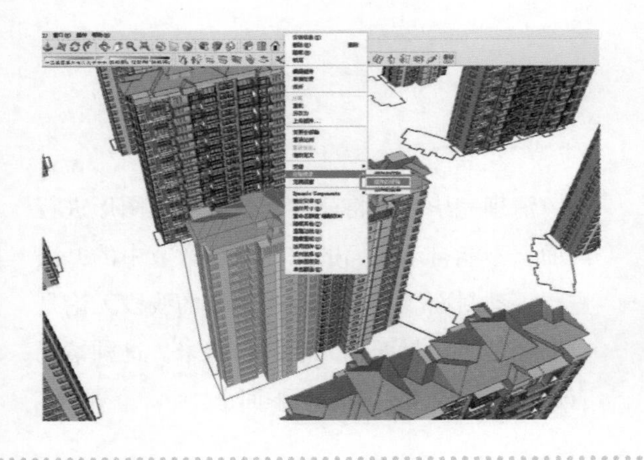

镜像完成，住宅的阳台面全部朝南了。

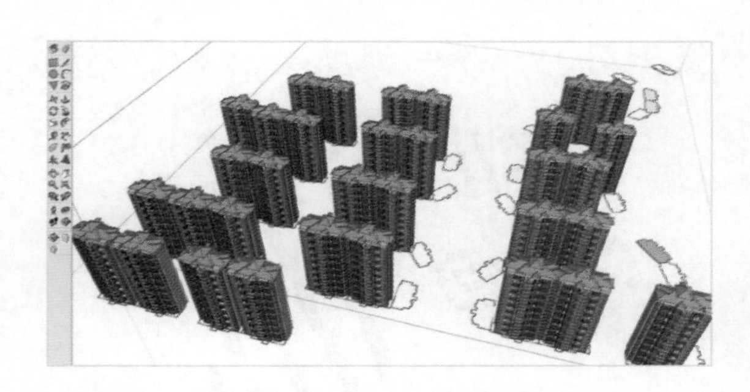

有些住宅在 CAD 中并不是以块的形式来制作的，所以在 SU 中必须通过手动复制，将剩余住宅模型复制到对应的位置。接着点选 16 层住宅所在位置的模型，用移动命令将其向下移动 6 m，些许地方需要作出跌落层次的也可以作出相对应的高度移动。由于当初住宅模型的制作层数为 18 层，故住宅楼层的下降可直接使用移动命令，若要向上加层数，那只能选择模型的标准层向上复制了。

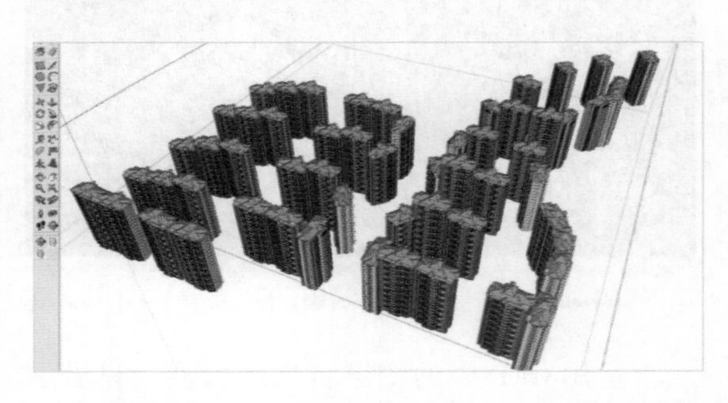

将视图调整至南立面，发现由于向下的移动导致模型低于地平线。对于多余的模型部分并不需要删除，因为到最后会将彩色总平面作为地形垫于整个模型的下方，可以掩盖掉下移后多出来的模型部分。

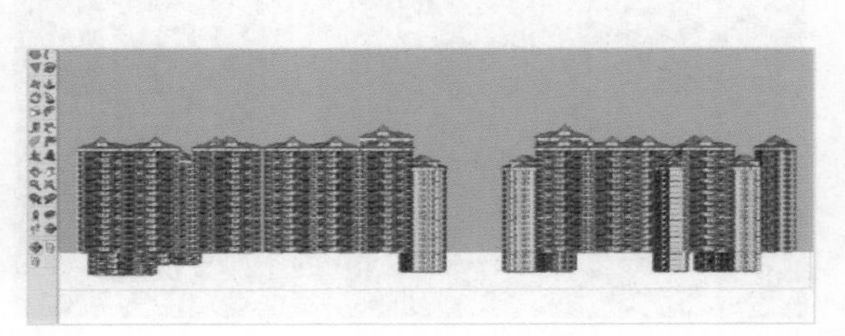

住宅区模型完成了，看看整体效果。

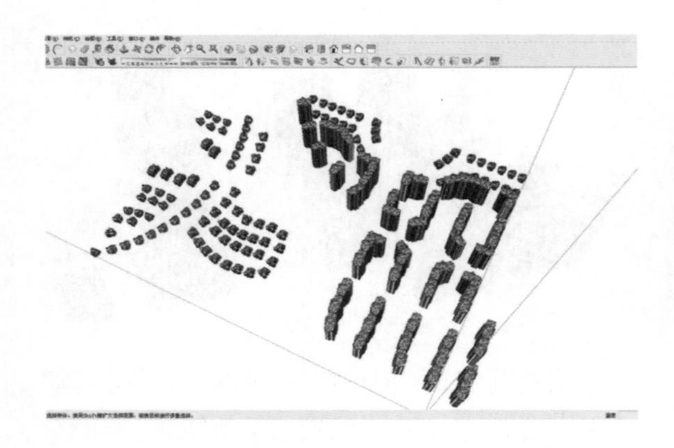

3. 公共建筑区模型制作

最后制作的公共建筑区模型，相比上述两个区更复杂。先读图看看哪些位置是公共建筑。

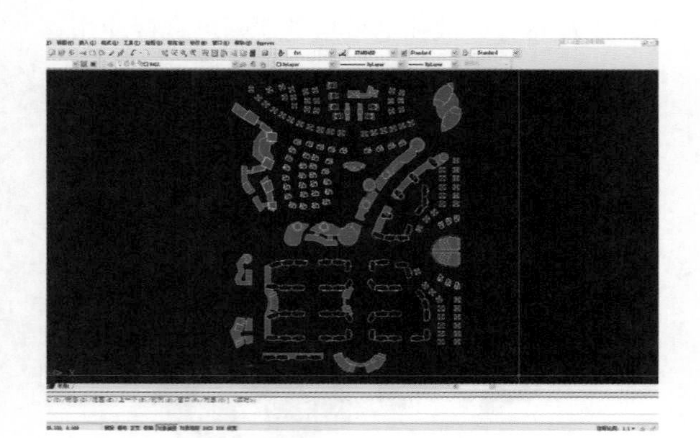

运用 CAD 中的图层特性编辑器，只显示公共建筑部分的建筑线条，发现有一些断线，用 Pline 线将其补全。

修补完后，将这些公共建筑的线单独写块出来。

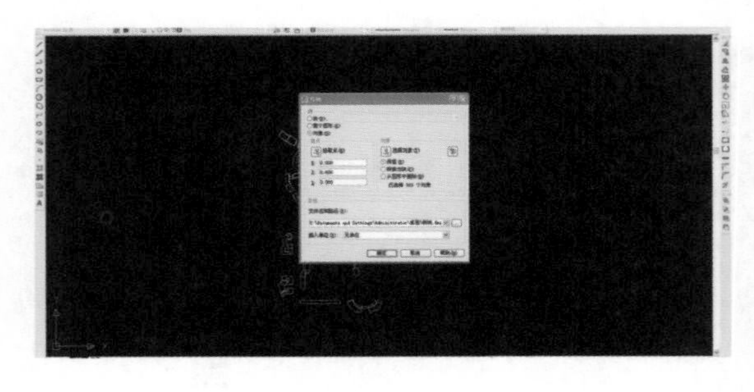

将块导入 SU 模型中。

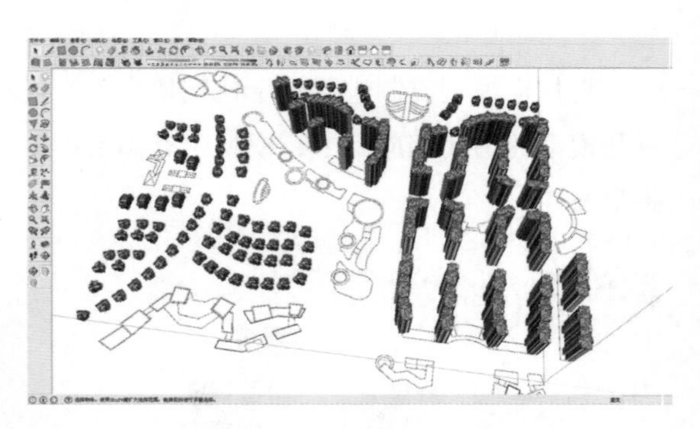

清理一下不需要的线条。如下图，去除坡屋顶的屋脊线，因为通过三角形放样法来制作坡顶时，并不需要这些线。

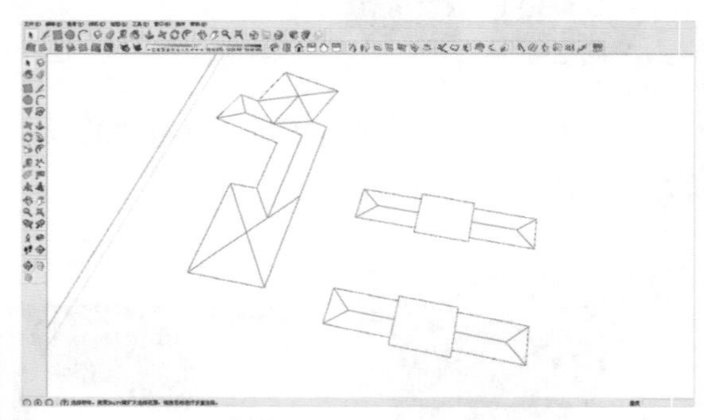

清理完毕后，将公共建筑区域的图形进行封面，不能自动成面的按照第 2 章节中的办法进行手动封面。有时，有些围合的线段无论是自动还是手动封面都无法封合起来。这种情况有可能是线段不在同一个平面上。

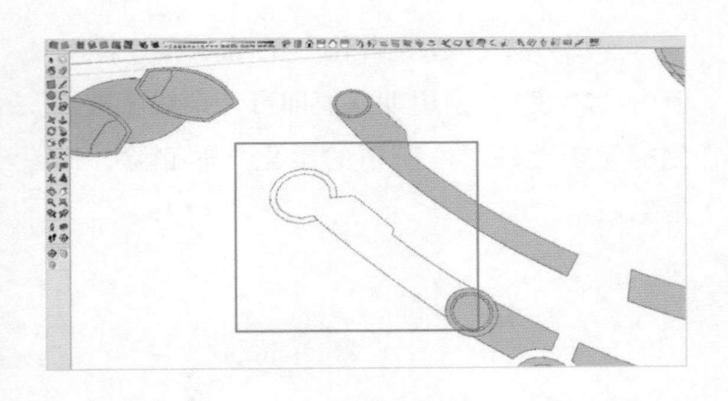

可以借用Sandbox的投影工具来解决这个问题。首先将不能缝合的线段做成组。

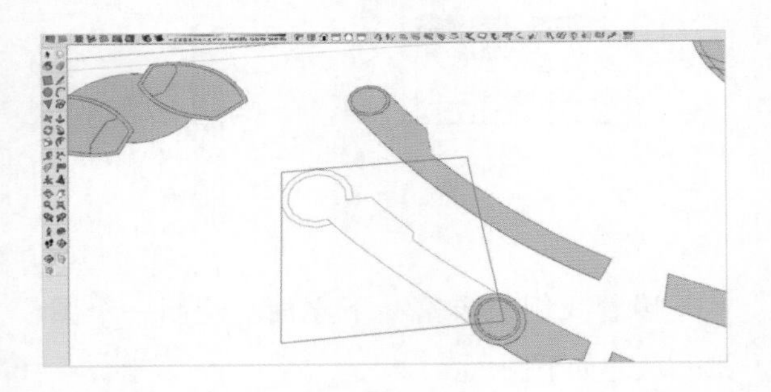

用直线命令勾勒出一个面域，如下图。

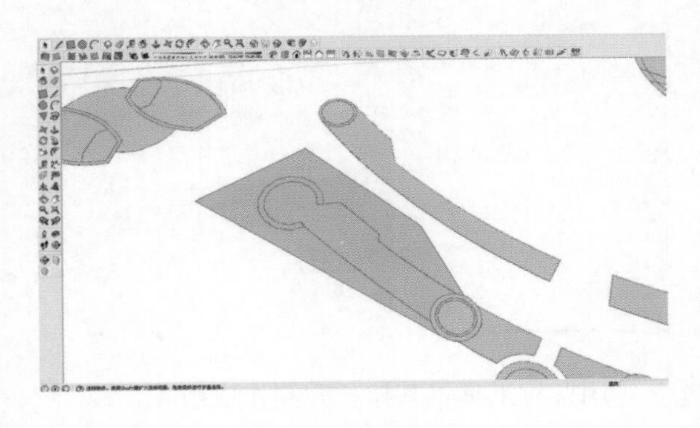

选择组，用移动命令向上垂直移动任意高度。

点击Sandbox的投影工具按钮，再点击之前绘制的面域，这样就会将组中的线段完全垂直投影到面域上，保证了新生成的线段在一个平面上。

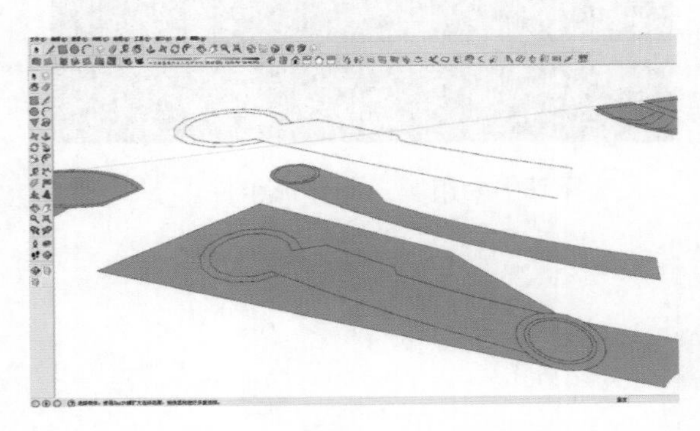

删除多余的线与面，再用手动或自动的方法进行面的缝合。

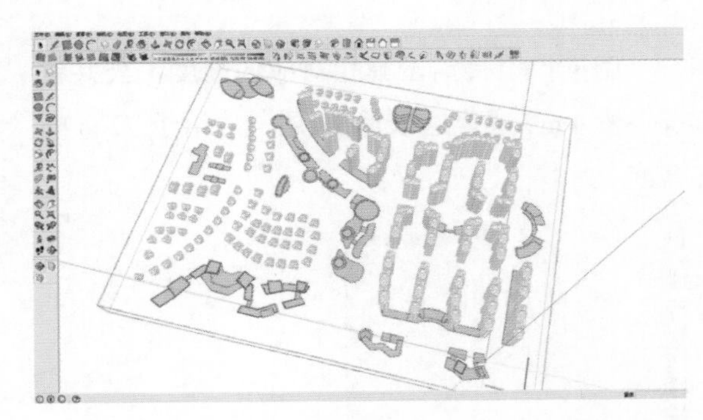

对公共建筑部分进行分析，得出以下结论。三种颜色代表三种形态的建筑，可以通过复制和变形来简化制作。

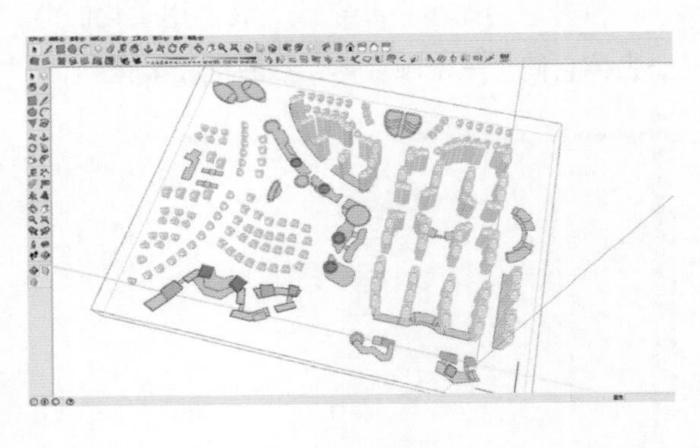

A. 先来制作红色的圆形高层。

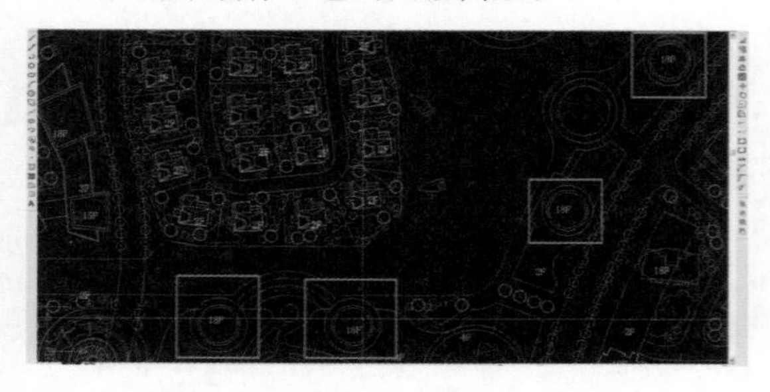

选择其中一组圆，制作成组件。

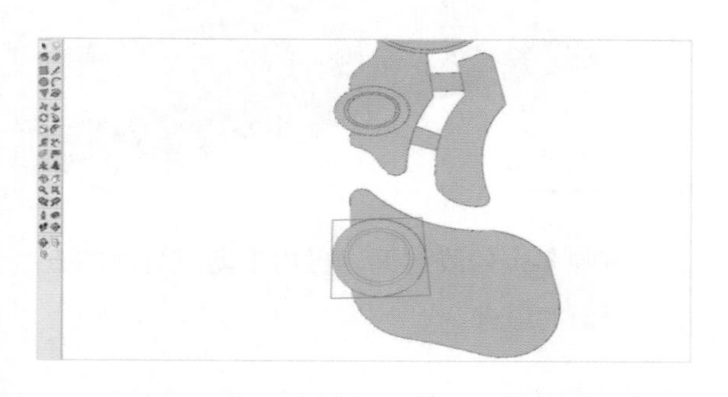

用推拉工具给予其相对应的高度，公共建筑一般 4 m / 层。这里是 18 层，故给予 72 m 的高度。

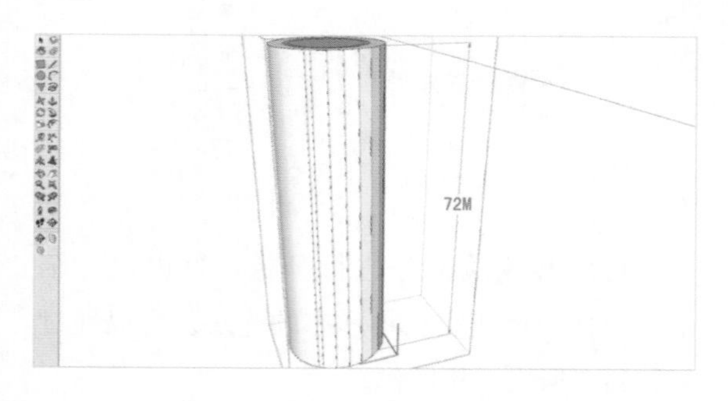

拉升后会产生一些杂线，我们用柔化的命令去掉它们。三击圆柱体，点右键，柔化。

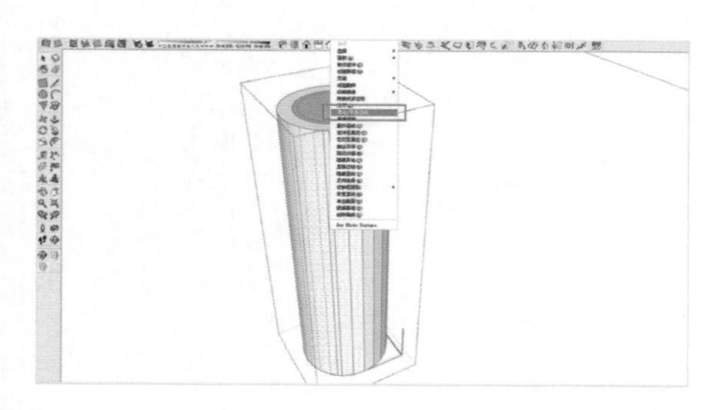

弹出一个“边线柔化”的选项框，默认值为“20 度”，使用默认值即可，杂线就被柔化的无影无踪了。所谓的柔化并非删除，而是隐藏。

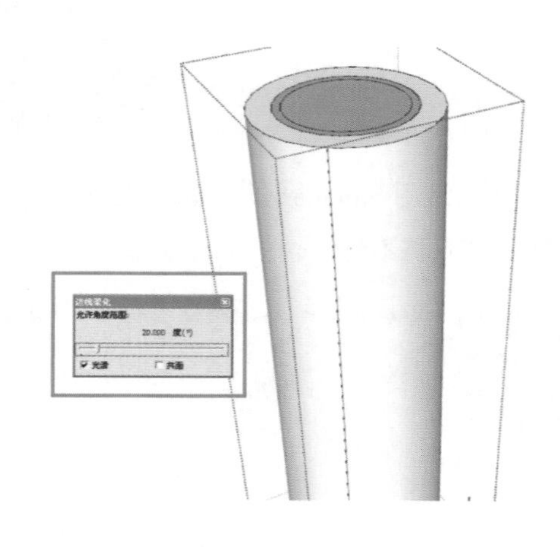

接着我们来丰富一下立面。绘制一个图形，尺寸如下图。

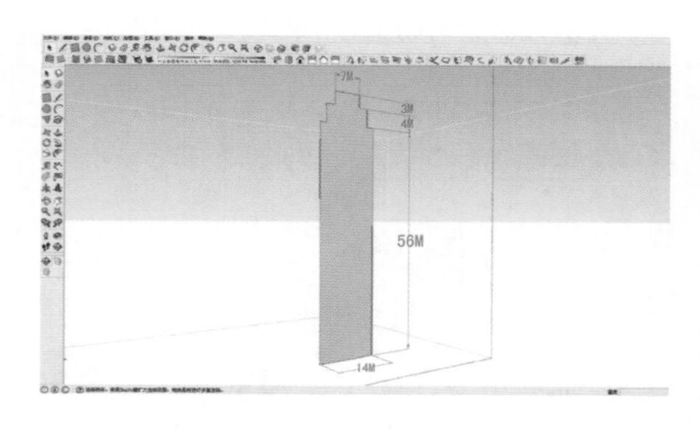

用推拉工具将其拉长并制作成组。

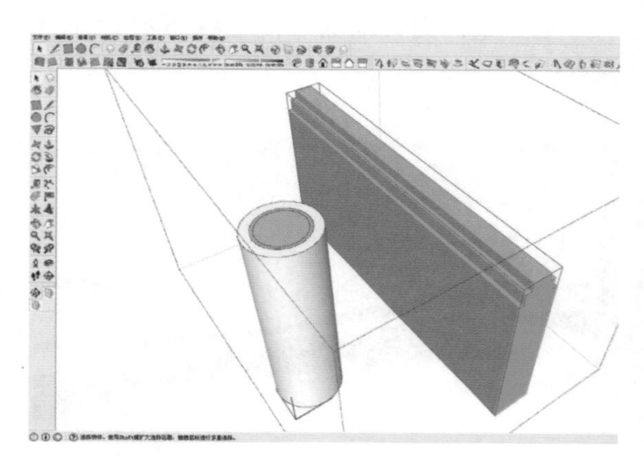

将其移动至中轴对称的位置，使其穿透圆柱体。

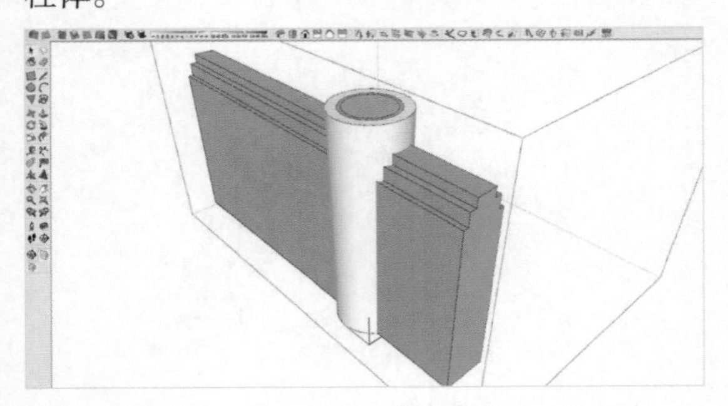

点选圆柱体，右键，模型交错。

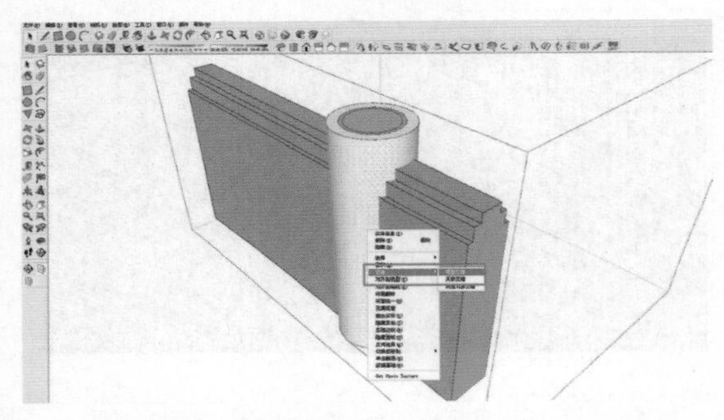

删除组后，圆柱体立面上得到了如下图形。

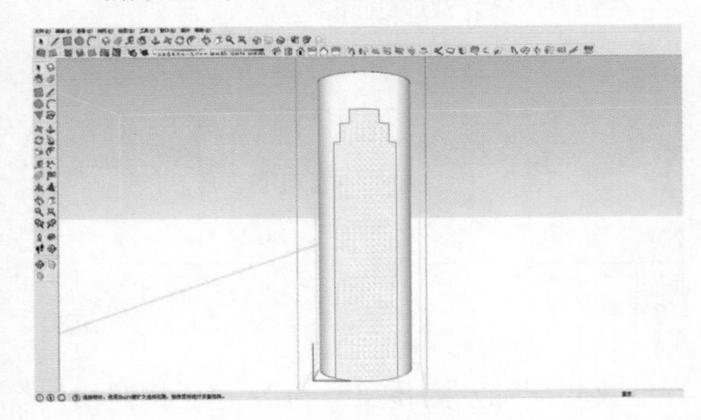

运用复制命令将底边向上复制，间距为 4 m，意在深化立面。分割完后给予玻璃材质。

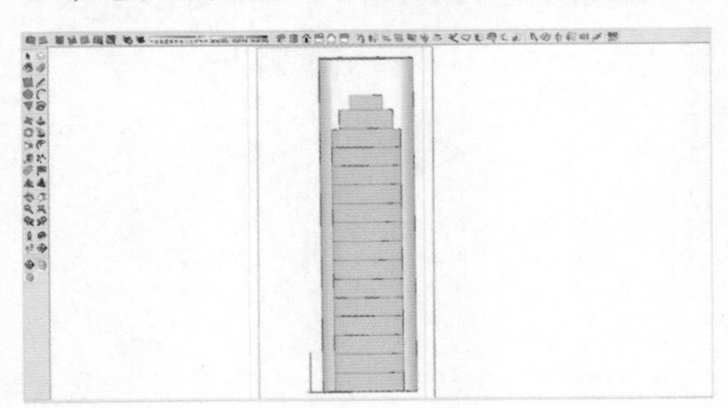

将视角转移到圆柱顶部。如下图我们使用直线和弧线命令刻画一些小细节。

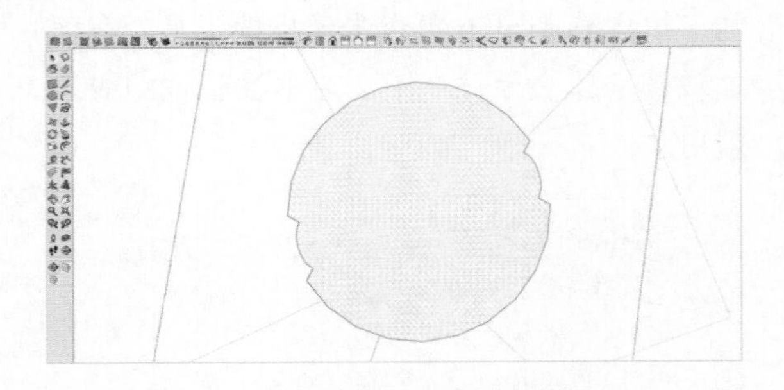

用推拉工具将多余的部分推掉。

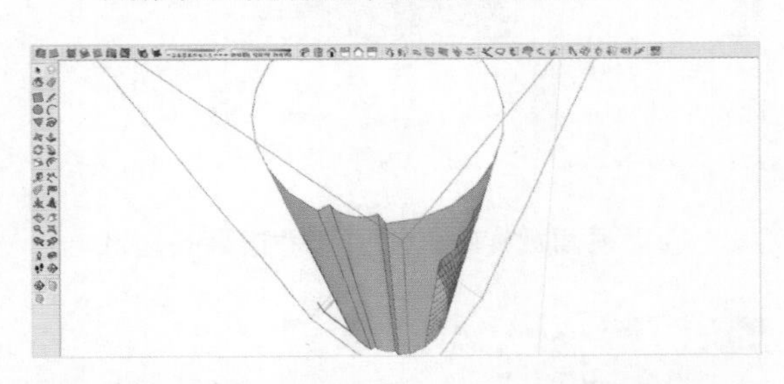

利用之前的模型交错法再次丰富立面。

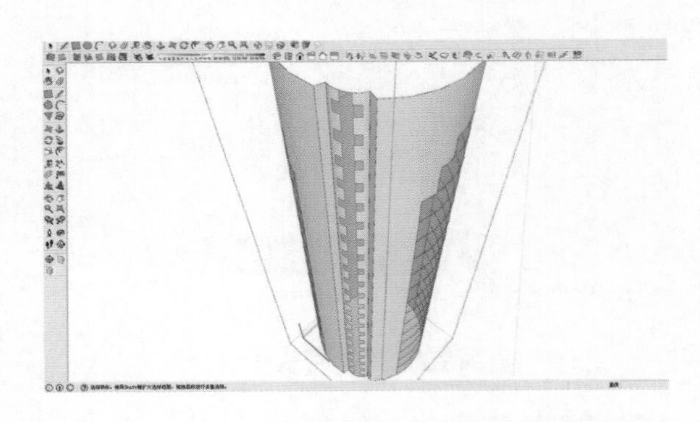

立面上的细化差不多了，接着运用偏移工具、推拉工具将顶部做成跌落式的，如图，高度、比例协调即可。

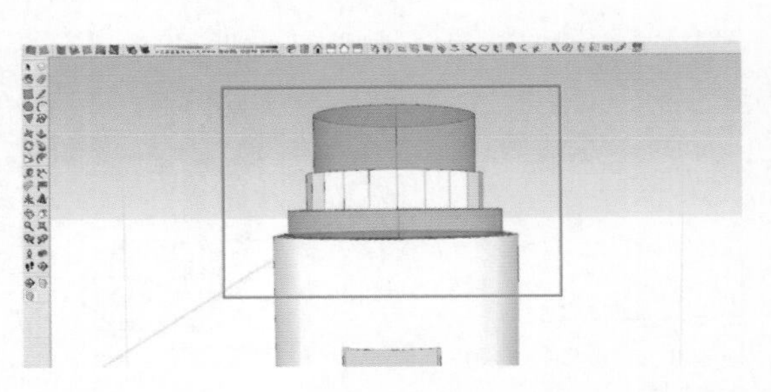

在顶部的玻璃圆柱体上增加一些竖向的线条。运用橡皮擦工具的显示隐藏边线的功能，按住 Ctrl+Shift 再点击橡皮擦工具，在该玻璃圆柱体表面抹一下，原本被隐藏的线条就出来了。

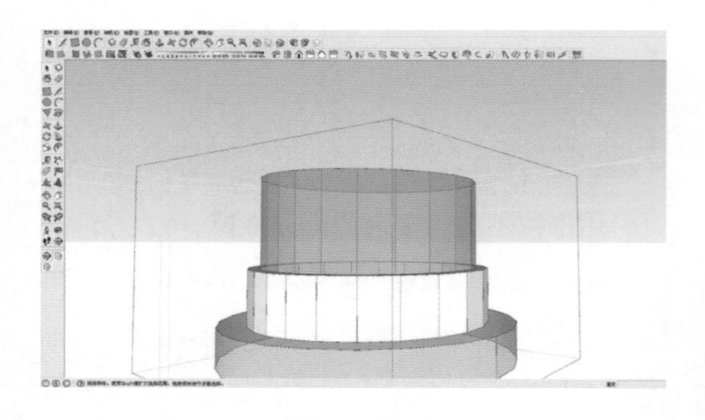

选择顶面，旋转，使顶部一边高一边低。

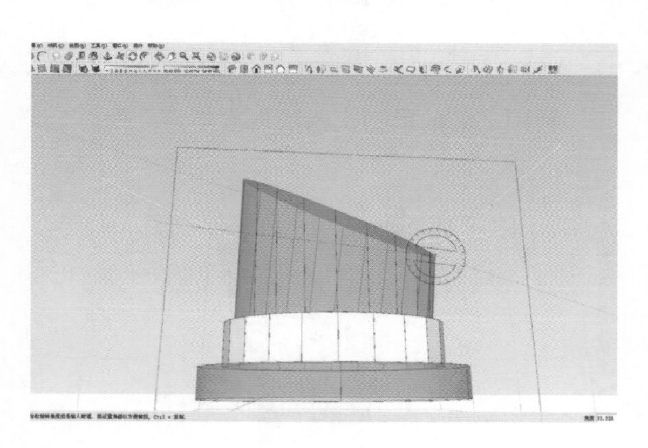

这样一个高层建筑就完成了。

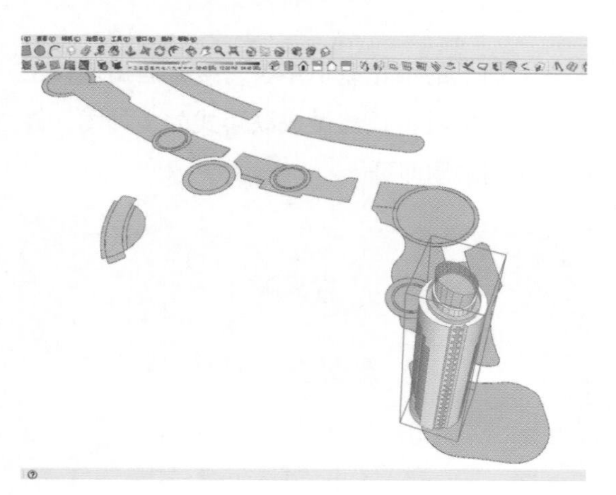

根据相对应的位置，将其一一复制。

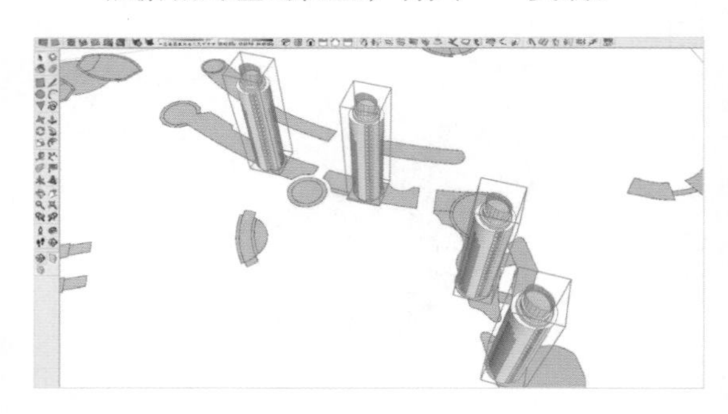

B. 制作双子塔楼

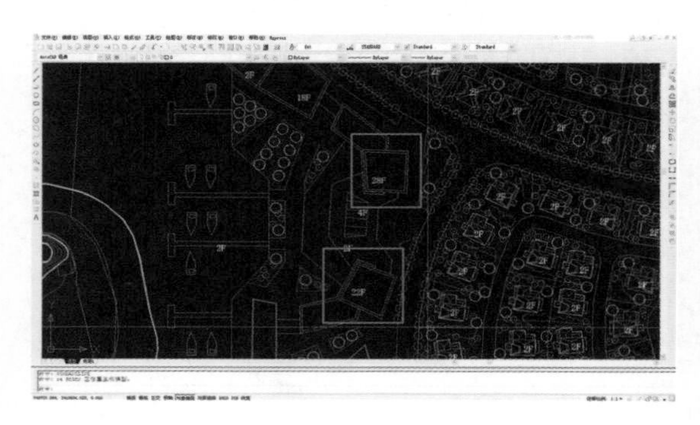

将其中一个做成组件。

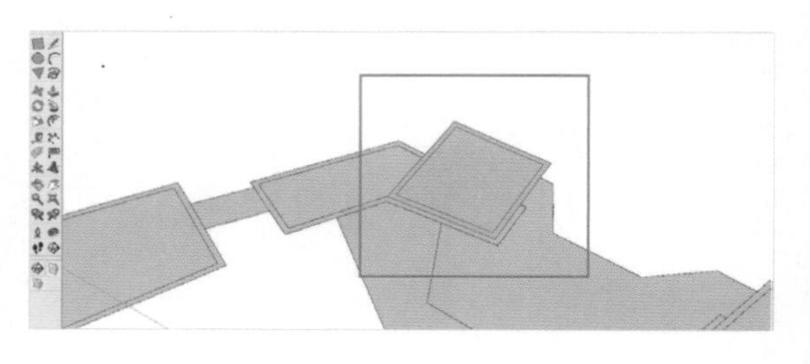

该楼所标示的楼层数为 28 层，按照惯例 4 m / 层，用推拉工具将该面向上推拉至 112 m。

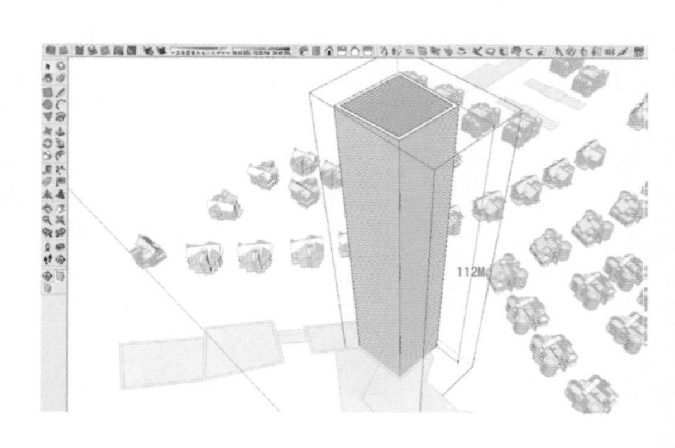

制作立面，增加细节。先绘制一个矩形，作为辅助面。将面向上推拉 1 m 的高度并制作成组件。

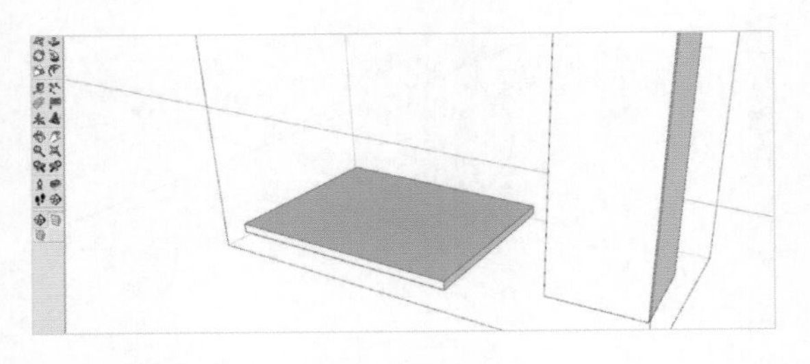

向上阵列，间距为 5 m。

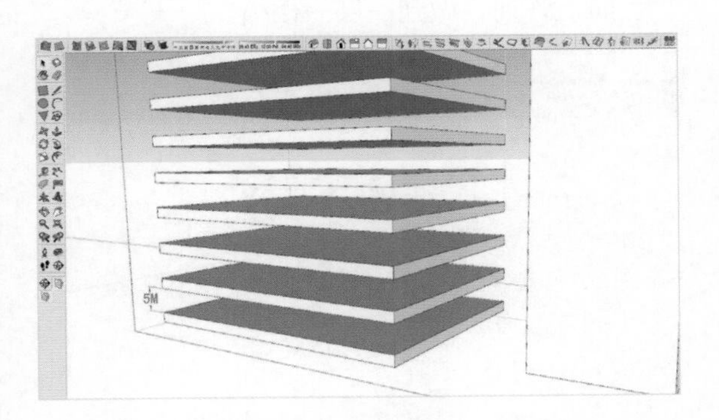

移动这些阵列的组，将其穿插于主楼中。

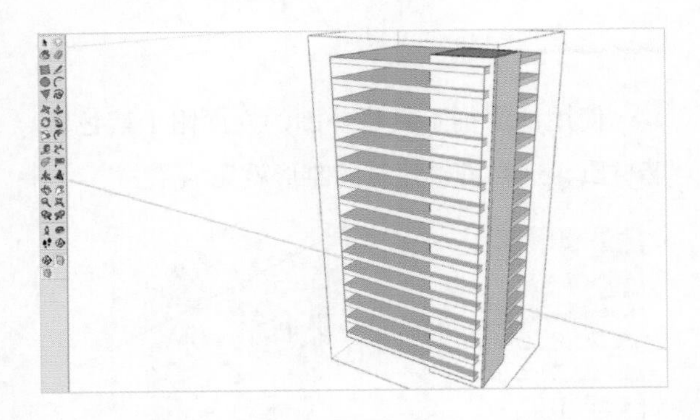

三击主楼的体块，点右键，模型交错。

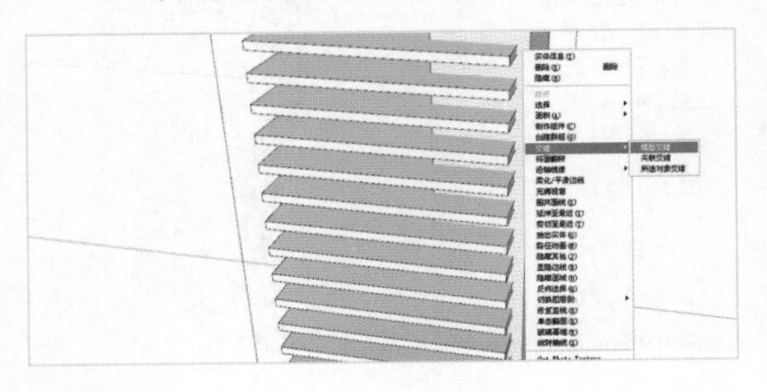

得出如下图的立面分割。

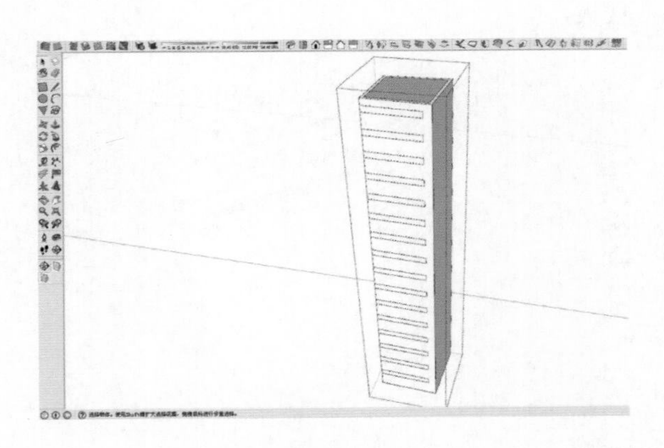

双击需要留下来的面做成组之后，按 Ctrl+A 全选，取消选择该组，将剩余的选择部分按 Delete 键删除。这样的操作可以快捷地删除不需要的线与面。

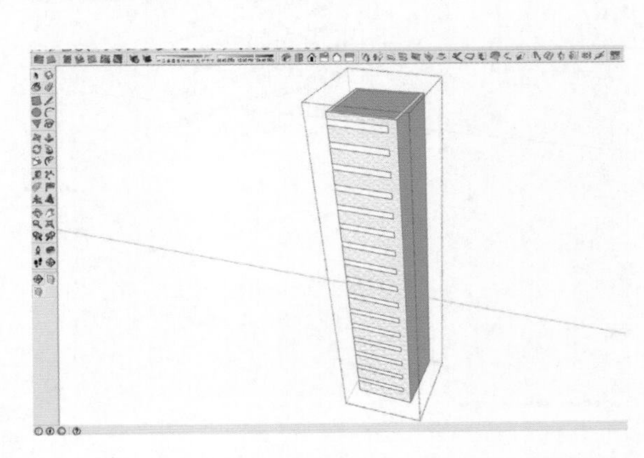

接着我们来制作该建筑的楼板，将视角转至建筑底部。

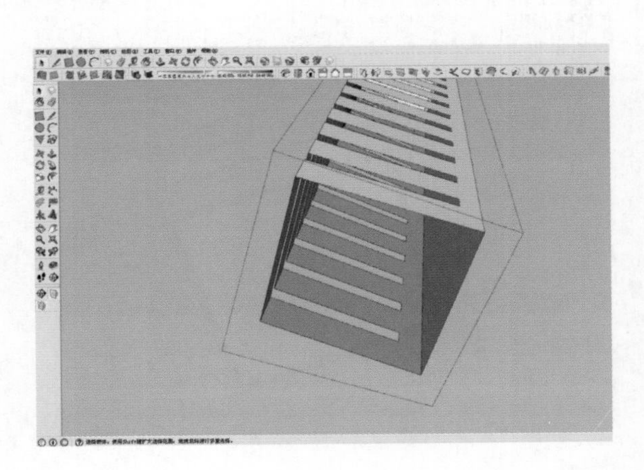

用直线命令将底面缝合，利用底面来制作楼板。

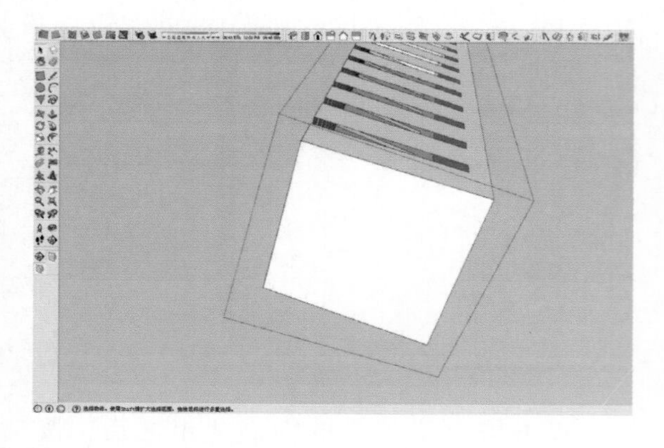

向内偏移些许。

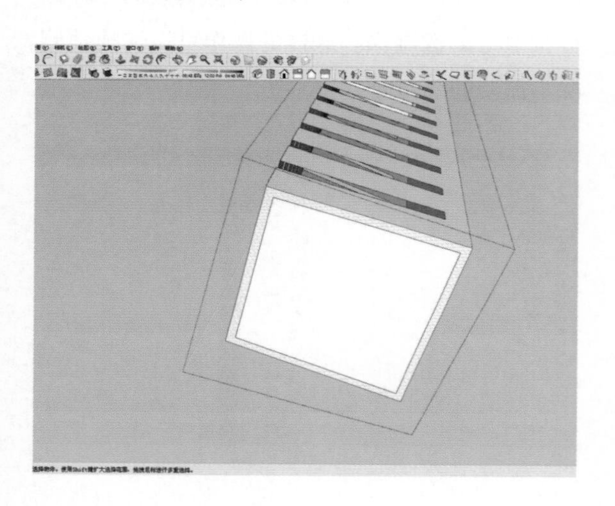

删除外围，做成组件。

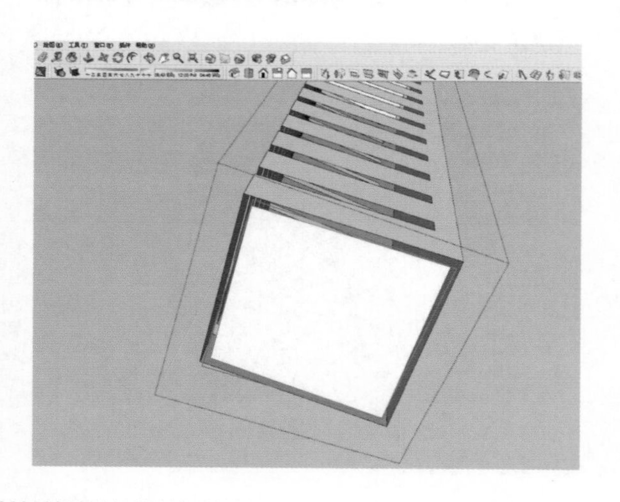

进入该组件，将面向上拉升 1 m。

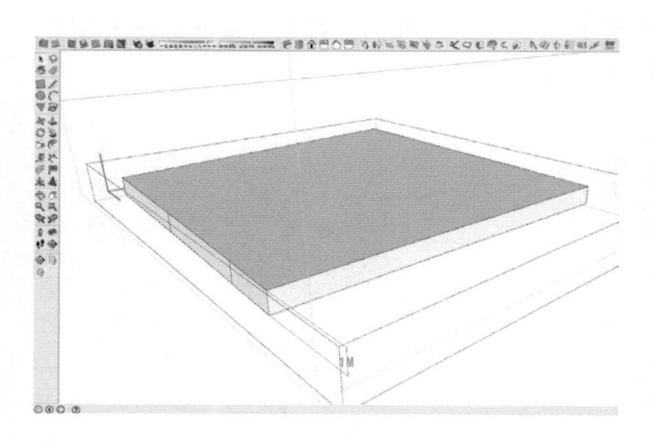

向上阵列，做到一层一楼板。

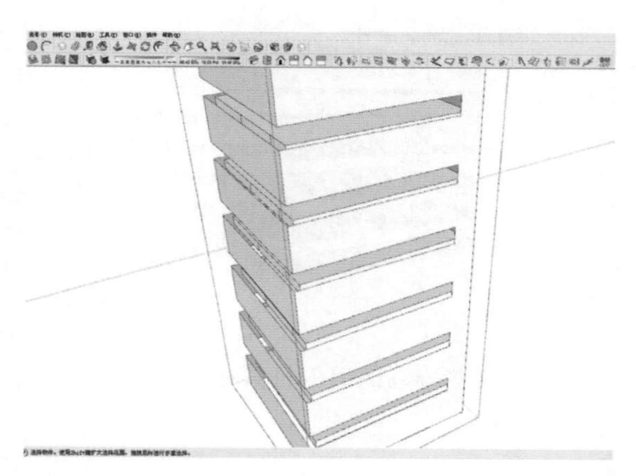

使用油漆桶工具将外围的立面附上蓝色玻璃材质，这样塔楼建筑的雏形就完成了。

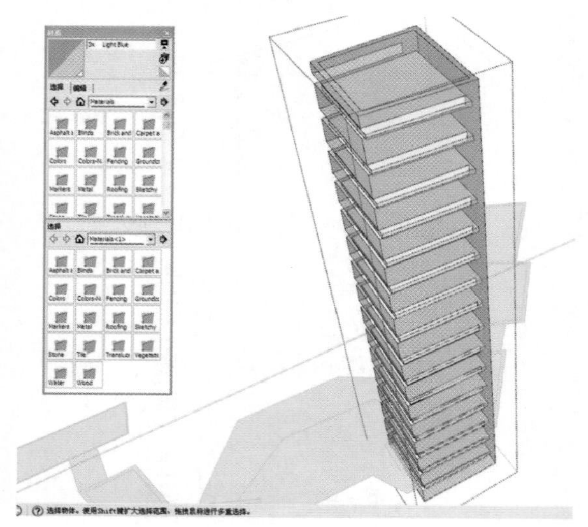

如图，选择右侧的直线向左复制，间距3 m，以增加立面的细节。

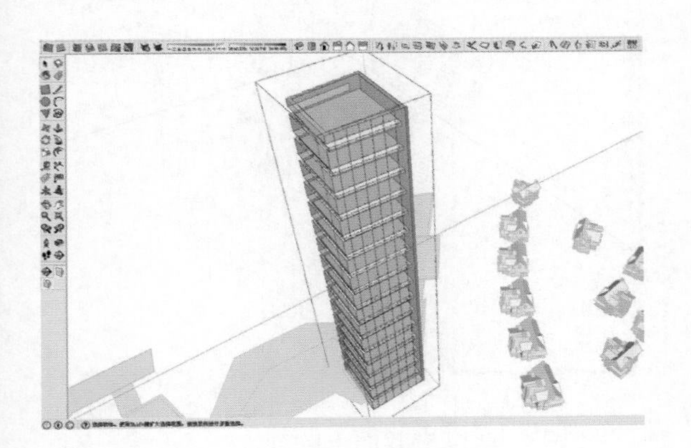

将另一面也进行同样的操作。

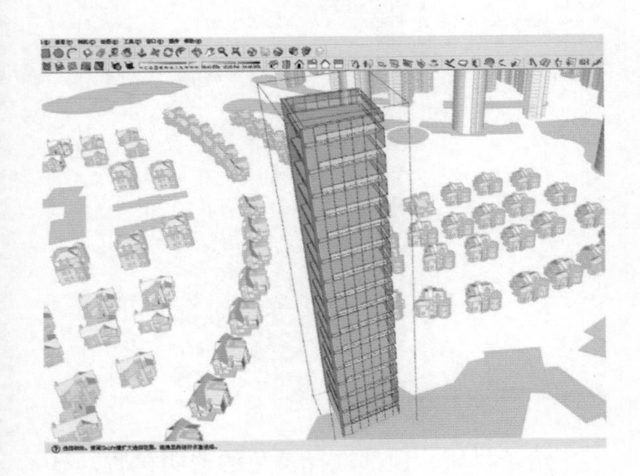

用矩形命令在建筑外表皮上再做一些细节。

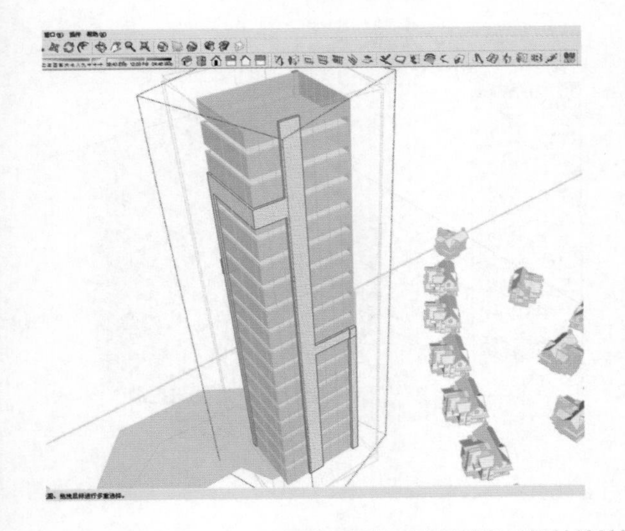

最后制作建筑的帽子。为了便于观察，我们将建筑顶部设置成白色。用偏移命令向内偏移些许，尺度自己控制，做的薄一些即可。

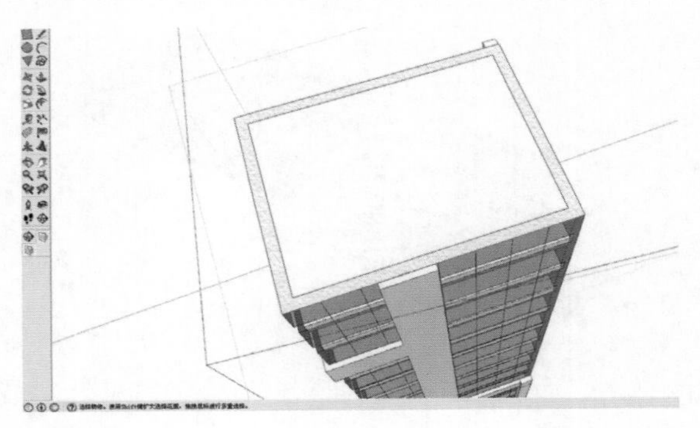

向上推拉35 m。

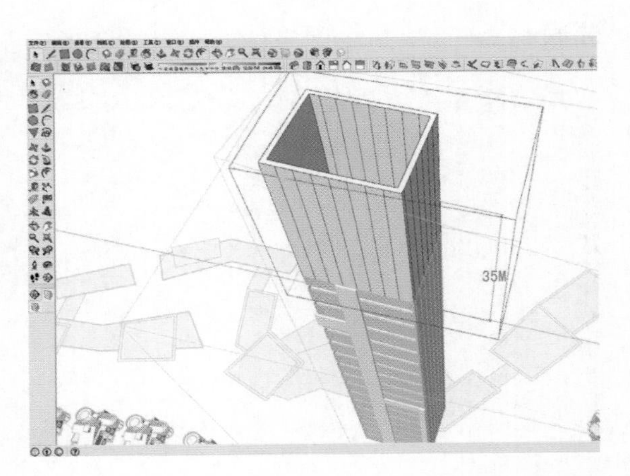

删除杂线。用矩形工具随意的画一个面作为辅助，面的尺度应大于建筑帽子的尺度。

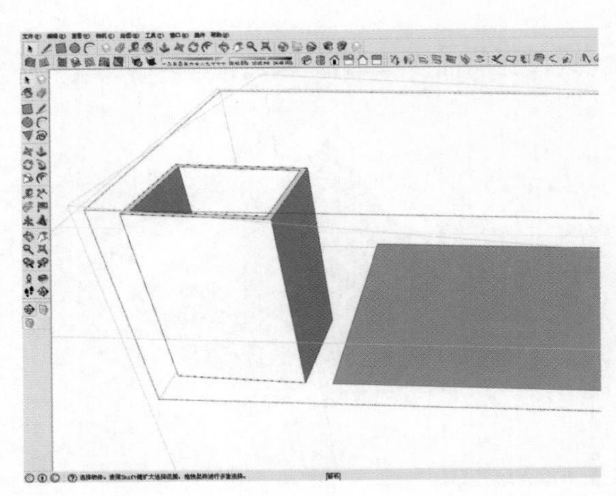

将面制作成组，移动并旋转至如下图位置，进行模型交错。

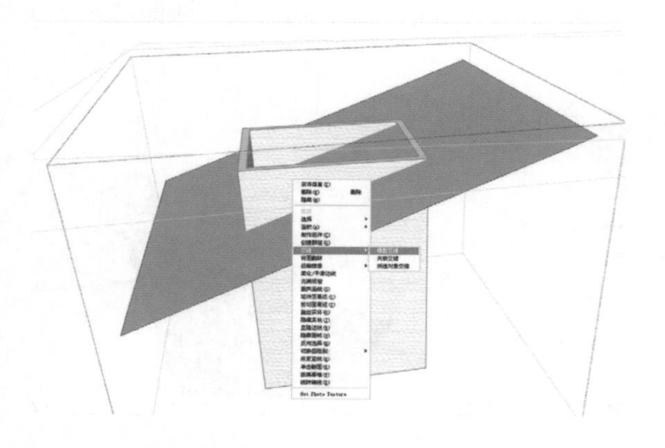

删除交错产生的斜角，帽子的初步形态完成。

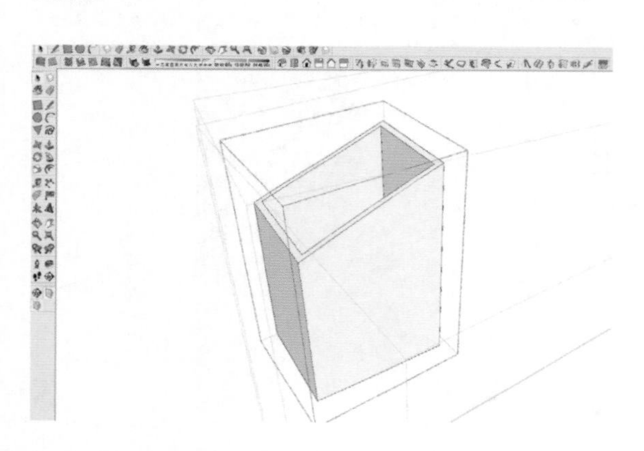

接着我们增加横向的细节。将视角转于底部，将最外围的边线偏移出去些许。

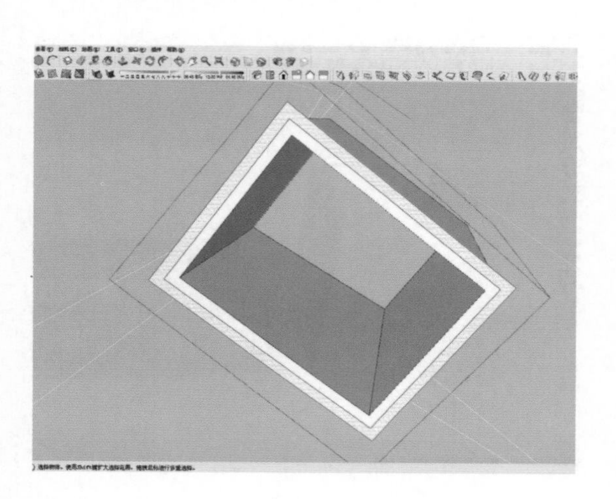

将偏移出来的面做成组件。

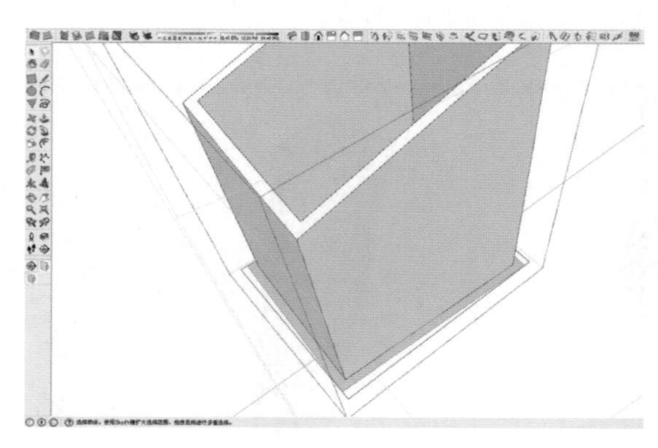

给予一些厚度并向上阵列。

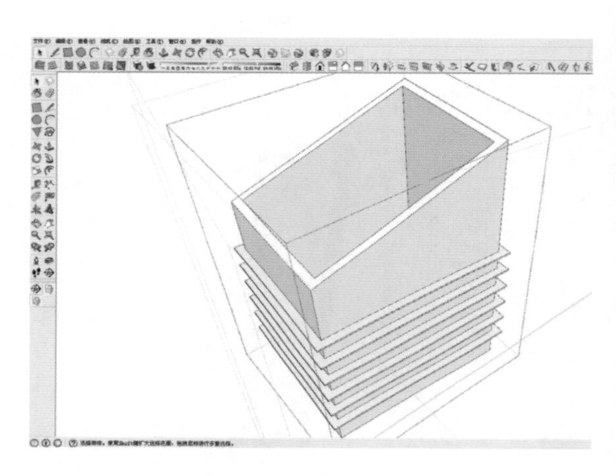

给予材质，顶部选择黄色的透明材质，显得庄重典雅。

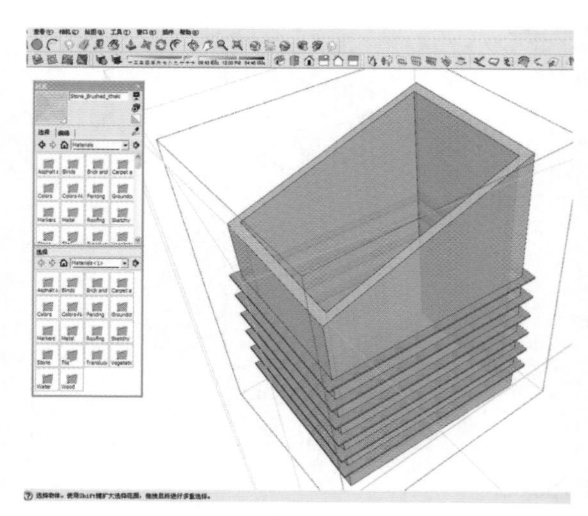

将横向装饰做出些许变化。用移动工具选择一个角，向外拉扯。

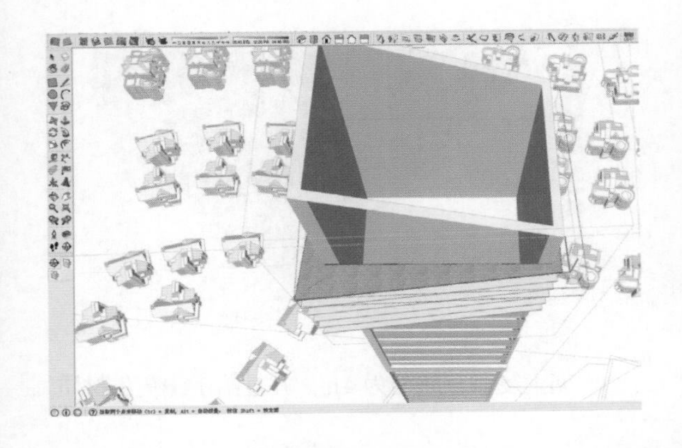

完成，退出去看看，效果不错。

复制一个并镜像，再用旋转工具以及缩放工具完成另一栋楼的制作。

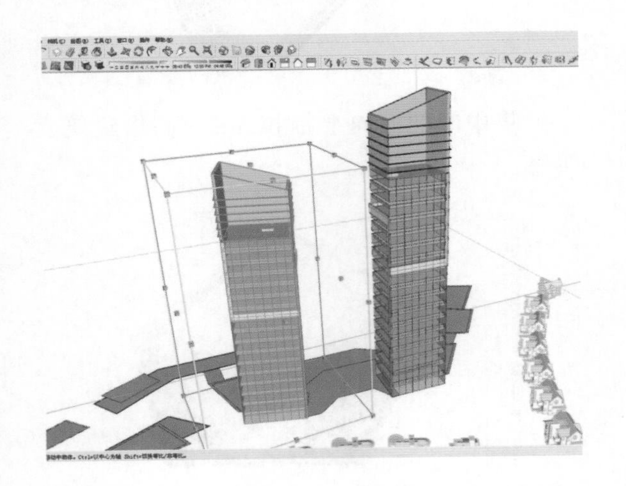

双子塔的比例可适当调整，以达到相对好的效果。

C. 制作剩余的高层建筑。

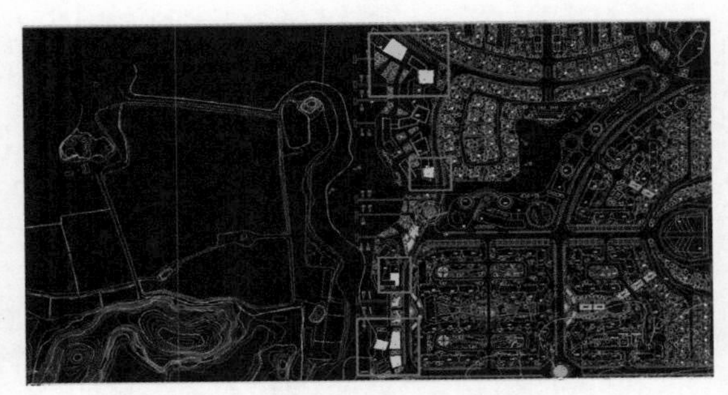

选择所标层数最高的楼的面做成组件。

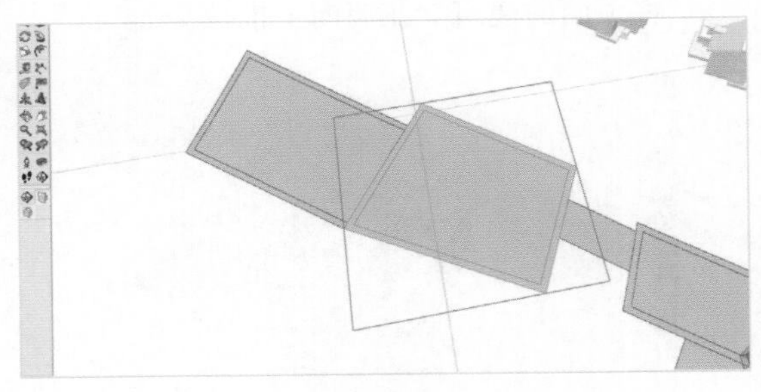

按照层数向上推拉 72 m。

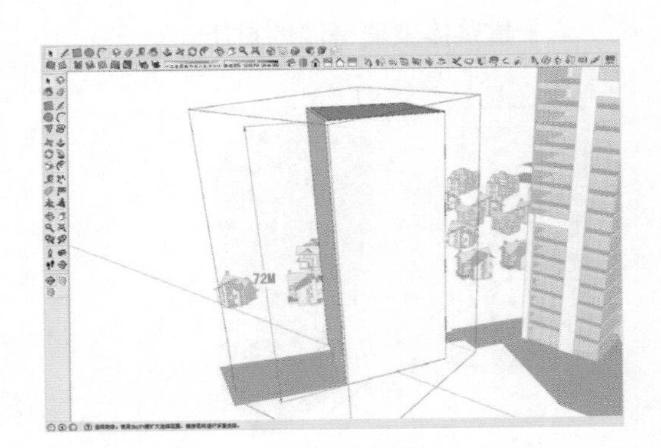

阵列竖向的边线，这次的间距为 2 m。

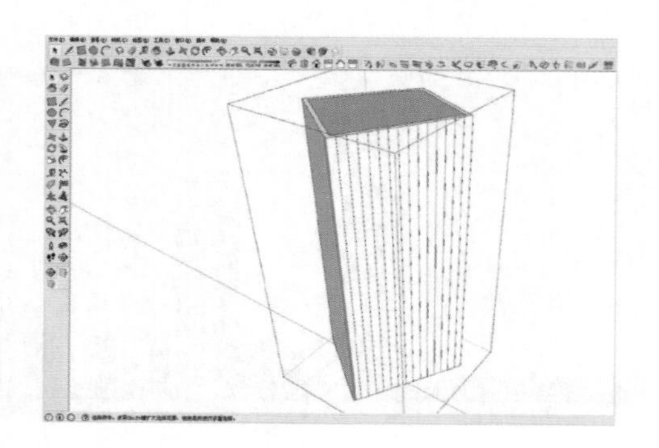

4 个面全做阵列操作。

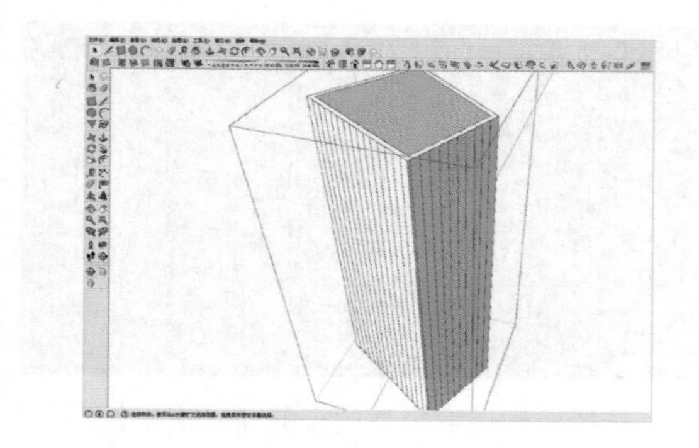

将顶面的建筑女儿墙向上推拉 2 m。

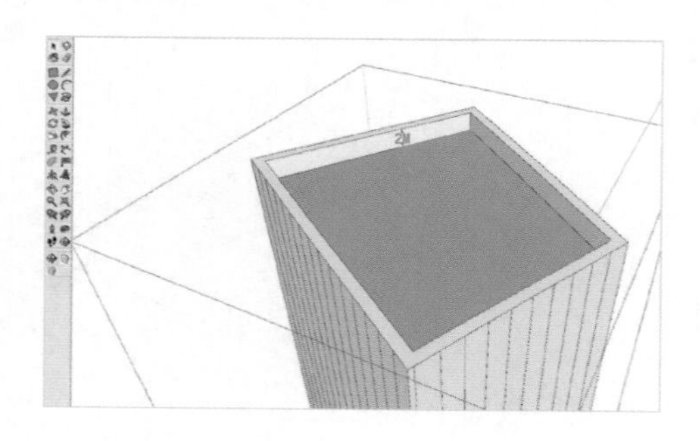

给予建筑体玻璃幕墙的材质。

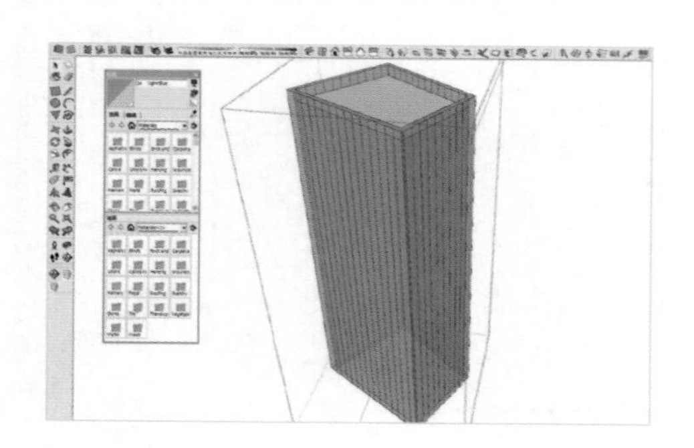

继续制作楼板以及横向分割。将底边偏移出来少许，生成的面制作成组件。

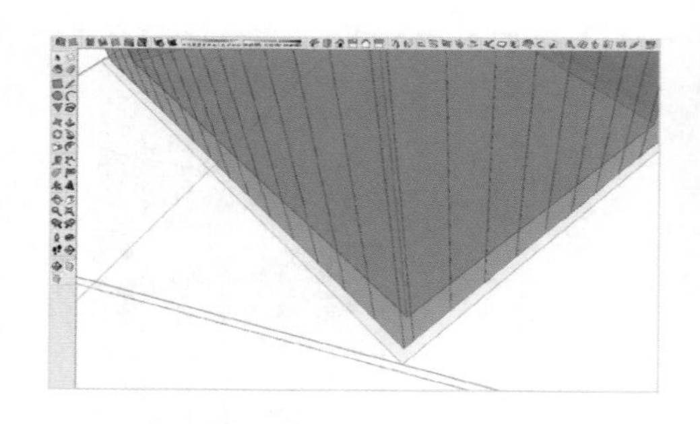

向上复制，间距为 4m，并且给予深灰色材质。

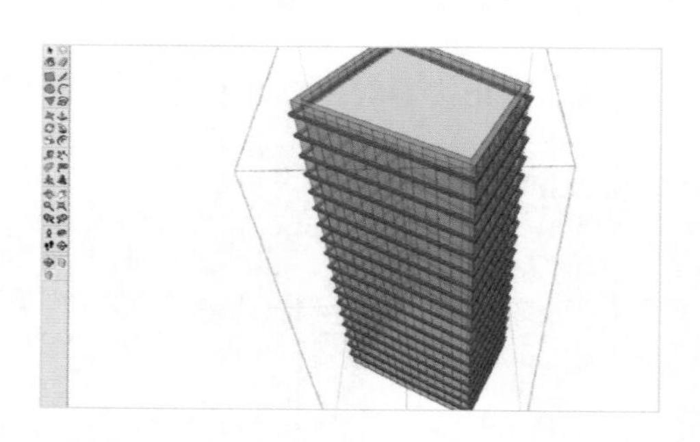

制作一个简单的建筑顶部。选择顶面向内偏移 3 m。

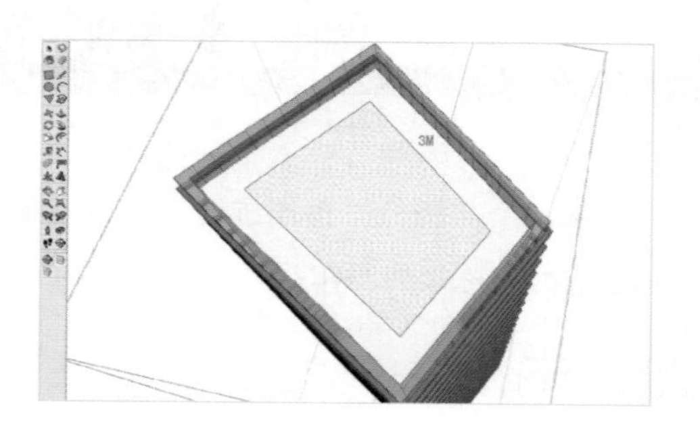

将中间的面向上推拉 5 m，高出建筑女儿墙。

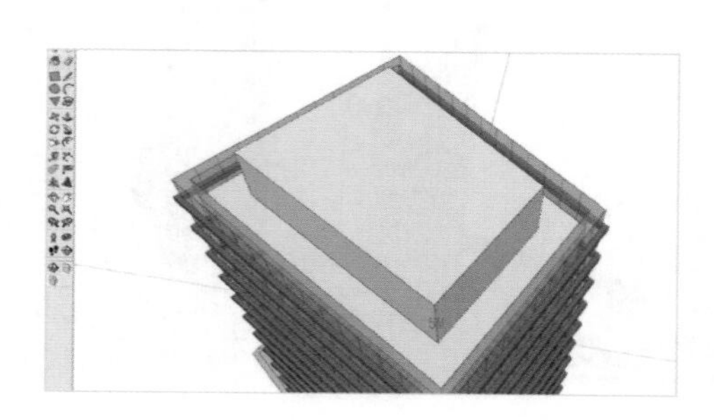

随意做一些分割，给予不同的材质。这里作者用了比较简单的方格网分割法。

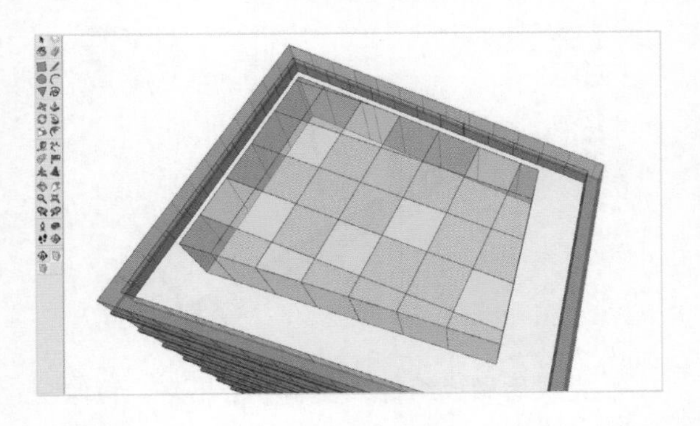

最后为了再增加一些细节，可在立面上添加些玻璃体块。

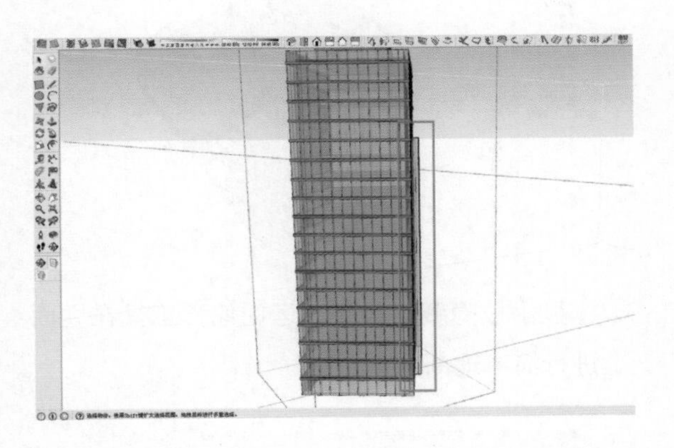

一栋楼便完成了。复制做好的高层建筑模型，按照相对应的楼层数，运用缩放命令，制作出第二栋高层建筑。

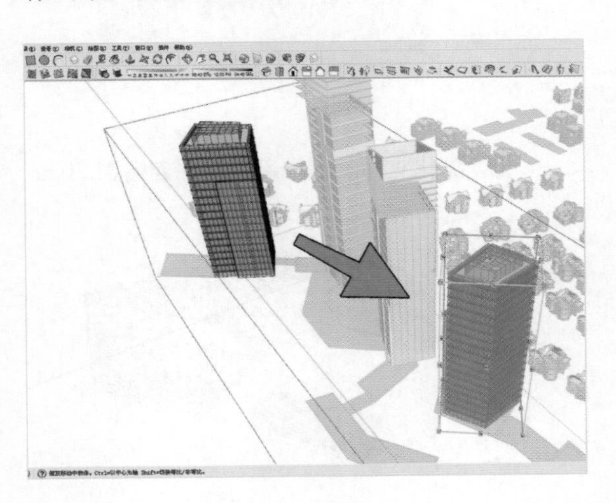

以此类推，规划范围内东部的高层建筑群就完成了。

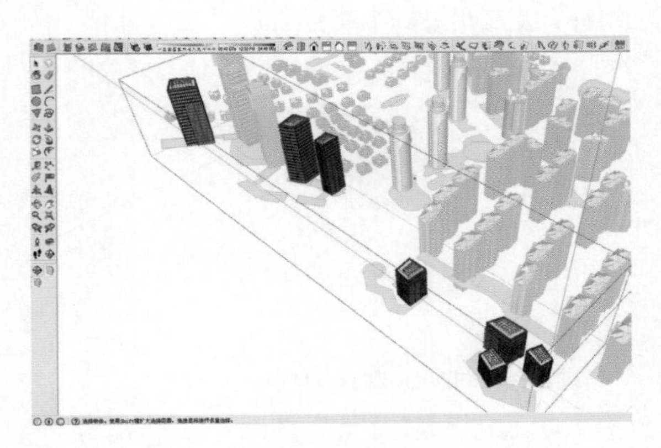

D. 下面来制作两个重量级的建筑，一个是住宅区以及别墅区的配套商业建筑，一个是酒店及会议中心。

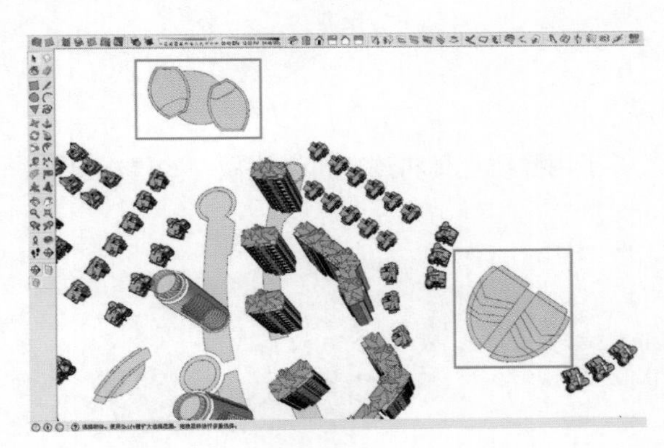

先来看下配套商业建筑，体量不小，应该是一个商业综合体。

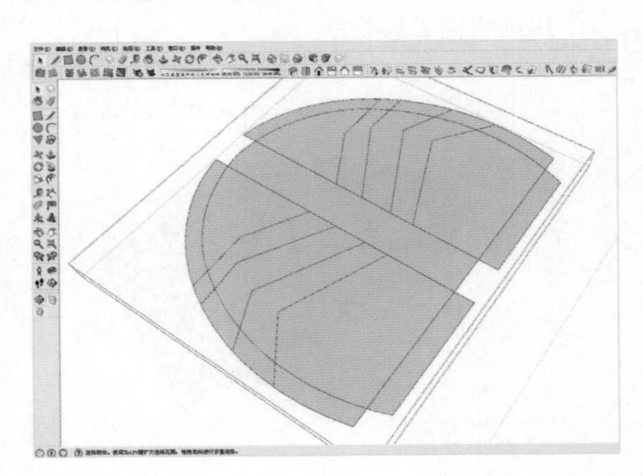

我们发现这个建筑的平面是一个轴对称图形，所以把平面一分为二，将其中一半制作成组件，复制出另一半就行了。

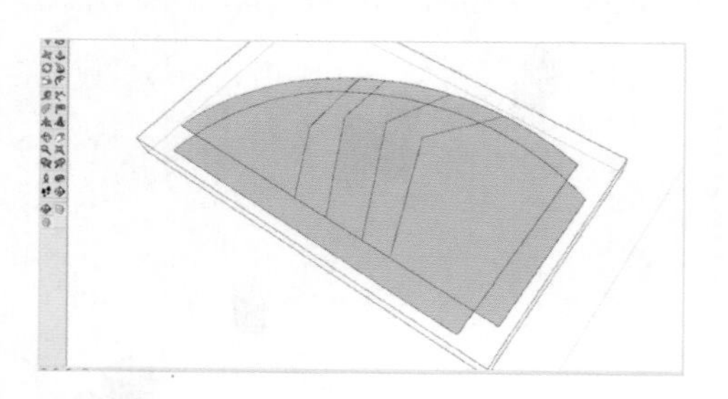

将该建筑向上推拉 20 m。

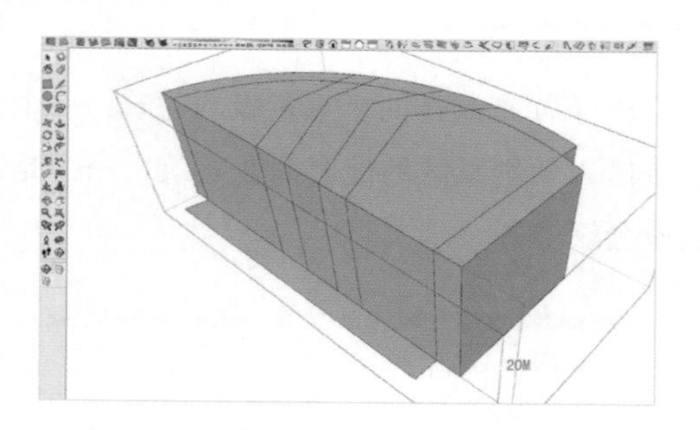

用推拉工具将该建筑体块做一些层次出来。

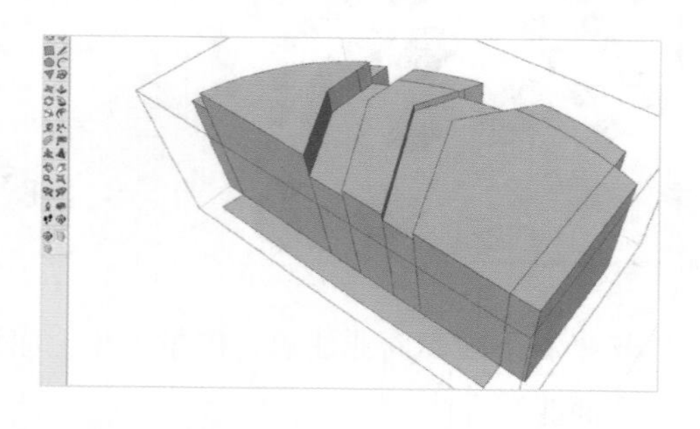

用油漆桶工具着色。

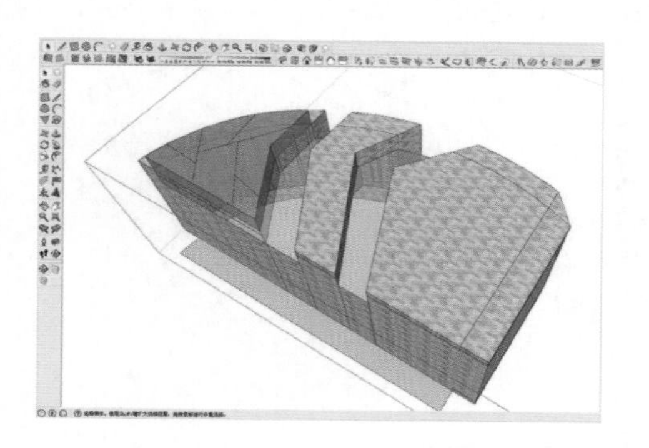

用阵列或者是模型交错的方法绘制建筑体顶部的构架。

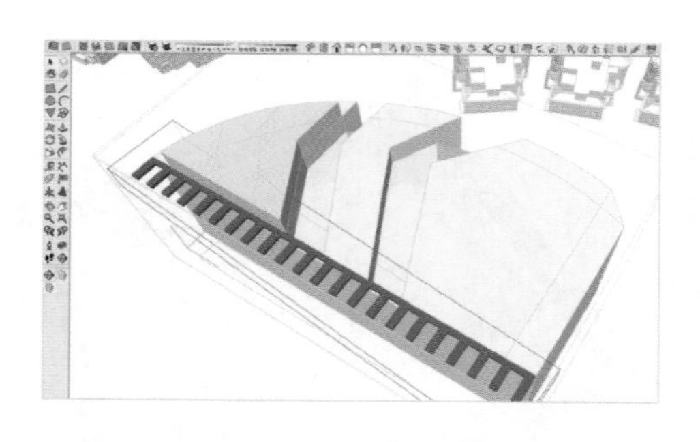

完成后做成组件，复制一个出来。镜像一下，移动并对准位置。

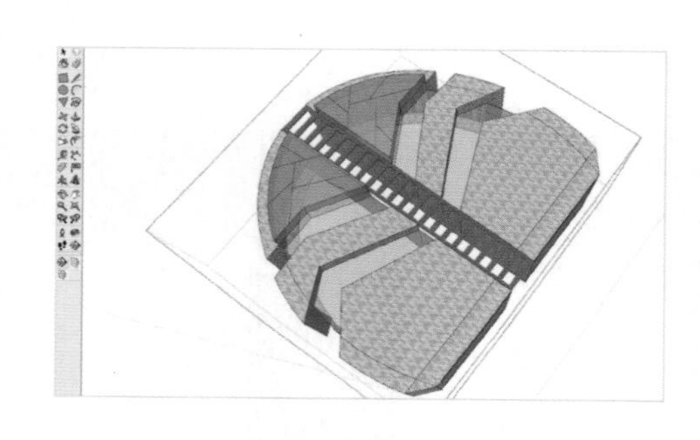

显示被隐藏的线条，运用偏移工具在立面上进行简单地刻画。

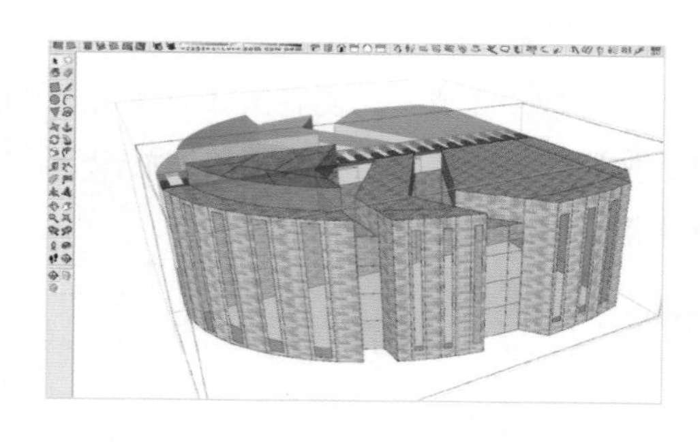

继续深化立面。在端部，将面向内推 20 m。

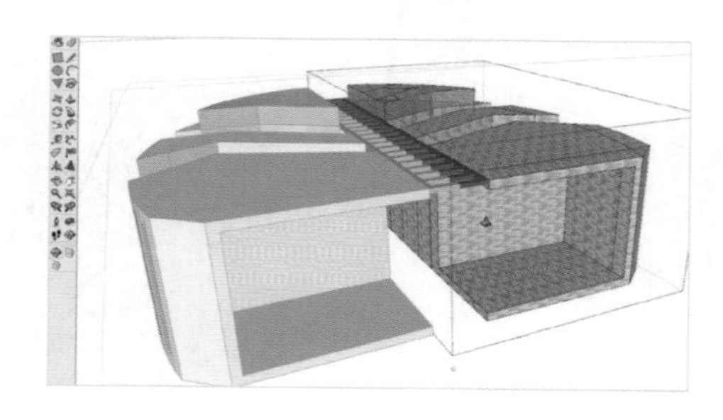

运用圆形工具和缩放工具制作出一个椭圆形并做成组。

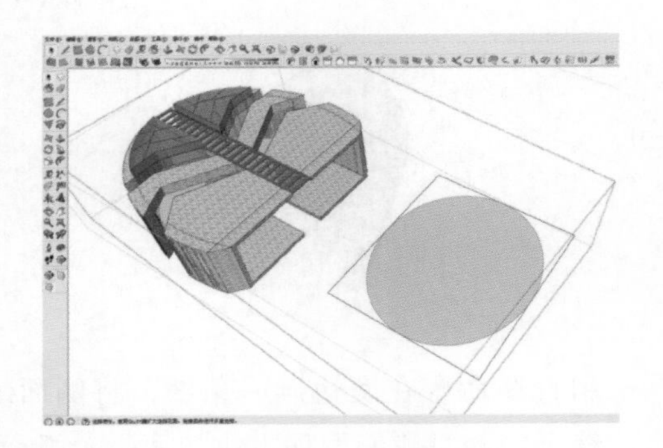

将椭圆向上推拉 19 m。

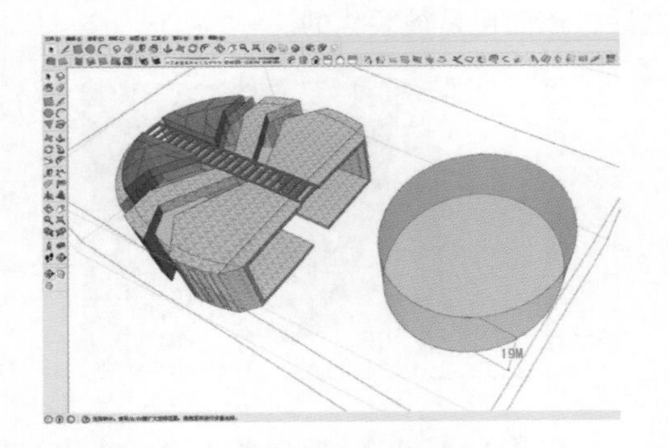

移动椭圆体，将其穿插到建筑体内。

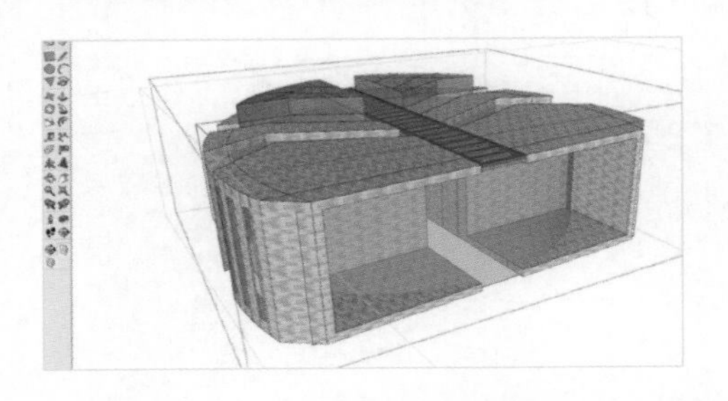

最后按住 Ctrl+Shift+ 橡皮擦，运用橡皮擦显隐边线的功能来增加细节。

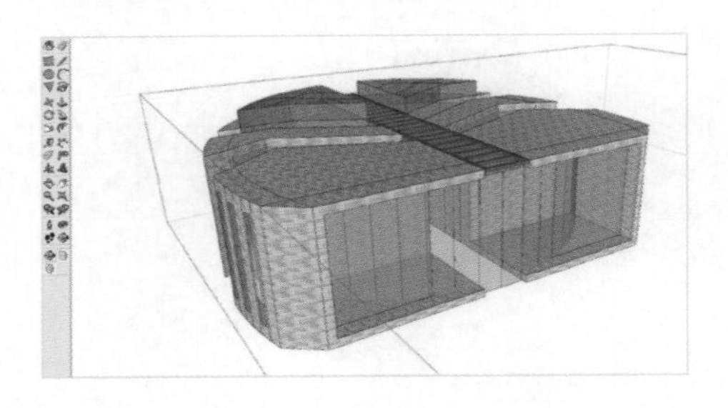

完成了。从整体来看，这个建筑体是本规划轴线的端部。

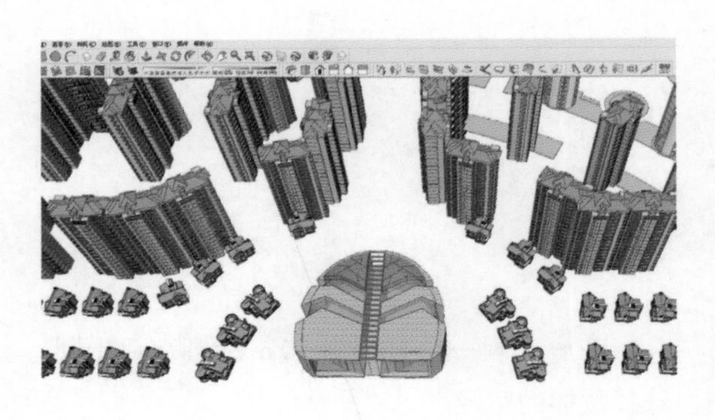

制作超高层酒店模型。

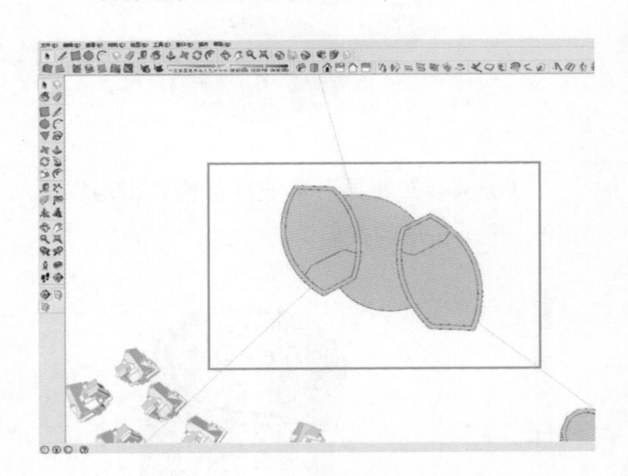

用推拉工具，将其平面推拉至相对应的高度。效果不是很理想，索性我们颠覆一下思路。

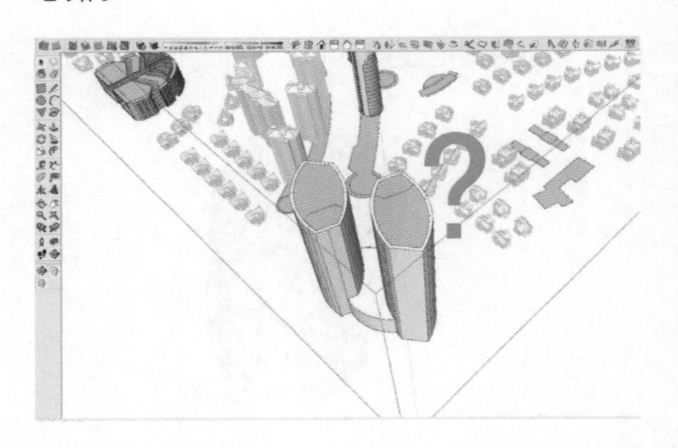

制作用来放样的截面，弧形，高度 120 m。

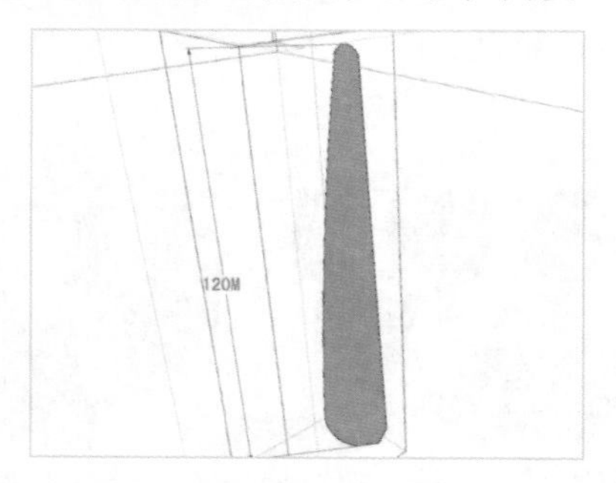

在底部画一个直径为 50 m 的圆。双击圆，选择放样的路径。

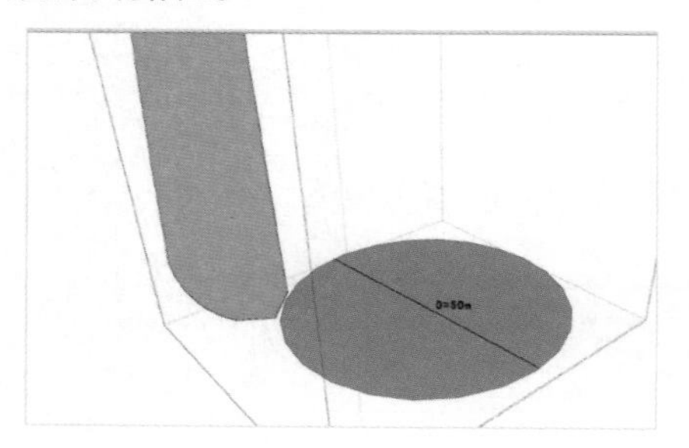

点击放样按钮再点击放样截面，得出以下图形，像个长形的茶盅。

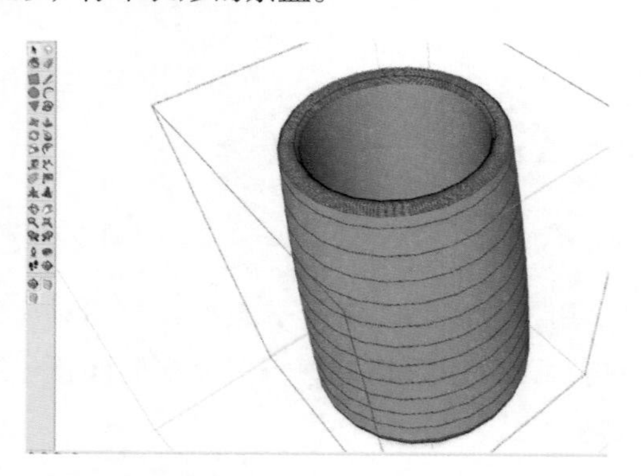

显示隐藏的线条。

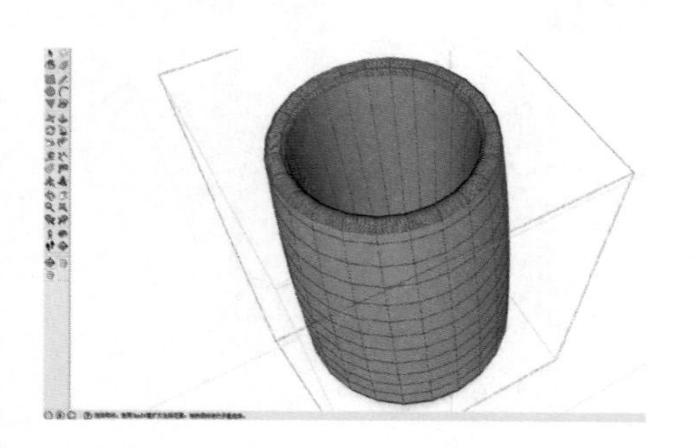

删除一些面得出以下图形，底面的圆暂时保留，以备后用。

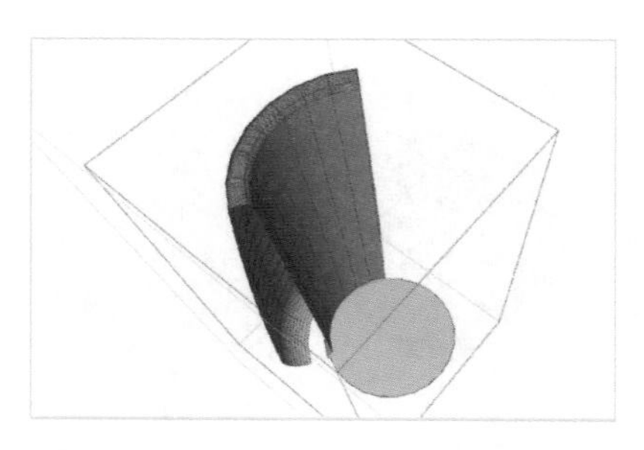

用直线命令在底边画一条线，将侧面缝合。缝合的同时我们发现生成的面是个弧面，原因是四周的边线原先是被柔化的，生成了面之后，该面也是被柔化的。

可以用 Ctrl+Shift+ 橡皮擦工具，将边线显示出来。

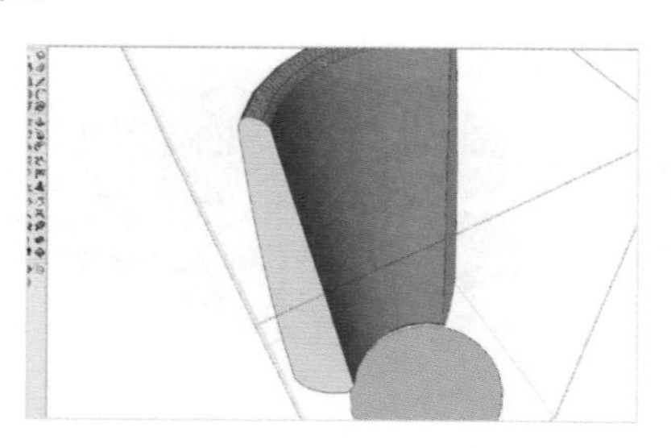

制作横向的分割。画一个长方体，高度为 1 m。制作成组件。

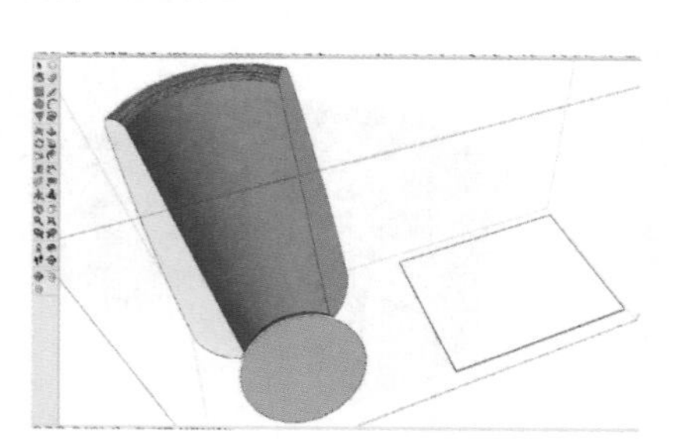

向上复制，间距为 4 m，将其覆盖于建筑主体。

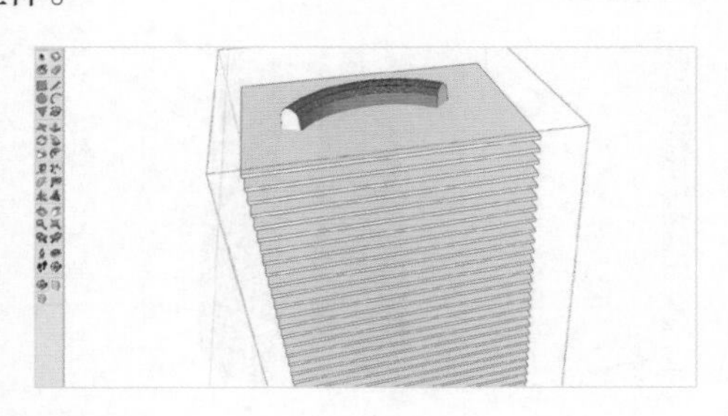

使用模型交错。

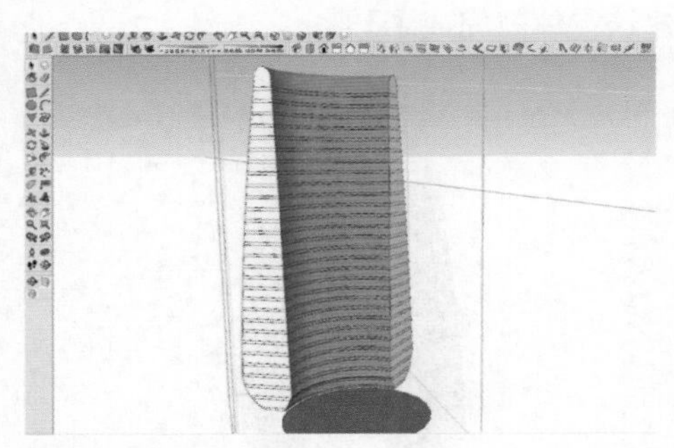

用油漆桶工具着色。

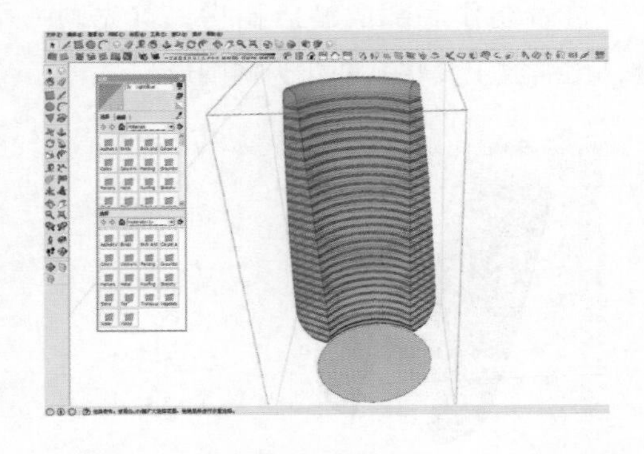

接着我们制作竖向分割，先在正下方的圆中寻找出圆心。

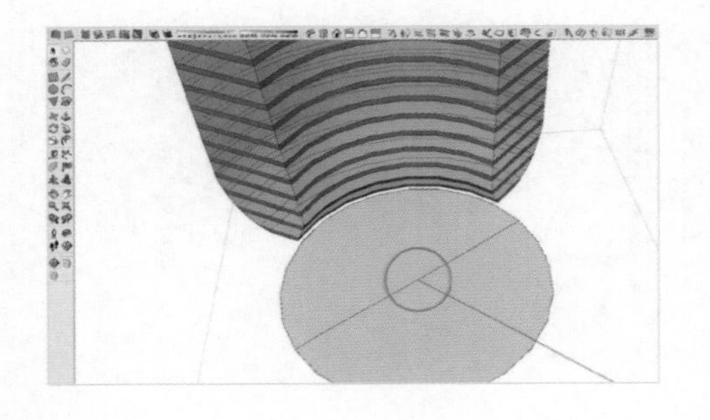

将侧面制作成组件。

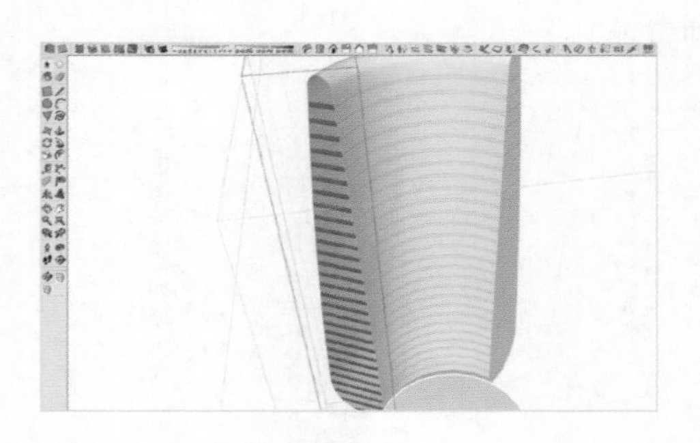

进入该组件，复制出一个来。

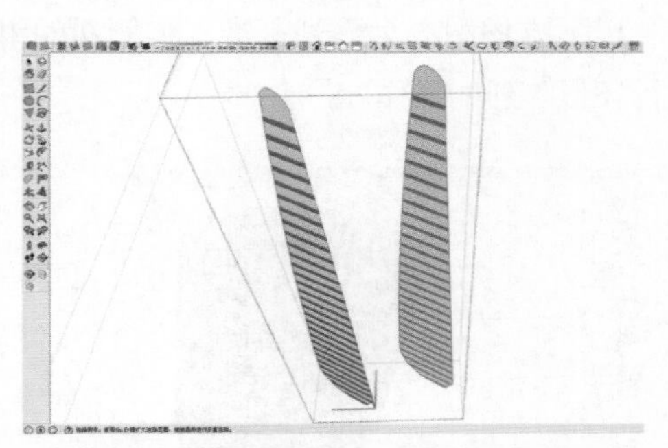

将横向的装饰线删除，保留外轮廓。

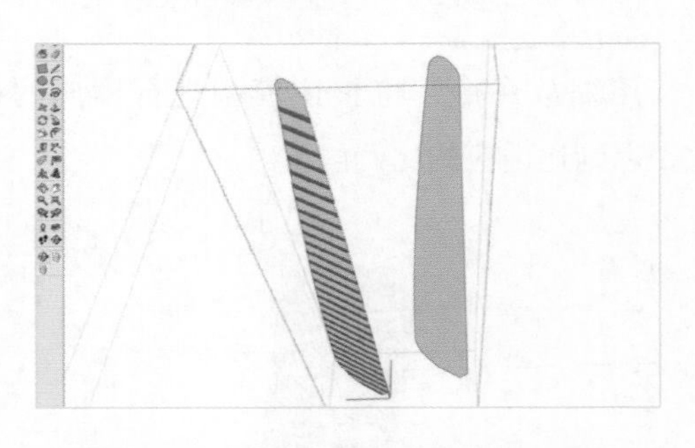

使用偏移命令，将外轮廓偏移 0.5 m。

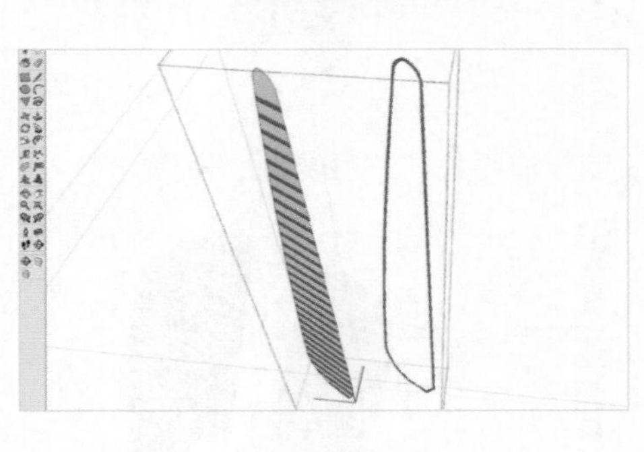

使用移动工具，将偏移的轮廓移动回原来的位置。

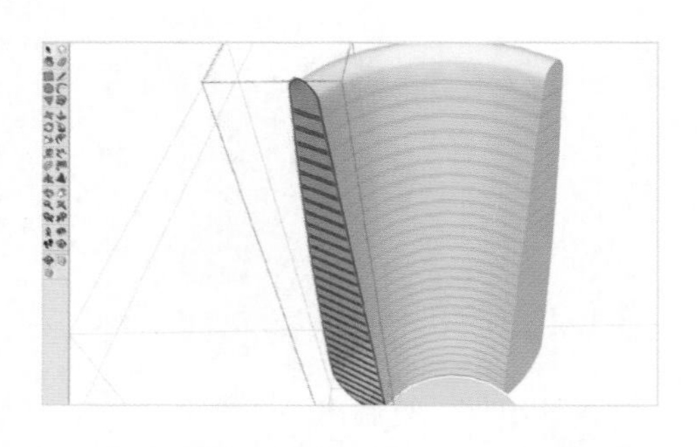

以下方的圆心为阵列基准，将侧面的组件进行环形阵列的操作。

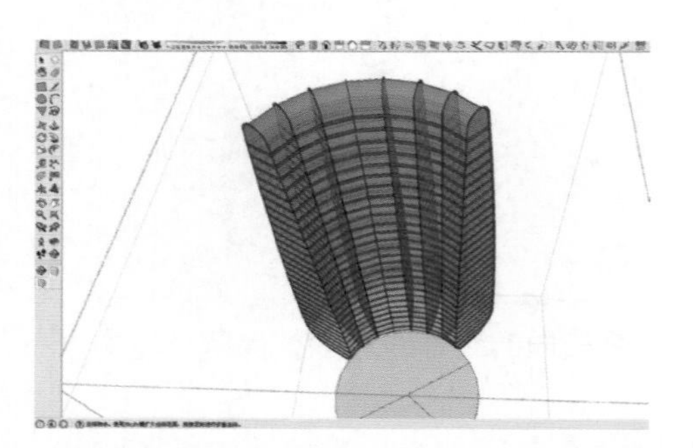

用缩放命令，将整体模型进行横向的缩放，以到达适应的比例。

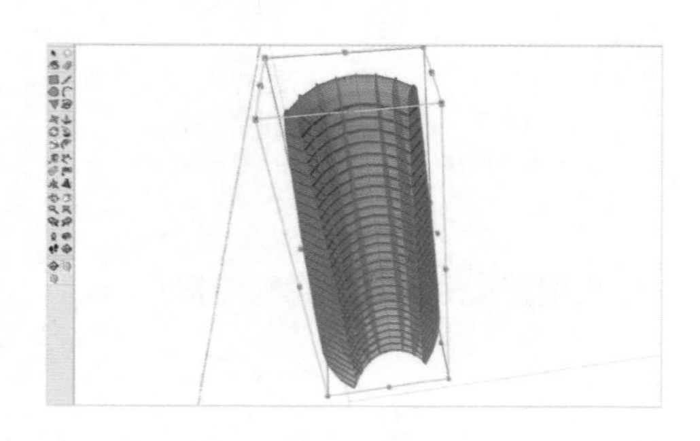

制作成组件，并且复制、镜像。

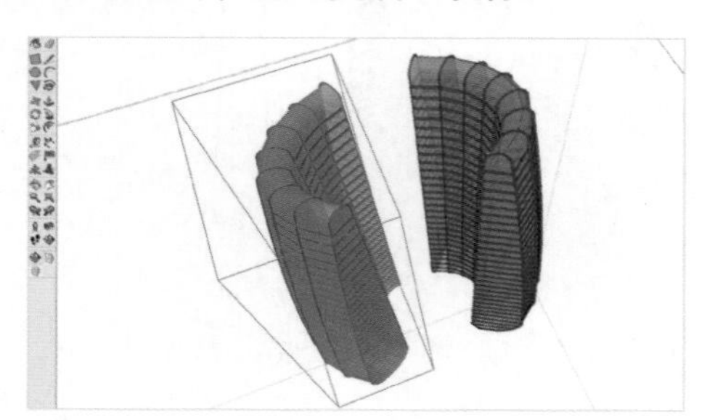

再次使用缩放命令将其中一个模型进行向下的缩放。

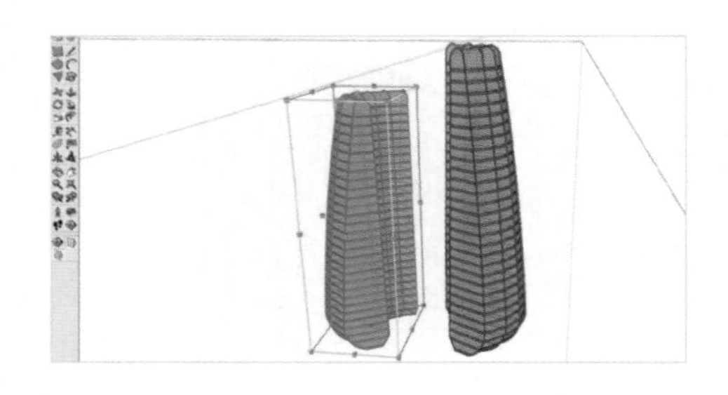

在中间加上环形的通廊，这样超高层酒店的建筑主体就完成了。

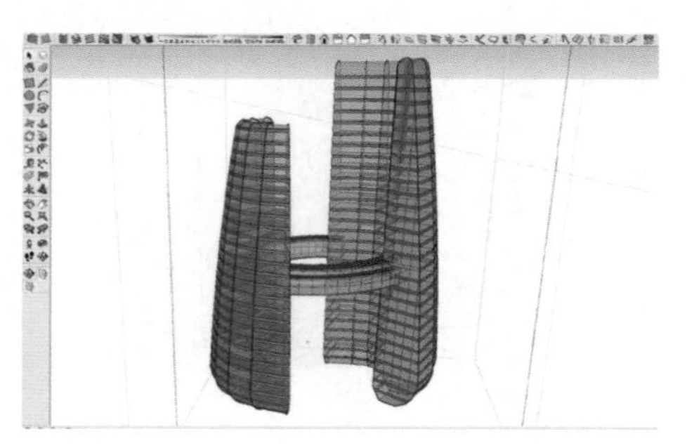

接着制作底部的酒店裙房，首先画一个圆，用缩放工具将其变化为椭圆形。

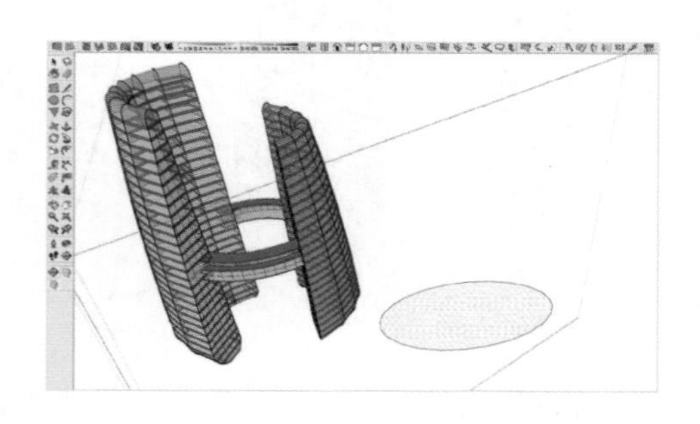

向上推拉 10 m。

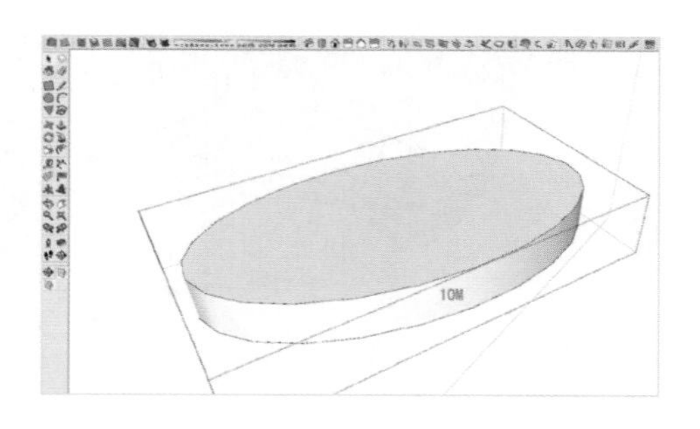

选择顶部的面，用旋转工具旋转些许。

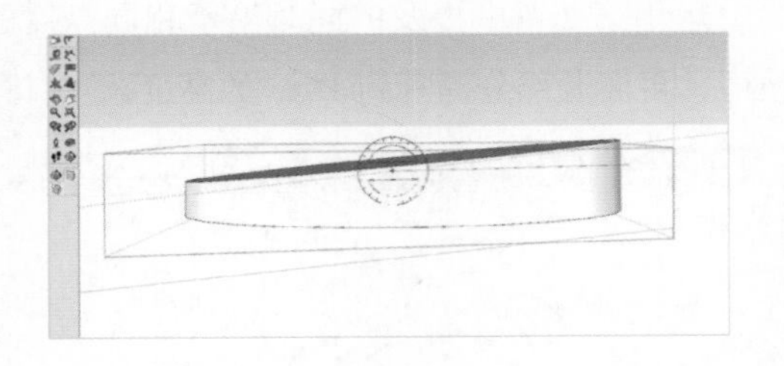

用推拉工具将顶面向上推拉 2 次，第一次宽，第二次窄。

选择中间的椭圆线，对其使用缩放命令。可以按住按 Ctrl 键，将选择的椭圆作中心缩放的操作。

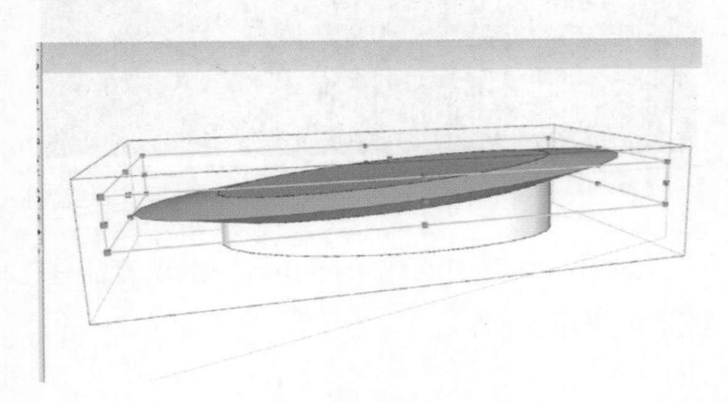

增加一个半球体，将其置于顶部。

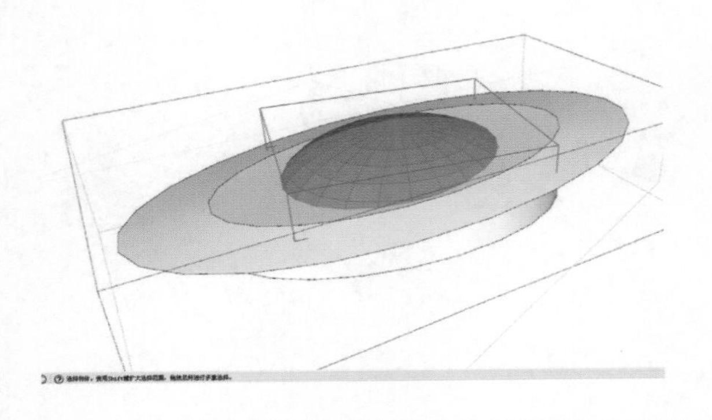

将裙房中所有隐藏的虚线显示出来，方法可以使用 Ctrl+Shift+ 橡皮擦工具，也可以使用右键的柔化命令，将柔化值调至“0”即可。

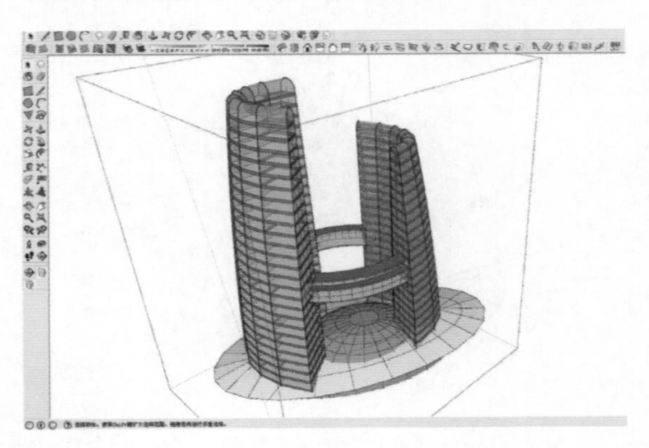

完成了，看下这座超高层建筑的两点透视效果。

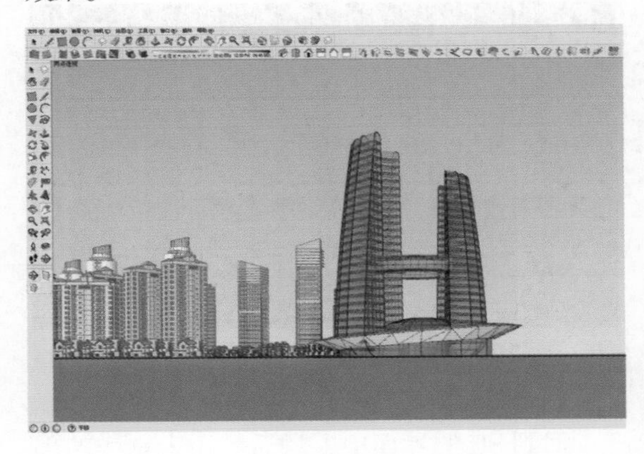

再看一下鸟瞰的效果，在常规建筑中该超高层显得特别引人注目。

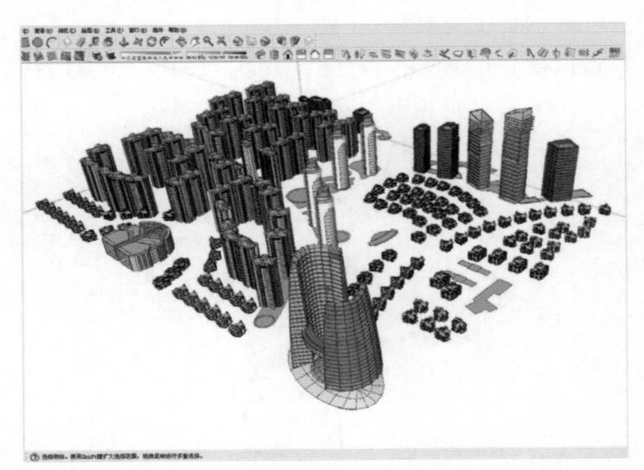

E. 最后制作商业裙房

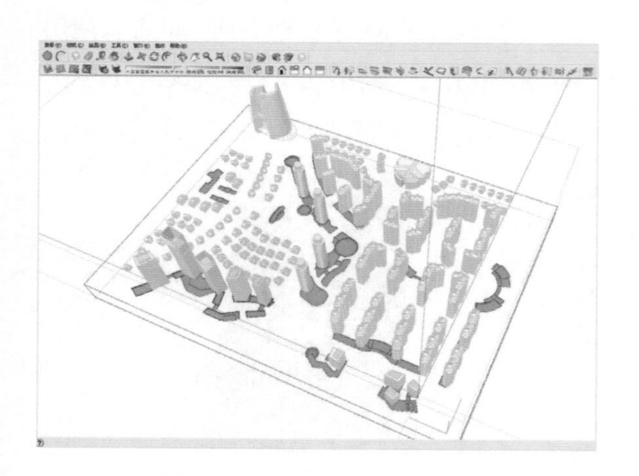

在 CAD 中我们发现商业部分的建筑高度基本都是 2 层。

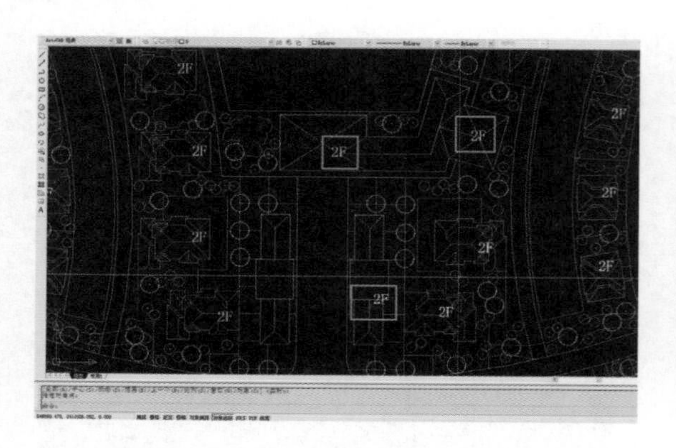

回到 SU 的界面中，只显示还未制作的部分。如图，除了右侧框内的建筑是住宅外，其余的都是商业及商业裙房。

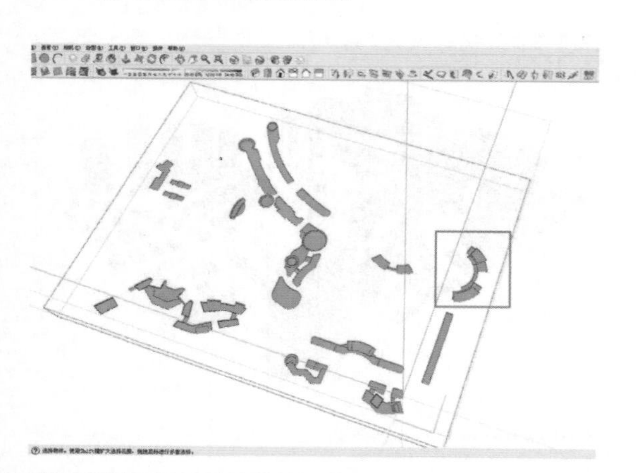

运用第 2 章中提及的同时给予相同高度的技巧，将商业部分提升到 10 m 的高度。

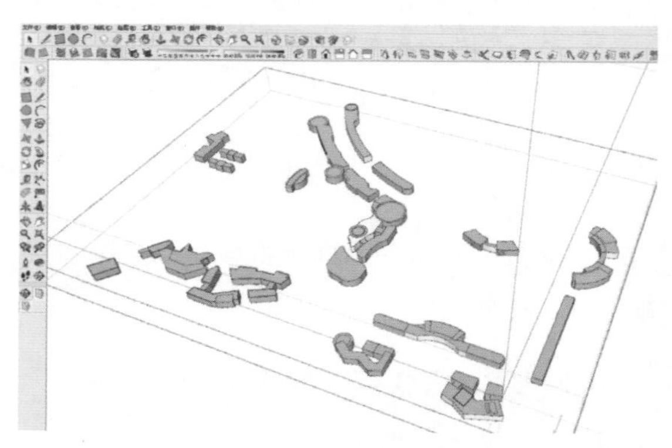

再根据 CAD，对少量不同的层数的建筑给予相对应的高度。

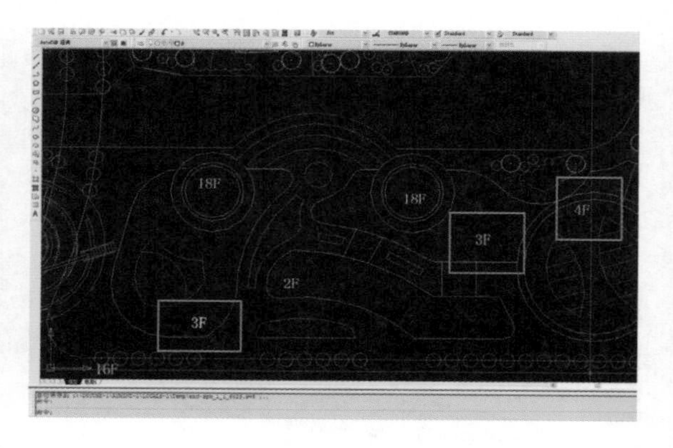

如图，红框中的住宅部分须根据现有的住宅形式来单独制作。

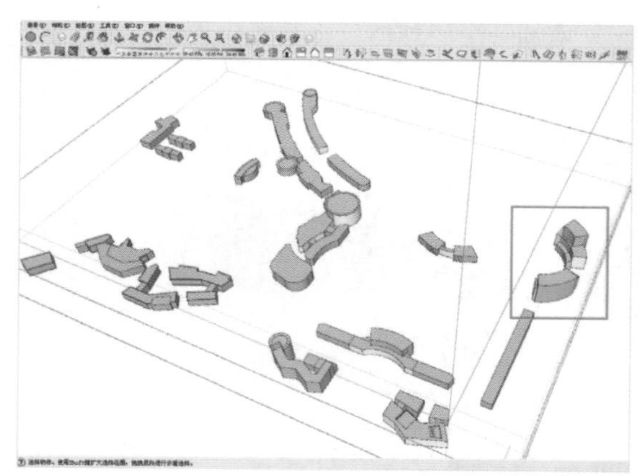

在商业部分中有3个圆形的形态，我们可以统一制作。

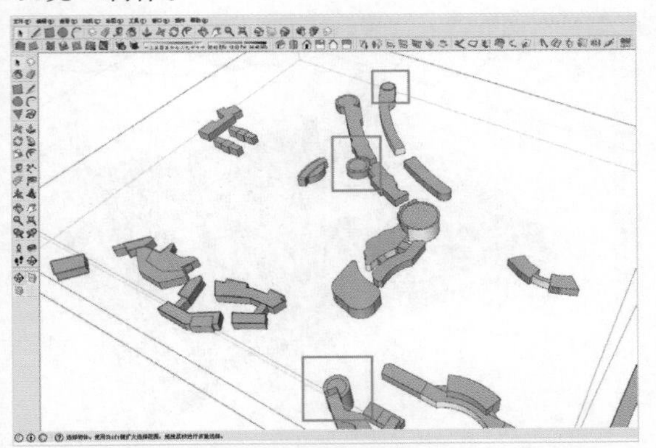

如下图，运用推拉与缩放的特性制作图形形态。

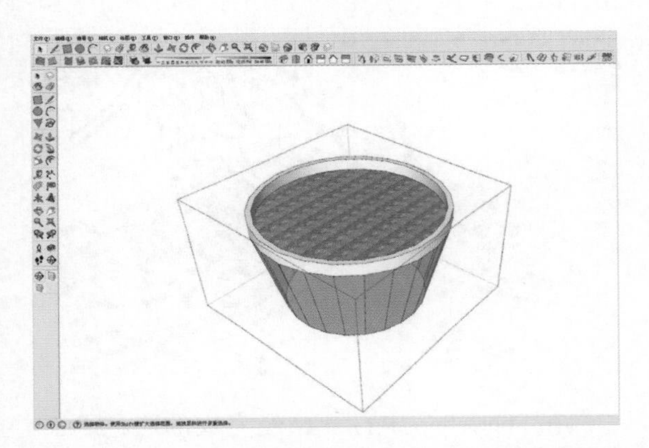

关于裙房的立面制作，带有很强的随意性，运用直线工具和复制及缩放工具相结合来划分出丰富的立面形式。

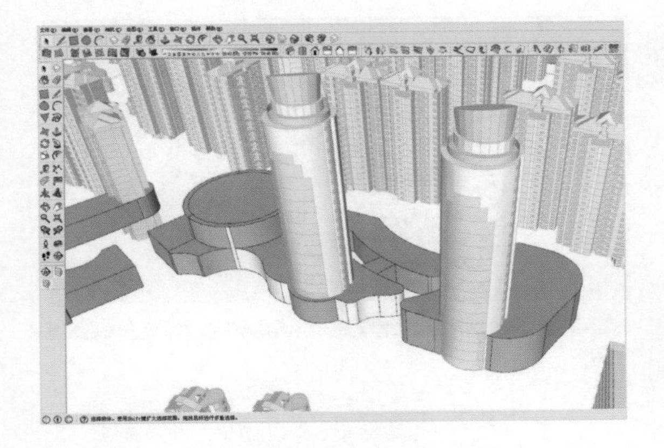

塑形完成后给予颜色。

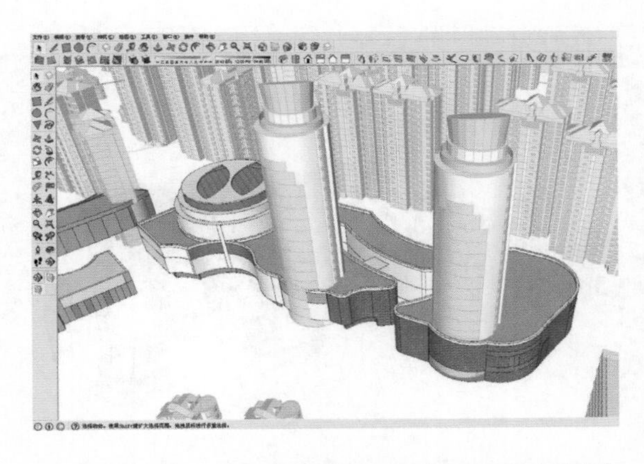

游艇俱乐部区域的商业裙房可以做得活泼一些，这里在顶部做了些折面。折面的制作运用的是直线工具与移动工具。

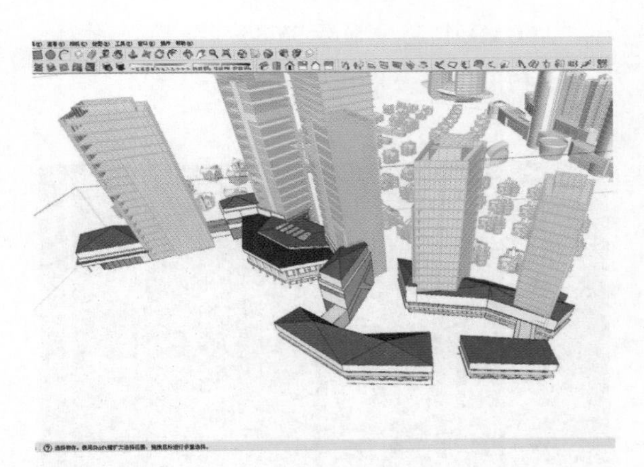

商业部分完成后，整个模型的制作就快接近尾声了。

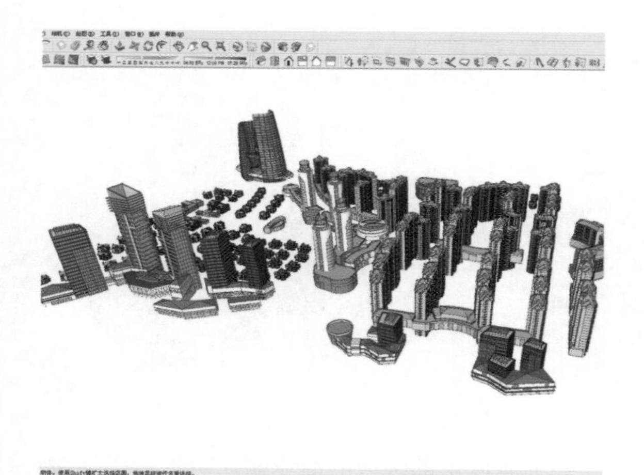

寻找相对应的捕捉点，使底部的线与模型的位置相吻合。

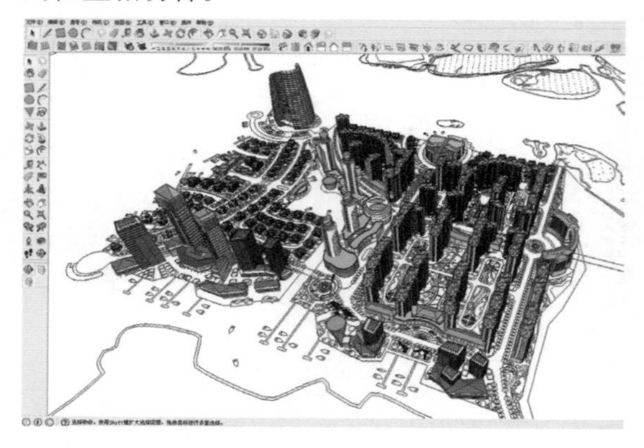

3.2.3 描绘环境

在 CAD 中，只显示道路、铺地、水系、景观、树的图层，将其写块出来。

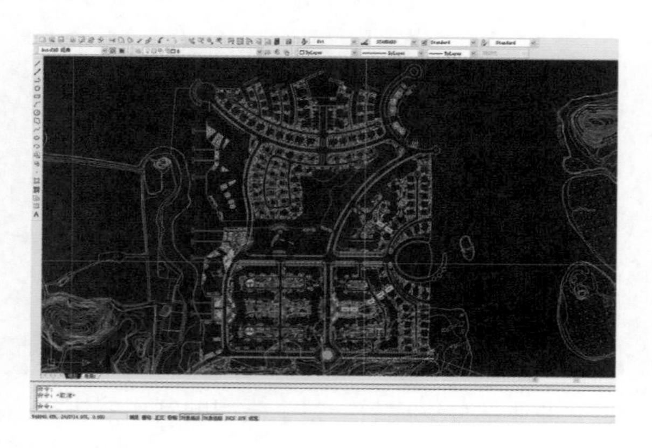

导入 SU 中。

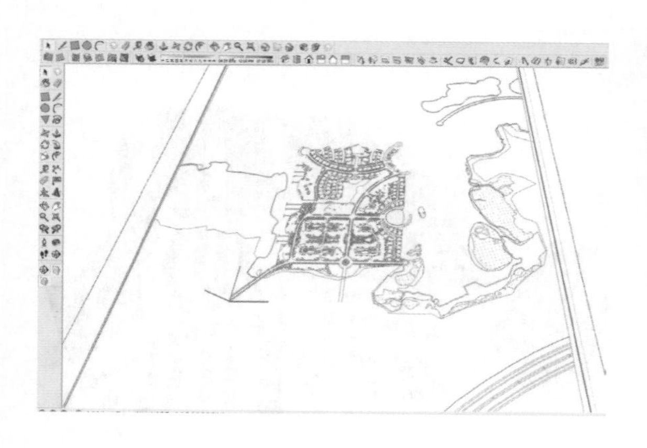

首先要来种树。由于是块的关系，只要制作 3 棵树就可以将方案中所有的树都呈现出来。

在 Photoshop 中打开已经完成的彩色平面图，关掉建筑阴影、树、文字、规划范围线等不需要的图层，另存一张 JPG 文件。把它直接垫于模型底部作为本模型的地形。

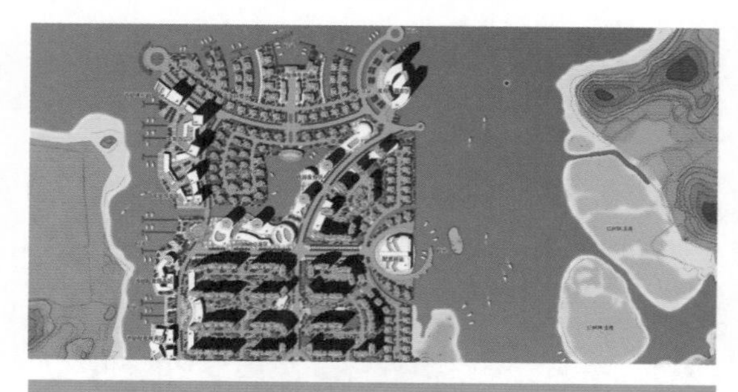

注意：

以上的方法省去在 SU 中制作地形的时间和精力。这也是常规模型中地形制作的小技巧。

使用移动和缩放命令，将彩色平面与模型的位置相吻合。这样模型部分就全部制作完成了。

3.2.4 输出 SketchUp 图片

酒店透视

游艇俱乐部鸟瞰

住宅区鸟瞰

内湖景区鸟瞰

商务办公区鸟瞰

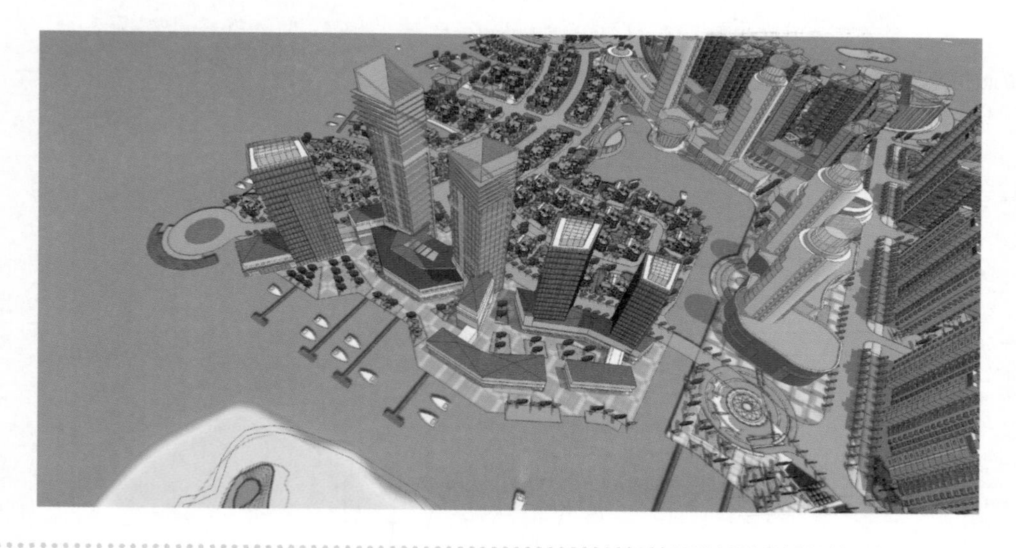

3.3 SketchUp 的衍生功能——制作功能分区图

常规的规划设计文本，一般都是用平面的表达方式来制规划方案的功能分区图。这里我们来看一下如何用 SU 来制作三维的功能分区图。

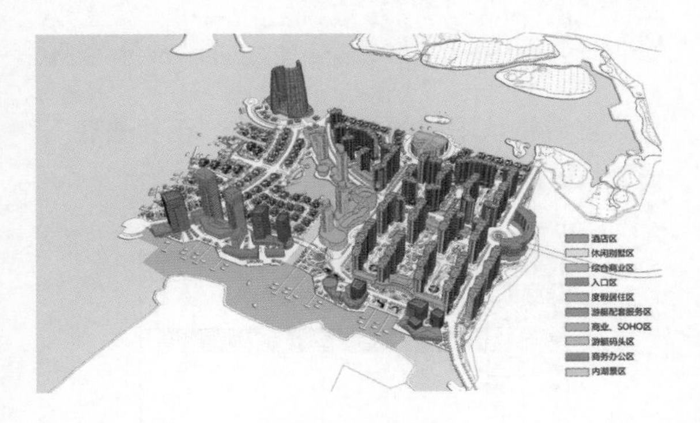

3.3.1 制作模型通道

删除底图，为了防止与整体模型混淆，可另存为一个新的 SU 模型文件。

选择你中意的角度。

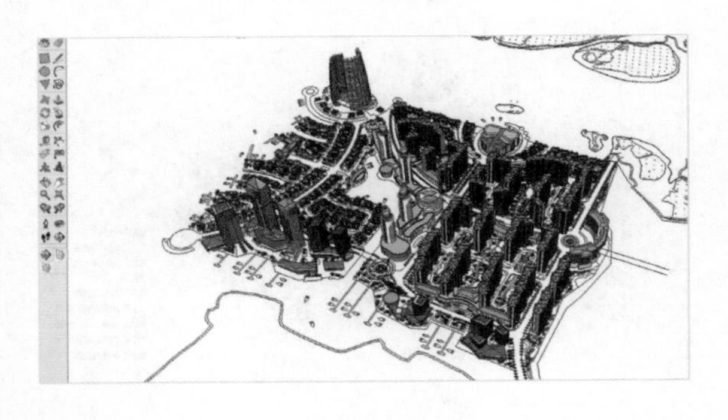

使用添加页面的方法将该角度保存下来。

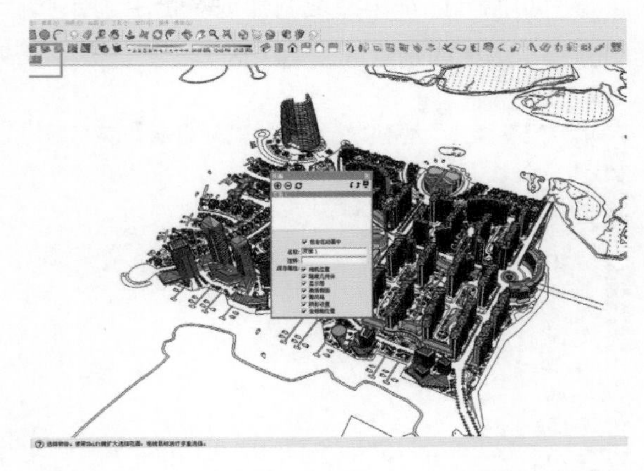

使用“风格”中的“黑白模式”将模型变化成黑白的线框图。

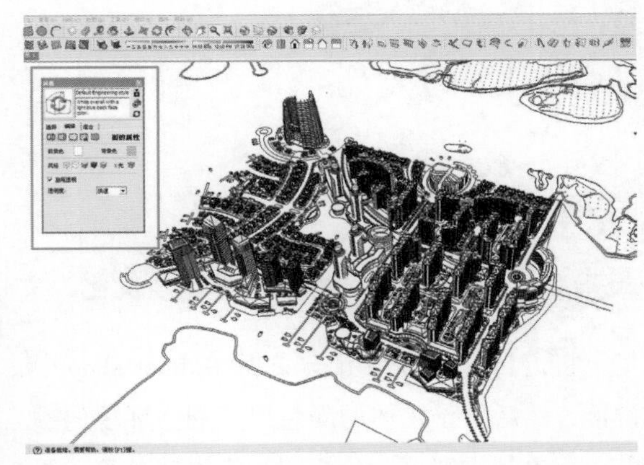

将图片输出，备用。

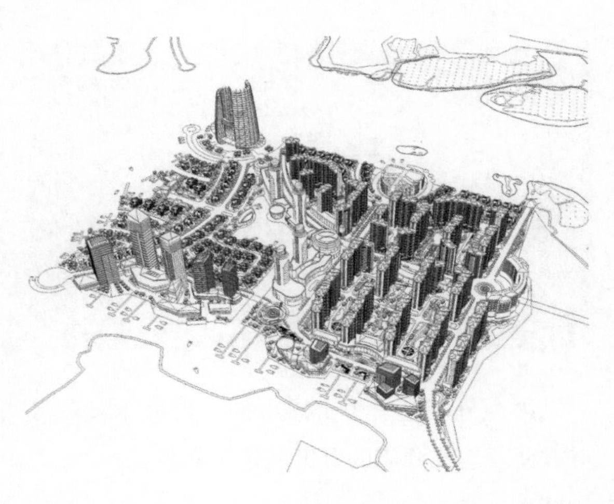

按照设计的分区，我们将模型进行编辑。将每个功能分区都单独地制作成一个组。如下图分别是单独的别墅区、酒店区。

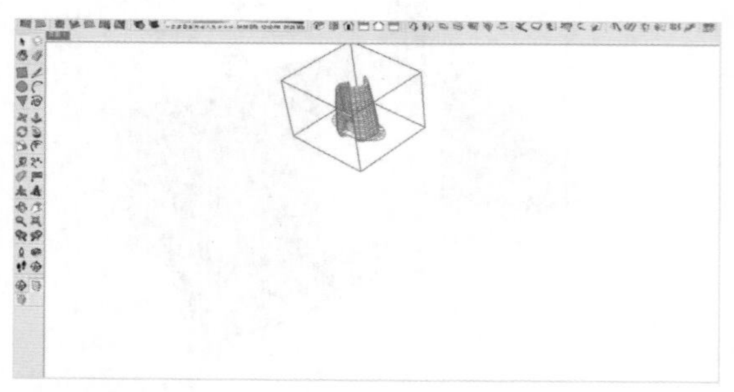

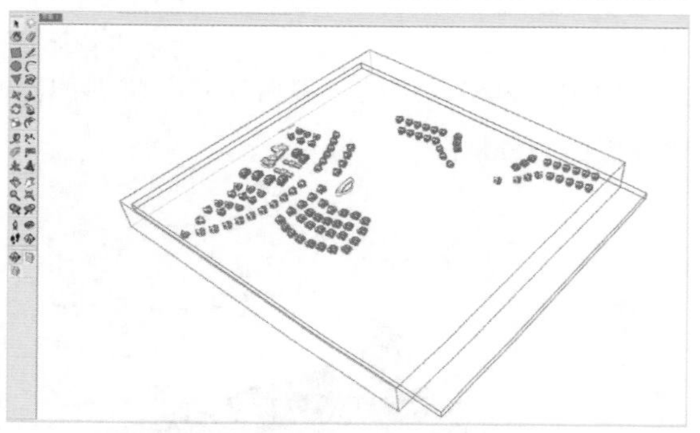

3.3.2 在 Photoshop 中的处理及优化

将分区一个个导出来之后在 Photoshop 中拼接，然后给予水体的颜色以及周边环境的颜色，简单制作即可，分析图的作用就是简洁明朗、一目了然。

因为分区是一个个导出的，故选择起来相对方便。选择酒店的分区并给予颜色。

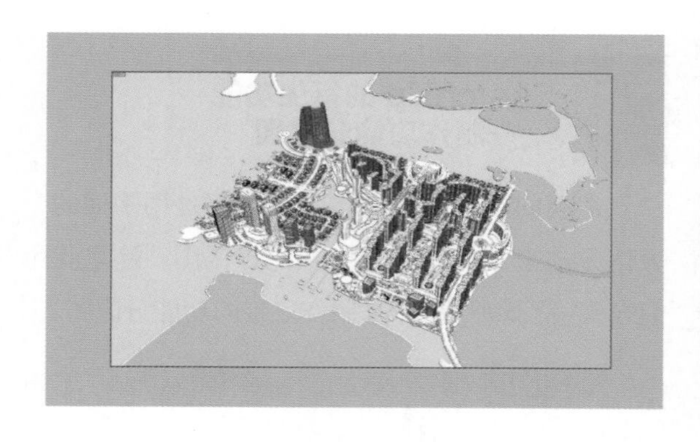

之后将该图层的格式设置成“正片叠底”，这样可以使底层的建筑线条更明显。

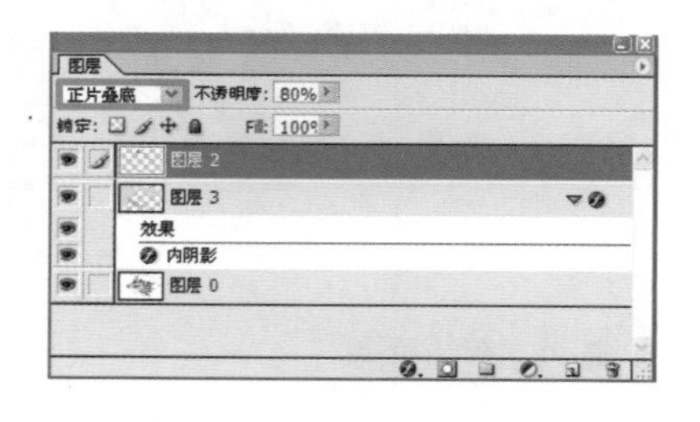

以此类推，分别给予每个分区不同的颜色。

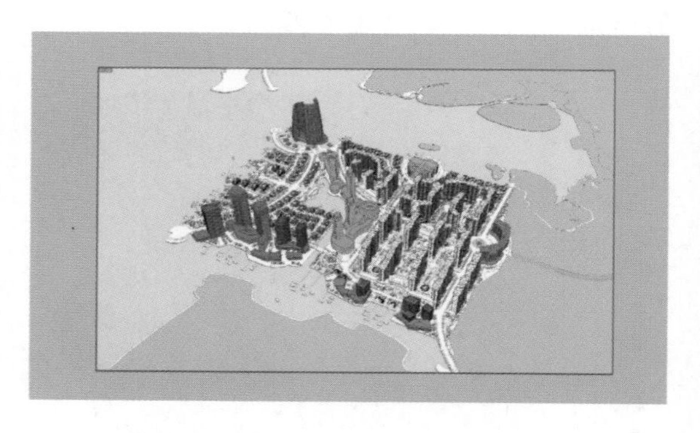

最后调整颜色，加上图例，一张富有新意的功能分区图就完成了。

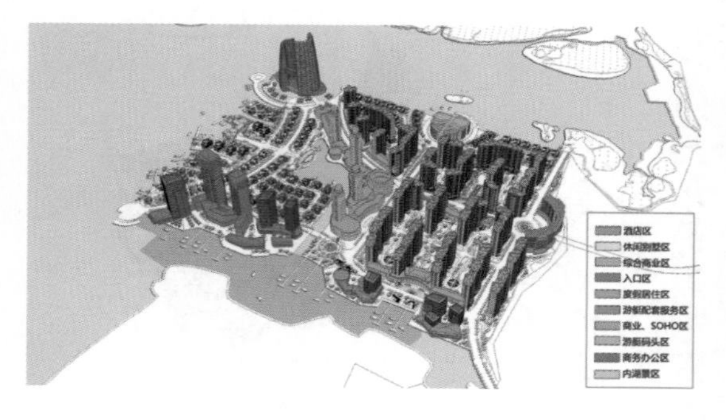

3.4 相关技巧总结

3.4.1 解决规划难点

1. 关于高程

项目地址位于南方，多山地。此方案设计时首先考虑的是现状的地形。在前期的概念方案设计中有一点必须考虑到，那就是山地的土方量，这涉及建设的难度与投入施工的成本，需要经过计算。计算的法则在于设计标高，设计标高则取决于当地的防洪标高。

有时候甲方所给的基础文件相当不完整，大面积的等高线没有高度是最让人头疼的情况之一。若甲方不想从当地测绘院中购买精度相对高的图纸，那作为设计者只能手动地输入这些等高线的高度了。

若基础文件的详细程度能达到制作要求，我们就可以使用 CAD 中的“湘源”插件来捕捉基地范围内所有的高程点并在 CAD 中生成 3D 的山体模型。下图就是从 CAD 中直接导入 SU 中的模型。CAD 中的“湘源”插件还能计算山体的体积，也就是土方量。

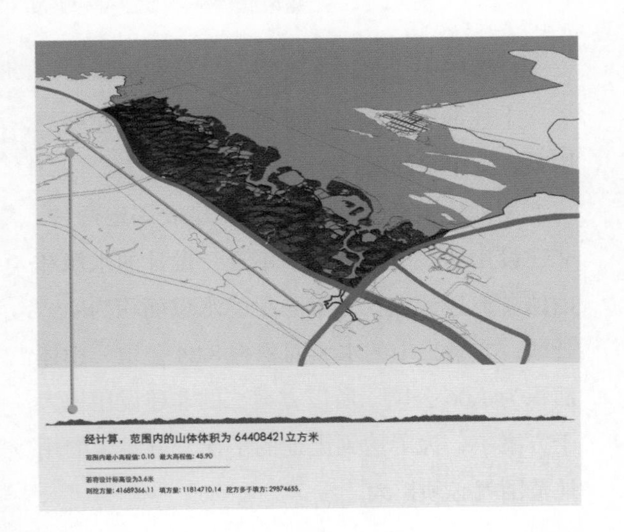

对于多山地的基地，在做设计的时候会将地形做平，这就涉及一个概念——挖方量。如图，通过“湘源”插件能计算出设计标高定位为 3.6 m 时挖方量的大小，以便于进一步估算最初的投资额。

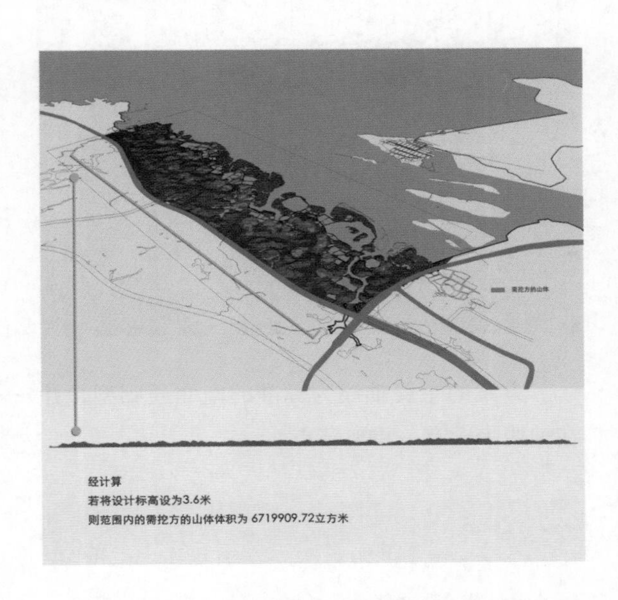

以上是对于山体项目的初期考虑，制作与计算的过程繁琐但不困难，只是需要耐心。

2. 关于布局

项目中所有布局的功能有，一类居住、二类居住、配套商业、酒店、办公、游艇码头。有机地将这些功能合理搭配，并满足容积率的要求。

我们来解析一下这个方案。本项目其实是一个半岛，三面环海，所以从观景的角度考虑，面向湖面的必须是底层的建筑、码头功能和一至两个地标建筑。

如图，方案将高层的住宅布置于南部，别墅布置在北侧和东侧的沿海处，码头侧含蓄地布置于水的内侧，商业部分则穿插于别墅与普通住宅之间，结合水景起到分隔的作用。

标准性建筑立于基地的东北侧与西北侧，

形成两个门户区，也可成为该城市的一张名片，对政府而言可起到接待、会晤的作用。

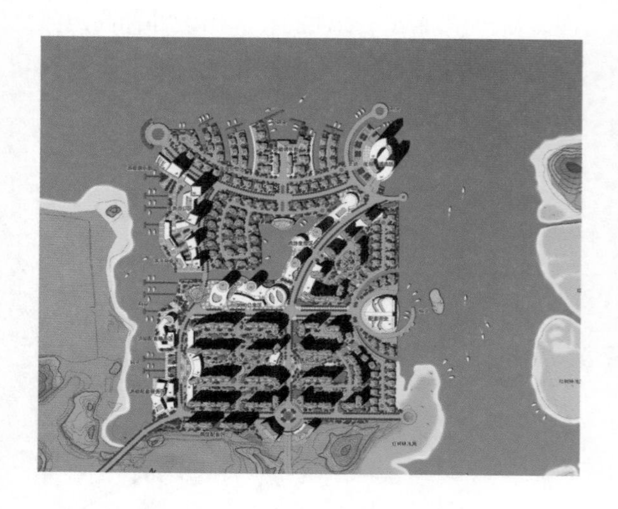

方案的主要轴线为标准的南北通廊型，并在轴线中含有一重要节点。

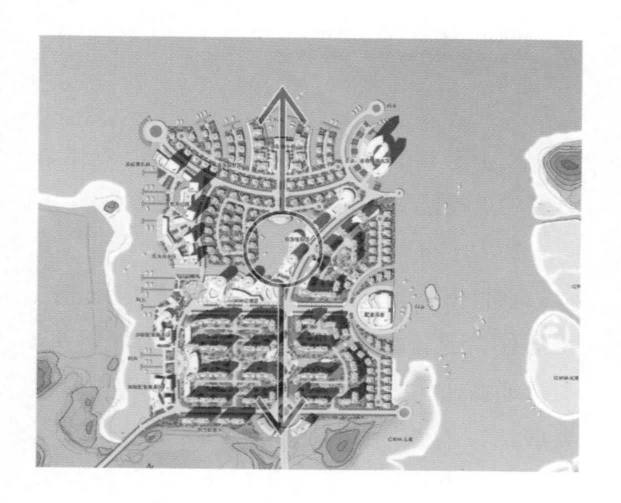

我们来看下另一个方案。首先用地的范围变了。与上述方案相比较，在布局方面高层住宅和高层办公全部布置于基地南侧，北面的建筑高度相对较低，商业部分不再选择大体量的集中商业，而是以商业裙房的形式为主。

这样从城市天际线来看，空间上，基地北侧为全开敞，视野佳。北侧的游艇码头同样可以起到接待、会晤的作用。

方案的主要轴线，一目了然，空间上由南向北，由高到低。

3. 关于土地面积平衡

上述两个方案中的范围线不一样，主要原因是方案中水的面积不一样。

用地中有可建设用地和非建设用地两种，非建设用地一般指现状中不进行设计的水域和山体。经过计算在方案一中的水域面积为 4.97 公顷，方案二中的水域面积为 8.84 公顷、山体面积为 1.06 公顷。所以方案二的非建设用地大于方案一，为了达到土地的平衡，方案二的用地范围就必须扩大。

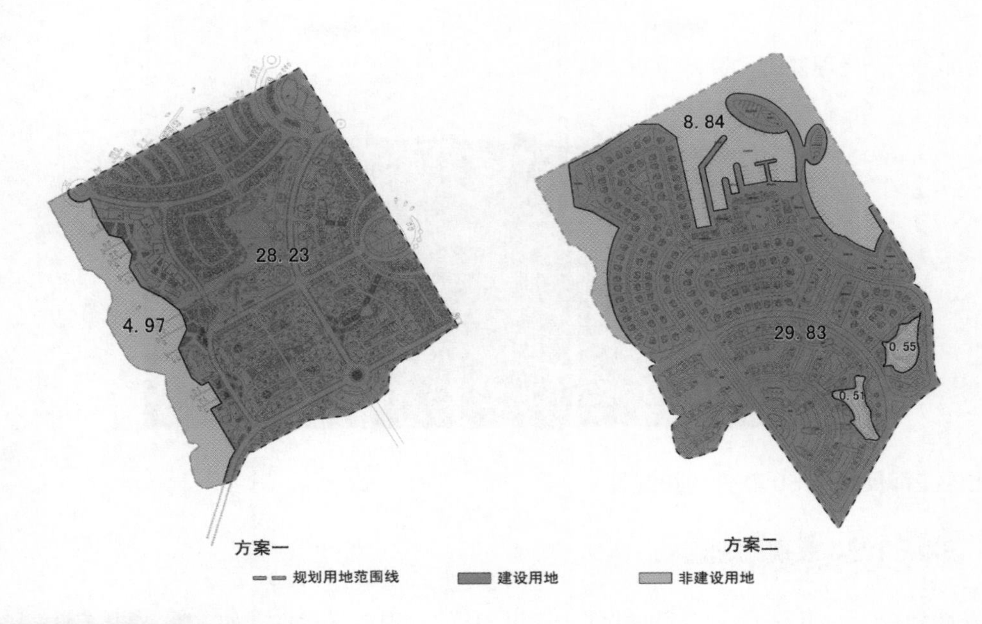

3.4.2 建模的总结

本章建模具有明显的特点。

住宅部分——选择合适的组件、合理替换、省时省力。

商业部分——制造氛围、点到为止、无需深究。

公建部分——合理复制、突出重点。

上述这些都反映出 SU 软件的快捷性。

3.4.3 SketchUp 表现的延展

SU 发展到今天，出现了一些辅助软件，使得 SU 的表现突飞猛进。如 VR、渲影和 Lumion 这 3 个软件，为 SU 模型的后期表现增添了不少光彩。

我们拿城市码头项目的第二方案的模型为基础，在 Lumion 软件中做了几张图纸，简单的几个操作就能得到出乎意料效果。

低层住宅区与码头的鸟瞰图。

码头的局部细节，营造了怀旧浪漫的氛围。

上述图纸的效果几乎接近于正式的效果图表现，在不久的将来，随着设计师对软件的熟练度越来越强，软件本身的参数调整更新越来越成熟，用快速简便的方法制作出满意的效果表现与动画应该是不在话下。这样一来，设计师们手中的利器又多了一样。

上述图纸的制作过程与技巧将在本书的最后一个章节中讲解。

3.4.4 SketchUp 与 3Dmax 效果图

效果图的赏析。很明显，效果图所用的模型宛如 SU 模型的复制，形态和体量上皆如出一辙，可见 SU 在整个项目的重要性。

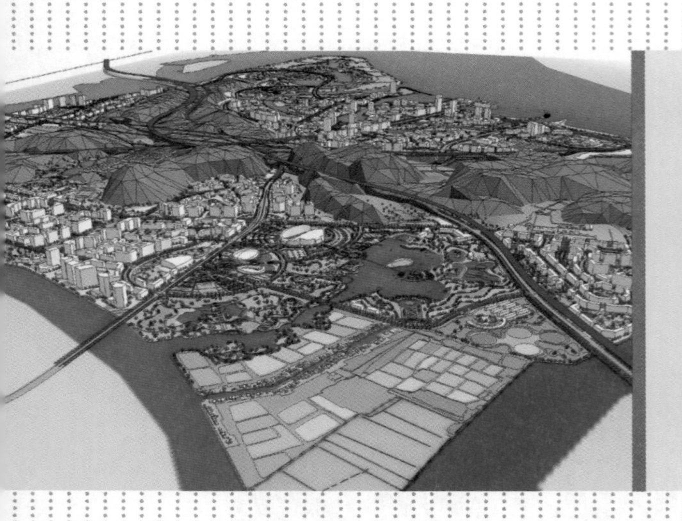

第 4 章

04

掌握 SketchUp 的易塑造性
——群岛规划

4.1 项目阐述

4.1.1 项目的现状特点

项目位置：位于我国东部以南。地质地形特点：列岛。

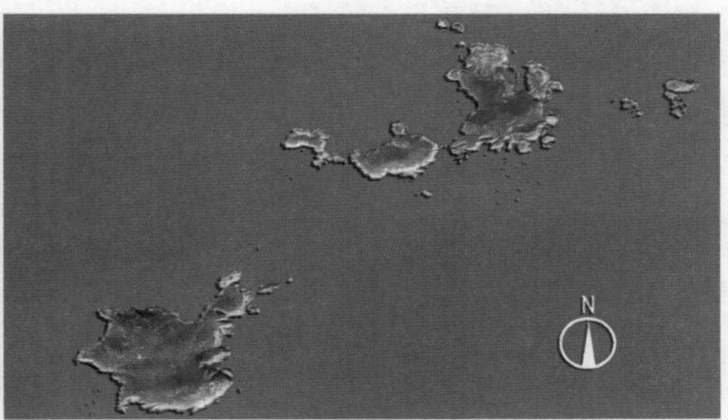

该列岛距海岸边 30 km，暗礁林立、岛礁棋布、海水清澈。列岛处于南北洋流交汇带，鱼类、贝类、藻类资源丰富。

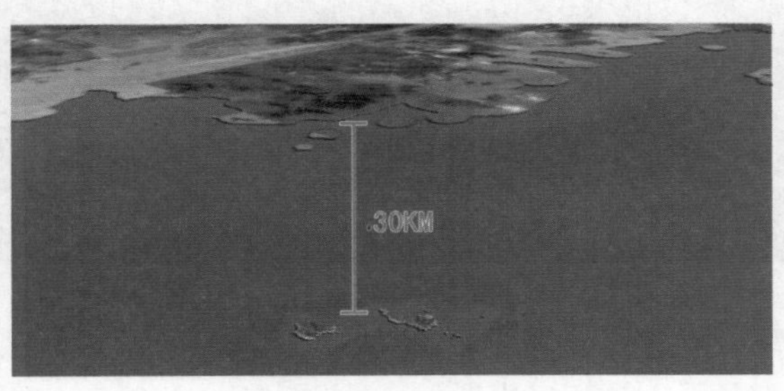

列岛的陆地面积为 2.3 km^2，有南岛和北岛之分，形状宛如在蔚蓝色的海天相托相护下的一块绝色翡翠，碧海奇礁，风光优美，海水透明度达 10 m 以上，站在礁岩上可以看到各种鱼类在水中畅游。

4.1.2 规划的理念

宗旨：打造国际级高端旅游景区。

功能：码头、高端会所、低密度酒店、特色的配套商业。

建筑形式：地中海风情。

4.2 模型的制作

4.2.1 要求与思考

每次做 SU 模型的目的都不大一样，有的是为了出图，有的为了表达设计思路，甚至有的是为了提高文本的厚度。关于本模型，甲方告知建模者的信息是——主要用于环游与演示，意思是无需出大量的成图，但须将模型中建筑与山体的关系表达清楚。

根据客户要求，本模型为山体模型，建模的关键在于如何简便地塑造出相对真实的山体。再者，甲方是用此模型来演示项目，所以对模型文件大小的控制也是本次制作关注的重点。当然需要不断的推敲与摸索，免不了走一些弯路，但失败亦为经验。

4.2.2 预览现有资源

1.Cad 方案图纸

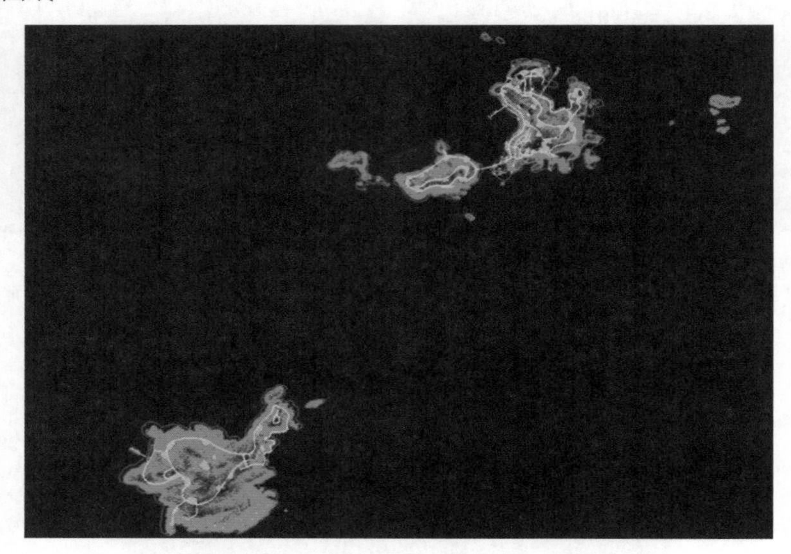

图中所示，为现状地形的等高线与规划设计的道路网。

其中，现状图纸一般都是甲方从项目当地的测绘院购得，测绘院会按照不同的测绘深度，给出不同的价格，以一个图框为单位来出售。

Cad 图中的等高线是制作本项目山体模型的关键所在，我们先来关注一下这些等高线。

首先关闭除等高线以外的图层，然后点选任意一根等高线，按快捷键 Ctrl+1 召唤出“对象特征”的选项框，我们发现等高线的标高是有参数的。这样的话，我们就可将这些等高线直接导入 Sketchup 软件中，用 sandbox 中的“生成山体”的按钮直接生成为真实山体。

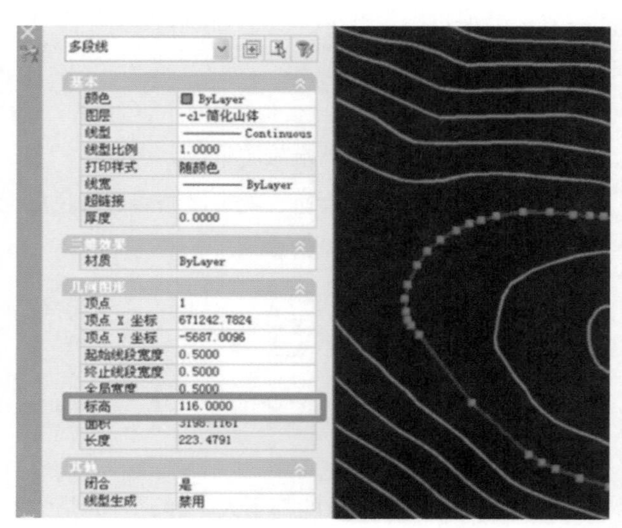

由此我们从这张 cad 图纸中得到的信息是：有完整的高程信息，可以很容易地制作出山体模型。

关于制作模型的基础图件，并不是每次都这么幸运地得到如此完整的资料。如遇到高程信息缺失、等高线为断线、或者只有高程点等这些问题我们该如何处理呢？基础图件的完整度和成果所要完成的深度，两者决定了制作的方法。具体会在本章的视频文件中详解。

2. 手绘的方案平面草图，没有 CAD 文件。

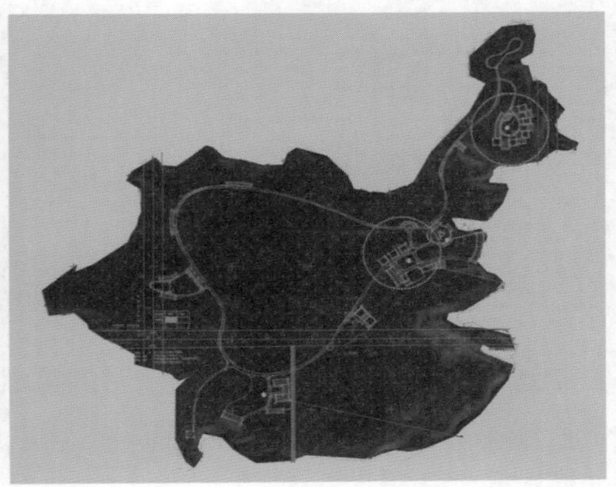

3. 3D Max 全模，可以适当地运用。

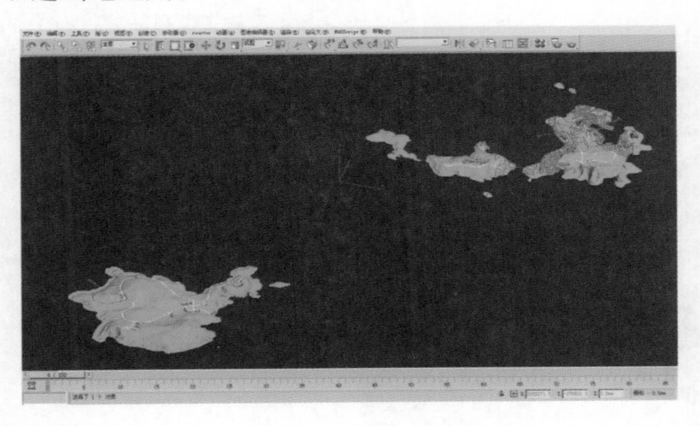

4.2.3 制作山体

1. 观察 3D Max 文件

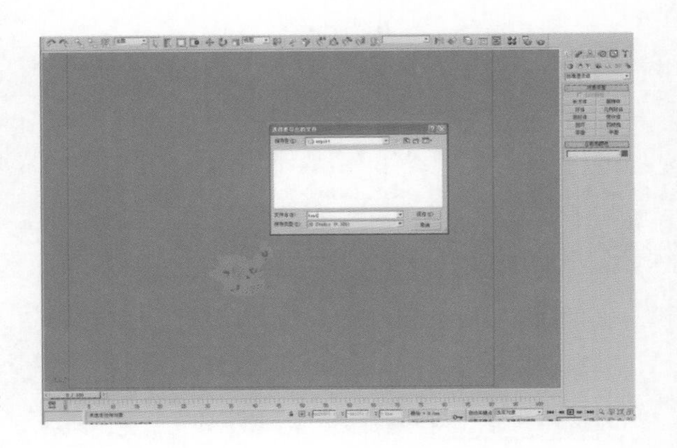

大家肯定会想，已经有 3D Max 全模了，何不全部导入到 SU 里，这样就省事多了。但这种方法并不适用于这里。我们知道效果图的模型是相当细腻的，一般细节深度可以做到门和窗，甚至是门上的把手和窗上铰链。在这个项目的 SU 模型中这是完全没有必要的。

我们先来尝试一下，导出整个模型。

等待了将近一个小时，始终处于导出阶段。这样我们可以判断这样的操作是不可行的。还是老老实实地从 CAD 文件入手。

2. SU 中的制作

将南岛单独写块出来，并导入 SU 软件中。

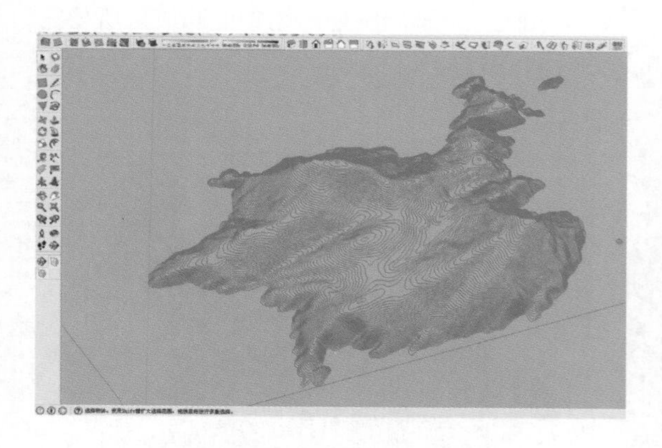

全选后使用 sandbox 的自动生产山体功能，生成所要花费的时间视机器性能而定。这里作者花费了 20 分钟。

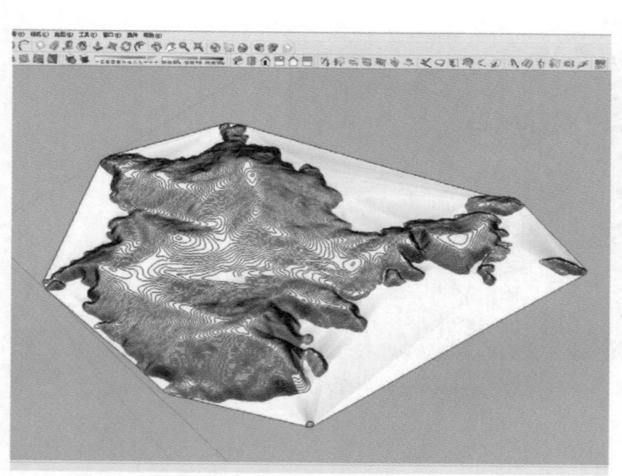

进入刚生成的山体组群中。

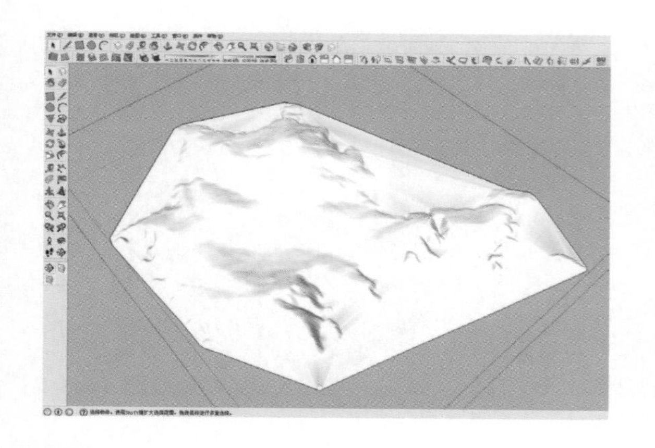

显示隐藏部分，我们发现山体是由若干个三角面组成的。

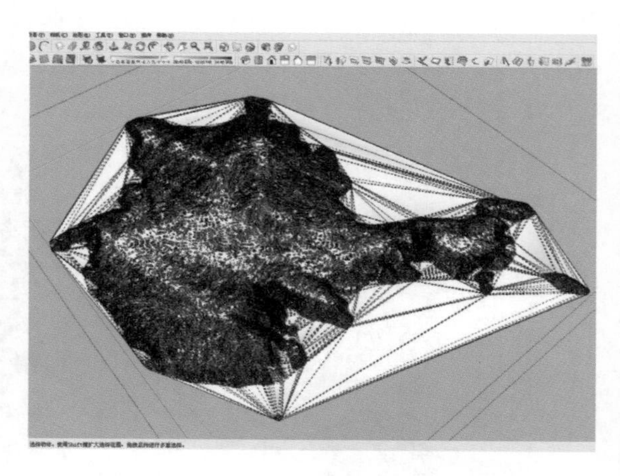

通过观察可以发现那些不属于山体的面，将其选择出来删除掉。

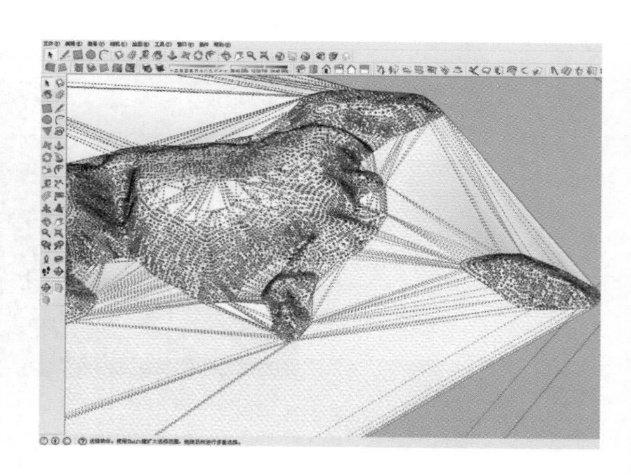

删除完毕，山体的形状已经显现出来了。

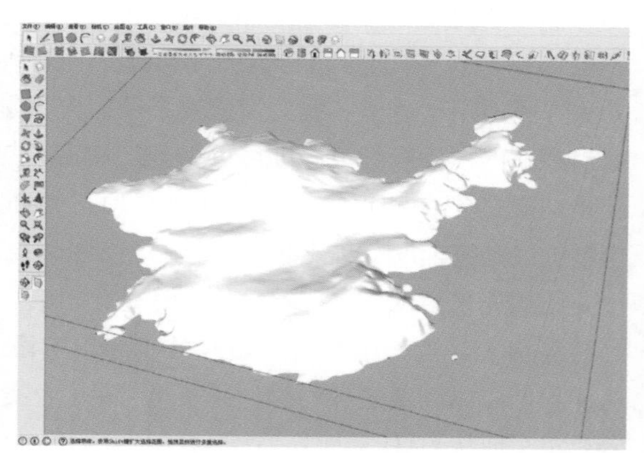

退出山体组群，原先的等高线密密麻麻，会影响运行速度，所以要将其删除。

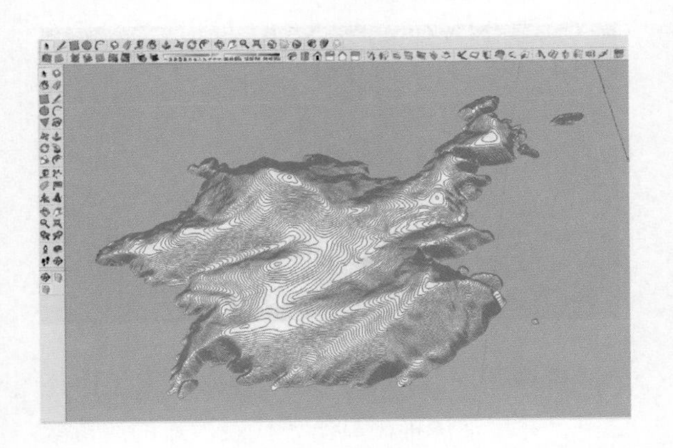

山体的材质怎么处理，简单给一个绿色贴图吗？下面所讲诉的技巧是如何在绿色材质的基础上做小细节的变化。如下图，在Photoshop软件中制作一个渐变的长方形图片，当作山体的贴图。

将渐变的图片直接拖入SU软件中。

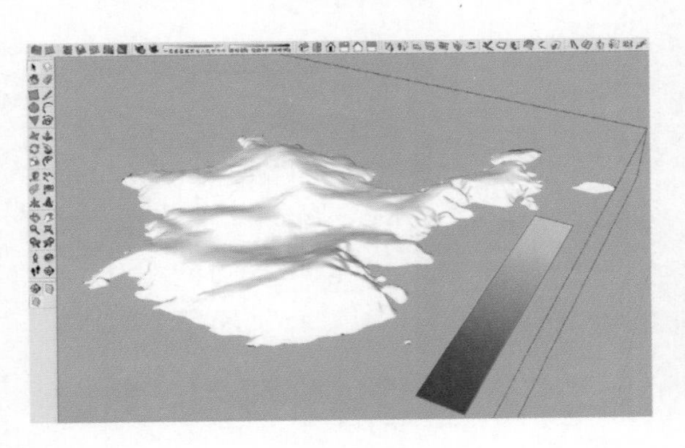

将图片旋转90度。

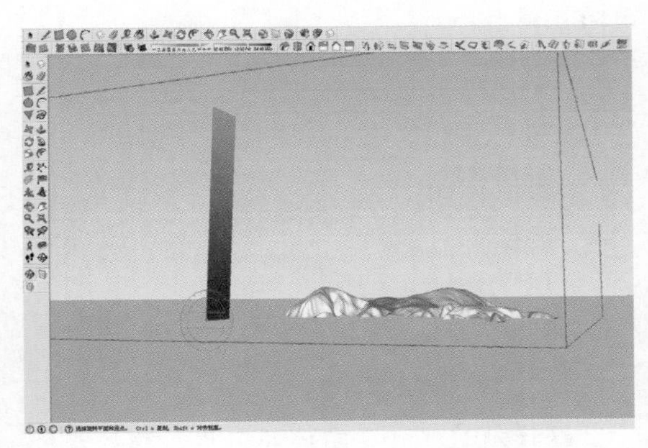

视角调整到某一立面图，用缩放命令对渐变的图片做拉升操作，使其高度比山体高出些许即可。

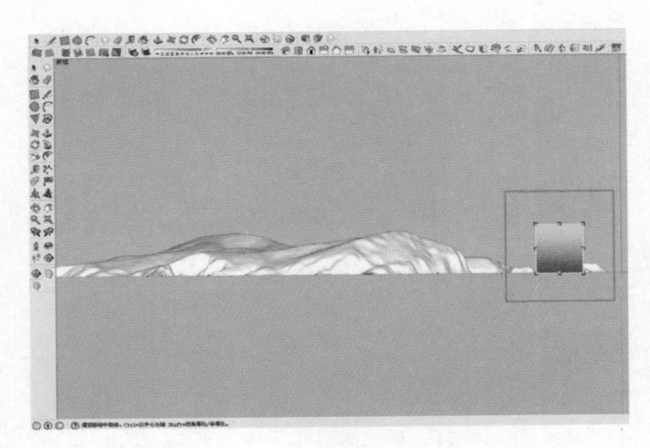

在图片上点击右键，炸开。

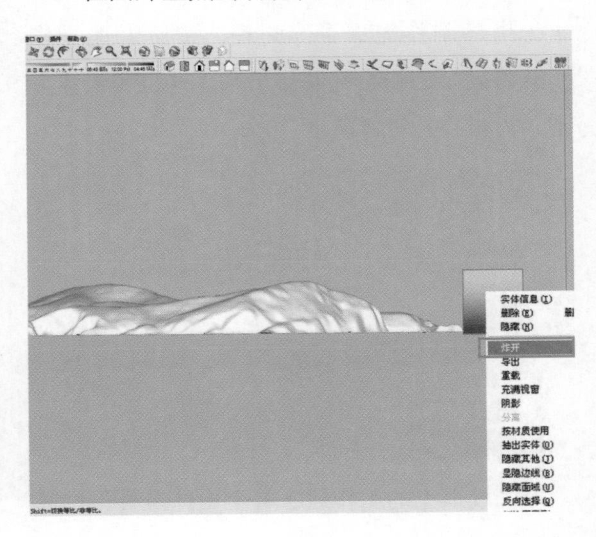

用油漆桶工具吸取这个渐变材质，直接赋予在山体上。

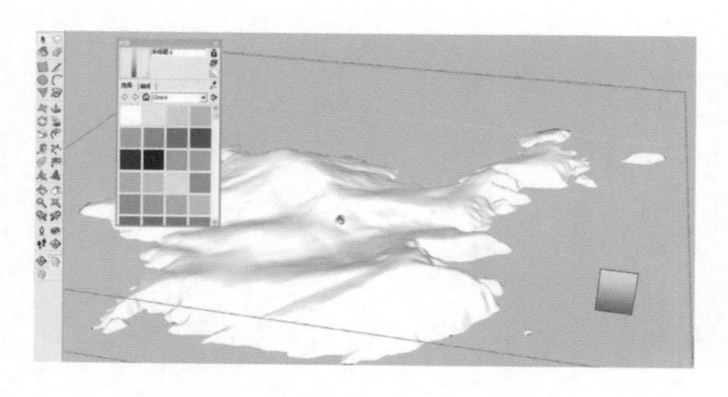

这样就完成了。山体越高处，材质就越偏白。旋转下视角，看看整体效果。

立面的效果。

南岛制作完成了，同理，按照上述操作步骤将剩余岛屿全部制作出来。这也属于体力活，需耐心，勿急躁。

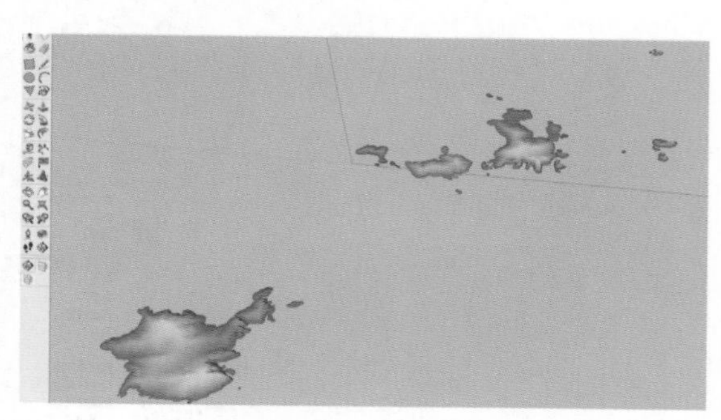

完成以上的工作后，补上山体最外围的轮廓线，将其单独导入 SU 中，轮廓线在 CAD 中的图层名称为“HYD”。

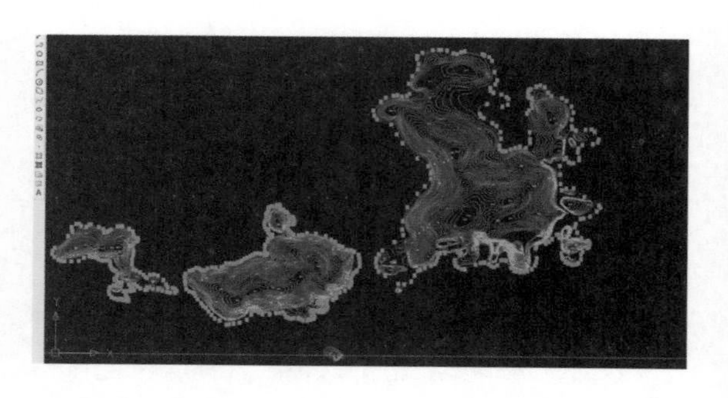

将这些闭合的轮廓线缝合成面置于山体之下，并用油漆桶工具给予代表沙滩的淡黄颜色，同时将模型中的地面颜色修改为代表海洋的蔚蓝色。

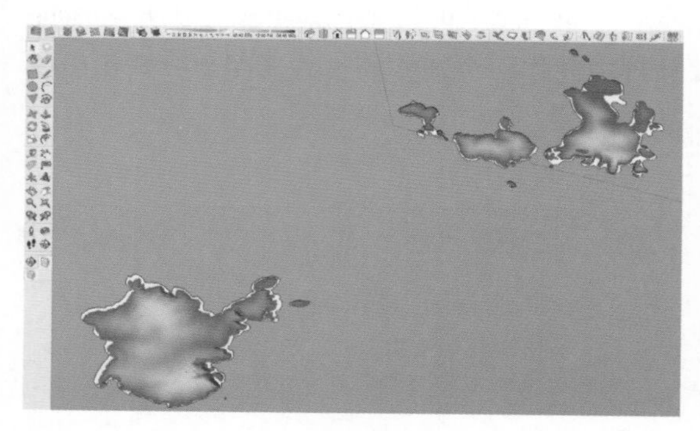

保存文件，观察其文件大小，居然已经有 83 M 了，山体的组成面太多了。暂先搁置模型量偏大这个问题，继续往下操作。索性把问题全都暴露出来，再统一解决。

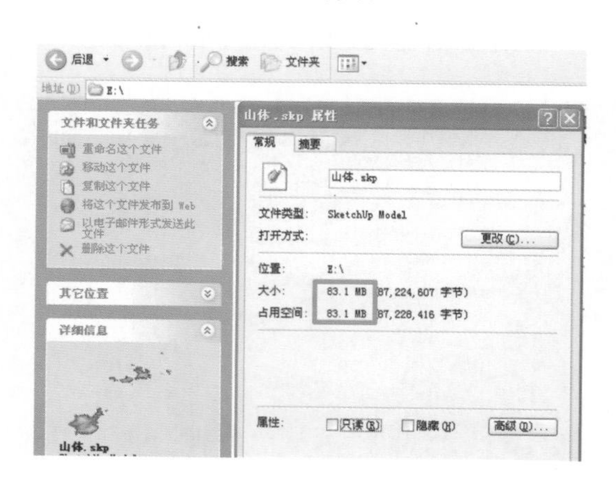

4.2.4 制作道路与建筑

目前完成的模型皆为现状模型，接下来我们制作设计部分，先从路网和部分建筑开始。

再次打开Max模型，删除山体部分和北岛的大部分建筑，只留下南岛的道路与建筑、北岛的道路与小部分建筑。

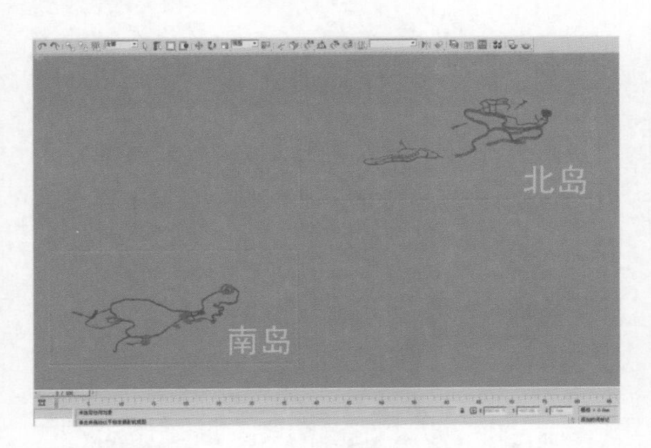

如下图，之所以先删除北岛的建筑是因为该建筑量相对较大，不易导出。

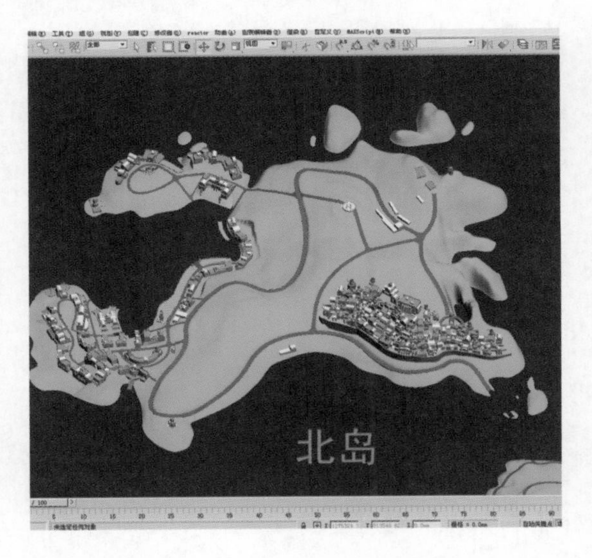

全选剩余部分，在右侧编辑栏的“层次”中找到“重制轴”的选项，点击“重制轴”按钮，这样可以更少地避免模型导入SU软件后出现的飞面现象。

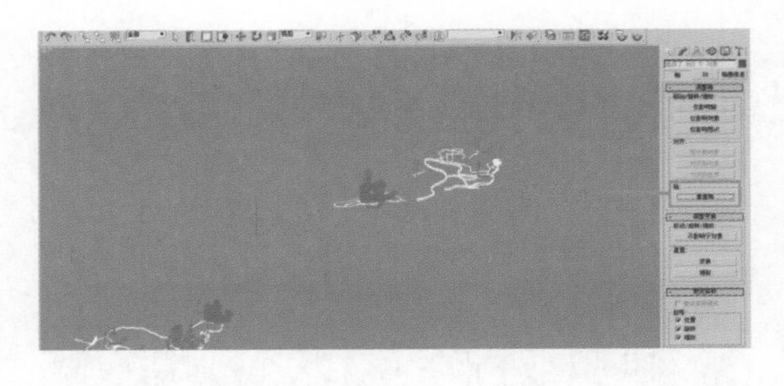

导出，格式为3ds。

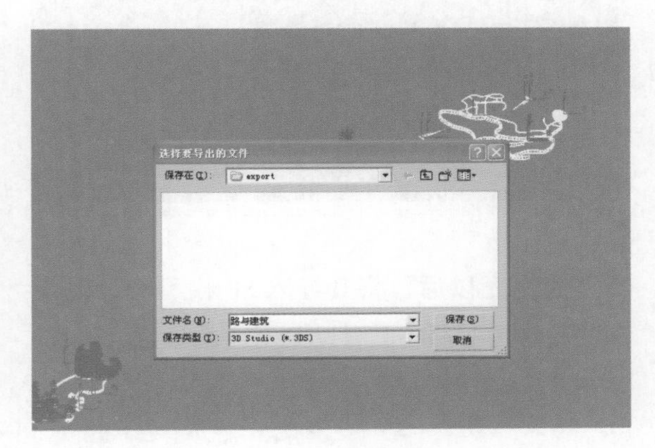

将其导入到SU软件中。

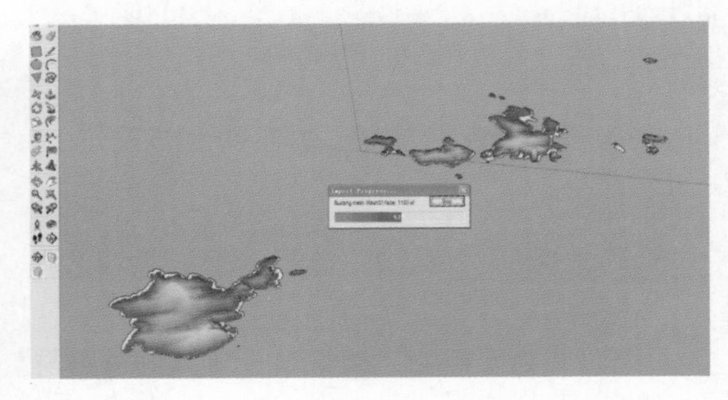

导进去的模型相对原先制作的山体模型比例较大，直接用缩放命令来调整。

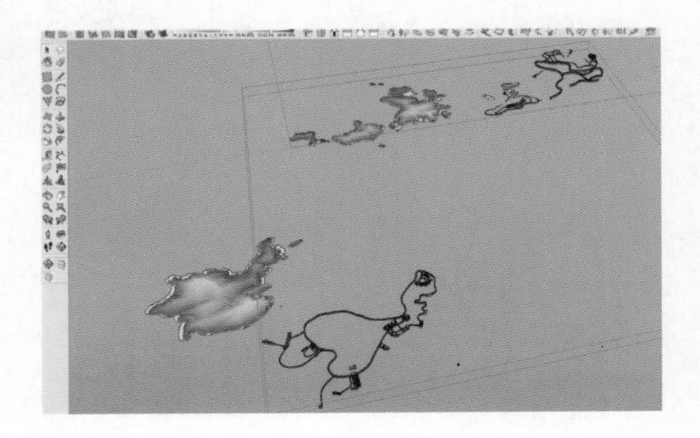

我们先用 Max 的模型，导出平面图，将该图置入 CAD 中，绘制路网、铺地范围和码头。

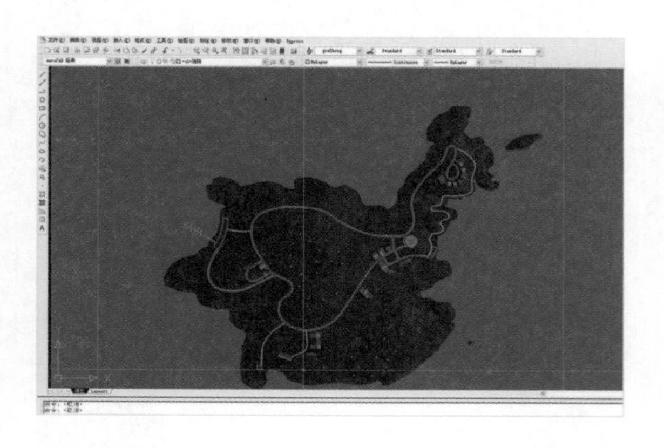

绘制完以后，将其导入 SU 模型中，以南岛的轮廓为参照将其移动到对应的位置。

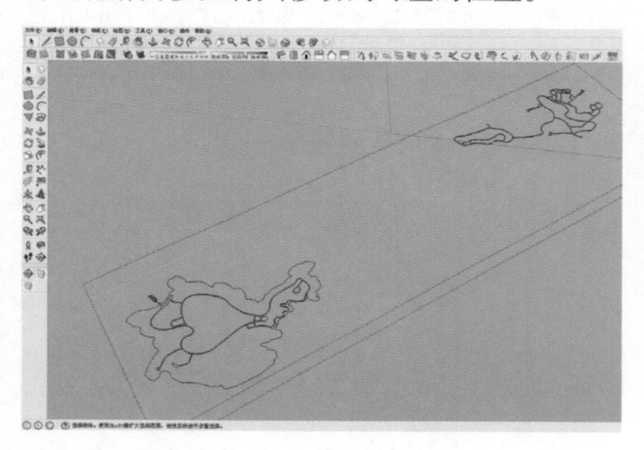

以码头为参照物，调整 Max 置入的道路与建筑模型的大小。

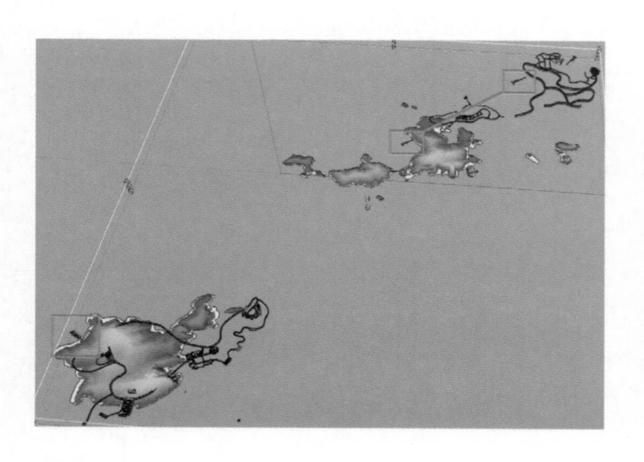

对齐后，看下效果。这样的操作确实省了不少精力。

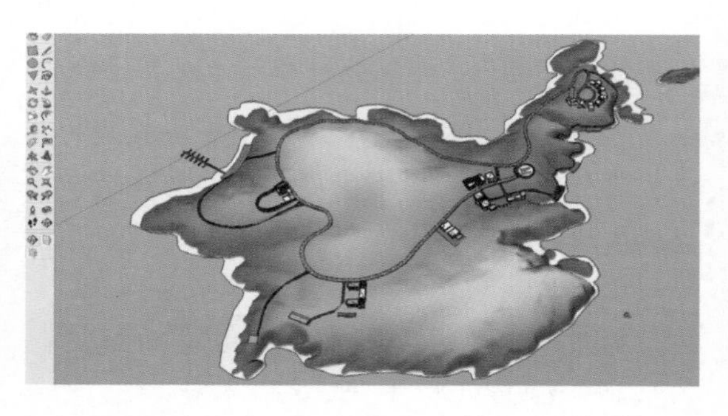

放大局部，可以看到 3ds 格式的模型置入 SU 软件中容易出现的一个问题——多了许多三角面。

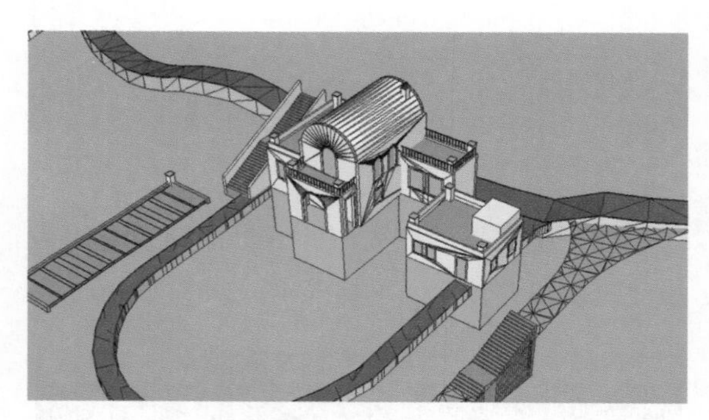

注意：

可以用以下方法处理关于三角面的问题。一可以用橡皮擦工具进行逐个删除，优点是能适当地减少模型量，缺点是费时；二是直接柔化。

这里我们选择第二种方法，因为快速省事。

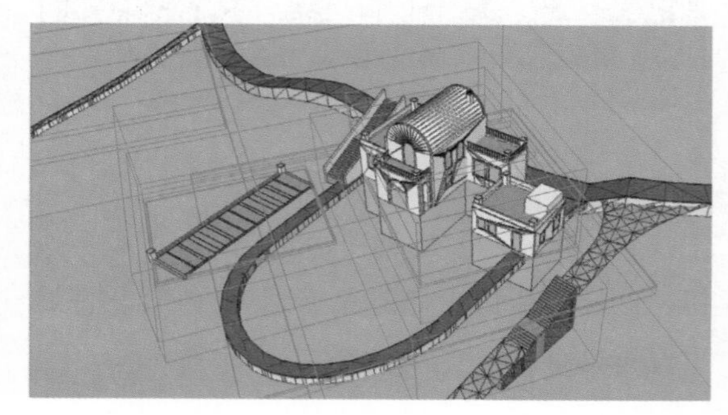

全选导入的模型。使用柔化命令，柔化值控制在 30 至 40 之间，同时点选“共面”选项。在柔化的同时，我们可以观察到模型变干净了。

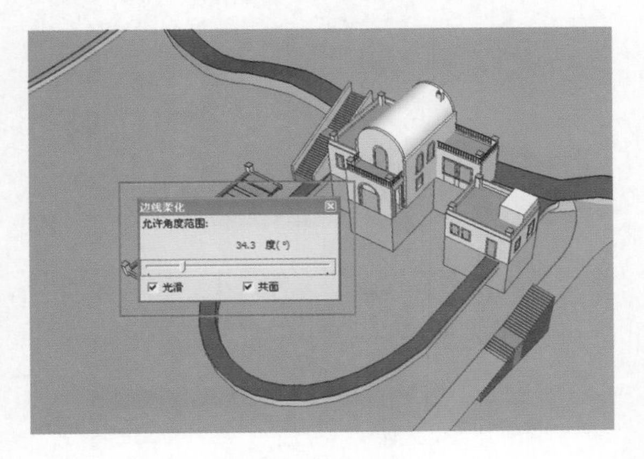

完成后看下整体效果。

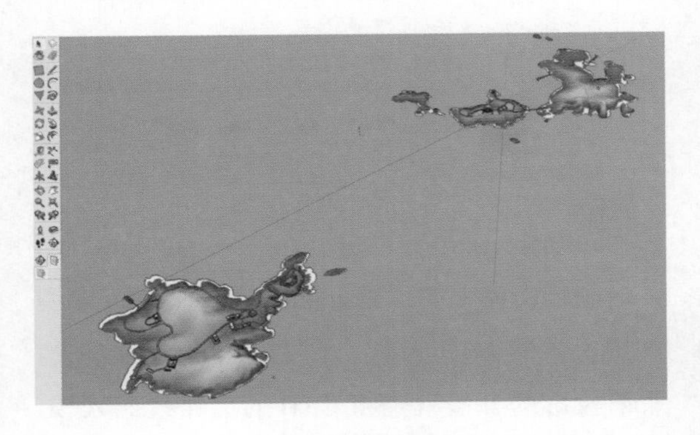

保存文件，模型量飙升至 130 M 了。此时，模型运行时已有明显的顿挫感，作者用的机器为台式机，甲方用于演示的机器是笔记本，产生的顿挫感将会更严重。

发现问题，必须解决。如何将模型瘦身而又不削减模型的效果呢。

4.2.5 整改

权衡之下采用以下方案。

a. 不可完全依赖 Max 模型。

b. 简化山体模型。原始的等高线为每 2 m 一根，现调整为每 4 m 一根，这样山体的模型量将会小很多。

c. 手工制作道路和建筑。删除之前导入的道路与建筑模型，道路用贴图来制作，建筑模型则老老实实地在 SU 软件中制作。

采纳上述的方案等于宣布之前制作的模型都不能用，需全部重新来过，但是这并不表示之前做的工作都是无用功，经验的积累最重要。

1. 简化山体

等高线自动生成山体的原理是在相邻的登高线之间形成若干个三角面，如果我们删除部分等高线那三角面的数量也会随之下降，这样模型量就会相应地减小。

如图，简化这三个主要岛屿的等高线。

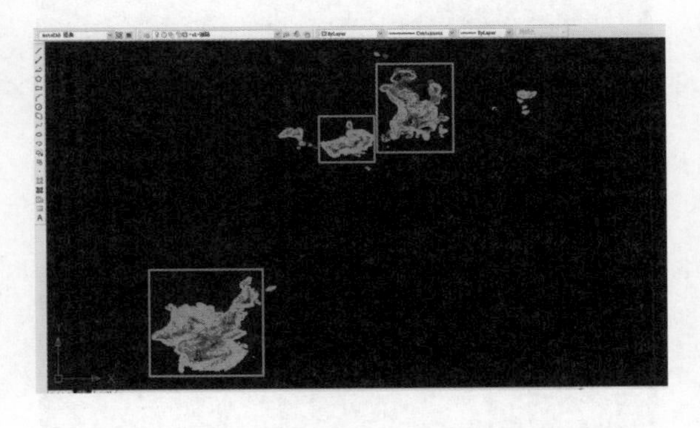

单纯的用删除键来一根一根地删除，费时又容易出错。这里我们使用图层分离的方法。

在 CAD 中新建一个图层。

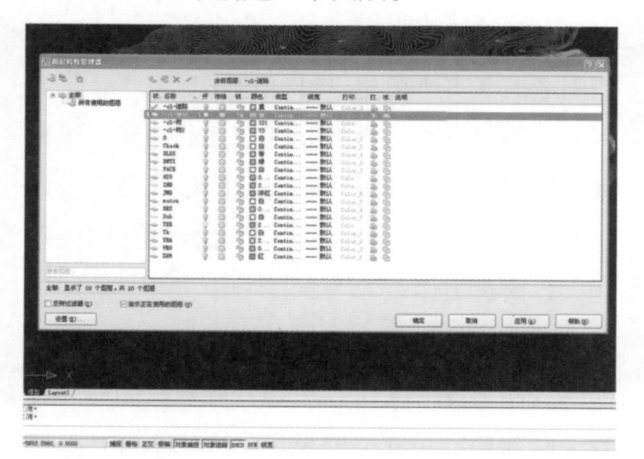

用格式刷将需要被简化的等高线刷到新建的图层中。

关闭该新建图层，之前被格式刷刷过的等高线就被关闭了，等高线的密度就下降了不少。

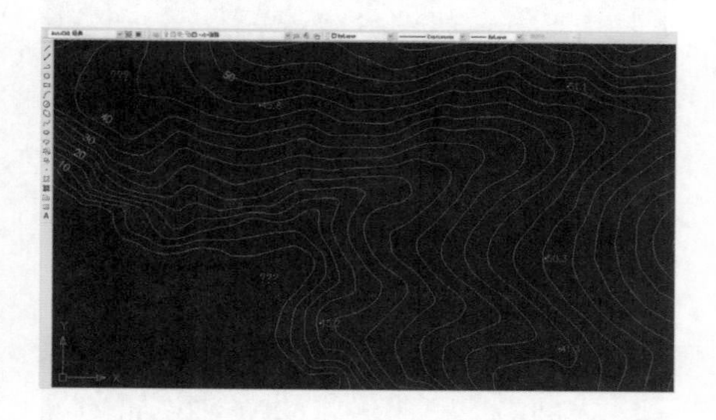

使用之前的方法，将简化后的等高线导入 SU 软件中，自动生成山体并赋予渐变的贴图。鸟瞰一下，效果几乎没有什么差别。

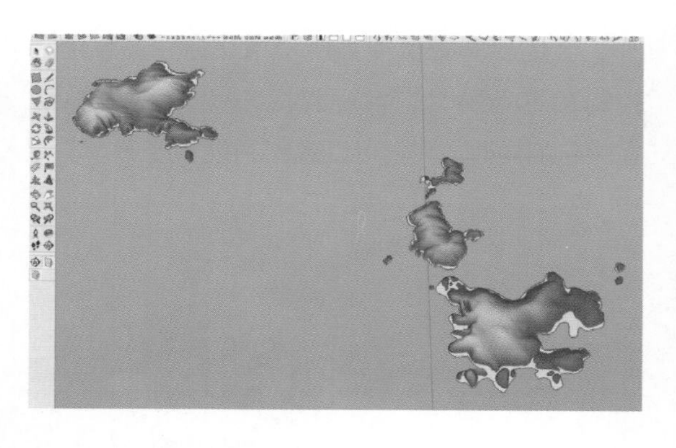

退出去看看现在的文件大小，比之前的山体小了 20 多兆。

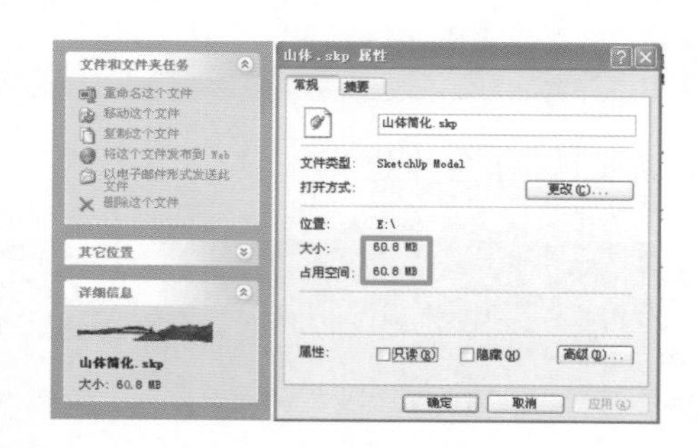

2. 制作贴图

制作山体上的道路，除了之前用 Max 模型直接植入的方法以外，还可以用投影的方法。所谓投影的方法就是将 CAD 的道路线导入 SU 软件中，将道路对准到相应的位置，并将其置于山体模型之上，用 sandbox 中的投影功能，将平整的 CAD 道路线投影到高低凹凸的山体上。作者尝试了这个方法，可是模型量依旧太大。所以索性用最直接的方法——贴图。

我们以南岛为例，将视角转至顶视图的位置，导一张图出来。在 Photoshop 软件中打开该图。

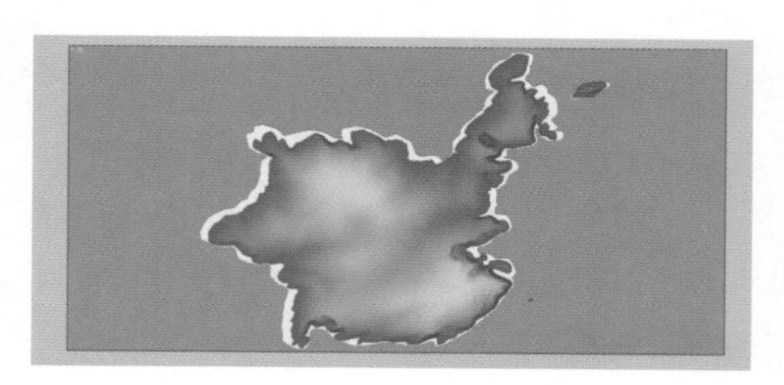

双击该图的图层后点击确定，解锁该图层，使得该图层可以被编辑。

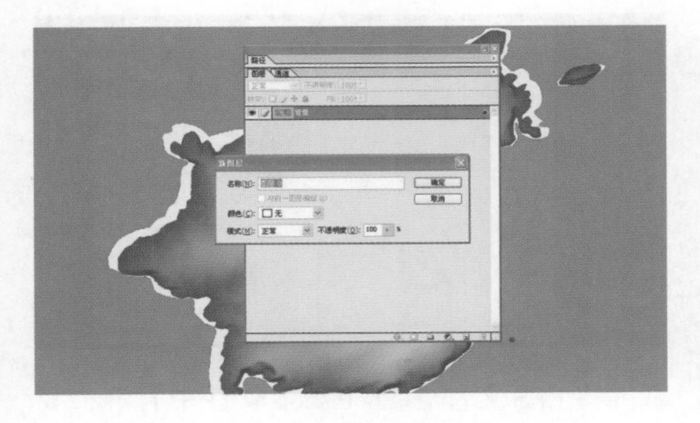

用魔棒工具选择蓝色部分，将其删除。

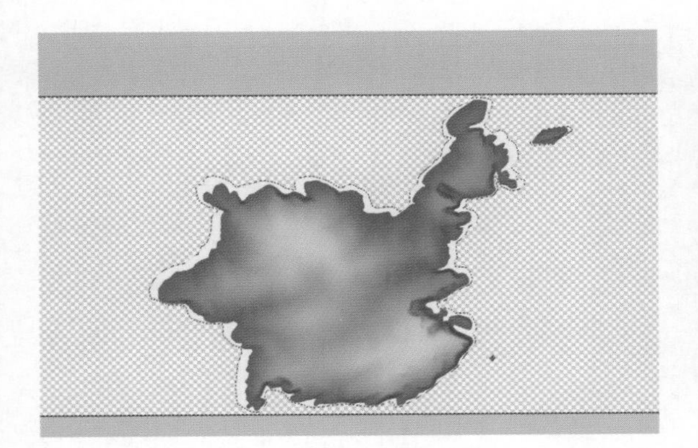

回到CAD的界面中，将南岛的道路由CAD格式导出成可在Photoshop软件中操作的EPS格式。EPS格式为矢量图，精度高。

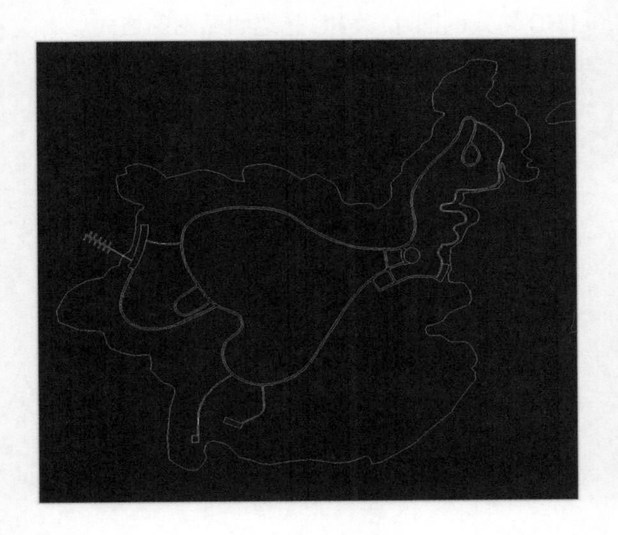

首先来设置一下虚拟打印的选项。工具 > 选项。

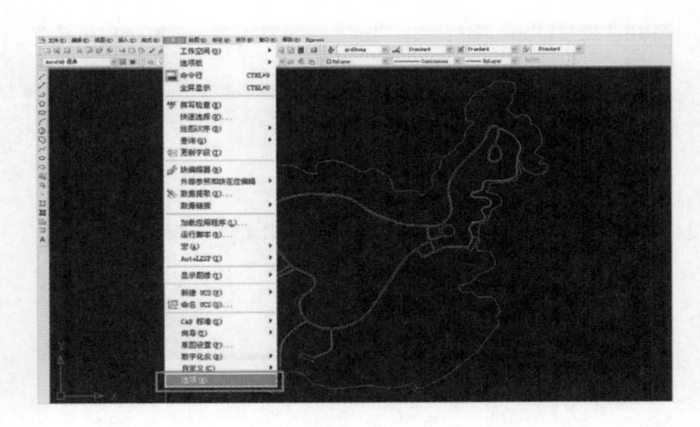

如图，在“打印和发布”中点选“添加或配置绘图仪”选项。

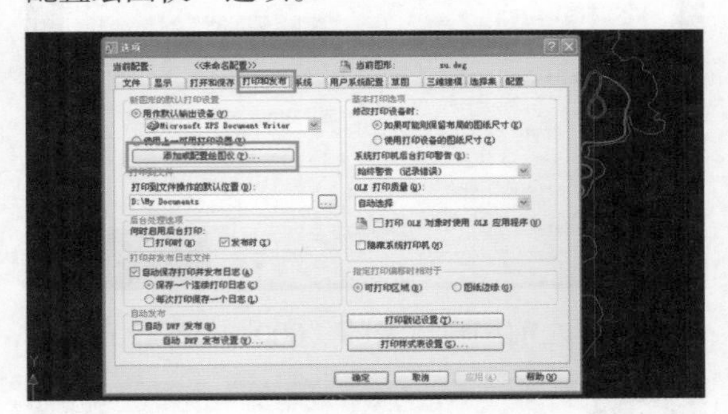

之后双击“添加绘图仪向导”

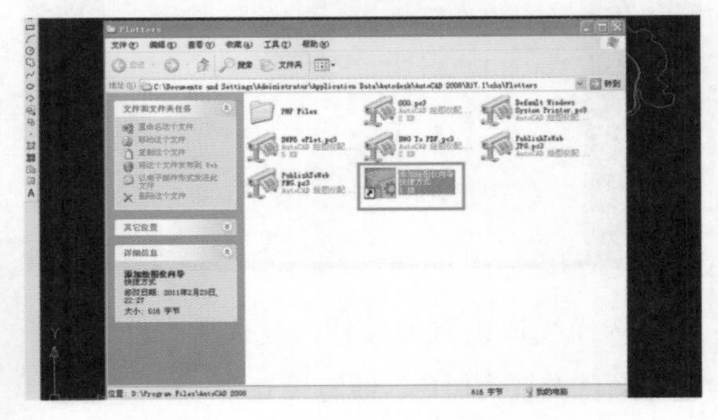

连续按5次“下一步”。

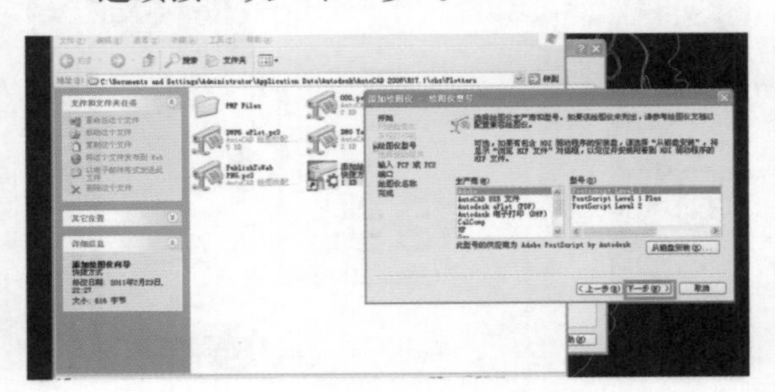

出现编辑名称的窗口，这里作者给的名称是“000”。

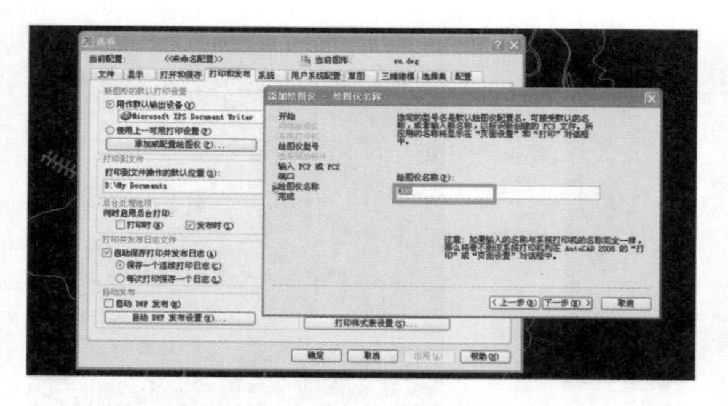

最后点击“完成”，设置结束。

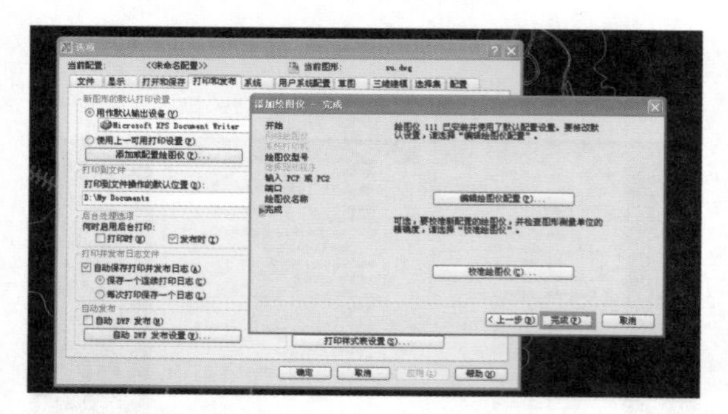

选择之前编辑出来的“000”打印模式。

选择线形设置的按钮，全选所有色号，将打印颜色设置为黑色，线宽设置为 0.00 毫米。

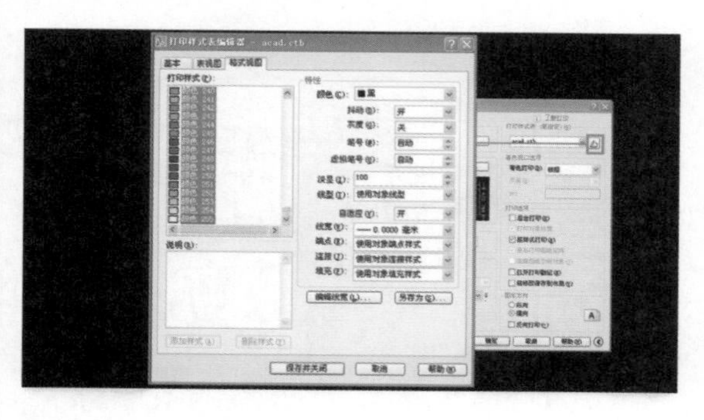

别忘了点选“打印到文件”。最后点击确定，将文件输出到指定的位置。

将 EPS 文件在 Photoshop 软件中打开，我们垫一个白底看看效果。

将道路填色，将其拖入到之前山体的平面图中，用 Ctrl+T 功能键对道路图层缩放至正确比例，并将其对准至相应的位置。最后存成 PNG 格式的图片，PNG 是透明贴图的格式。

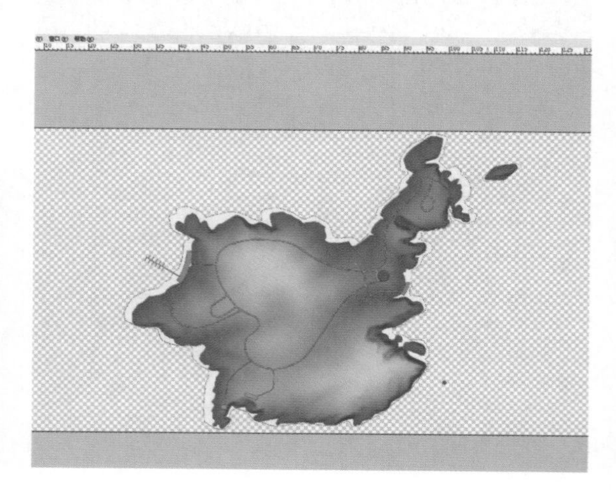

将PNG透明贴图直接拖入SU软件中，发现之前在Photoshop中被删除的底色变成了透明。

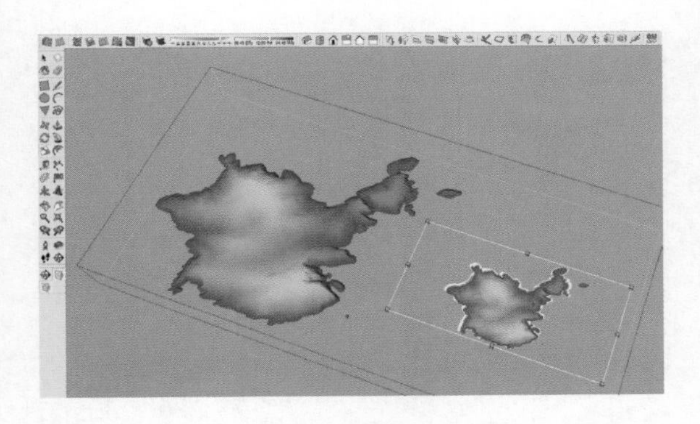

使用缩放工具调整该贴图的比例，使其与山体模型的大小吻合，之后将其垂直移动至模型顶部并炸开。

先使用油漆桶工具中的吸取功能将贴图的变为材质。

然后再按住Shift+油漆桶工具，将贴图材质赋予山体。

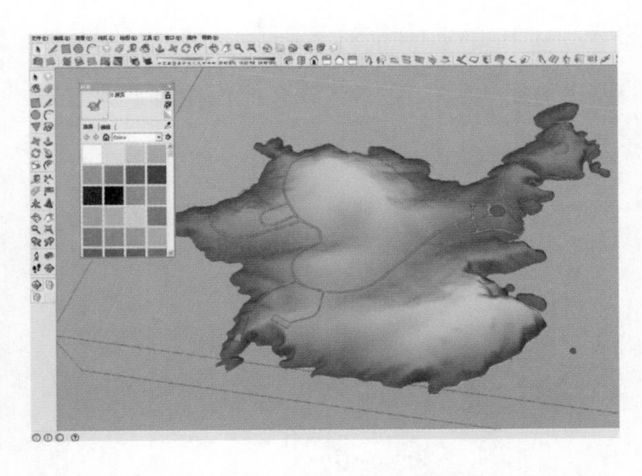

同理，将北岛的贴图制作完成并赋予相应的山体模型上，这样道路的雏形就出现了。

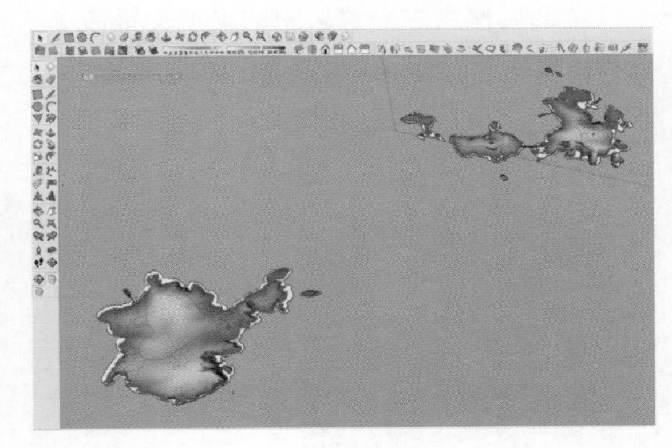

3. 强化道路

拉个近角看看，道路的边缘有些许模糊。这个问题属于SU的一种特征，无论多大的图导入SU后，其分辨率都会变更为72dpi，也就是屏幕显示的大小。

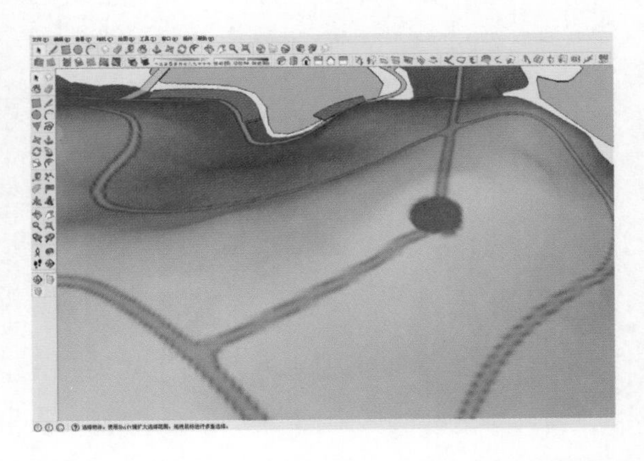

基于 SU 软件的这个特性，用以下方法来强化道路边缘。将道路缝合成面拉升起来，高于山体。

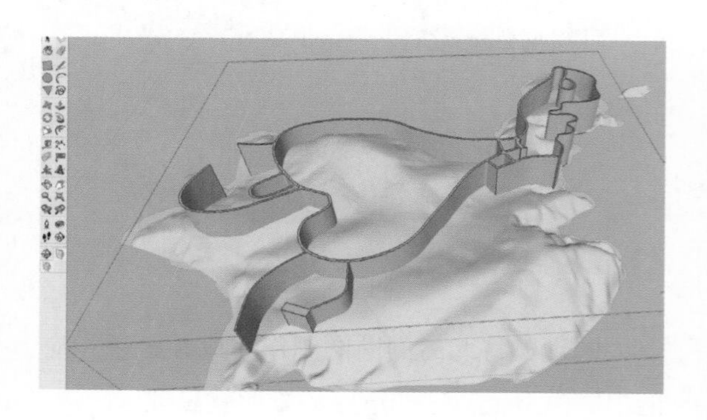

全选后使用右键菜单中的模型交错命令。这样的操作之后会得出道路与山体的交线。

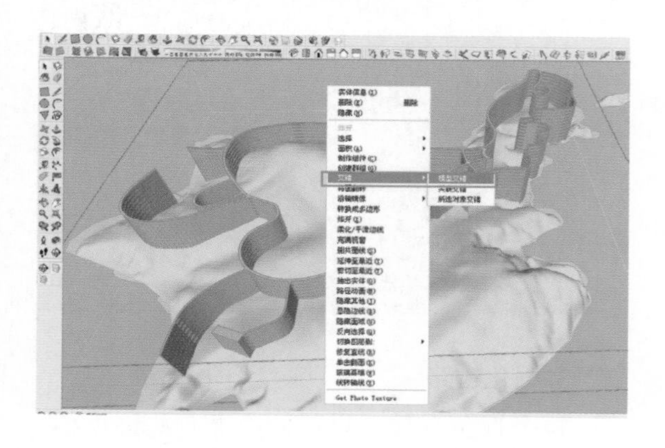

删除多余的部分只保留交线部分，退出组群后看一下整体效果。

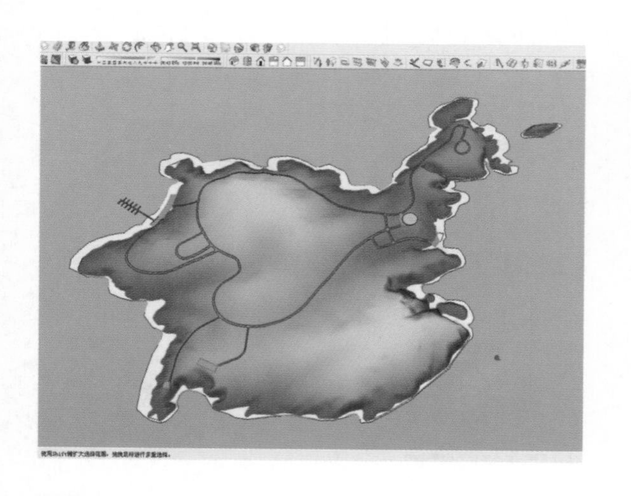

在贴图上压一层线，这样可以提升贴图的质感。同理完成北岛的压线部分，这样道路部分的制作就完毕了。

注意：

我们来分析下为什么 sandbox 的投影办法产生的模型较大。一般的操作是这样的，将道路线对准位置后悬于山体模型之上，选择道路后点选投影功能键，之后再点选山体。原本山体就是由许多个三角面组合而成的，这样的操作是在山体上再次分割更多的面出来，当然会使生成的模型较大。

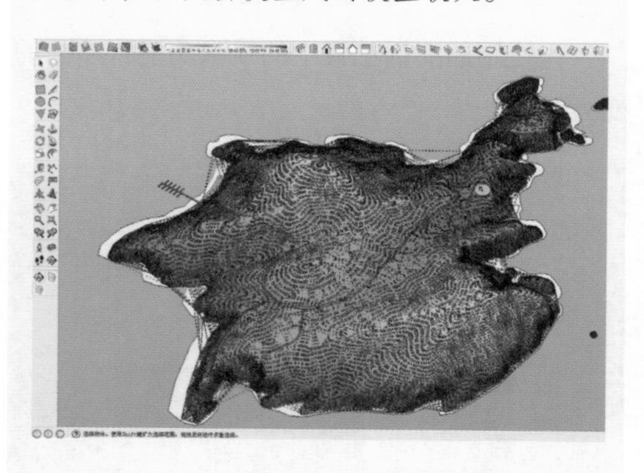

然而将道路封面，直接拉升后使用模型交错，这样的方法是在相对较少的面上作划分，生成的模型相对就较小。

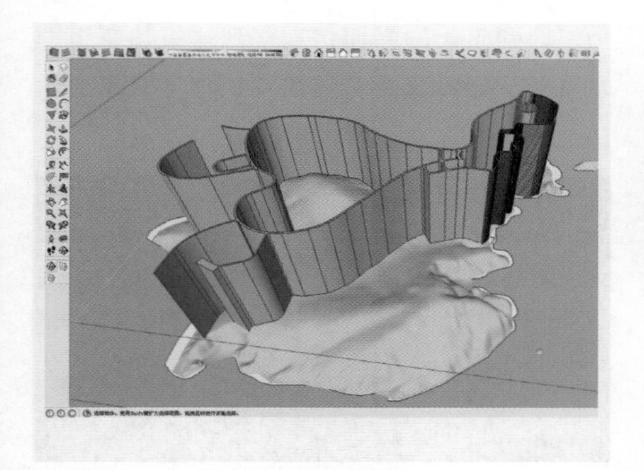

4.2.6 制作场景中的建筑

建筑的立面形式为地中海建筑风格。地中海建筑特点：颜色淳朴，有众多的回廊与过道，观海的视野广阔。后来，这种建筑风格被带到世界各地，并融入了一些其他国家的建筑特点，随着时间的推移，地中海建筑逐渐发展成为众多建筑风格中的一种。

1. 基础资料

先观察一下手头上的资源——Max 模型。

北岛部分鸟瞰

综合建筑区透视

滨水区透视

建筑群细部

2. 建筑模型制作

以北岛为例，先用 Max 模型导出一张平面图，并按正确的比例导入 SU 软件中。

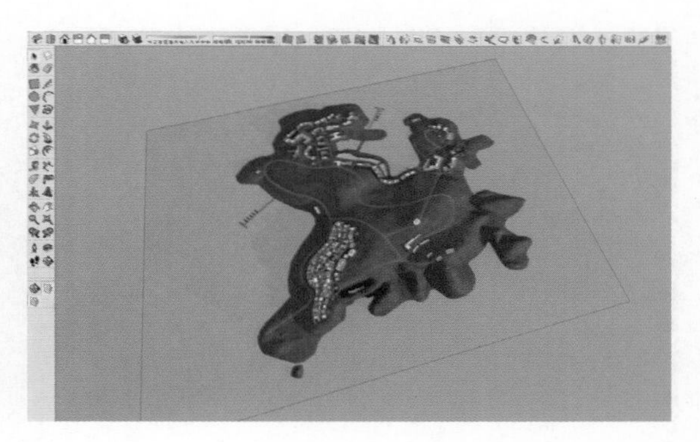

再观察一下 Max 中的模型，我们发现只是制作出几个典型的地中海建筑模型，然后进行复制与简单变化来完成场景中的建筑组群。

建筑的制作方法相对简单，这里就不详细阐述了，对着之前导入的平面图来放置建筑，有一点必须注意，就是一栋建筑一个组，或者关联成组件，这是为了方便之后的复制与修改。

按平面的形式来布置建筑，暂不考虑山体的高差。

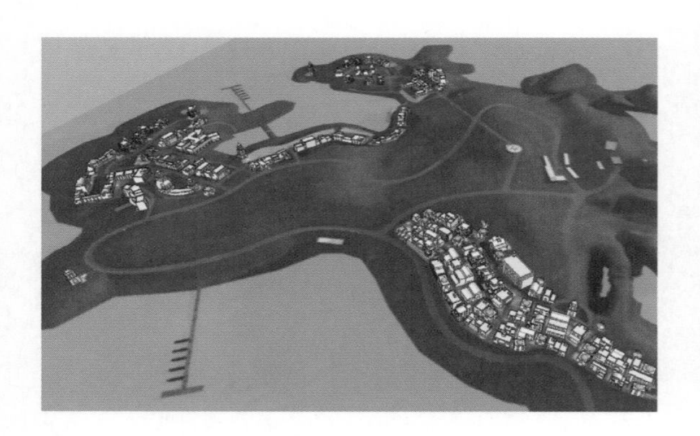

回到 Max 的界面，观察到这组建筑组群基本建于平地之上，需要在山体上找平、做挡土墙。

还有一些人行的道路穿插在其中。

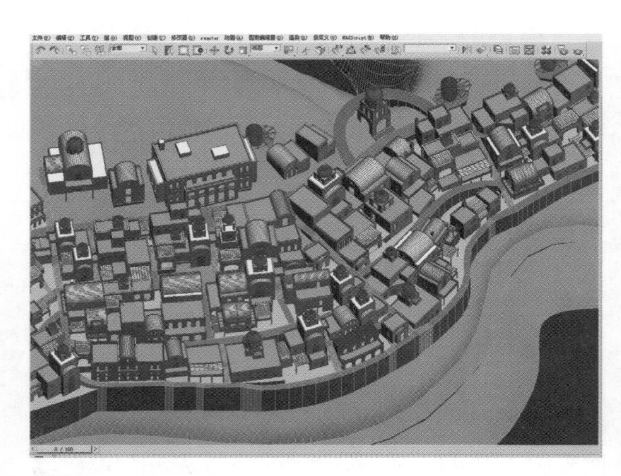

将这些信息都画进 CAD 中，然后导进 SU 软件中缝合成面。

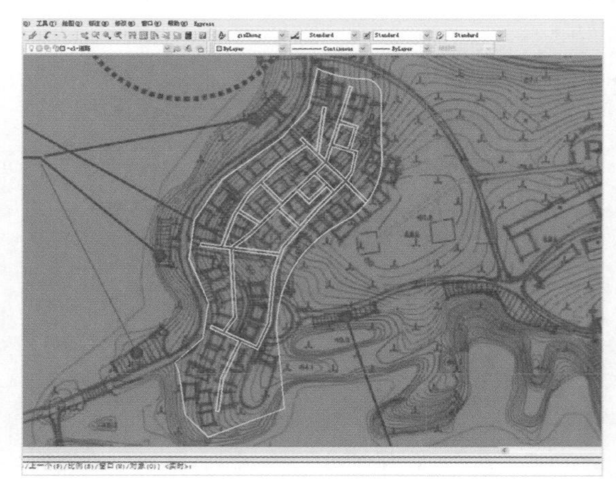

用推拉工具将其拉升，高出山体即可，然后做些许高差并赋予不同的材质加以区分。

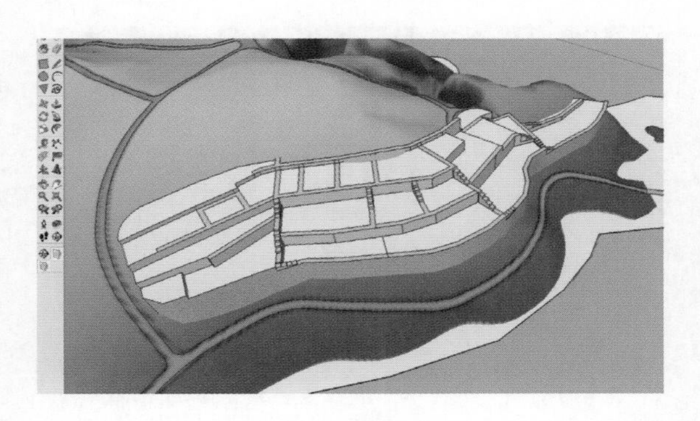

移动制作完成的建筑模型，寻找相关参照（一般都以岛的轮廓线来作为参照），将其对准并置于山体模型之上。

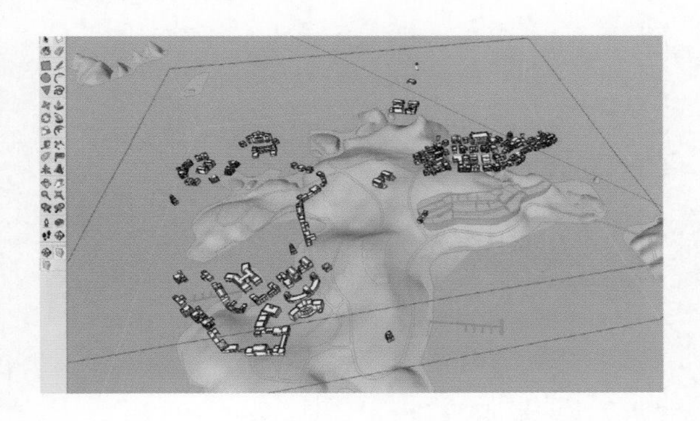

这里要向读者推荐一个插件——Drop，该插件的功能非常适合在山体上制作建筑与植物。我们来看一下该插件的工作表现。

全选建筑，点击右键，点击 Drop 的相关命令选项。

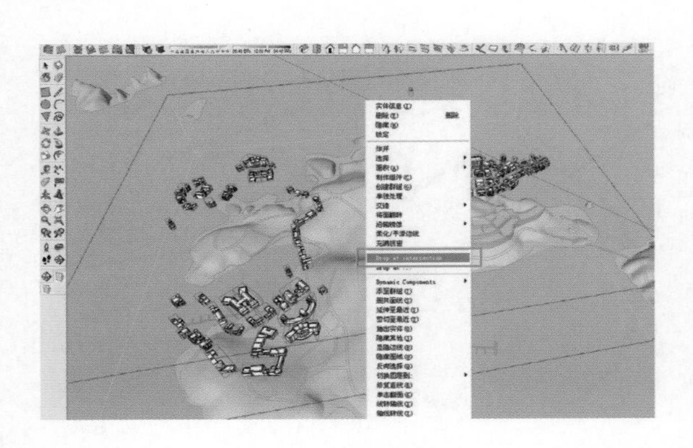

该插件的工作原理就是使模型（群组的形式），向下落到最近的面上。这样，建筑自然而然的就落到山体和平面上了。

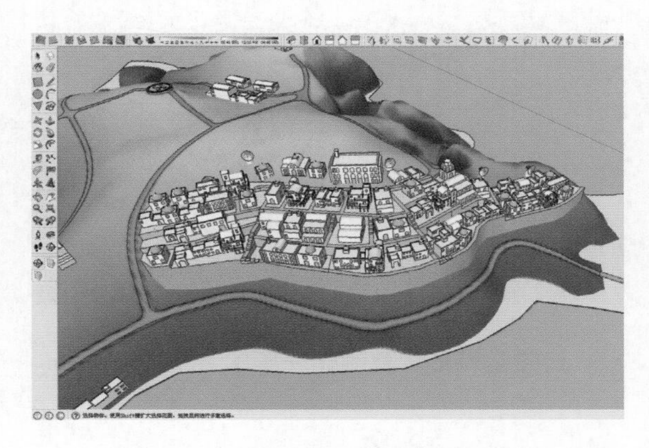

有时候在做平面方案设计的时候，无法考虑周到，只有在立体的、直观的东西出来之后才能做出判断。比如这里，建筑与山体之间有空缺，需要我们手动地处理。

在建筑的底部加一个绿色的体块，无规则的，并将体块边线柔化。

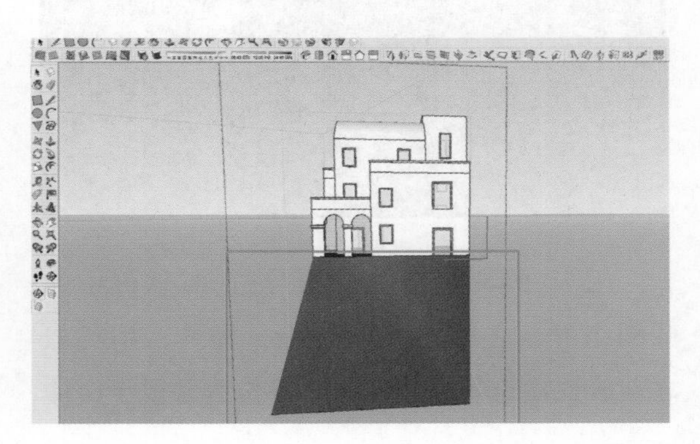

这样一来就能将山体与建筑衔接。

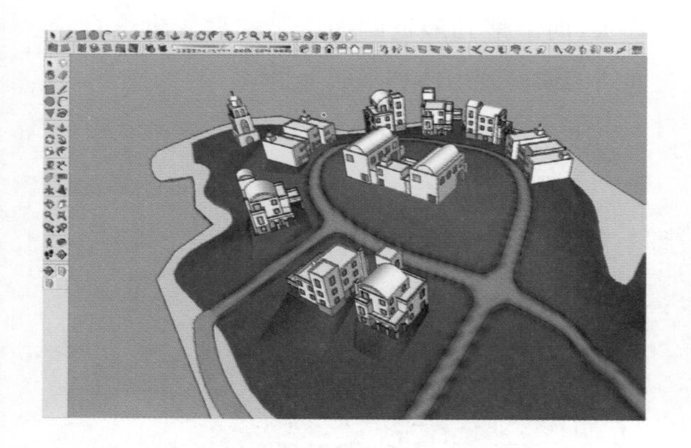

这样建筑部分就制作完毕了。

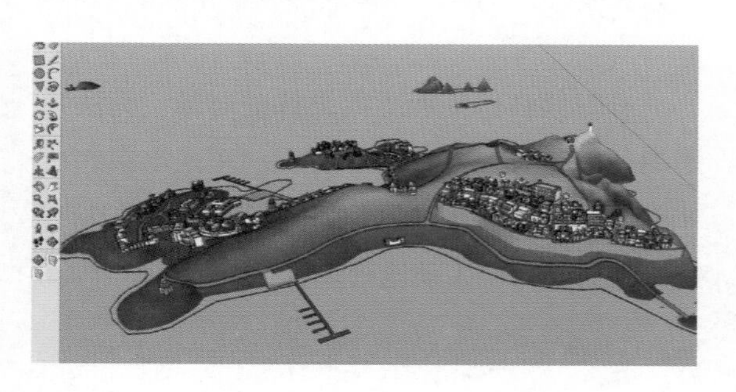

4.2.7 绘制绿化

树木的数量较少甚至没有，这是地中海景观的特点。根据此特点，在 CAD 中用属性块绘制了一些棵状树。

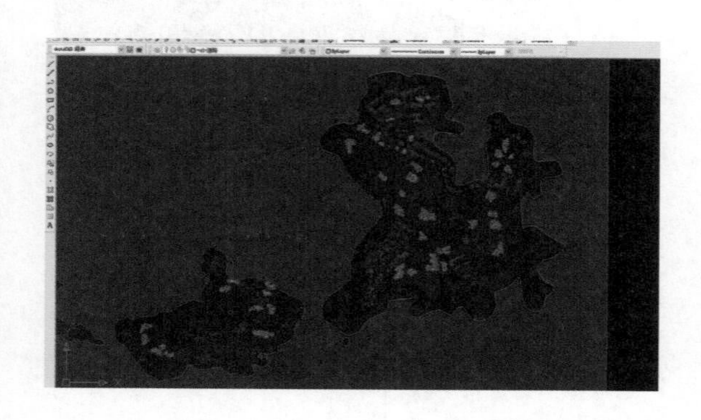

用 2D 的树替换由 CAD 导进 SU 软件中的圆圈组群，之后同样采用 Drop 插件，用类似之前放置建筑的方法将树对齐位置并置于山体之上，全选树木后点击右键，点击 Drop 的相关命令选项。

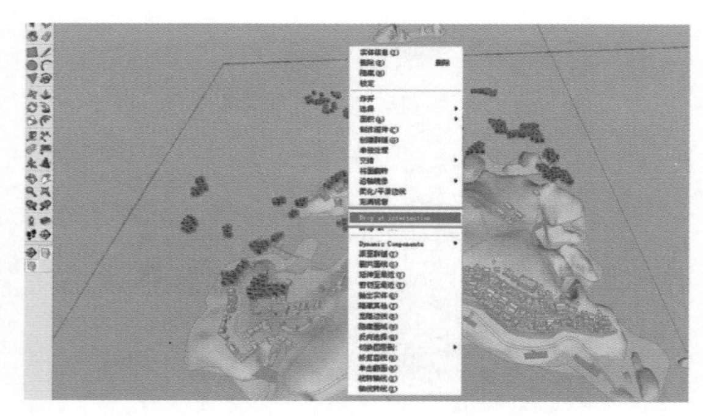

树木就自动地落到山体上了。

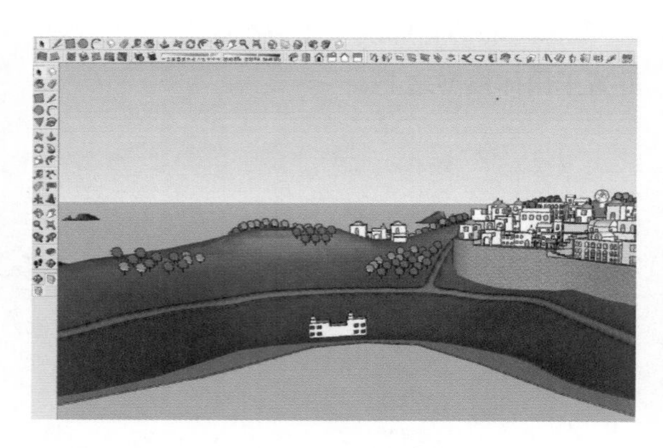

4.2.8 添加细节

1. 广场

在手绘方案中发现有这么一块浪漫的用地——婚庆主体广场。将其从山体中区分出来，在 CAD 中勾勒出该用地的轮廓。

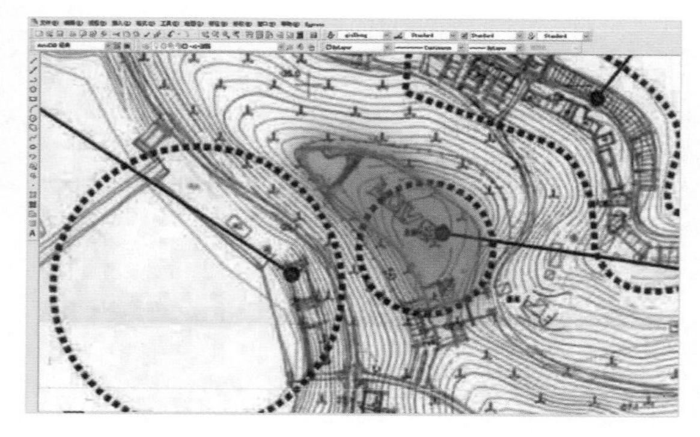

导入到SU软件中，对准位置，拉升起来，高于山体。

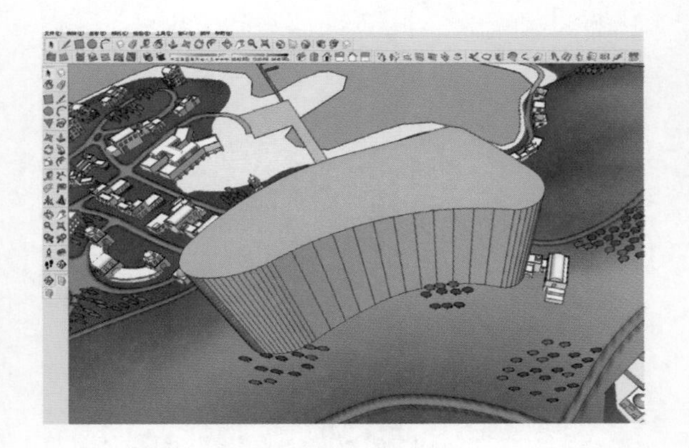

全选，模型交错。

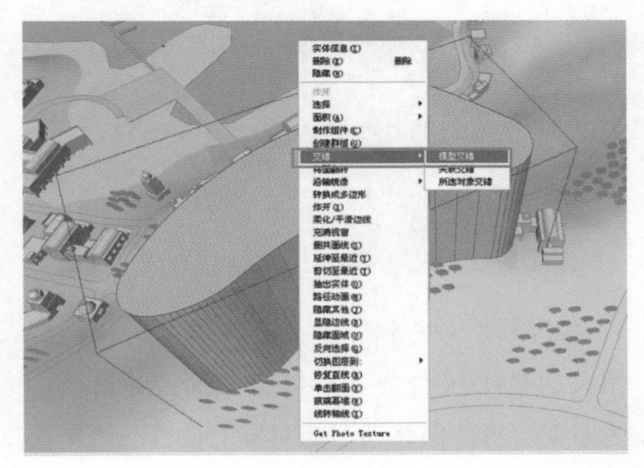

得出与山体相交的交线，将高出山体的部分删除。

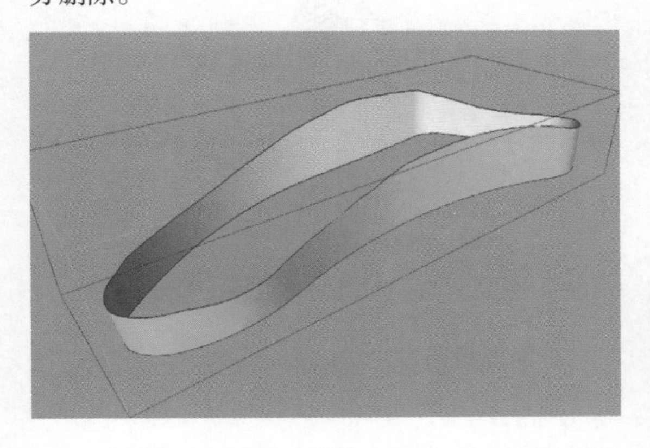

选择交线，使用sandbox的自动成山的功能，将交线封面。这是sandbox的巧妙运用。

退出组群看看，并没有完全高于山体。当然，可以使用缩放命令将其向上放大。

这里作者使用的是另一种方法：显示隐藏部分。框选覆盖广场的三角面，之后进行模型交错。

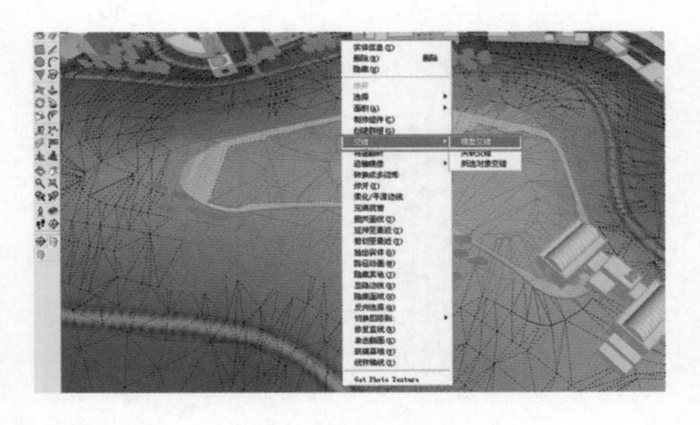

关闭隐藏部分，得出以下分割。

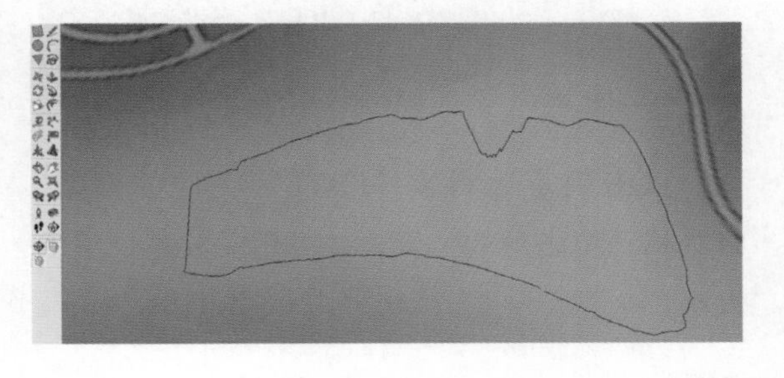

赋予不同的材质。

完成，退出组群看下效果。

最后使用SU软件中的模型文字功能，写上“LOVE”字样。

点击确定后得出“LOVE”字样的模型，将其移动至满意的位置，并可用缩放命令编辑大小。

广场就完成了。

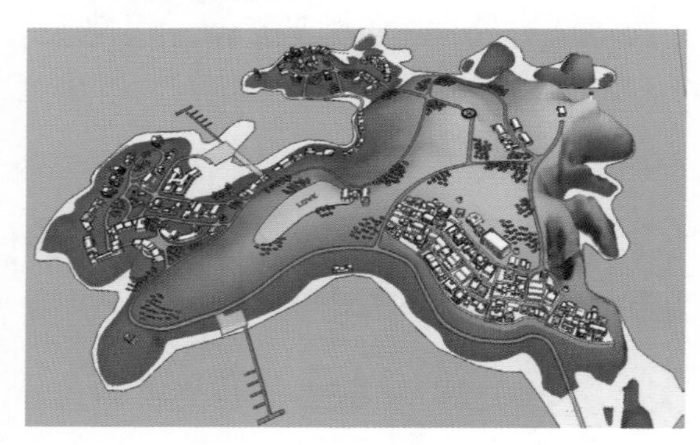

2. 添加一些木平台、铺地以及码头。将相关的CAD文件导入后缝合成面，并给予一些厚度。将他们移动至相对应的位置。操作简单，具体步骤就不详细讲述了。

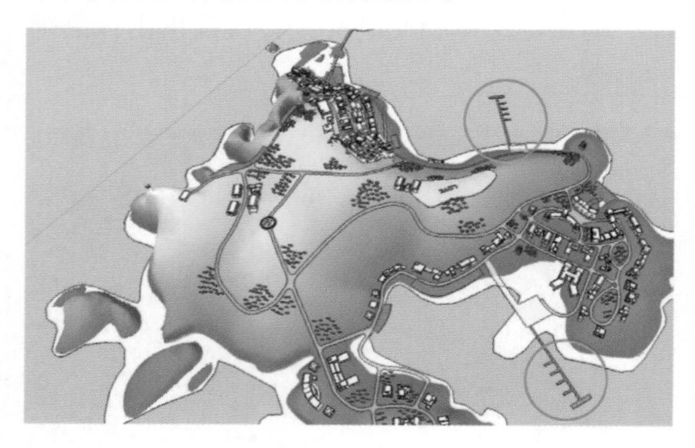

3. 能源设备

项目本身的地形特点为列岛，四面环海，如何解决能源问题，可以单纯地依靠潮汐能吗？我们在Max模型中发现了许多风力发电装置，风能将会是维持本项目运作的主要能源。

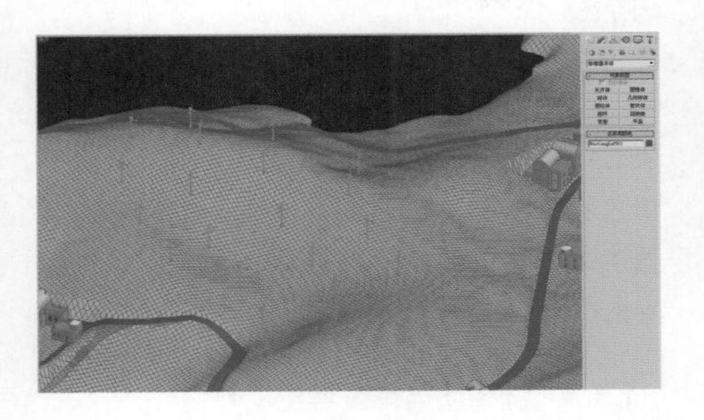

在 CAD 中制作一些小图块，按照风力发电设备的位置复制该块，并导入 SU 软件里。

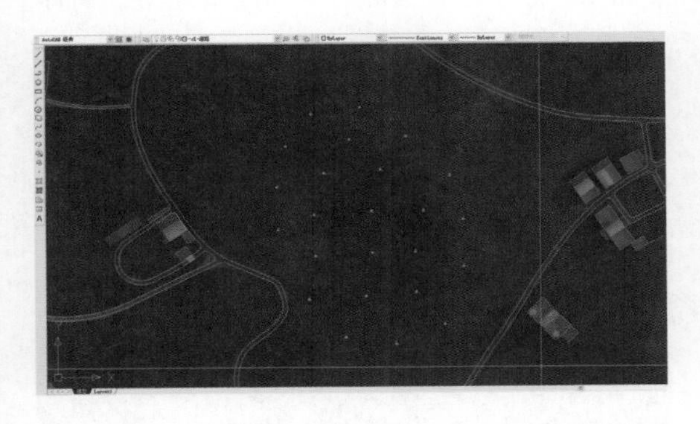

在网上的模型库中找寻一个现成的风力发电机组的模型。在山体上摆放风力发电设备的方法与摆放树木的方法相同。

4. 列岛轮廓周围的水面

选择出主要岛屿的轮廓线。将岛屿的轮廓向外偏移三层，每层间距为 20 m。

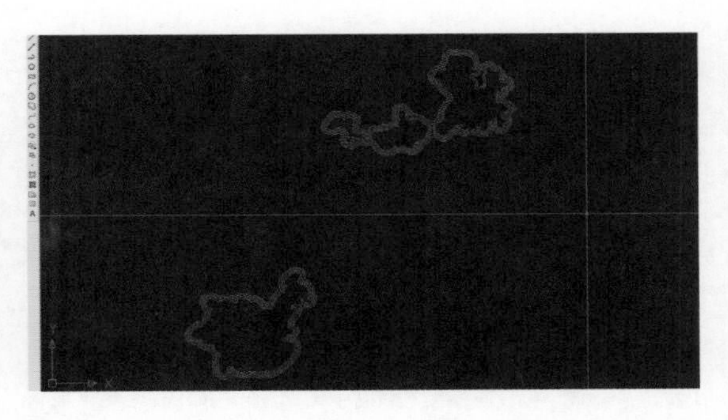

处理一下相交的线之后，将其导入 SU 中。全选，显隐边线。

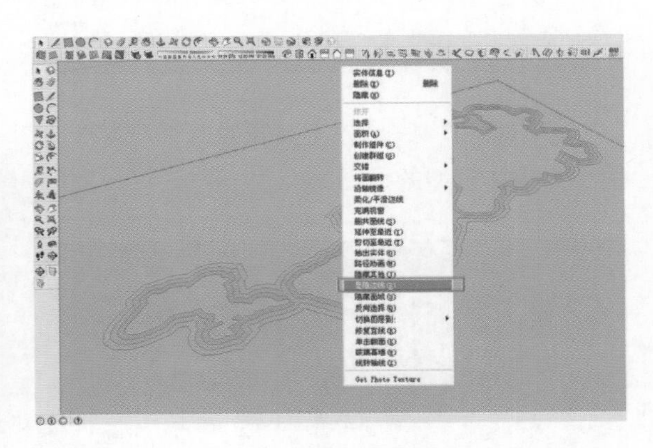

这样的水面制作手法能缓和山体与背景色之间的颜色差异，使其过渡不那么生硬。

4.2.9 SketchUp 模型完成

模型部分已全部完成。此时，最关心的就是模型量，点击属性看一下，64.1 M，较单纯的山体模型多出了 3.3 M，也就是说处理山体之外的模型总量为 3.3 M，可见直接在 SU 软件中制作模型的量是很小的。完全做到了将模型瘦身至接受范围之内。

最后还可以尝试一下，将真实的现状平面图作为山体模型的贴图。

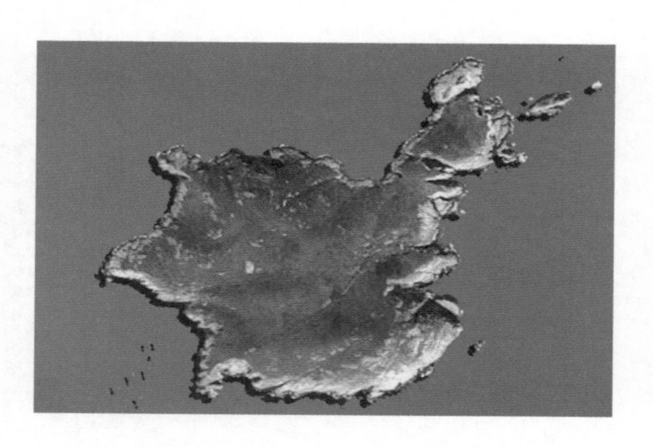

用上面提及的方法将贴图赋予模型，制作完成后看看贴图在模型中的效果，可能太过真实，不一定符合甲方的口味。

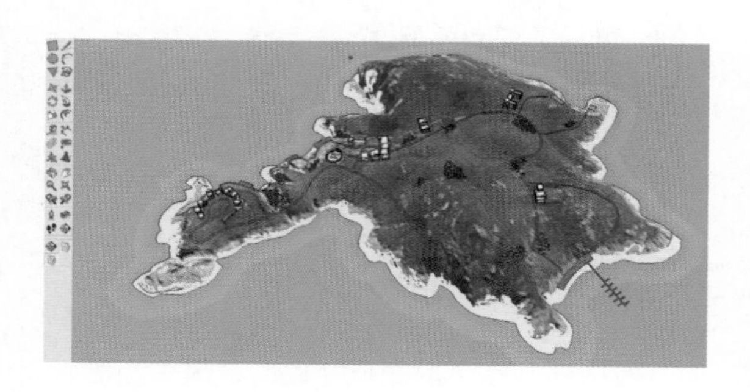

综上所述，表达的方式多种多样，可以根据具体情况再作出选择。

4.3 成果输出

制作完模型后并不一定要渲染，但一定要有光影效果。让“裸奔”的 SU 模型富有感情色彩的最好方法是用 Photoshop 做后期处理。接下来讲述下如何运用 Photoshop 的简单操作来增添 SU 素模图的光彩。

4.3.1 选择适当角度导出

在 SU 中取任一视角，将其导出。精度大小自定，这里作者给的是 3000 点的精度，打印 A3 大小是足够的。

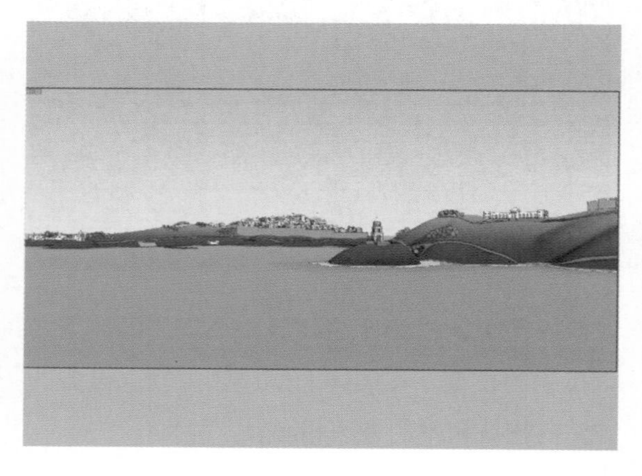

为了使图幅显得更有张力，我们进行一下裁剪，做成宽幅的。

4.3.2 在 Photoshop 中的处理及优化

首先处理图中的水域。在网络上找到自己满意的素材。在 Photoshop 中打开该素材，框选水域部分。

将其拖入原图中。

使用 Photoshop 中的羽化、复制和变化等的手法将素材满铺于原图的水域之上。

选出水域的选区。具体操作如下，暂时关闭素材图层，使用魔棒工具在原图中选择水域范围。如图，红色的部分。

打开并选择素材图层，反选（快捷键：Ctrl+Shift+I）并删除选区内的多余部分。这样素材就与原图上的水域吻合了。

同理，制作原图中的天空。

对天空及水域的图层，添加内阴影的图层属性。这样可以将图中的主体——岛与建筑，凸显出来。具体参数依个人习惯而定，这里给出的参数是：距离 3，大小 1。

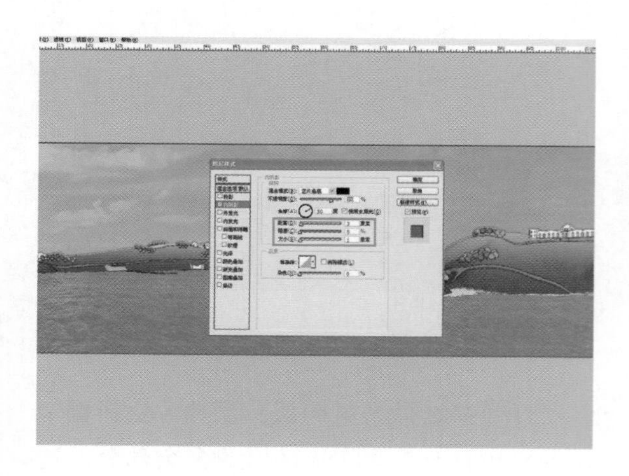

天和水做完了，接着来制作主体水中的倒影。由于 SU 软件本身暂时没有渲染倒影的能力，制作倒影一般有两种手法。一是将模型完全复制并镜像，再移动到模型底部。二是运用 Photoshop 来处理。前者的优点是比较简单省力，缺点是模型量大，运行缓慢。介于本模型为山体，模型量相对较大，所以我们使用第二种方法。

复制原图中的主体——岛与建筑。

使用 Ctrl+T 将复制出来的图形做垂直翻转。

将倒影移动至相应的位置，并给予透明度。我们发现，由于该角度并不是纯正的立面图，所以有些许部分的倒影并不对位。

选择需要修改的倒影部分，向下移动至相对应的位置。修整倒影。

增加倒影的质感，对倒影添加滤镜“动感模糊”，距离为10。

调整倒影的颜色，Ctrl+U，选择“着色”选项，将倒影的色泽调为偏深蓝色。

调整原图主体的颜色，Ctrl+B，这里作者选择是试偏绿、偏黄。

给予倒影透明度，这里给的是20%的透明度。接着调整下水的颜色，目标是营造“蓝天碧海”的效果。使用快捷键Ctrl+U，将水域颜色向绿色系调整。

最后制作下景深。制作的手法是用加深和减淡两种工具对水域进行编辑，近处加深，远处减淡。

最后在远处的岛与建筑上加一层雾气，新建一个图层，选择出需要添加雾气的地方。

按快捷键Ctrl+Alt+D，将这个选区羽化，羽化值为100。

先填上白色，选区的周边分外朦胧。

给予其透明度。

完成了，对比下完成后与制作前的效果，前者更有艺术色彩。

4.4 虚拟现实

若你有多余的时间与精力，若你不满足于 SU 的表现力，还可以用简单的方法制作出下图非凡的效果。如何制作？答案将于第 9 章揭晓。

4.5 相关技巧总结

4.5.1 解决规划难点

最近几年，政府放宽了一些开发商对岛屿的拿地限制，本项目就是其中之一。项目的现状功能是旅游业，当地居民相对较少。如今的规划也只是将原有的功能放大化、丰富化、细节化。

岛屿的规划必要考虑到两大方面：

1. 能源。土地开发导致建筑量上升，岛内的人数也会随之猛增，能源问题首当其冲。岛屿距离最近的大陆 30 km，若使用传统的海底电缆的方法来实现岛屿内猛增的能源需求，成本过高，当然并不是说完全不用，是尽量少用。下图是海底电缆的示意图。

在岛上完全可以驾驭一种自然干净的、可再生的能源——风能。岛屿的开发并不是将岛屿完全城市化，只是放大某个功能。合理地运用风能，使其成为提供本项目能源的主力。

2. 交通。岛屿内部的流线，只需跟着等高线的方向来设计即可，这里的交通问题并不是岛内的，而是岛屿与外界的衔接。岛屿开发的是旅游业，摆在面前的问题是如何解决瞬时交通量。在没有桥梁与周围海岸连接的情况下，对外交通的形式无非就两种，海路与空路。所以必须加入码头与直升机停机坪的设计。

关于码头需考虑两种船只，大众的与小众的。大众的指的是能承载大量游客的较大的船只，小众的指的是相对高端相对私密的游艇。在大小泊位上的比例需深入思考。

关于直升机停机坪，在之前的模型制作中设置了两个，南岛北岛各一个。直升机停机坪主要服务于 VIP 和医疗应急。

4.5.2 建模的技巧

不同的山体制作带来不同的视觉感受。

1. 某岛屿规划设计

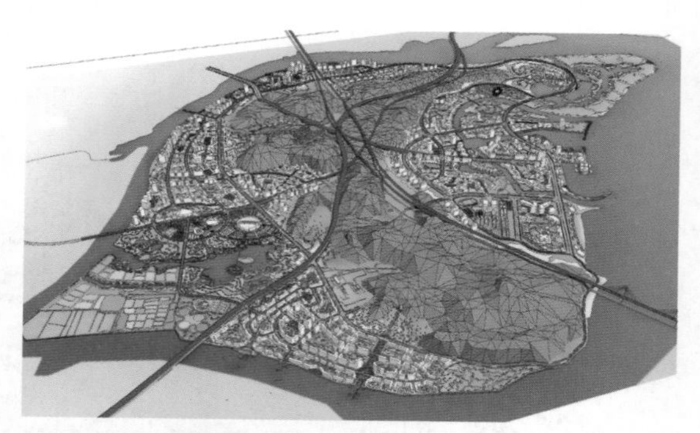

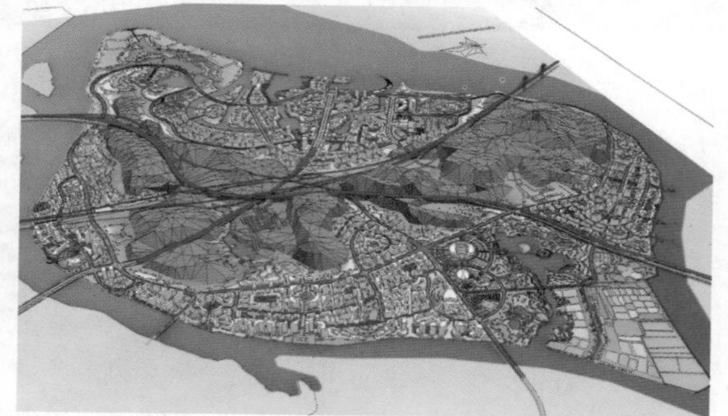

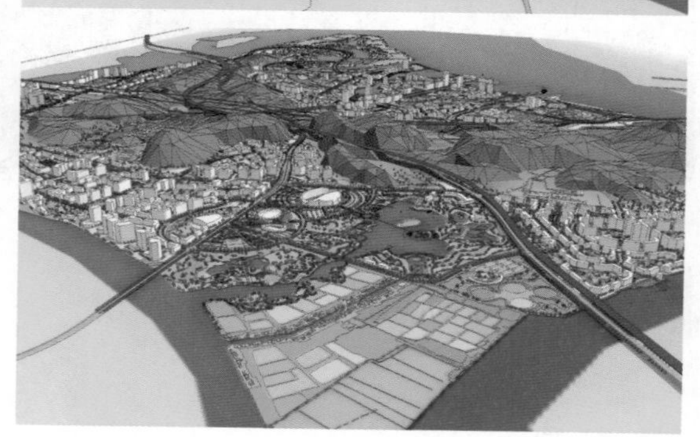

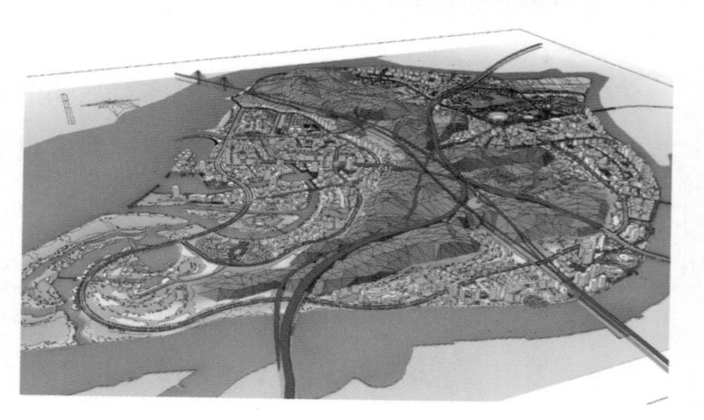

上述项目也是一个岛屿项目，面积及开发量相对较大，与周边陆地有多个桥梁及道路衔接。山脉将岛屿分成南北两大片区，一些道路穿插于山脉之间。

从图片上我们可以看出，该项目的山体模型制作并没有完全按照等高线的高程来制作，而是将等高线视为一种参考。利用 CAD 的插件来寻找主要高程点后自动生成简单的山体，导入 SU 软件后再用 sandbox 工具做相对应的调整。这样的操作使得山体的模型量相对较小，做出的山体形式也相对抽象。

2. 某山体规划项目

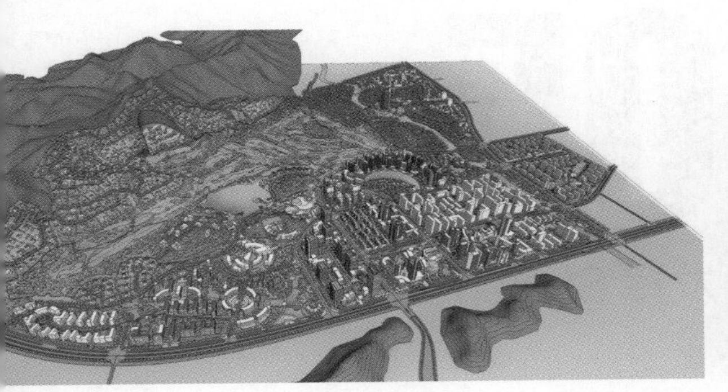

上述项目的现状特点为重峦叠嶂，在规划中找平了一些土地用于开发，保留了一部分山体建造高档的山体别墅。这个项目的模型量相对较大，山体是按照真实的等高线高程来制作的。山体的模型相对细腻、贴切实际。制作的方法是利用 sandbox 来自动生成，生成的时间相对较长，可利用睡觉的时间让计算机算上一个晚上。操作的时候，建议将自动保存打开，将保存时间拟定为 150 ~ 200 分钟。

还有一种方法就是在 Max 里生成山体，导出为 dwg 格式，再导入至 SU 软件。如果有相对应的效果图，而且效果图公司已经将地形制作完毕，那就可以非常省力地使用这个方法。

第 5 章

05

发挥 SketchUp 的实际操作性
——城市广场改造规划

5.1 项目阐述

5.1.1 项目的现状特点

该城市广场位于城区中心位置，坐北向南，南北长 1660 m，东西宽 640 m。基地周边有行政中心、会议大厦、科技馆、展览馆、图书馆、青少年中心、大剧院等大型公共建筑，是该城市中轴线的重要组成部分。

城市广场分为南北两个部分，功能各有侧重，北部广场包括政府办公、会议大厦和展览馆；南部则主要以文化类公共建筑为主。然而近年来，广场的商业和市民公共休闲活动空间缺失问题日益凸显，对未来的长远良性循环发展造成了一定的阻碍。

针对以上情况，并结合市政府关于发展文化产业的方针政策，决定对城市广场进行更新优化设计。

下图为本次规划的现状图。所要做的规划设计是在现有的基础上，对东、西两个区域进行改造。

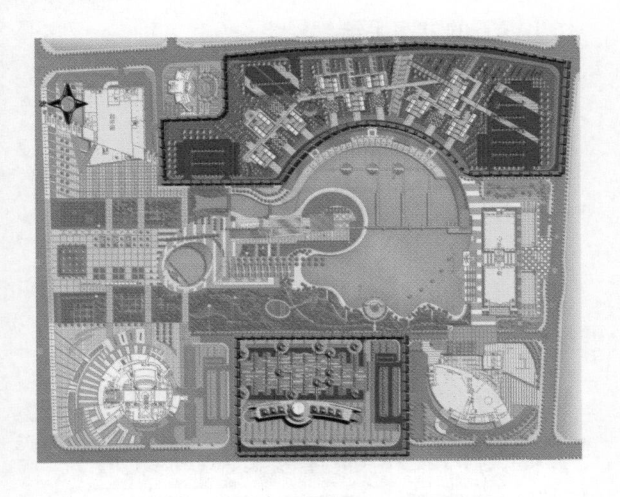

功能布局

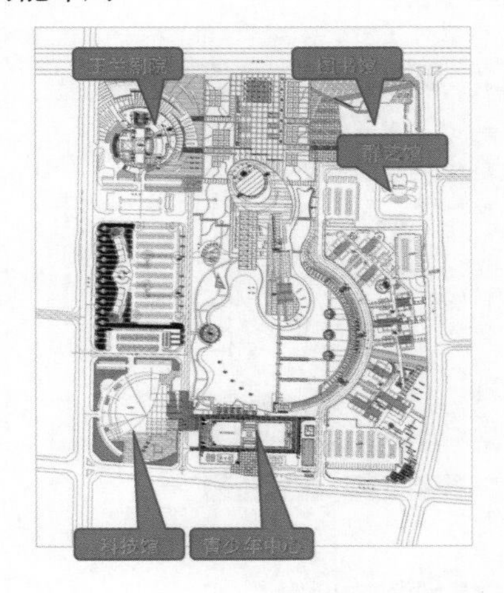

动线联系

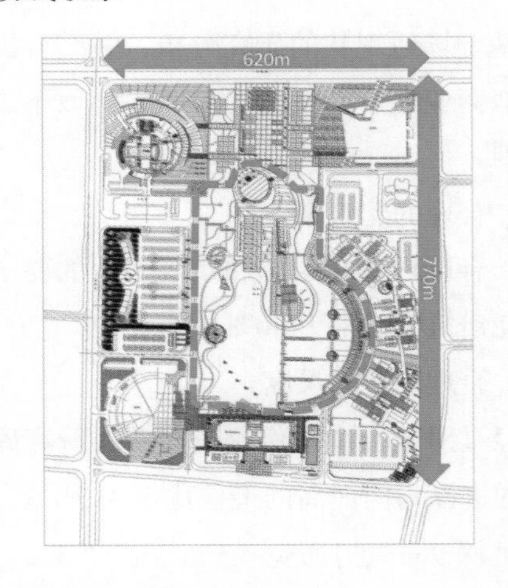

开放空间尺度

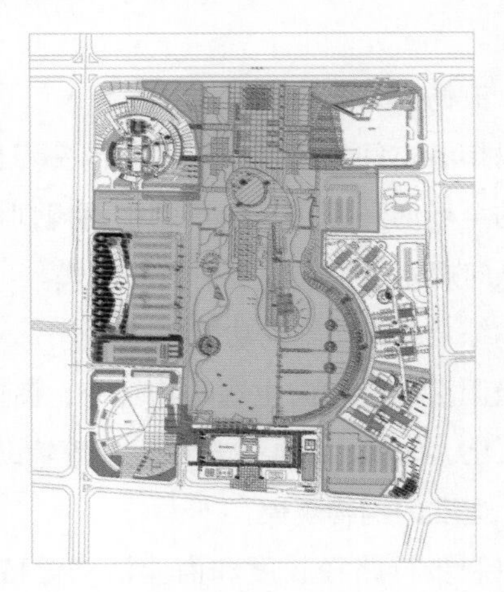

配套规模

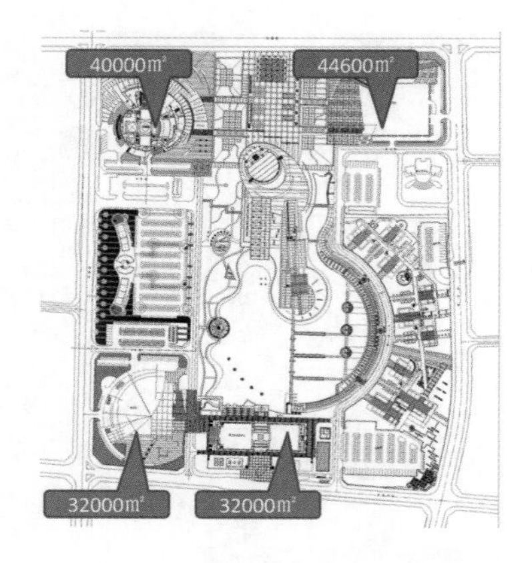

5.1.2 规划的理念

基于场地现状的研究分析，并结合国内外对类似商业地产开发的经验，提出以下 5 条设计法则。

1. 合理的建筑覆盖率

结合区域文化氛围和景观展示的要求，适度提高建筑覆盖率为 40% 左右。

2. 合理的空间尺度

经过对数百个案例调查与深入研究确定：商铺的进深与门面高的最佳比例为 2∶1，本方案取进深 9 m，门面宽 4.5 m，高度 5 m，不仅利于投资经营，而且有利于整体规划及日后经营管理。

3. 流畅的人流消费习惯

以街巷空间为特征，按中国消费习惯从左至右的全场回环原则，商场的平面规划设计宜采取纵向规划蜗牛式步步引诱的方式。

4. 综合的商业辅助功能

强调目标购物向主题购物转变，商业活动借助文化、休闲、娱乐、健康运动等辅助元素。

5. 适度的购物规模

控制步行路径长度和商业活动停留时间，避免规模过大出现的空壳现象。

5.1.3 完成的目标

1. 多文化主题区的确立

对城市广场现有的公共设施进行整合、提升，改建、扩建多个具有群众参与性的文化主题区、多媒体中心、艺术实验区、文化体验区、艺术展示区。

2. 行为与视线的有效联系

在原有南北向视觉轴线的基础上，增加东西方向的活动路径并在有效步行时间内（15 分钟）保持路径的连续性和趣味性。

3. 特色事件的引入

在单一行为主线的市政广场功能中引入有特色、有新意的事件，并可以根据游客反应调整事件组织方式，从而保证城市活力的长期性和有效性。

5.2 模型的制作

5.2.1 掌握现有资源

根据上述规划条件及设计者本身的构思，作出以下的方案手绘。

西广场平面图

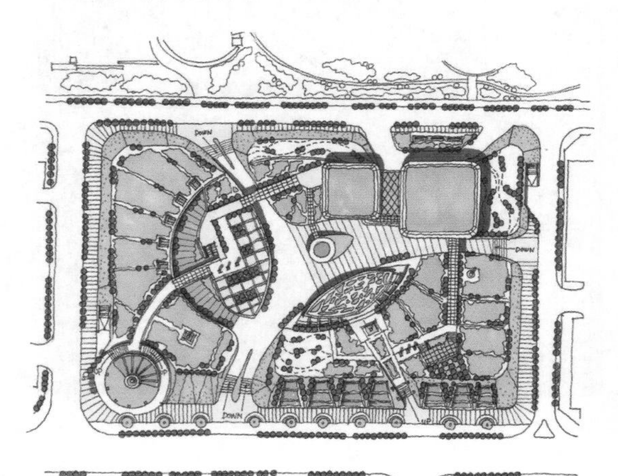

西广场鸟瞰图

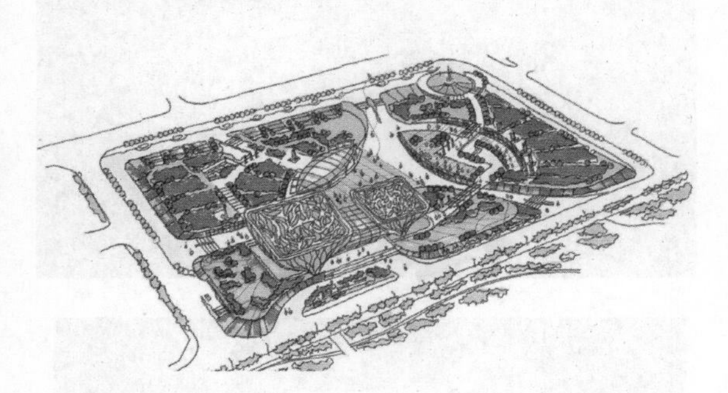

东广场平面图

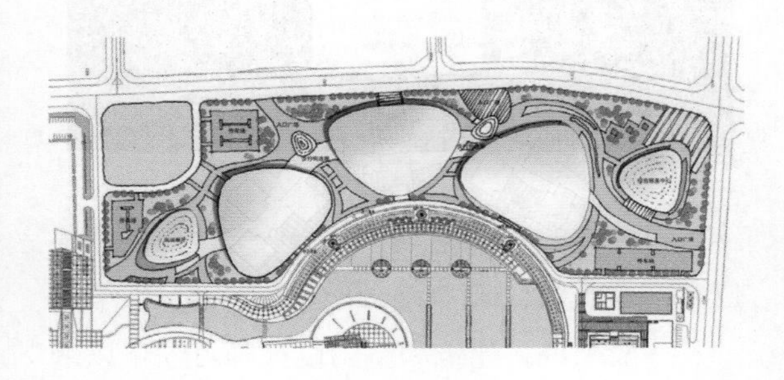

东广场一层平面图

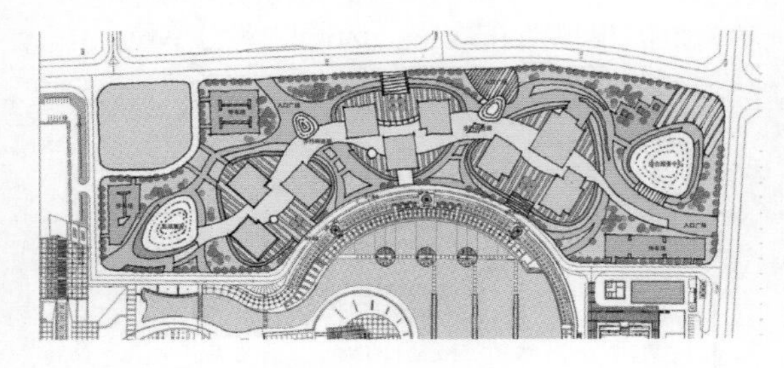

东广场鸟瞰图

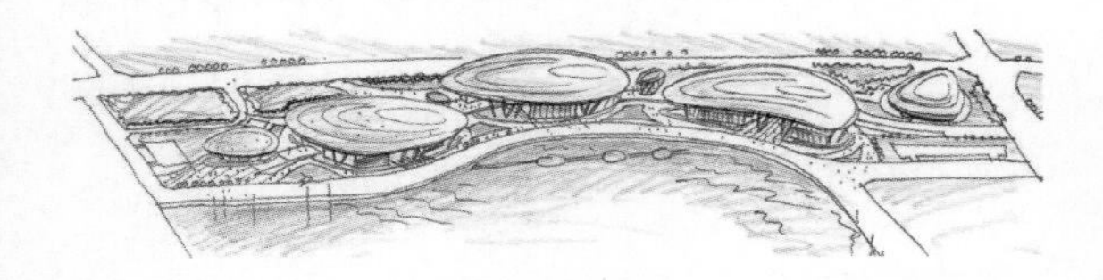

东广场局部透视图

5.2.2 制作现状已有建筑

合理有效地利用网络资源，建造地块周边的现状框架。

在这里推荐各读者使用 www.city8.com 这个网站。在此网站可以轻松地找到多角度的现状建筑照片，使建模更直观，更便捷。

根据原始的平面图，有以下几个已有的建筑需要建模，依次为科技馆、大剧院、青少年活动中心、图书馆、群众艺术馆。建模的依据是 http://dg.city8.com 网站和已有的彩色平面图。整个建模的过程需要想象力。

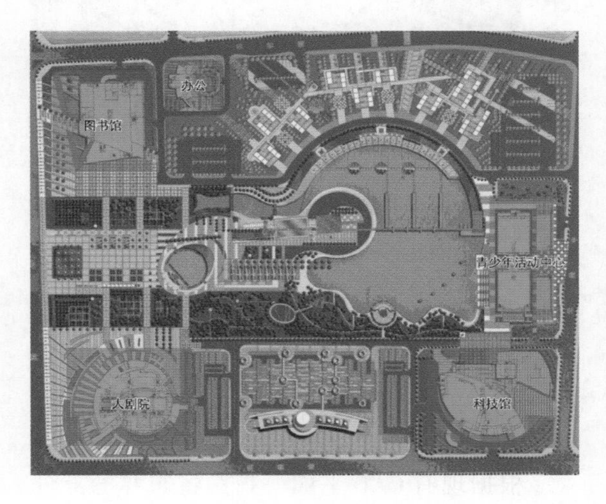

1. 科技馆模型制作

以下是网站上寻找到科技馆的现状照片。

以下最终的效果，不求极细，只需烘托重点的地方。

根据现有CAD平面，我们将需要的部分用Pline线勾勒出来，并将其写块。

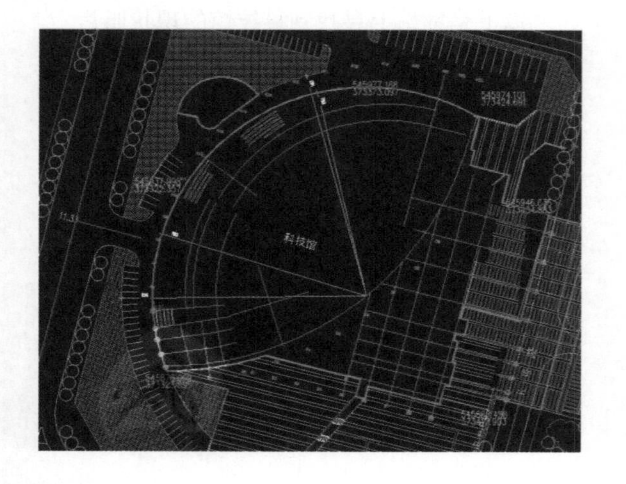

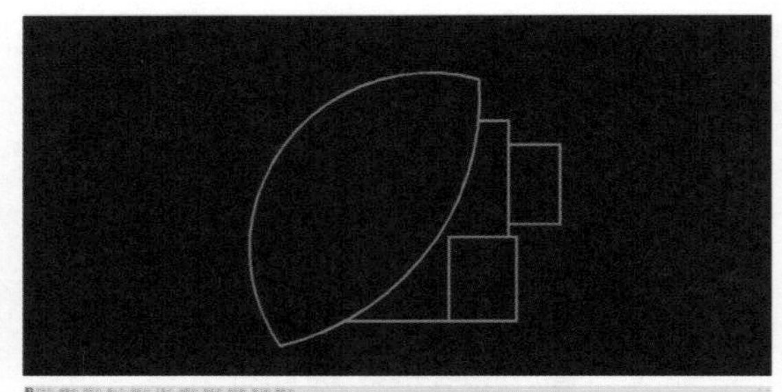

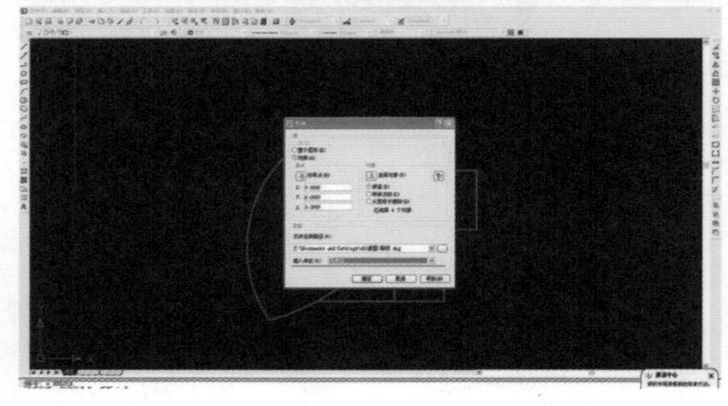

将导出的CAD文件导入SU中，这里的单位设置必须和CAD中绘图的单位一致。

一般来说，建筑和室内设计师习惯于以毫米为绘图单位，规划和景观设计师则习惯于以米为绘图单位。在这里，选择以米为单位。

导入后我们用SU的常规插件Suapp中的缝面按钮将导入的CAD进行面的缝合。

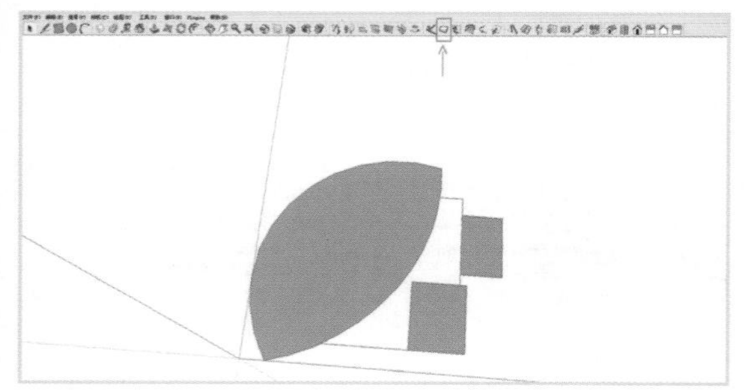

我们看到，在 CAD 中直线与弧线明明是相交的，是一个闭合的区域，为什么到了 SU 中则缝合不了面呢。

这里只能归咎于软件间的交接不和谐，补救的方法也很简单，使用移动键将直线拽于曲线上，使其相交。

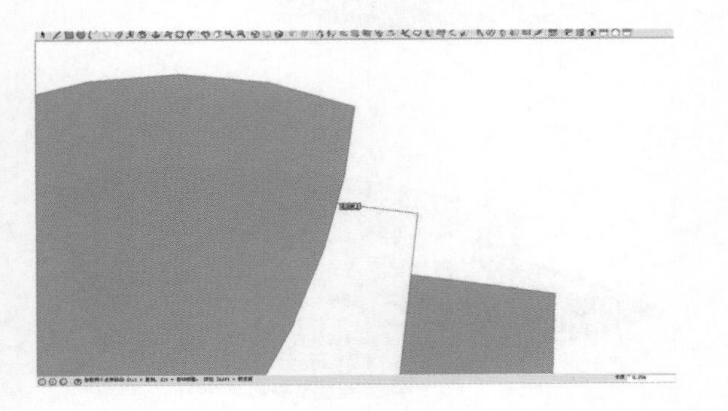

在用缝合按钮将其闭合，基地就完成了。

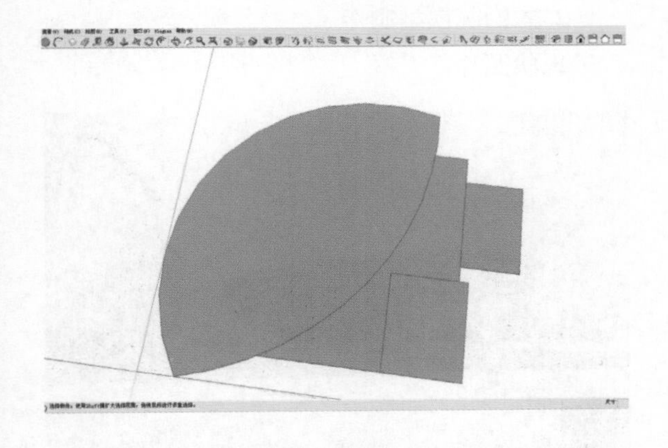

接下来根据网站上的现状图片，推敲、猜测出相对的体量。

先拉升体量，观察形体间的关系，然后逐一细化。

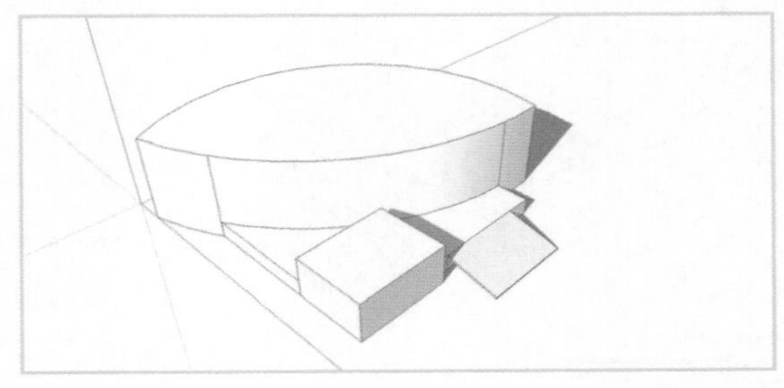

使用直线工具与推拉工具在建筑顶部作出镂空的造型。

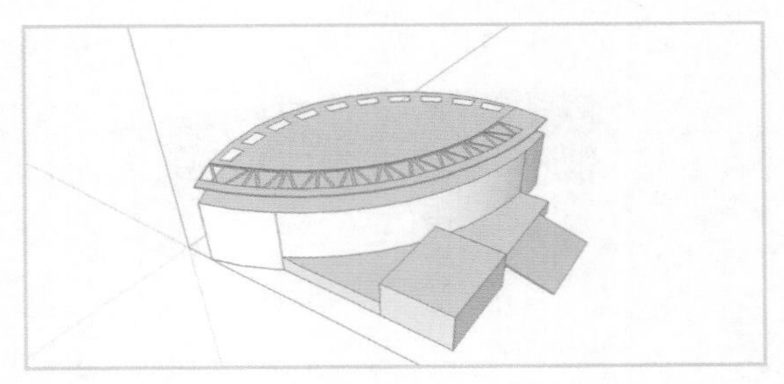

体块的幕墙部分运用竖向分割与横向划分。

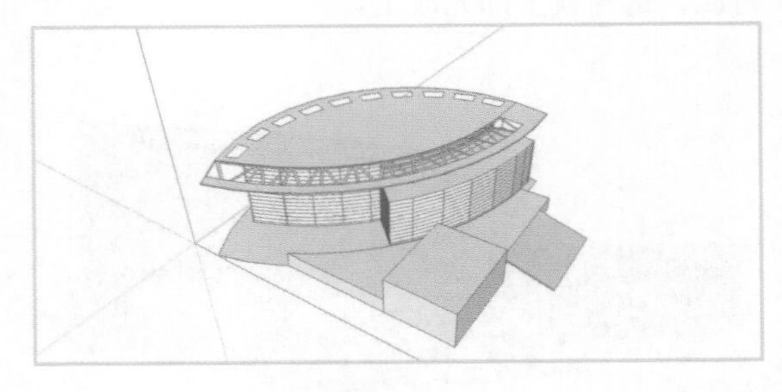

增加部分细节。

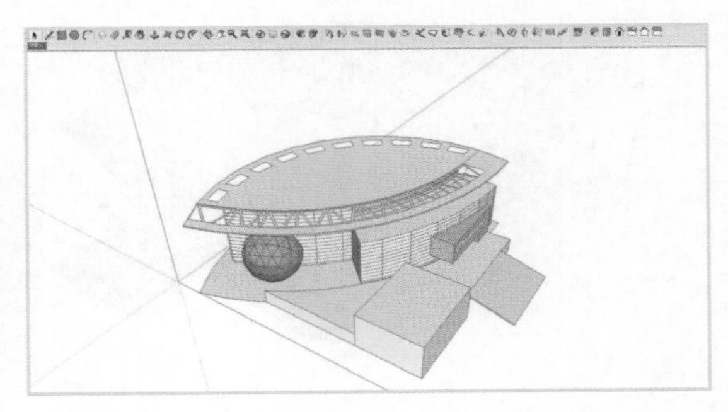

细化底座与其他体量。

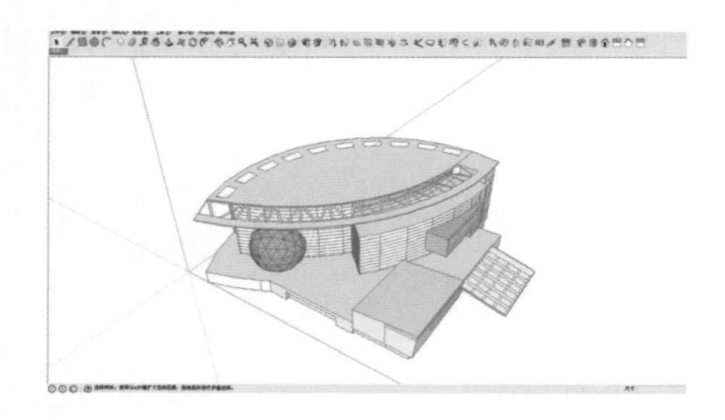

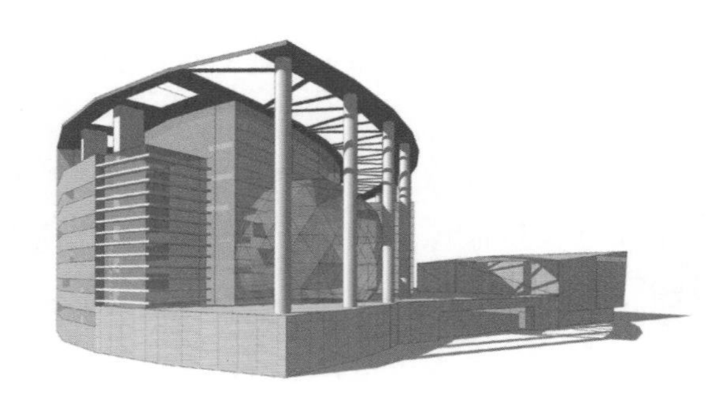

在建筑背面进行刻画。

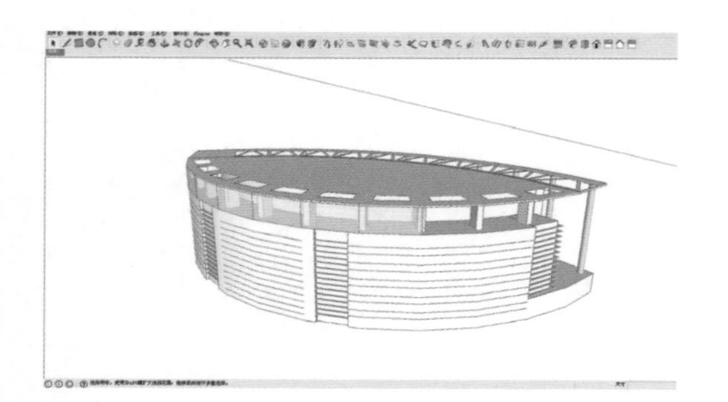

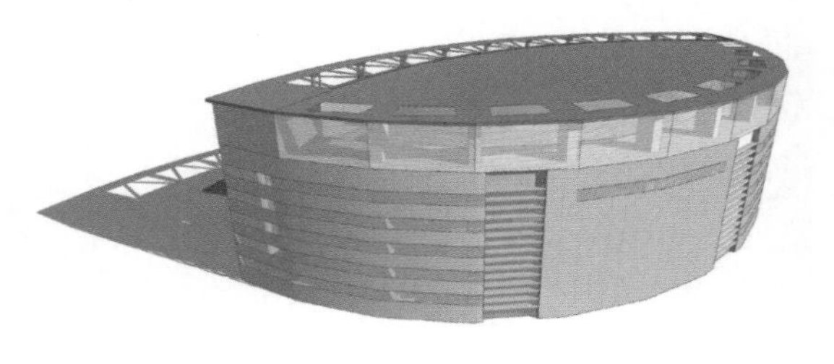

最后用油漆桶工具将细化好的科技馆添上材质，这样就全部完成了。

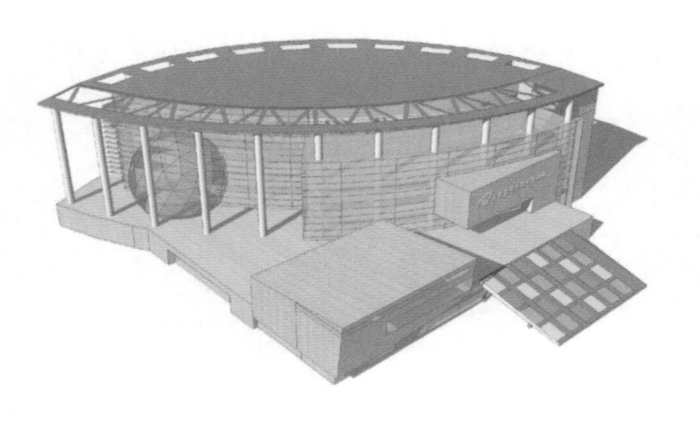

2. 大剧院模型制作

现状照片

完成的效果

根据现有 CAD 平面，我们将需要的部分用 Pline 线勾勒出来。

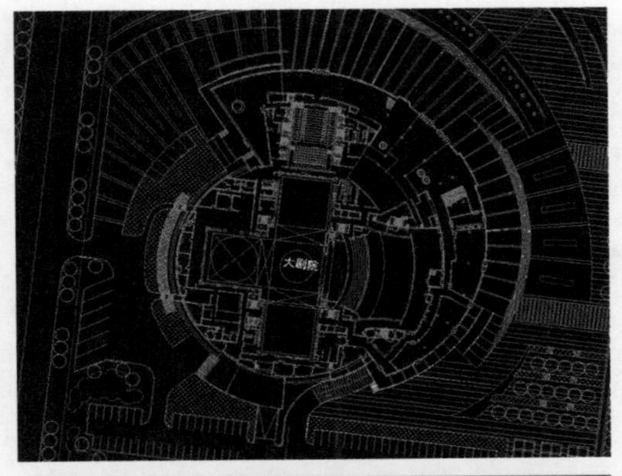

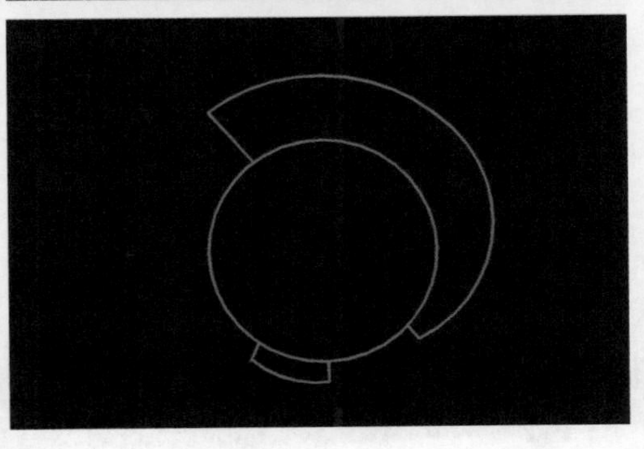

导入 SU 中并进行封面操作

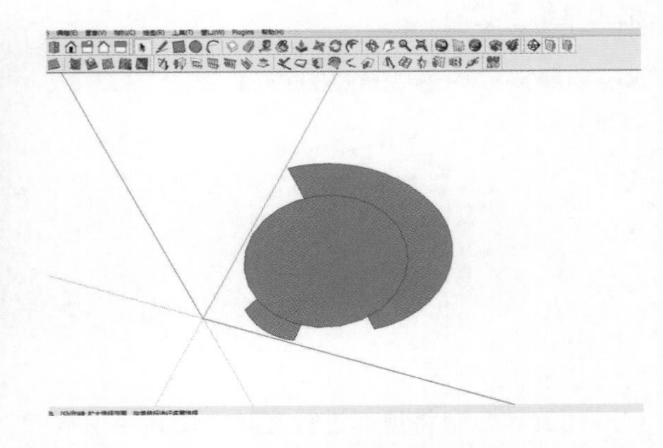

将所区分出来的 3 个面分别建组，这样便于后面的建模与操作。

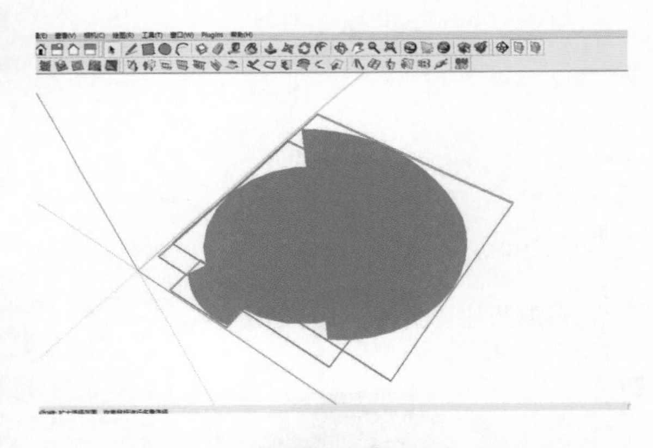

以各角度的现状照片为依据，将 3 个组中的面用推拉工具拉升到相对的高度。这里将最高点设置为 40 m，旁边圆弧的高度设置为 30 m。

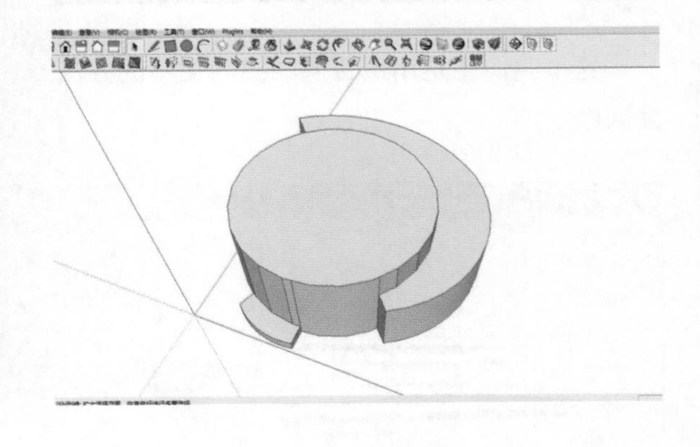

用缩放命令，将体块顶部缩小，并用油漆桶工具给予材质。

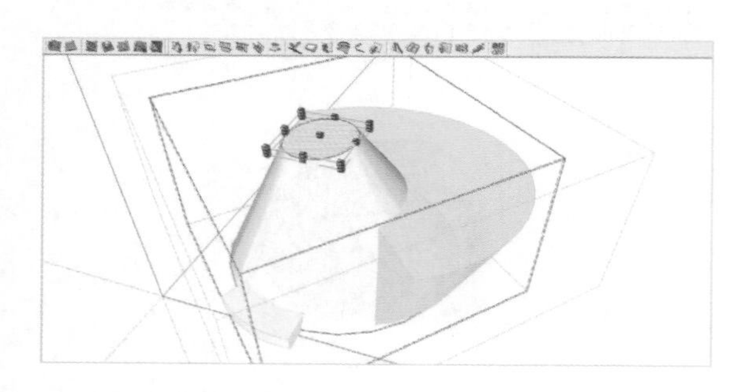

用旋转命令将顶部进行旋转，使其与现状建筑更为相像。

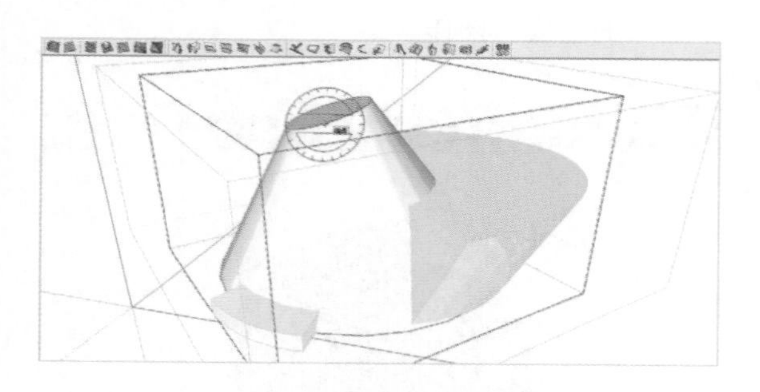

根据照片，主体上开了条形窗。

这里我们还是用最普遍的模型交错的方法来制作。

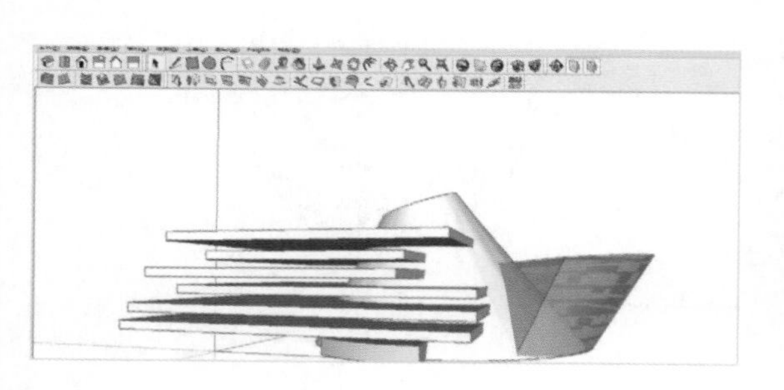

给予玻璃材质。

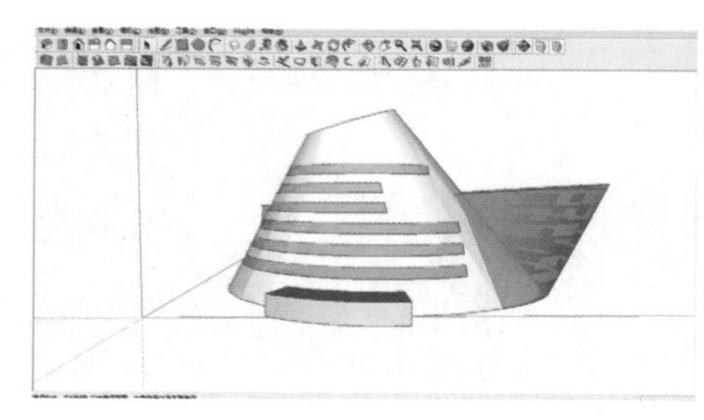

根据照片，对玻璃体的体块进行再一次的模型交错。

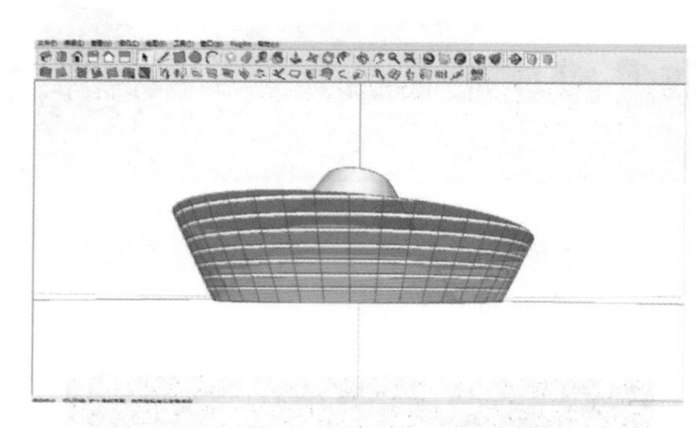

制作完成，对比一下像不像。

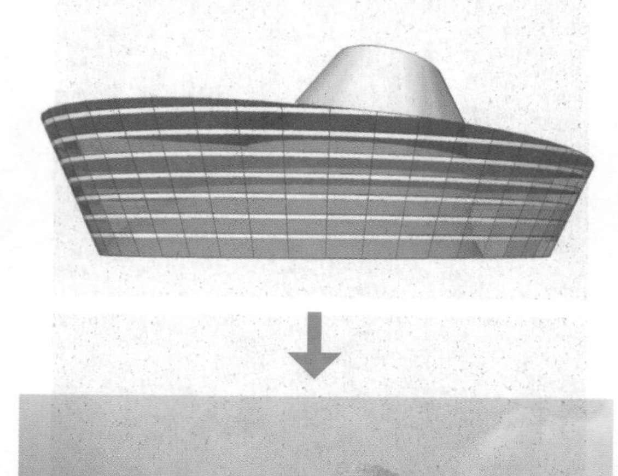

3. 青少年活动中心模型制作

现状

制作完成后的效果

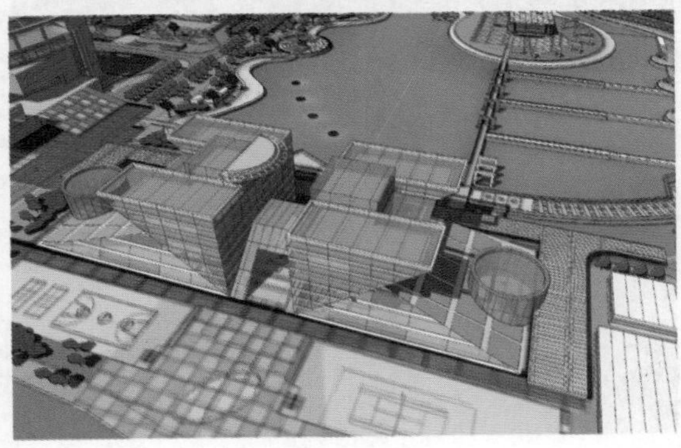

这个形态相对来说比较简单，是个对称的图形。先绘制一个 78 m × 54 m 的长方体。

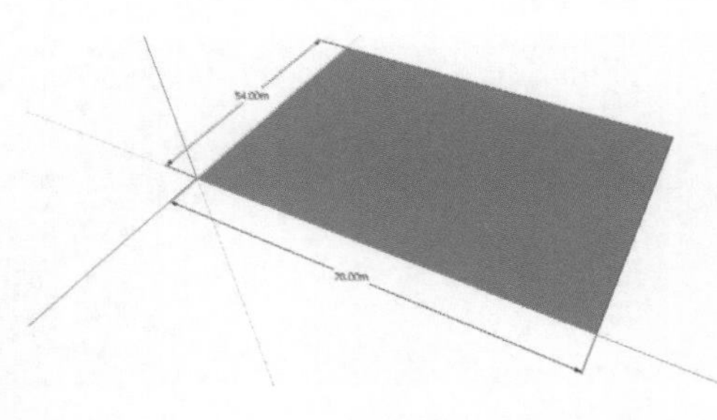

在 20 m 处绘制一根线，将长方体划为两个面。

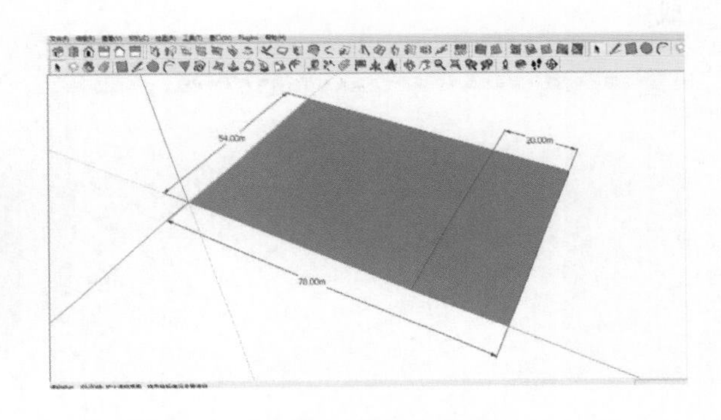

用移动命令将该线段向上移动 16 m。

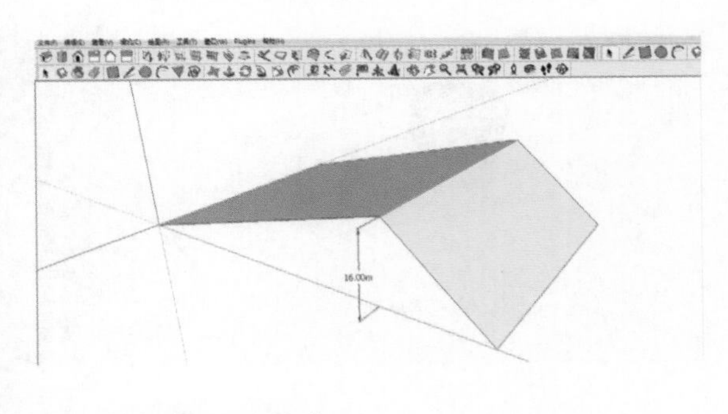

将两侧的面缝合。

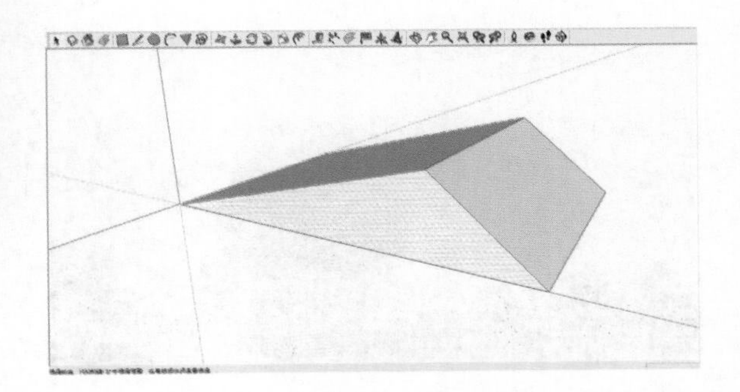

用移动命令将图示中的两个端点，分别向内侧移动 9 m。

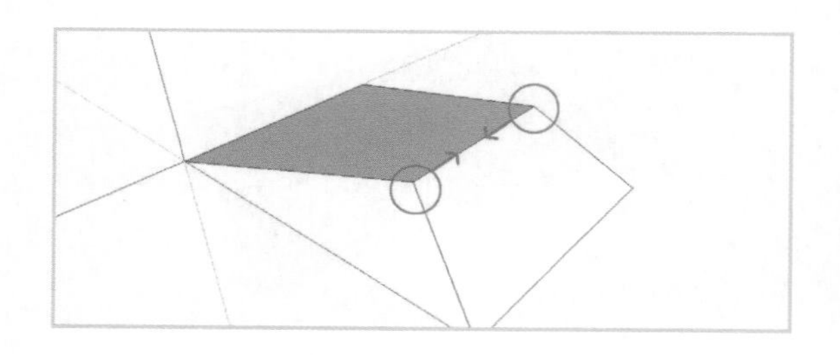

在制作出的多边形的左侧添加一个半径为 12 m、高度为 12 m 的圆柱体。并将多边形编辑成组。

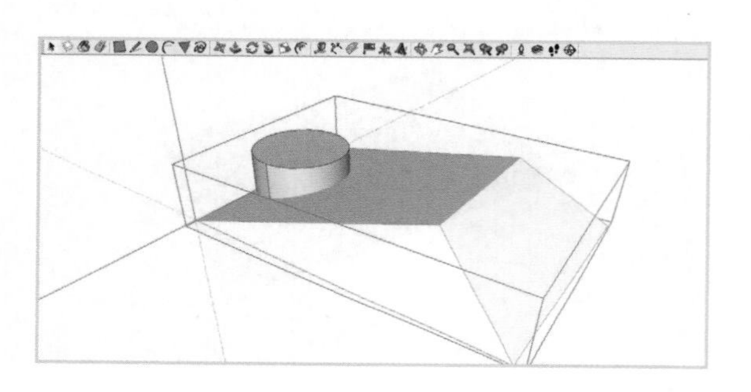

将圆柱体细节化并给予透明蓝色的材质。

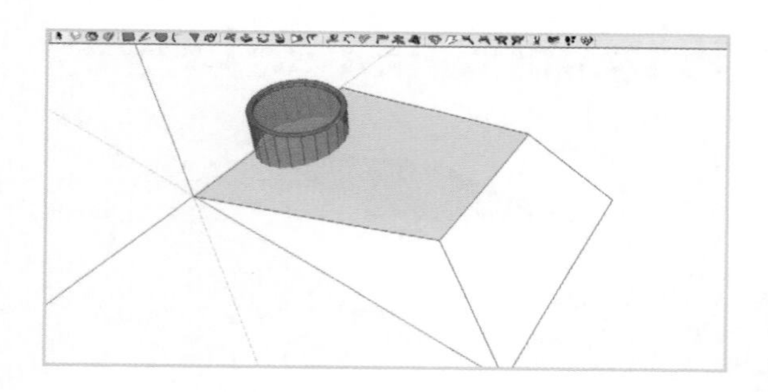

观察、揣测现状照片。

使用模型交错的方法增加调节，并用油漆桶工具对分割出来的面进行材质的区分。

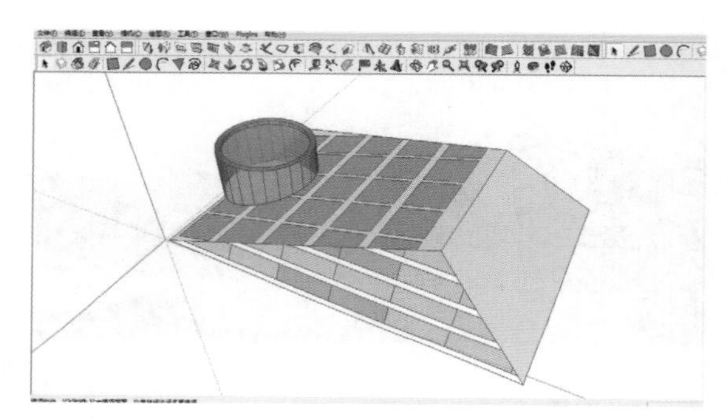

这里，读者完全可以以自己的理解方式去审视这个模型的制作，毕竟只是周边建筑，做到相似的地步即可，不宜深究。

暂时放下刚刚完成的模型，下面来制作建筑的上半部分。

绘制一个 40 m×54 m 的长方体。

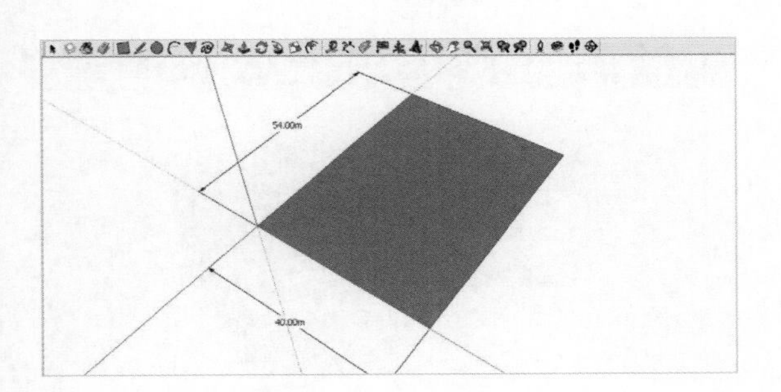

用推拉工具将该长方体推拉至 16 m。

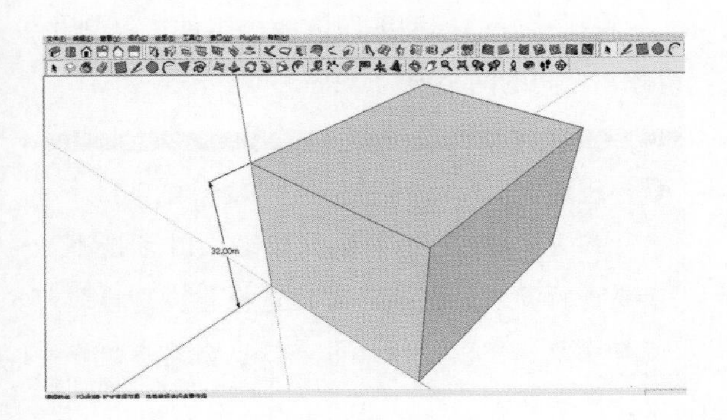

用直线工具将侧面一划为二。

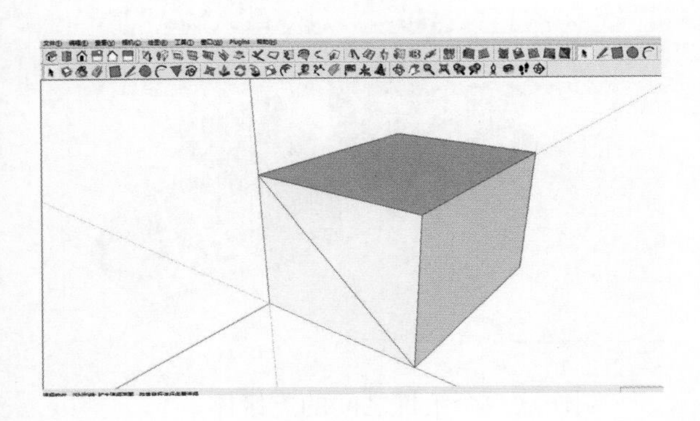

将下部分的面推掉。

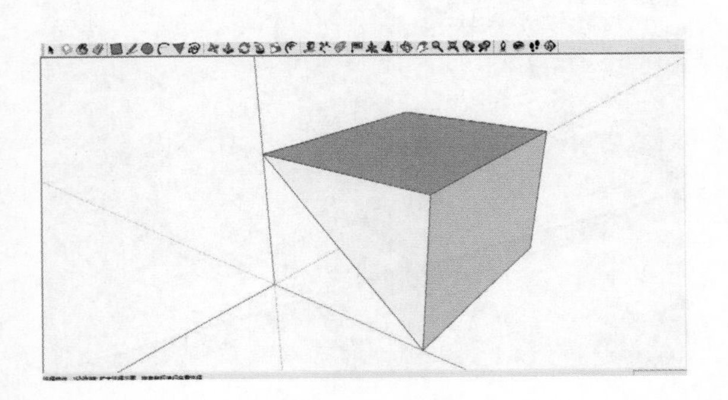

在该体块的上方中间位置画出一个 18 m×20 m 的长方体。

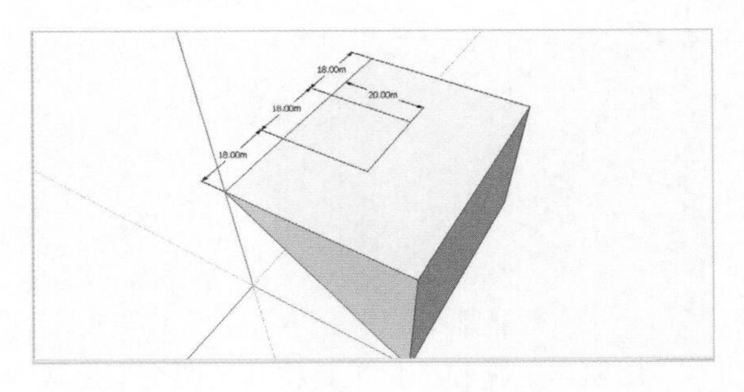

用推拉工具将该长方体向下推拉一层，也就是 4 m。

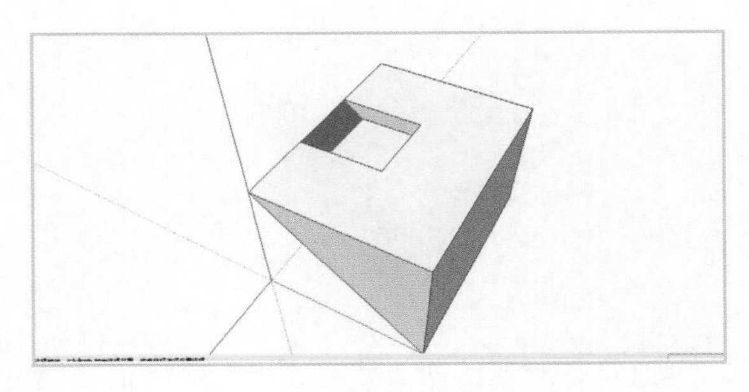

进行模型交错得到以下的体块。

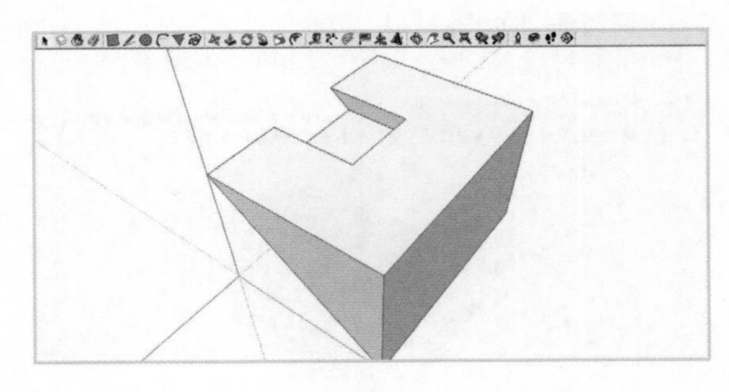

如图所示进行切割。

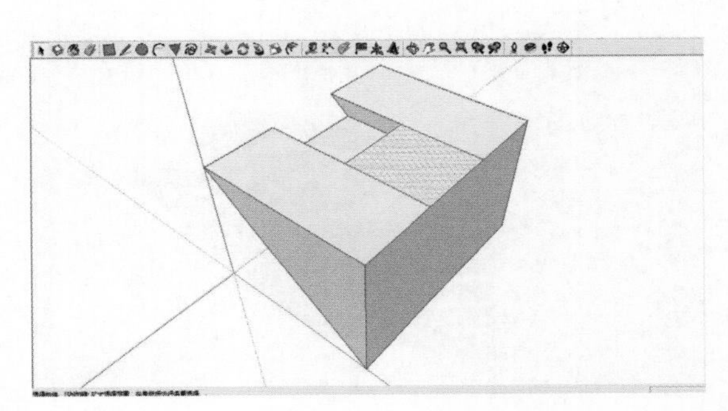

用推拉工具将该面向上提升 4 m。

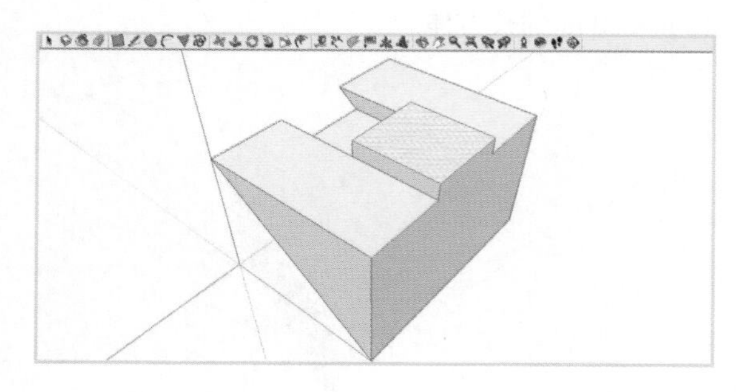

用偏移工具和推拉工具将其余两个面做成类似女儿墙的造型。

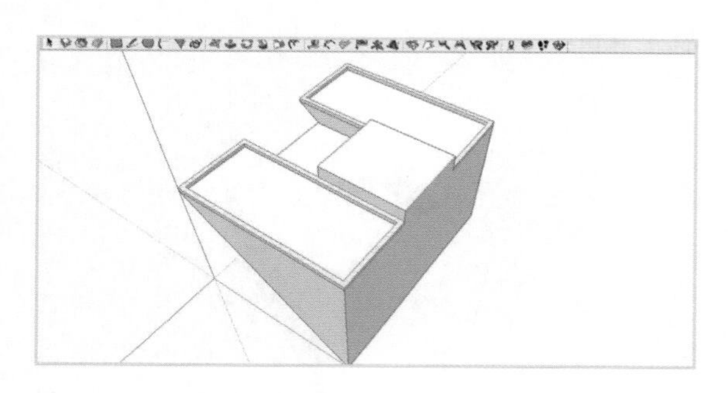

这样，对形的塑造就完成了。然后根据现状照片，用模型交错方法将刚刚完成的体量进行分割与添加材质。

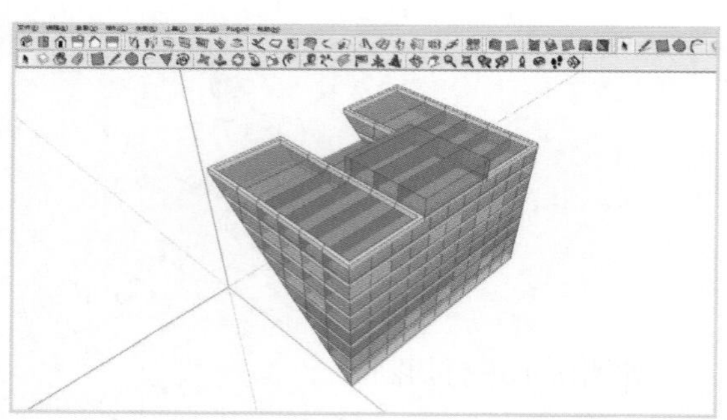

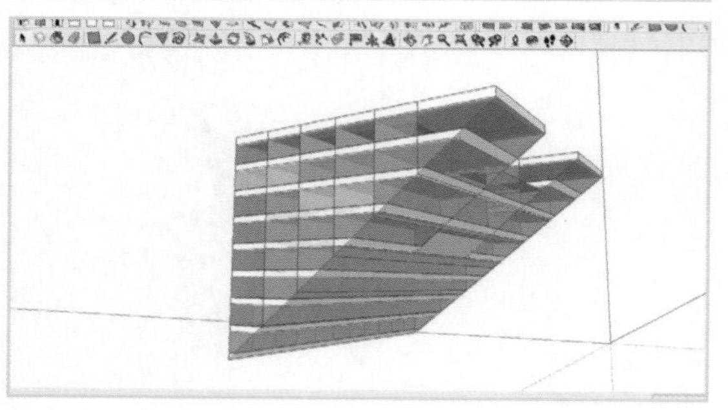

将之前做的体量与这个体量拼接在一起。

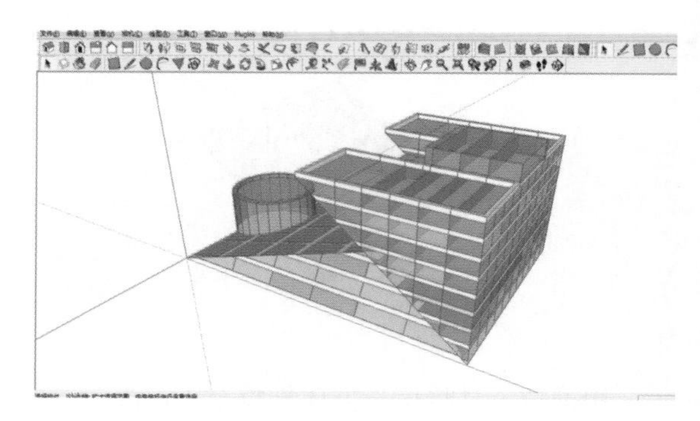

将拼接好的模型编织成一个组件，复制并镜像，之间的间距值为 22 m。

注意：

注意这里是组件而不是组，因为接下来要进行复制，并且进行镜像操作。这样即使有修改，修改一侧，另一侧也会同步被修改，事半功倍。

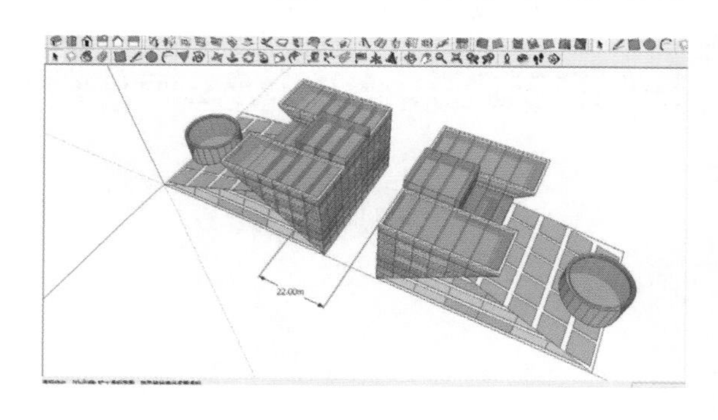

制作这两个组件之间的连接体。

绘制一个高 16 m 的长方体。

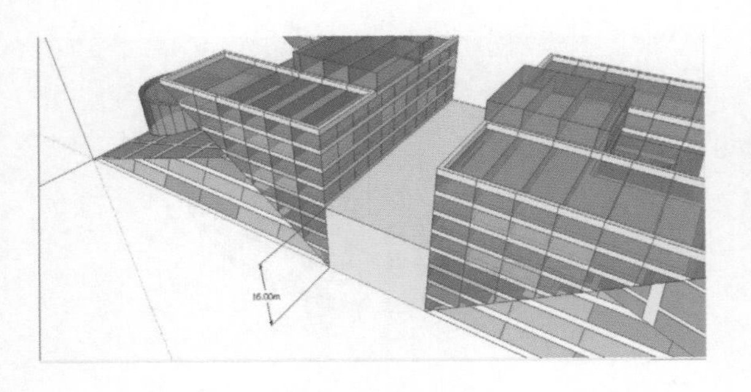

选择上方的面，按住 Ctrl 键用缩放工具将面以中心为缩放点向内缩放约 0.33 倍。

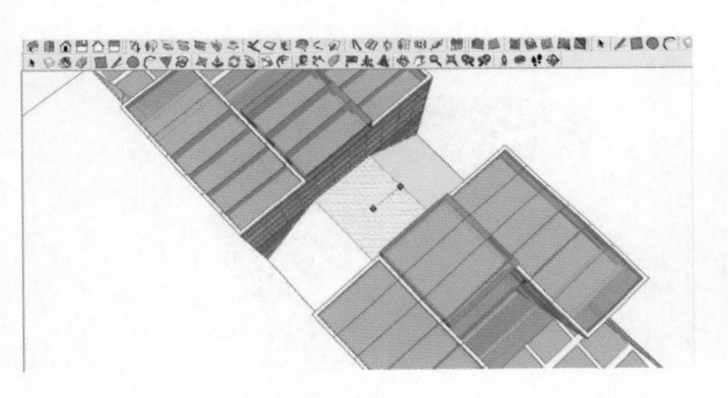

画一个截面为 12 m × 12 m 的长方体块直穿连接体的体块。

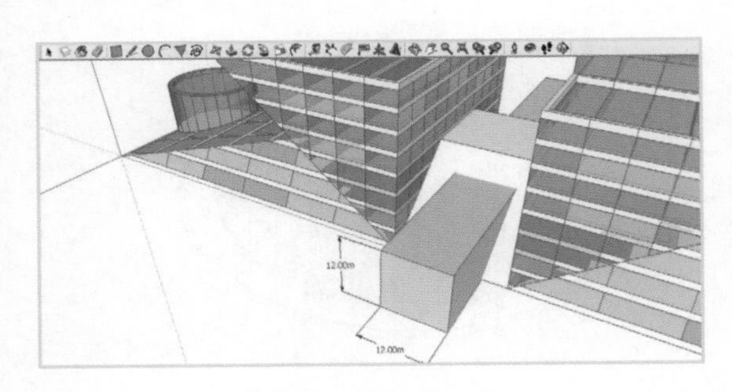

模型交错，并给予玻璃材质。

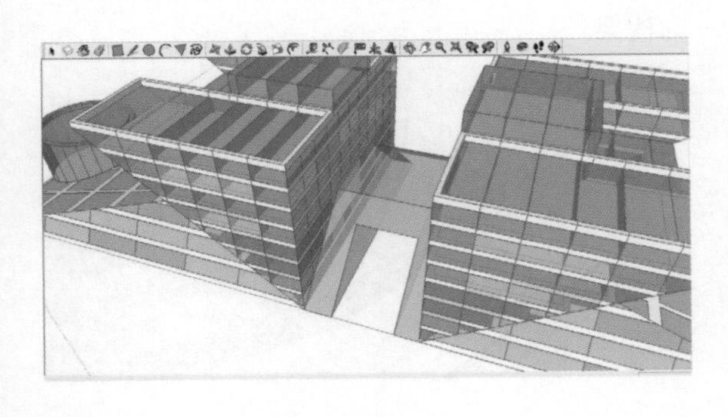

最后加上些线条作为细节。

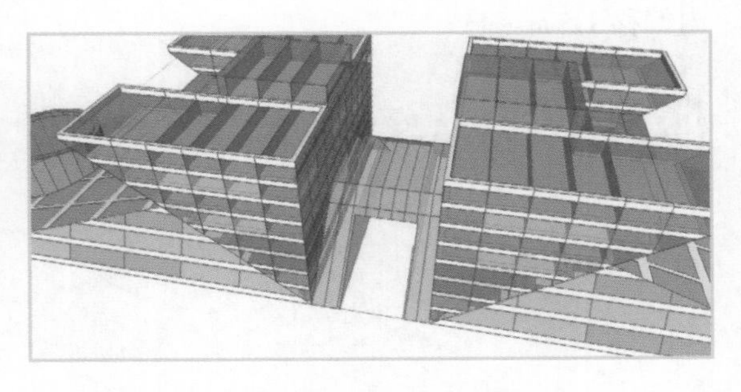

根据照片，可以看到在建筑物的顶端还有个黄色的装饰物。

构架的制作，仅仅是为了装饰，为了点缀整个建筑物。用圆形工具画出一个直径为 25 m 的圆。

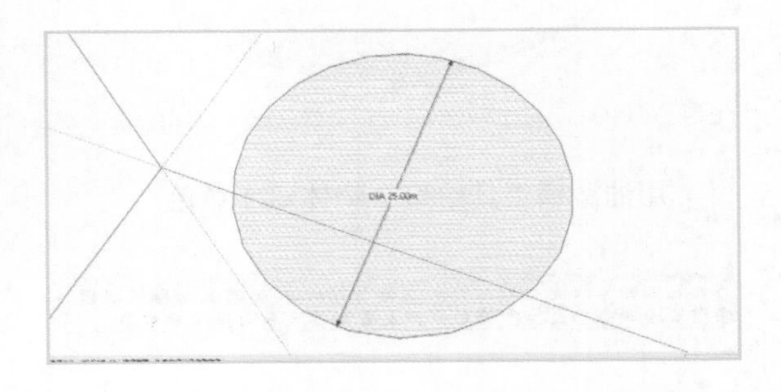

划去一半后形成半圆，并用推拉工具将该半圆向上推拉 1 m。

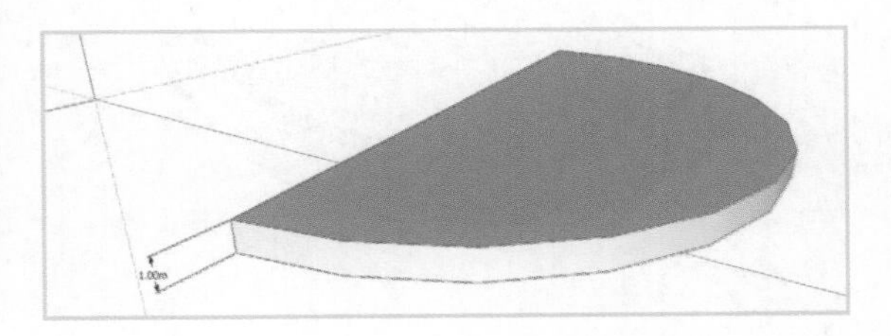

选择上方的面，用偏移工具将选择的面向内偏移 1.5 m。

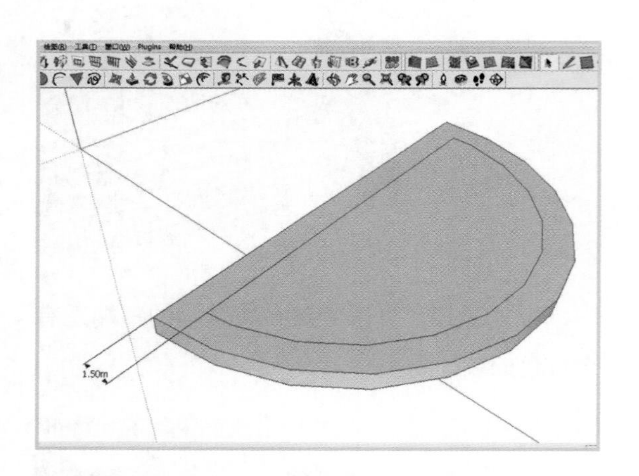

用推拉工具将偏移后形成的面，向上推拉 1 m。

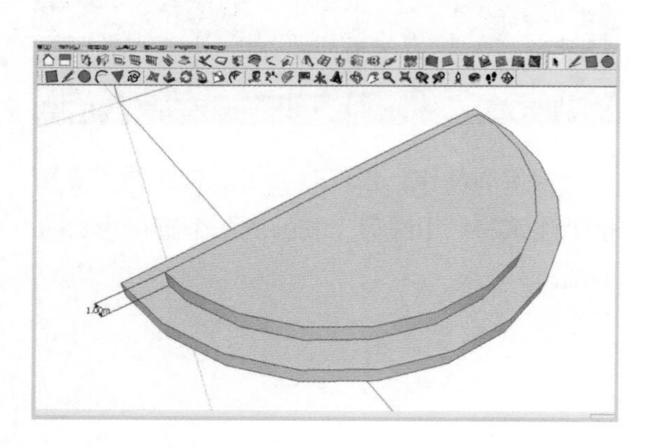

用油漆桶工具给整个物体赋予黄色。

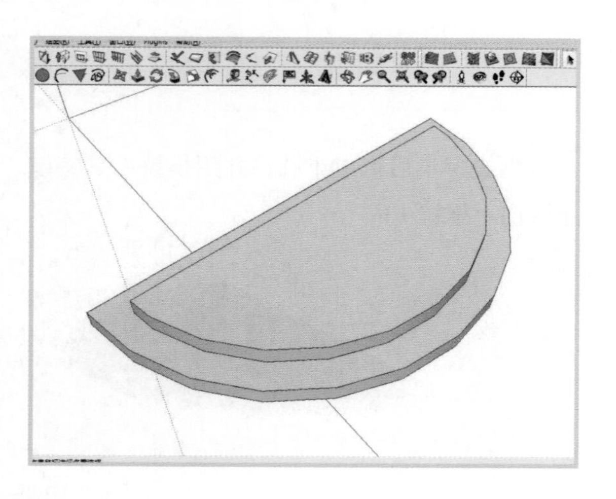

选择下图中的线，用偏移工具向外偏移 2 m。

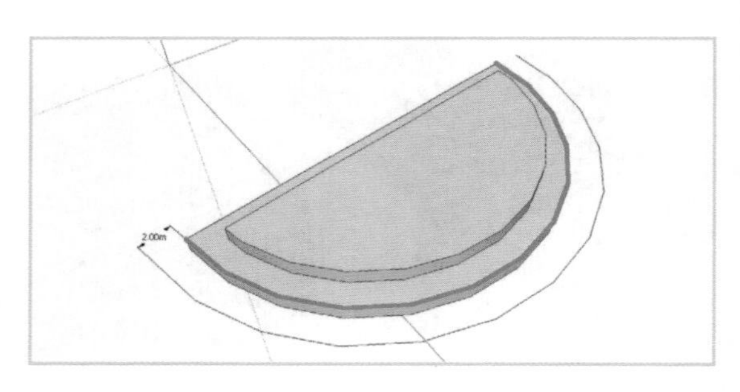

在刚偏移出来的弧线端头，画一个半径为 0.2 m 的小圆。

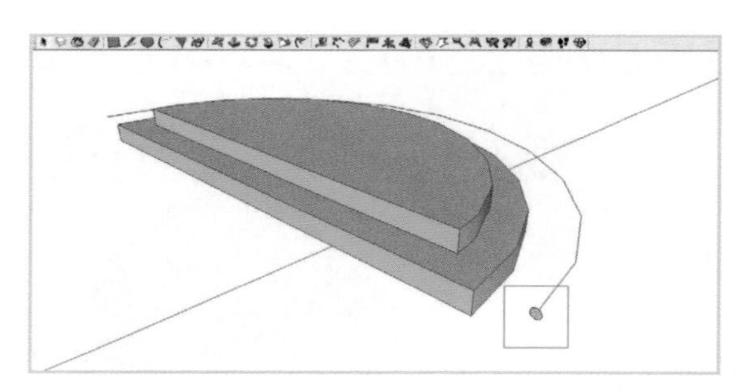

用放样工具，将该圆沿之前的圆弧放样成如图所示。

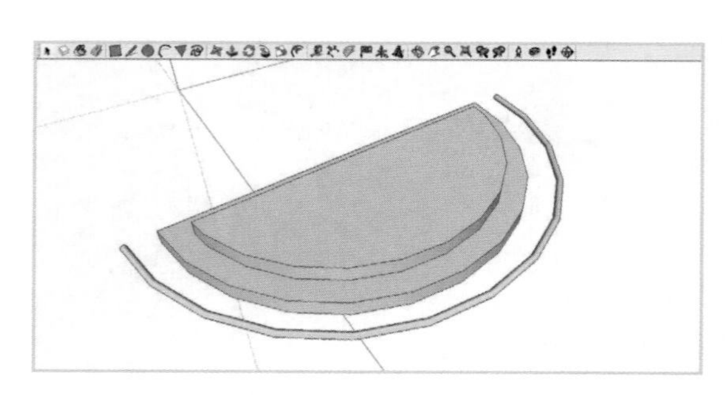

在两者间绘制一个宽 0.5 m 的长方形，作为构架。

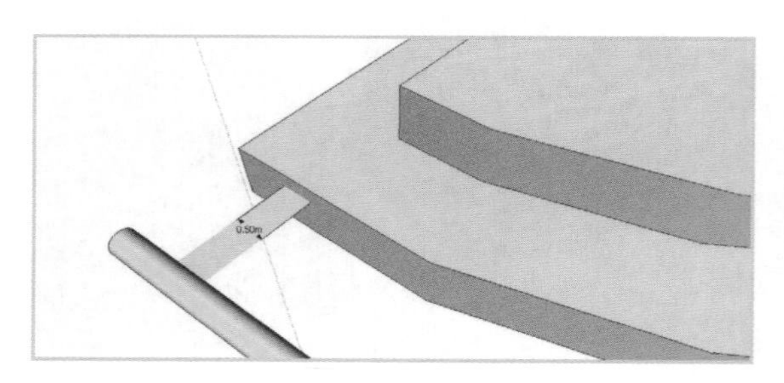

按住 Ctrl 键。用旋转工具将该长方形以半圆圆心为基准，角度定为 15 度，进行环形阵列。

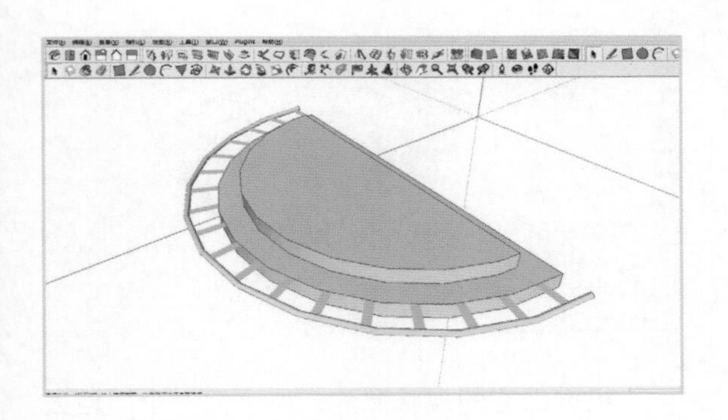

以同样的方式，制作上侧的构架。完成后，观察一下阴影效果，斑驳的效果不错，很有质感。

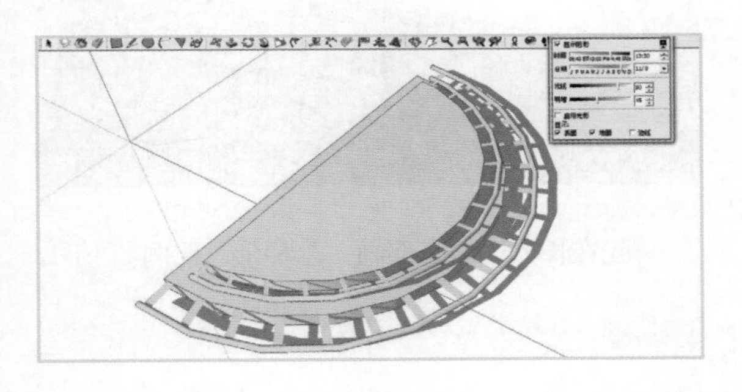

这样，青少年活动中心就完成了，导几张透视图出来看看。

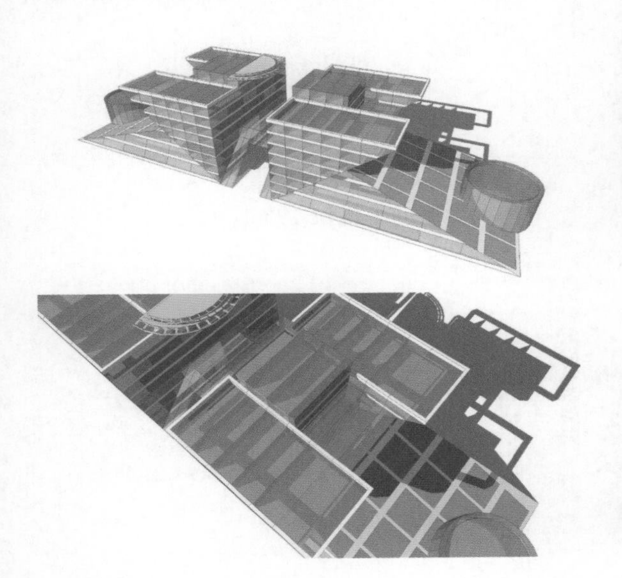

一般来说，黑白的图更有立体感，因为没有颜色的干扰，会显得很纯粹。而且黑与白的搭配非常有张力。

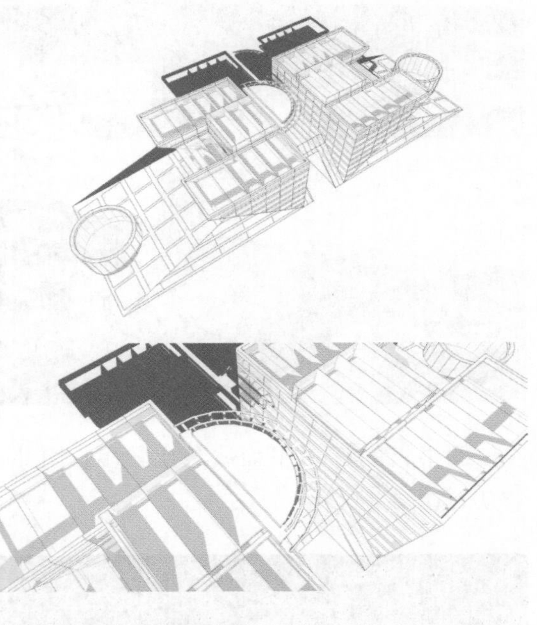

4. 图书馆模型制作

网站上的寻找到的图书馆现状照片都比较局部，需要结合已有的 CAD 平面进行揣测，从而制作出相对精准的模型。

这是最终的效果。

图书馆的 CAD 平面线条比较多，因此不宜从 CAD 入手。

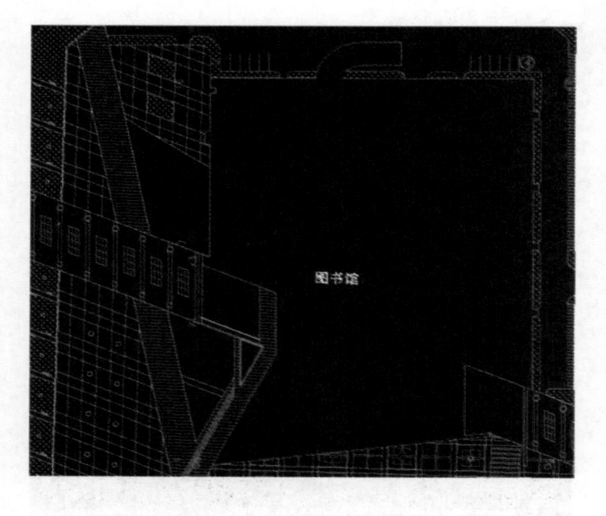

根据在 CAD 中的测量和推测，我们直接在 SU 中绘制一个长 125 m，宽 96 m 的长方形。

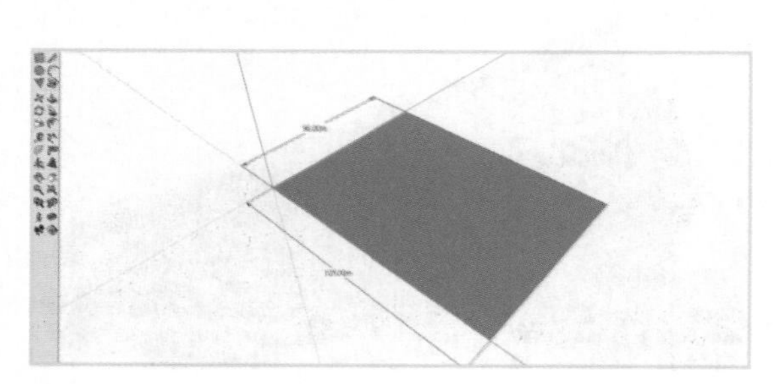

用推拉工具将其向上推拉 20 m。

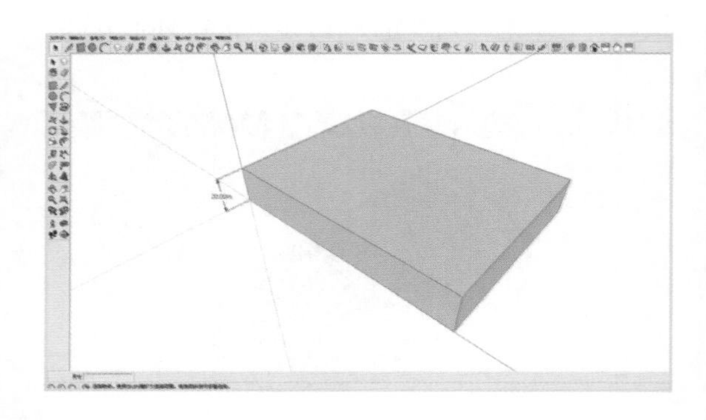

根据已有的现状照片，一个面一个面地去塑造图书馆的模型，先绘制北面。

先在长方体的底部画一个梯形，比例如下图。

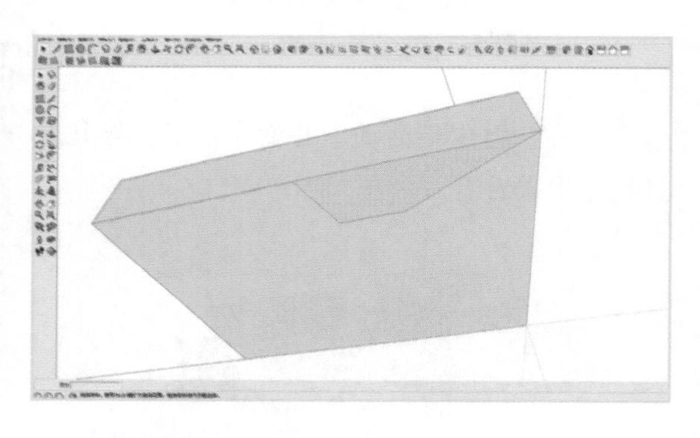

将梯形面向上推拉 19 m。

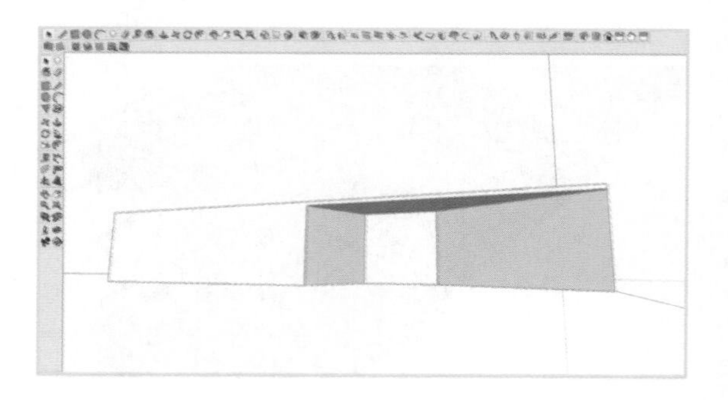

再画一个边长为 25 m×25 m，高为 5 m 的长方体。

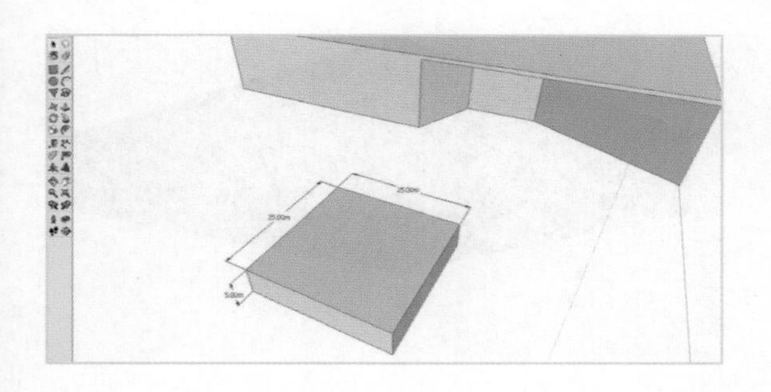

细化模型、做出层次、区分材质，并且将该长方体编辑成组。

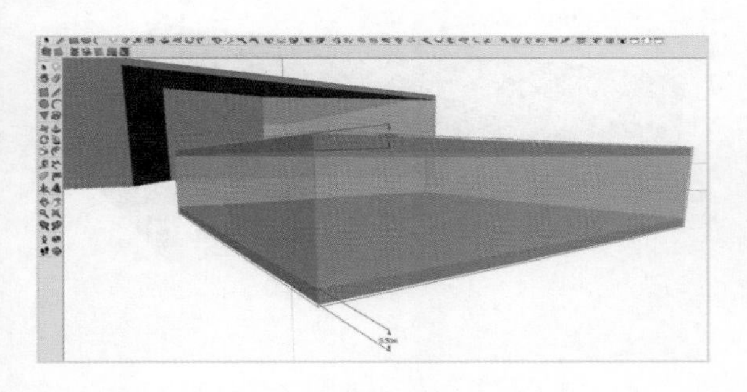

将长方体移动至如图所示的位置，离地高度为 12 m。

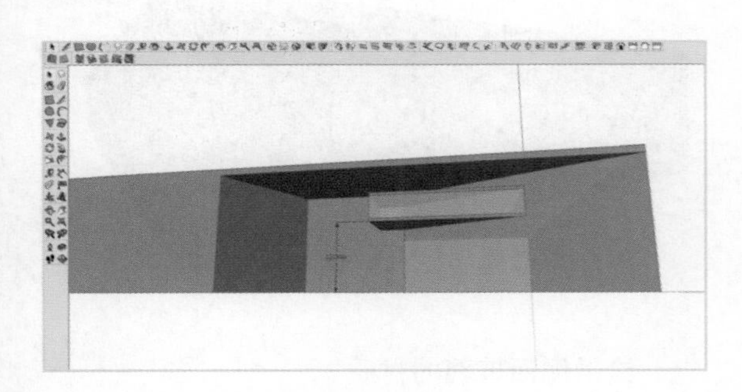

添加立柱和底座。

再添加些细节和分割，这样，这个立面就算完成了。

接着根据以下现状照片，来刻画模型的西面和南面。建筑的南面相对容易，只是一些体块与材质的划分而已，我们先制作南立面。

如图所示，在南立面的端部绘制出梯形。

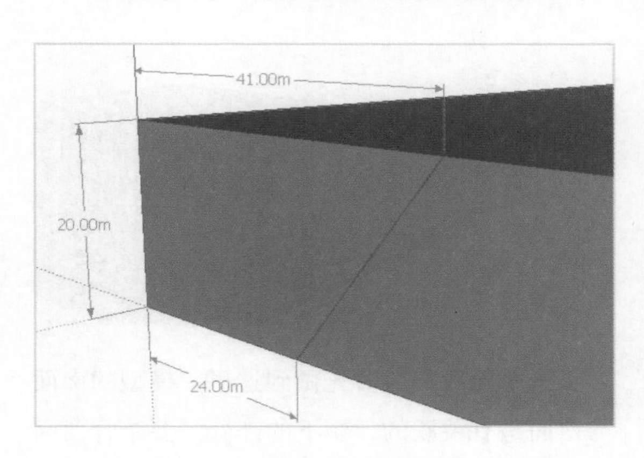

选择如下图两条边，用偏移工具向内偏移 1.5 m。

在离地高 4 m 处，横向画一条线作为分割。

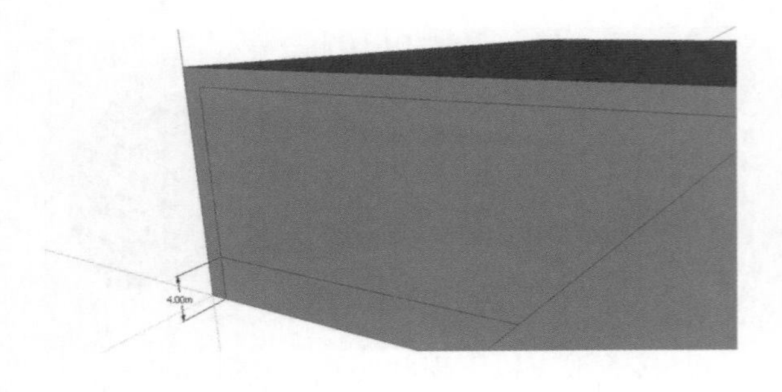

做一些横向分割。

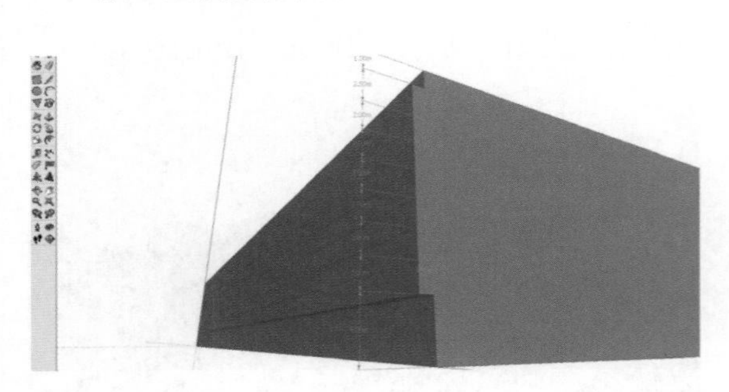

在此处绘制一个 10 m×10 m 的正方形，并且给予玻璃的透明材质。

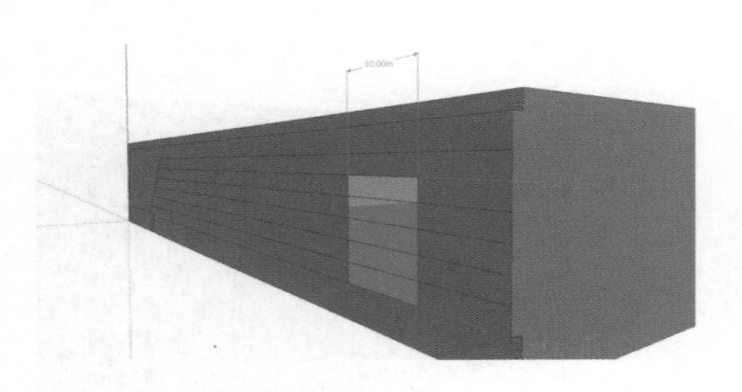

这个面我们暂时先做到这里，模型的南面与西面是有关联的，剩下的部分需要结合西面一起来做。

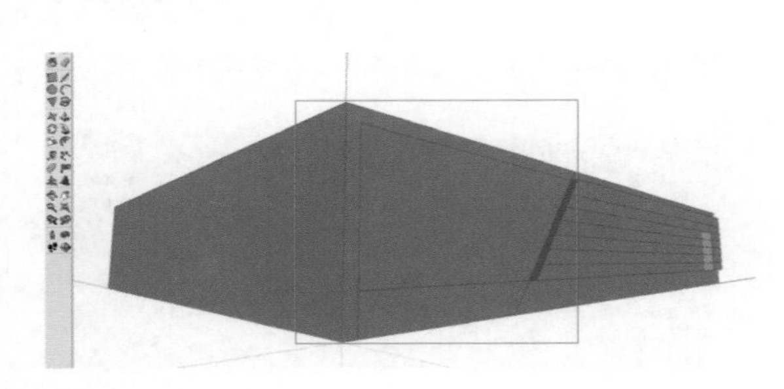

如图所示，我们将模型的西面按图中的尺寸进行分割。

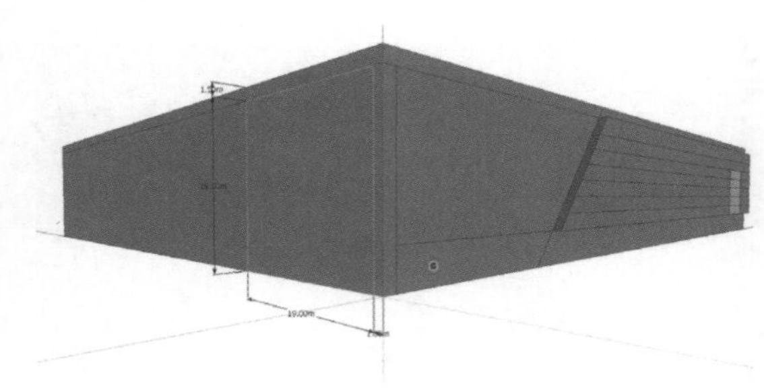

用推拉工具将划分出来的面，向内推 40 m。

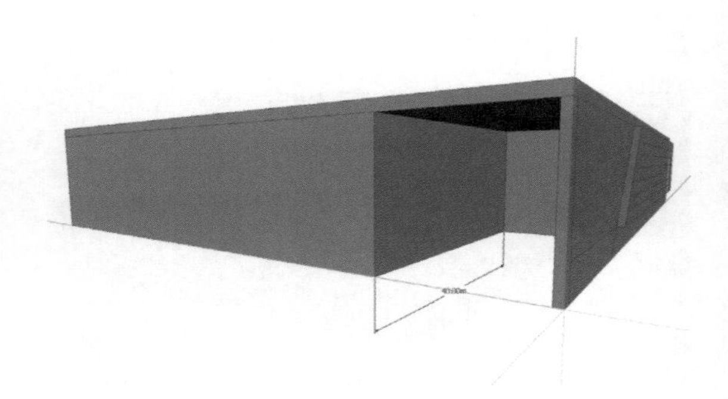

选择被推拉面的下边线，向外移动 15 m。

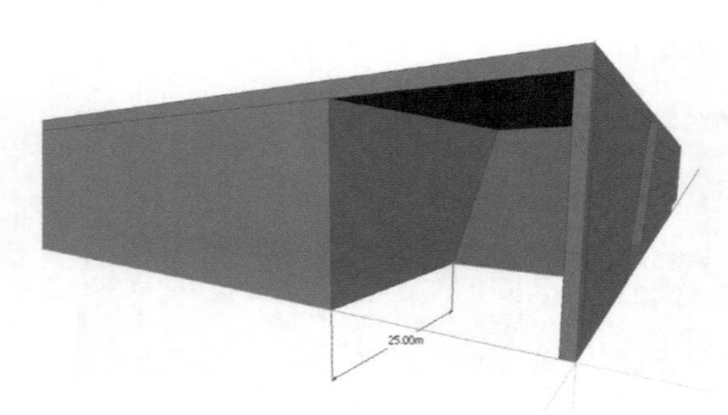

给予侧面玻璃的材质。

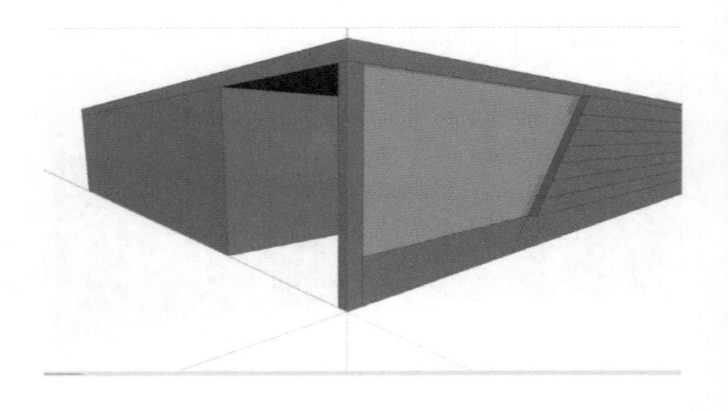

用推拉工具将底部推掉。

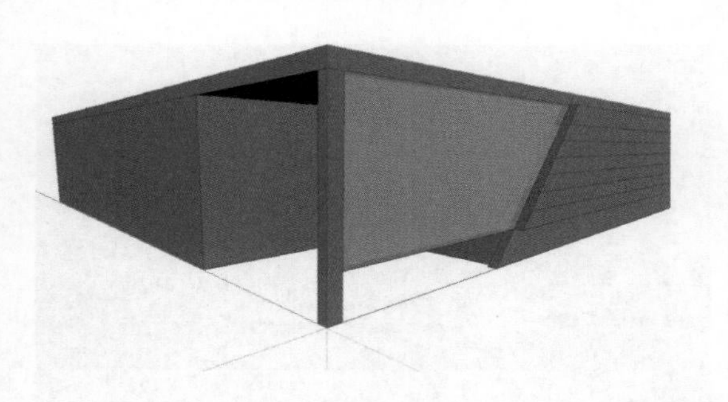

按 Ctrl+ 推拉工具将先前的玻璃面向内推 1 m，这样内外都通透了。

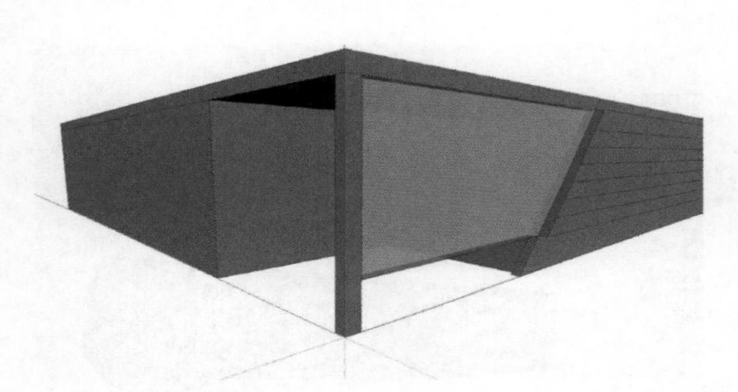

在模型边上绘制一个长 16 m 宽 11 m 的长方形，并且用偏移工具将四周向内偏移 1 m。

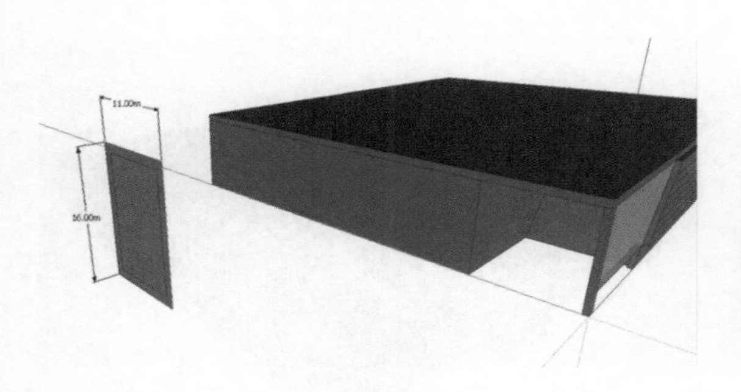

拉升 47 m 并给予材质。

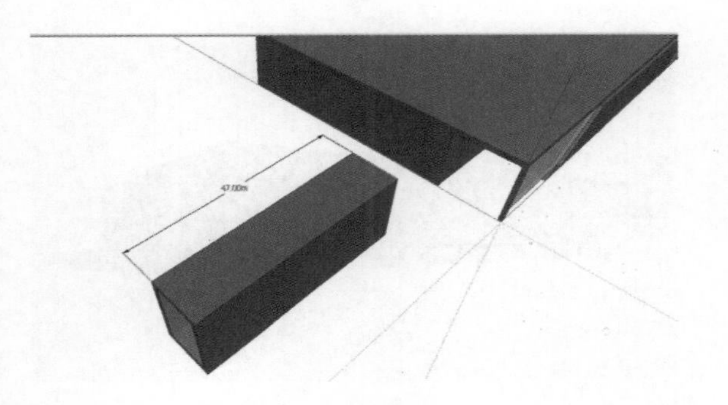

根据现状照片，将刚制作出的体块移动至相应位置。

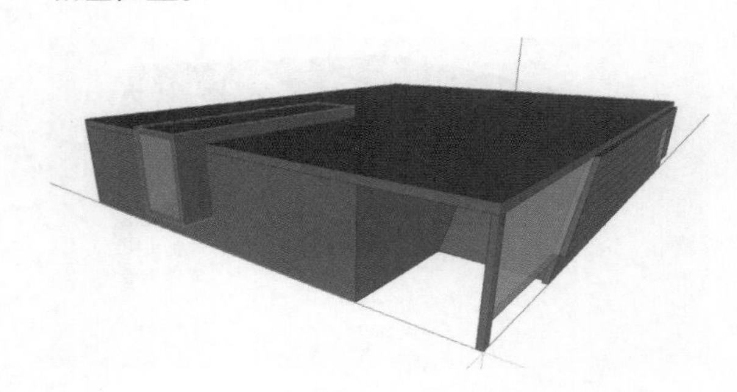

用同样的方法制作出一个宽 11 m 长 12 m 的长方体，两个体块的间距为 21 m。

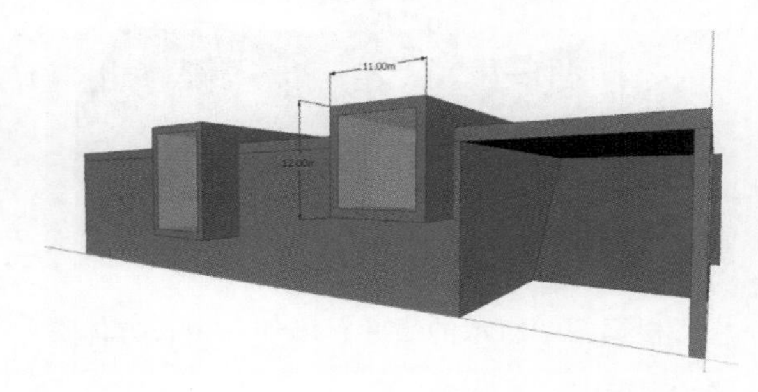

根据参考照片，我们看到西立面向内倾斜。

将下图面成组。

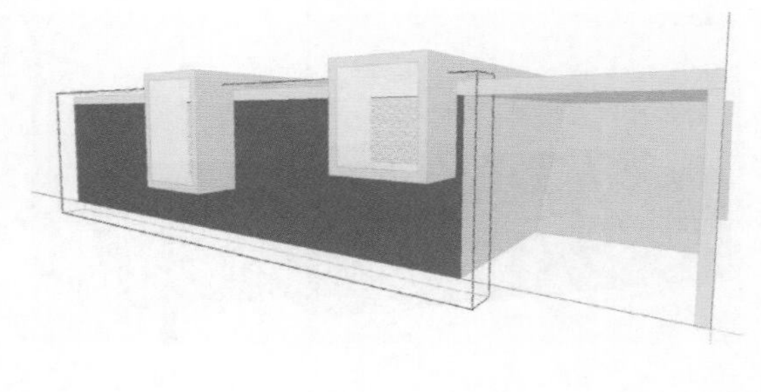

以左下角为基点，向内旋转 5° 。

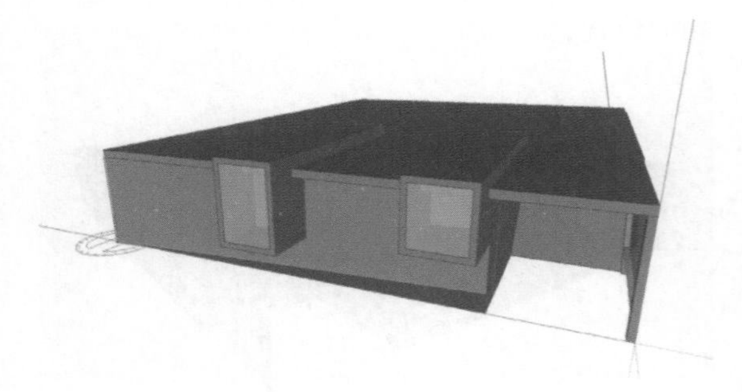

将交接处修正。

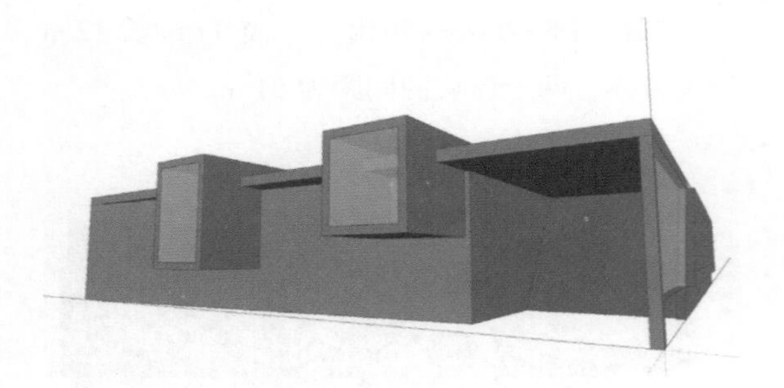

根据图中所示的尺寸，增加一个长方体贯穿于模型内。

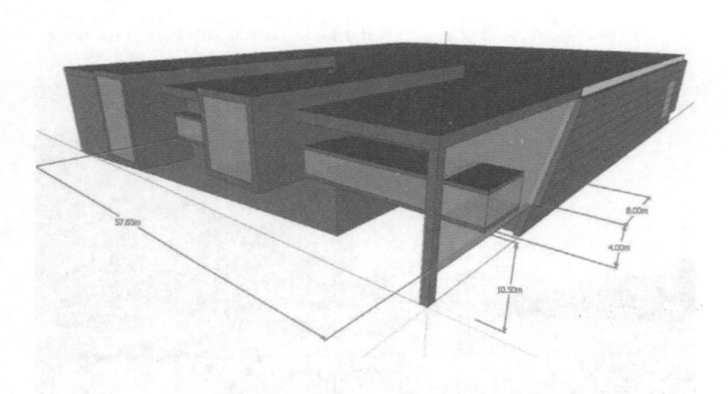

添加一些细节与线条，这样西、南两个面就完成了。

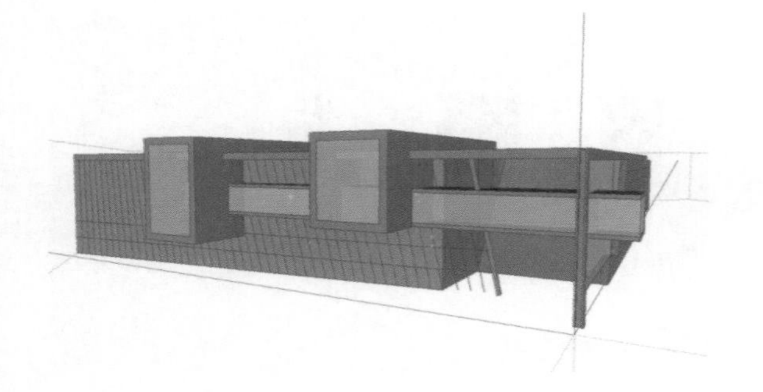

再看看东面的现状图。

相对来说比较简单，只是体块与材质的分割而已。

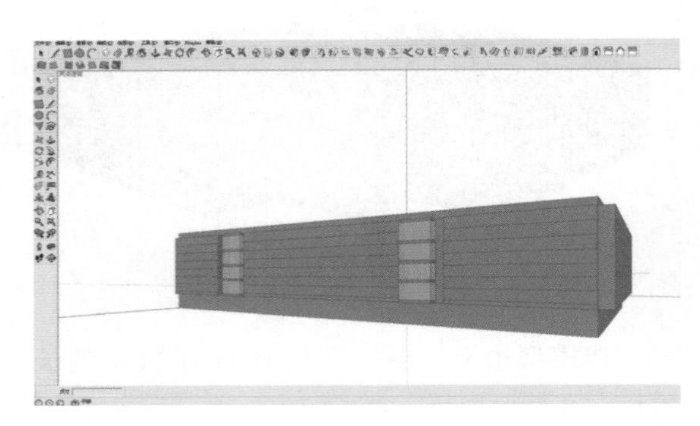

这样图书馆的体块就完成了。

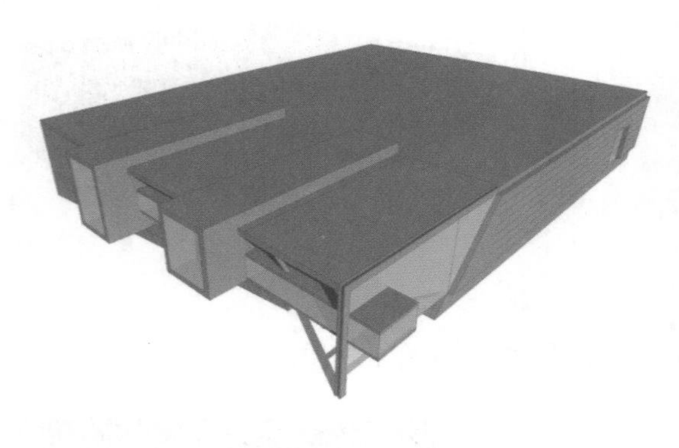

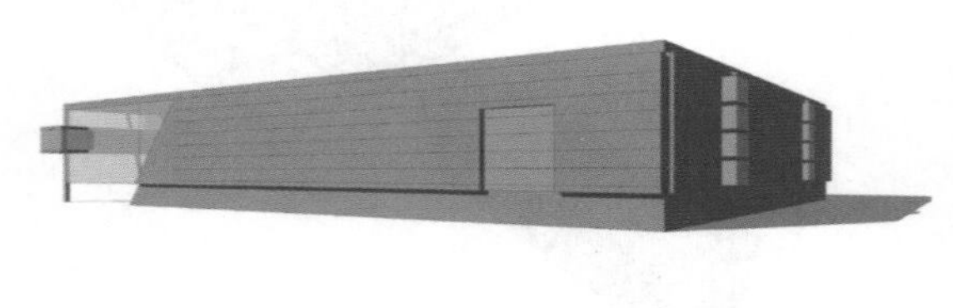

5. 群众艺术馆模型制作

根据在网站上寻找到的群众艺术馆的照片，建筑的形式与体量，相当于一幢办公楼。

最终的效果

制作手法其实很简单，分底部、中段、头部三部分来做。

根据现有的CAD图，我们看到，大概的体貌特征已经区分开来了。

将已有的CAD线导入至SU中，缝合成面。

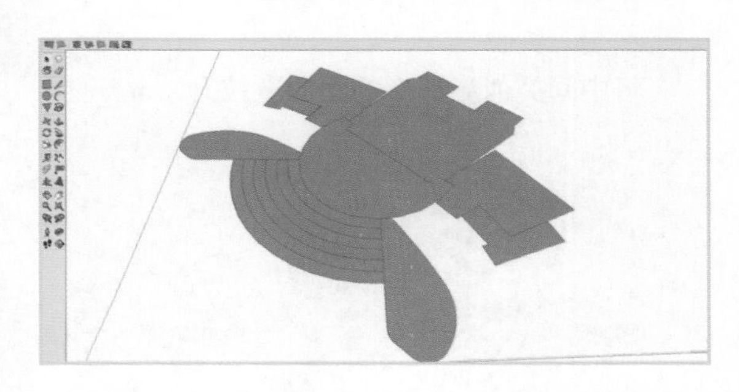

先制作外部台阶，一般室外的踏步高度为100 ~ 120 mm。模型里为了防止做得太小边线太黑，我们将踏步高度定为150 mm。

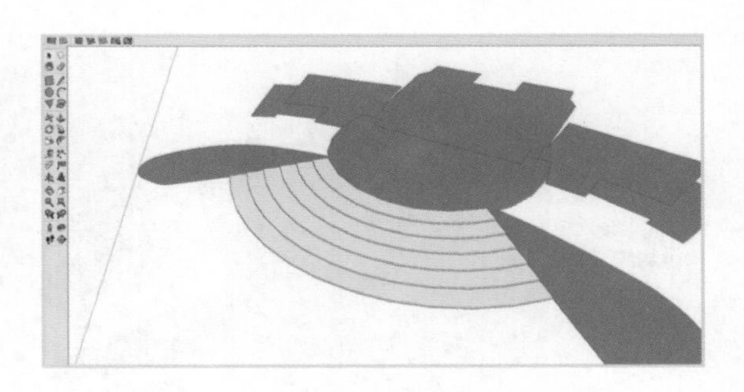

由于找不到两边花坛的照片，只是意向性地表示一番。

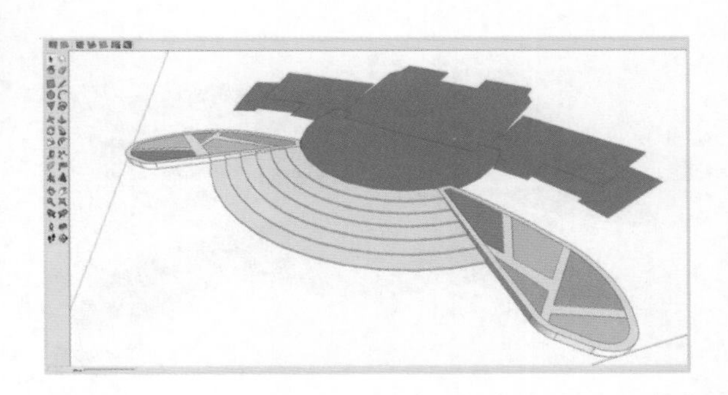

拉升两边的面形成体块，制作出两边的裙房。

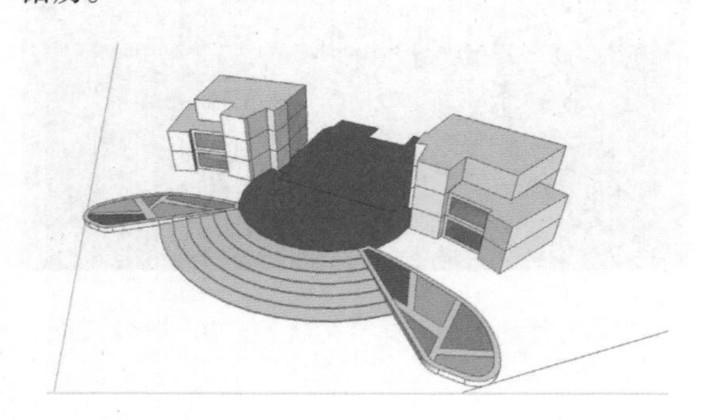

将中间类似半圆形的面向上拉升 1 m。

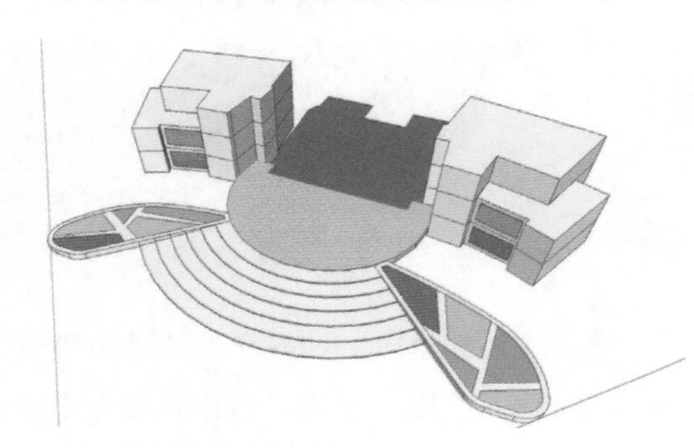

向上复制该面，距离 6 m。

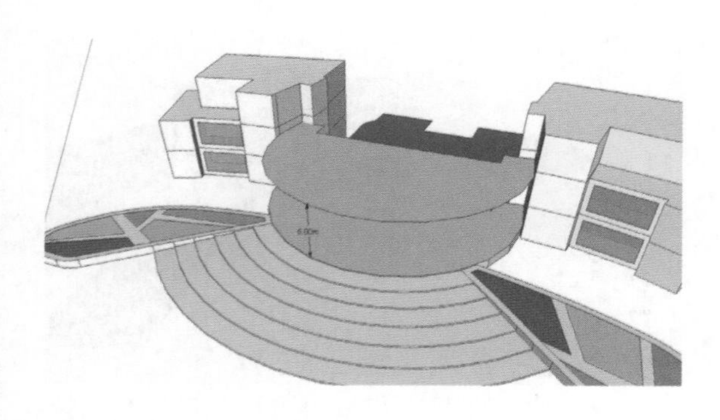

并且向上拉升 7 m。

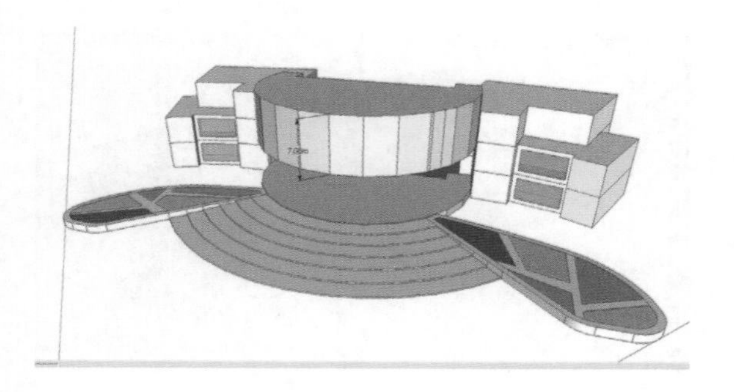

柔化，添加细节，建筑入口就制作完毕了。

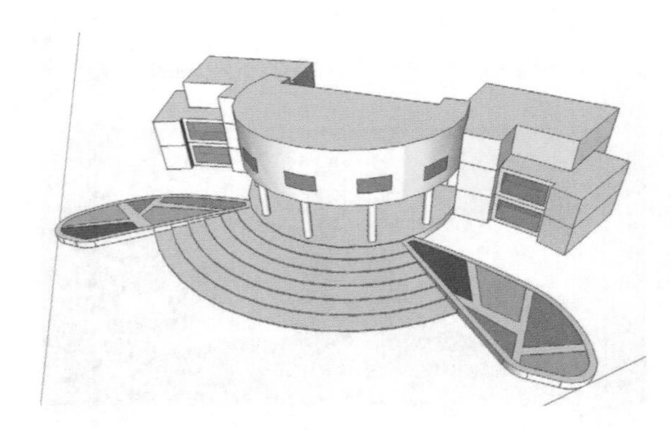

接着我们制作高层部分，依照平面我们先绘制一个标准层，这样可以依次复制上去。

向上拉升 4 m，根据现状照片，增加三个面的圆弧。

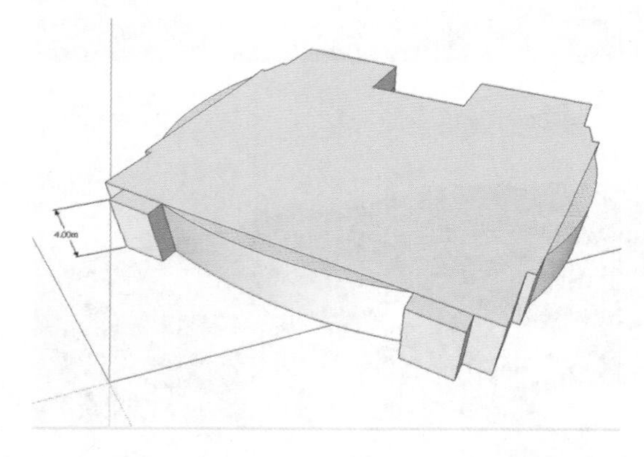

将其细化，并给予材质。

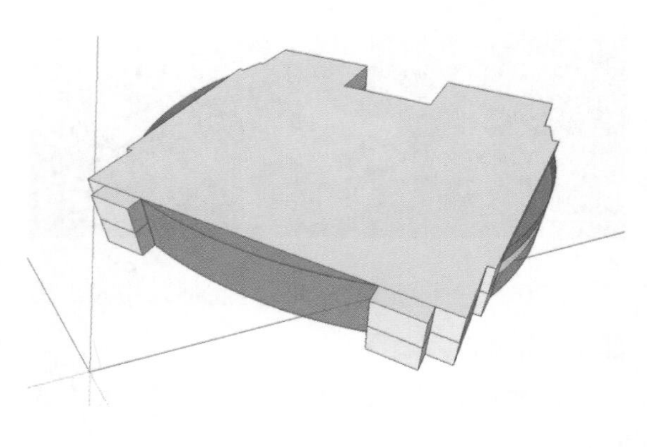

根据现状照片，该建筑为18层，我们向上复制17个组件。

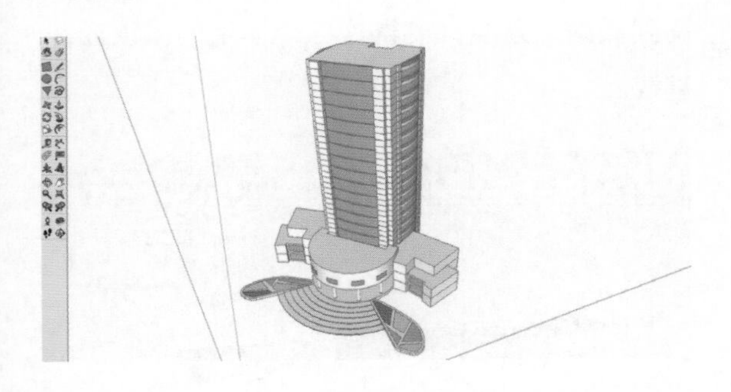

大致的雏形显现了。最后添加建筑的帽子，增加些细节的刻画。这样群众艺术馆的模型就制作完成了。

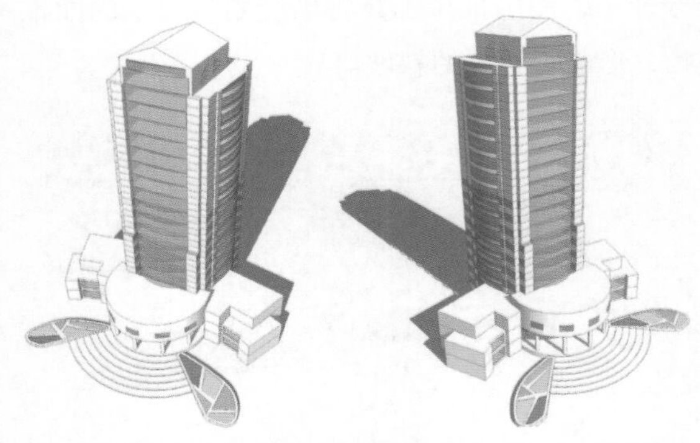

所有的现状建筑已制作完毕，我们将已有的CAD平面图导入SU中，并将这些做好的现状建筑按各自的位置放置好，看一下整体效果。

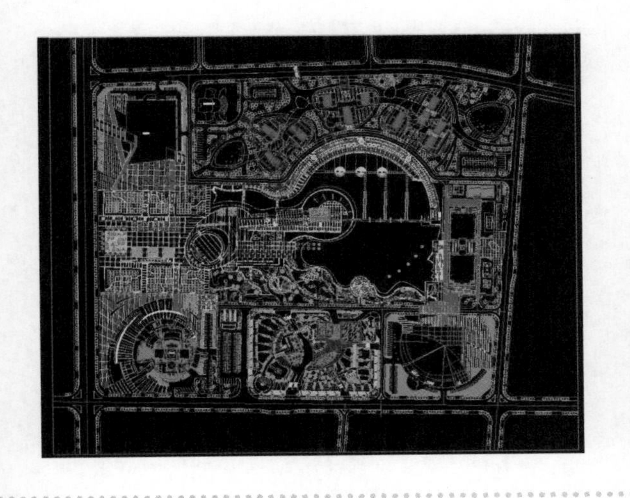

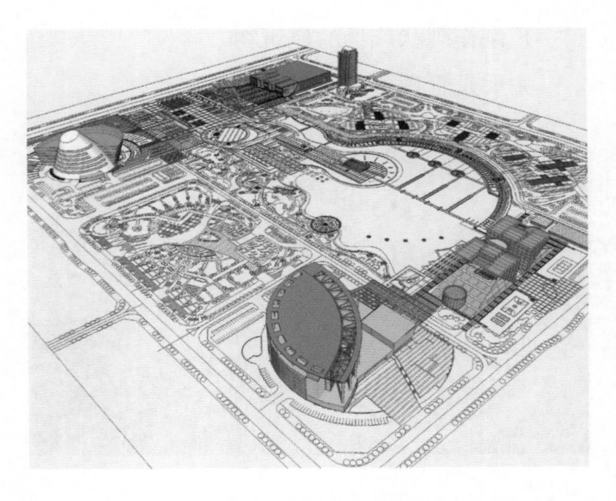

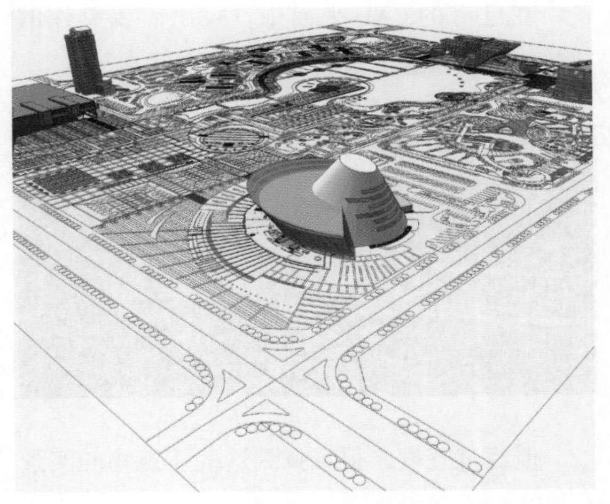

5.2.3 制作现状广场

制作的依据主要是已有的彩色总平面图与CAD图，主要是对现状广场的构造物、水系等进行描绘。

1. 制作现状广场的建筑物

主要是管理用房、设备机房。

在已有的CAD平面中，找出需要制作的建筑物，确定其大致的轮廓线。

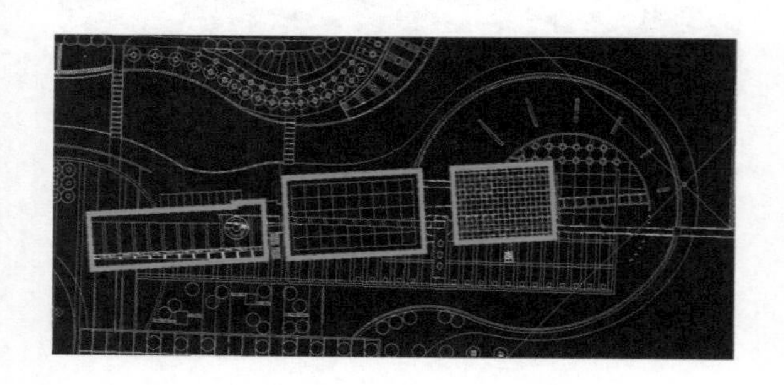

但经过查询，很难找到这些建筑物的实景照片，只能靠想象来制作了。可以将这三个连成一排的建筑物的屋顶进行造型上的统一。将这三个建筑物的轮廓线导入现阶段完成的模型成并给予相对应的高度10 m。

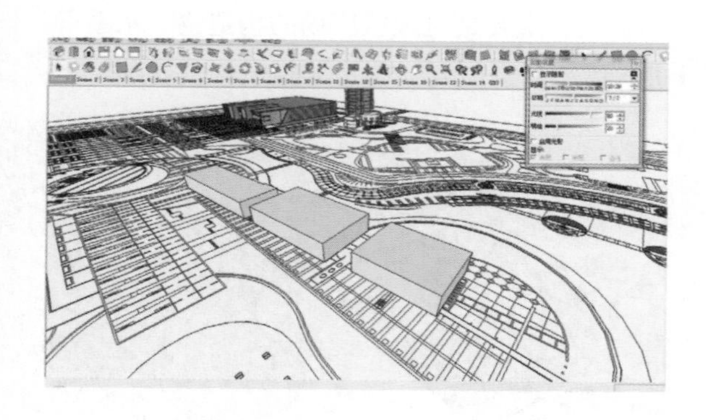

将这三个长方体成组，在组群中进行细化编辑。用直线工具将这三个体量，从南至北由高到低画一条线，使得这三个体量的屋顶成一直线。

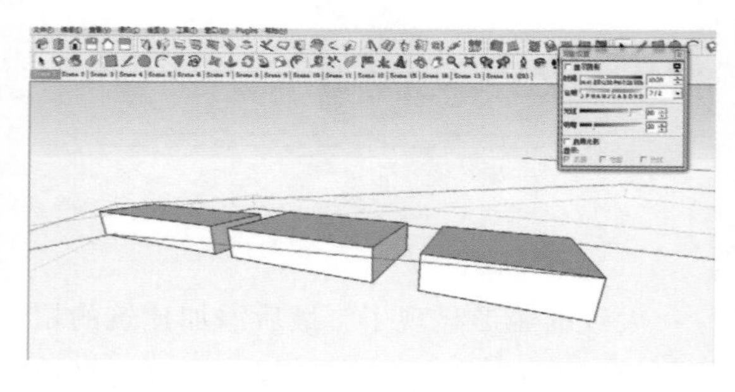

此时，这三个体量的侧面已经被直线划分开了，使用推拉工具将已经划分出来的面推掉，形成一直线的斜坡。

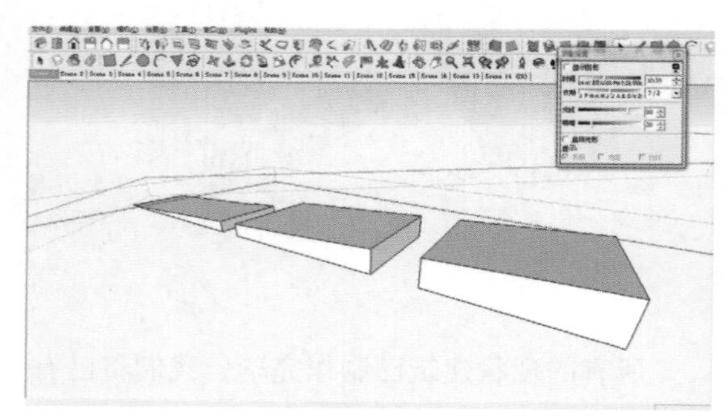

适当地进行细部的刻画并给予材质上的区分。

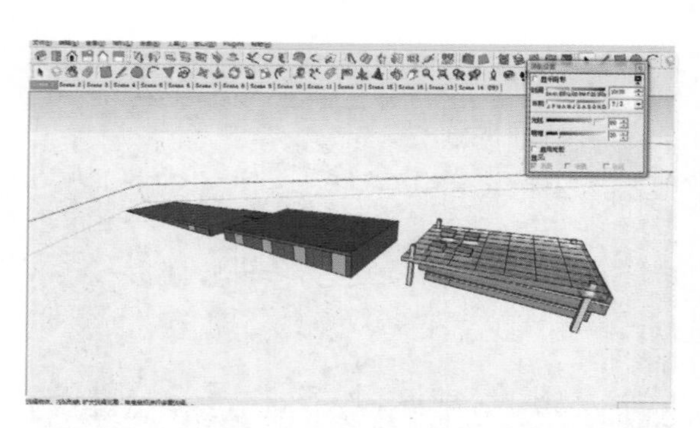

退出组群，我们看看大致的效果。

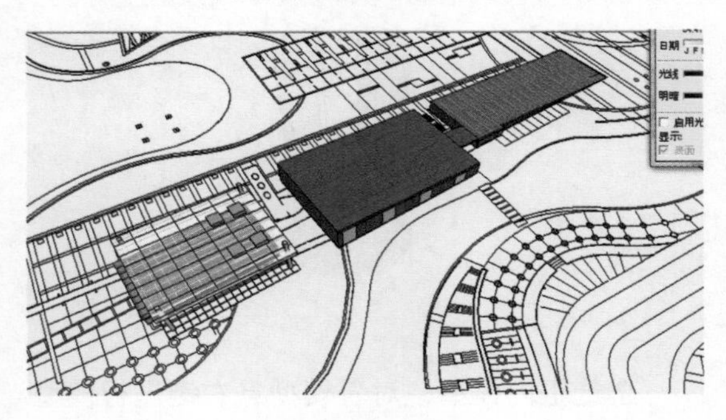

将原有的CAD线条覆盖在这些体量上，增加细节感。再适当的加入些玻璃体块，使得体块与体块之间有关联感。

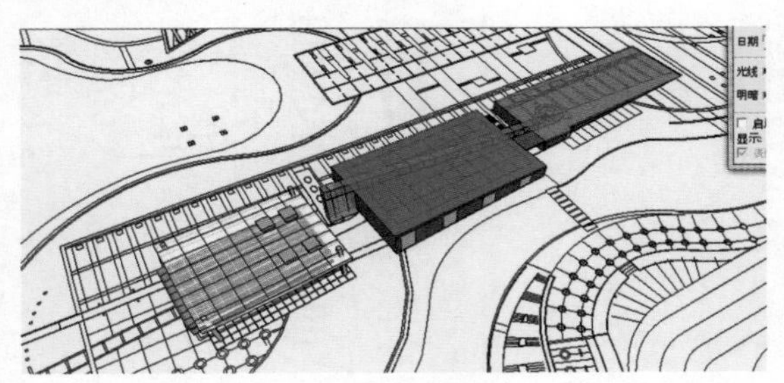

这样就完成了，我们来看看大致的效果。

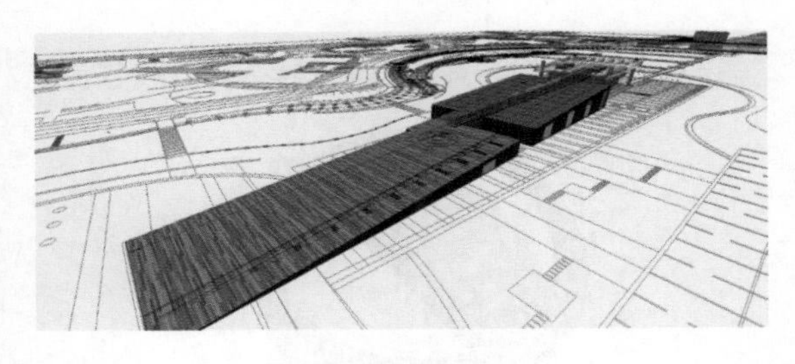

2. 制作现状广场的构造物

从平面上我们可以看出需要制作构架的造型和数量。红色的圈做成门型的构建，蓝色的圈则做成圆形的玻璃构建。

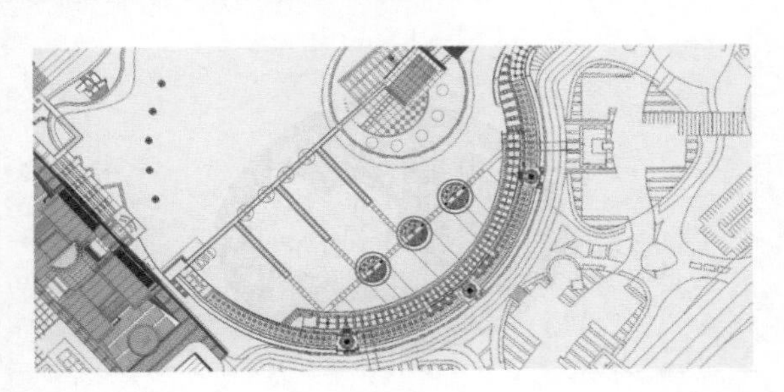

门型的构建，基本上使用矩形工具和推拉工具就能完成，高度可给予10 m。

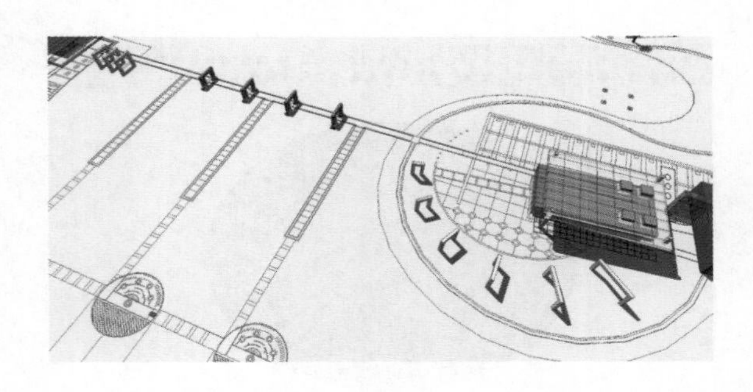

圆形部分的制作。

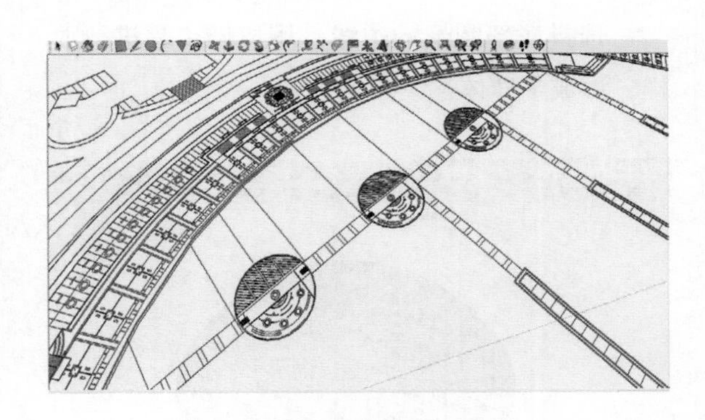

用圆形工具画一个与CAD底图相似的圆形，并编辑成组。

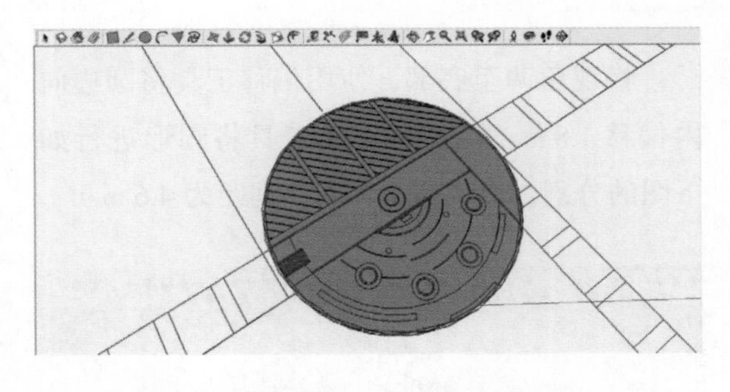

用直线工具将此圆左右等分。

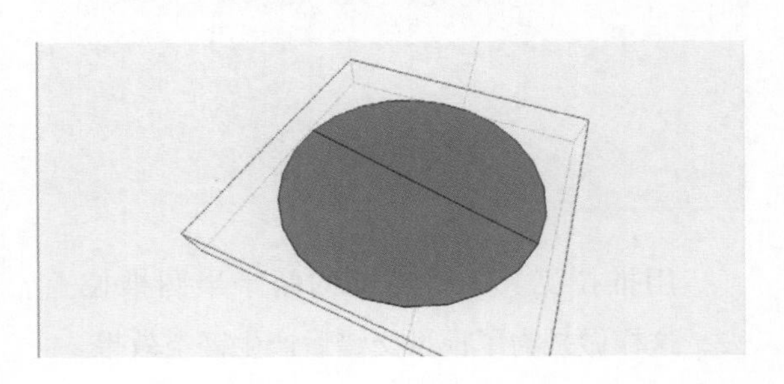

依据刚刚画的直线，用弧线工具画一个高度为 5 m 的弧。

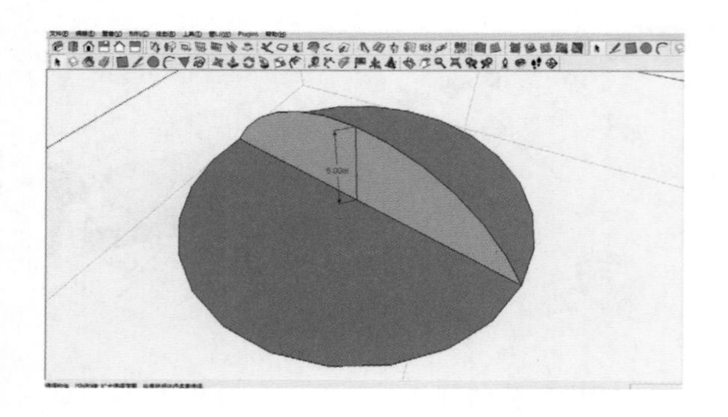

选择底部圆形的边线，用放样工具进行放样，形成半球体。

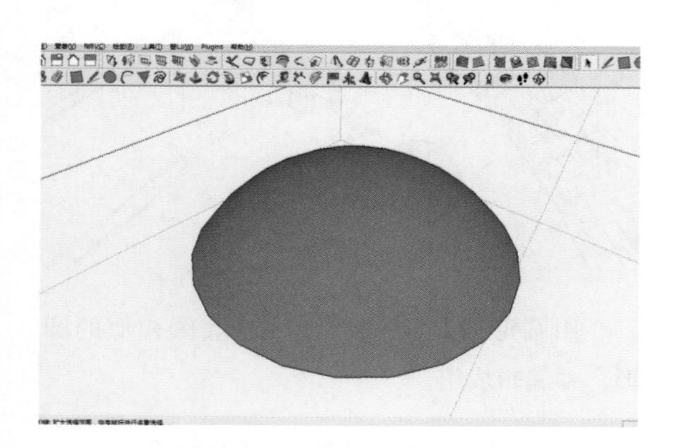

将视角调至底部，使用偏移工具将圆边向内偏移 1.8 m。再使用直线工具将圆形进行如下图的分割，形成两个半圆，间距为 4.6 m。

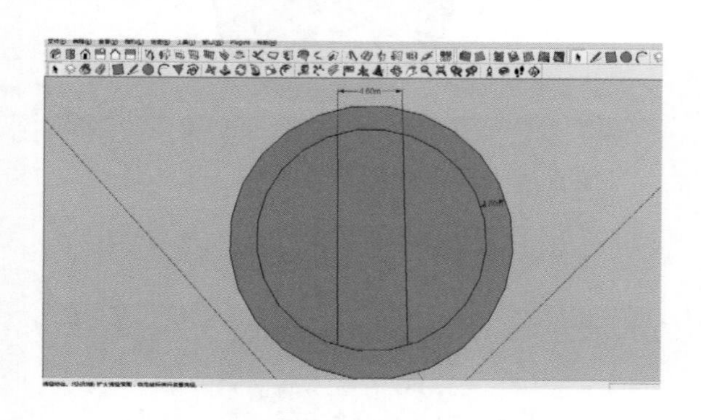

用推拉工具将底部的两个半圆推拉上去，这样做是为了模型交错后产生镂空效果。

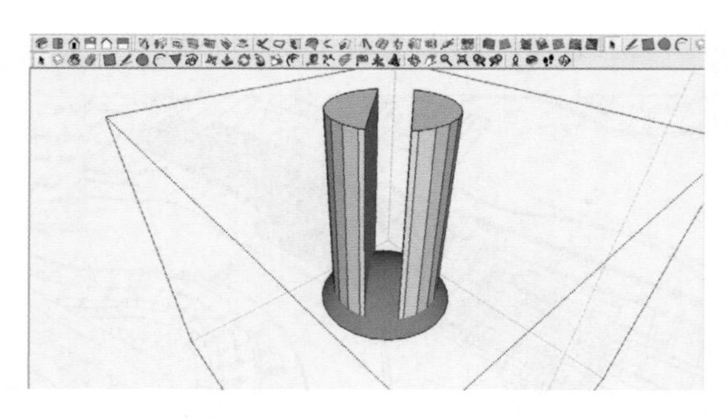

全选组内模型，对着模型点右键进行模型交错。

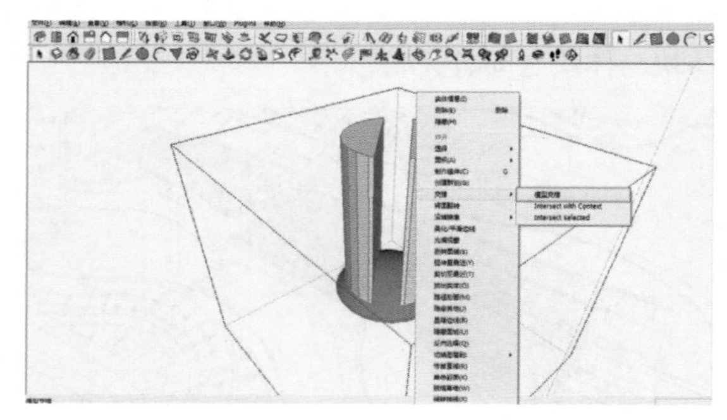

删除多余的、不需要的部分。

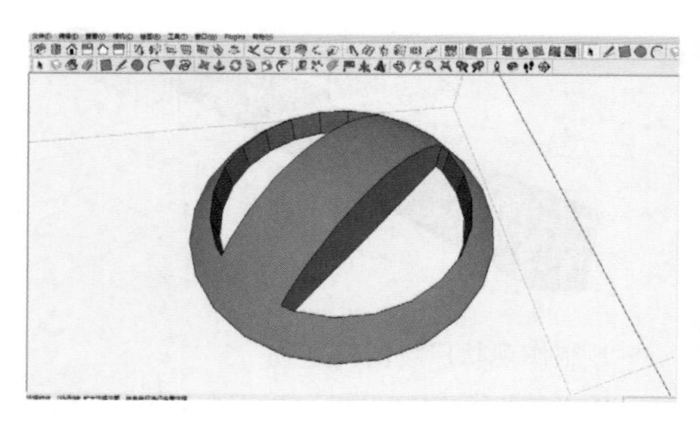

因为构造物是想象出来的，为迎合图面的美观，随意添加些细节。

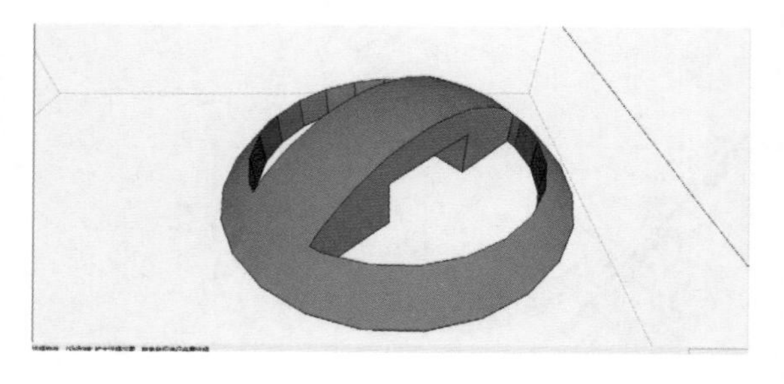

完成后使用油漆桶工具对该物体添加玻璃的透明材质。

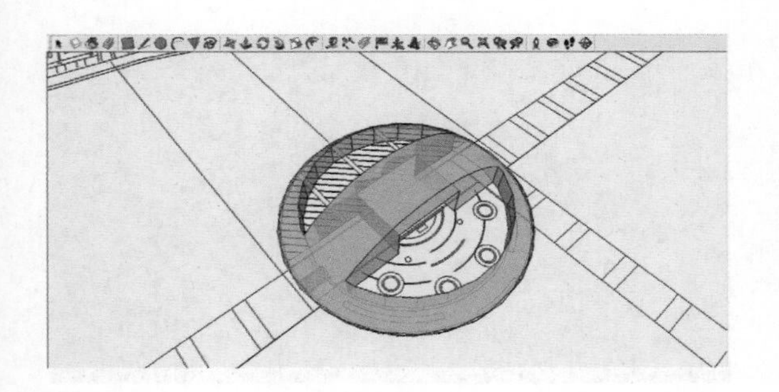

复制成三份。

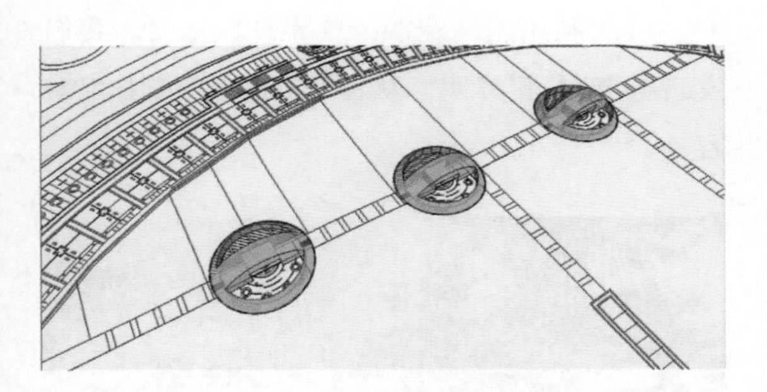

完成后看看整体效果，构造物意在点缀。

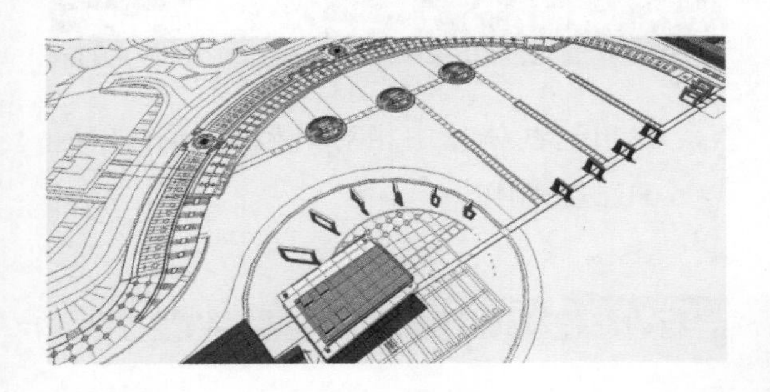

3. 制作现状广场

根据采集的现状信息，部分滨水广场是下沉的。

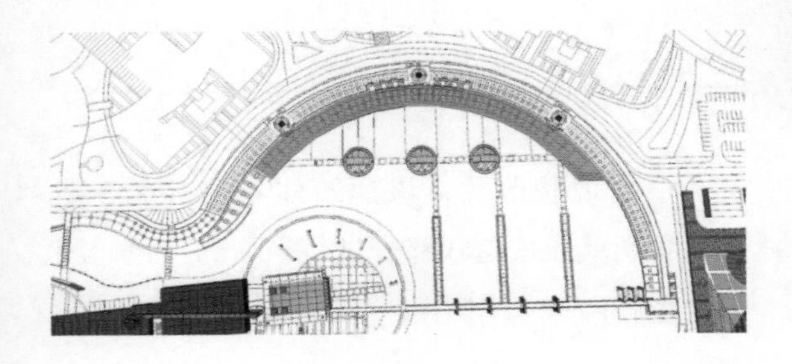

在模型中我们选择出下沉部分的线段，这需要有些耐心。

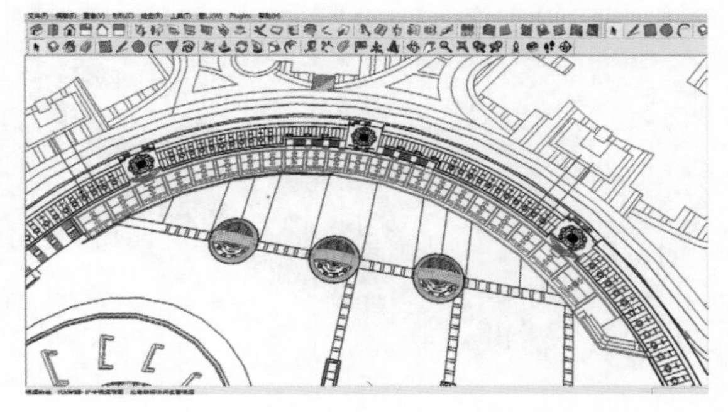

选择完毕后编辑成组，并向下移动4 m。

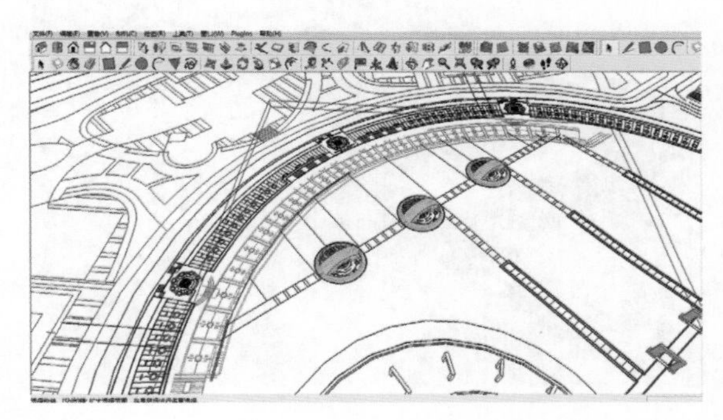

我们发现，需要做沉降的除了部分滨水广场，还有水域。首先在CAD中，用Pline线将水域勾勒出来，形成闭合的线段，并且保存好。

这个小节中所做的步骤都是为了后面的制作做基础，在后面的彩色平面的划分中，会体现出这些步骤的重要性和必要性。

5.2.4 制作需改造的东广场建筑

观察 CAD，发现东广场的建筑体量可以分两部分来塑造。其一是盒状的建筑体，其二是顶部及周边的拉膜形式。

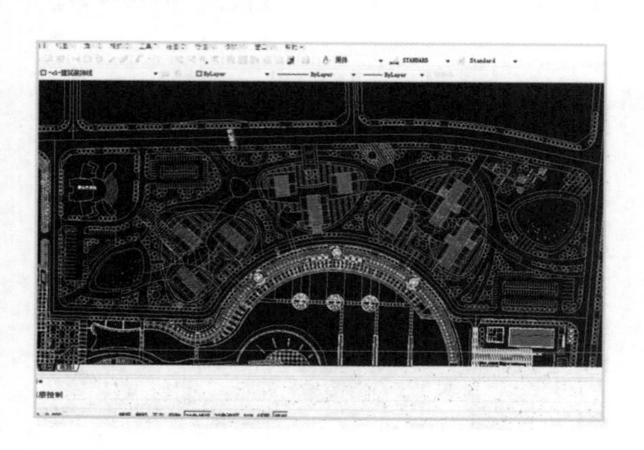

1. 制作东广场盒状的建筑体

暂时先去除顶部拉膜结构的 CAD 线条，我们可以清晰地看到需要做的东西是哪些，而且这些体量非常相似，可以制作出一个然后复制修改制作出其余的。

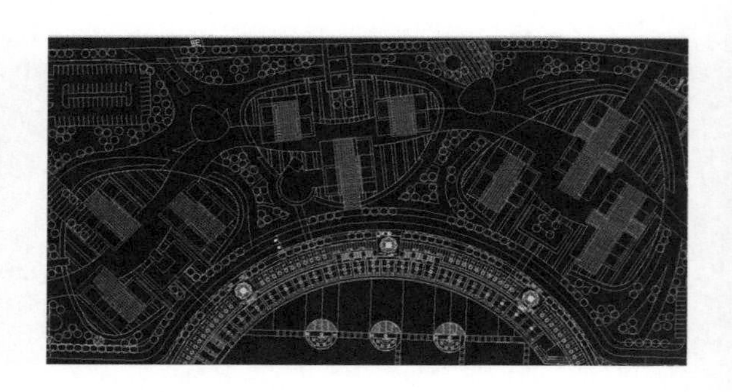

再次利用网络资源，找寻现状照片。我们发现建筑体量鲜明，从制作的角度来说相对容易。

找出这些体量中相对典型的 CAD 平面，导入 SU 进行制作。

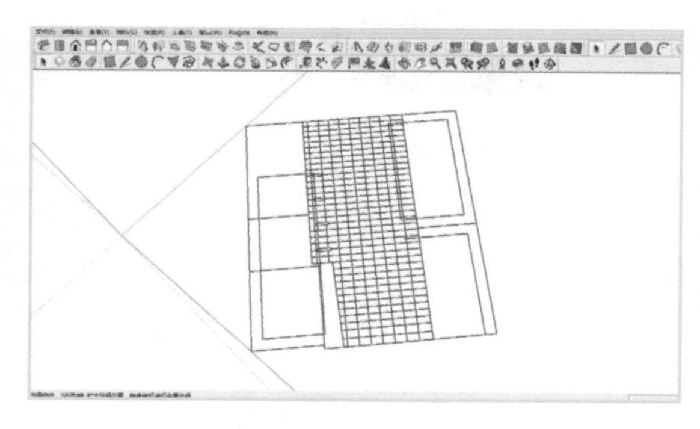

根据现状照片，该建筑体本身分为 3 部分。我们就先按这 3 部分进行平面的分色，区分开来后再一个个制作。

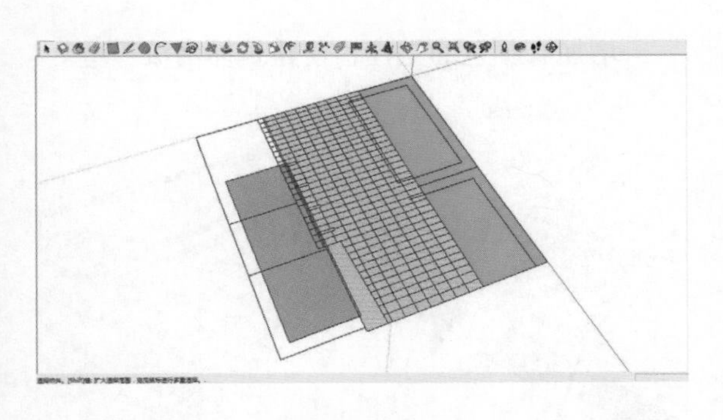

将橙色部分用推拉工具向上推拉 10 m。

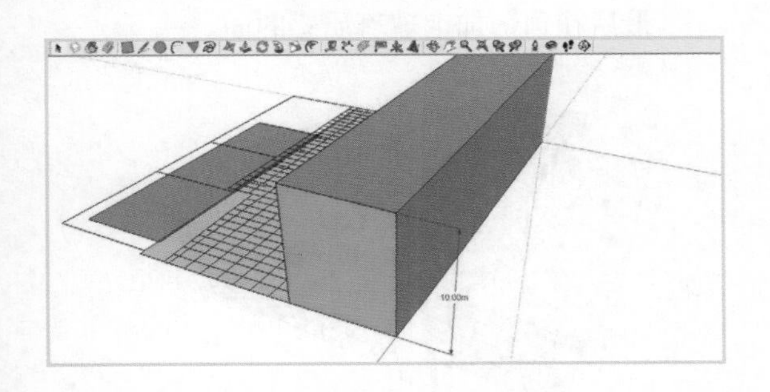

选择侧面，用旋转工具，以右下角为基点，向右旋转 10° 。

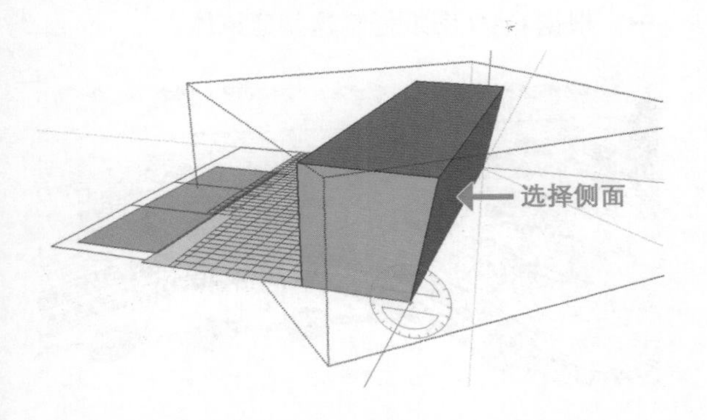

选择顶面，再次使用旋转工具，基点为左上角，向上旋转 10 度。

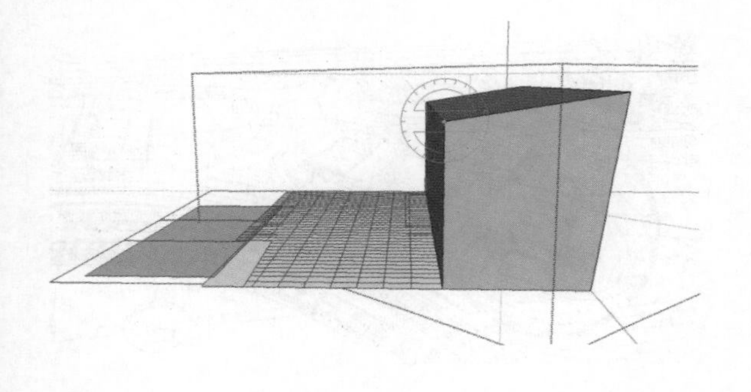

用之前常用的手法，对橙色体块进行分割细化及添加材质。

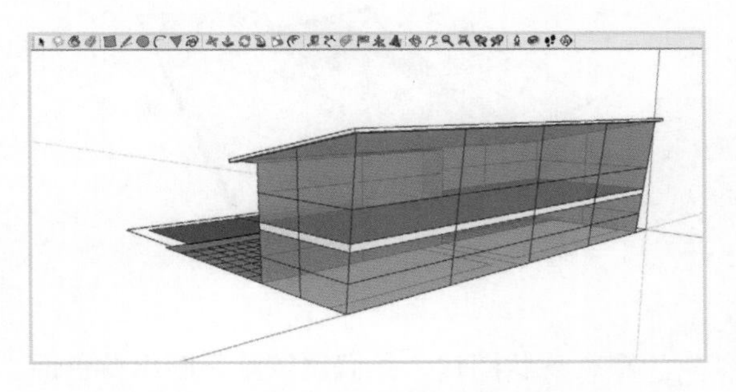

处理绿色的面，用上述步骤制作。

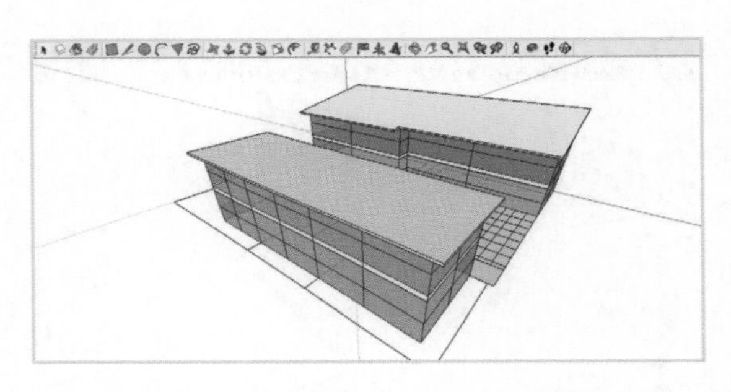

接下来制作黄色面的空间。先按照图纸的尺寸制作一个小构架。

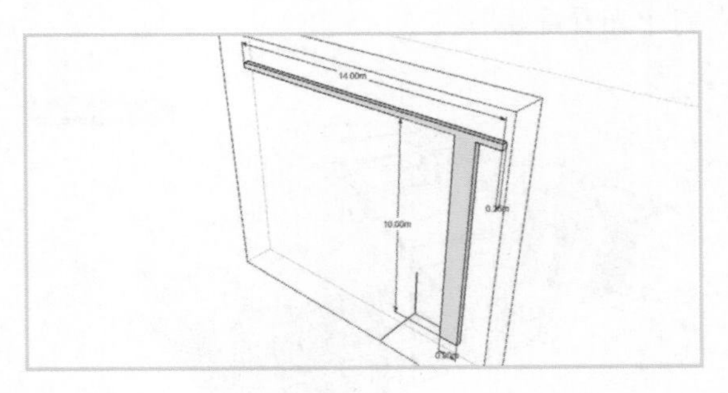

复制出 4 个，依次排列。

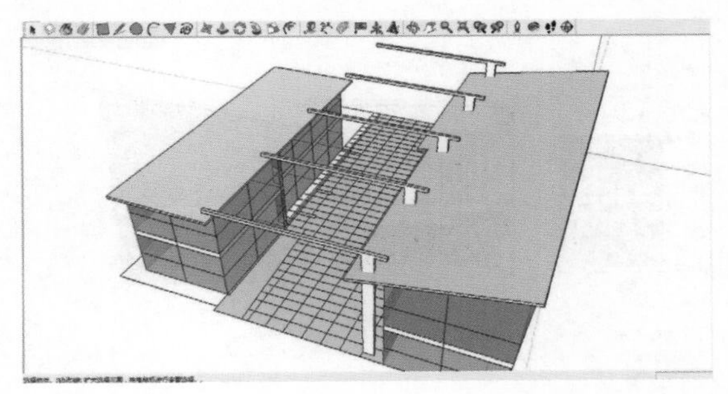

将黄色面向上移动 5 m 并做出些许厚度。

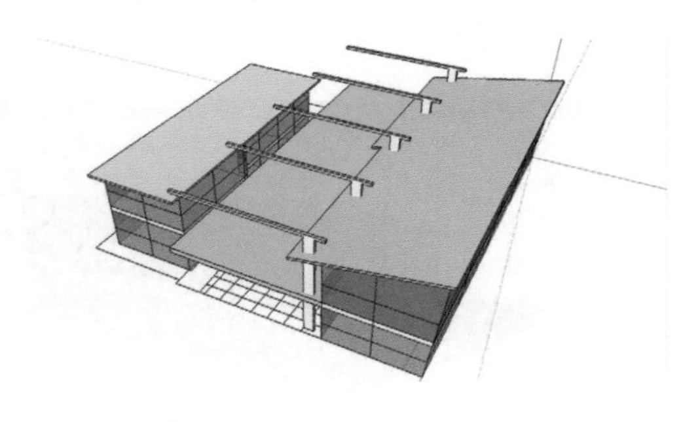

根据现状图片，我们比较难判断出黄色面的具体构造，这里只能想象着来塑造了。

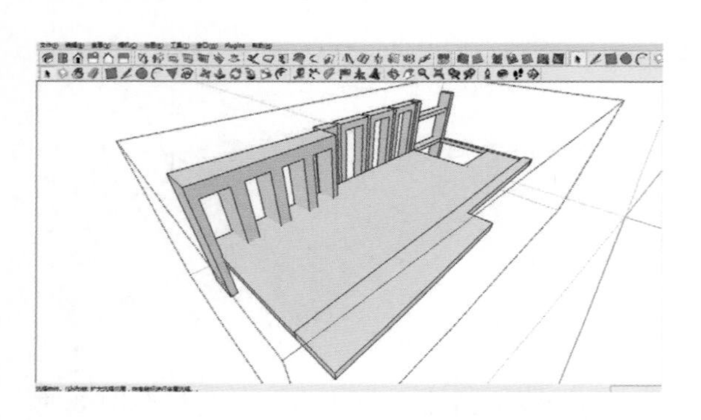

整合上述制作出来的体量、构架、细节，打个光看看效果。

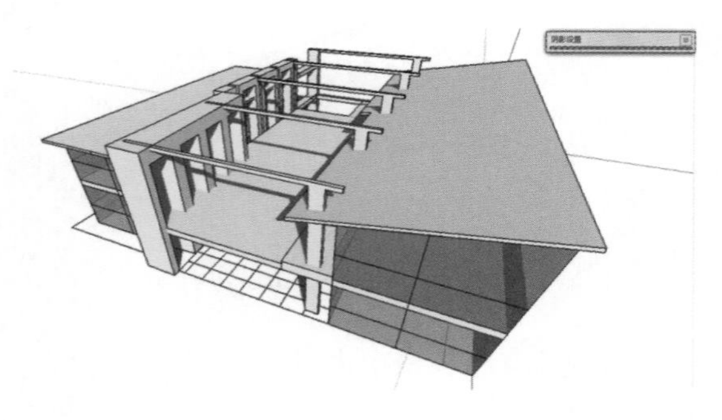

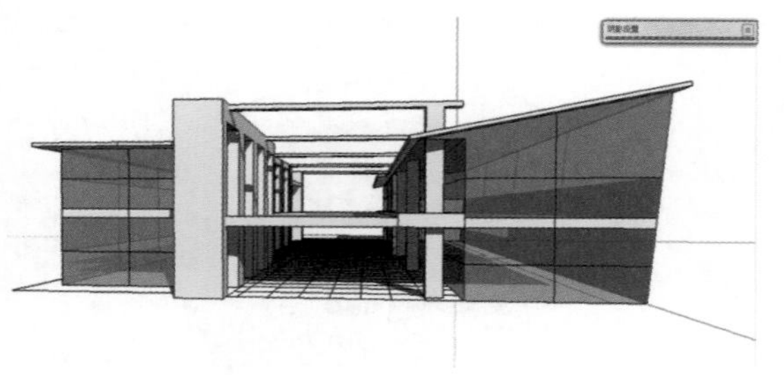

增加有颜色的立柱，使建筑体活泼一些。

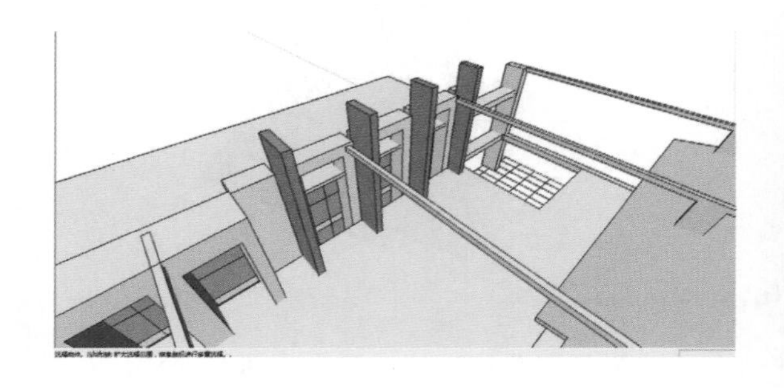

最后在顶部加上玻璃质感的面。

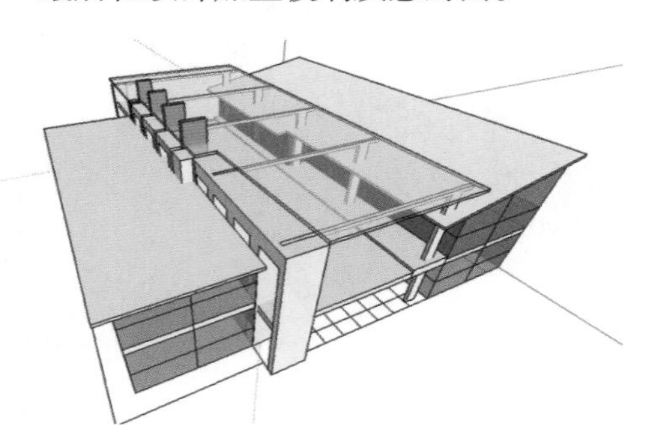

将刚刚制作出来的建筑体导入到总的模型中。根据 CAD 图纸复制这些建筑体。

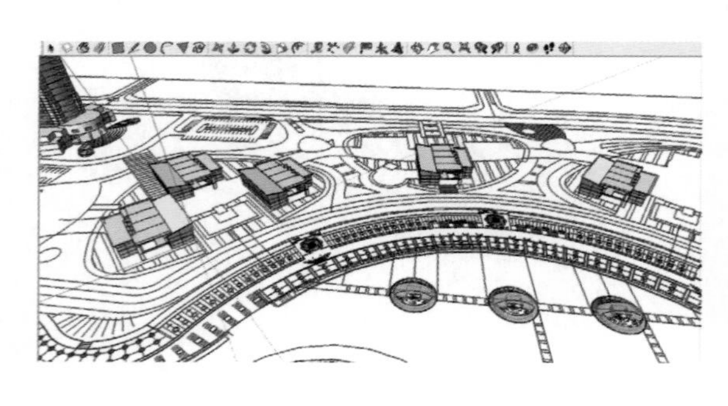

根据 CAD 图纸，我们发现最左边的体量需要调整。

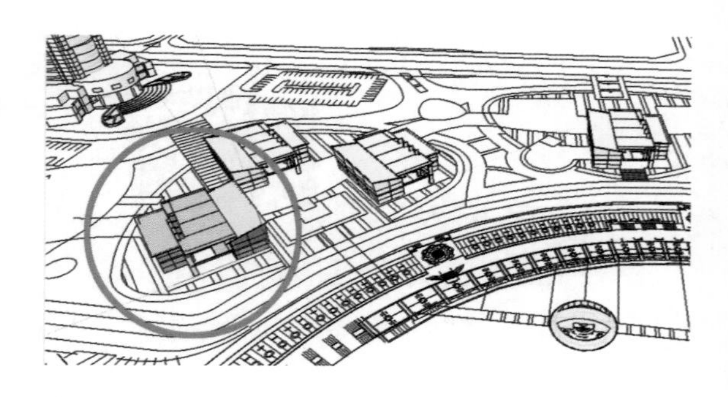

选择该建筑的部分体量用缩放命令向内缩小 50%。

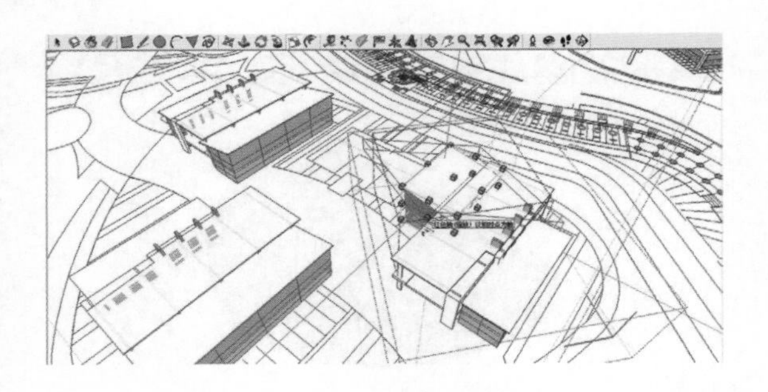

有些细微的变化可以打破复制、阵列的沉闷。

再次根据图纸，制作其他相似的建筑体。

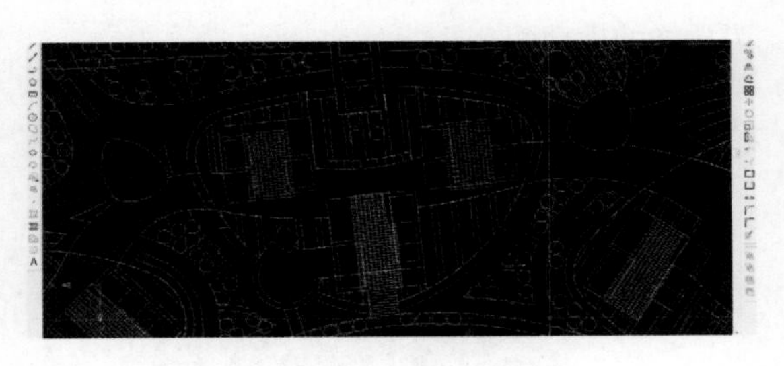

选择其一，导入总的模型中。

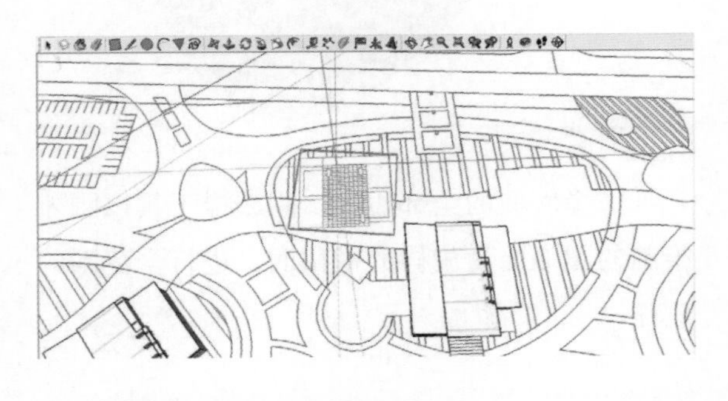

依旧分成 3 个颜色区域。

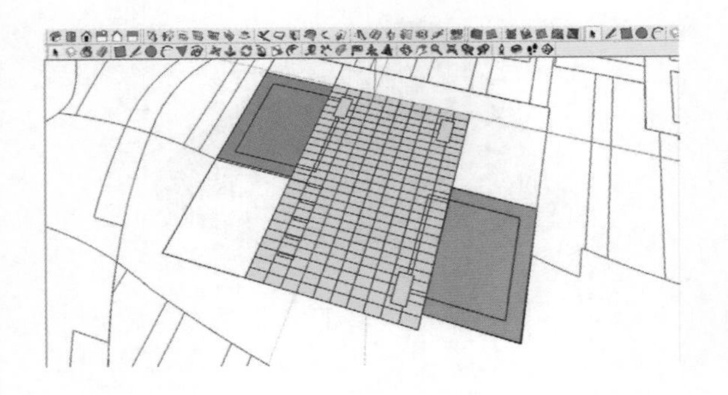

用之前的手法，依样画葫芦地制作出来。

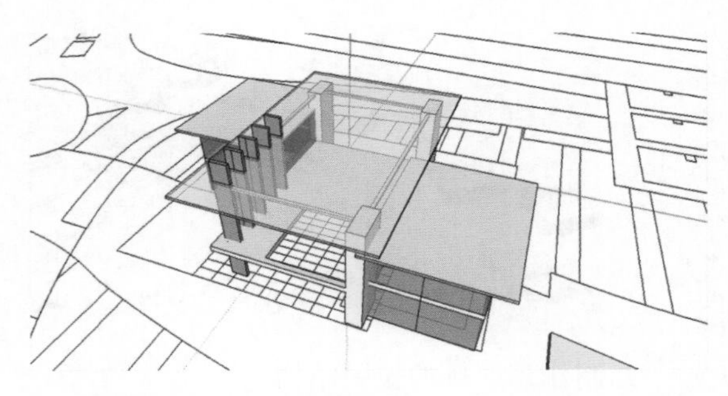

用两点透视看看效果。

根据图纸复制一个放在相应的位置。

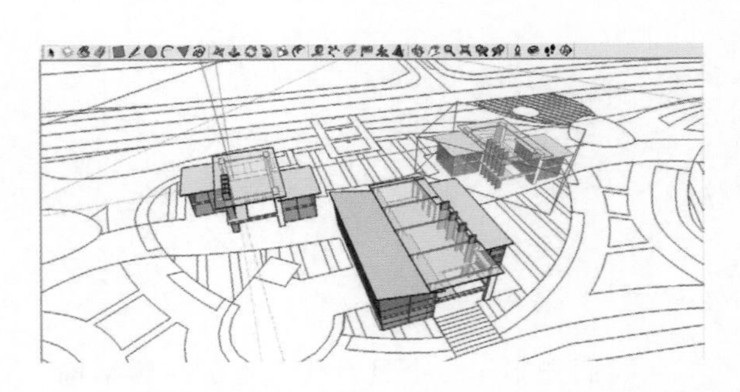

按之前的步骤刻画这两个建筑体量，细节添加的程度可随意决定。

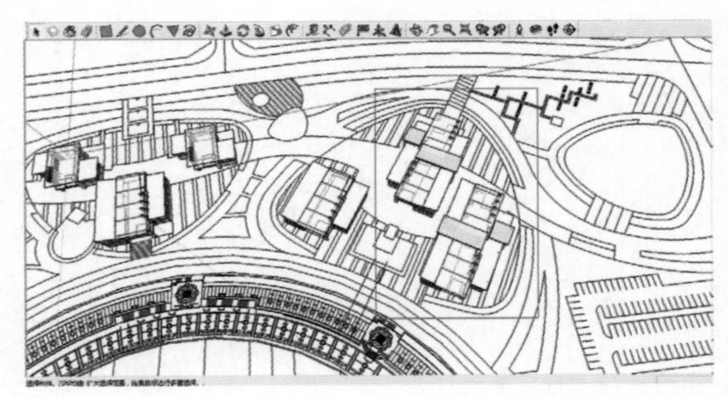

看看整体效果。

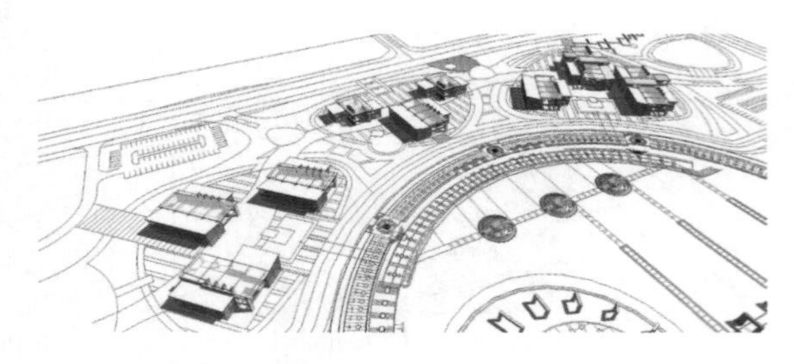

2. 制作东广场的拉膜结构

在 CAD 的设计图中我们发现有若干个相似的图形。

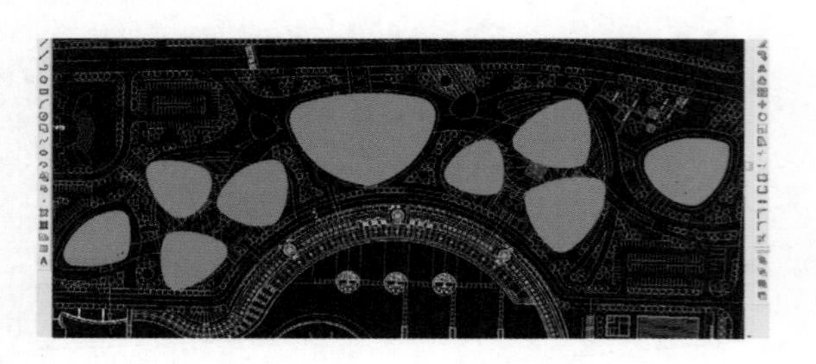

将这些膜结构的 CAD 线条导入 SU 中。

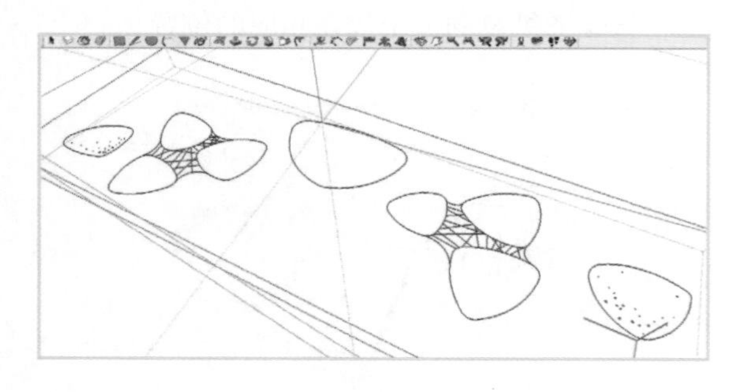

我们先制作一个具有代表性的拉膜结构，其余的就可以用相同的制作手法或者是复制来处理。

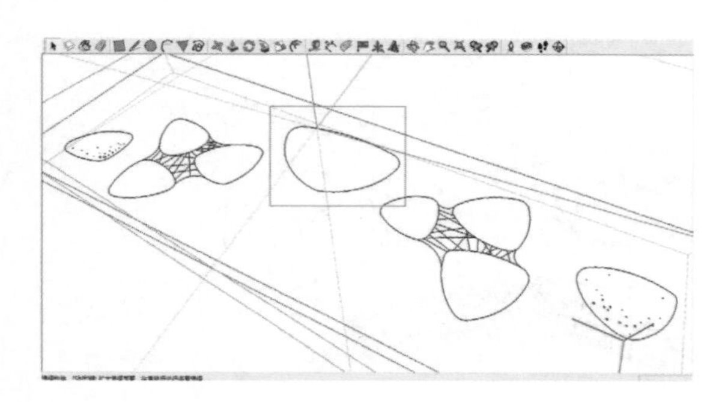

先缝合面，将其编组，并且进入组群中编辑。

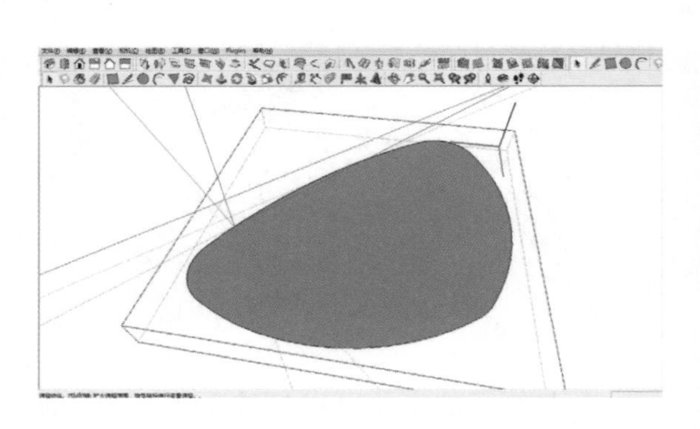

用弧线工具以缝合面的任意两点为基点画圆弧，弧的高度为 15 m。再将其缝合成面，作为放样的横截面。

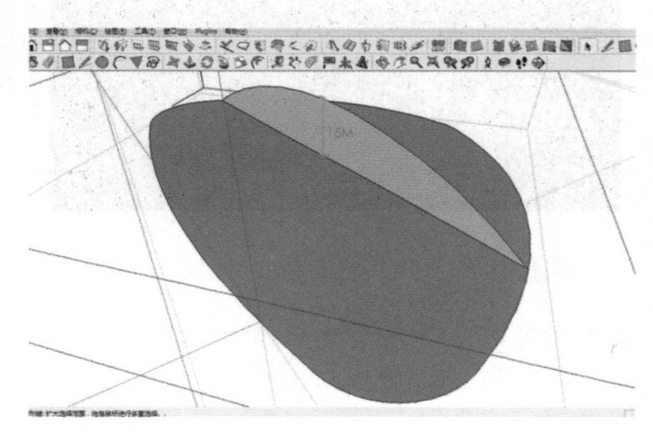

选择底面的全部边线，用放样工具以刚才绘制的圆弧面为放样的横截面，进行全范围的放样。

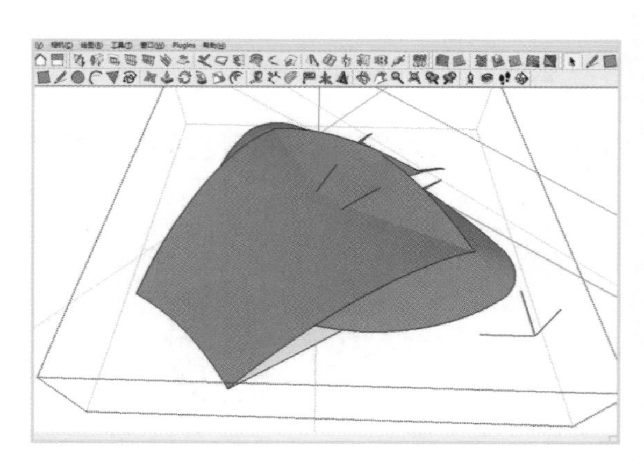

使用模型交错，删除多余的面和杂线。

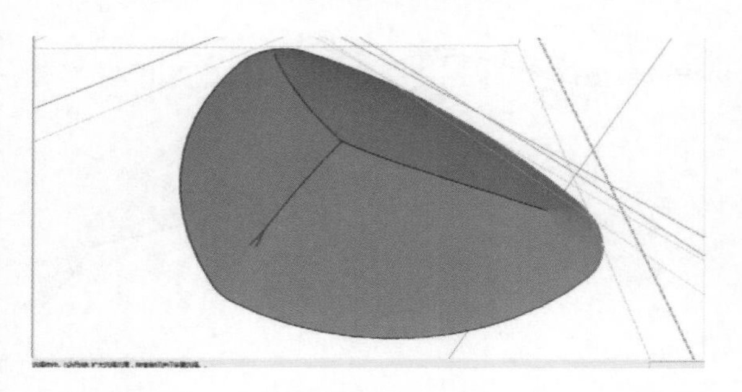

将得出的曲面清理干净，给予白色透明材质。对好位置，架于之前制作的建筑体量上。

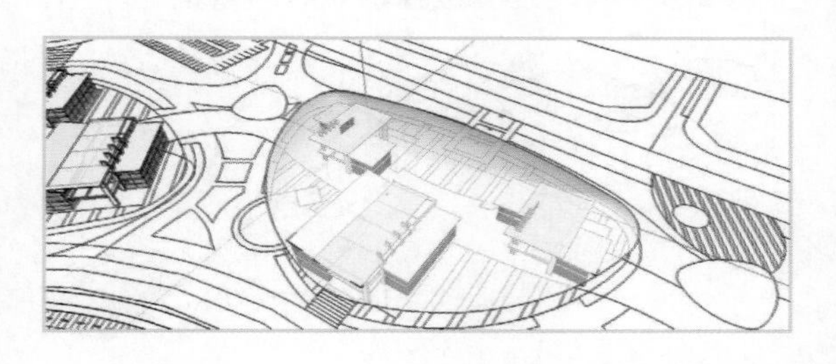

再在底部加上一些圆柱，表示该拉膜结构是支撑起来的。圆柱可随意添加，无拘束。

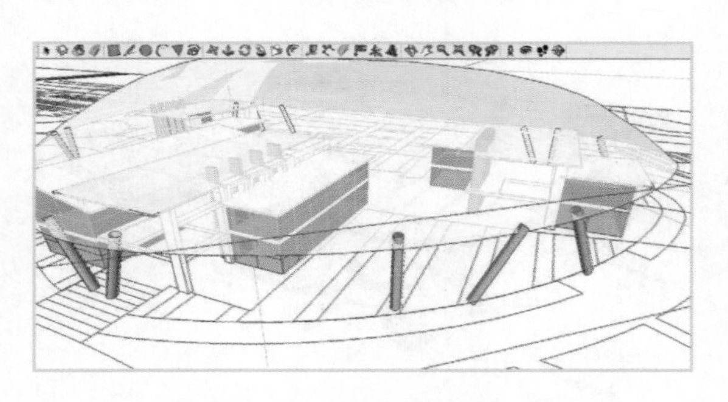

以上述的方法，或复制或依样画葫芦完成其余的拉膜结构。

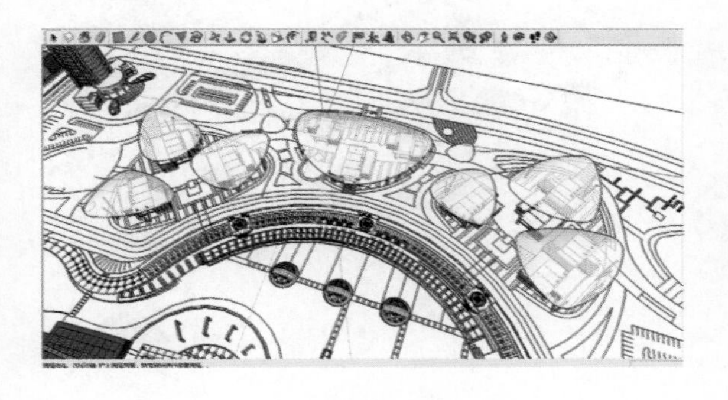

接着制作拉膜间的连接面。

以最简单的方式表达——直接封面并给予蓝色玻璃材质。

为了表达拉膜的多形式，用旋转命令对部分拉膜的位置进行调整，使其更美观。

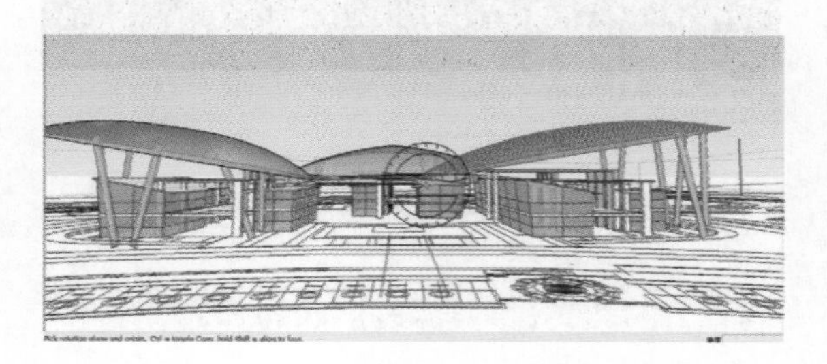

周边的弧面或体量，亦可仿效弧面的制作步骤来完成。

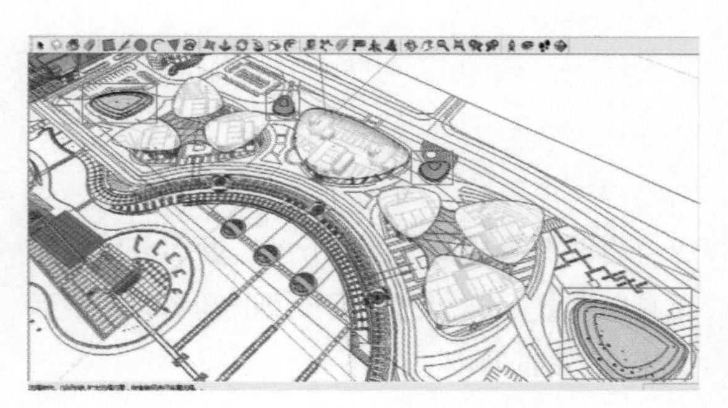

3. 二层平台及几个下沉广场制作

二层平台贯穿整个东广场，下沉广场则是地下通道的主要出入口。

在 CAD 图纸中选择出要做的线条，建议各位读者最好用 Pline 老老实实地描一遍，方便之后的成面工作。

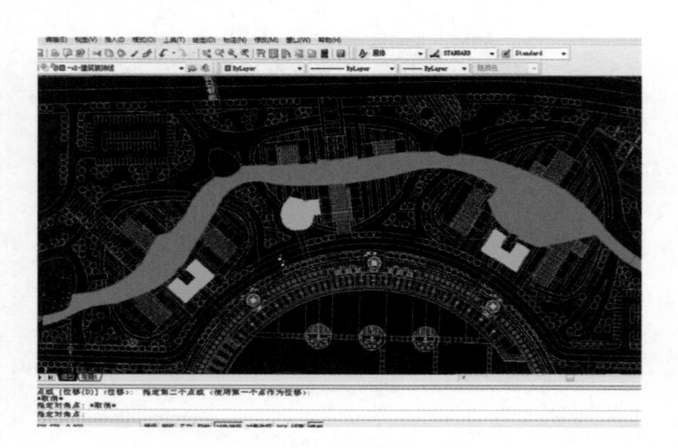

将这些线导入 SU 中。

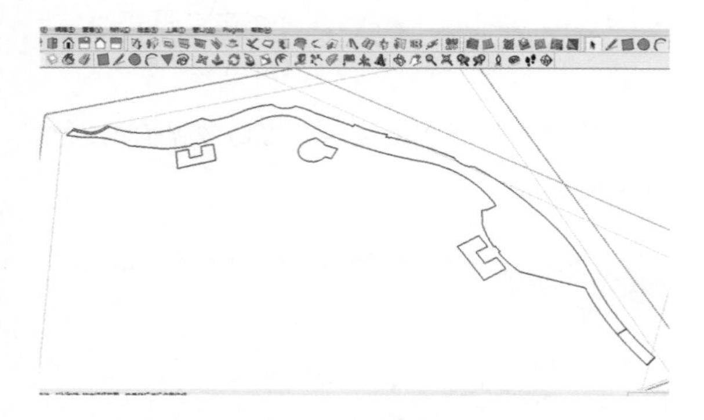

将线缝合成面，且将下沉广场部分用推拉工具向下做 2 m，架空的平台则向上移动 5 m 后给予 0.2 m 的厚度。

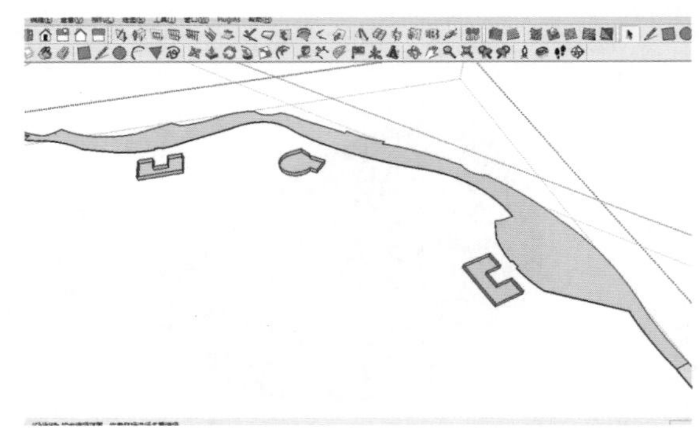

放入东广场的模型中，对齐。

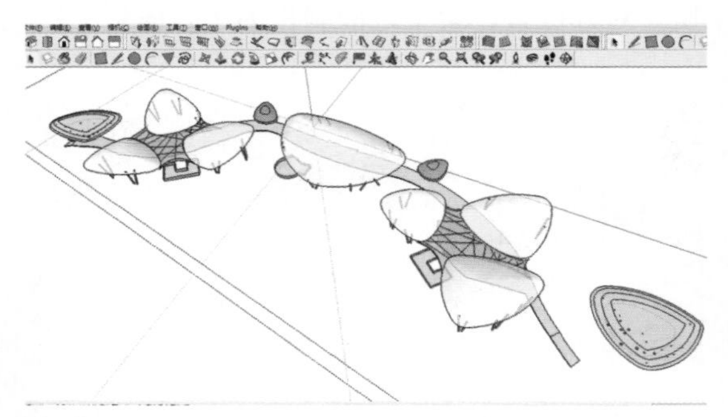

东广场的制作全部完成了。

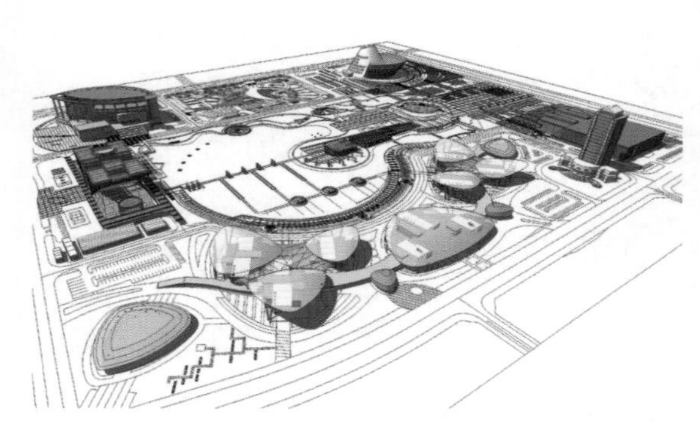

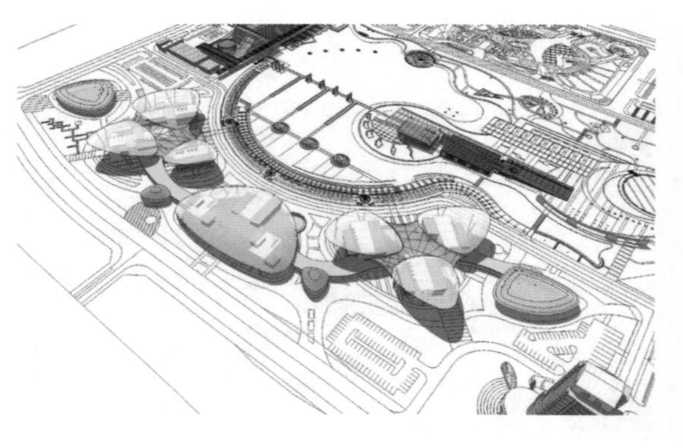

5.2.5 制作需改造的西广场建筑

先看一下西广场中需要塑造的建筑体量。我们发现并不是很多，只是形式相对复杂些。接着逐个讲解这些建筑的制作过程。

1. 主体建筑

根据手绘的大致示意发现主题建筑的形式酷似“烧卖”。

在模型中选择出该建筑的边线。

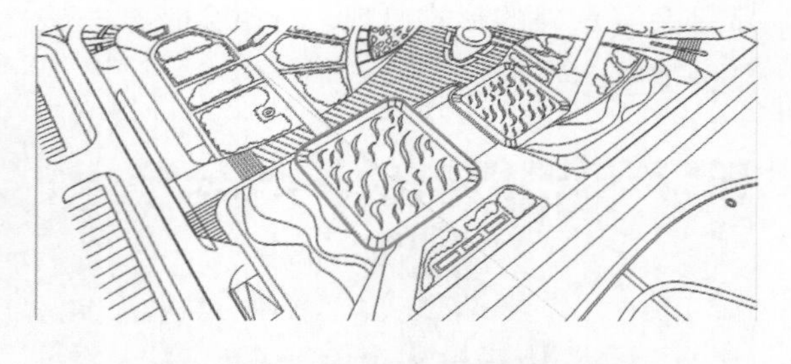

制作成组群，进入该组群并缝合成面。

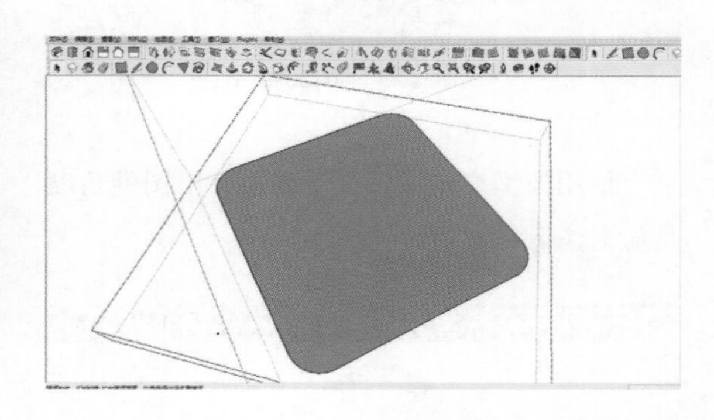

用移动命令向上移动 20 m，作为建筑物的顶面。

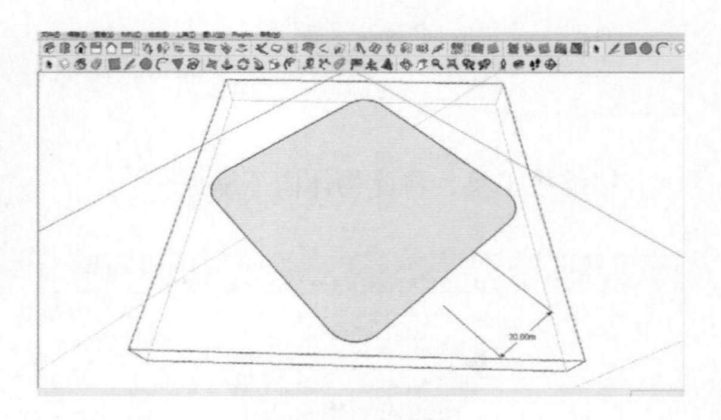

用圆弧工具绘制出放样所需要的截面，形似即可。

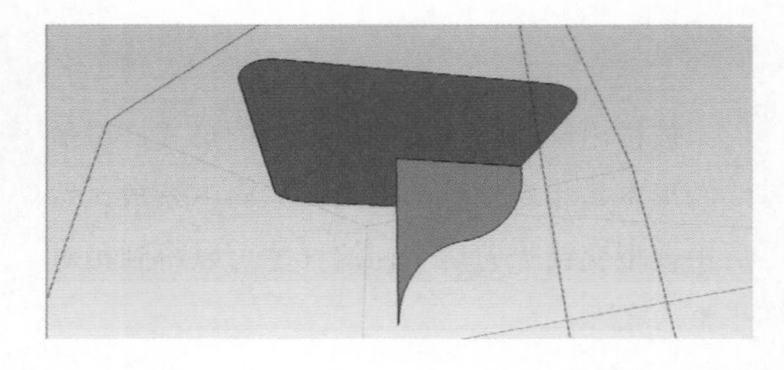

进行放样，得出一个奇怪的形式。放样常常会有意外的形式出现，有时会带来一些新的灵感。

使用模型交错清理一下模型，下图的角度是从上往下看。

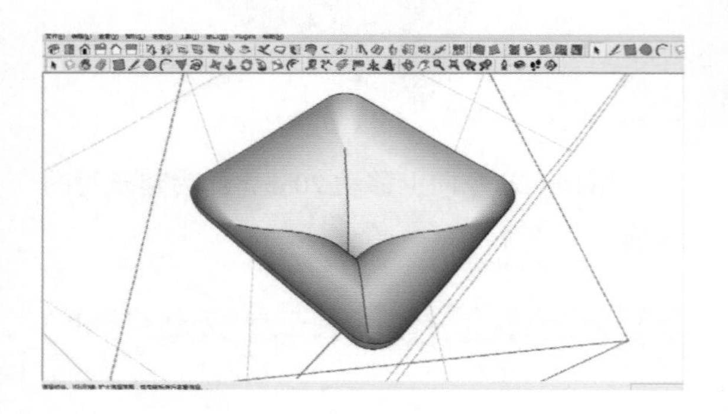

用缩放工具，将此物体向下缩放。

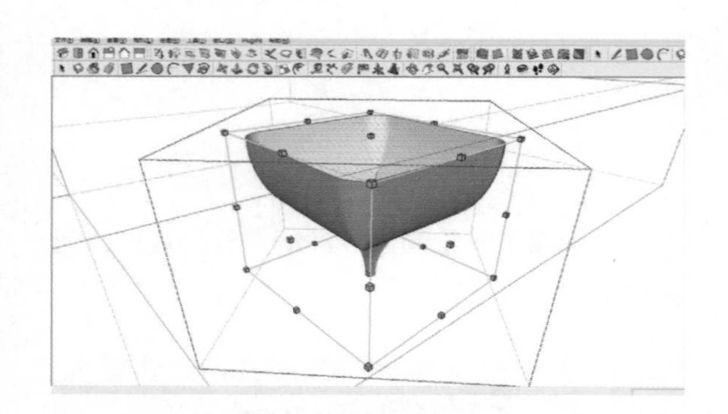

放样出来的物体底部为尖角的形式，但最终的形态是相对平整的，因此先向下缩放，然后用模型交错一刀切平，这样才可以得到相对平整的底部。

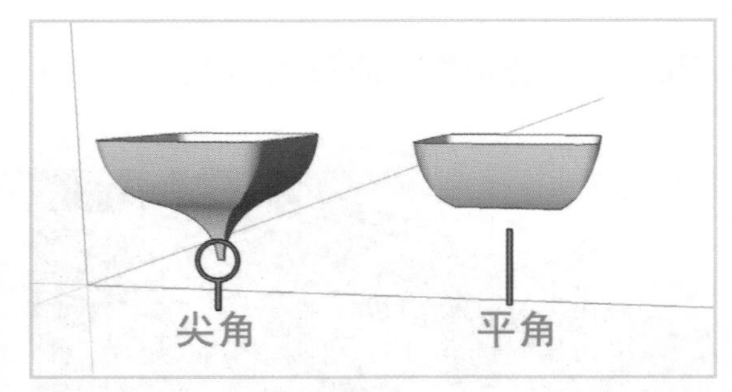

接下来制作一些纹理和增加一些细节。

在底部画个面，拉伸成门洞形状穿插于整个体块，模型交错。

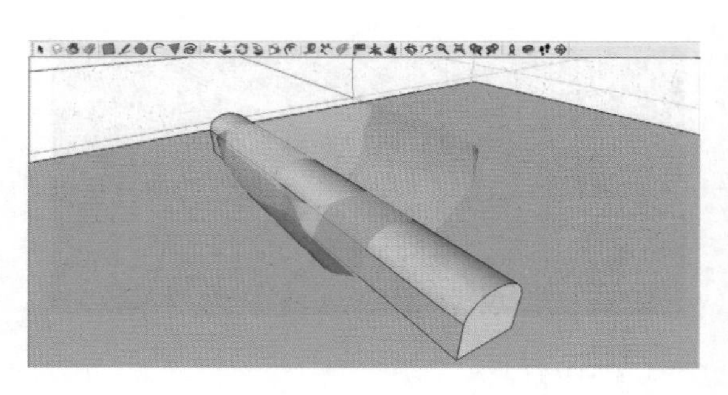

去掉多余的部分得出下图中的样子并且随意的加上些纹理。

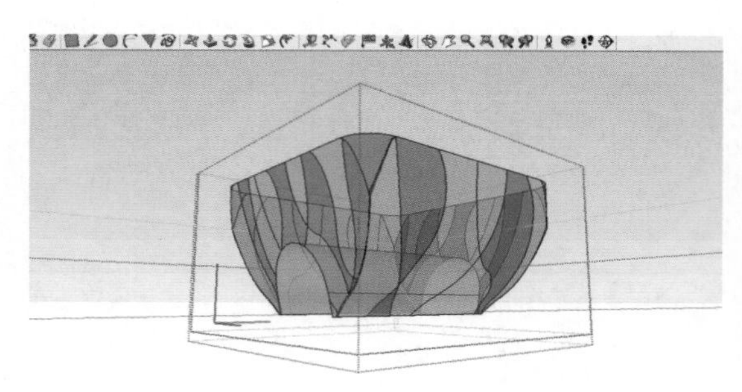

下图中纹理的处理方法是，在某个平面上绘制一些花纹，再利用地形工具和模型交错工具将花纹投影成交错到模型的立面上。

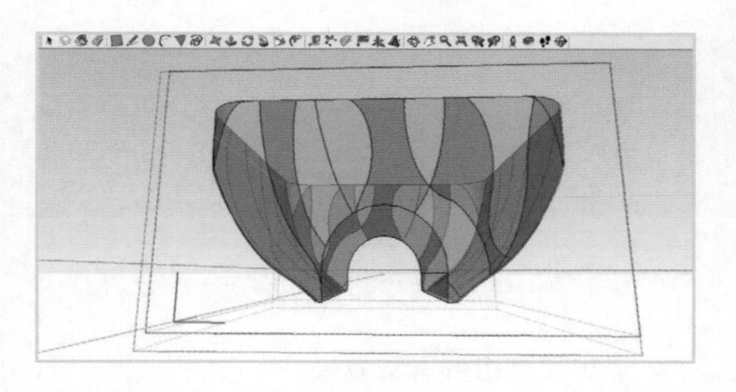

由于之前放样的关系，顶面消失了，再次将顶面闭合。

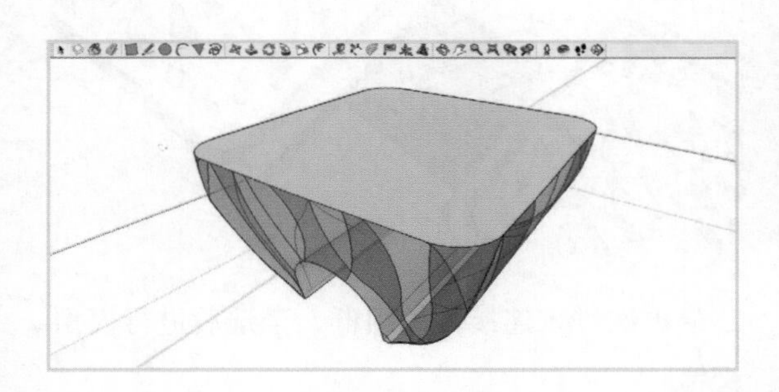

做一些细节和随意的镂空。

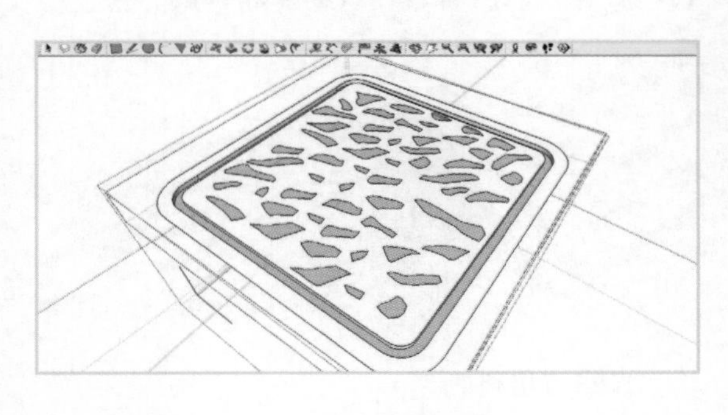

完成。

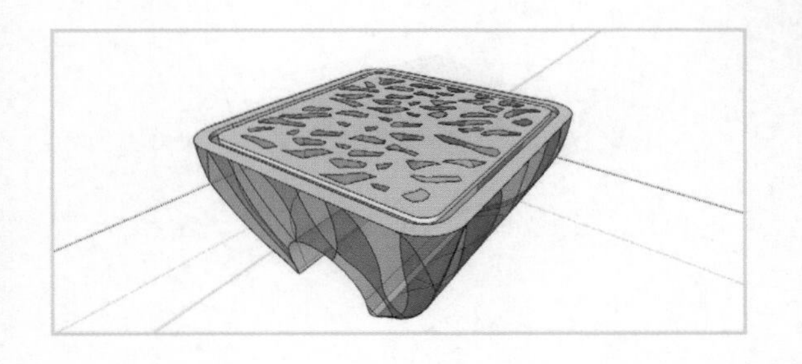

放入整个模型中。根据图纸，在旁边复制一个并且缩小到 0.7 倍。

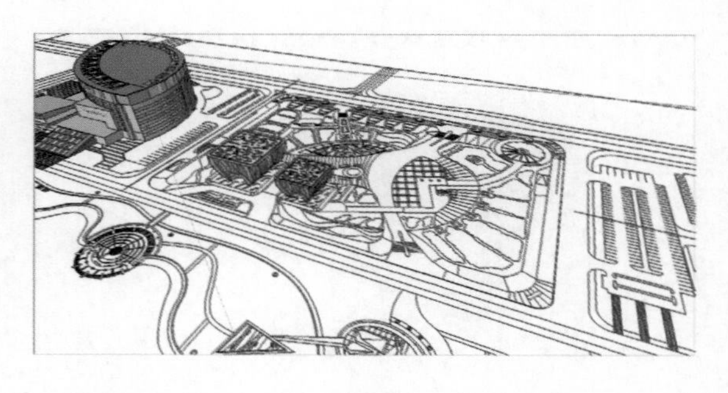

接着制作两个“烧卖”的连接体。

在地面上按照图纸画一个方块。

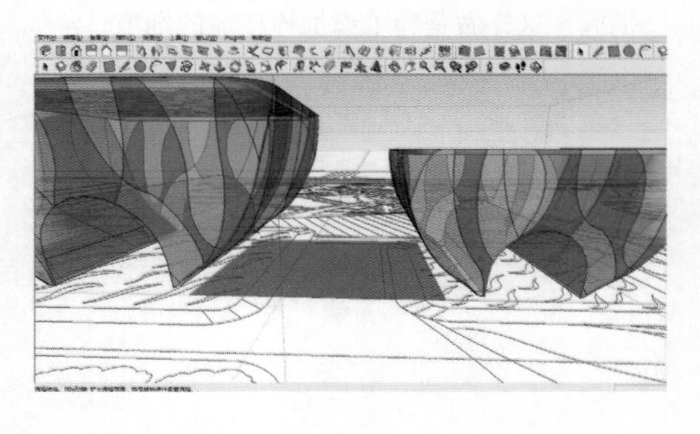

向上移动 5 m，拉升 5 m。

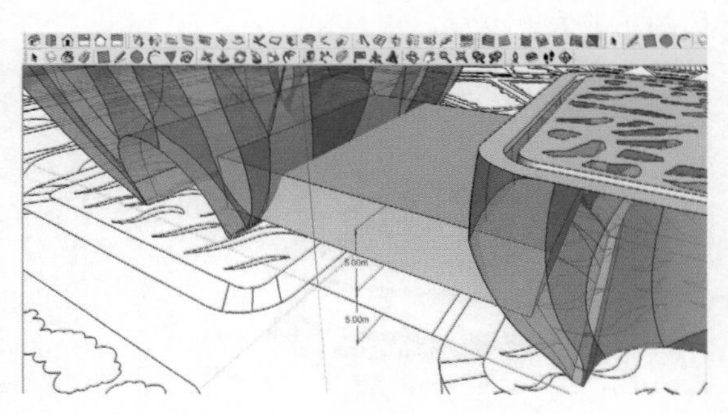

将连接体编辑成组，用圆弧工具将两端修整一下。

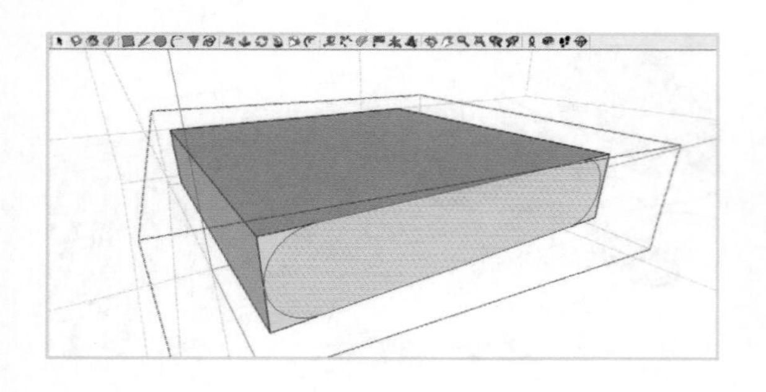

去除边角料。

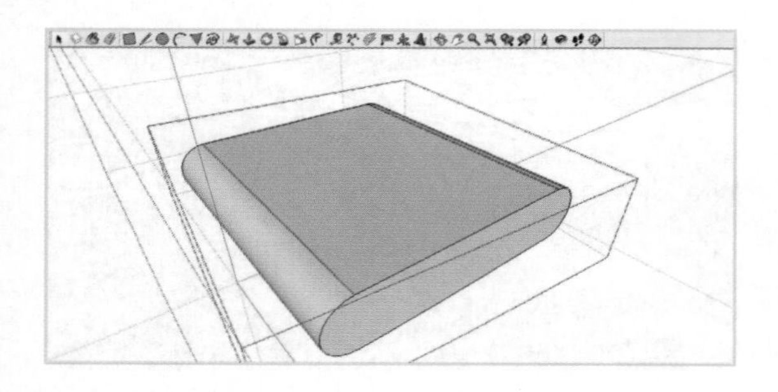

用多边形工具绘制一个小六边形，大小自己把握，这样做是为了添加连接体的细节。

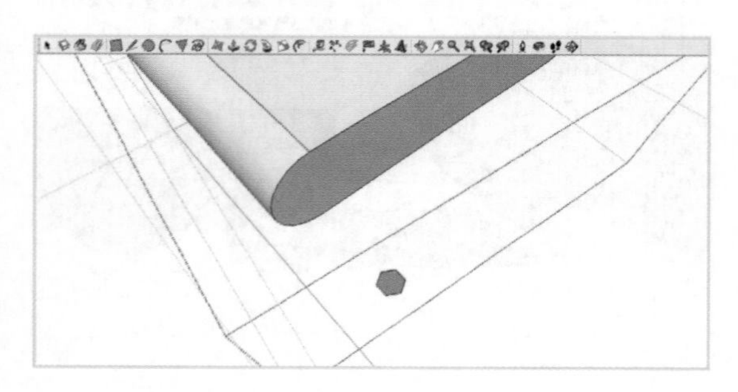

复制、阵列多个六边形，并且移动至连接体的正上方。

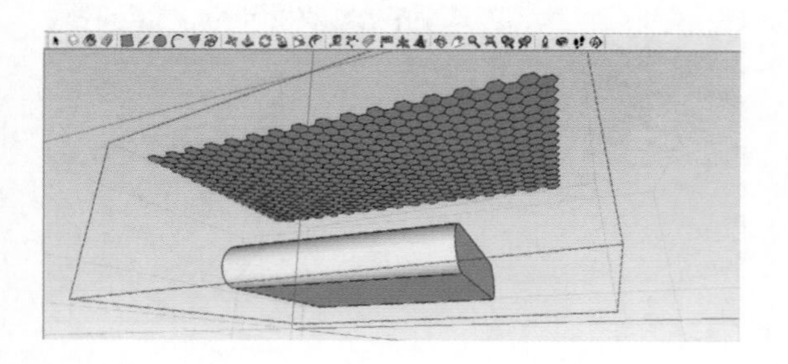

赋予连接体透明玻璃材质。选择阵列的多边形组群，用 sandbox 的投影工具将连接体分割出纹理。

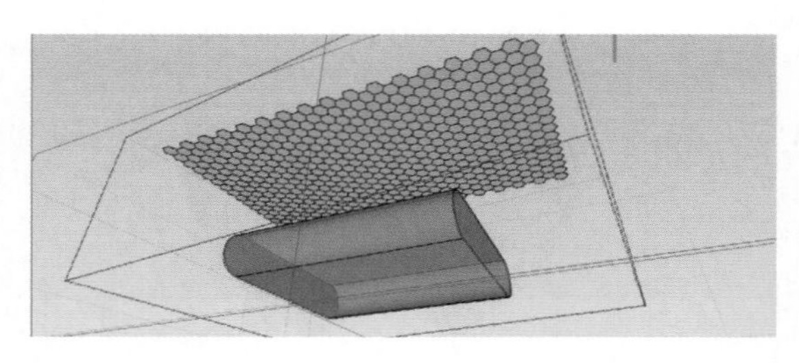

退出模型组群看看效果。

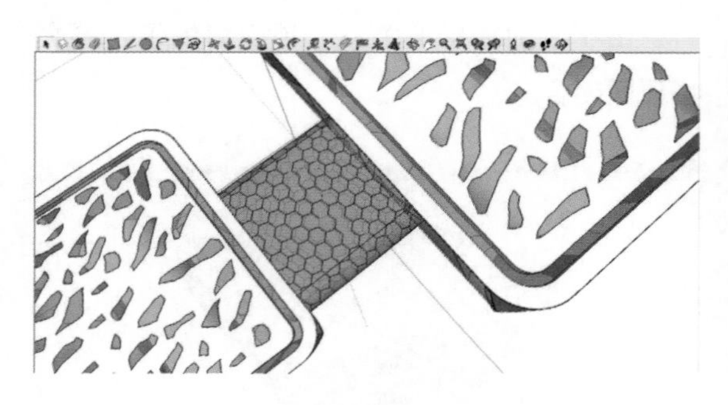

再次进入连接体的组群，全选后进行模型交错。

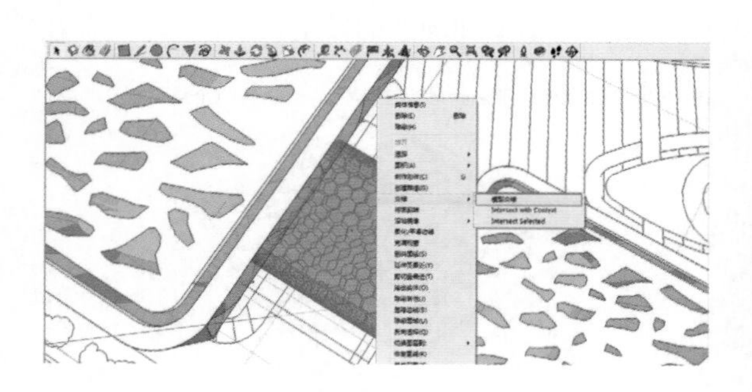

去除边角料。

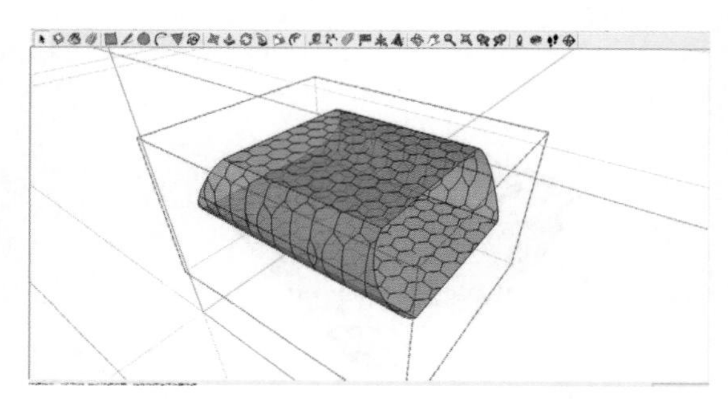

退出组群看看整体的效果。

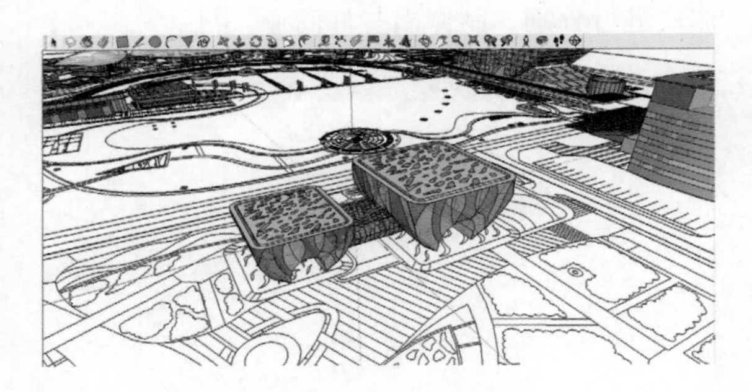

2. 制作酷似眼睛造型的建筑体

在 CAD 中选择出需要的建筑边线，导入 SU 并且缝合成面。

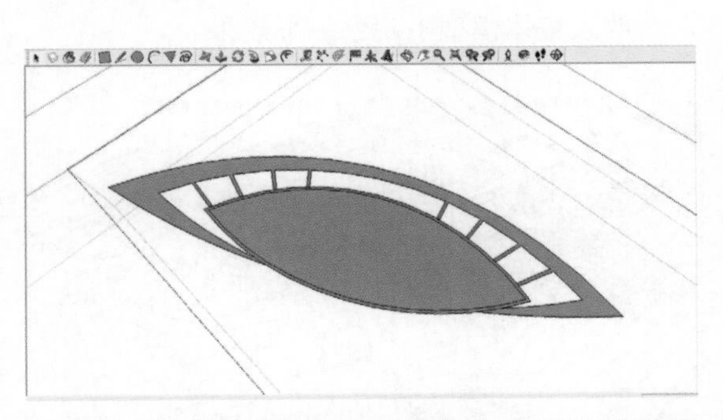

给予中间的体量 6 m 的高度。周围的框架只是钢结构的造型，可随意给个厚度。

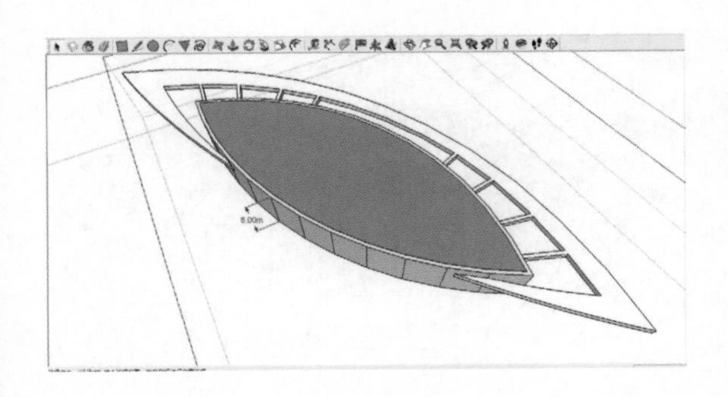

用前面讲述的放样的手法，制作出如图中的圆顶。

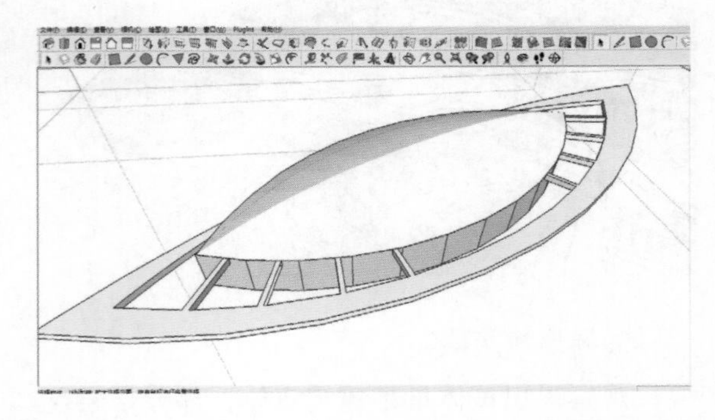

用 sandbox 的投影工具或模型交错对该圆顶进行分割并给予颜色、材质区分。

这里作者只做出了很简单的横向分割，读者们大可发挥想象力来切割、细化。

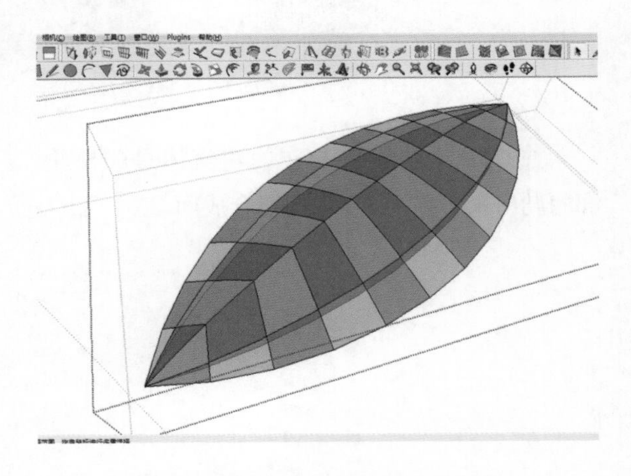

增加立柱等细节，这样就完成了。

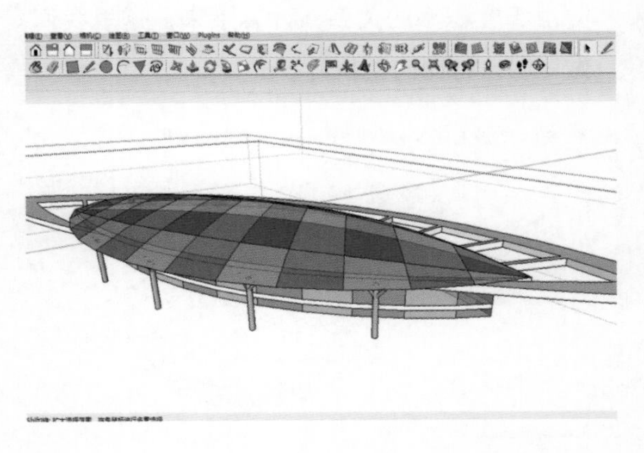

放入整体模型里看看。

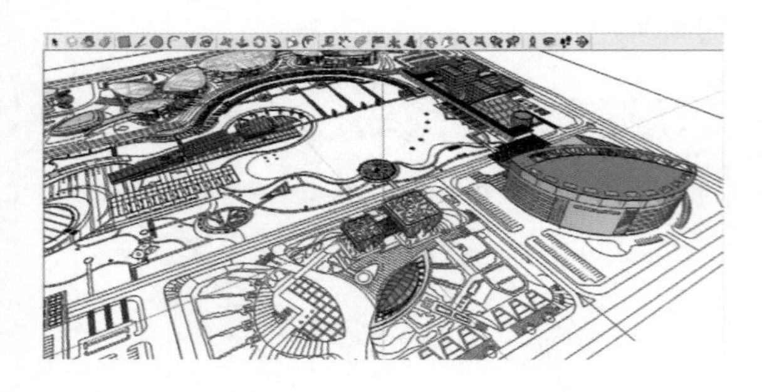

3. 异形建筑体

观察得出该体量是建筑实体，部分是架空的或者是台阶和平台。

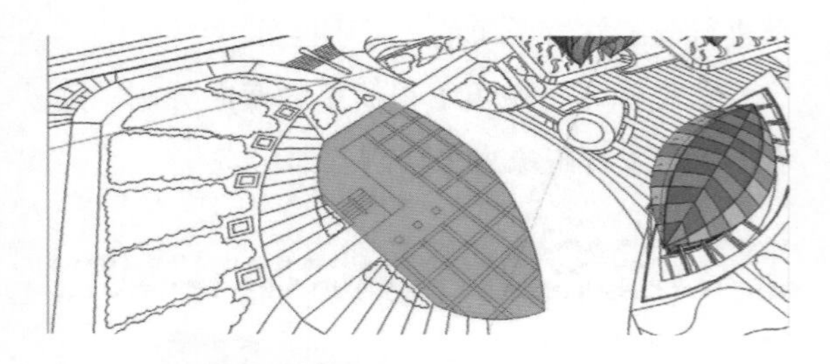

在 CAD 中将需要制作的建筑体量的外轮廓勾勒出来，导入 SU 中并缝合成面。

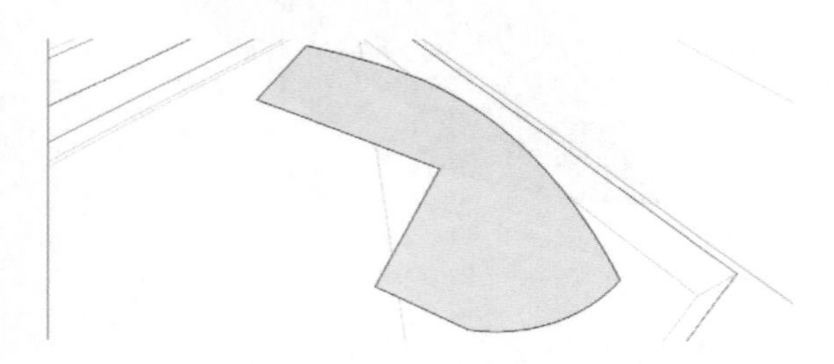

由于容积率的关系，计算下来，这里我们只做一层，将面向上拉升 5 m。

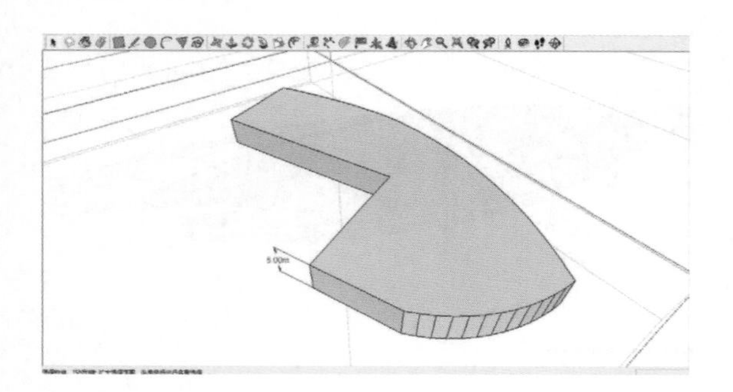

通过地形工具的投影抑或是模型交错将该体块进行分割，制作出些许商业气氛。

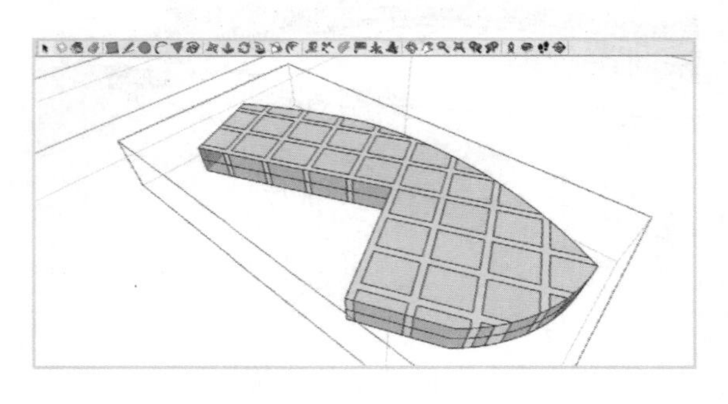

在建筑体的入口处制作雨棚。在概念设计阶段，形式上可以制作地夸张一点。

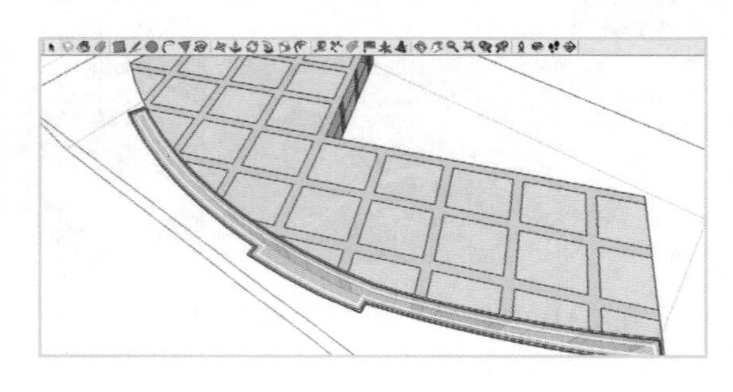

放入整体模型中观察一下效果。

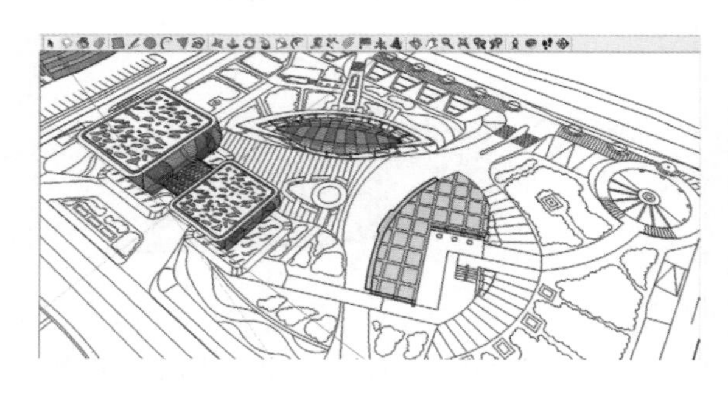

接下来制作台阶、平台和过街连廊。

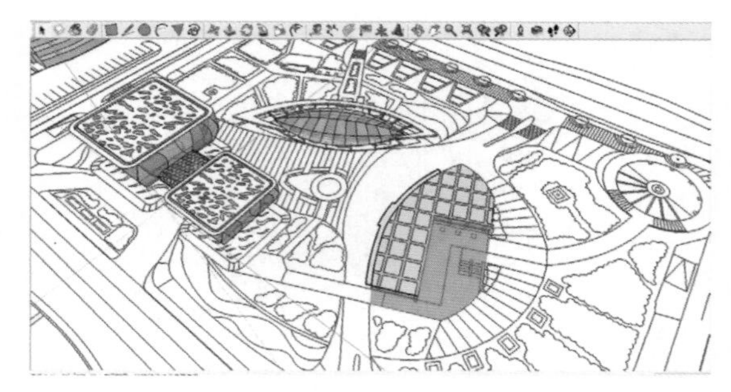

根据 CAD 图纸以及自己的理解，我们制作成图中的形式，楼梯加平台。

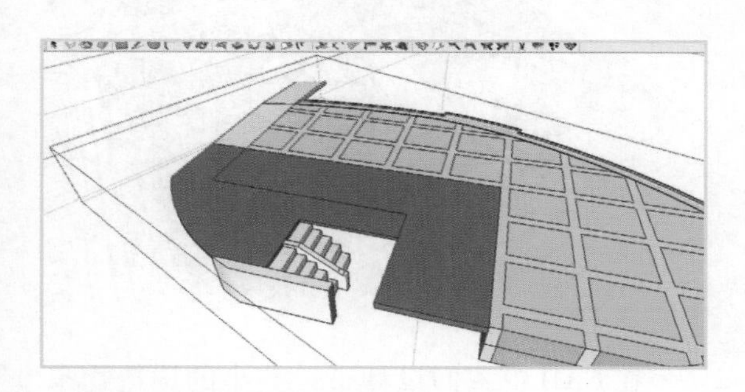

4. 中心广场构造物的制作。

导入 CAD 底图，选择该建筑的边线。将选中边线制作成组群，并在组内缝合成面。

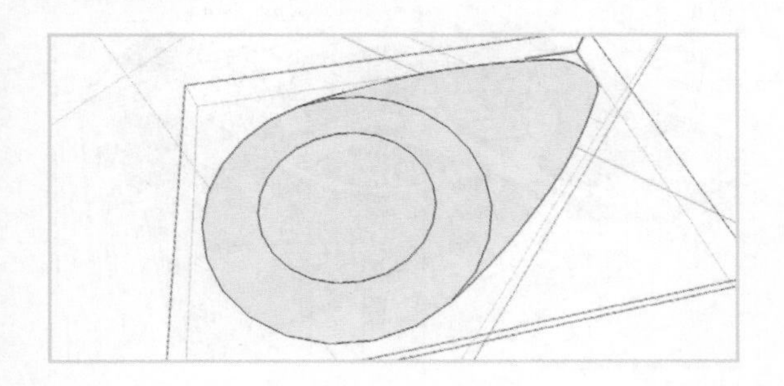

意向性地制作出形态草模。

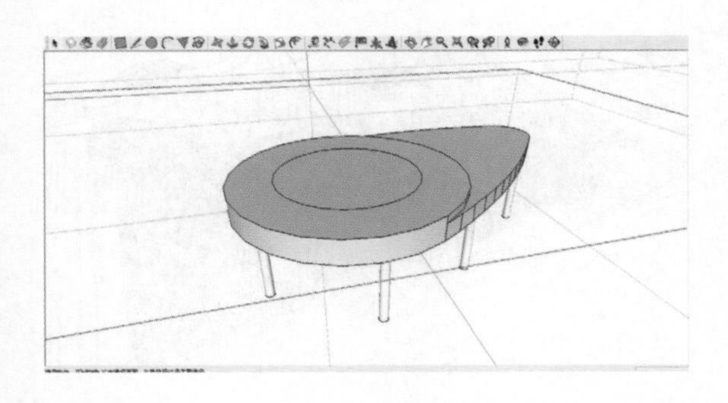

进行细化。

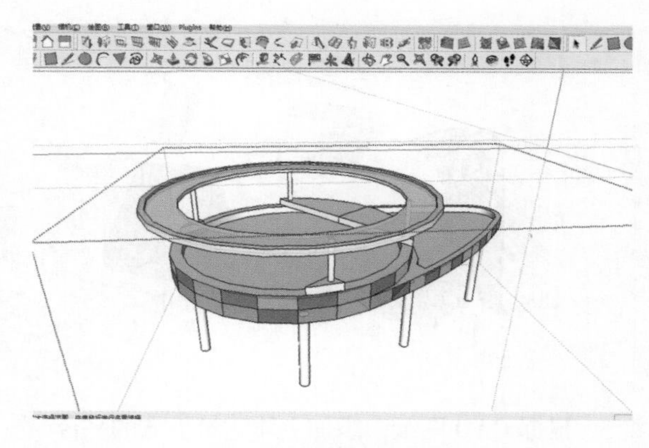

完成，退出组群观察整体效果。

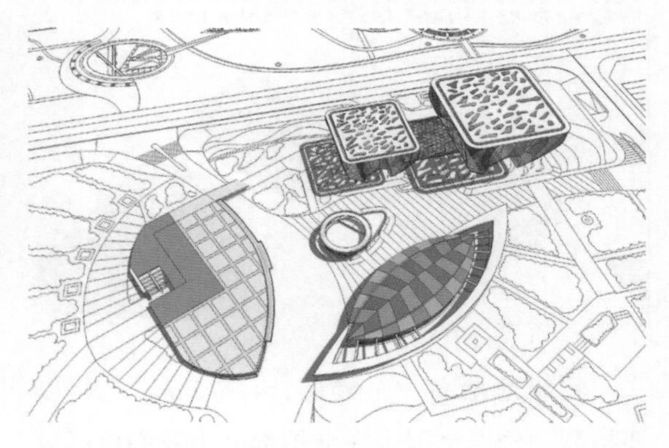

5. 西广场的景观环境

根据 CAD 图纸及手绘的鸟瞰图，我们发现西广场是整个台地形式。我们选择出需要上抬的绿地。

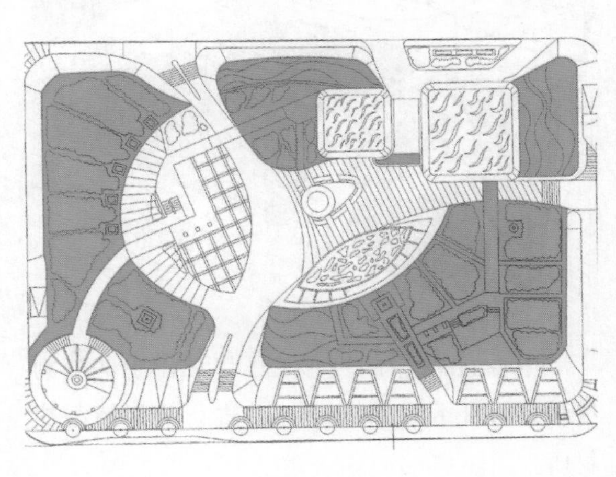

导进 SU 中缝合成面。

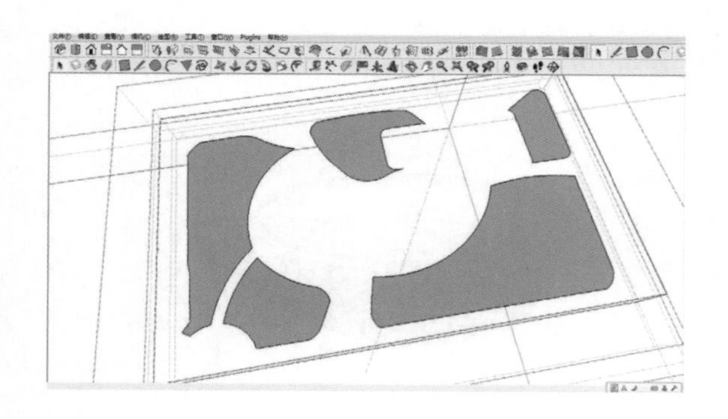

根据 CAD 图纸，添加主体建筑下方的平台。

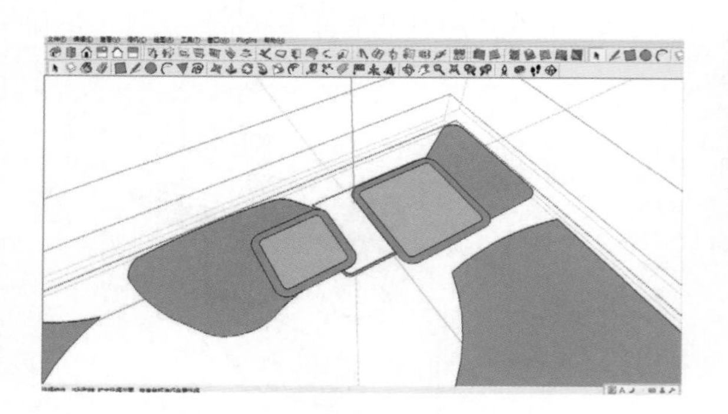

将绿地抬高一个楼层，4 ~ 5 m。之所以要抬高一楼层是因为在上抬部分中我们可以设计一些商业，这样即达到了整体的美观要求，建筑又是计入容积率的，对于整体指标而言又是一个量的补足。

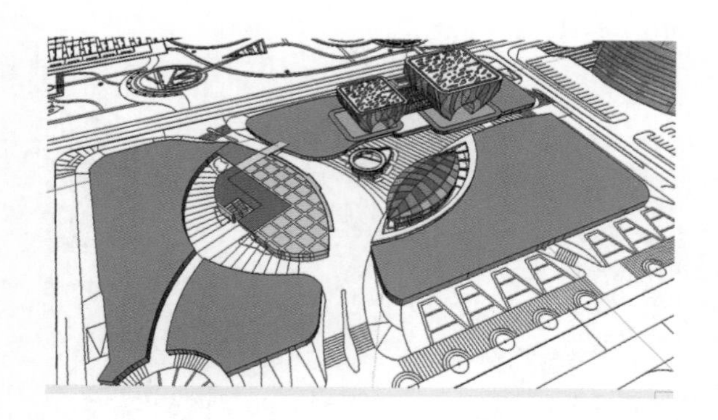

用 sandbox 中的投影工具将 CAD 上的分割线投影在上抬的绿地上，并进行分割与添加材质。

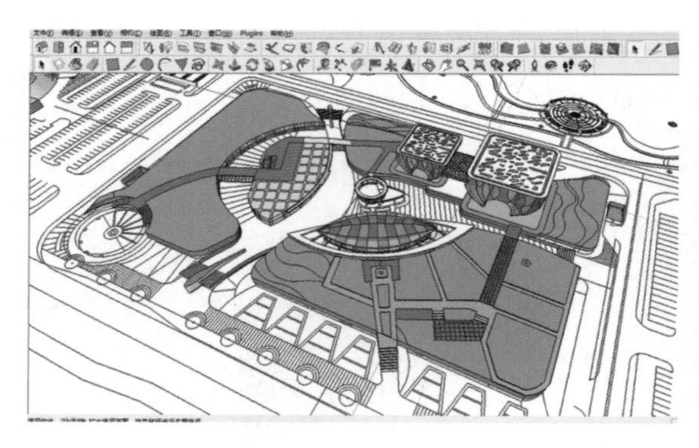

在 CAD 中我们设计了一些小的构造物来点亮整个区域。

将构造物绘制到模型中去，小构造物的形式基本以局部的地标为主。

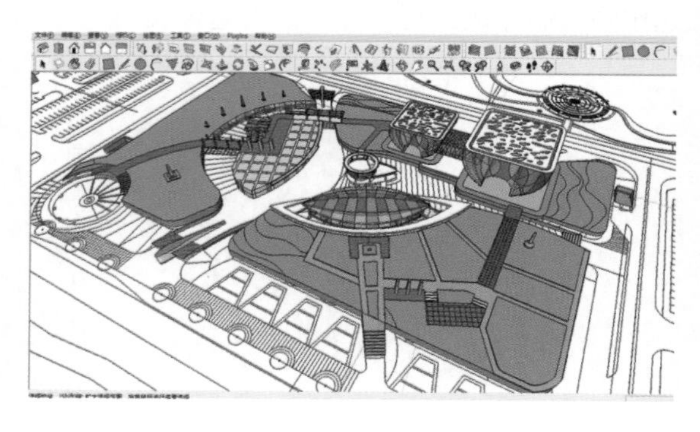

接着利用放样工具制作出缓坡部分。

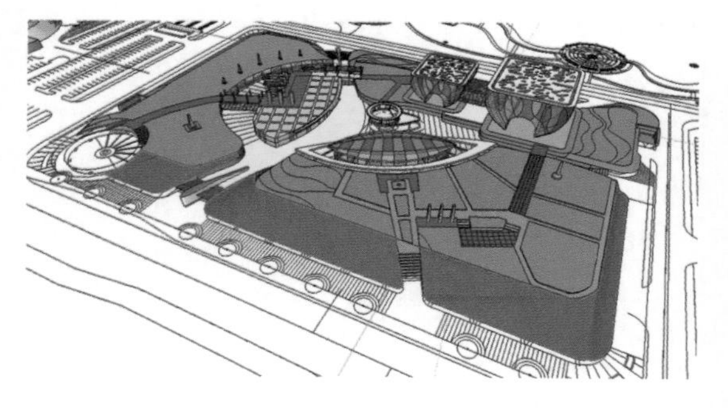

最后用 sandbox 中的投影工具将缓坡上的细节刻画出来。

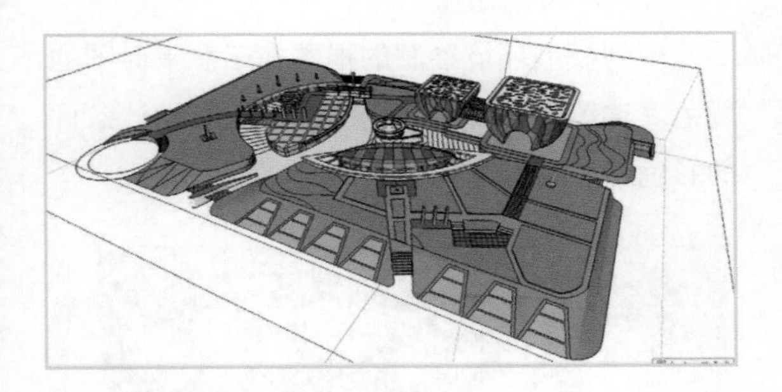

6. 制作环境树

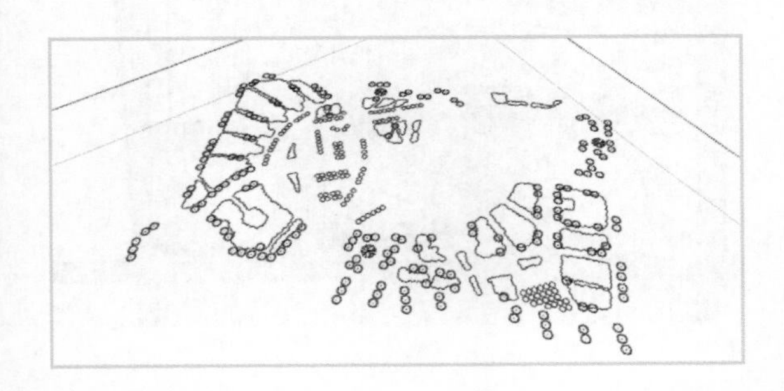

在规划模型的制作中，环境树一般来讲分为两种，云线树及棵状树。

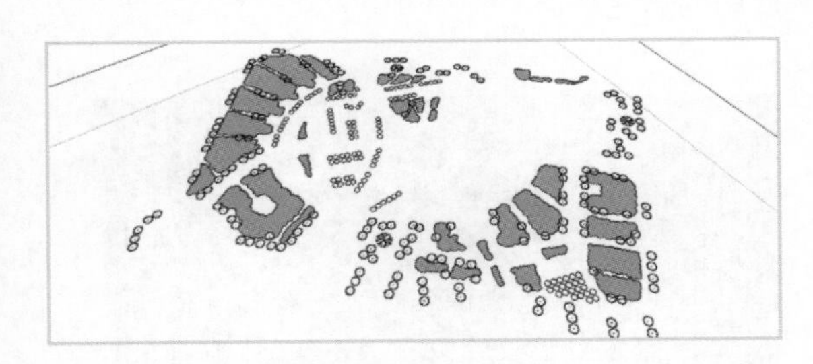

云线树的制作相对比较简单，将轮廓线导入 SU、封面、拉升大约 3 ~ 5 m 的高度就完成了。

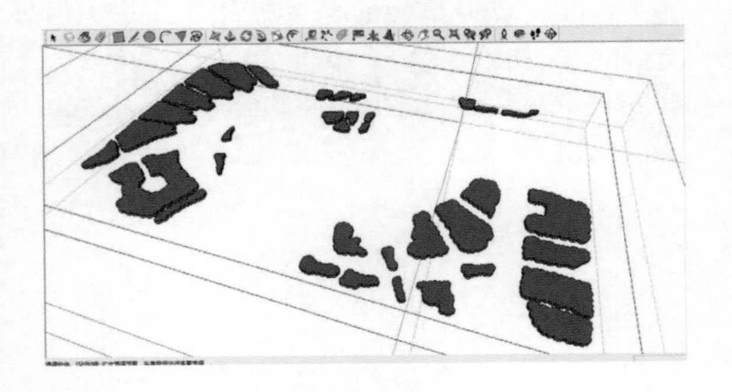

摆入模型中看下效果。

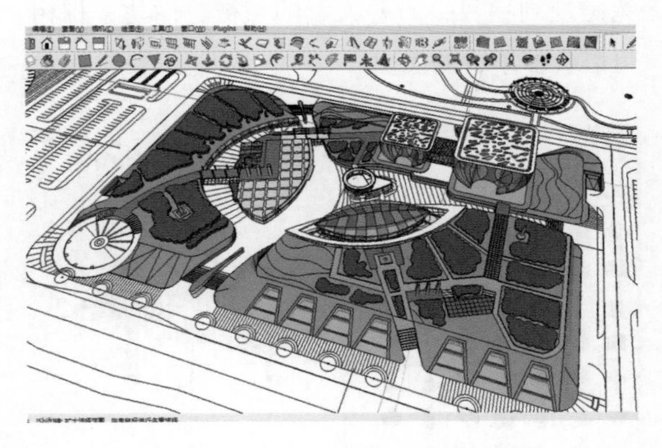

棵状树的制作，可以在现有的图库中选择现成的模型。因为规划地块的位置是在南方，所以我们选择棕榈树作为云线树群中的点缀。

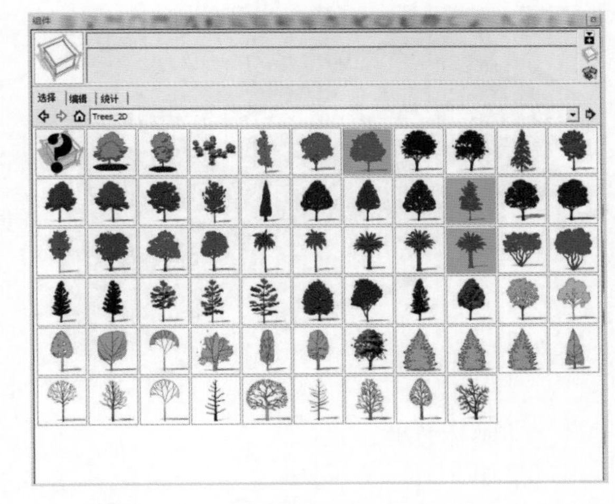

将选择出来的 3 种树罗列在一起。

进行大小、颜色以及模型量上的调整。毕竟是规划项目，需要大量的植被，简化一棵树可以省掉不少的面。

放入模型中看下效果。

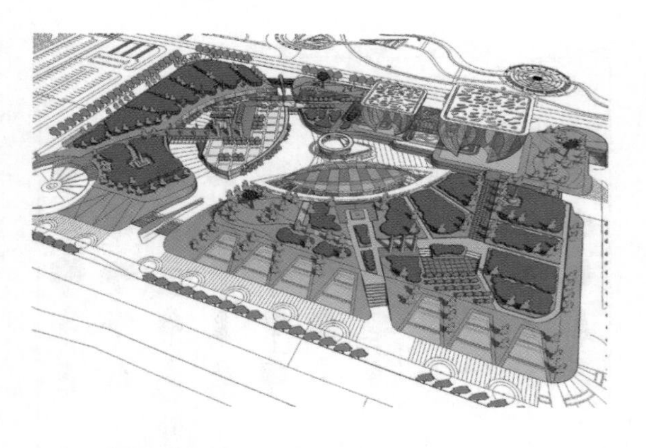

看下整体效果。

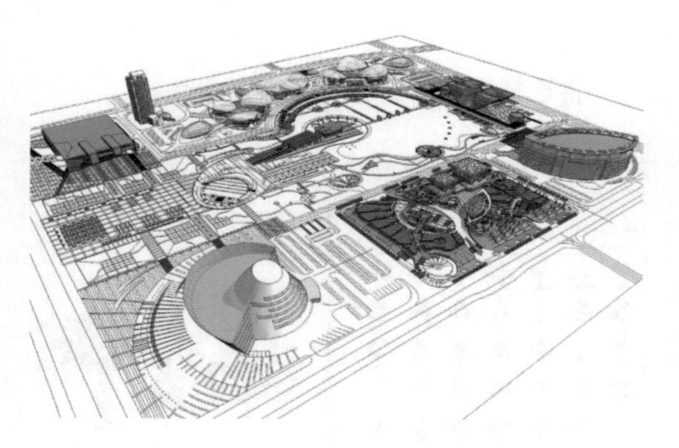

5.2.6 绘制整体模型环境

1. 大环境的制作

规划模型环境绘制的根本在于总平面图的颜色。这里已经有一张色泽优雅符合设计条件的彩色总平面图。

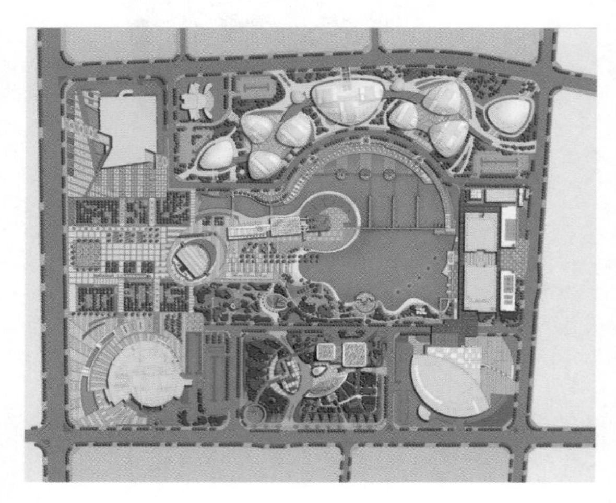

对于模型底图而言不需要阴影和树，因此一般在制作的时候会专门存一张为 SU 模型做底图的彩色平面。

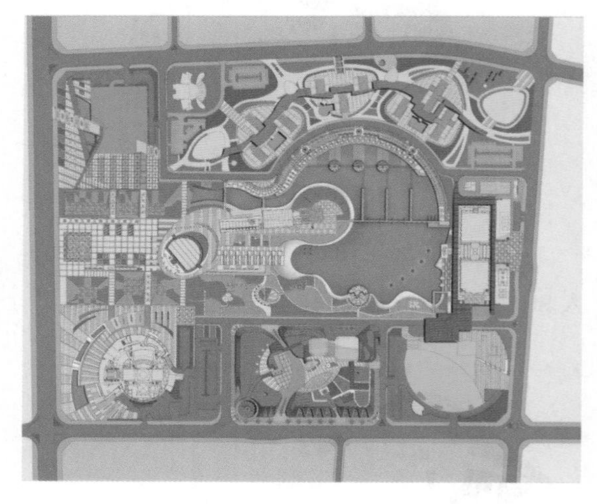

将此图直接放入模型中。

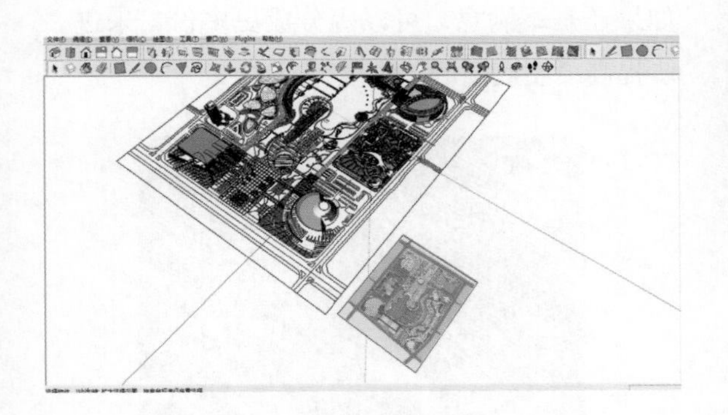

放大局部发现精度实在是太低了。导入的图片精度低是目前 SU 软件的弊病。

我们可以利用一些技巧改变这种情况。在 Photoshop 中打开该图片。

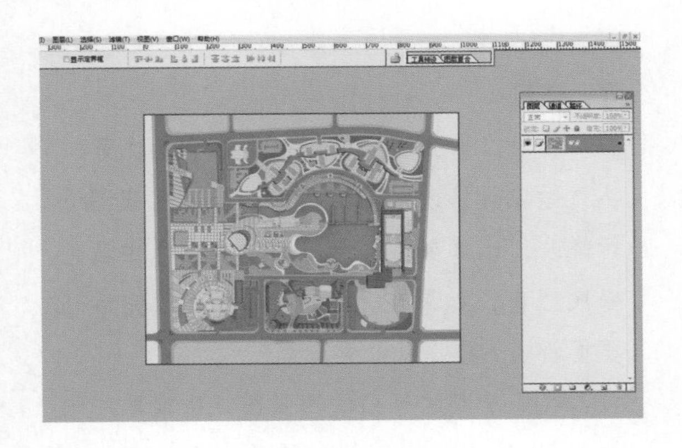

使用 Photoshop 的快捷键 Ctrl+R，借用标尺上的辅助线工具，我们将此 JPG 图片等分成四份。

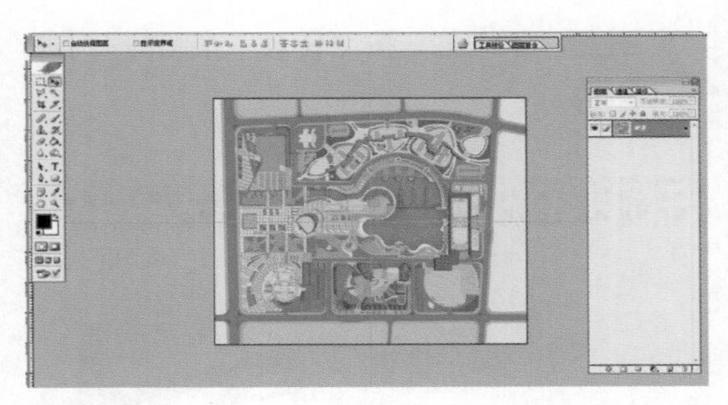

用裁剪工具按照辅助线将图纸分成四分；并另存为四个图纸文件。

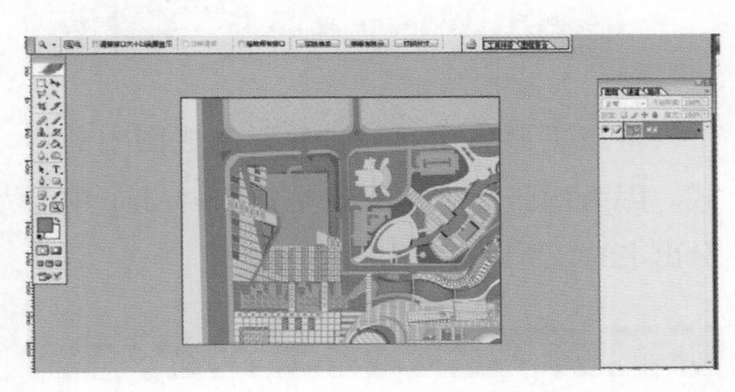

为了便于以后的修改，被保存图纸的路径尽量不要移动。

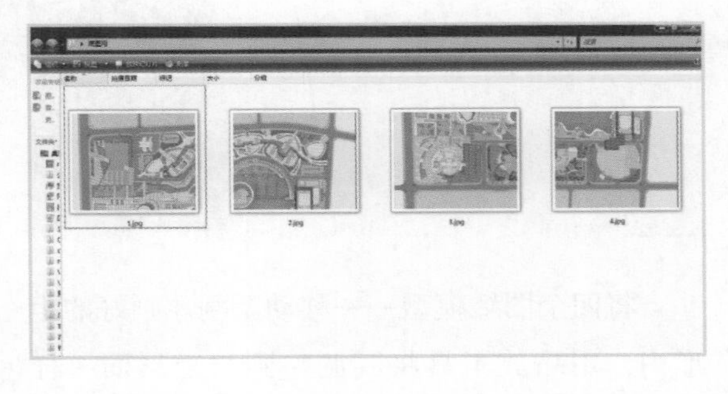

把四幅图直接拖入 SU 软件中，发现大小都不一致。

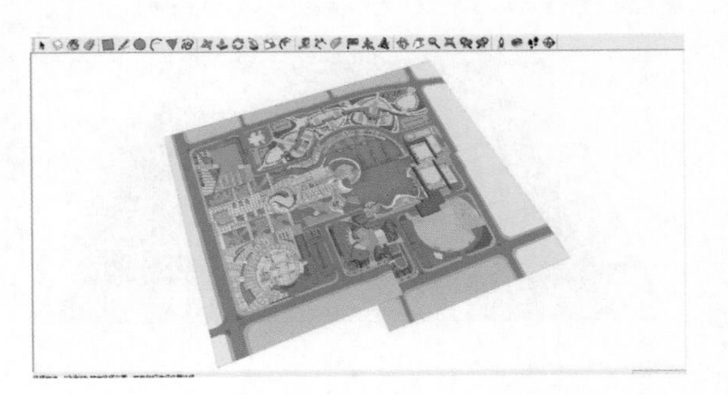

进行一下调整，按照任意一张图的大小画一个矩形。

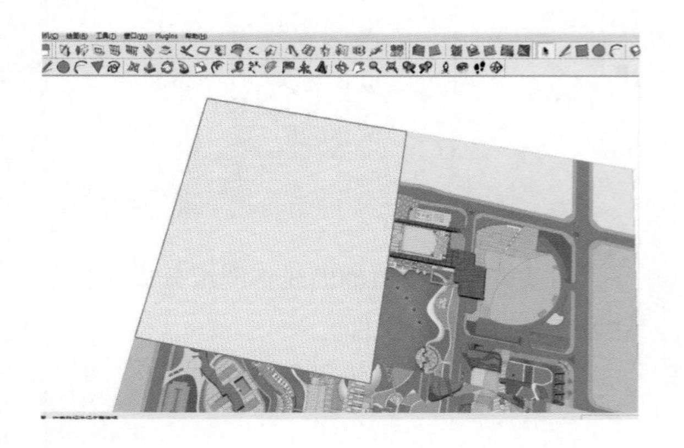

将该矩形移动到一边并复制成图中的形式。因为四张图纸本身就是从 Photoshop 中等分出来的，所以长宽比例是一致的。

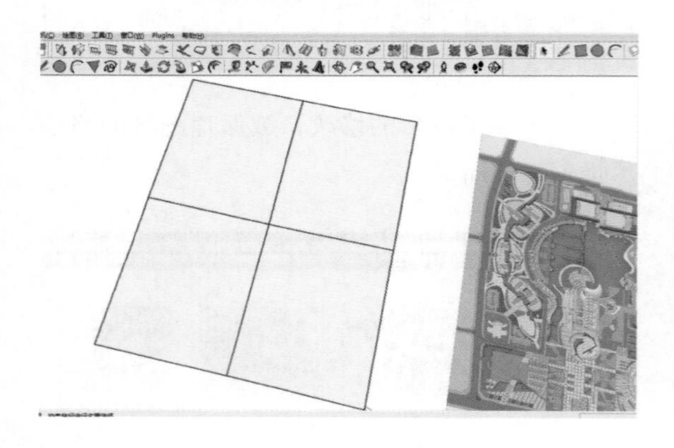

将四个图纸模型一一移动至刚才画好的矩形内，用缩放工具将其调整到与矩形面一样大小。

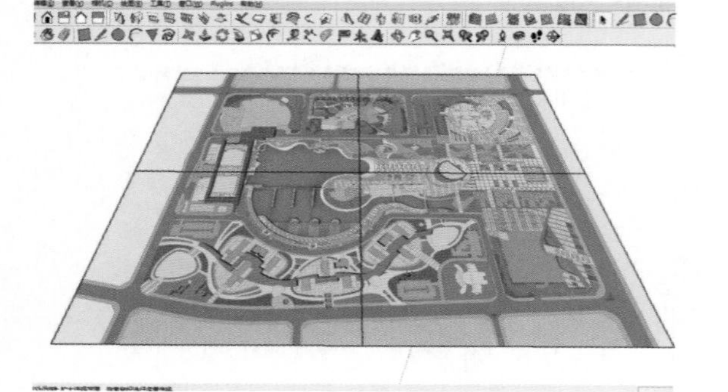

放大局部，与之前的比较，清晰了很多。如果还是不满意，可以等分成更多份，来进一步提高模型底图的清晰度。

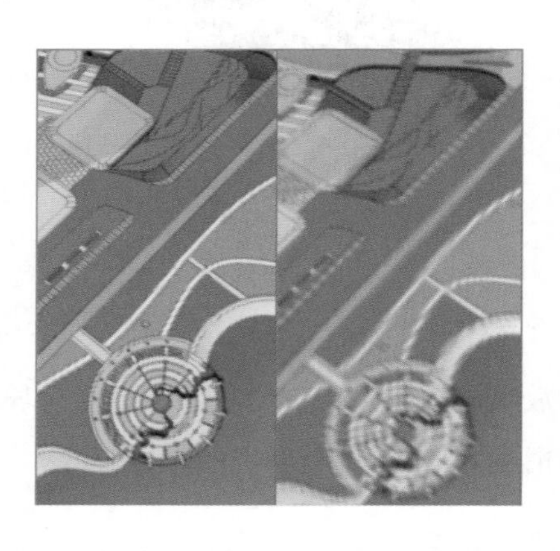

这种方法也是有缺点的，会留有分模线，但可以在图形输出之后用 Photoshop 涂抹掉，具体操作下面会有讲解。

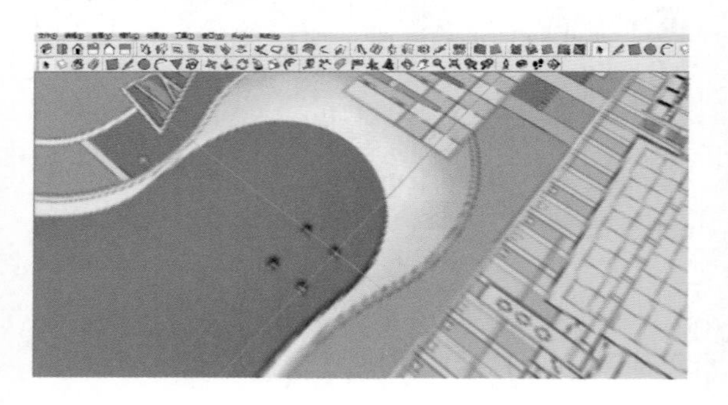

注意：

为什么四张图纸的保存路径不能改变？

做设计修改是必然的。如果要对底图进行修改，比如要将彩色平面中的水系由蓝色变成红色，如果在 Photoshop 中修改完后还要重新插入模型就非常麻烦？

我们从刚才等分的四张图纸中提取一张放入 Photoshop 中编辑，给予水系红色，并且原位保存。在缩略图中可以看到，第一张图的水系已经变成了红色。

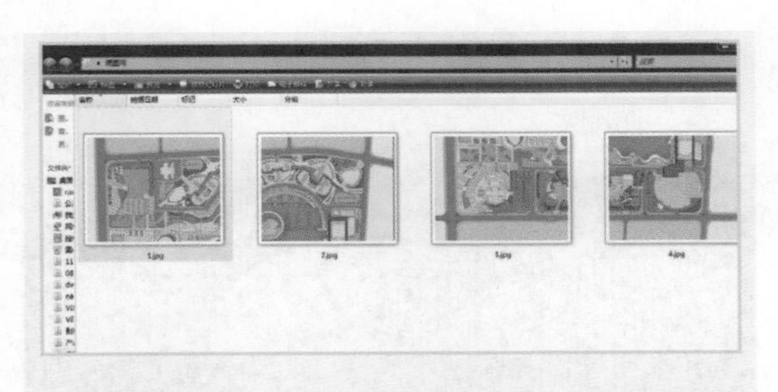

然后直接拖入SU模型中，发现之前拖入的图纸跟着一起变化了。这样一来，减少了工作量，节省了时间。

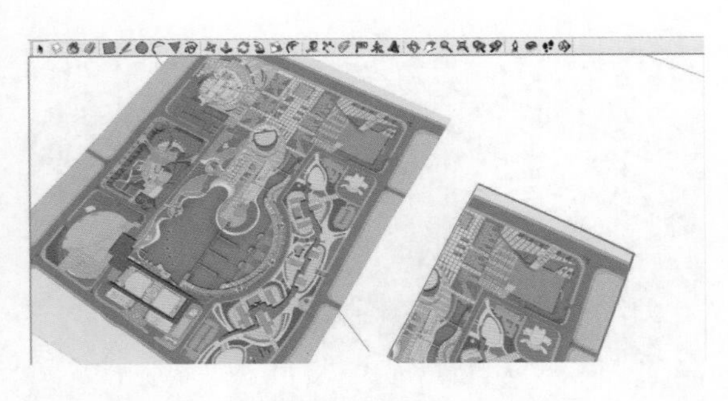

退出图片模型的组群，看看效果。

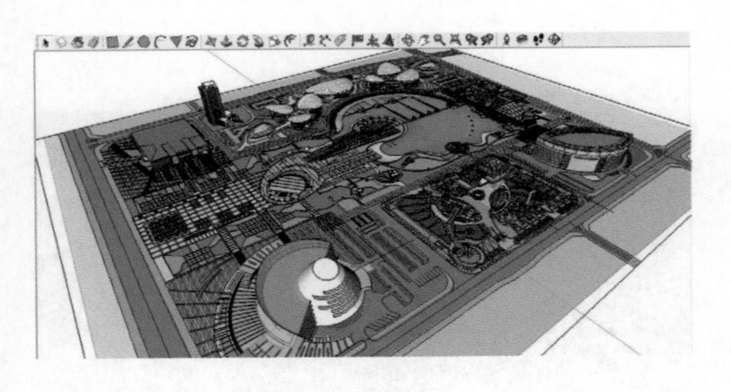

2. 制作沉降部分

再次进入该组群，将这四个图片模型炸开。

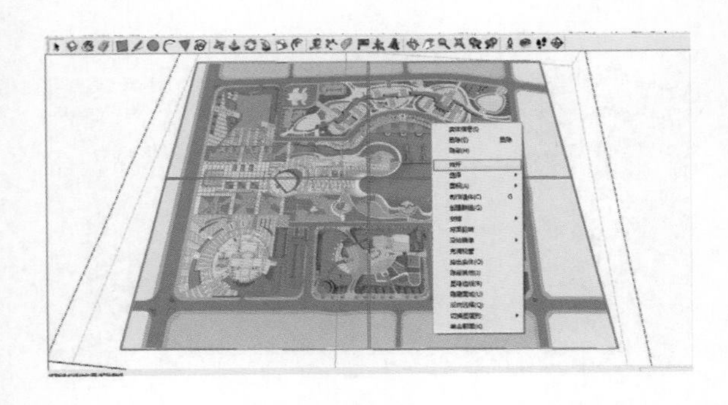

用橡皮擦工具结合 Shift 键对边线进行隐藏。

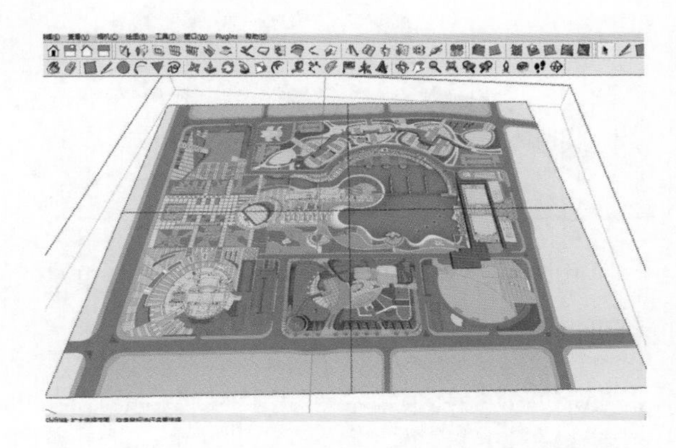

将之前5.2.3中提及的水系CAD调用出来，导进SU中。

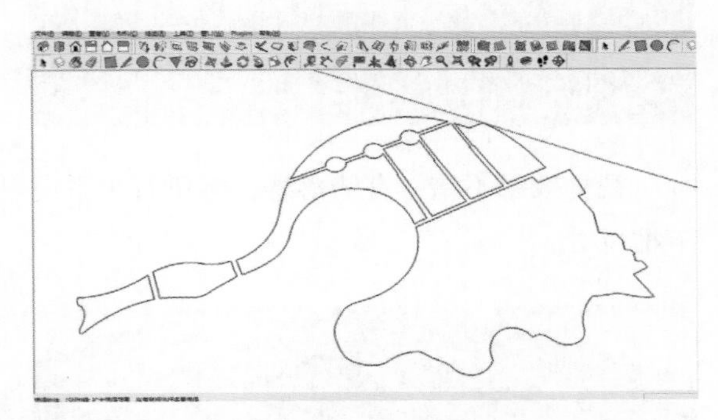

缝合成面并且移动到水系的上方，位置要对准。

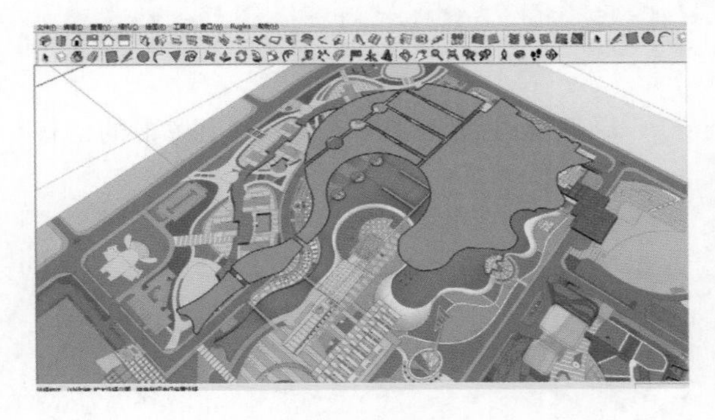

用sandbox中的投影工具，将水面向下投影到图纸模型上，这样就可以把图纸模型上的水系单独提取出来了。

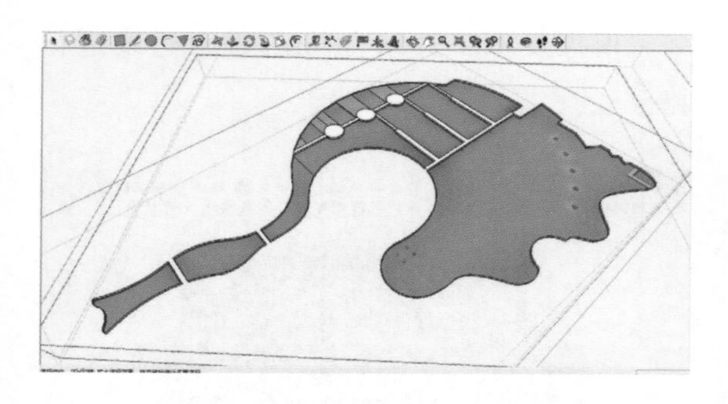

用推拉工具将水面向下沉 2 m 看看效果是否可以。

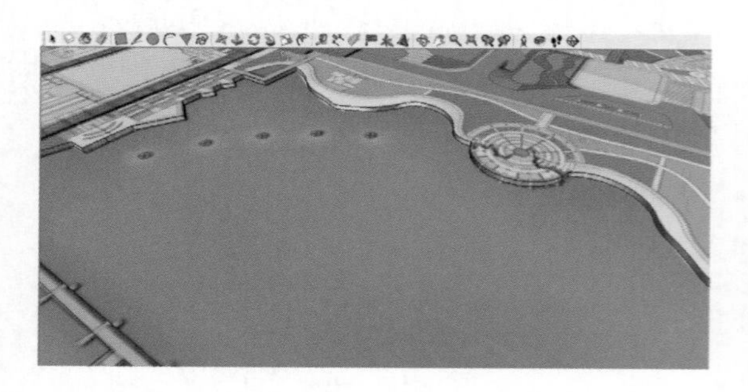

视觉效果不错，有错落感，将所有水系向下推拉 2 m。

局部可以做很跳跃一些，忽上忽下的，有节奏地变化高差。

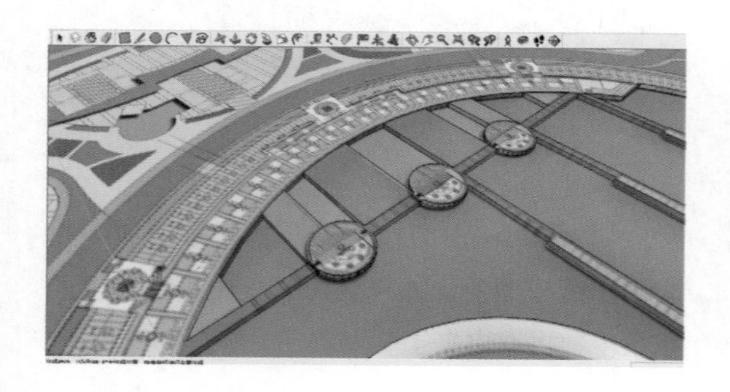

看看整体效果，初具规模了。

用同样的方法将下沉广场制作出来。

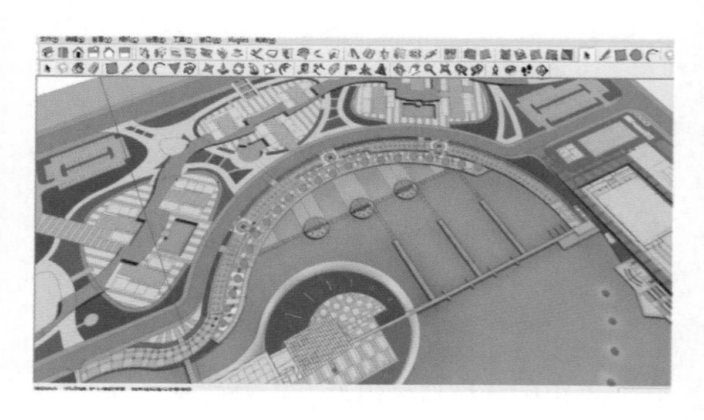

完成。

制作一些小构造物。

再次根据 CAD 图纸种植树木。

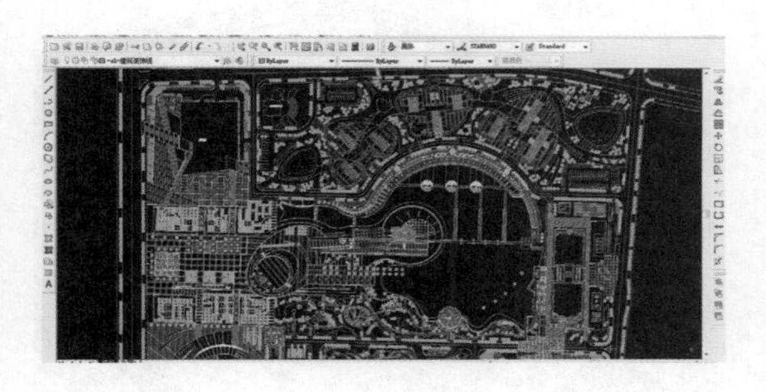

导进 SU 中，由于 CAD 中的块就是 SU 中的组件，只要一个动作，整片树林就出现了。

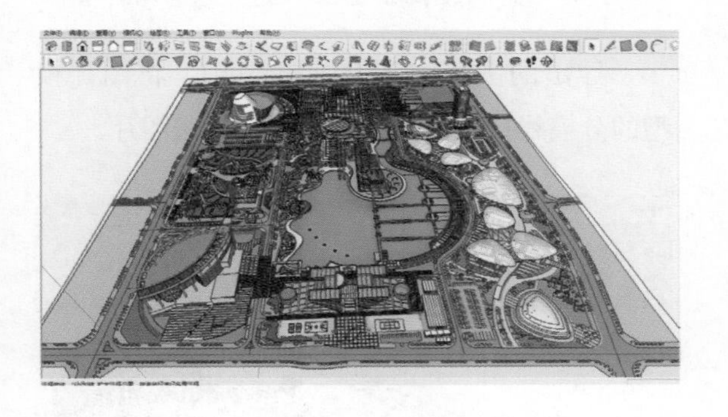

5.3 成果输出

5.3.1 页面的设置

在“窗口”中选择“页面管理”。

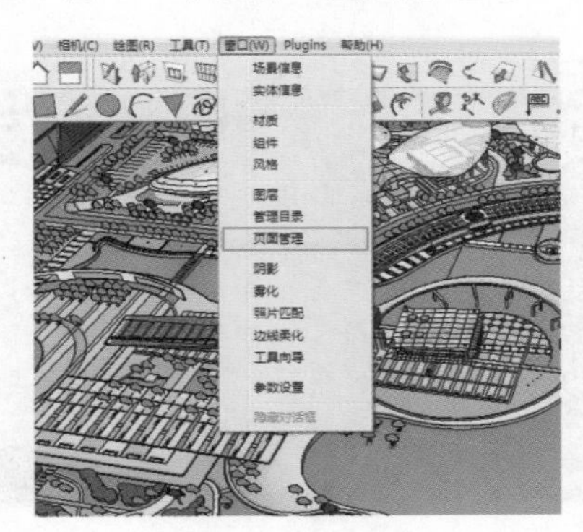

在弹出的文本框中可以设置添加页面，添加页面的意义在于保存好的角度做动画。取消“包括动画”前的对勾，做动画的时候就会跳过这一页。

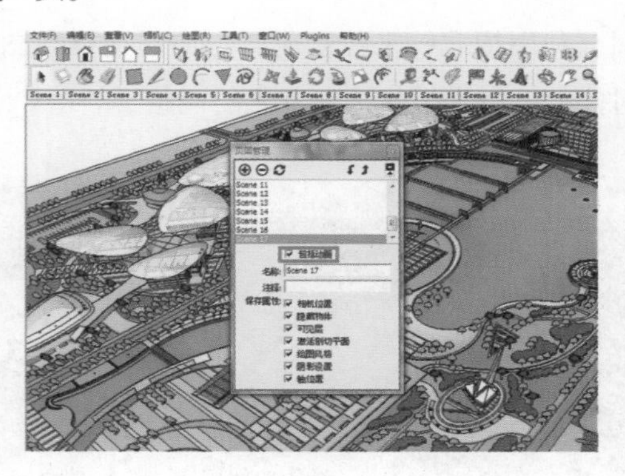

5.3.2 阴影的设置

简单的设置就不多讲了，讲一下阴影朝向的问题。在做方案模型的时候经常会发现，由于北半球的阳光都是朝北打的，建筑的北面都是阴影面，导出的图效果往往不够理想。其实可以控制大阳光的走向。

在“窗口”中选择“场景信息”。

在“位置”选项中点击“选择”。

由于模型量较大会比较卡，需要等待一下。不久后，在模型中出现一个有指北针的圆圈，利用指北针来控制阴影方向，这样导图的时候就不会发生建筑面背光的现象了。

5.3.3 输出

找一些满意的角度，输出图片运用于规划文本。

5.3.4 在 Photoshop 中的处理及优化

导出的图片拖入 Photoshop 中，将图片模型的分模线抹去。我们随意拖入一张图片。

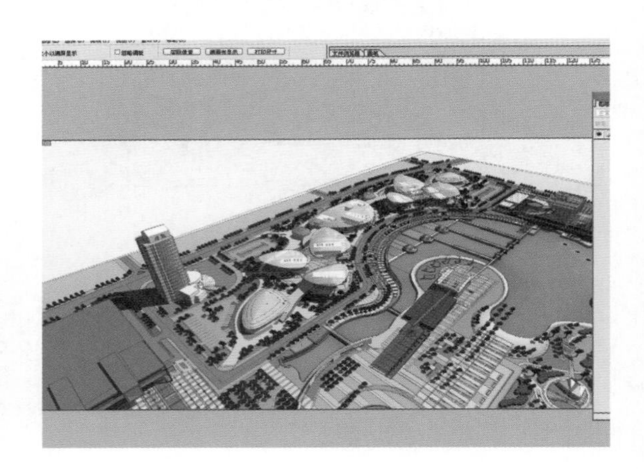

放大找到图中的分模线。

用 Photoshop 中的橡皮章工具进行涂抹，完成后存图覆盖。

还可以在 Photoshop 中添加一些分析线，改变用平面图作分析的常规作法，使得分析图更直观。

5.4 相关技巧总结

5.4.1 解决规划难点

改造项目一般分为以下几种，单纯的外立面改造、适当地变化结构增加得房率、调整业态吸引人流。

这个项目的改造属于第三种。起初，偌大个市政广场吸引不了人流，于是当地政府在广场东西两侧建造了商业建筑，竣工开业后依然达不到预期的人流。

经过设计师的考察及研究，现状的环境非常漂亮，周遭的文化建筑也相当多，看得出是花了大价钱的，但存在两方面的问题：东广场虽然有商业业态，但是这些建筑体各自为政，就像放大了的小商铺形成不了气候；西广场的建筑形式单调没有跳跃感。

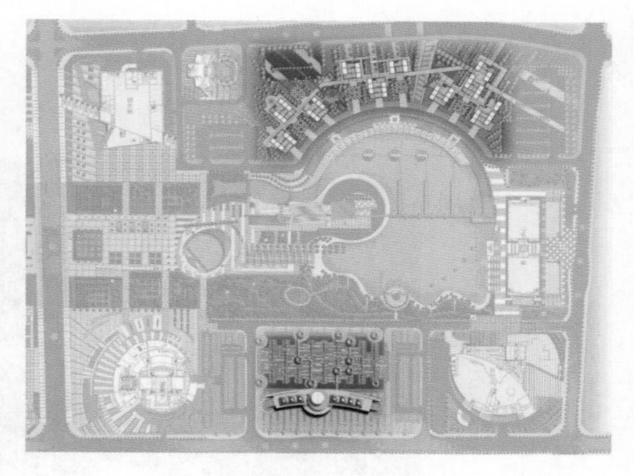

为了解决这两个问题，我们在规划上作出如下的调整。

在东广场中建造二层平台，贯穿整个东广场，这样可以拉动人流使得人气聚集。在建筑形式上采用张拉膜的形式，将原先零散的商业体组团化。

在西广场中，建议完全拆除现有建筑，删除现有业态，注入新的形式。将西广场设计为

多媒体中心。无论是建筑形式还是业态，都以现代、潮流的方式引入人群。

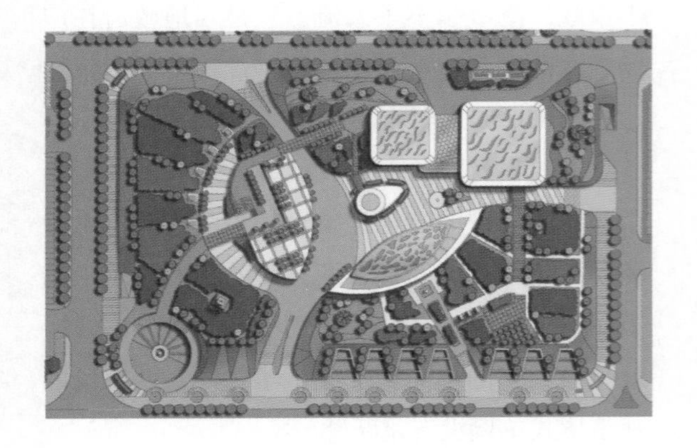

5.4.2 如何利用网络资源

整个模型中，现状部分的造型资源完全来源于网络。

很多项目在方案初期都会有资源严重缺乏的情况，比如某些拿地的方案，甲方只给你一张打出来的现状图纸作为基础图件。作为设计师往往很无奈，巧妇难为无米之炊。

这时就需要寻找与项目相关的网络资源。可以运用 Google Earth 软件以及网络的 3D 地图，可以更深入地了解到项目本身的周边情况。

5.4.3 SU 模型与效果图的比较

整体鸟瞰图

东广场鸟瞰图

西广场鸟瞰图

SU 鸟瞰图

效果图的表达很到位。但细看可以发现，效果图公司的人直接用了笔者制作的 SU 模型来进行渲染，可见 SU 模型其实可以非常细致，挑个局部来看一下就知道了。

第 6 章

06

驾驭 SketchUp 的细节性
——城市综合体规划设计

6.1 项目阐述

6.1.1 项目的现状特点

本项目位于该市的核心地段，总占地 9.6 公顷，略呈长方形，南北宽约 220 m，东西长约 450 m。地块东西是路，南北则与其他开发用地咬合相接。

6.1.2 规划的理念

1. 功能定位

集休闲、娱乐、健身、购物、餐饮等为一体的生活时尚全景广场。

2. 发展特征定位

旗舰型发展——在不可复制的地段优越性前提下发展地区的旗舰商业；

前导型发展——引领地区先进生活理念，介绍世界文化潮流；

一站式发展——打造多功能、景观式、体验式主题商业网络。

3. 空间维度定位

① 长度

一般来说，直线型步行街的有效长度是 600 m，我国很多著名的步行街，如西单大街、王府井、上海南京路、武汉汉正街等，长度均在 600 m 左右。每 100 ~ 200 m 可以设定一个主题，或在建筑功能上设定一个变化点；这样可以减缓游客的疲劳度，并提供休闲、驻足的场所。

② 宽度

一些专家认为，商业街适宜的宽度为 20 ~ 30 m，小型步行商业街宽度以 20 m 左右为宜。一般来说，纵深界面拓展在 2 ~ 3 条商业街为宜。

③ 高度

步行商业街的高度，是指街两旁建筑向地下延伸和向地上延伸的高度。商业街开发从投资回报率的角度出发，往往希望把建筑盖得高高的，以创造出更多的用于出售的店铺面积。从设计及使用经验来看，步行商业街宽度和高度的比例最好为 1 : 1，最高也别超过 1 : 2。步行街两旁的店铺建筑以二至三层为宜，最高别超过四层。地下延伸以一层为宜，最多不超过两层。

6.1.3 完成的目标

建设在生活方式、建筑形象、城市风貌等各方面均具有标志意义的旗舰型的城市复合体，通过商业业态的科学覆盖、购物环境的三维引导，在市中心打造全新的生活全景广场。

6.2 模型的制作

6.2.1 项目现状解释

以下是项目现状图，红色范围内是需要规划的地块，橙色的色块为需要拆迁的建筑，周边蓝色的色块为保留建筑。

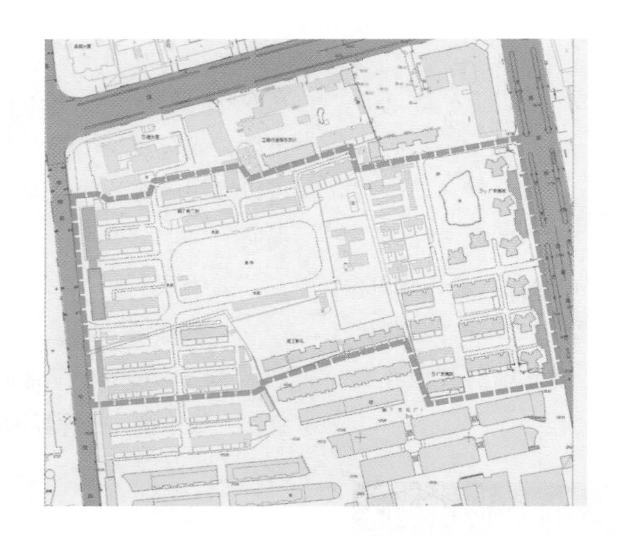

6.2.2 制作现状已有建筑

打开现状 CAD 文件观察需要制作的部分，主要是规划范围以北的现状建筑。

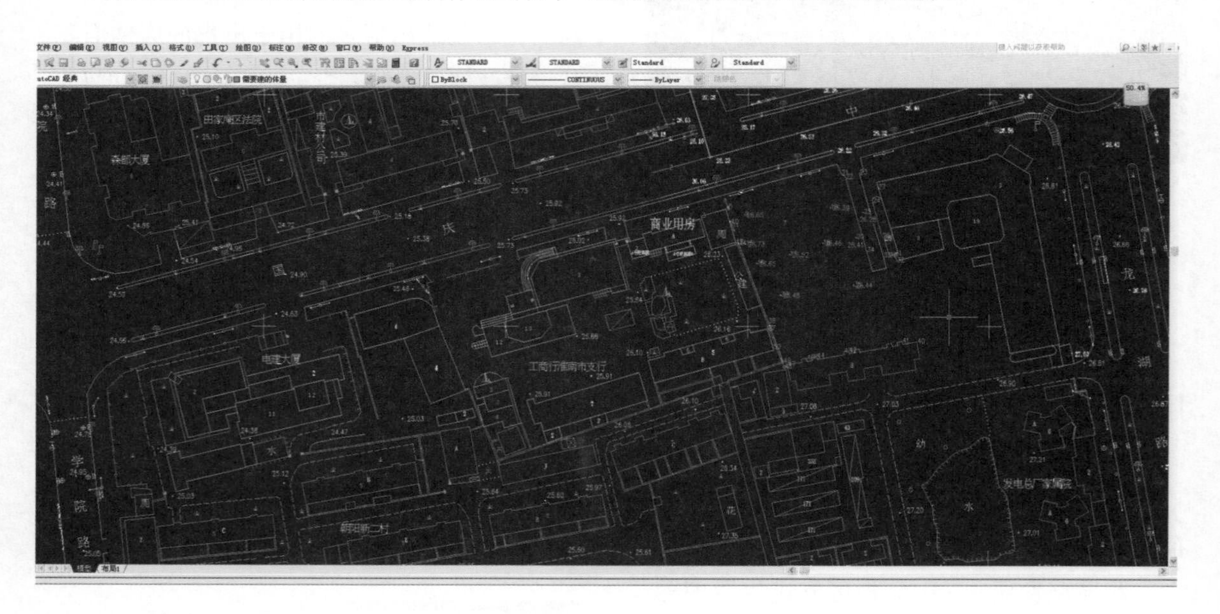

如下图所示，可以分为以下三个区域分开制作。

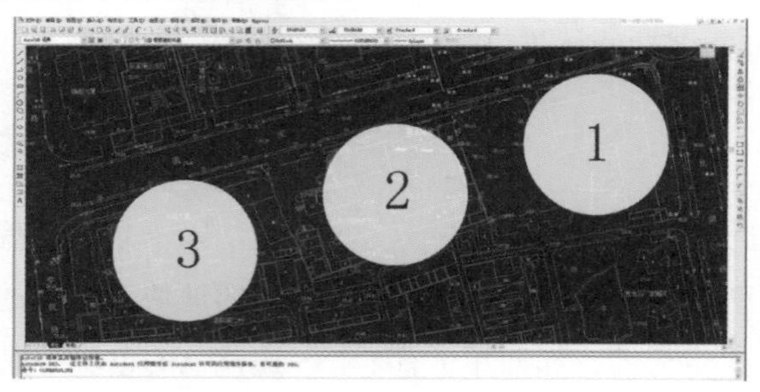

下图规划范围以北的现状建筑，上述的三个部分全在这张现状照片中，也就是说我们需要使用 SU 软件将照片中的这些建筑大致地制作出来。制作时必须耐心、细心，并发挥一些想象力。

下图归纳出现状三部分建筑组群。

1. 区域 1 的模型制作

如下图所示，是一栋综合建筑，主体为高层酒店，底部为商业裙房。

在现状的 CAD 中我们找出相对应的建筑线条。为了模型的制作方便，先框选出相关的建筑线条，单独写块出去。

在 CAD 中键入快捷命令 W+ 空格。如图所示，在单位选择的下拉框中选择“无单位”。

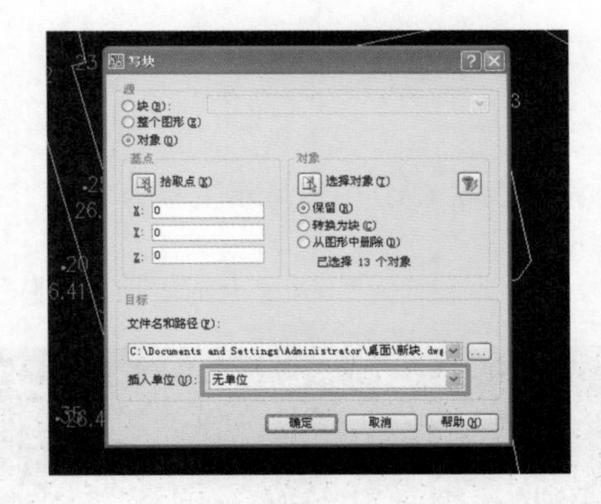

将 CAD 写的块导入 SU 中，我们发现线条是有高度的，这是在现状 CAD 中经常出现的设置，可在 CAD 中将高度设置调整为 0，也可在 SU 中直接删除掉。如图，框选模型的上部并删除。

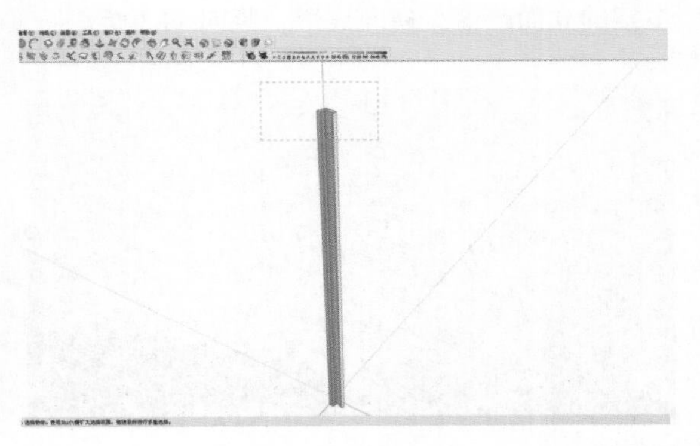

下图是用来制作模型的基础图件。

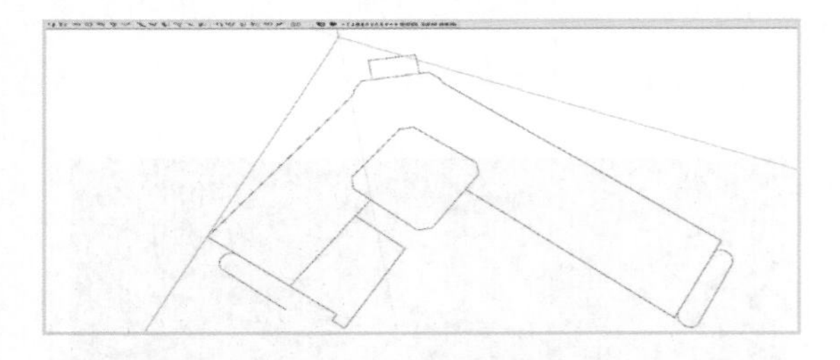

结合封面工具和直线工具将面缝合。

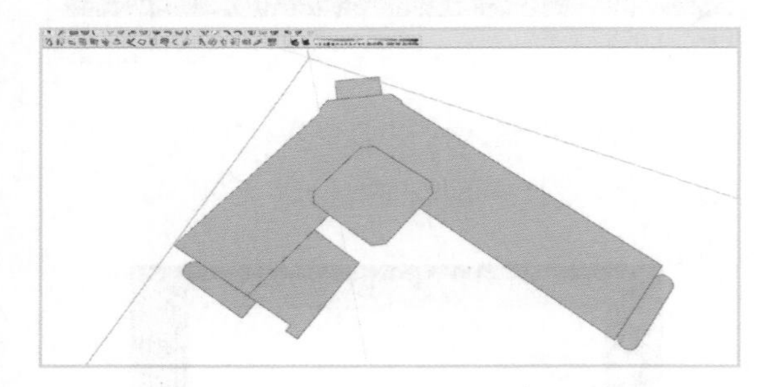

根据现状 CAD 中的显示主楼为 19 层，裙房为 3 层。

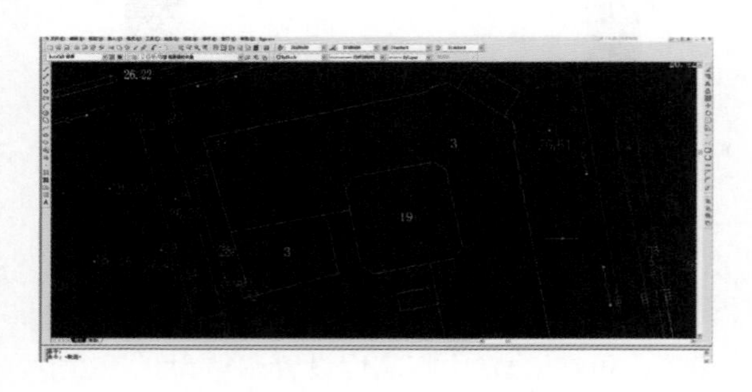

既然是制作周边的现状建筑，我们就尽可能地还原现状。观察区域 1 的现状图，数一下主楼的立面凸窗，横向 3 个，竖向 11 个。

进入之前的模型中。用拉升工具将裙房高度设定为 10 m。图中的左侧为入口雨棚，暂时先不作任何操作。

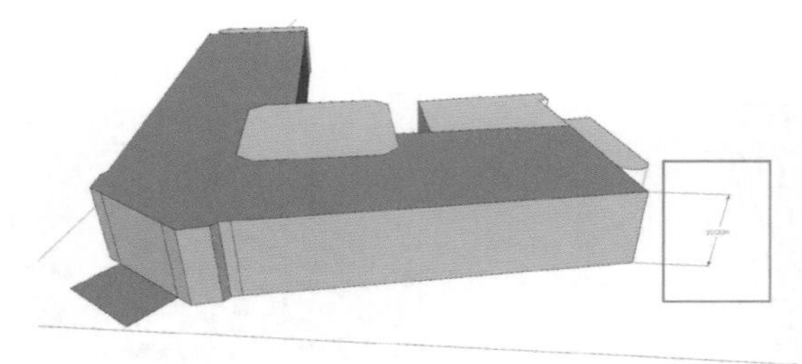

将主楼向上拉升，超出裙房 39 m。

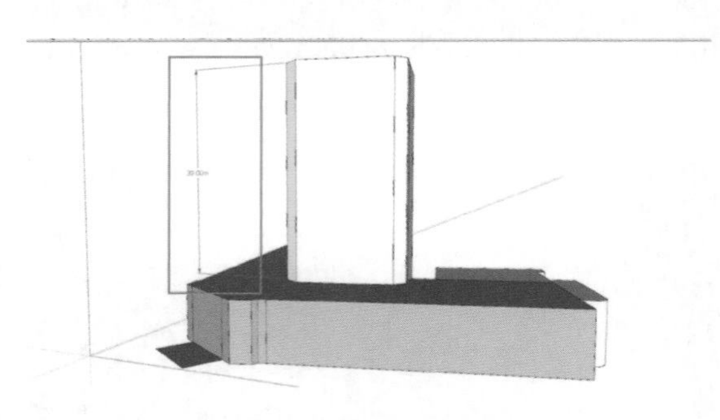

接着我们来制作主楼的立面凸窗。画一个尺寸为 1 m × 2.8 m 的矩形。

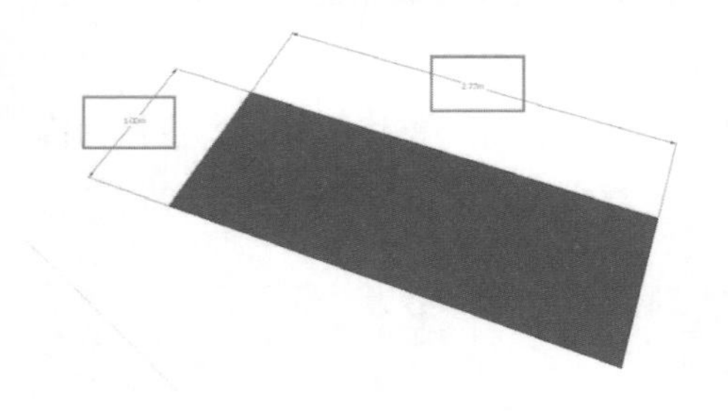

做两个对称的切角。

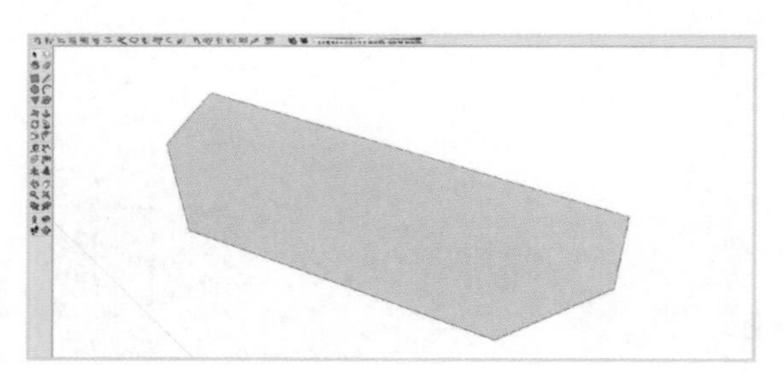

用推拉工具做出相对应的分割并给予材质，透明窗的高度为 2.8 m，窗上的横向分割为 0.7 m。制作完毕后，将此凸窗模型制作成组件，方便以后统一调整。

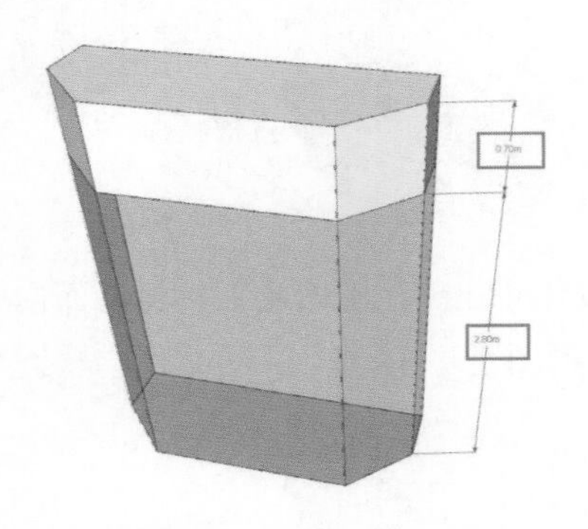

按照现状照片，以横向 3 个竖向 11 个的分布方式将组件凸窗布置于东南西北四个立面上，并给予相对应的材质区分。

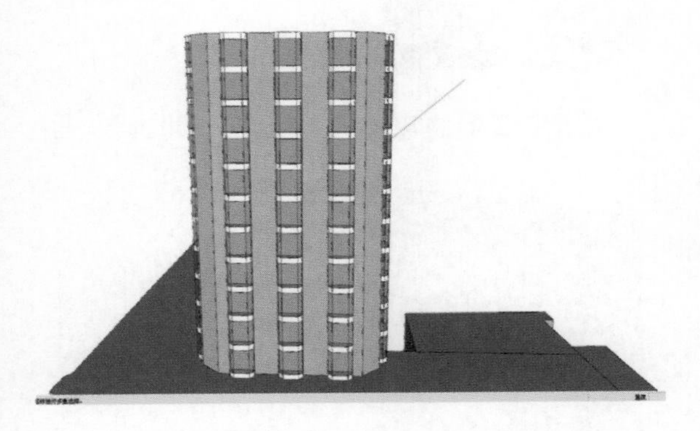

再次观察现状照片中建筑顶部的构造，在 SU 中将檐口线脚塑造出来。

方法很简单，按住 Ctrl 键，用推拉工具将高层顶面向上拉伸 3.5 m。

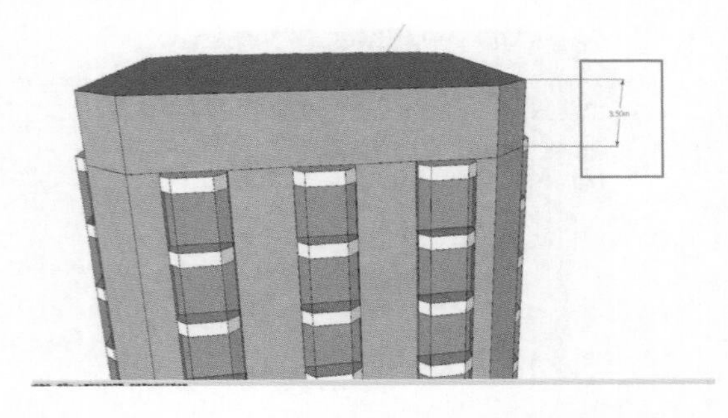

选择顶面，用放样工具将顶面向外偏移 1 m。

将扩出来的 1 m 边向下拉伸 7.7 m。

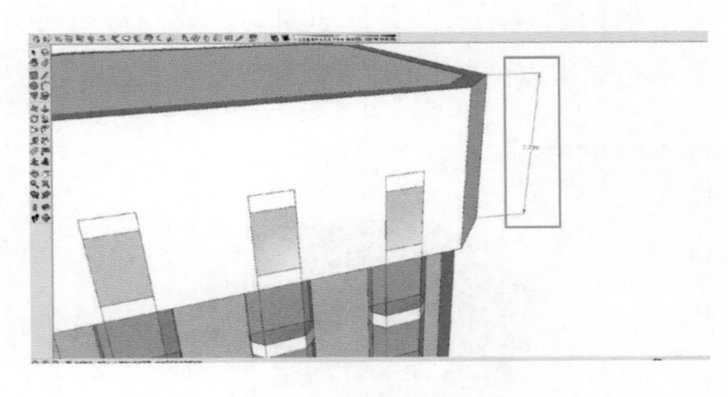

如下图所示，以凸窗为参照，用直线工具与弧线工具画出一个拱门，并复制 2 个。

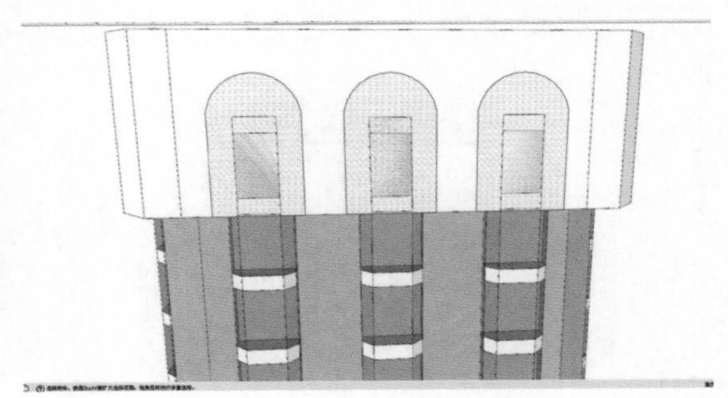

用推拉工具将 3 个拱门往里推掉，得出下图中的造型。

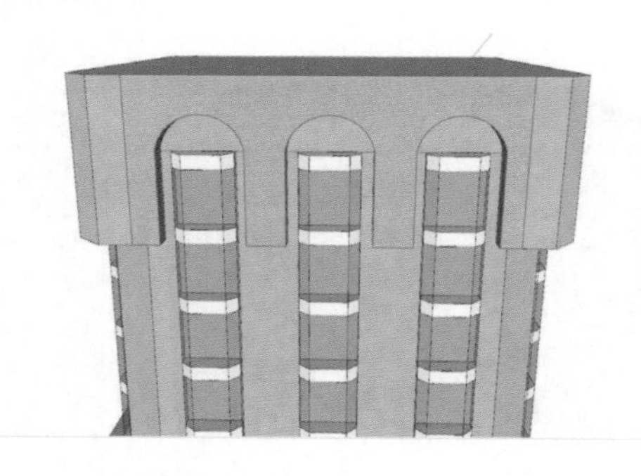

再次观察现状照片，我们发现主楼的顶部还有变化。

根据经验以及必要的想象力，我们对该建筑形态做出以下的理解。

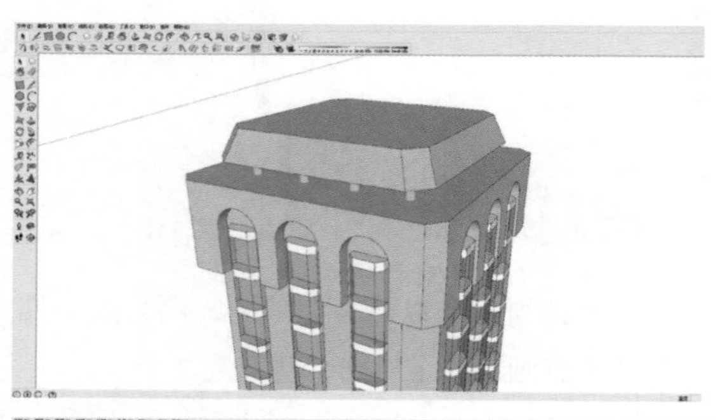

制作过程是，将顶面复制出来。

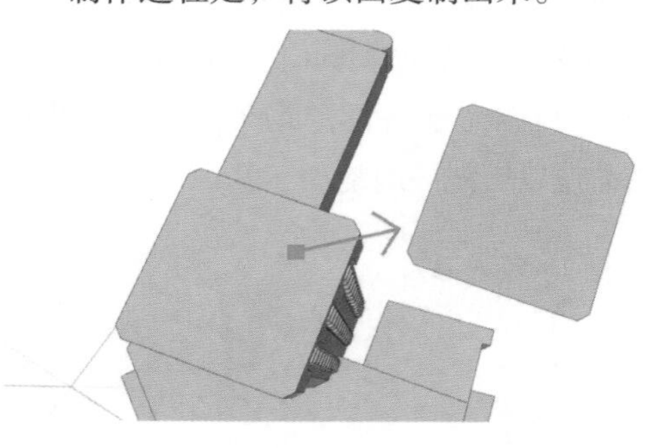

按住 Ctrl 键，用缩放工具将该面向中心缩放，缩小 0.7 ~ 0.8 倍。

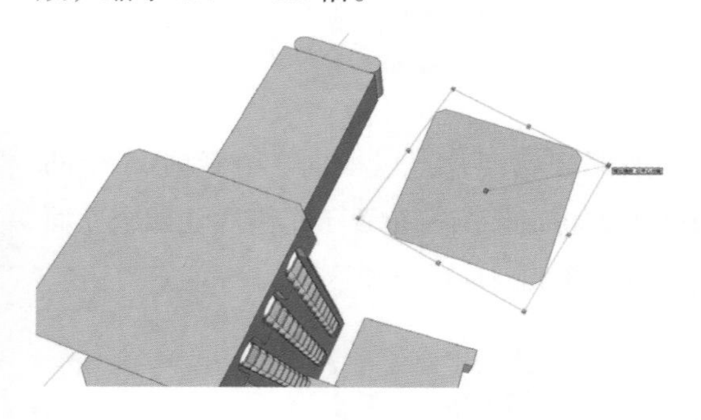

用推拉工具将该面向上拉伸 2.5 m。

选择上边的面将该面向中心缩放，缩小 0.7 ~ 0.8 倍。

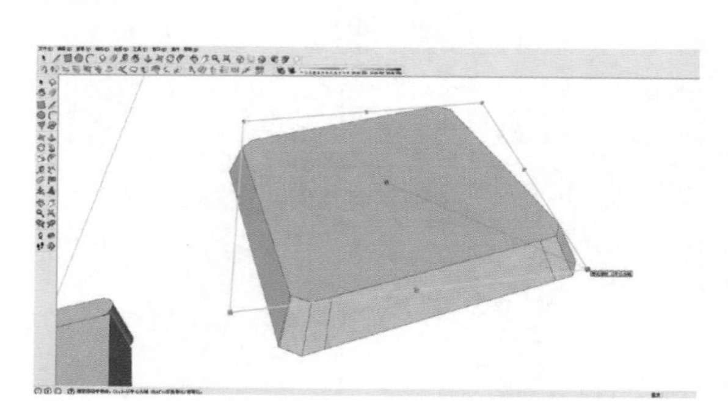

将该梯形移动至顶部，使其悬空，悬空处放置阵列的圆柱。

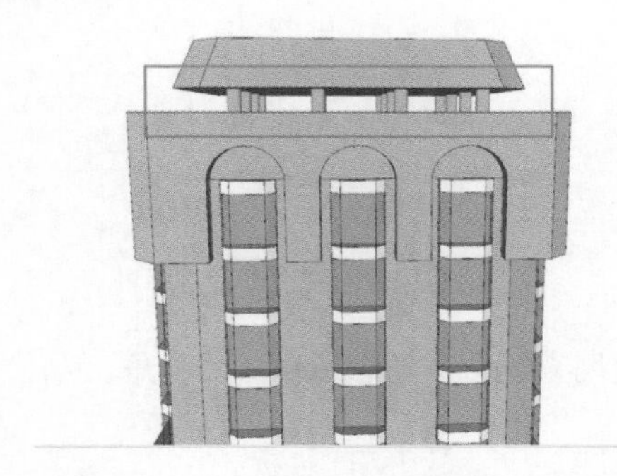

再次观察现状照片，继续制作顶部的构造。

用矩形工具及推拉工具绘制一个长 13 m 宽 13 m 高 11 m 的长方体。

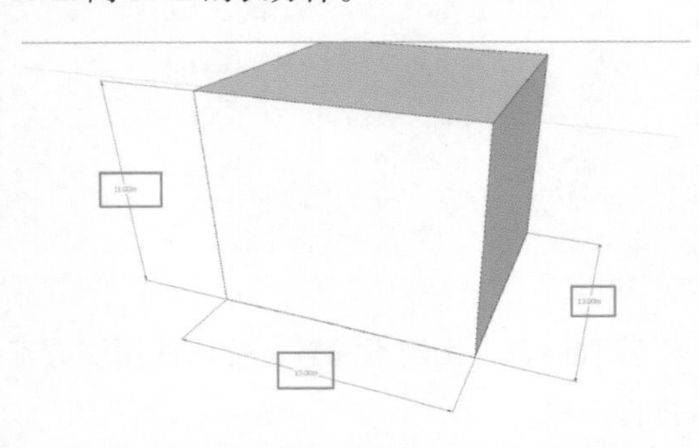

根据现状照片，绘制立面上的分割并给予材质，有个大概就行，毕竟是现状建筑。

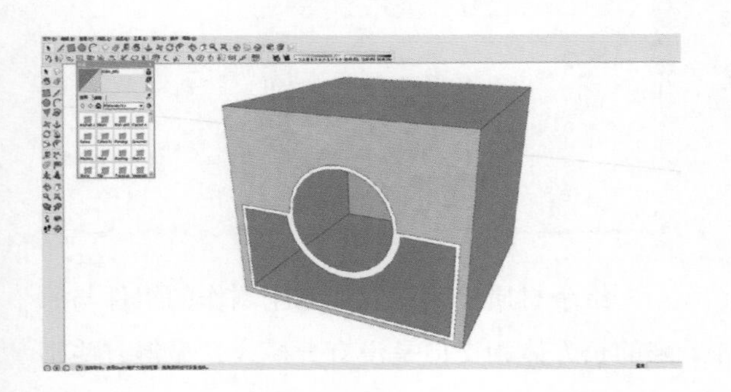

在该体块的顶面用直线工具绘制一根对角线，目的是在之后的操作中能够容易地找到顶面的中心点。

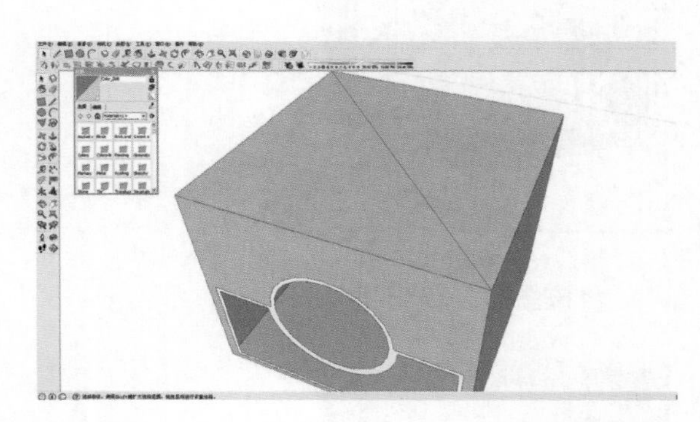

因为该体块的顶面是这个正方形，所以绘制出一个立面之后，接下去的三个立面用环形阵列就能完成了。

选择绘制完成的立面，按住 Ctrl+ 旋转工具，以顶面对角线中点为圆心进行环形阵列。环形角度为 90 度，阵列个数为 3 个。

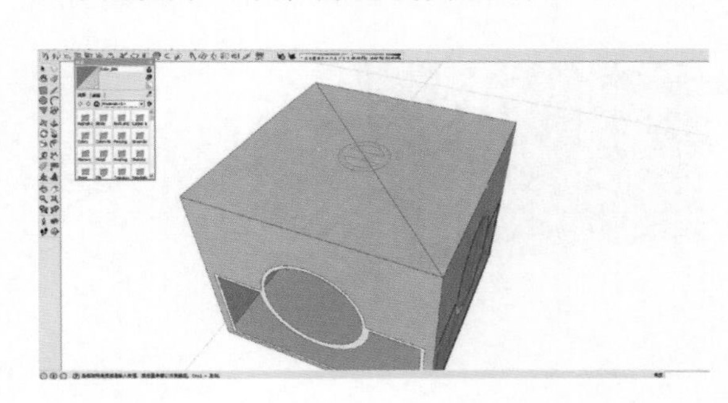

完成。

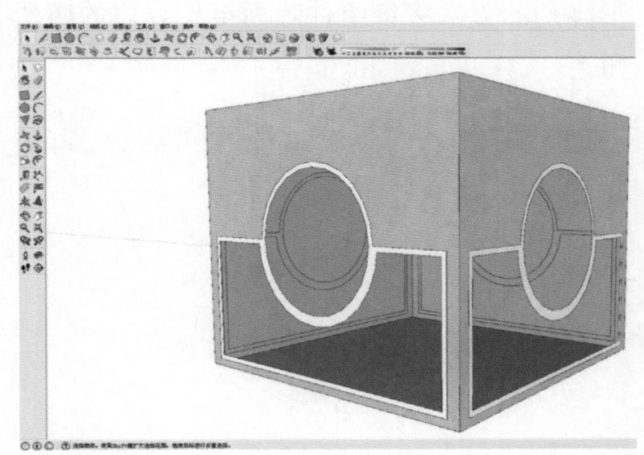

继续增加细节，绘制一个长方体，扁长即可。

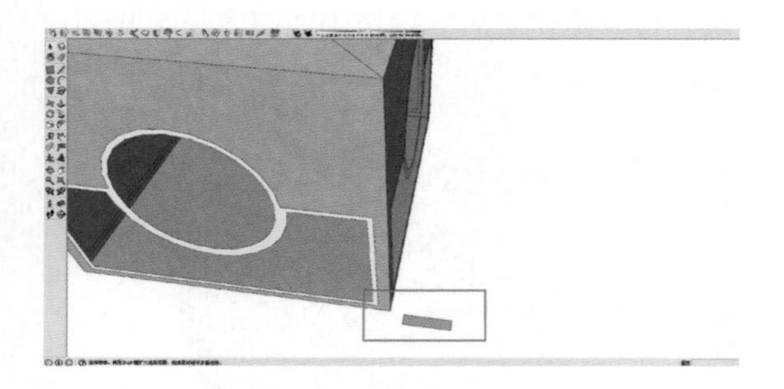

将该图形旋转 45 度。

选择图形并点击右键，将其制作成组件。

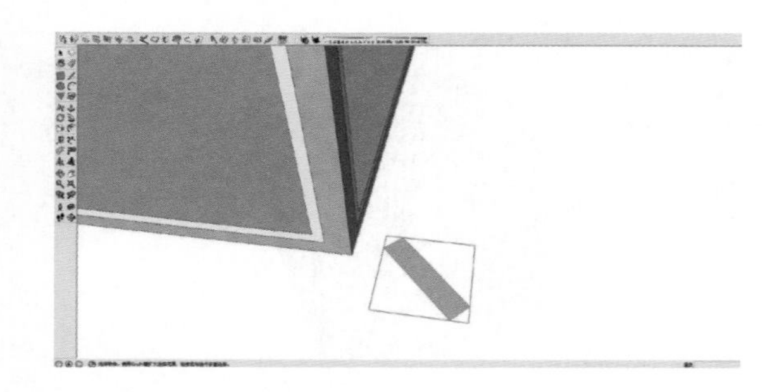

移动该组件至长方体的底角。依旧运用环形阵列的方法将该组件阵列至长方体的四个角上。

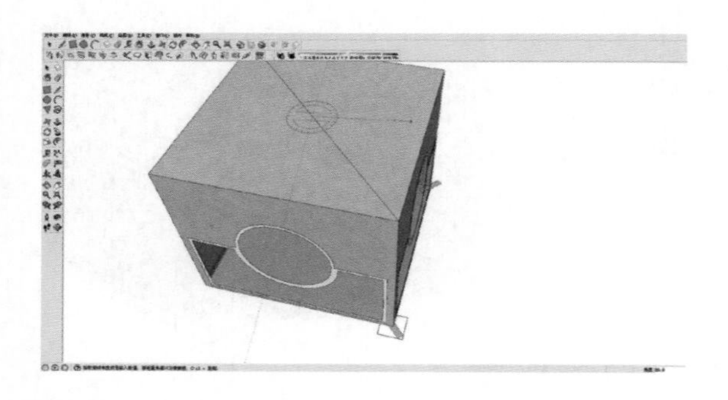

进入组件，使用推拉工具向上推拉 12 m。

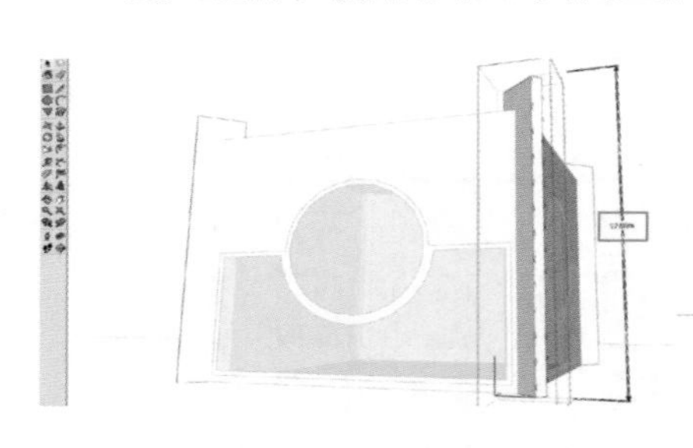

使用直线命令随意地切一个斜角。

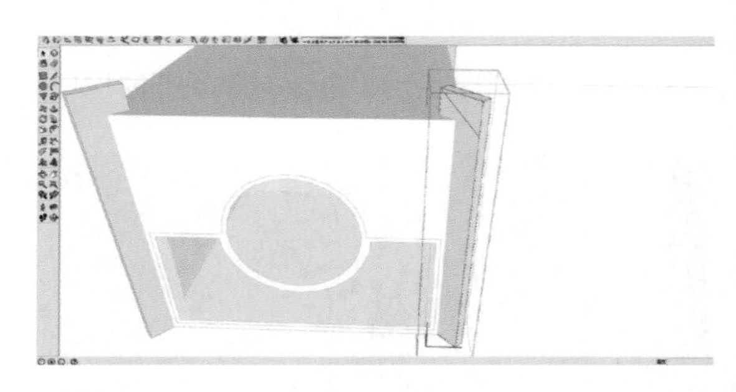

用推拉工具将斜角推掉，完成。

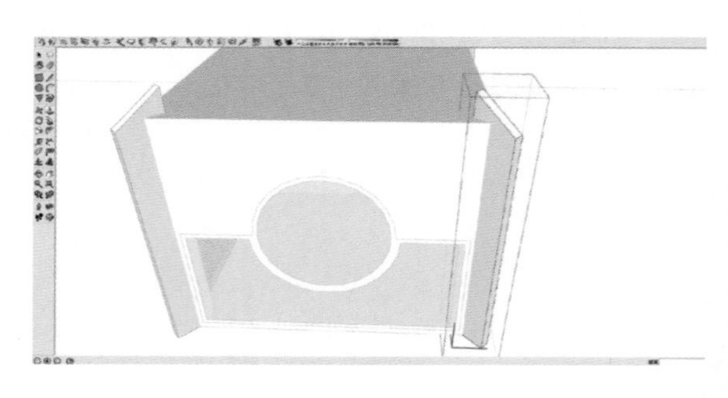

若对形态、比例不满意，可以使用缩放工具进行调整。

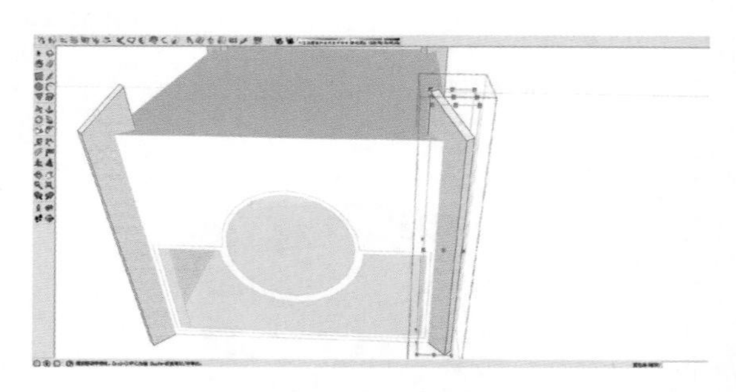

给予材质。我们发现刚刚制作的组件与原来的长方体相交但是没有分模线，显得有些别

扭，利用模型交错的特性来制作一下分模线。

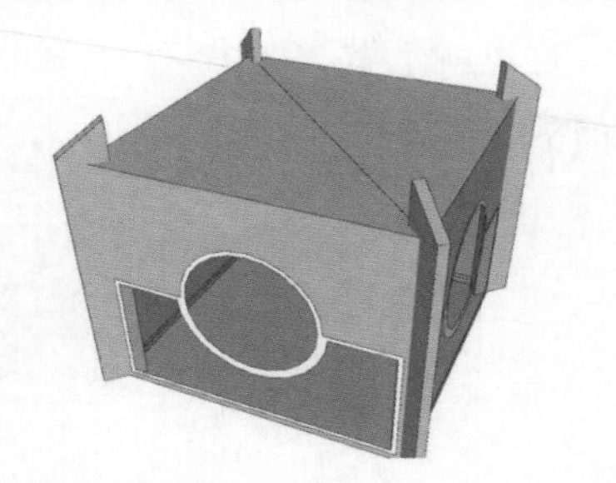

再次进入组件，按 Ctrl+A 全选，点右键，模型交错。

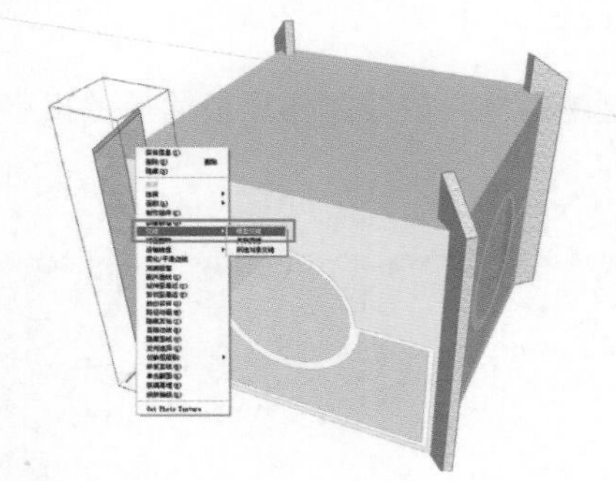

完成。

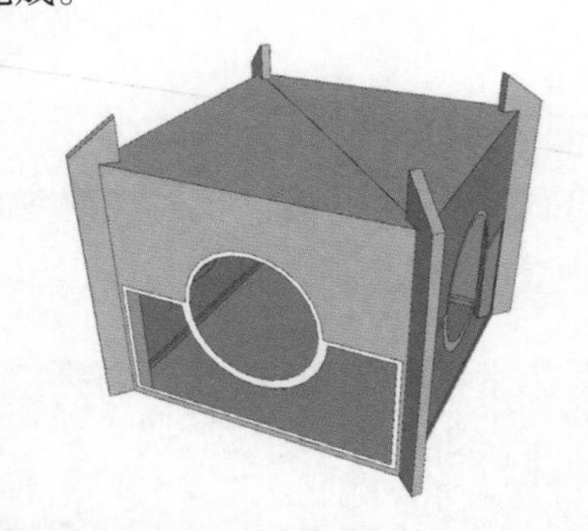

将注意力再次集中在现状照片上。在主楼的顶部有个塔状的构造物，应该是避雷针。

我们运用放样的方法来制作。先根据现状的照片，绘制出放样所用的截面，形状比例准不准暂时没关系，可以在放样后再进行调整。

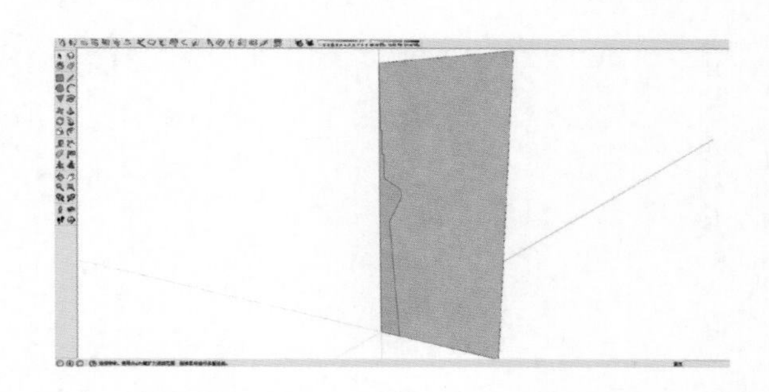

在截面的底部绘制一个圆，此圆为放样的路径。

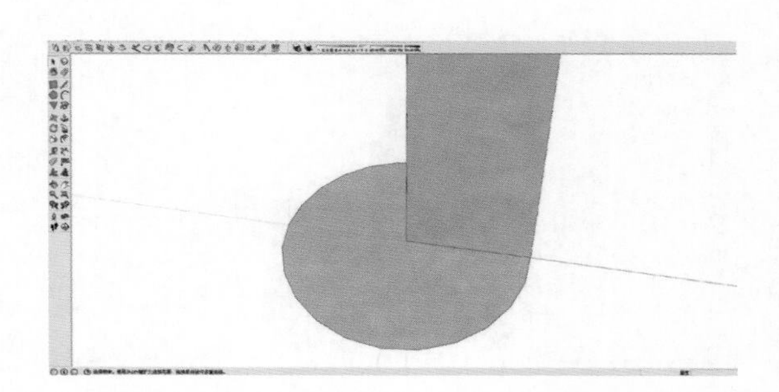

双击底部的圆，再点击放样工具，最后再点放样的截面。

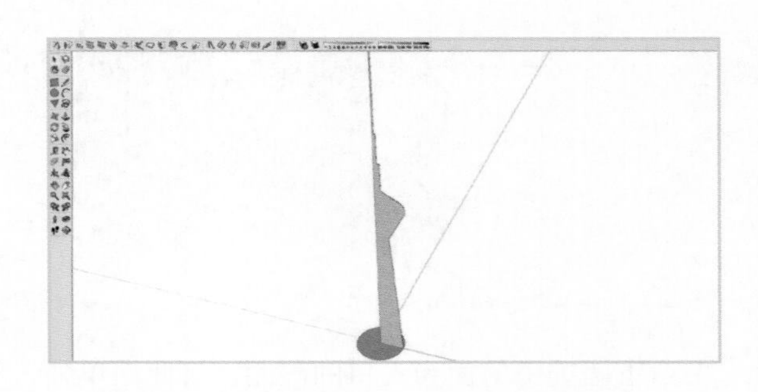

得出如下图中的造型，这样就完成了。

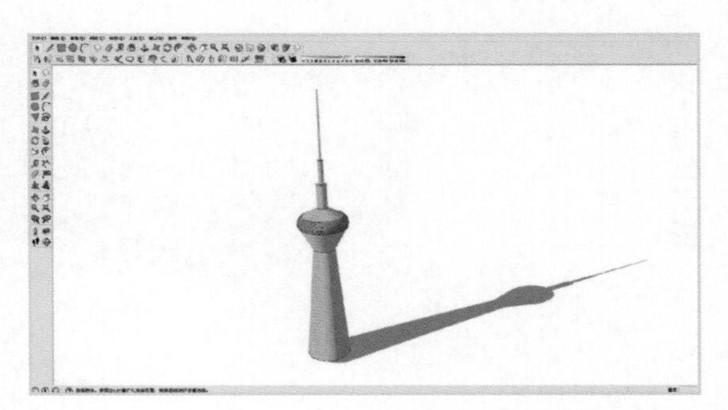

可以运用缩放工具对造型的比例进行调整。

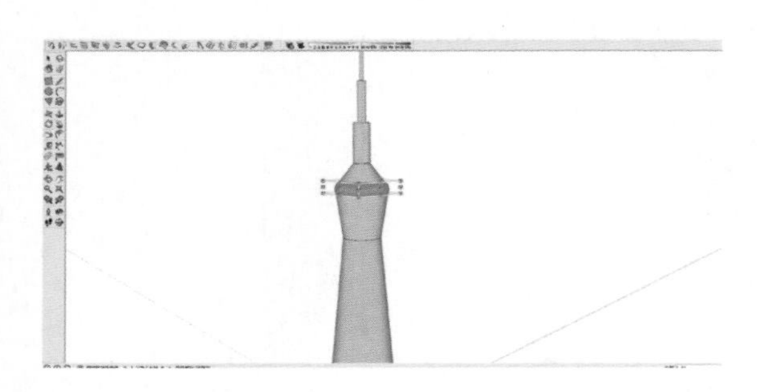

将塔状物移动至主体建筑顶部，这样主楼部分就完成了。

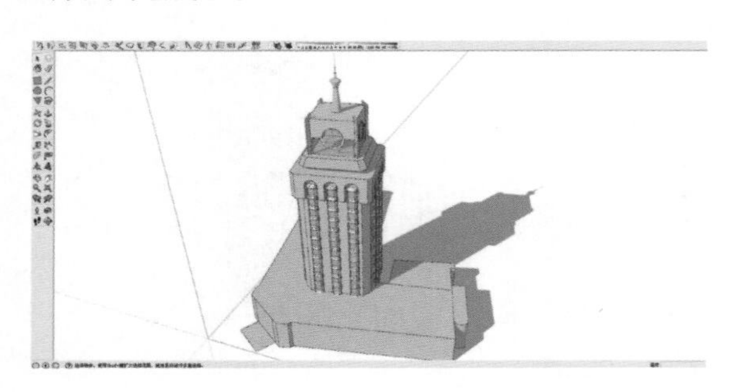

接下来制作商业裙房，如下图，红框内的范围为建筑物的主入口。

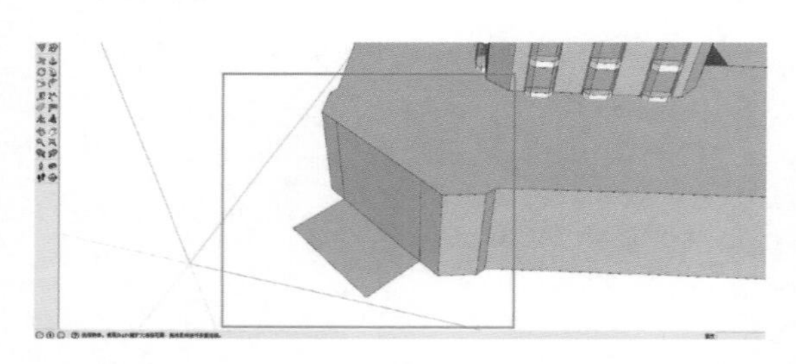

下图选中的面为入口的雨棚，将此面单独成组以便于后面的操作。

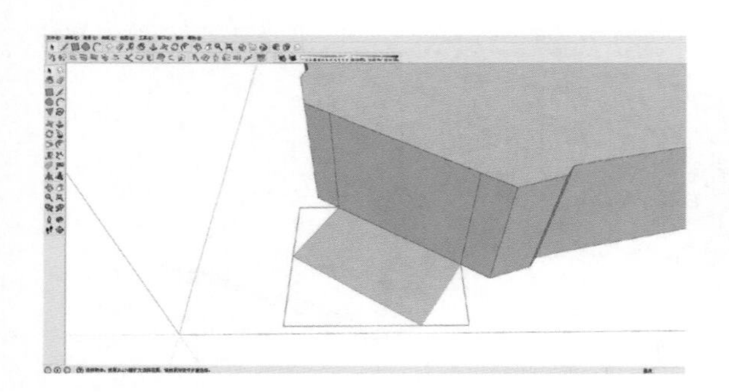

由于没有现状照片的显示，入口的形式需要臆造，这里就不做详细讲解，大家可以随意地制作门头。

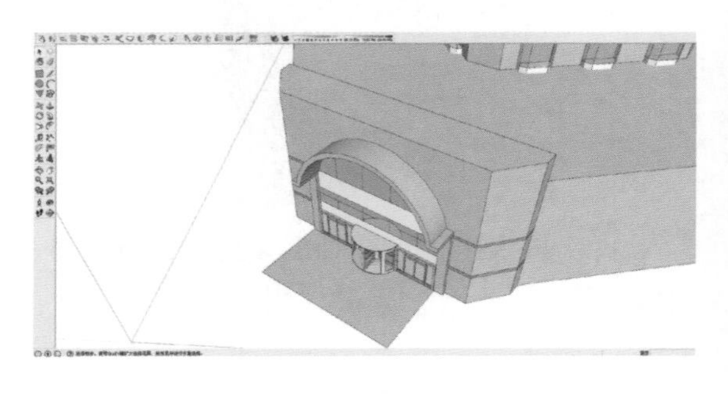

至于雨棚，只要制作出最简单的田字分割即可。

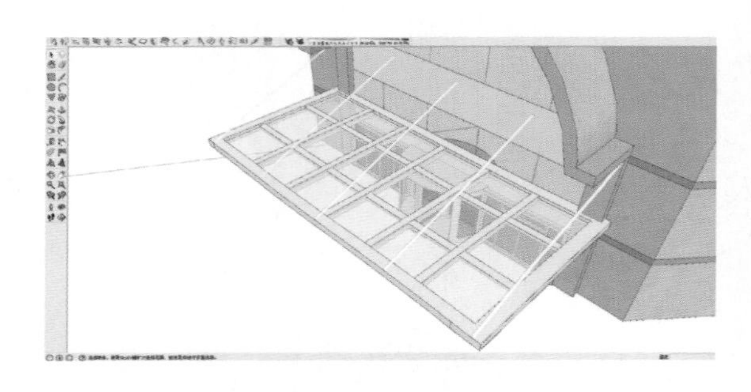

接下来制作侧立面，我们观察下现状照片，发现立面形态是阵列的方式。

将侧面的底边进行等分。

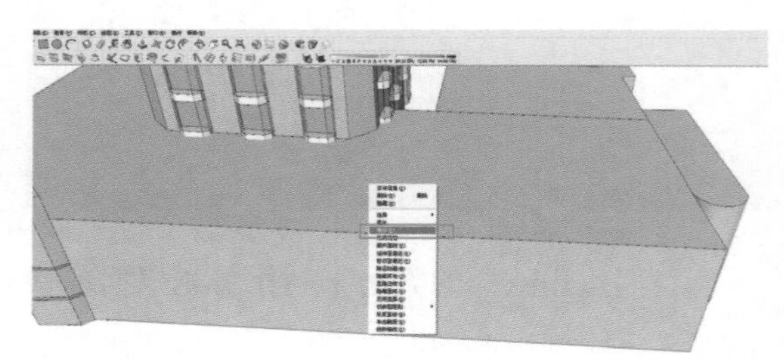

等分成 11 份。

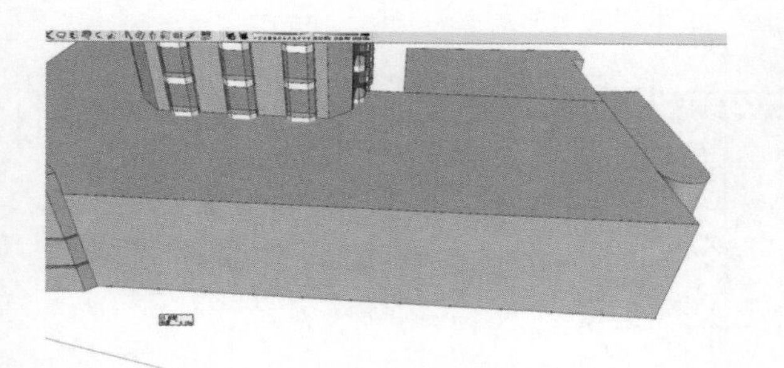

我们取一段来示意下制作的形式。

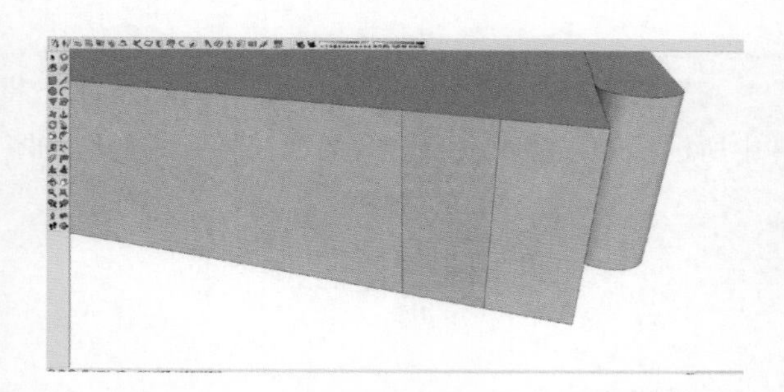

绘制出阵列的标准，切记将其编辑成组件，以便于修改。

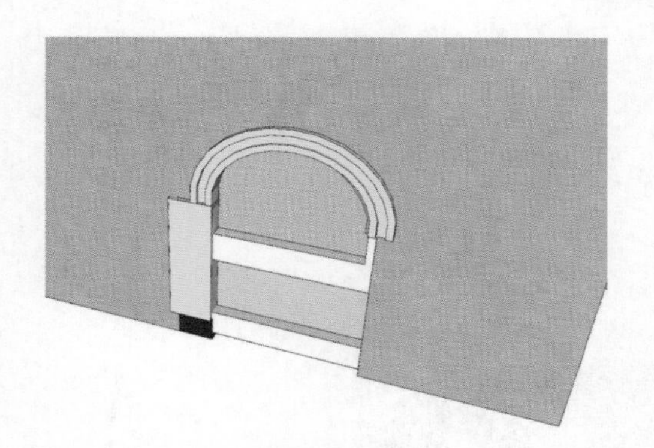

阵列，看下效果。

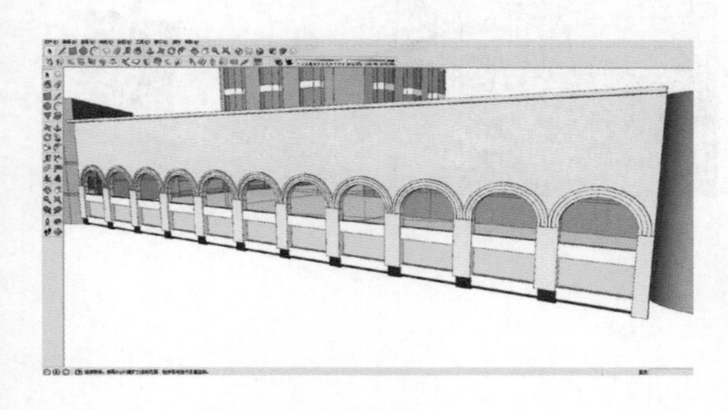

依照现状照片继续深化。

商业裙房的侧面应该是一部消防疏散楼梯，立面上的装饰只是开了一些侧窗。

用直线工具和推拉工具完成侧面的形态。

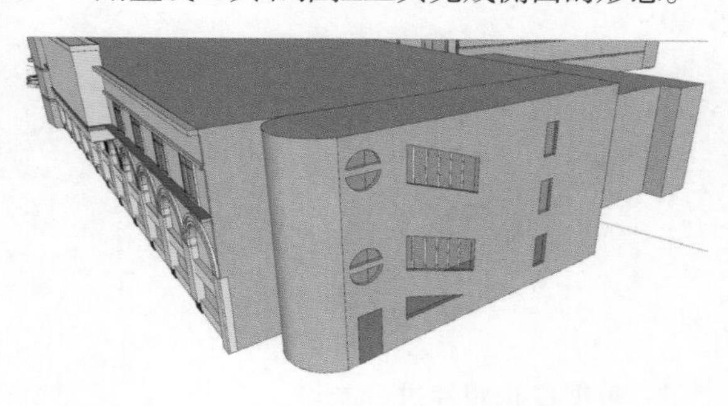

经过以上步骤，区域 1 的现状建筑就完成了。

区域 2 的组成部分为办公楼和商业建筑。在现状 CAD 中我们找出相对应的建筑线条。框选这些建筑线条，单独写块出去。导入 SU 软件中。

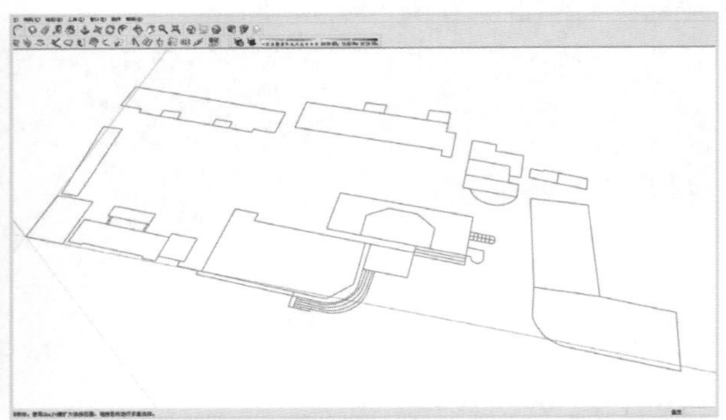

将这些线框缝合成面，再根据现状 CAD 文件中所标示的楼层数，将缝合的面拉伸到相对应的高度。

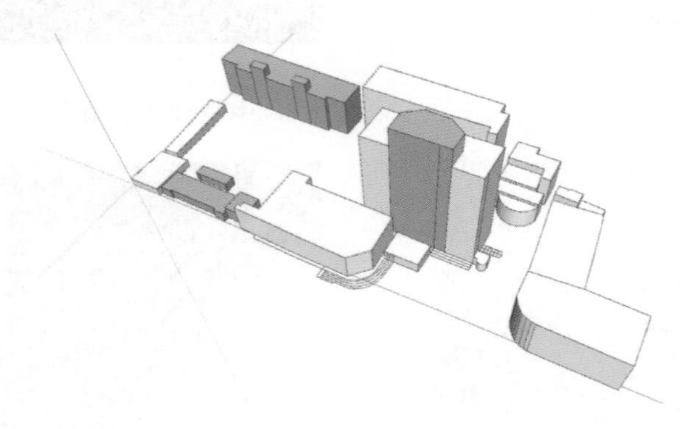

根据现状照片进行制作。

通过简单的刻画与复制就能将区域 2 的现状建筑制作出来，这里就不一一介绍制作过程了。

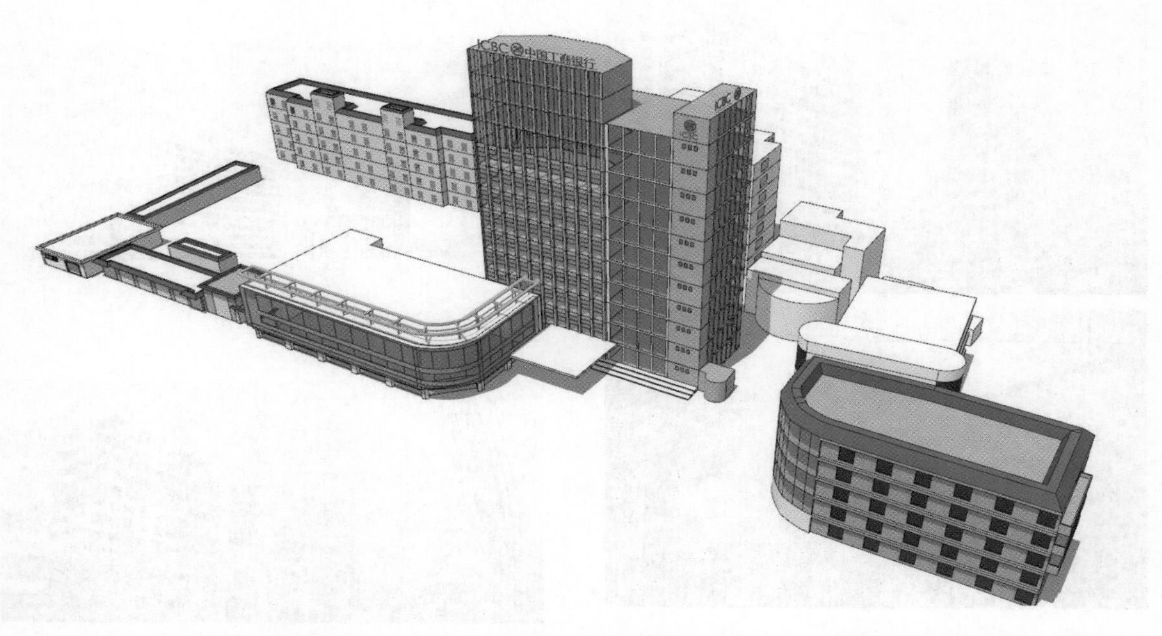

区域 3 的组成部分为办公楼。在现状的 CAD 中我们找出相对应的建筑线条。框选这些建筑线条，单独写块出去。导入 SU 软件中，将这些线框缝合成面。

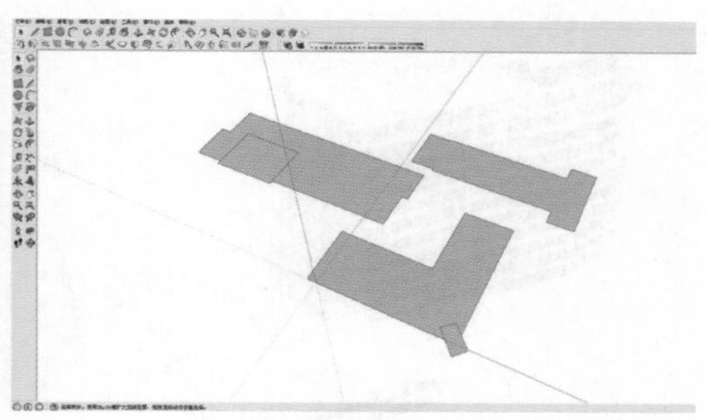

根据现状 CAD 文件中所标示的楼层数，将缝合的面拉伸到相对应的高度。

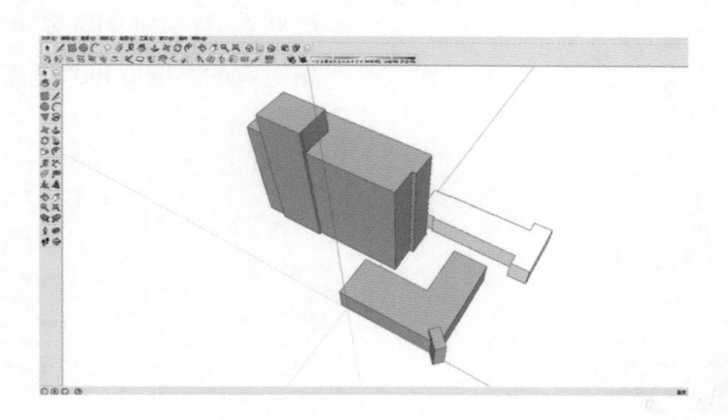

根据现状照片进行制作。

通过复制，制作出下图中的形态。

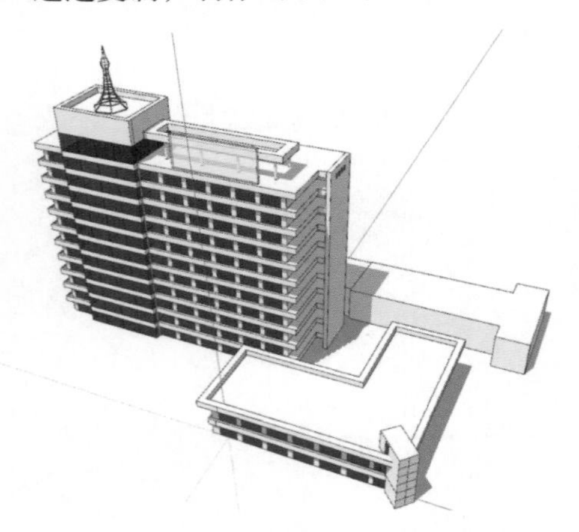

建筑顶部的发射台是在SU中的3D Warehouse中搜索到的，搜索的关键词为“iron tower”，铁塔的意思。

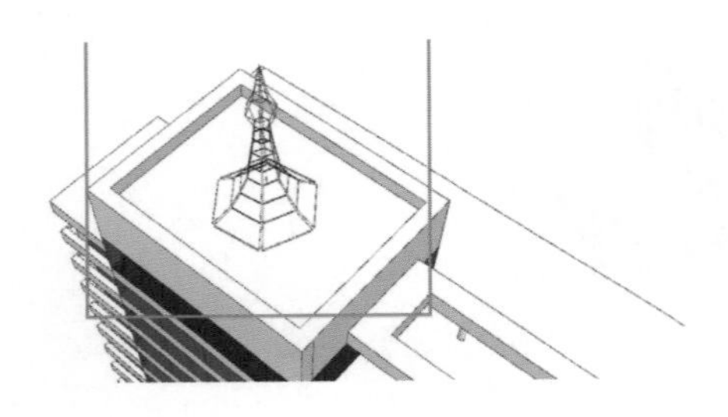

将上述制作完毕的现状建筑整合在一起，观察一下效果。

对比下现状照片。

2. 制作规划范围南侧的现状建筑

南侧的现状建筑由住宅与小商业街组成。

选择建筑线条，写块，导入SU封面，按照现状CAD文件中所标示的楼层数，将其拉伸到相对应的高度即可，无需再多做深化。

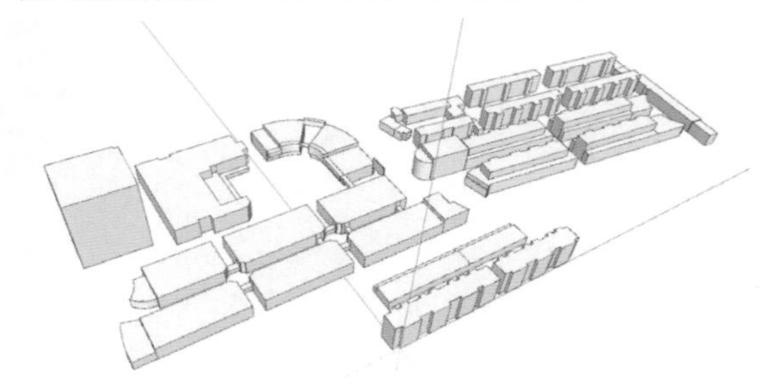

6.2.3 制作住宅模型

我们来看下已经完成的彩色总平面图，了解下制作模型的工作量。

分析本次规划中的业态组成。如下图所示，红色为超高层办公楼，黄色为高层住宅，橙色为高层的城市公寓，蓝色为商业裙房与商业内街。

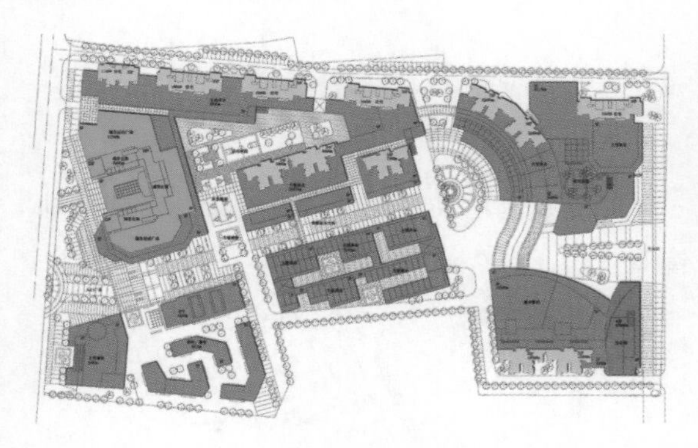

先来制作住宅的模型，先看下手头上有哪些原始资料供。如下图所示，一共有两种住宅的CAD立面图，住宅的顶面图与立面一一对应。

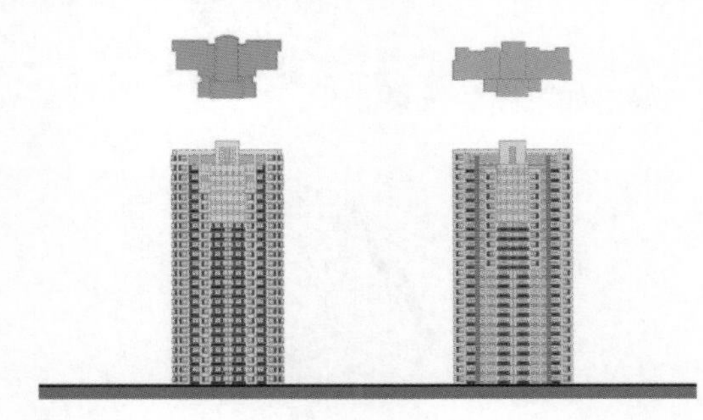

根据总平面，我们将住宅归类一下。图中绿色的为一种，面宽约42 m。橙色为另一种，面宽约为32 m。

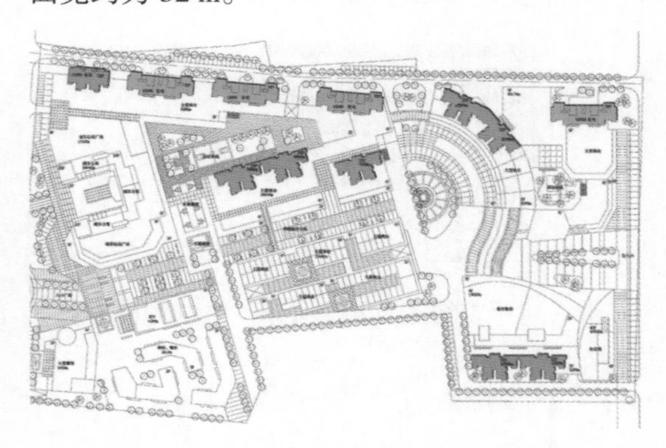

下面来制作橙色的住宅。

在CAD平面中选择任意一个橙色住宅边线，将其单独写块出来进行制作。这里作者选择的是平面图中右下角、超高层办公楼左侧的住宅边线。

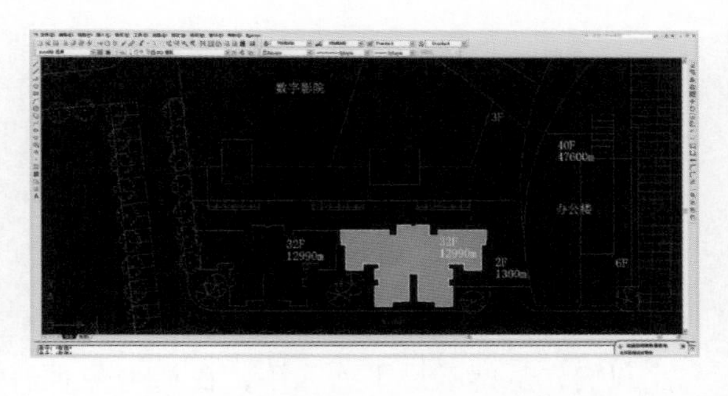

写块之前我们发现，该CAD平面的绘制单位为毫米。但是我们之前制作的现状模型中，绘制单位为米，两者在单位上有差距，为了方便以后的拼接、整合等操作，我们要将制作单位统一成米。这写块的时候，在单位的选择框中，依旧选择“无单位”。

打开 SU 软件，我们先将软件界面的单位调整为米，然后导入刚刚在 CAD 中导出的住宅边线，在导入时，我们将导入单位设置成毫米。

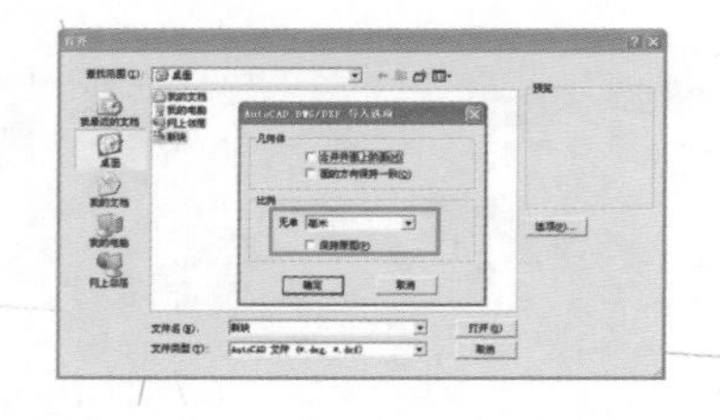

导入后用直线工具测量一下，单位变成了米。

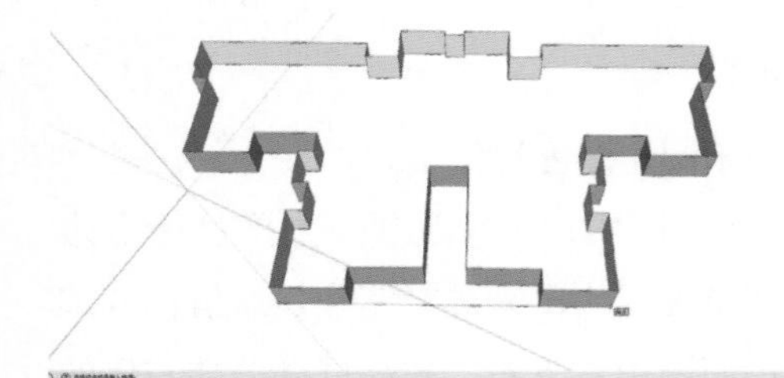

整理一下导进来的线，将其缝合成面。

我们先从标准层平面入手，在 CAD 立面中我们测得住宅的层高为 3 m。

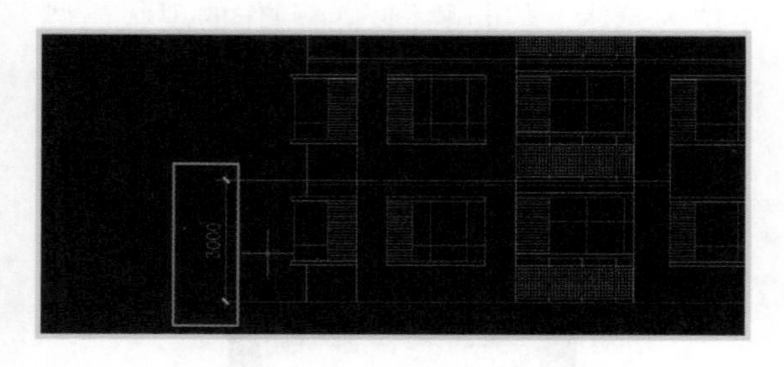

运用推拉工具将标准层平面向上拉伸 3 m。这时发现该住宅的平面其实是个轴对称图形，简单地说，在制作时，绘制一半就行。可以运用组件的特性来进行方便的制作。

用直线工具将此体块等分为两份。用推拉工具将右边的部分推掉并将剩余部分编辑成组件。

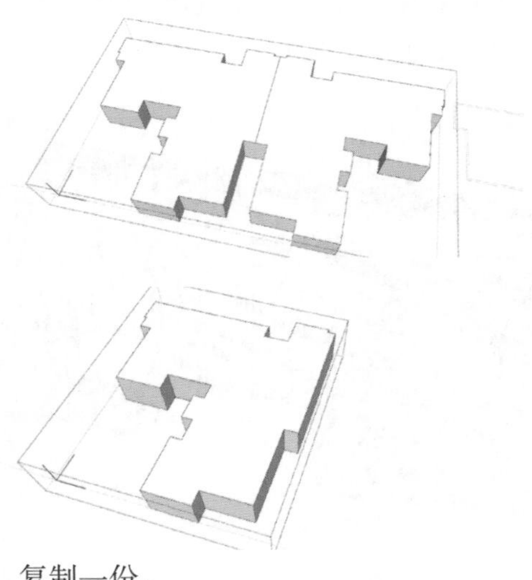

复制一份。

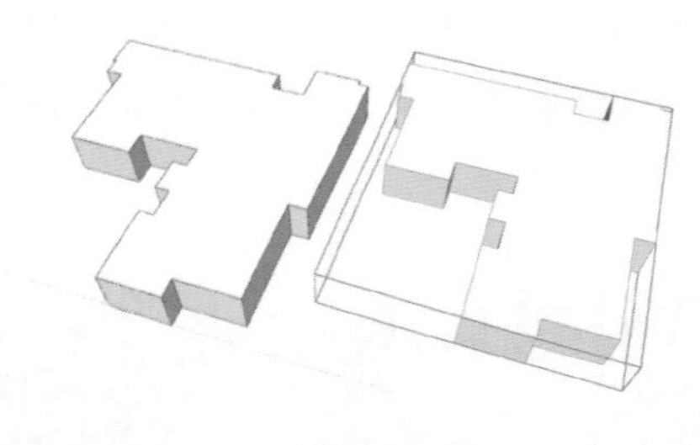

对着复制出来的那部分点右键，沿着红轴镜像。

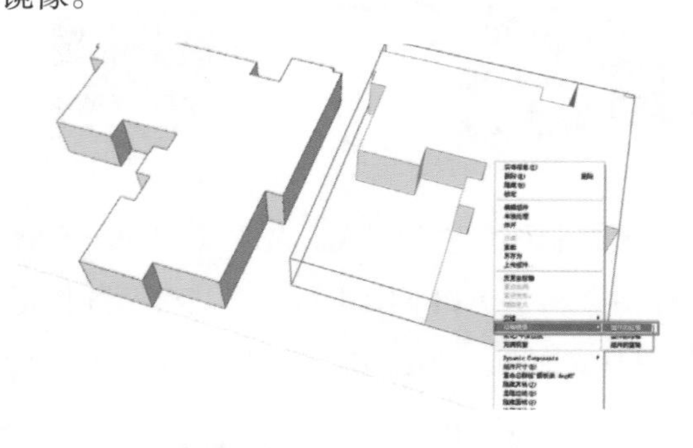

得出如下图的效果。

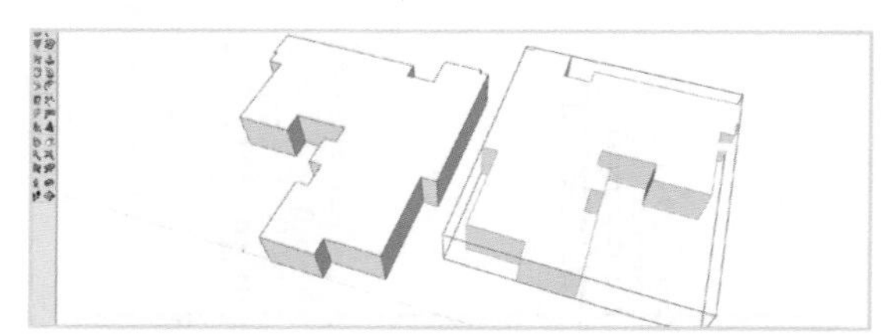

用移动命令拼合左右两部分。

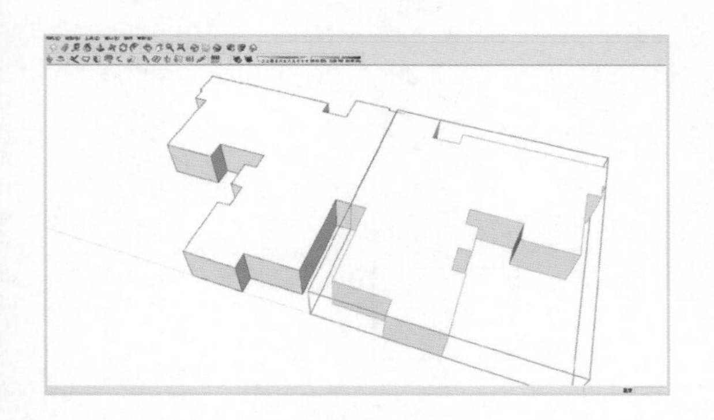

进入CAD立面，观察户型图，发现窗户与阳台的位置清晰可见，这些都是建模的依据。

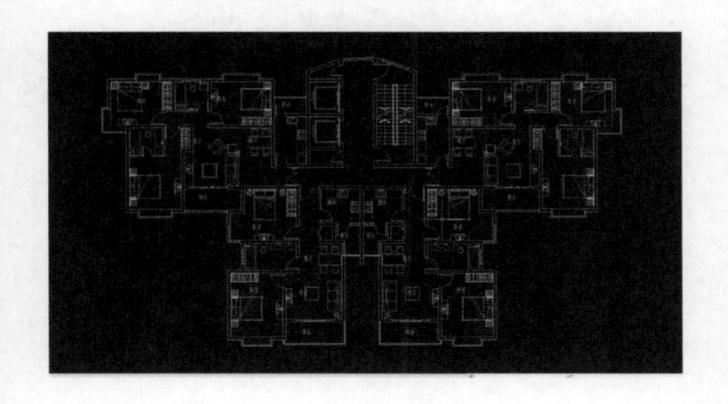

为了更方便地操作，我们要将平面与立面导入SU中。先整合下图形，将户型图与立面图对齐。

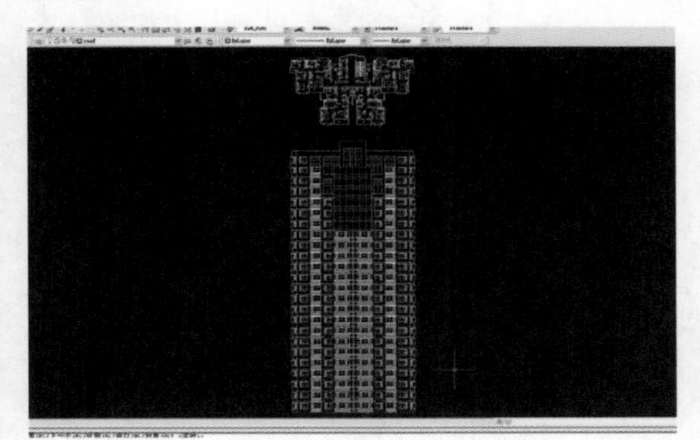

立面的线比较多，导入进SU软件操作起来会比较困难。因此先将线条内部做成块，这样进入SU软件后就成了组件，移动起来就方便得多了。

导入SU中。

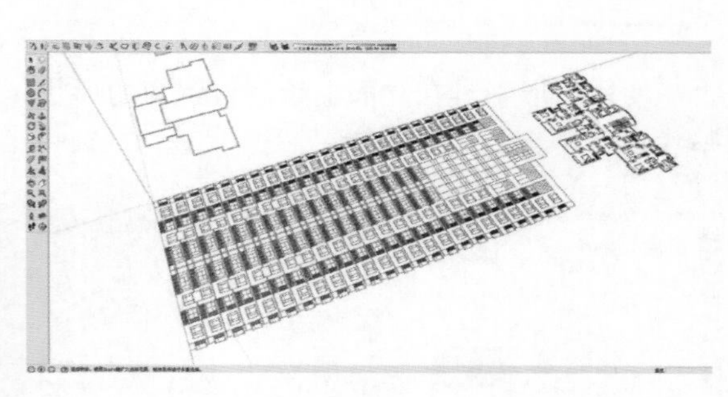

用旋转工具将立面竖起来，这样在制作过程中比较容易参照。

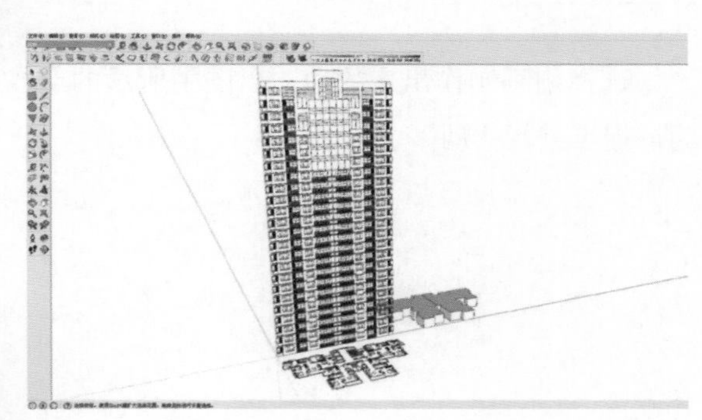

从该南立面来看，有3个飘窗，2个阳台需要制作。

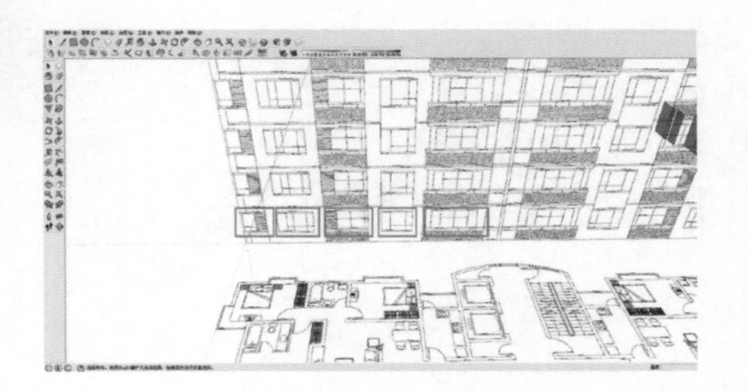

先来制作第一个飘窗。进入标准层模型组件。

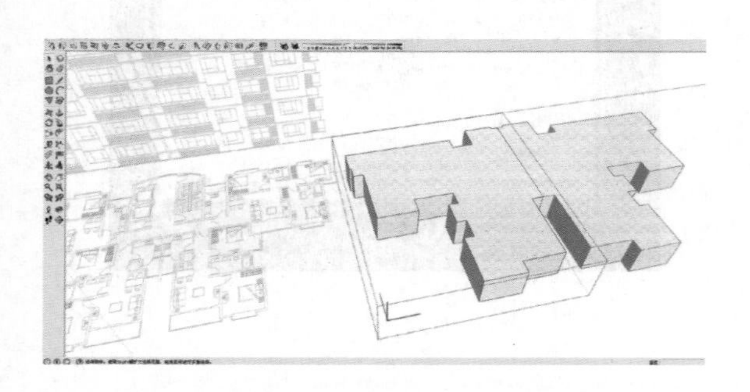

使用矩形工具在立面上绘制该飘窗的形状与分割。

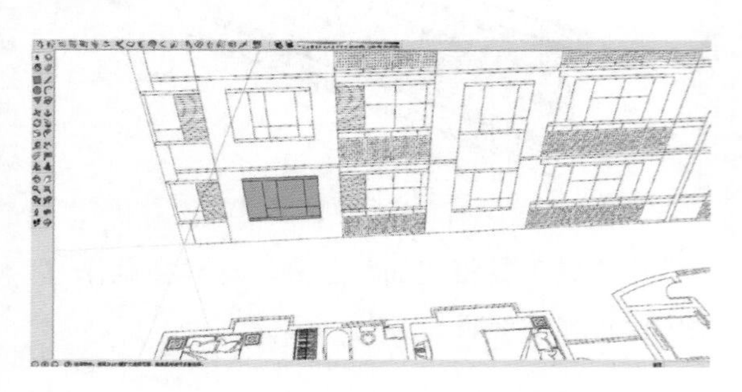

选择刚刚制作出来的面，以图中所示的点为捕捉点进行移动。

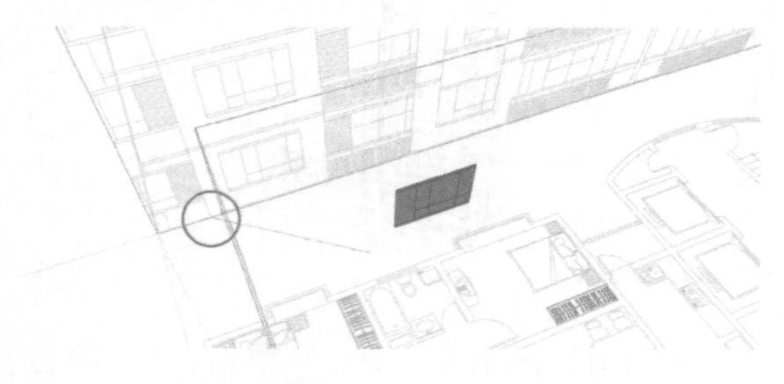

移动到相应位置。

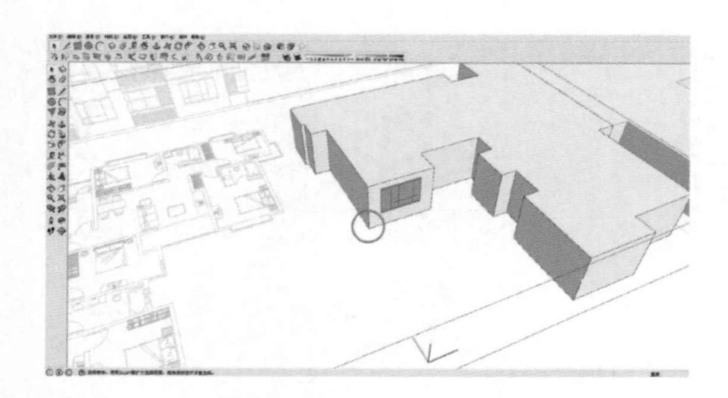

我们观察一下平面，飘窗外凸 40 cm。

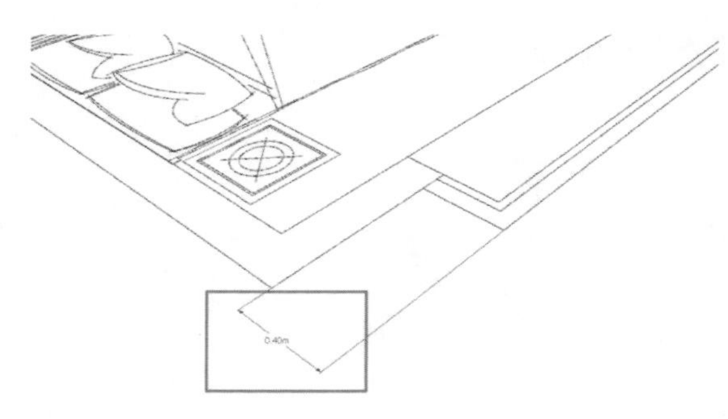

将标准层模型上的飘窗统一外凸 40 cm。

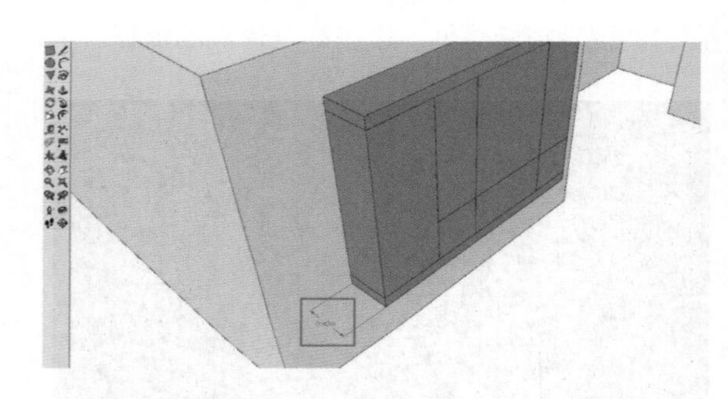

使用油漆桶工具给予材质。凸窗制作完成。

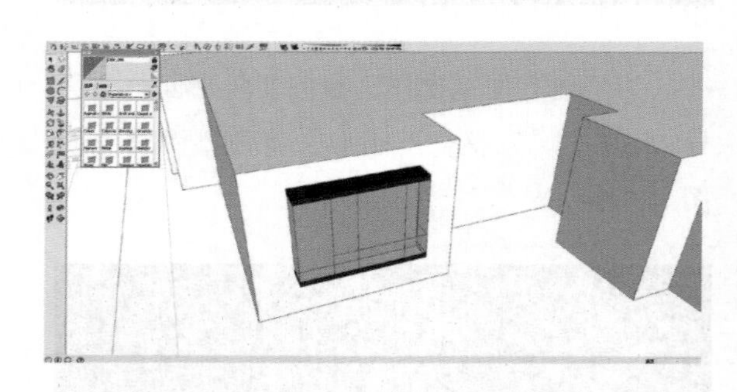

制作第二个转角飘窗。我们在平面与立面上找到相对应的位置。

进入标准层模型组件，依照平面画出飘窗造型。

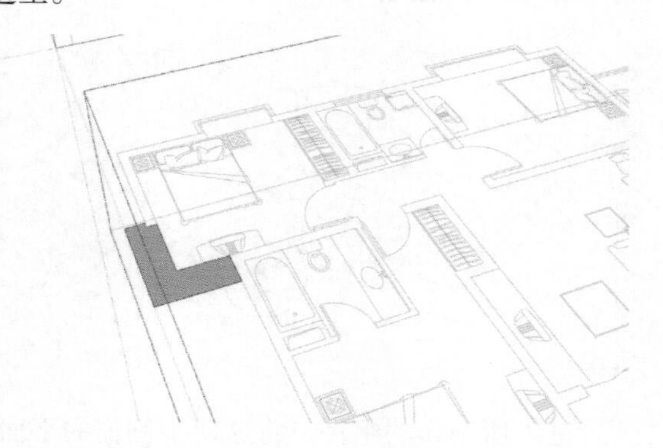

依照立面的表达对其进行造型的分割与材质的添加。

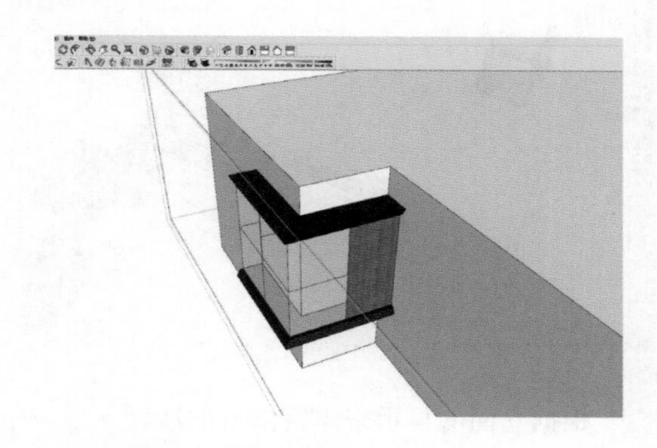

找到合适的捕捉点进行移动。

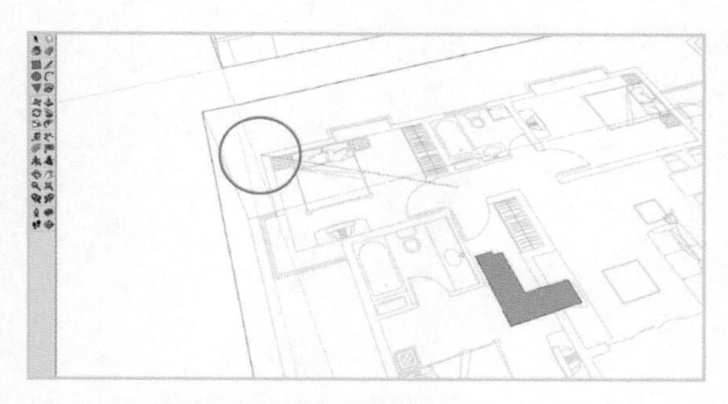

制作第一个阳台。

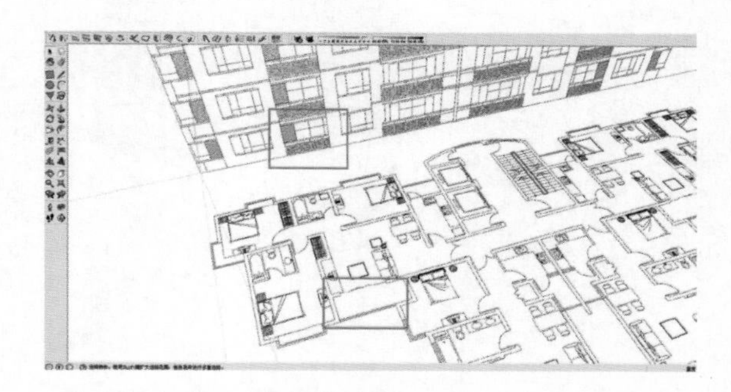

移动到相对应的位置中。

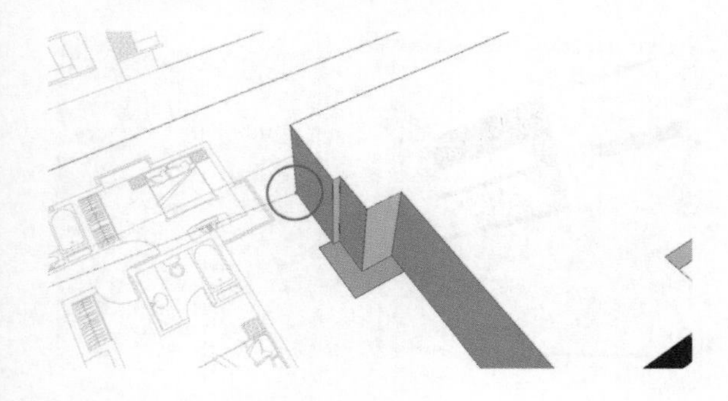

依照平面绘制出阳台的平面。

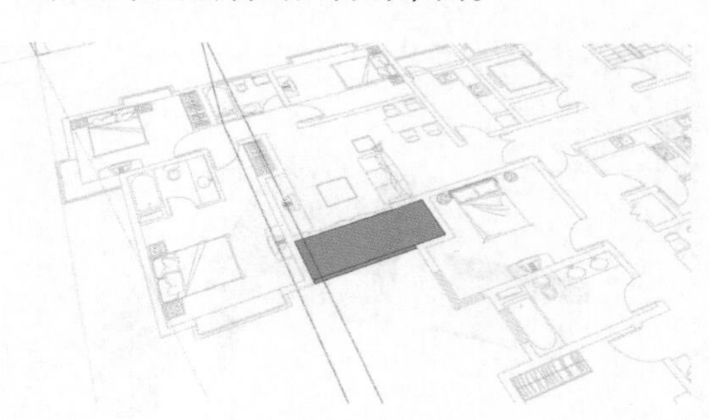

拉伸出体块。

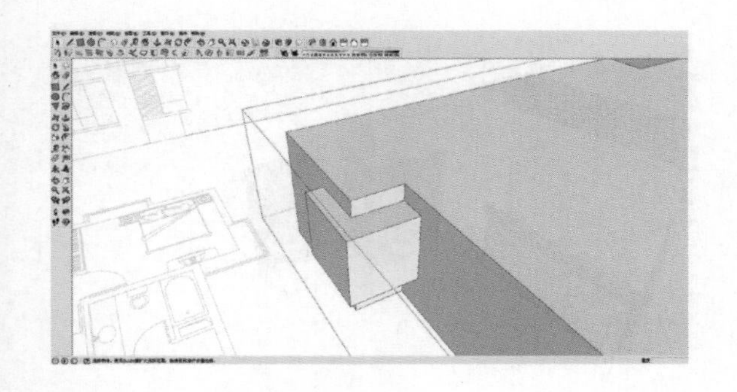

找到合适的捕捉点进行移动。

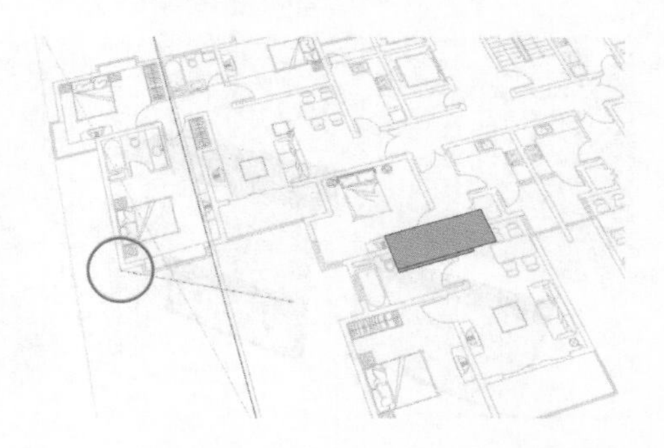

移动到相对应的位置中。

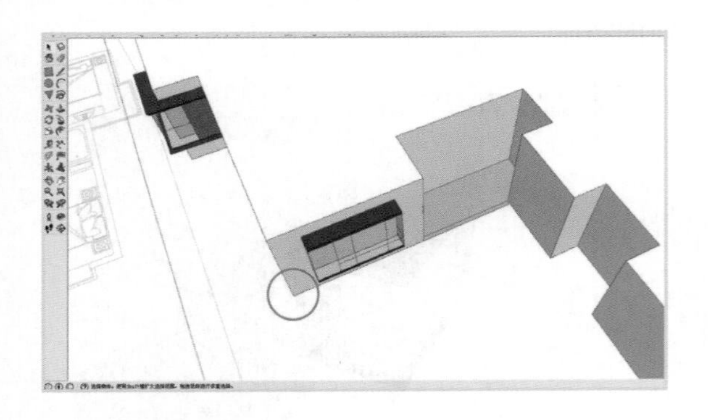

根据立面的显示来丰富阳台的造型。

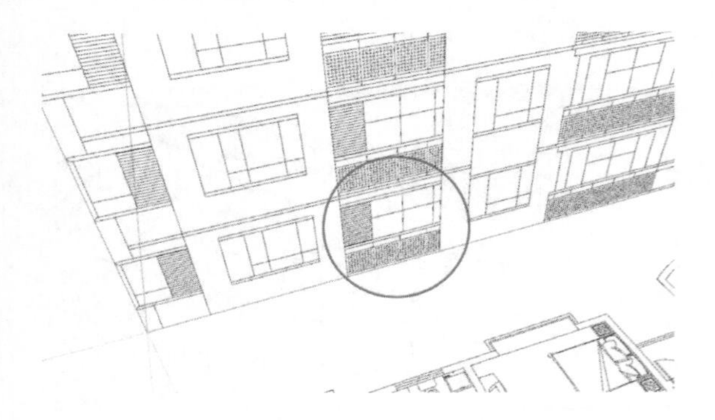

给予分割与材质的区分。

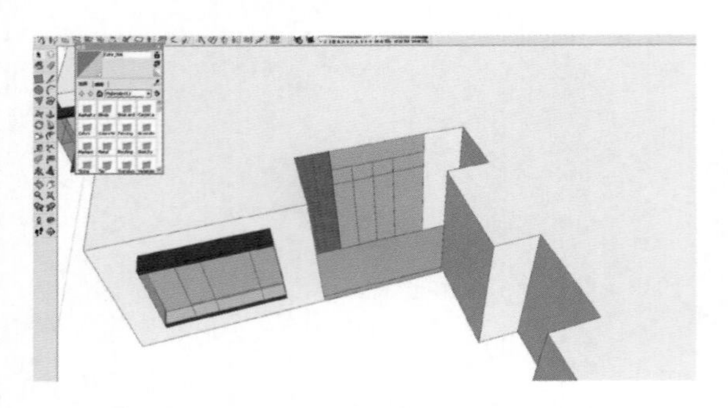

把阳台的围栏和顶板制作出来。

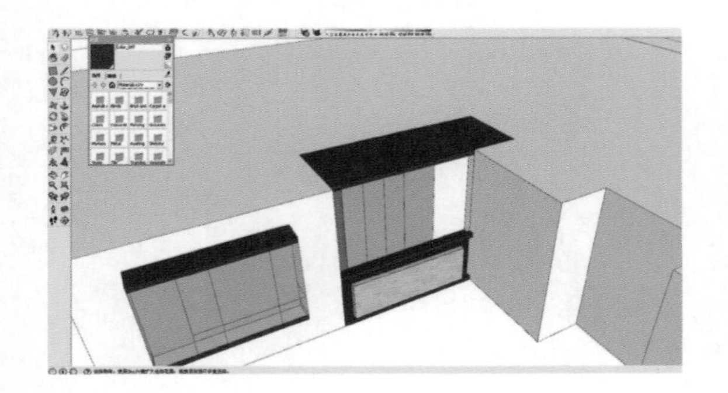

可以发现平面上有两处侧窗，是在南立面的 CAD 图上无法表示的。

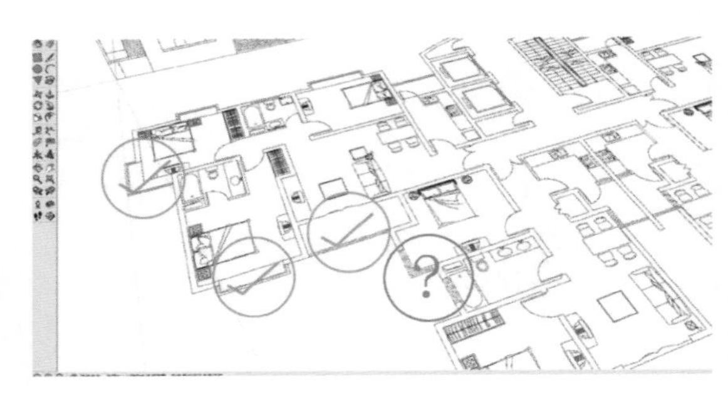

进入所制作的组件，将这两个侧窗的平面大概地画出来。

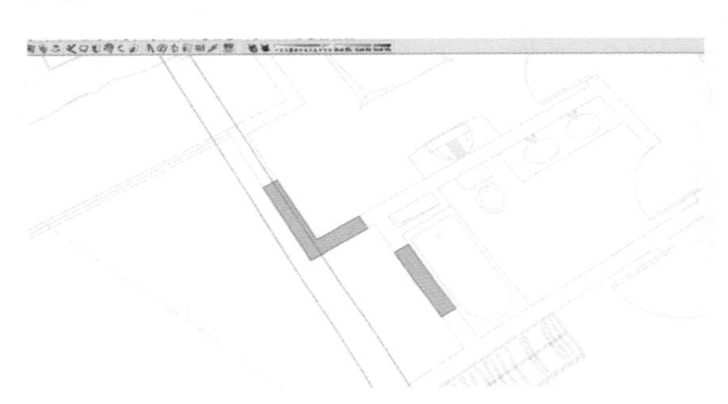

将其移动到相对应的位置。

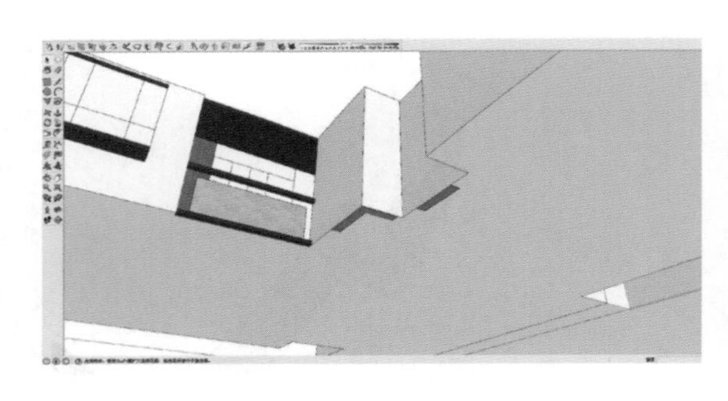

如下图，制作出侧窗，自定义其高度。

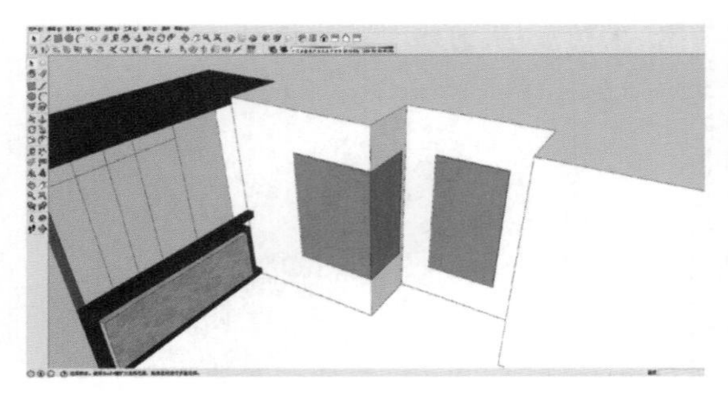

做出适当的分割。

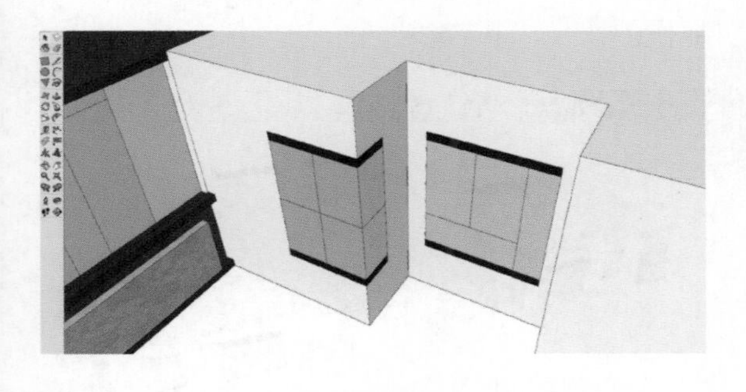

使用推拉工具做出一些进退，这样可以让体块显得更丰富一点。

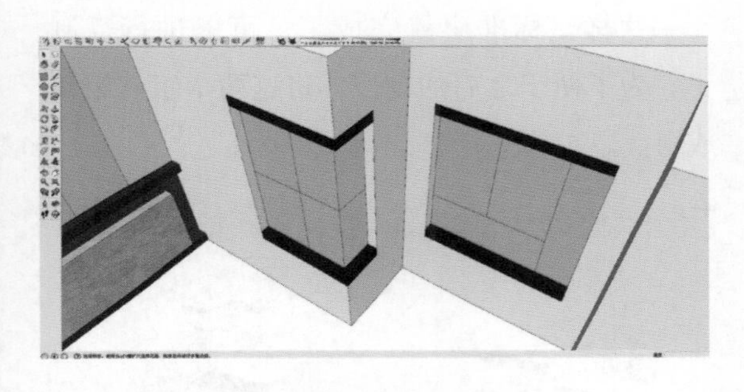

用同样的方法完成下一个阳台。

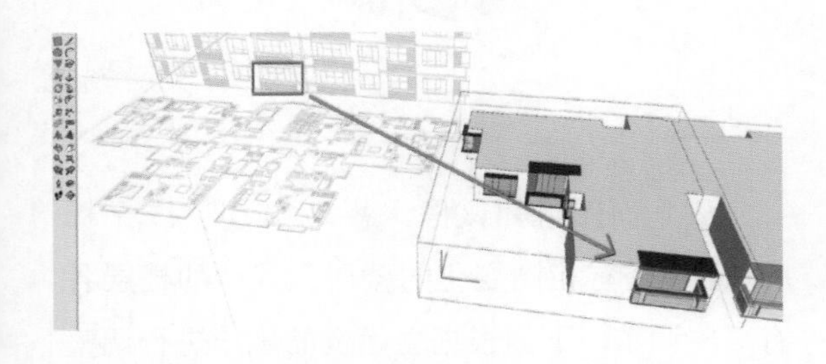

再次观察住宅的立面，发现这里有些许的小变化，两个楼层的飘窗有构造物连接着，像这样小的变化我们可以放在最后再操作。

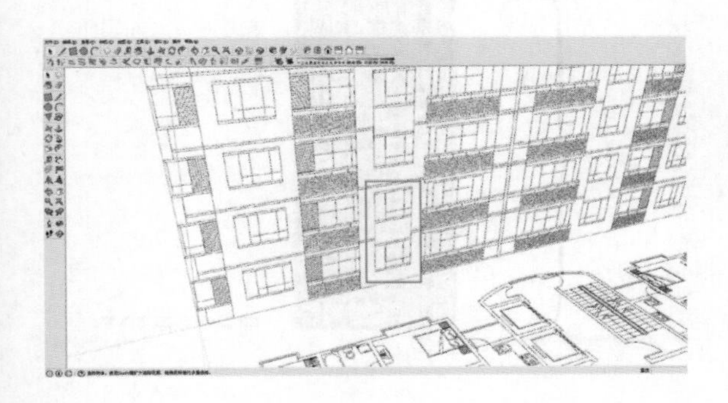

最后，用同样的方法制作出最后一个飘窗。

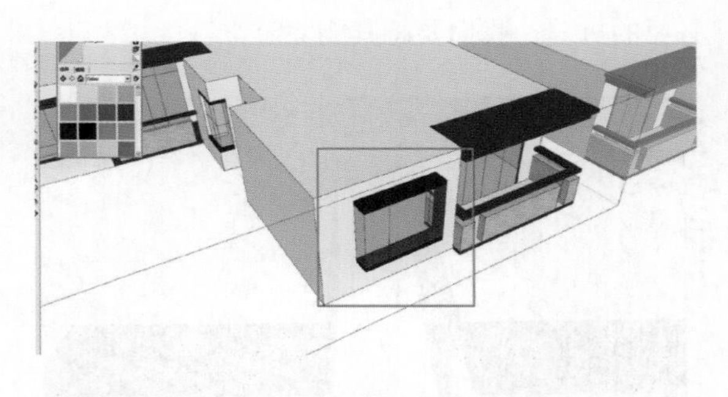

住宅模型的南面就大体完成了

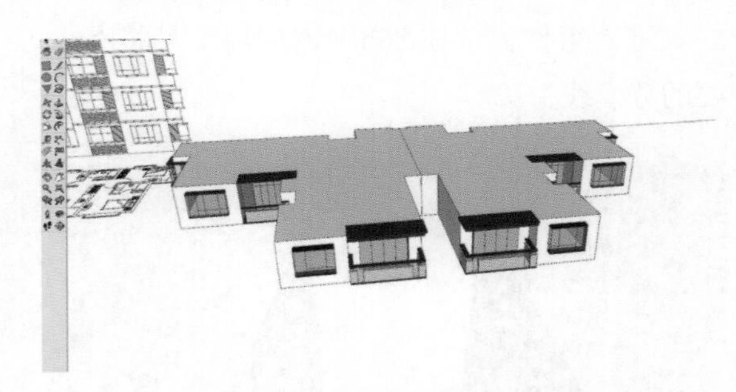

继续观察立面，发现还有一些小细节需要添加，如图中的墙体线脚与划分。

用推拉工具将顶面向下退少许就能做出分割的效果了，再给予颜色上的区分。

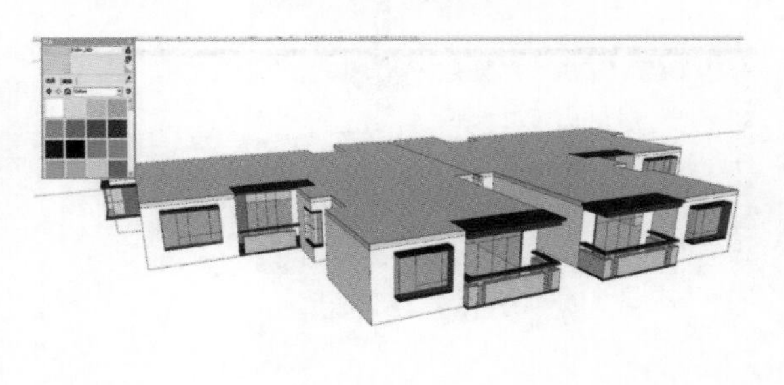

由于是两个组件拼在一起的，必将出现不必要的拼缝，我们要将其删除。

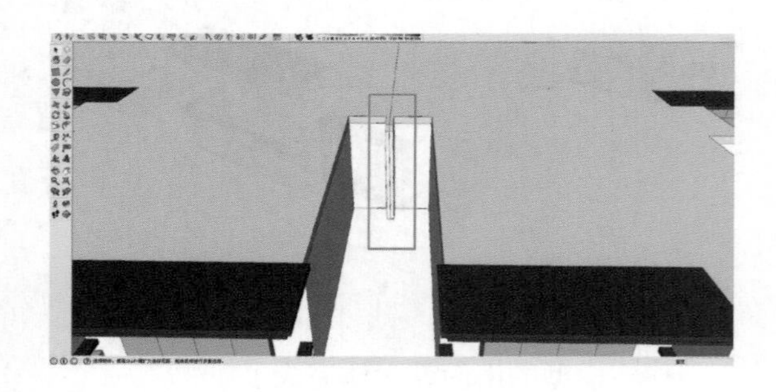

进入组件，按住 Shift+ 橡皮擦工具将不需要的分模线隐藏。

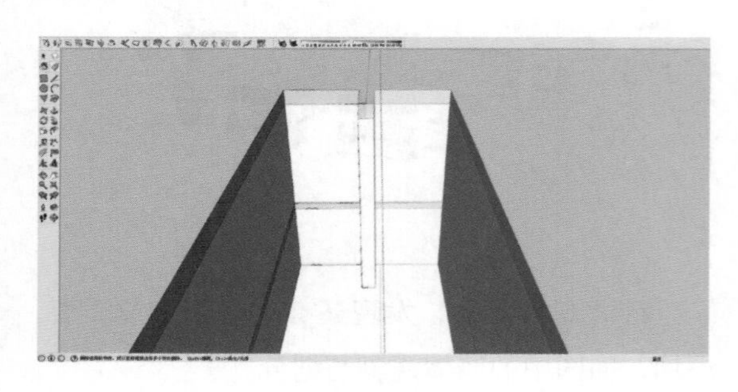

接下来观察一下户型图的北面，发现和先前导进来的线条有些差异，按照户型的边线来制作模型。

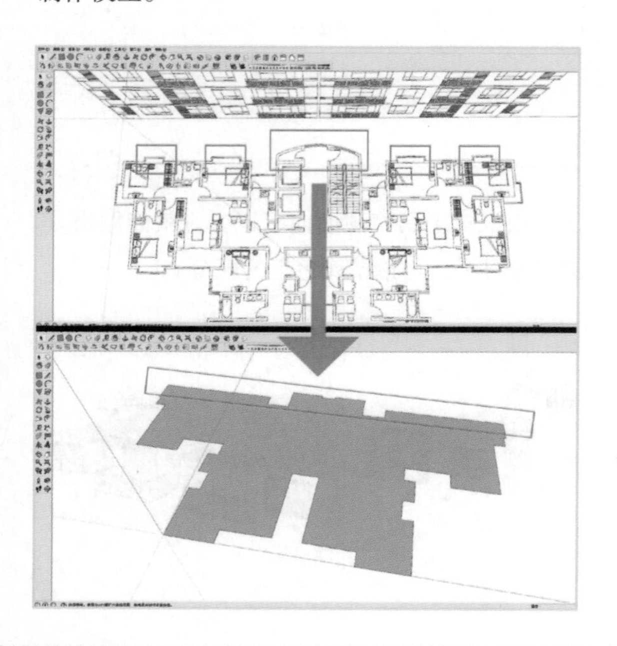

用制作南立面的方法来完成北立面的制作。

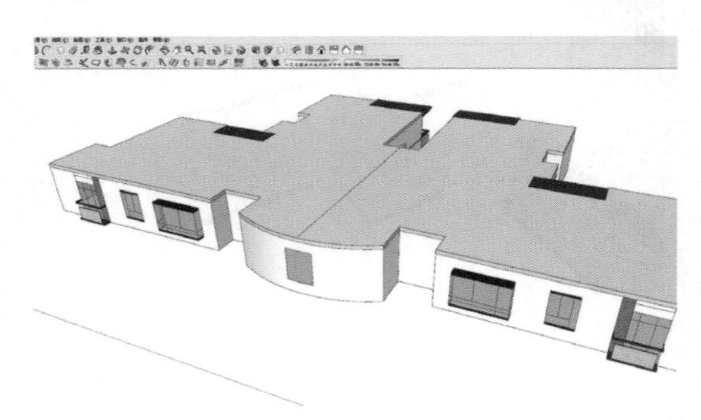

这样，标准层就完成了，可以进行复制了。为了便于之后的制作，将这两个组件编辑成组。

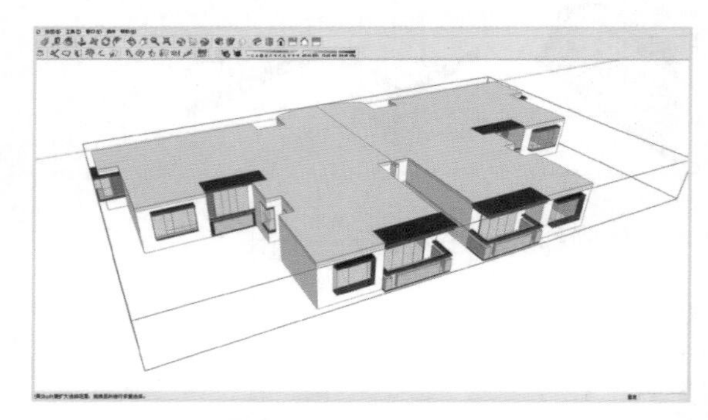

从立面图可知该楼，总共 24 层，17 个标准层，3 个有相同变化的楼层，其他的楼层各有一些调整。下面根据立面上的规律进行调整制作。

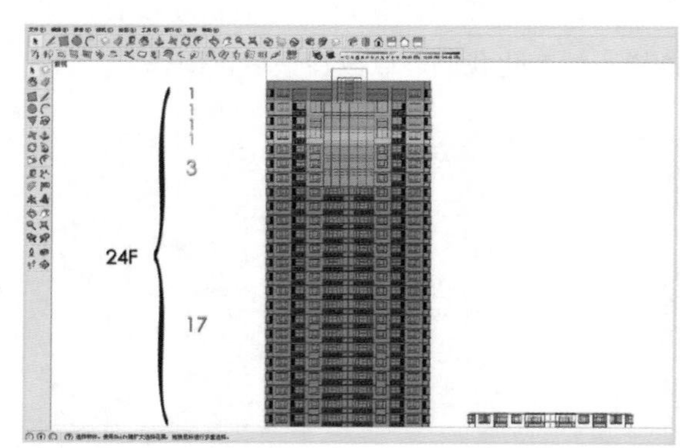

选择标准层模型，按住 Ctrl+ 移动工具，向上复制 17 个，共 18 个。

将下面的 17 个做成组，暂时不做任何编辑。

进入第 18 层的群组，选择左右两个组件后对其点击右键 > 单独处理。这样这两个组件就与其他组件区分开来了，在被单独处理的模型中修改模型时，其余的组件将不受关联。

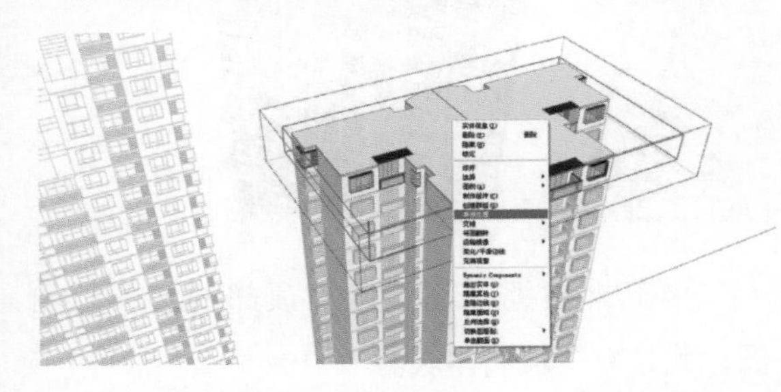

观察立面图，将 18 层的此处阳台围栏与顶板删去。

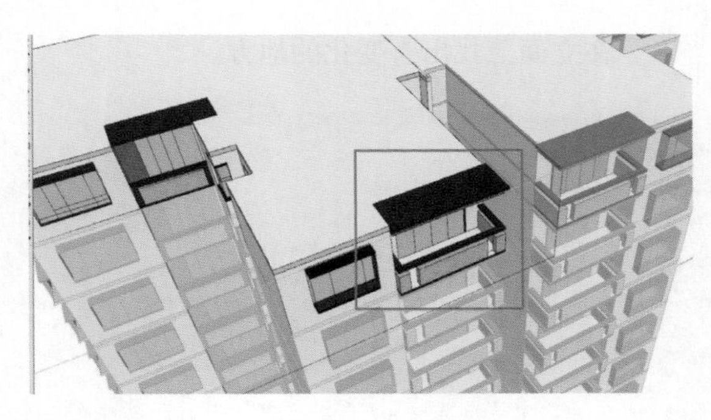

完成。

按照 CAD 立面，将其向上复制 2 个。18 ~ 20 层制作完成。

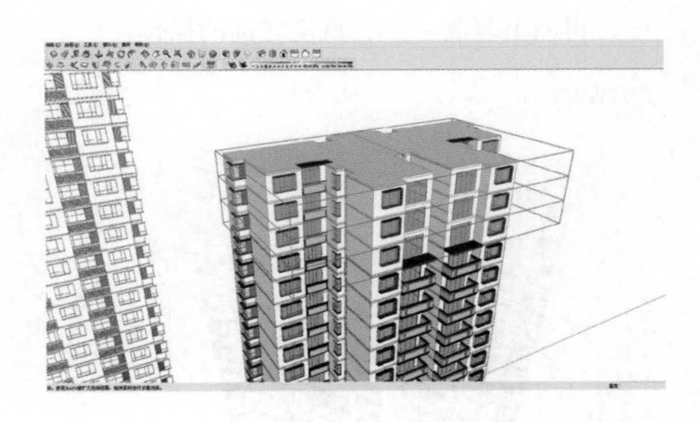

再复制一层，将其进行单独处理的操作，制作第 21 层。

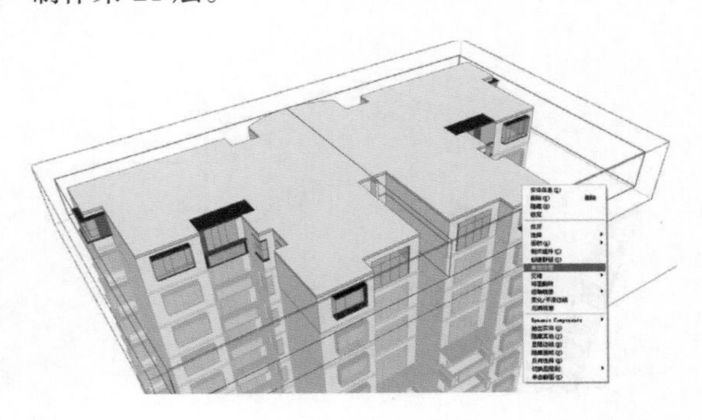

在立面上找出有变化的地方。

在模型上表现出来。

再向上复制一个，重复之前的操作。

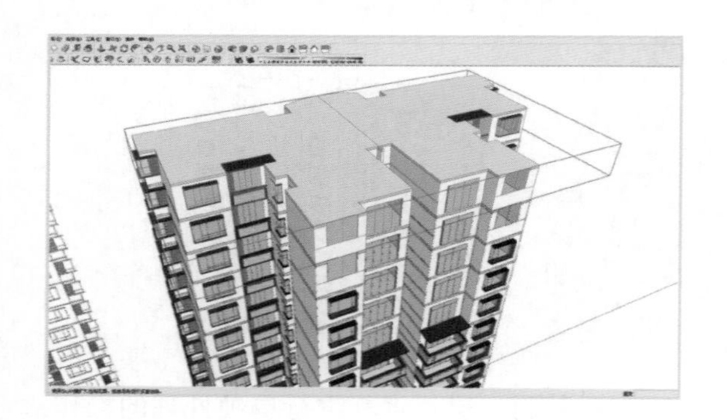

右键 > 单独处理。

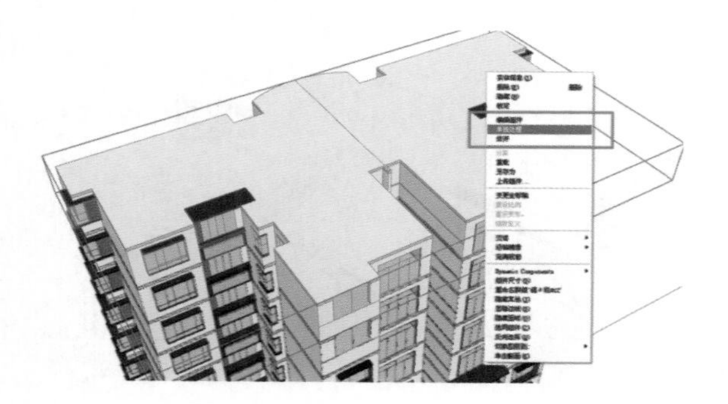

找出变化的地方。

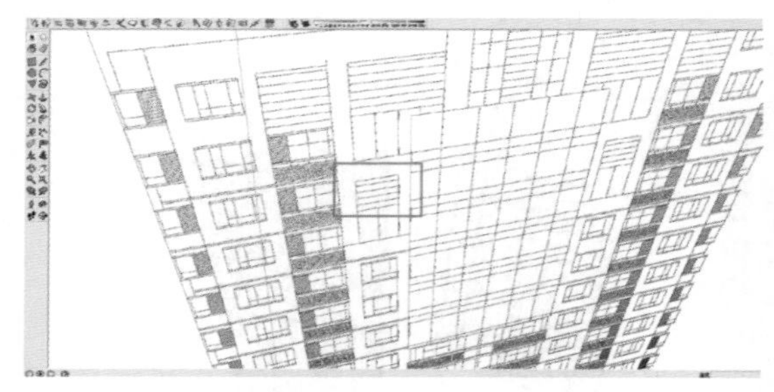

修改于模型上。

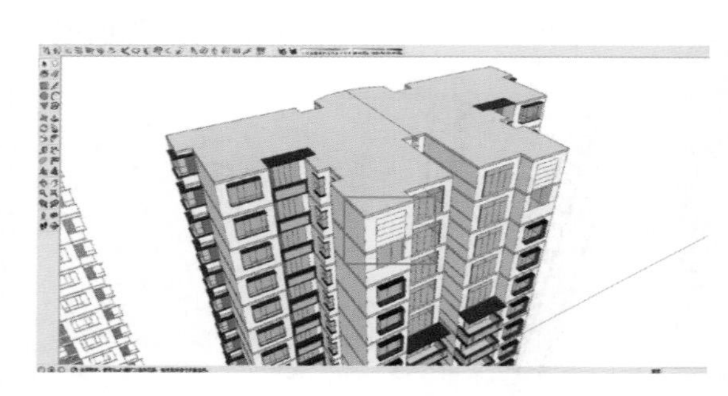

按照上述的操作，完成 21 ~ 24 层。

接下来根据立面，添加顶部的细节。如图，此处有一玻璃体块。

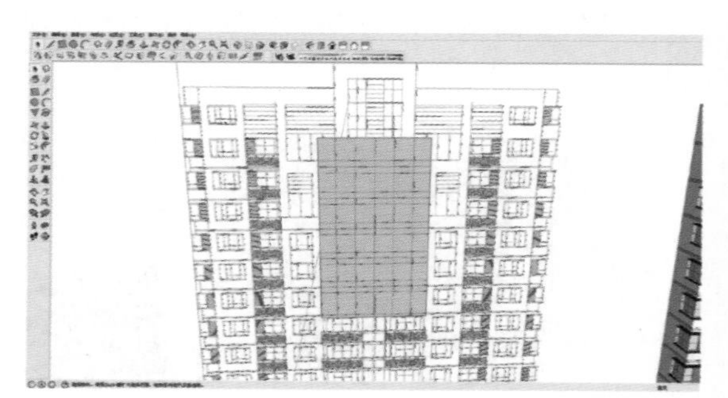

按照相对应的位置，将玻璃体块制作出来并给予分割。

观察立面，发现住宅的顶面是有厚度，我们来制作一下。

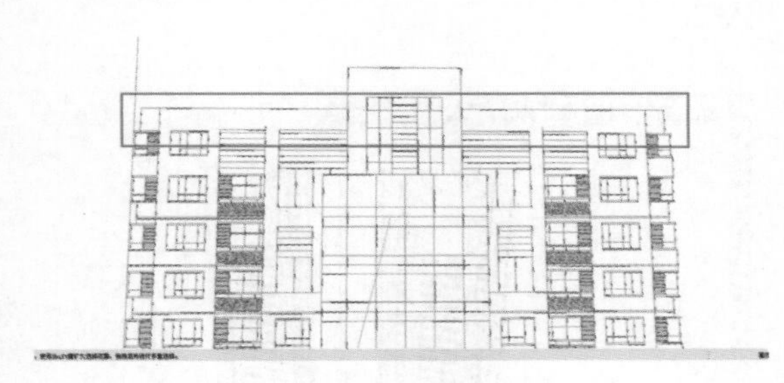

进入顶部的组件，双击选择顶面。

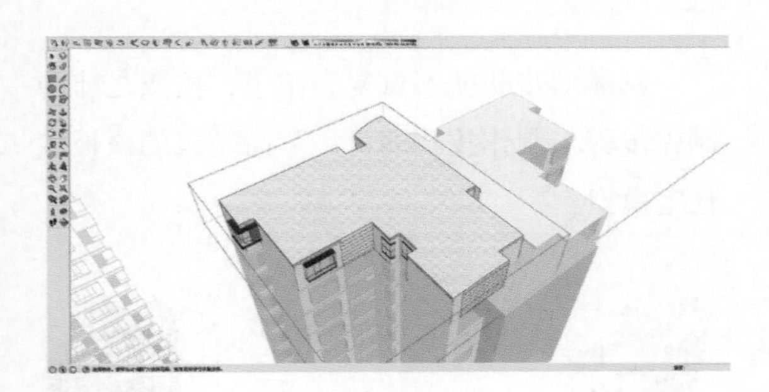

将其复制出组件之外。

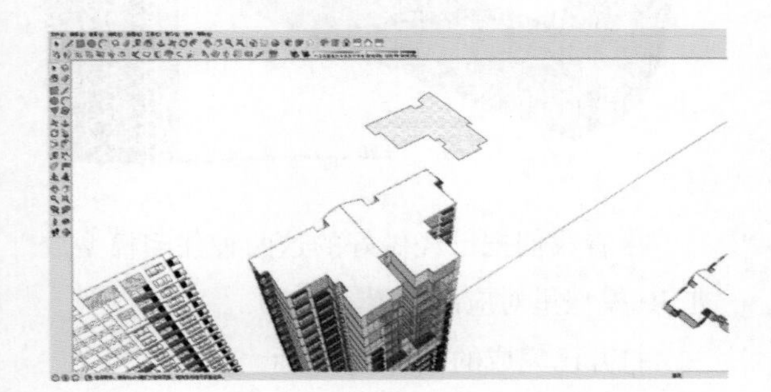

复制一个，沿红轴镜像。

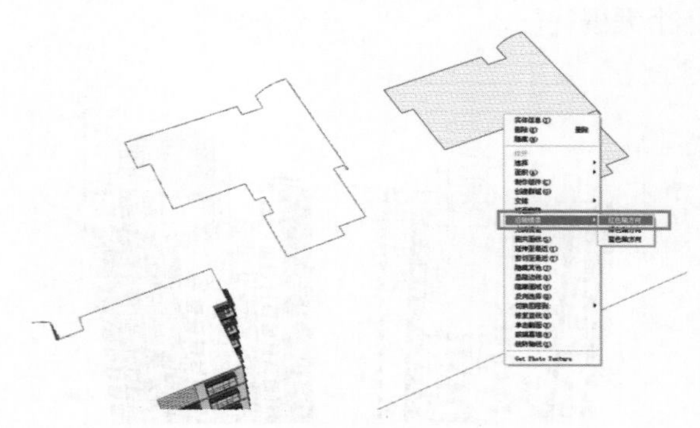

拼接成一个完整的顶面。

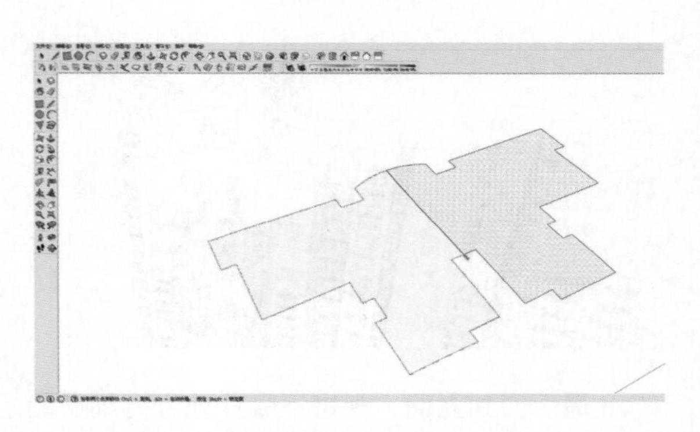

删除拼接线，再拉伸，给些厚度。

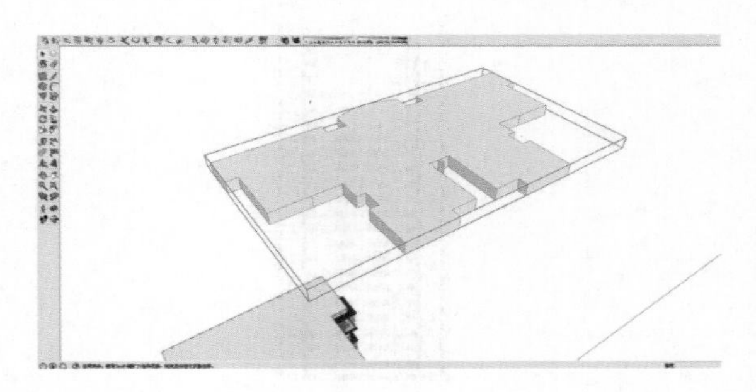

移动回相对应的位置。

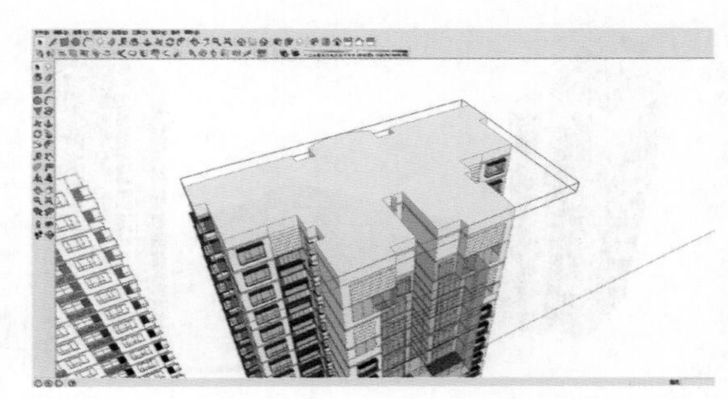

根据 CAD 立面制作住宅模型的帽子，做个大概就行。

在顶部加上些花架。

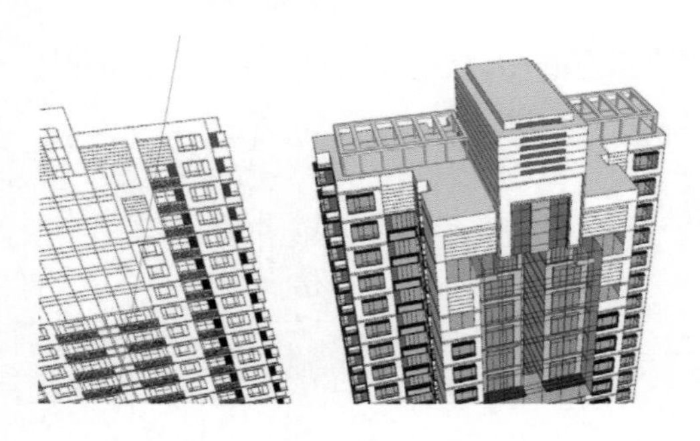

最后回到立面，观察下哪些地方有细微的变化，并添加到模型里面去。

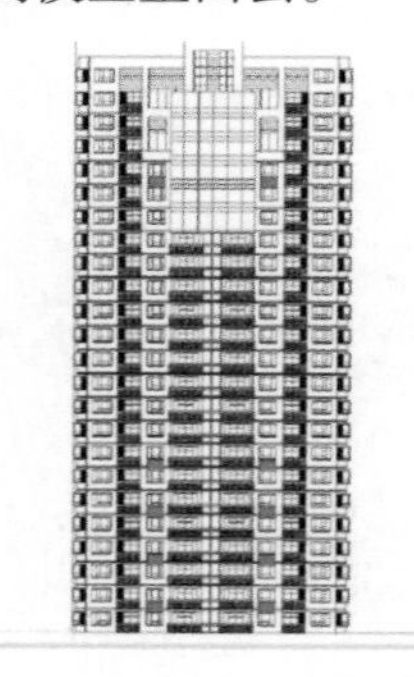

这样，一栋 24 层的住宅就制作完成了。

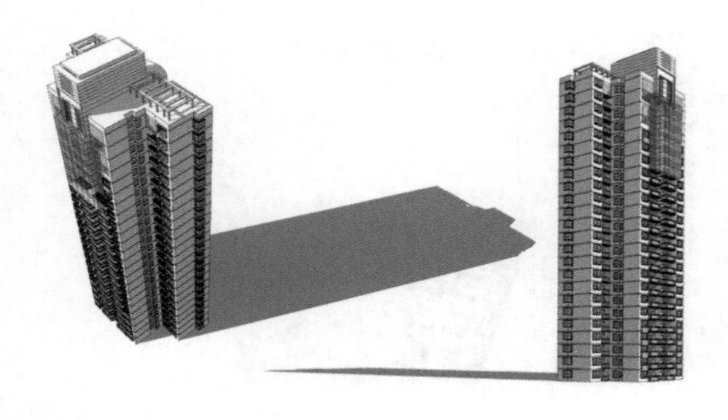

接下来制作图中所示的绿色部分的板式住宅。

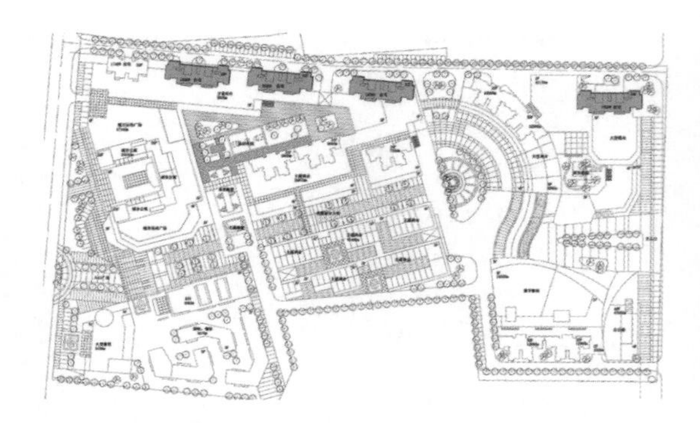

重复之前住宅的做法，将户型图与立面导入 SU 中。

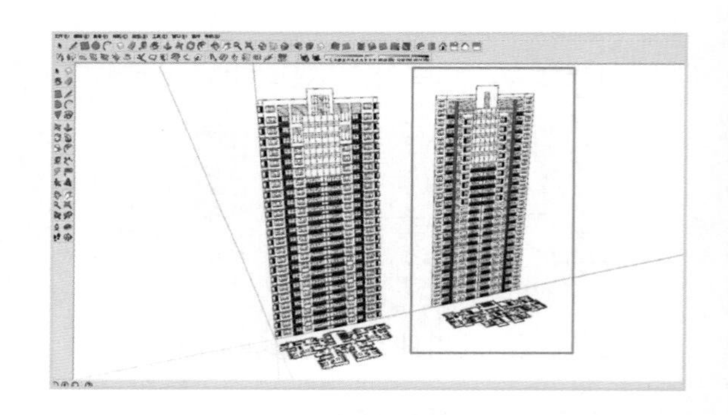

具体的步骤就不重复介绍了，按照之前的制作步骤与制作技巧即可，下面完成的该板式住宅模型。

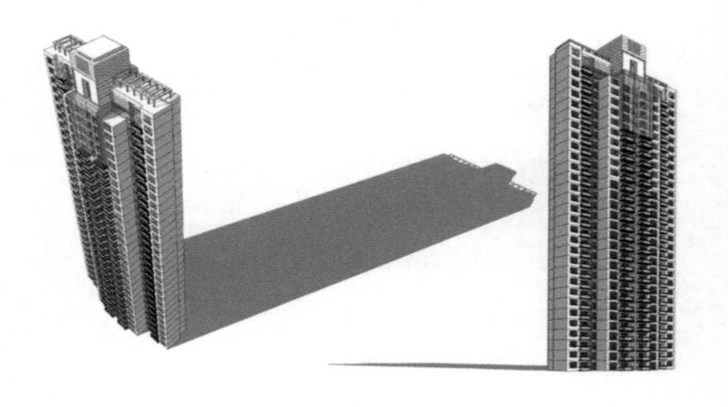

接着我们把已经做好的这两种住宅模型放进 SU 模型里对应的位置。

打开已完成的 CAD 总平面。

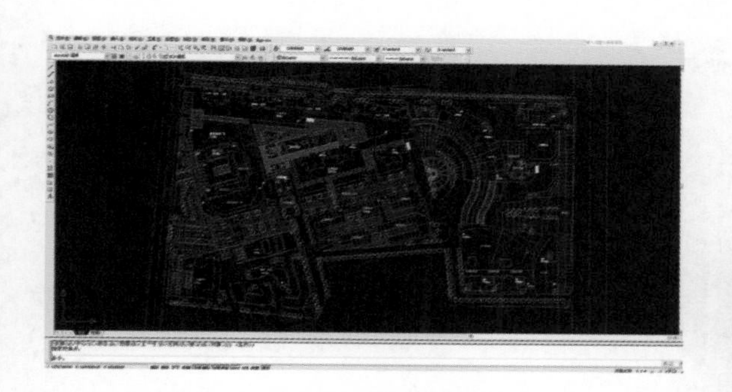

选出住宅的边线将其写块导出。

导进 SU 软件中。

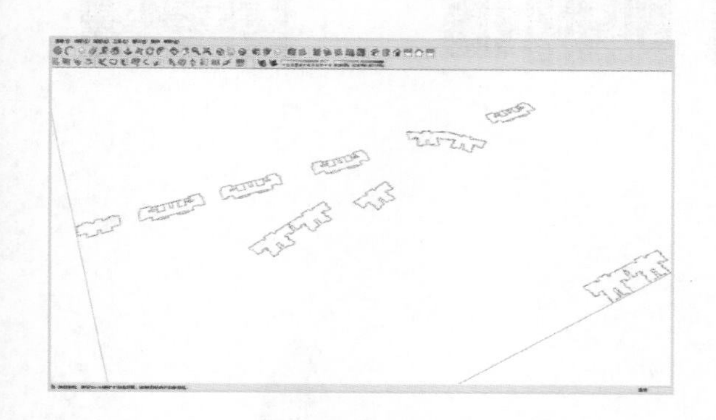

将住宅做成组件并复制到相对应的位置，因为制作的住宅模型都是 24 层，现在必须根据设计的实际高度作些调整。

选择一栋建筑举例说明。选取 CAD 总图中的右下角，办公楼左边的一组双拼住宅，皆为 32 层。

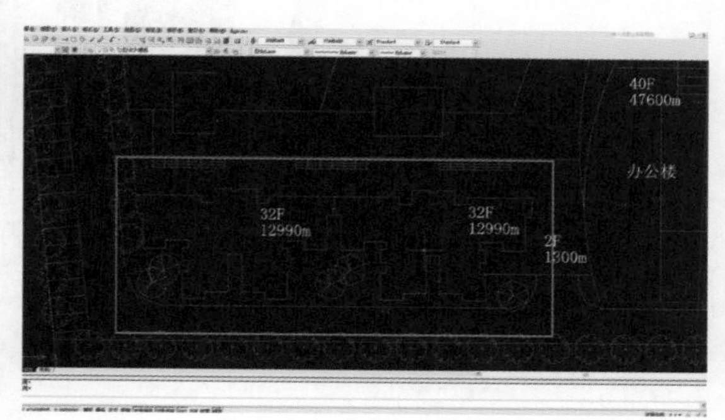

我们在 SU 模型中找到这两栋楼相对应的模型，选择，右键 > 单独处理。

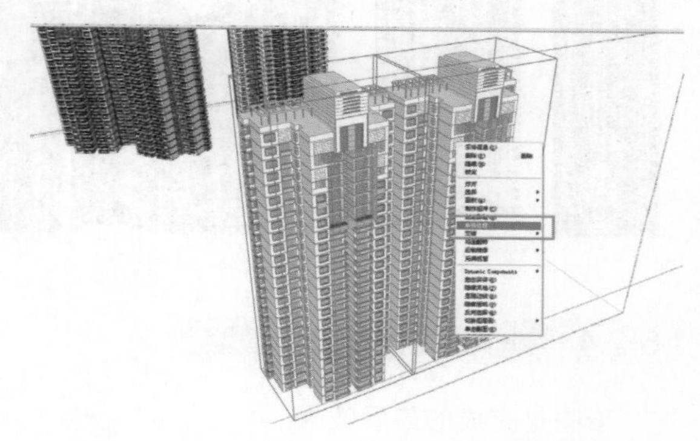

进入这两栋楼中的任何一栋楼的组群，将底层模型向下复制 8 个，这样整体高度就达到 32 层。

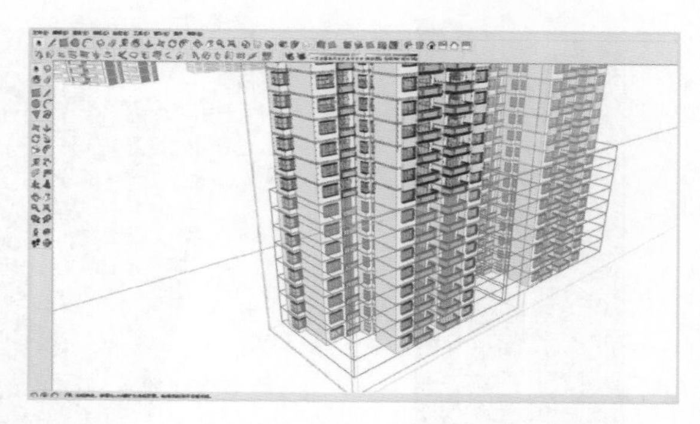

复制完之后，将这两栋住宅向上移动 8 层层高的高度，3 m 每层，共 24 m。

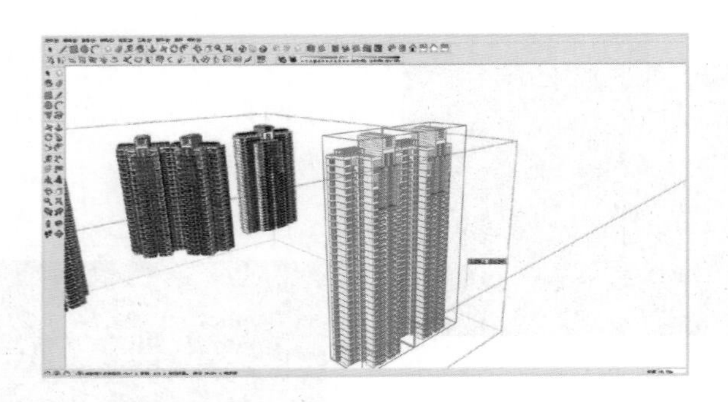

同理，对应 CAD 上所标的高度将所有住宅模型调整一番，调整到相对应高度。这样，住宅部分就完成了。

6.2.4　制作超高层办公楼模型

下图是完成的最后效果。

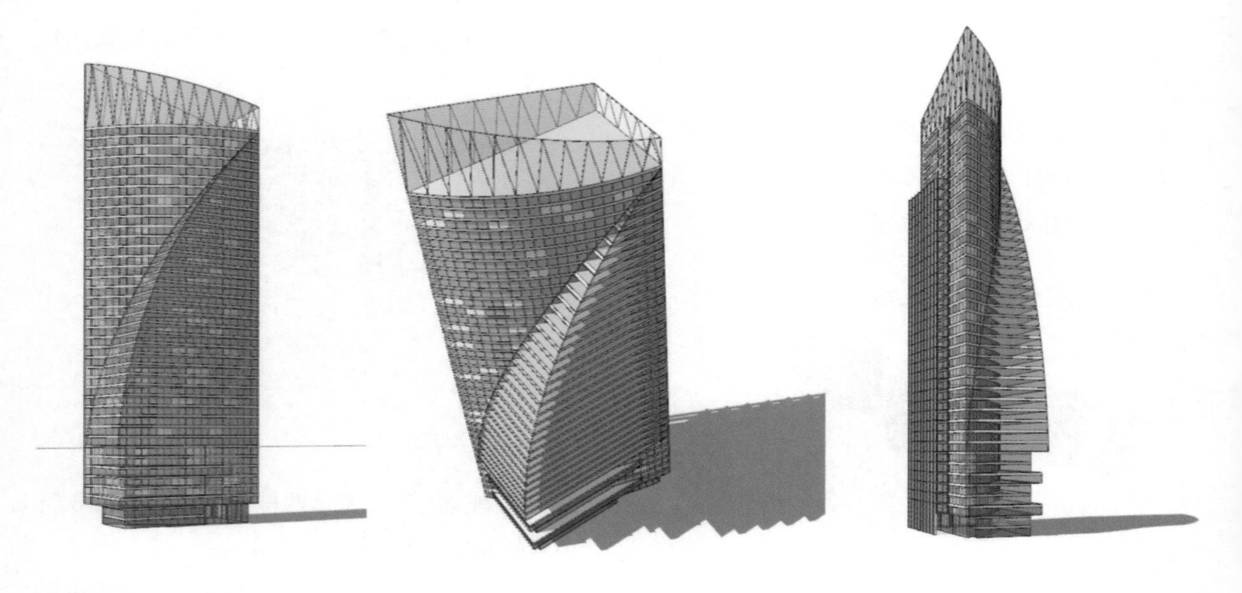

在 CAD 中选取超高层办公楼的建筑边线。

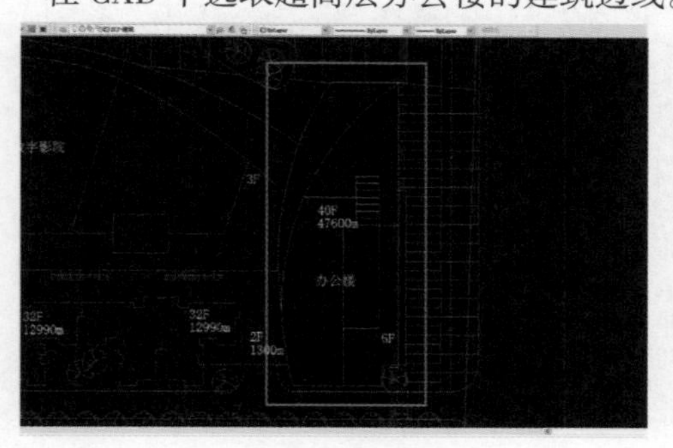

导进 SU 中，缝合成面。

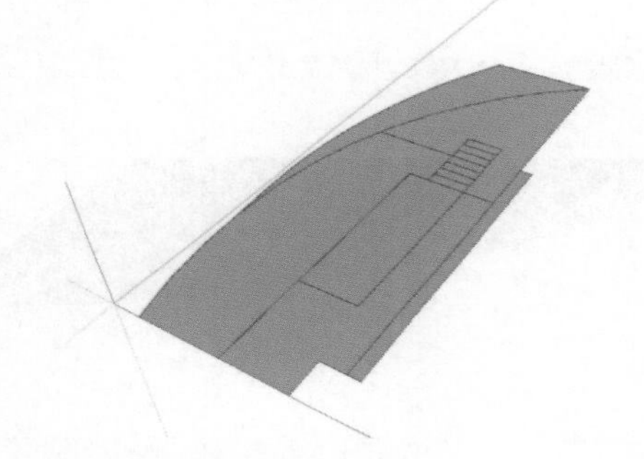

删除所有的内部装饰线。

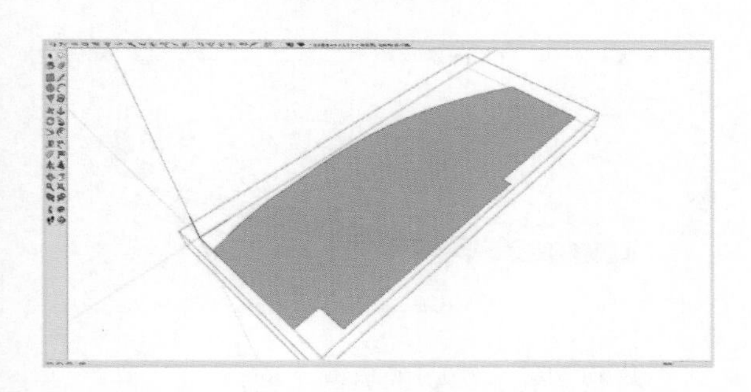

我们来测量一下面积，单击点选面，右键，点击“模型信息”这项。

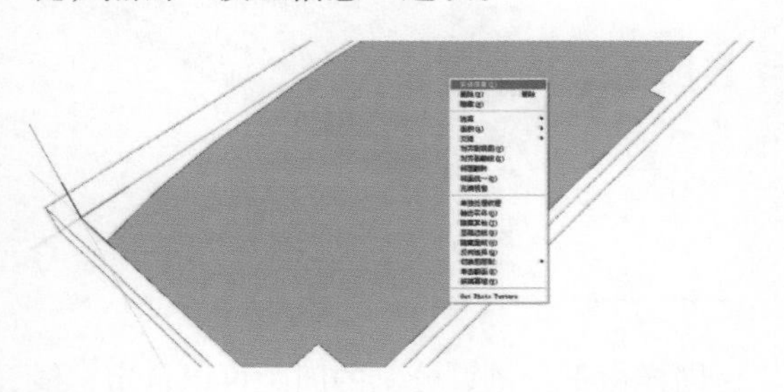

面积大约为 1500 m^2，根据设计任务书中容积率的要求，必须将单层面积做的再大一些。

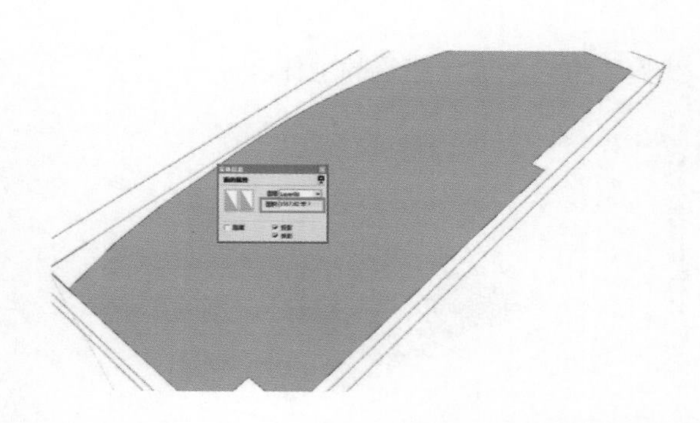

按照 CAD 中的长宽比例用矩形工具绘制一个 30 多米乘 60 多米的矩形，其使面积接近于 2000 m^2。

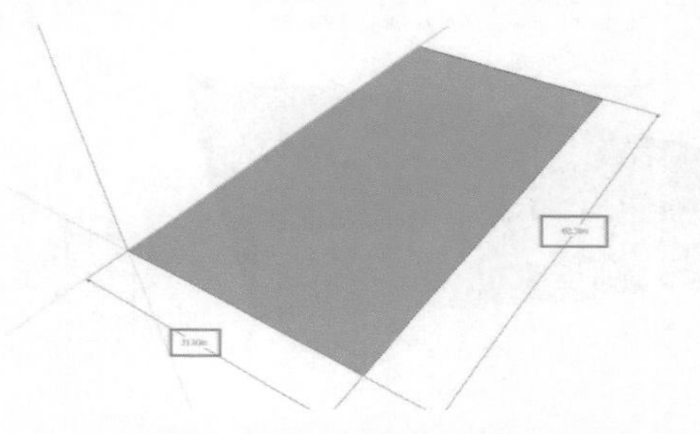

这样得出来的面积接近 2000 m^2 了。

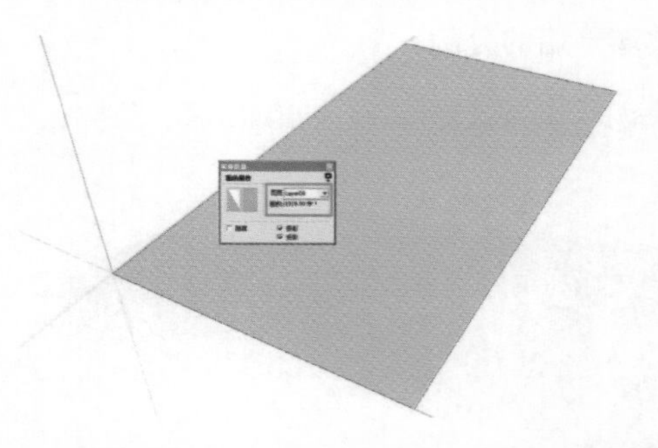

用曲线工具划分这个面，端点为矩形的对角。

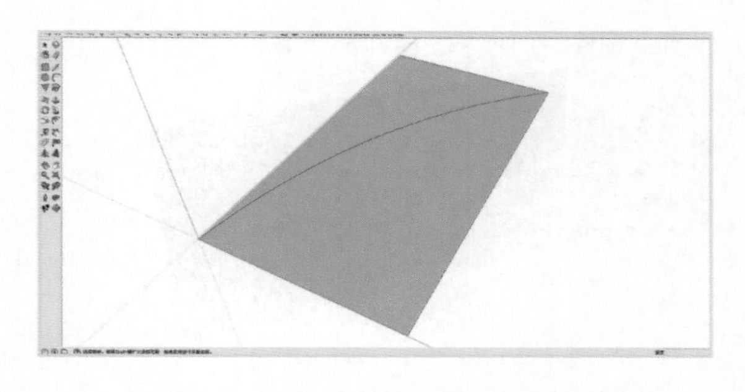

将面积较大的图形单独成组并做成组件，

我们要将它做成该建筑的主体。

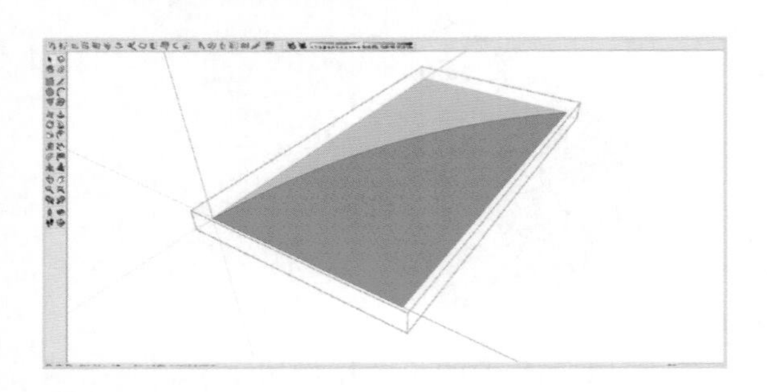

用推拉工具向上推拉一层高的高度 4 m。

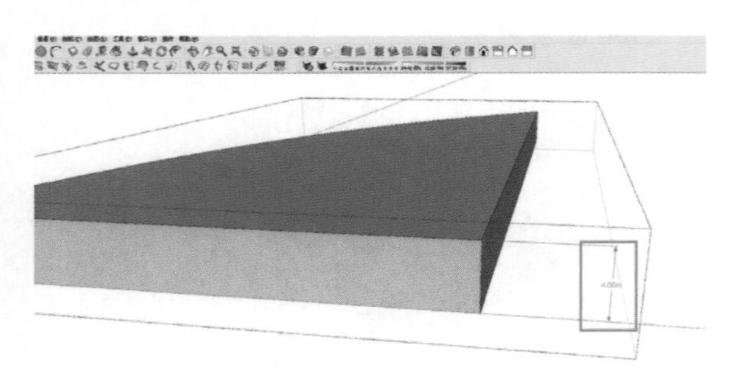

弧线这一面被自动的分割成很多段，可以成为玻璃幕墙的分割。

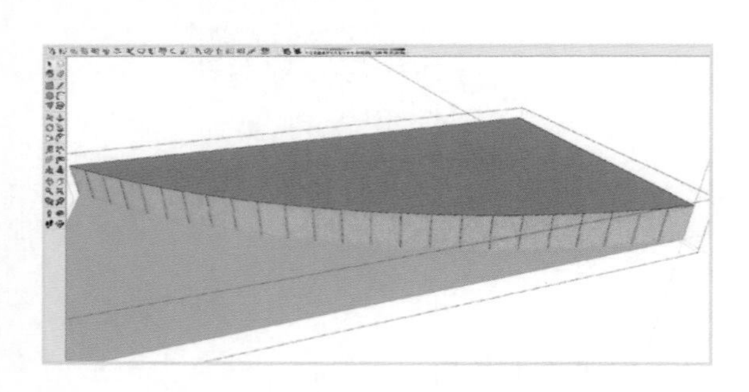

接着我们做横向的分割。选择上边的面。

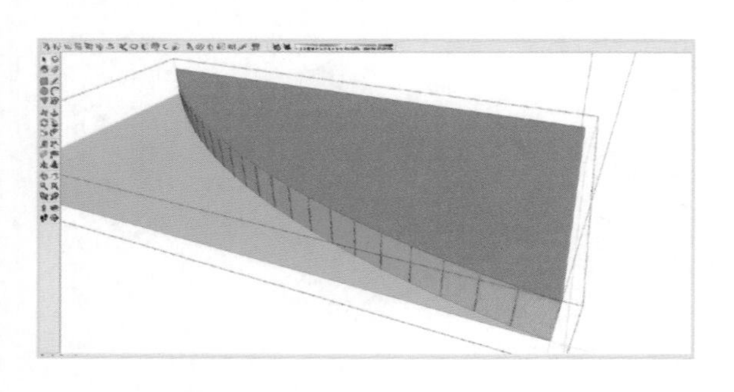

向下复制 1 m，做出如下图的分割。

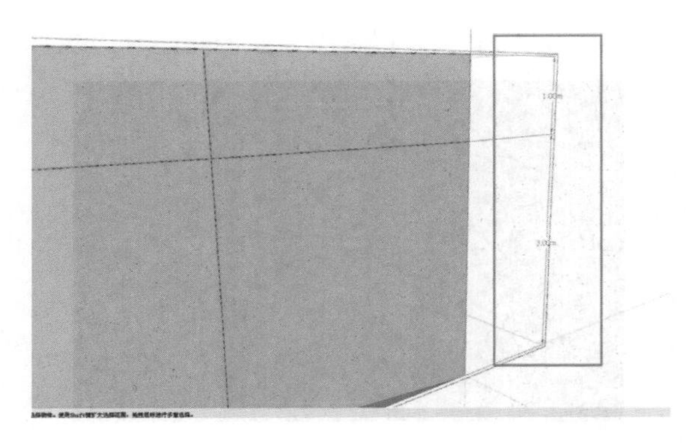

用删除工具隐藏部分分割线。

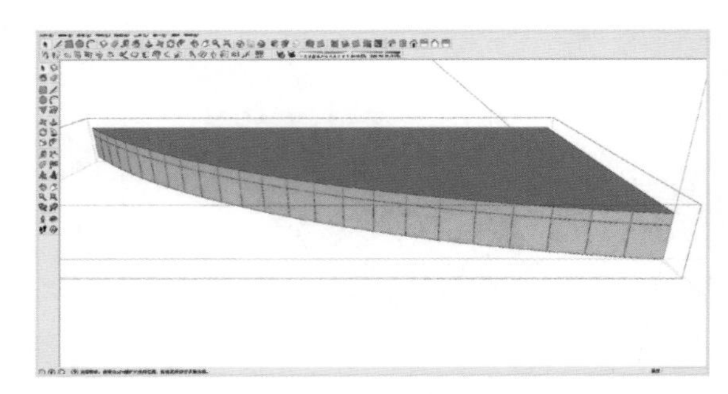

给予材质的区分。

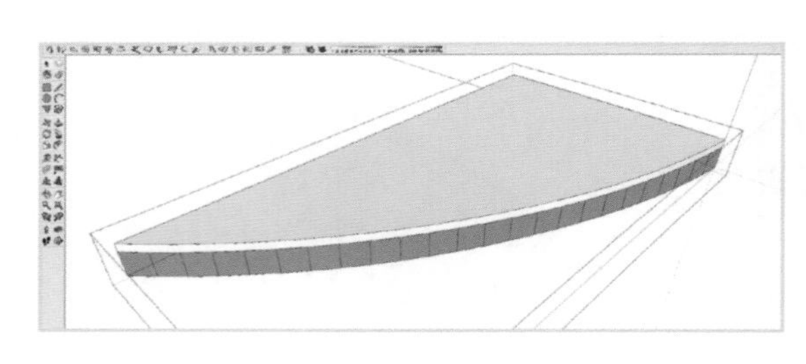

将视图转到模型的另两个面。

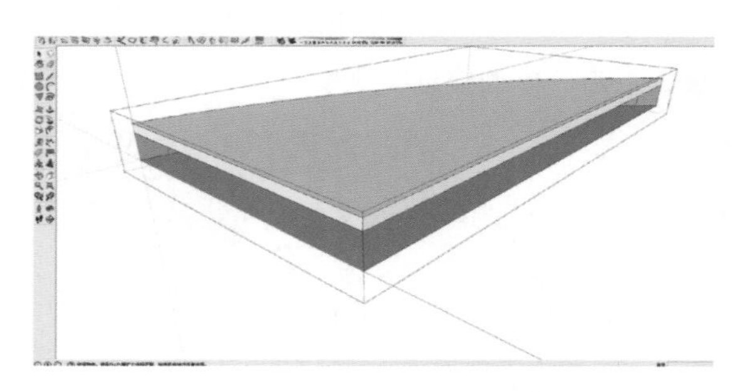

同样做下分割，分割的间距可以自定，线条密集一点会显得高层建筑更挺拔，这里给予的间距为 4 m。

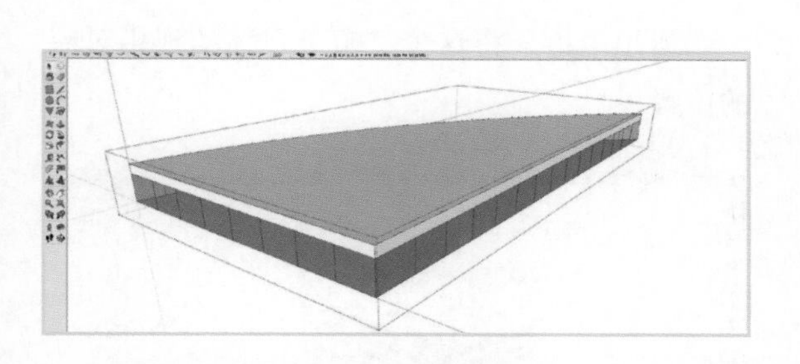

将该组件向上复制，共 40 层。这时模型的部分颜色开始跳跃，原因是上面的组件底板与下面的组件顶板的面重合了，产生了花面。

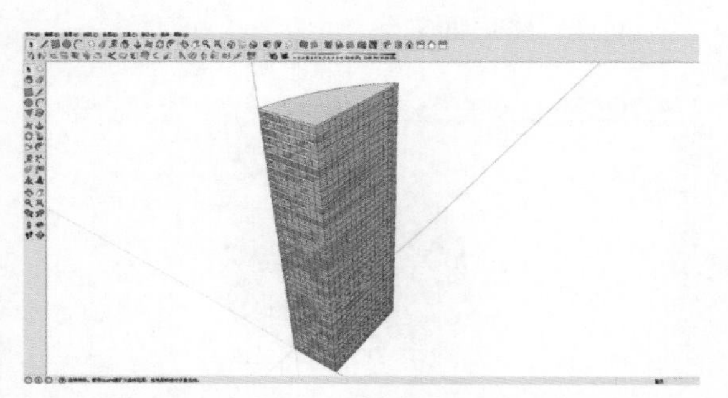

进入组件，将底面删除就可以解决画面的问题。

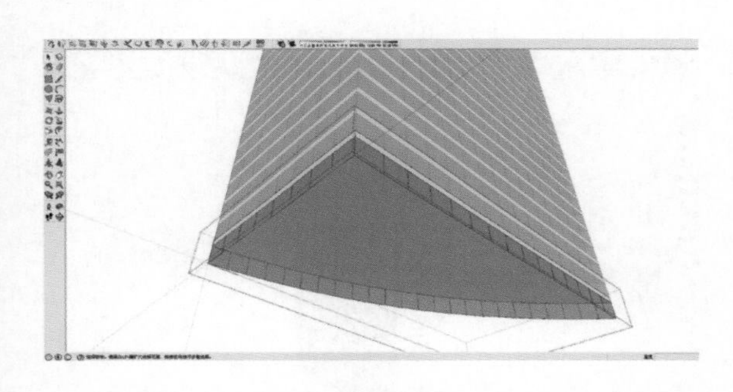

继续细化，下面要为建筑加一个“玻璃帽子”。进入组件，选择顶面。

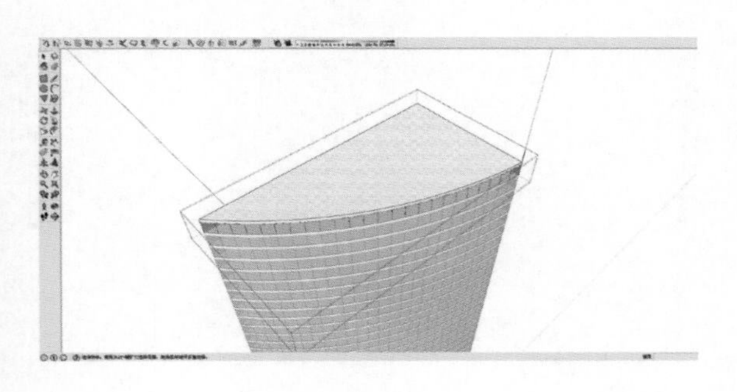

将其复制于组件之外。

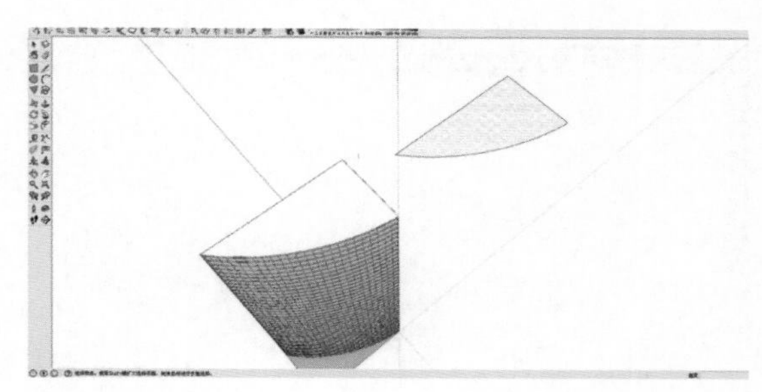

用推拉工具将这个面向上拉伸 10 m。

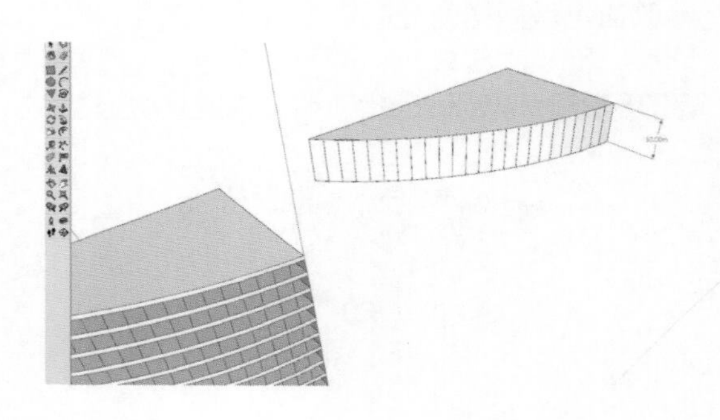

将其单独成组。

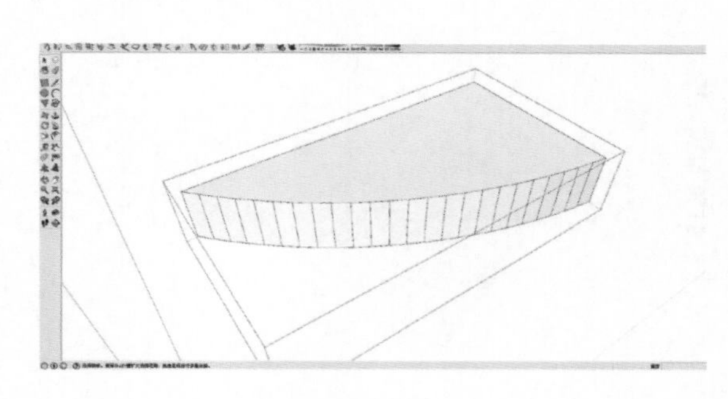

随意绘制出一些分割。

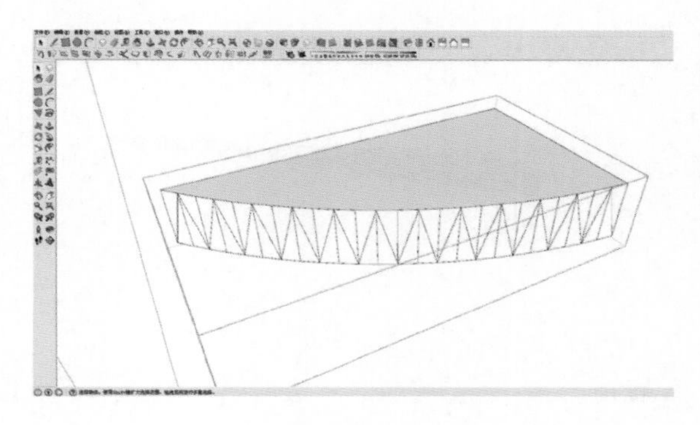

隐藏不需要的线。

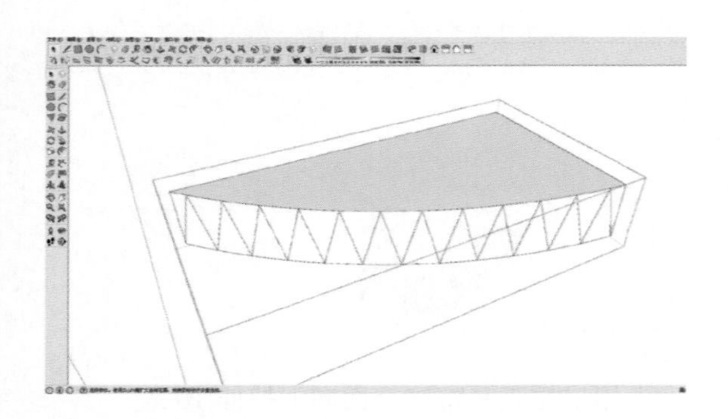

侧面也做同样的分割。

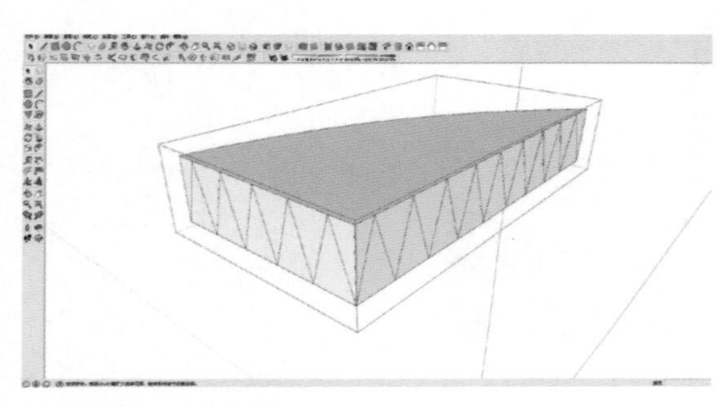

接着双击顶面。

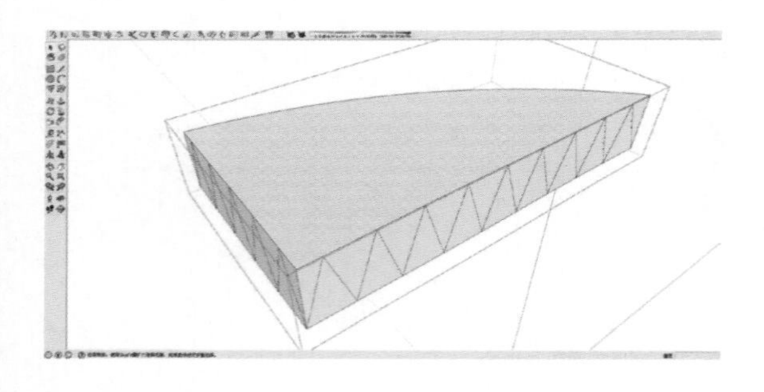

如图，以直角点为端点向上旋转 15° 左右。

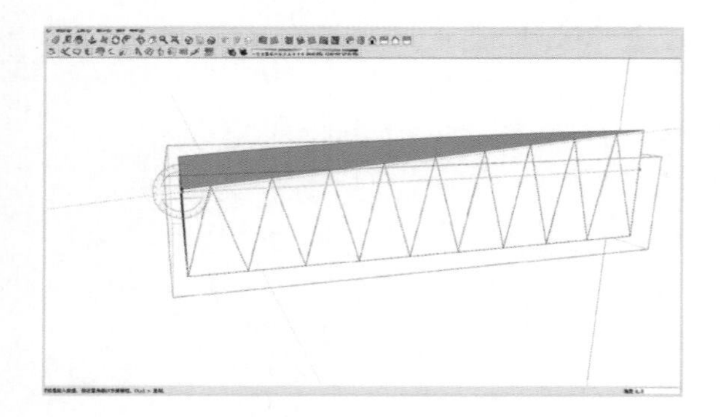

退出组群，将这个“帽子”移动到相对应的位置。

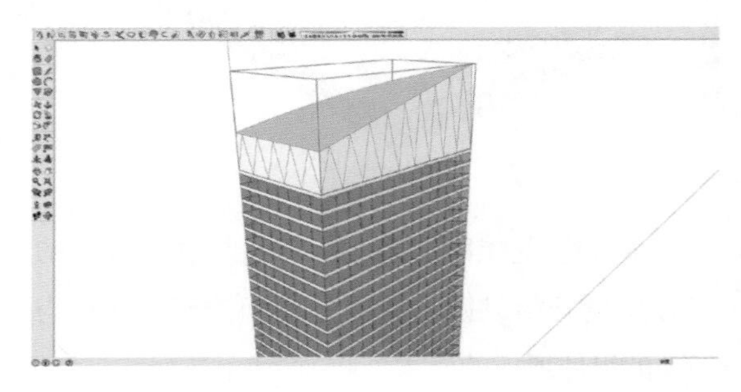

同样，将底面去除。

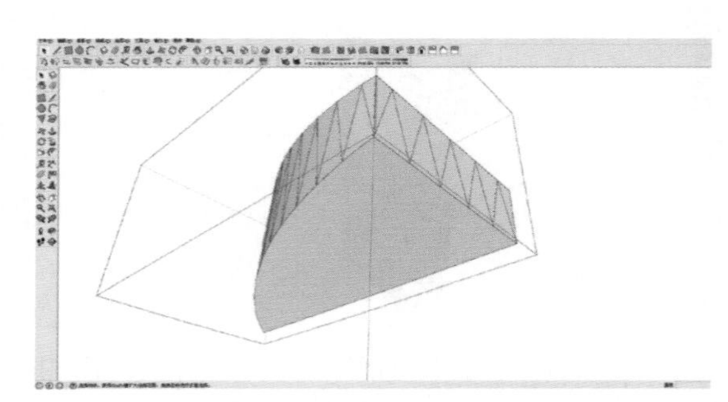

给予白色透明材质，主体部分就基本完成了。

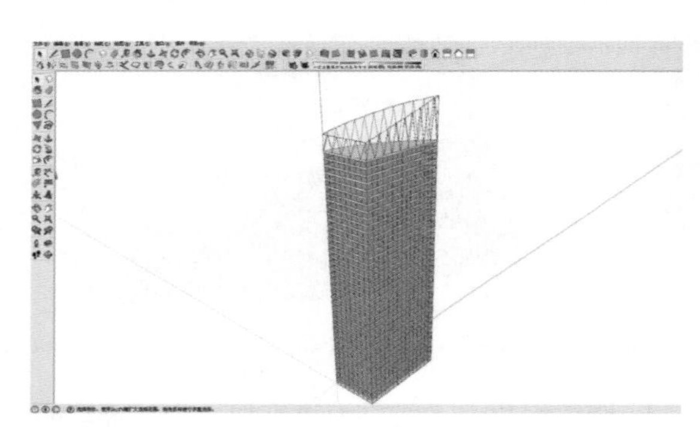

将剩余的面作成组群。

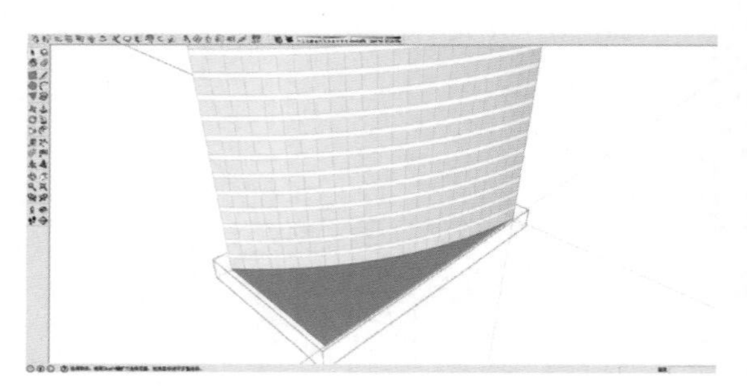

用推拉工具将其拉升到 160 m 的位置。

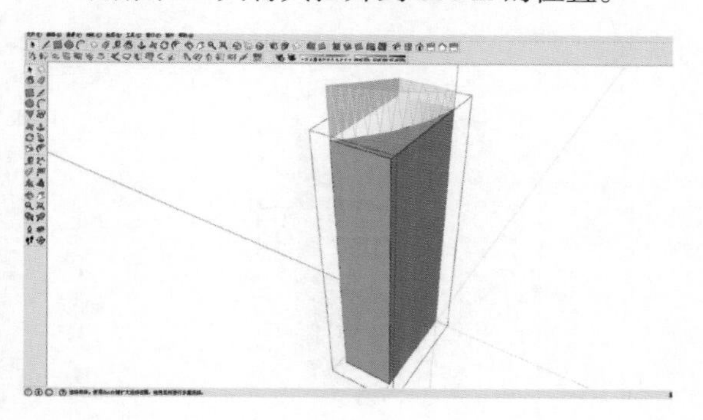

用弧线工具在立面上划分一下，弧度自定。

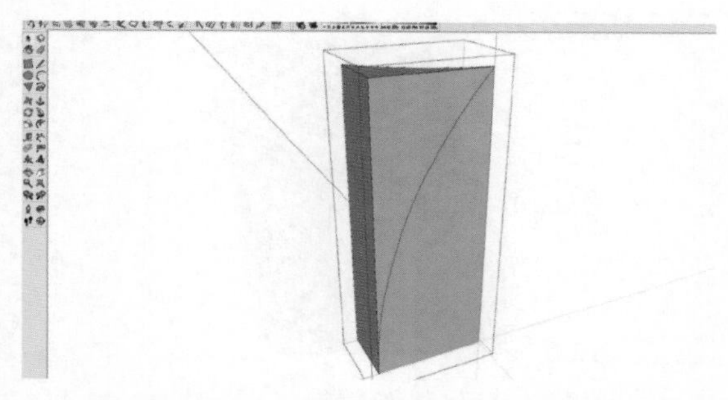

按住 Ctrl 键，使用推拉工具将不要的部分推掉。

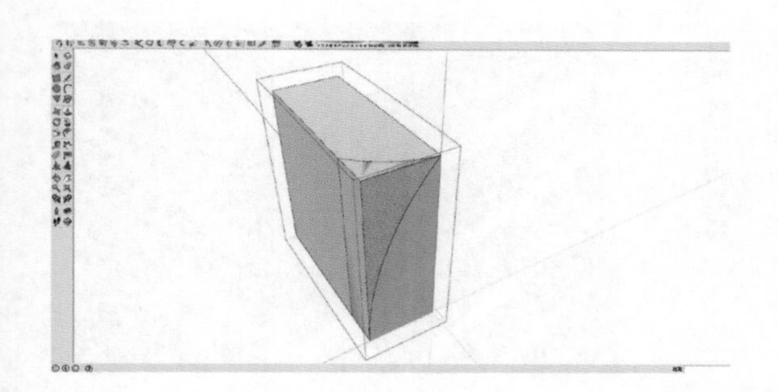

全选，使用模型交错。

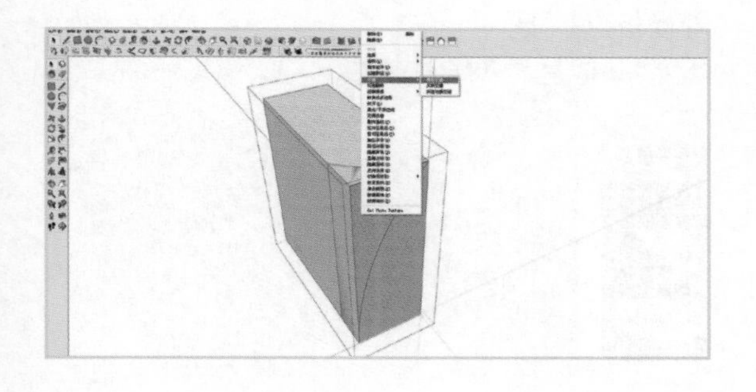

删除不要的部分得出以下图形。

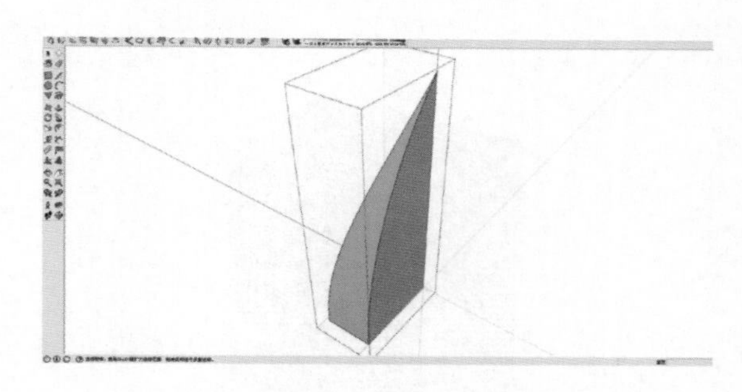

接下来制作横向分割，先用矩形工具随意地画一个矩形。

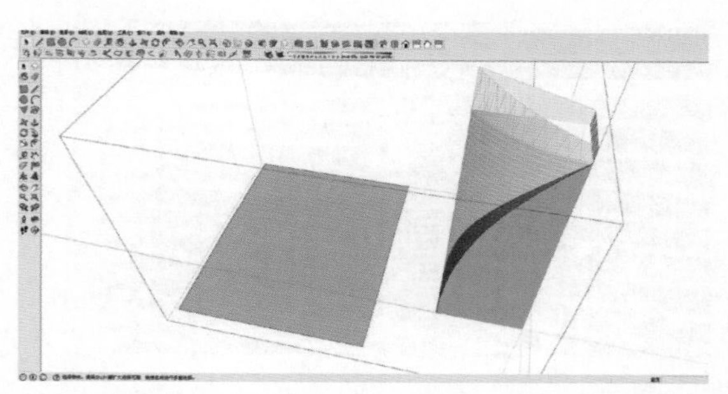

向上拉伸 1 m，并向上移动 3 m，再将这个长方体制作成组群。

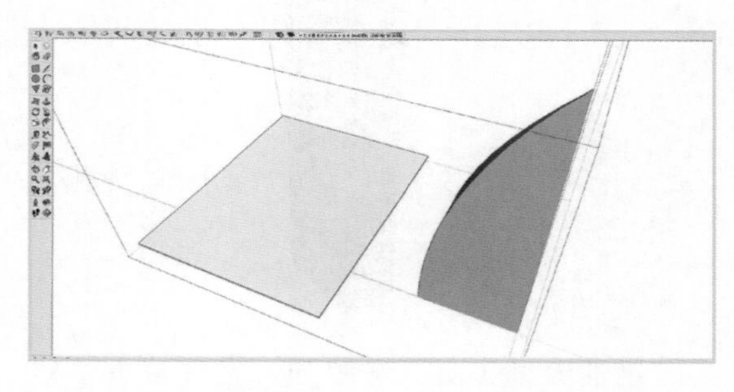

移动到弧形模型中。

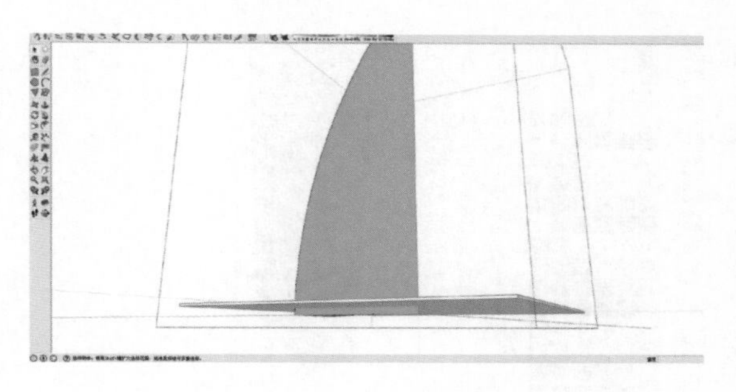

按 4 m 的间距向上复制，覆盖于整个弧形模型。

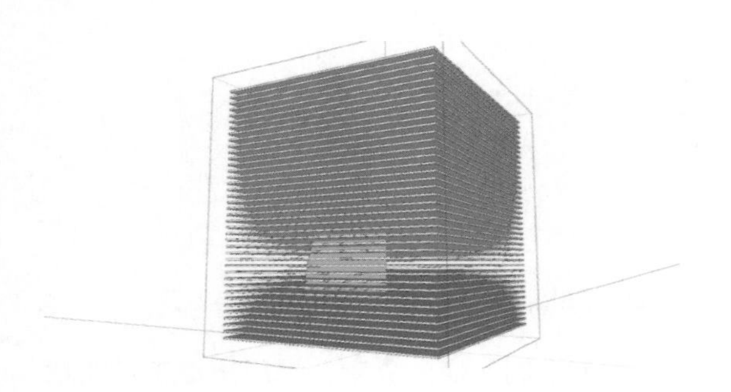

全选弧形模型进行模型交错。

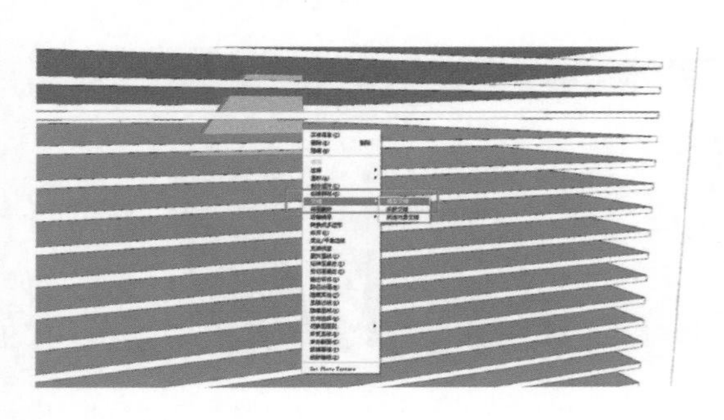

得出以下效果。

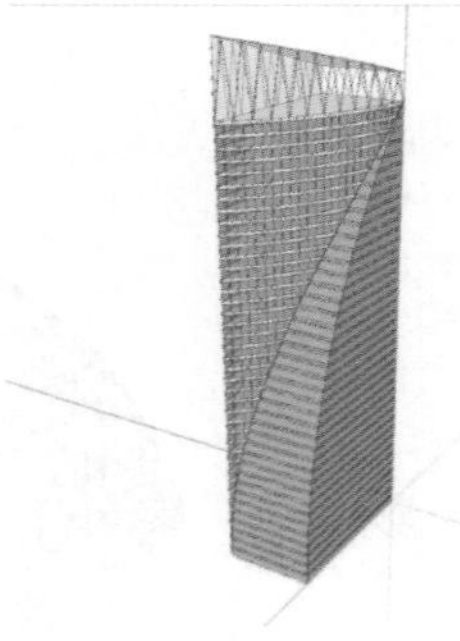

用油漆桶工具区分材质，发现缺少了楼板，用快捷的办法补一下楼板。

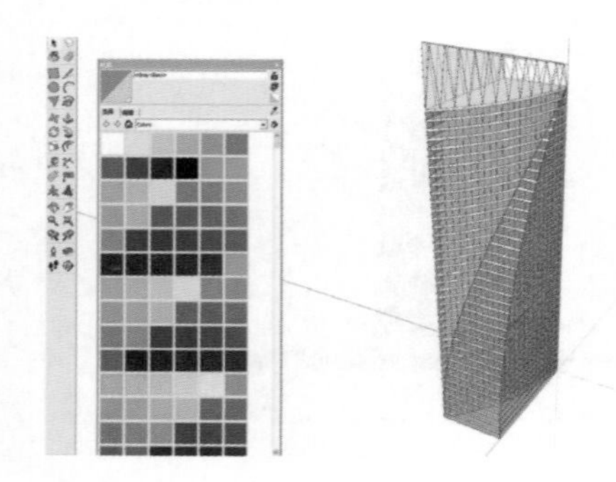

进入组群，全选模型，用封面工具全部缝合。

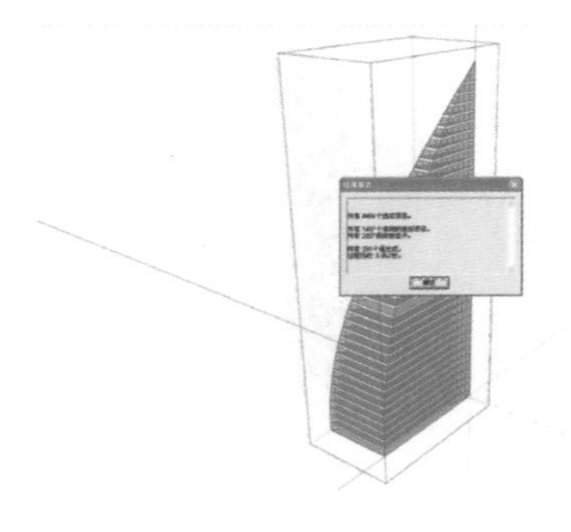

这样就有了楼板，但是颜色不一。

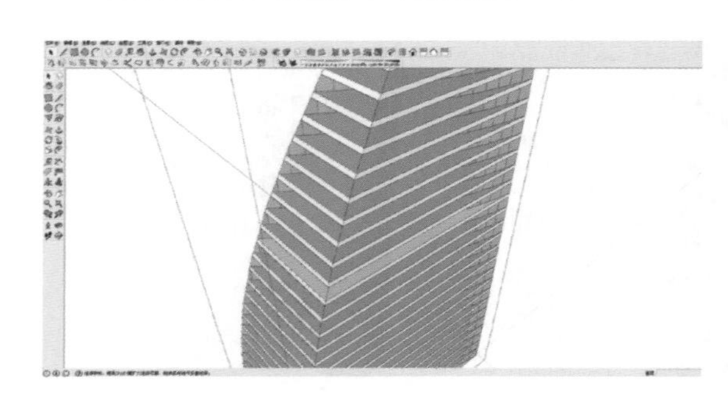

将楼板的颜色设置成一致，先隐藏掉一个侧面。

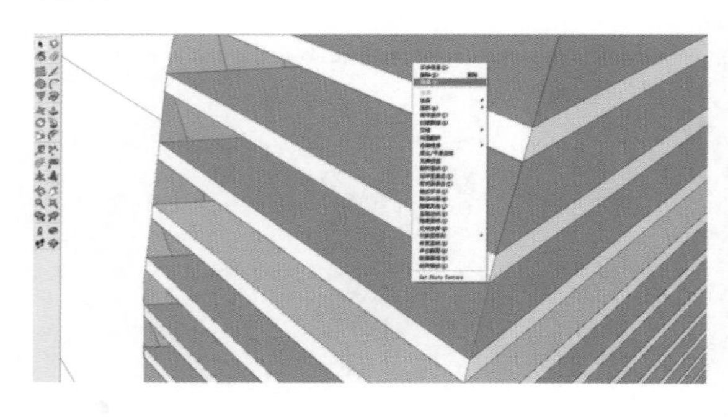

选择白色，按住 Shift 键用油漆桶工具，对着楼板点一下。

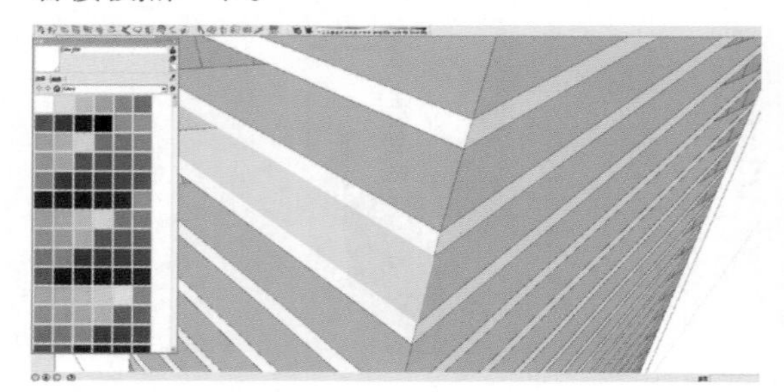

最后将侧面还原。

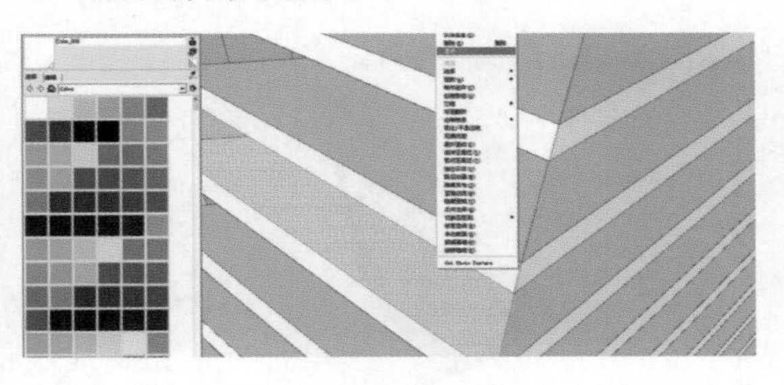

退出去看一下整体效果。调整下幕墙的颜色，使其颜色跳跃一点。

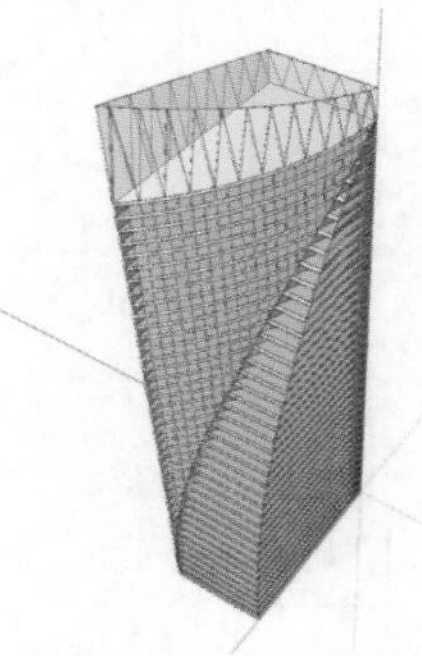

随意选择一些楼层，对这些随意选出来的楼层进行单独处理。

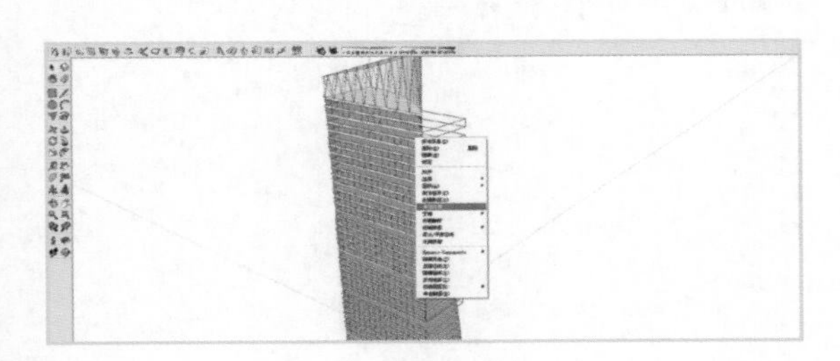

双击进入组件进行编辑，给予不同的玻璃材质。

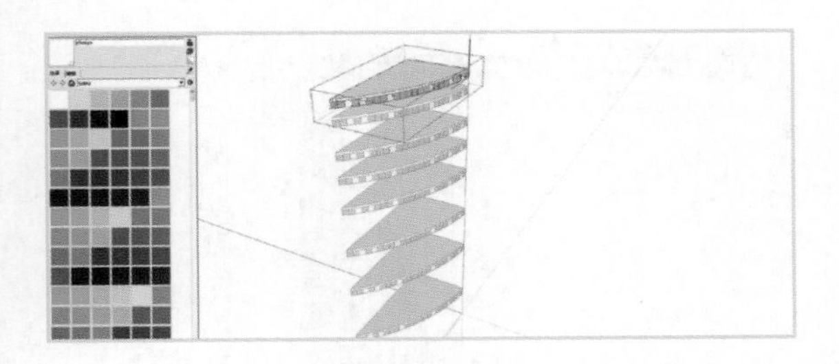

再次在剩余的楼层中随意选择一些楼层，给予不同的玻璃材质。

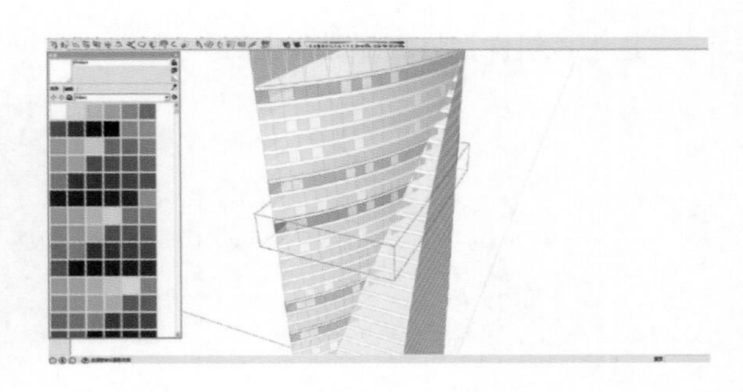

退出去看，效果比之前的活泼多了。

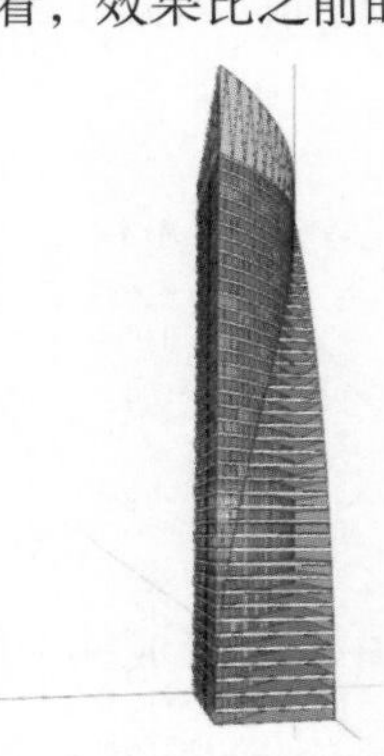

注意：

利用不同色的玻璃材质是制作玻璃幕墙的惯有手法。

细化建筑的底部。先删除两层模型。

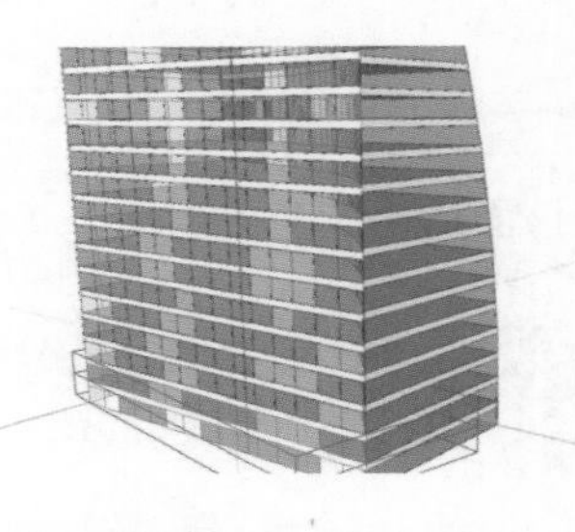

对第三层的模型进行单独处理。

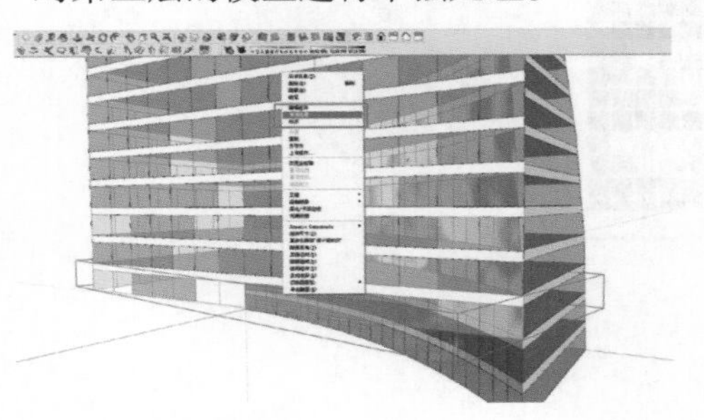

进入该组件，将底部缝合成面。

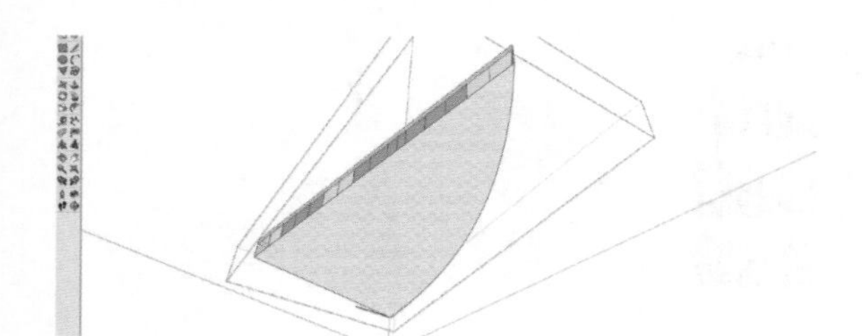

用偏移工具将底面向内偏移 3 ～ 4 m。

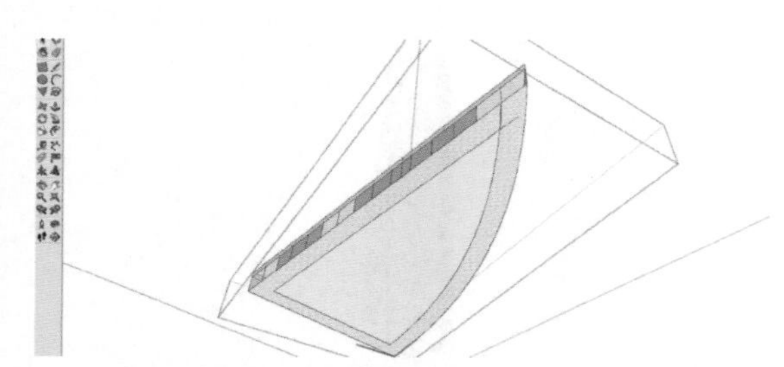

将杂线去除，中间就形成一个单独的面。

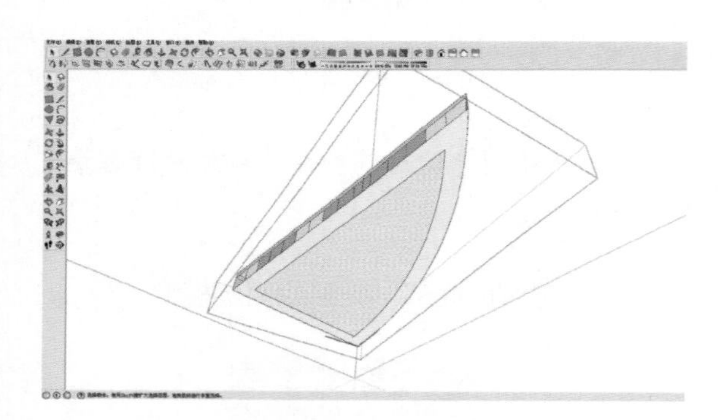

给予该面透明蓝色的材质。

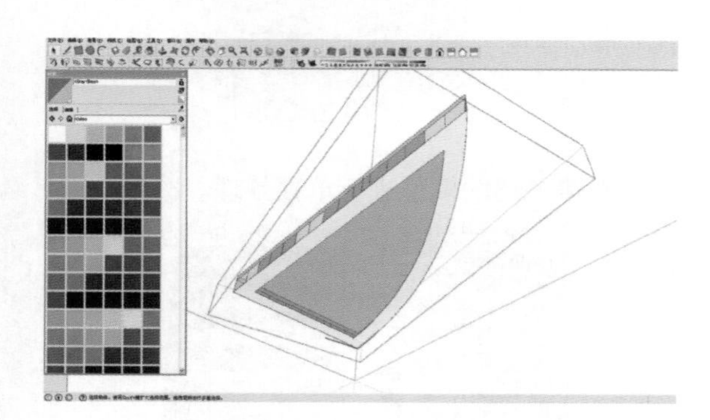

将透明部分向下拉伸 8 m。

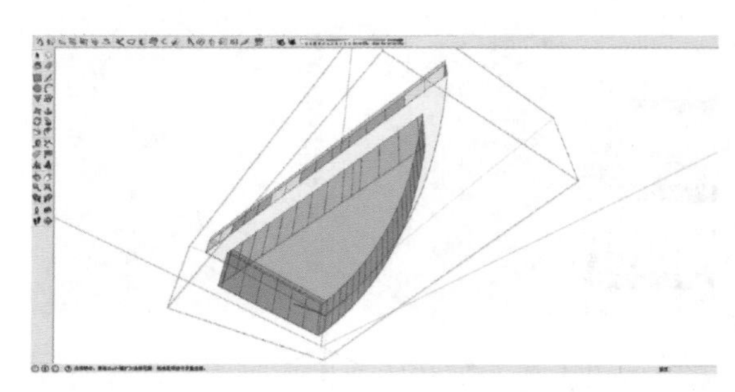

看下效果。

接着细化弧面模型的底部。

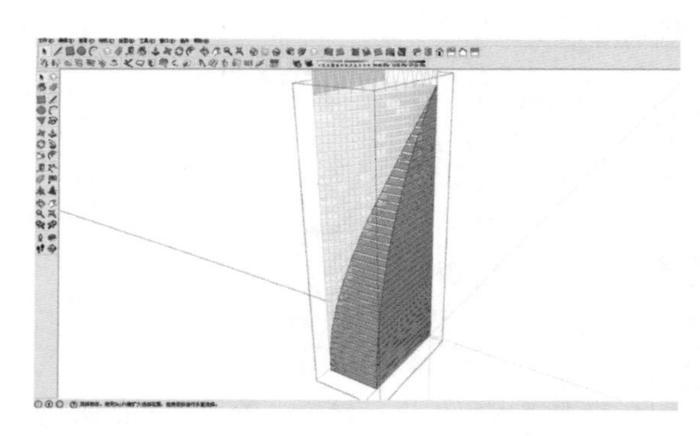

删除 1 ～ 8 层的模型。

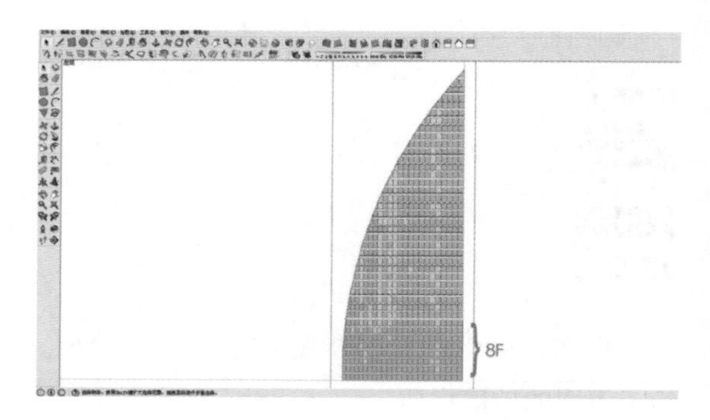

如图，将底面的两条直角边向内偏移 5 m。

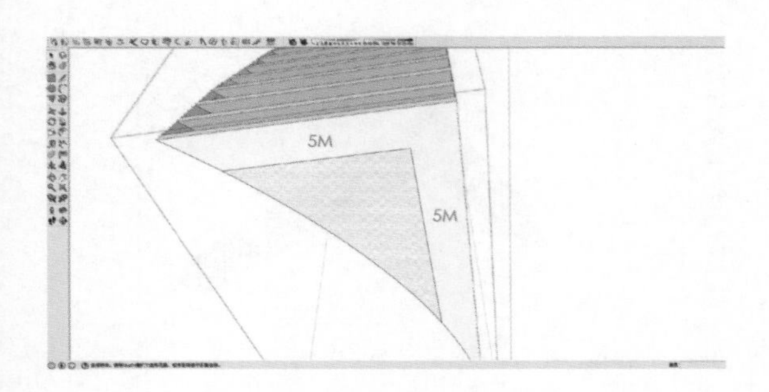

将得出的面作成组群。

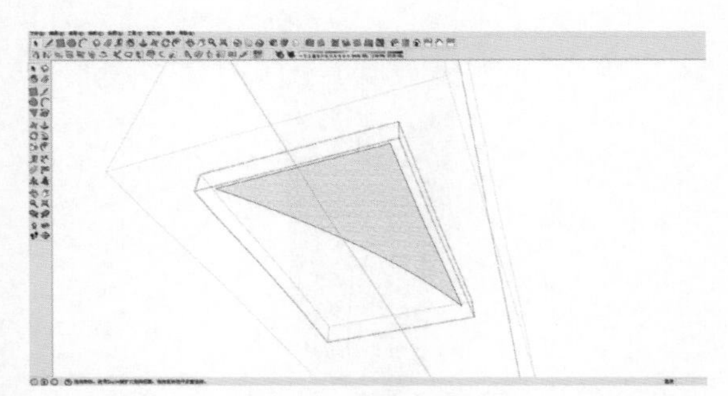

向下拉伸 4 m 并给予透明蓝色的材质。

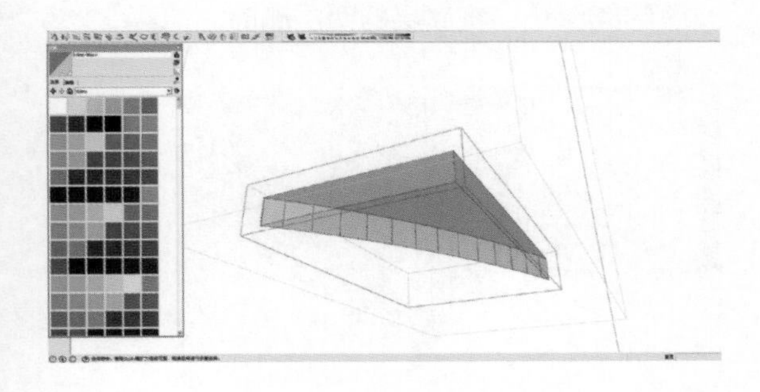

利用复制、偏移及油漆桶等工具，制作出以下的模型形式。

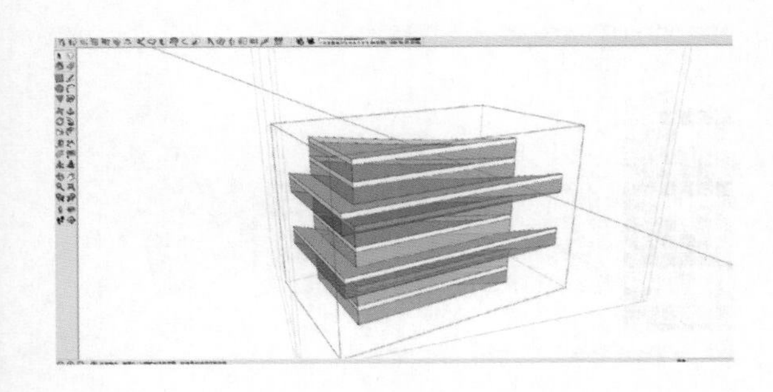

退出去看看效果。

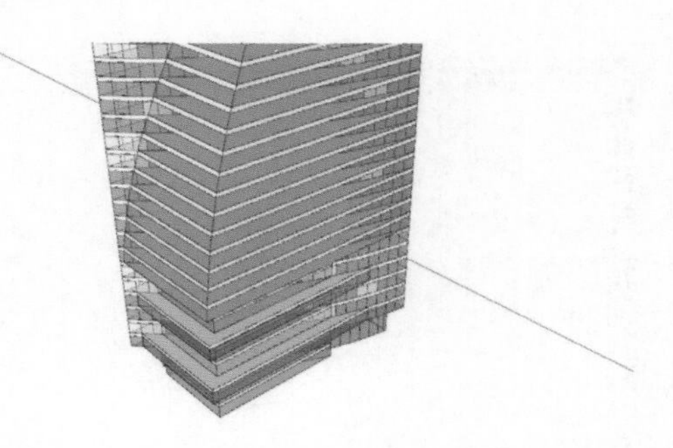

最后在该超高层建筑的侧面添加些细节效果。

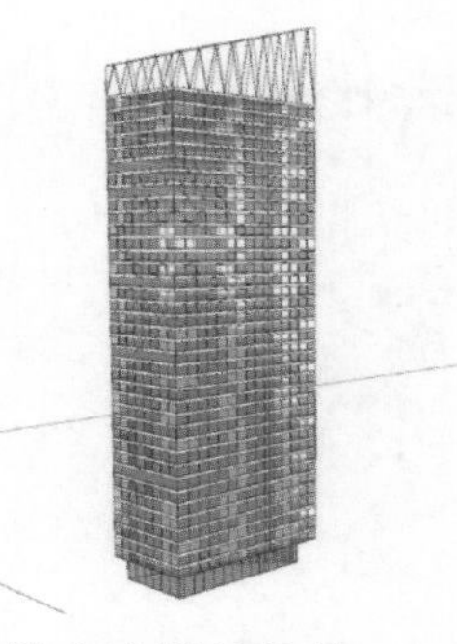

如图，做出这样的体块。

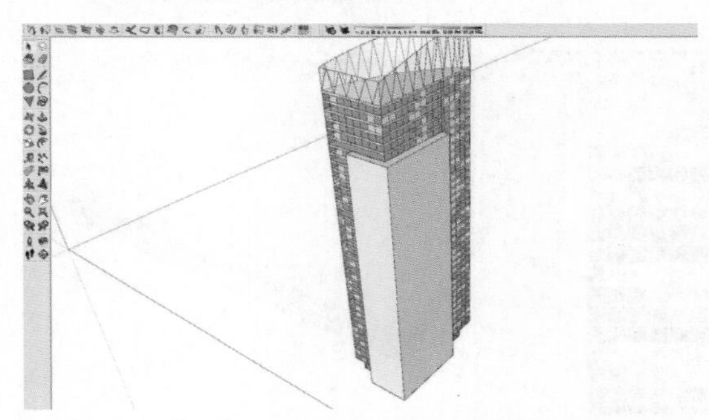

相关数据如下，先制作出整体的体量比例，满意后再进行细化。

编辑成组并进入该组群。

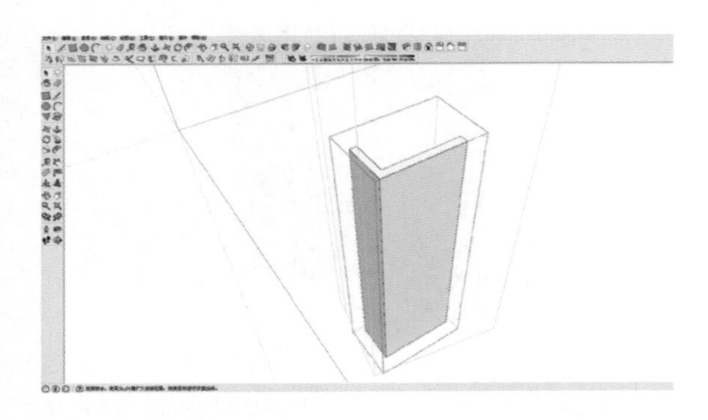

将其退至 4 m。

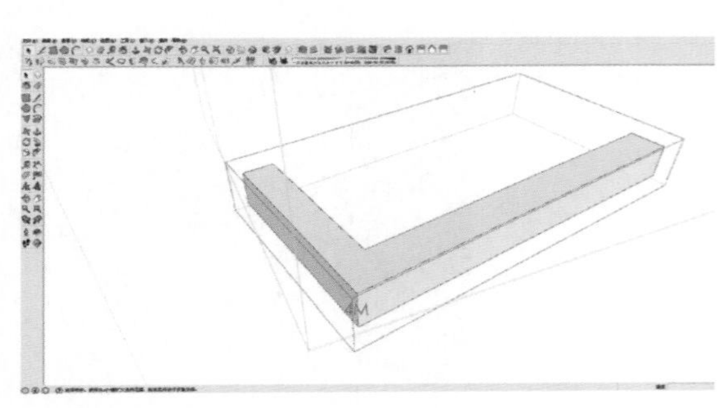

做出材质上的区分。

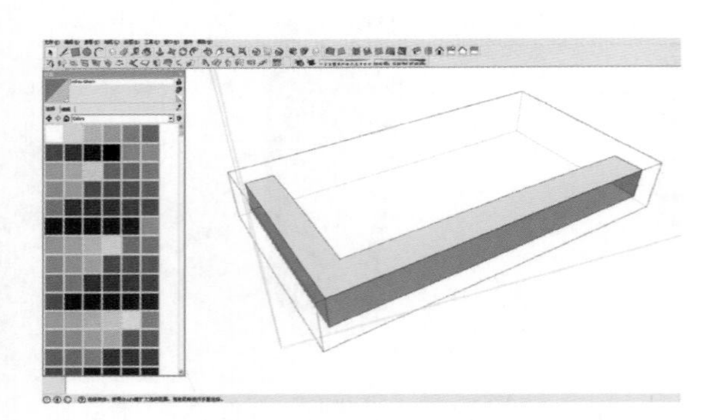

将其做成组件，向上复制，共 33 个。

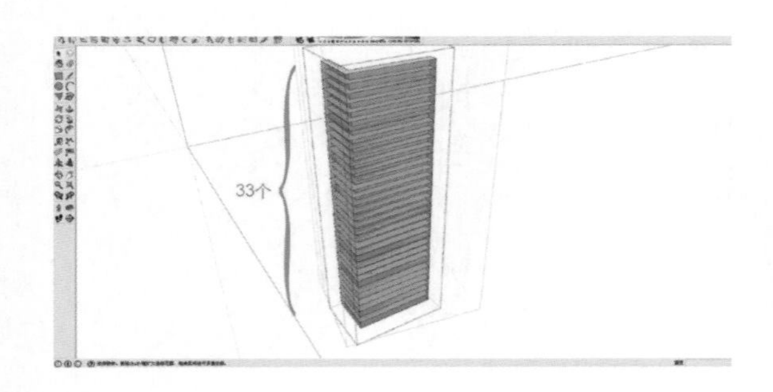

再次进入某一组件，删除底面。

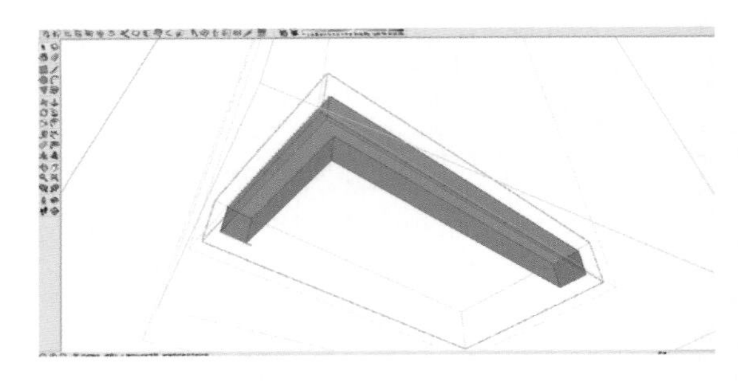

退出来看看效果。

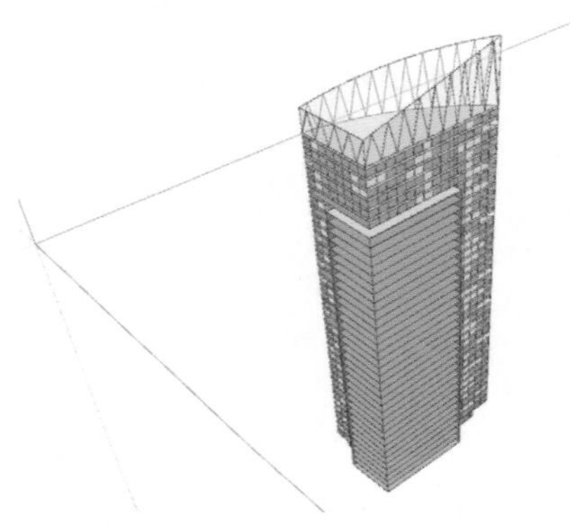

继续深化，将底层的两层删除。

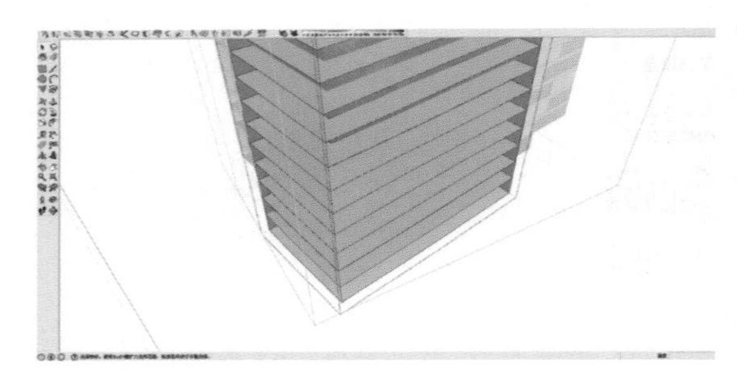

再次进入组件做出如下的分割，并给予材质。

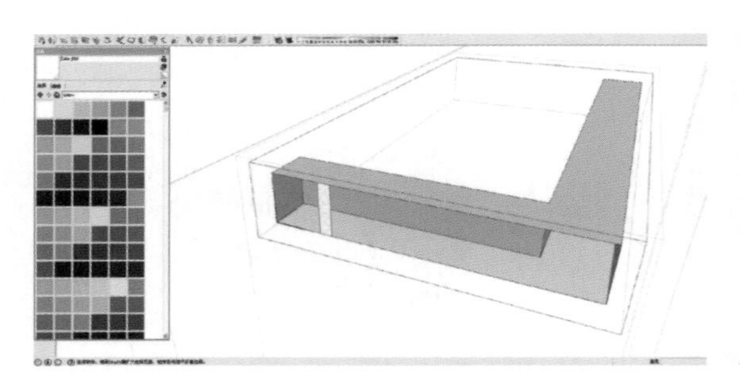

如图复制几个。

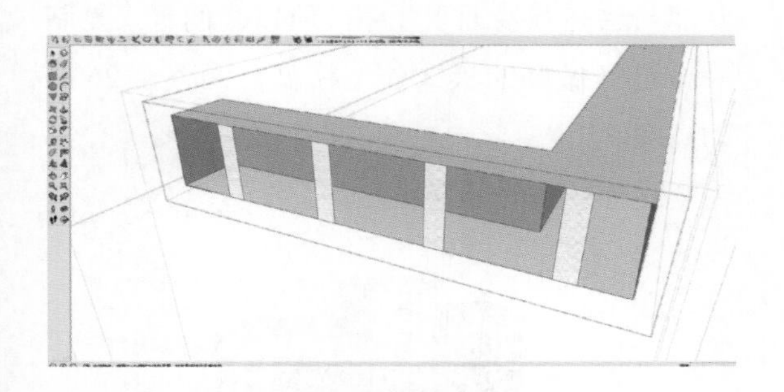

向外拉伸1 m，形成条状。

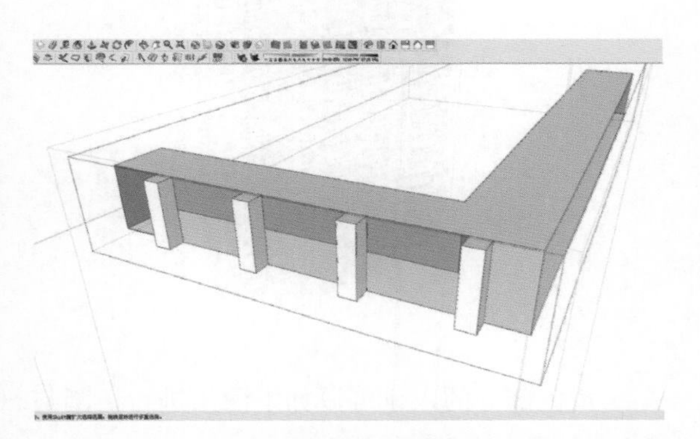

由于是组件的关系，整体就变成了4条装饰柱子。

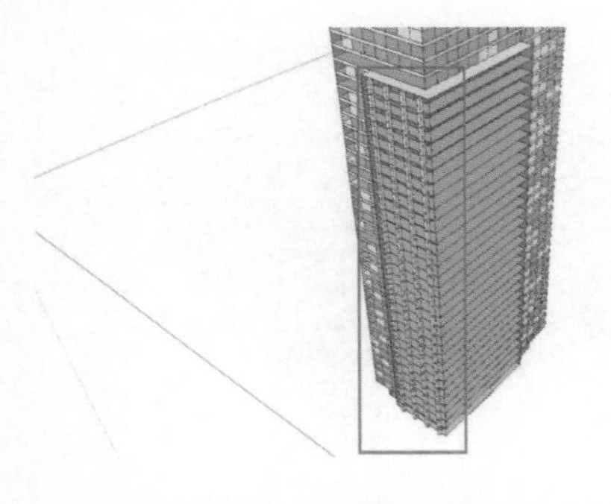

同理，在另一侧也可以这么处理。

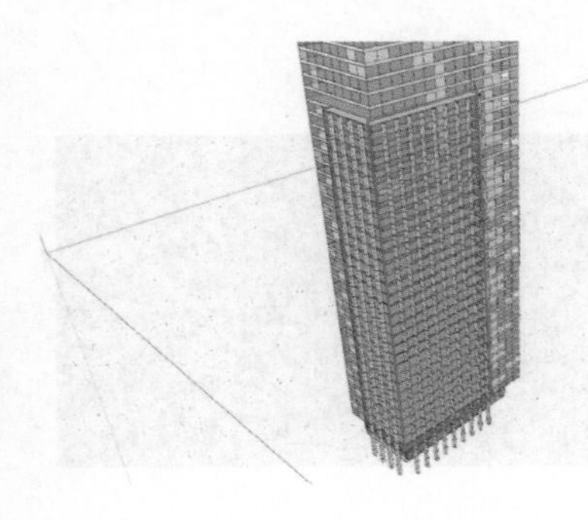

最后在底部做些小变化，将装饰柱子延伸至底面。

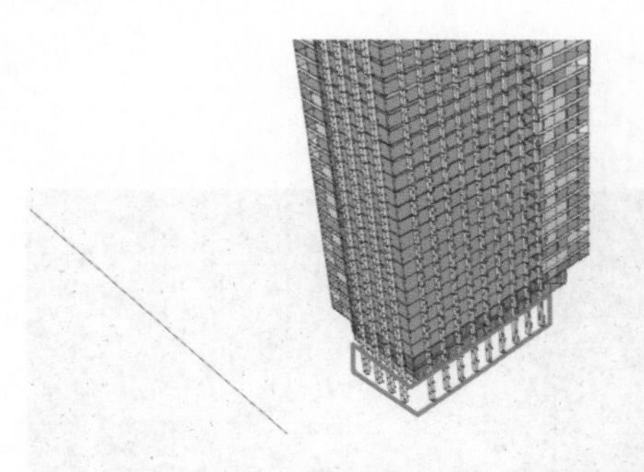

完成了。我们将已经完成的现状模型、住宅模型、超高层办公楼模型以及CAD平面一起导入SU中。将模型放置到相对应的位置。

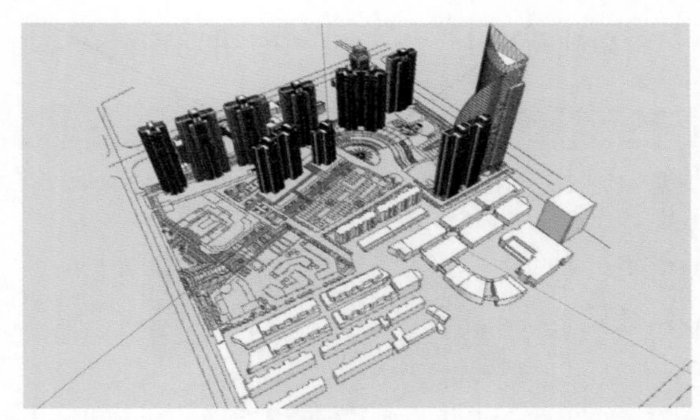

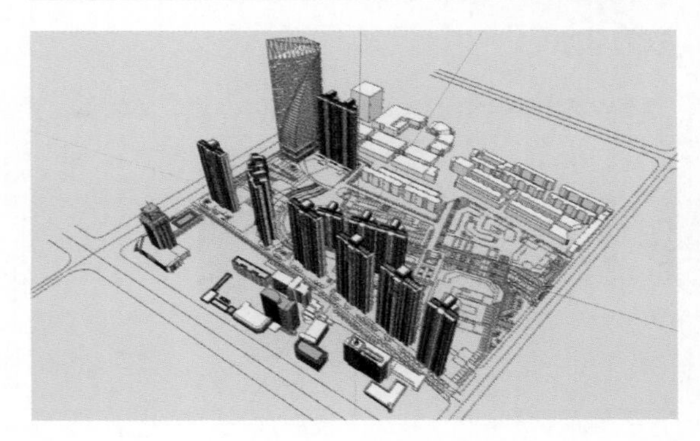

6.2.5 制作城市公寓模型

在 CAD 中找出城市公寓的建筑线条，如下图中的红色色块范围。

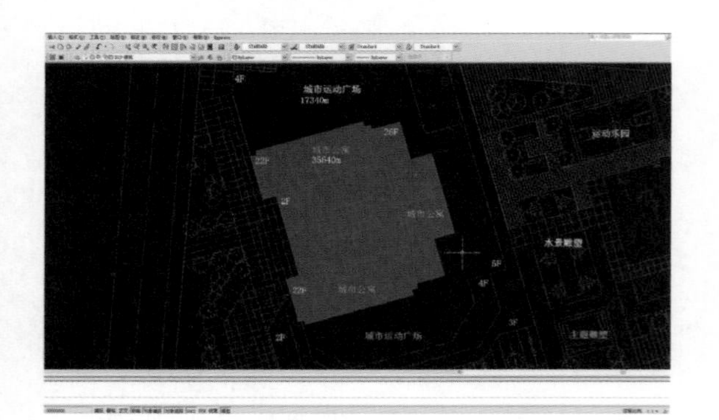

单独写出块，导入 SU 中，并将面缝合。

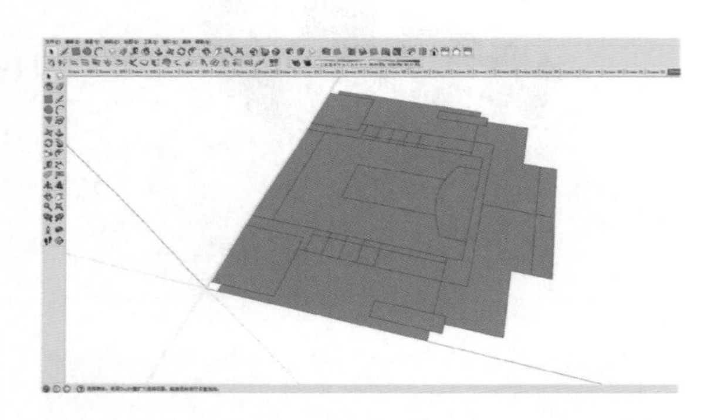

为了制作方便，做出如下的分类。红色部分为城市公寓的主体，根据 CAD 的显示，楼层数为 26 层；橙色的部分为对称的建筑体量，在制作的时候制作其中一个即可，楼层数为 22 层；黄色的部分为该建筑物的入口部分，楼层数为 2 层。

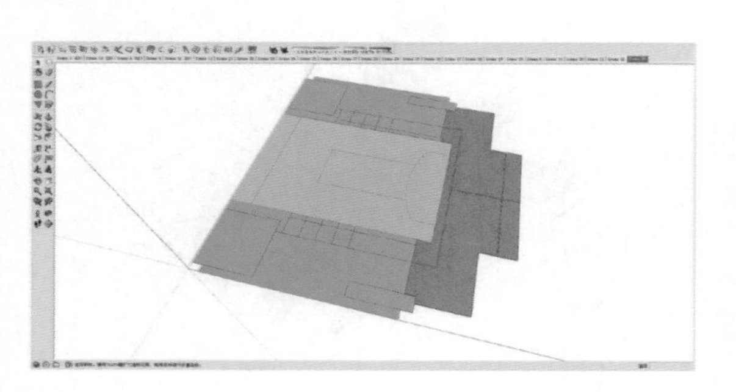

公寓的性质为商业建筑，但建筑的外观、功能与层高则接近于住宅。所以我们直接复制一个已经做好的板式住宅模型，调整至 26 层的高度。

这样红色的部分就完成了。

黄色部分的入口可以如下图来进行切割与拉升，制作手法简单，这里就不详细讲解了。

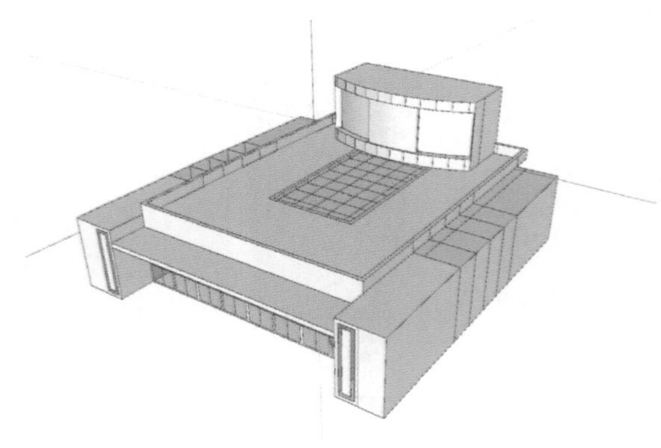

接下来制作橙色部分。

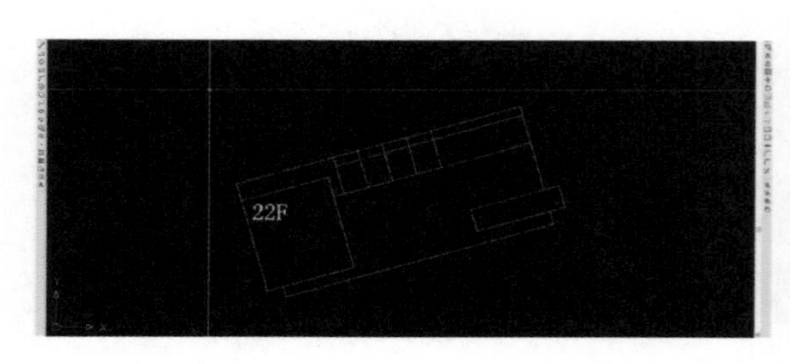

单独写块后导入 SU，拉升到相应高度，22层，给予 3 m 每层，共 66 m。

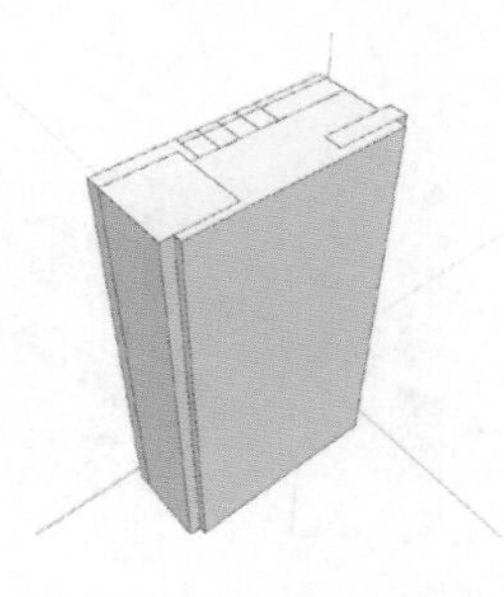

调整下相应的高度，制作出错落感。

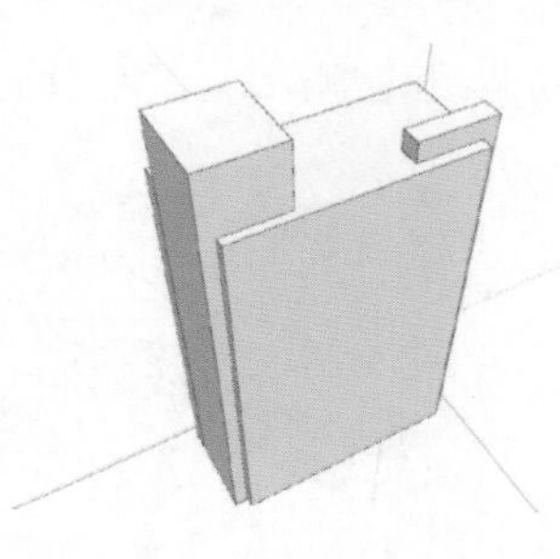

使用直线命令和复制命令，在体量侧面添加楼层分层线，间距为 3 m 每层。

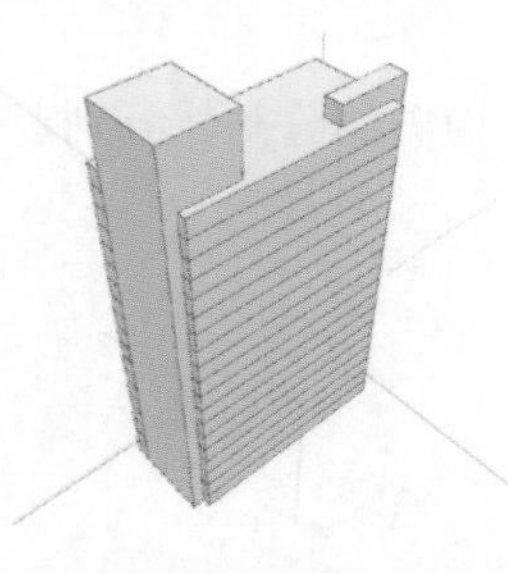

做出如下图的分割并给予材质，添加些许色彩使其显得更商业化一些。另一面也进行同样的分割并给予材质。

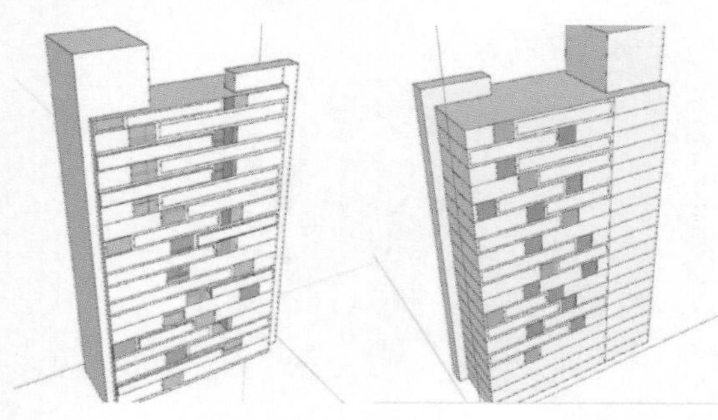

突出的部分做一些稍微的变化，利用弧面添加体块的变化感。

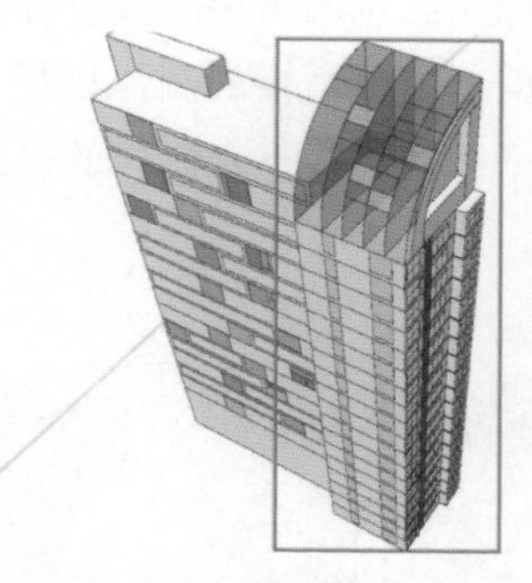

由于制作的是公寓模型，阳台是必不可少的，在每层添加一个阳台。

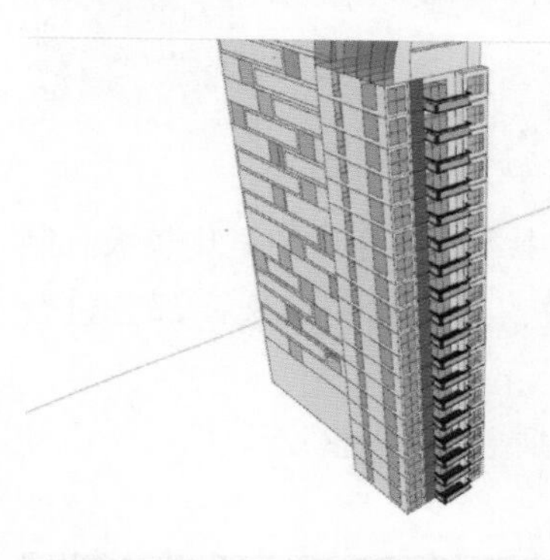

根据 CAD 的建筑边线，将上述分开制作的部分整合在一起，完成。

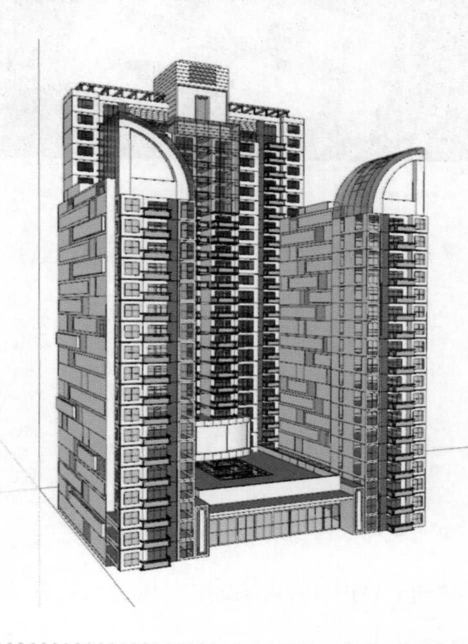

6.2.6 制作商业模型

如图，标注红色的高层办公、标注黄色的住宅、标注橙色的公寓楼的制作过程，已在上述章节里一一阐述，接下来制作的是标注蓝色的商业裙房。

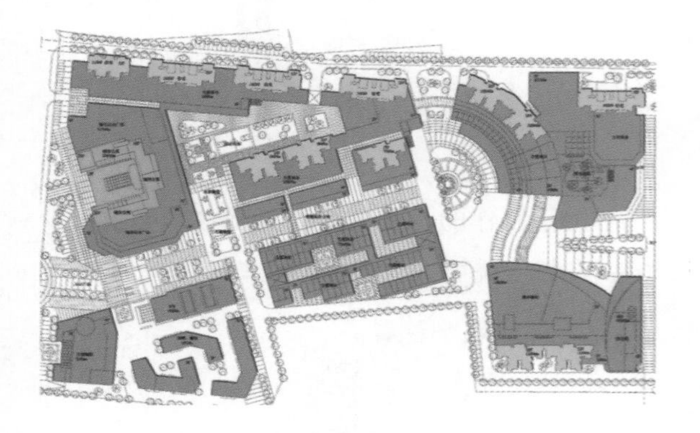

在这个项目中，商业建筑的量比较大且制作手法相对一致，这里我们摘选一部分进行讲解。

地块的南部是主题商业区。

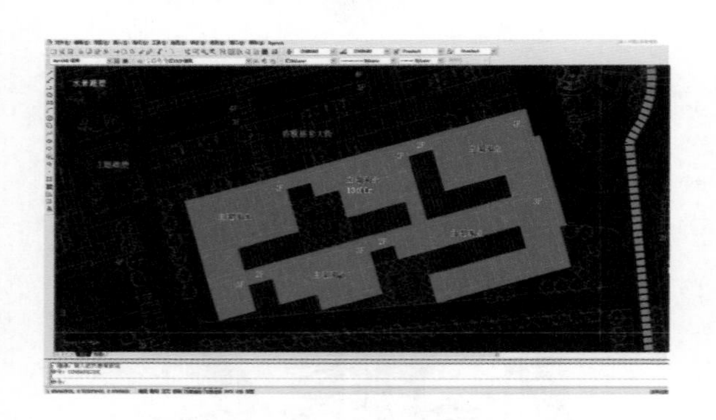

将建筑边线导入 SU 中，进行面的缝合。

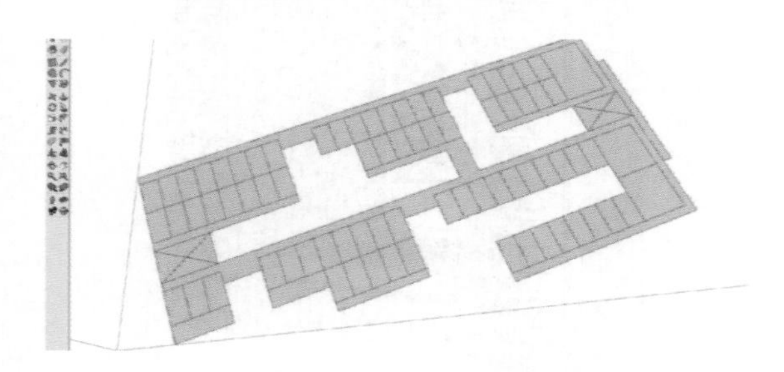

按照 CAD 上标注的建筑层数进行拉升，给予高度。由于是商业建筑，可以做到 4 ~ 5 m 每层。这里我们给予 4 m 每层的标准来制作高度。

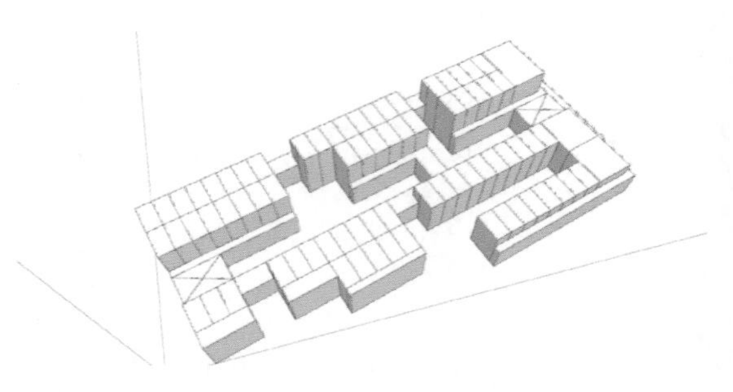

将顶面的杂线先删除，保留立面上的竖向分割。

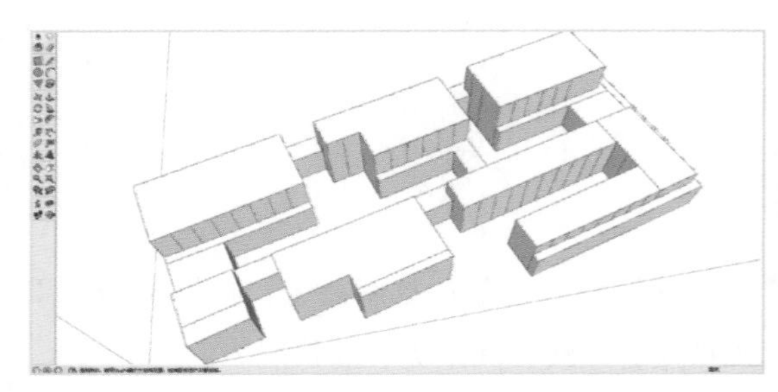

接着制作横向的分割，分别双击各个顶面进行选择。

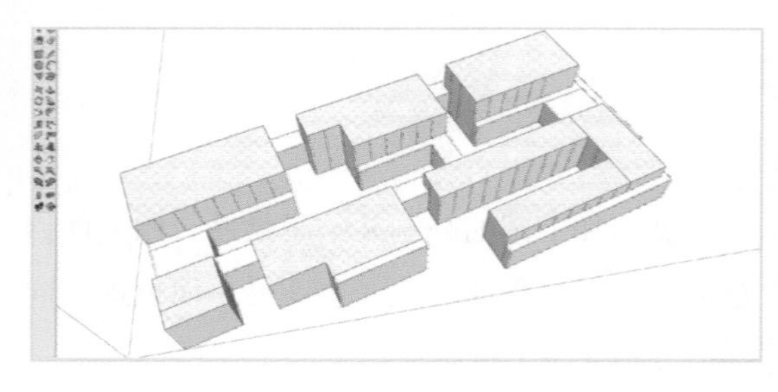

向下复制若干。

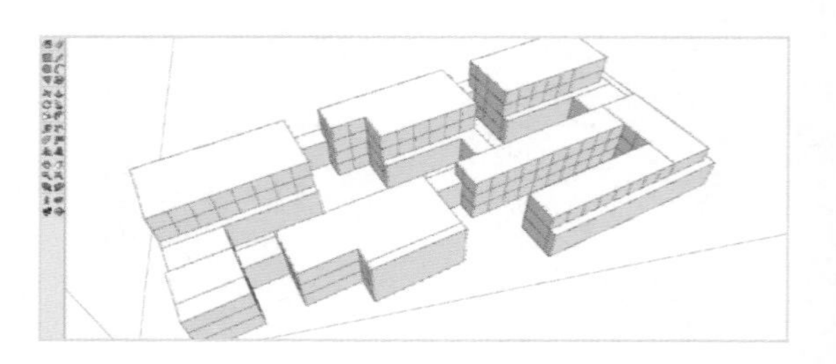

做出屋顶的女儿墙部分，并给予颜色的区分，适当的加入些活泼的颜色。

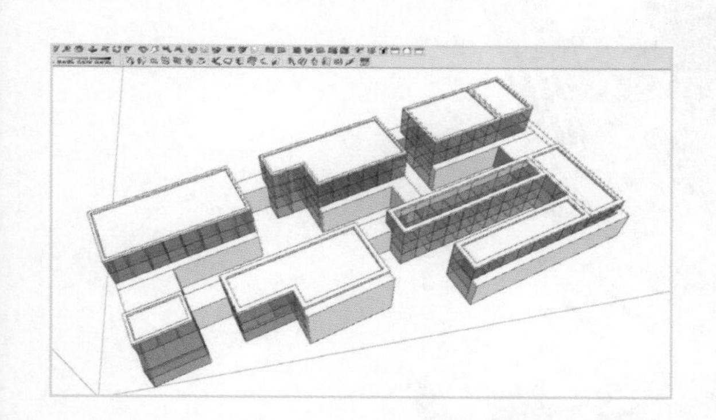

继续深化，这里的深化基本以复制为主，也就是说创造出一个随意的元素，然后进行复制抑或是阵列，即可得出一套属于你自己的章法。

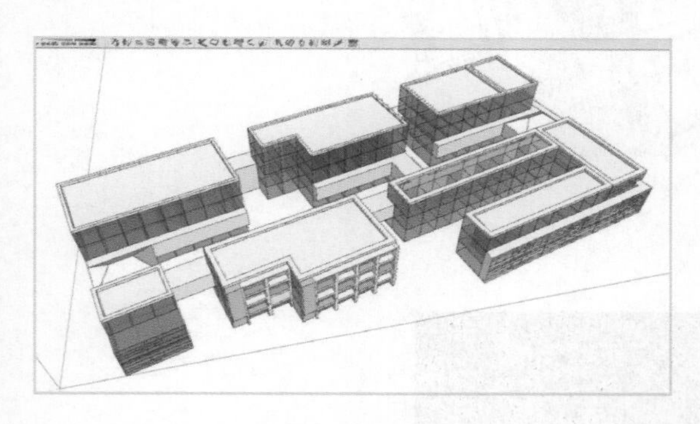

在顶部绘制一些斜向的架子来增加图面的跳跃感。

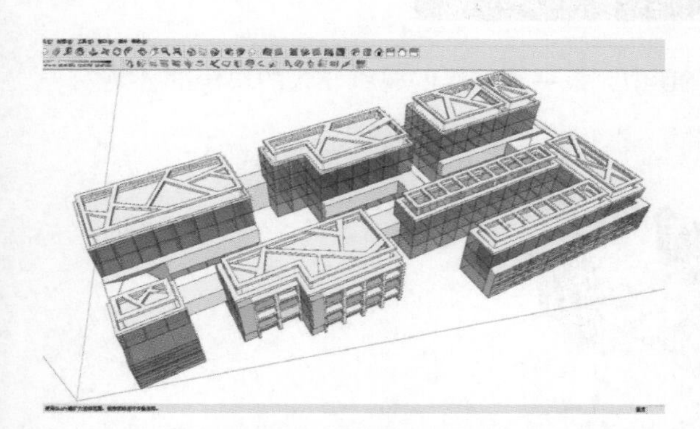

在入口处制作一个雨棚，表明这是该主题商业街区的出入口。

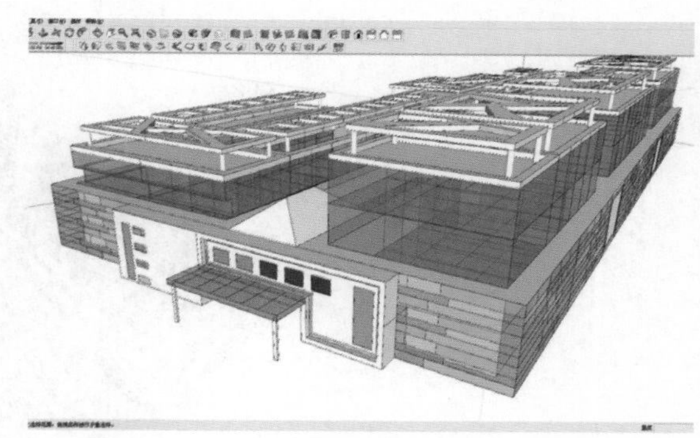

举一反三，将上述制作手法运用到整个商业裙房制作中，在此项目中商业建筑的量比较大，所以在制作过程中需要耐心。关于规划模型中商业部分的表达，要把握住深度，无需做到有门有窗的地步，只需要对商业部分的体块进行合理的划分并给予恰当的材质，能表达出商业的氛围即可。

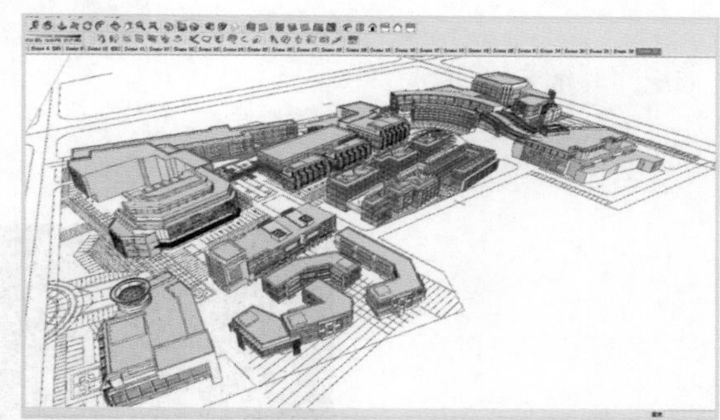

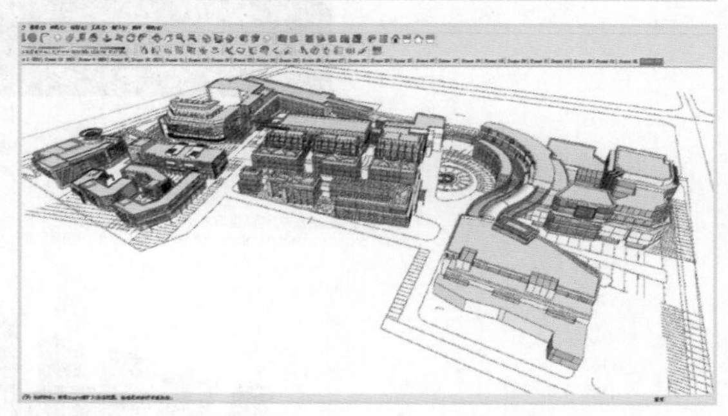

规划模型的制作不在于外形有多么的精确，言简意赅才是关键。将现状、住宅、办公、公寓、商业以及CAD的环境线整合在一起，这样模型部分就完成了。

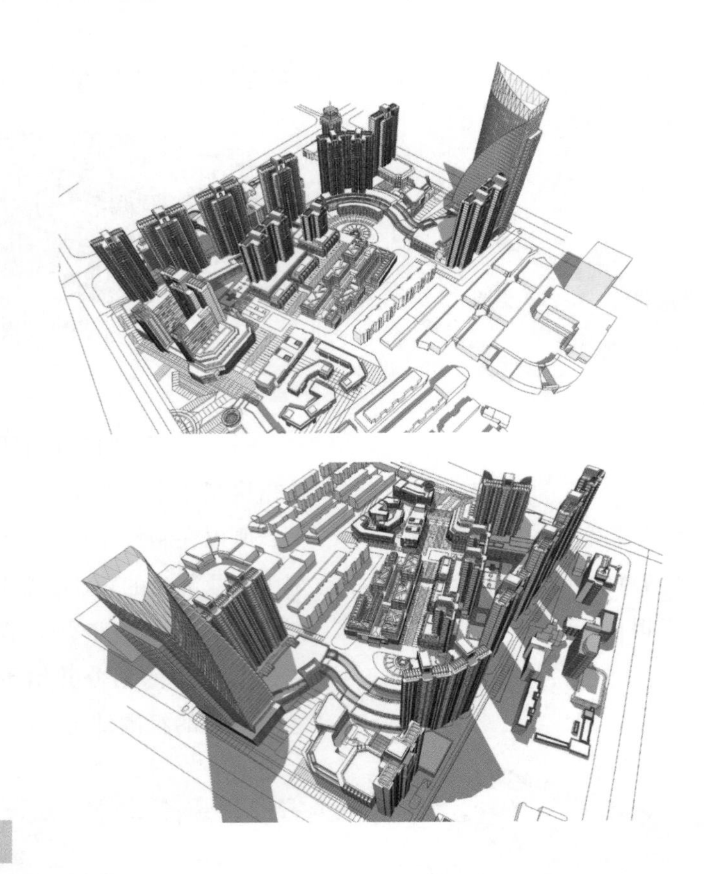

6.2.7 绘制环境

在 CAD 中，将所有的树单独写块出来。

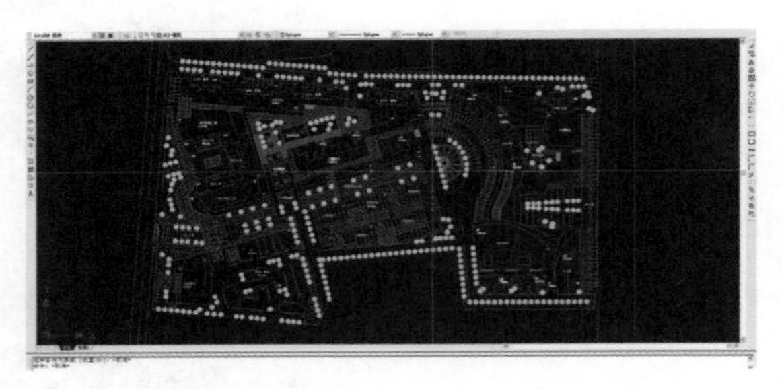

将制作模型中的树的是将 CAD 的颗状树导入 SU 中，找一颗二维的树将导入的块全部替换。

底图的制作，最简单的方法就是将已填好色的彩色平面垫在模型下面。先观察下做完的彩色总平面，看看哪些元素是不需要的。

关闭建筑、建筑阴影、树及树阴影。换句话说，只需要道路及地面铺装的色块。

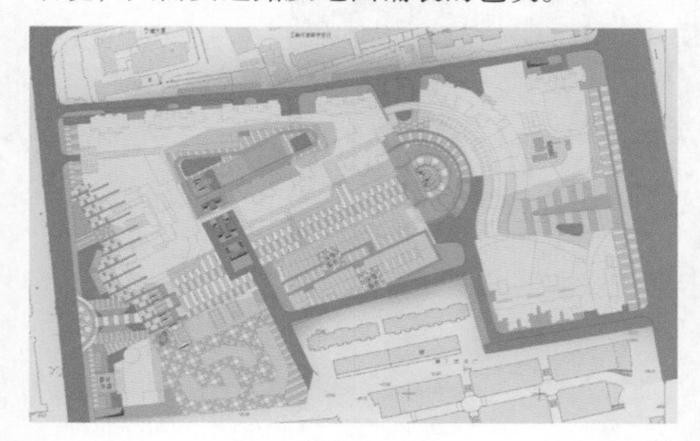

为了提高底图的精度，我们按照前一章节讲述的技巧将底图在 Photoshop 中等分为四份，再拖入 SU 中，这里就不再重复讲解了。

按照 CAD 线也即底图上铺装的纹理，将底图完美地拼接在模型下方。完成后来看看效果。

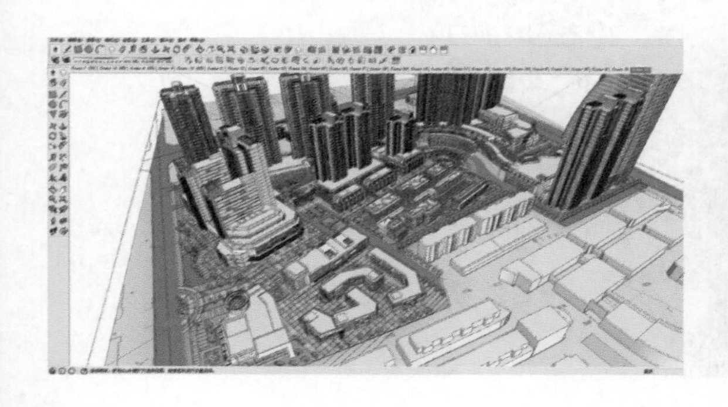

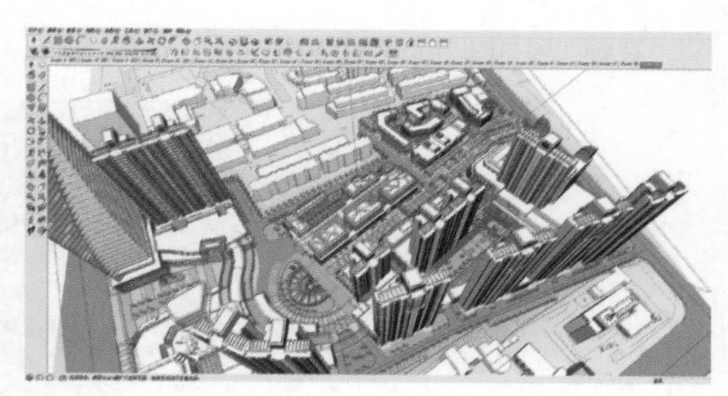

再次观察 CAD 文件，我们发现还有些小的细节需要添加。如下图所示应该是一个花架。

将其单独导入 SU 中，缝合成面，做成立体的，在底部绘制一些圆柱作为花架的支撑，示意出花架的形式。

在此区域还有其他一些景观构建。

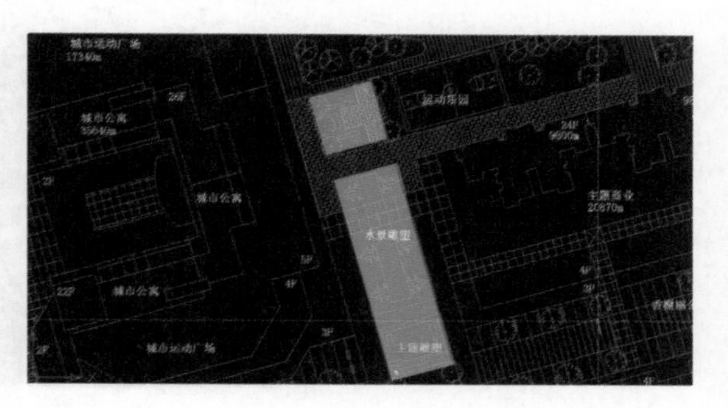

在模型中我们可以随意地表示。

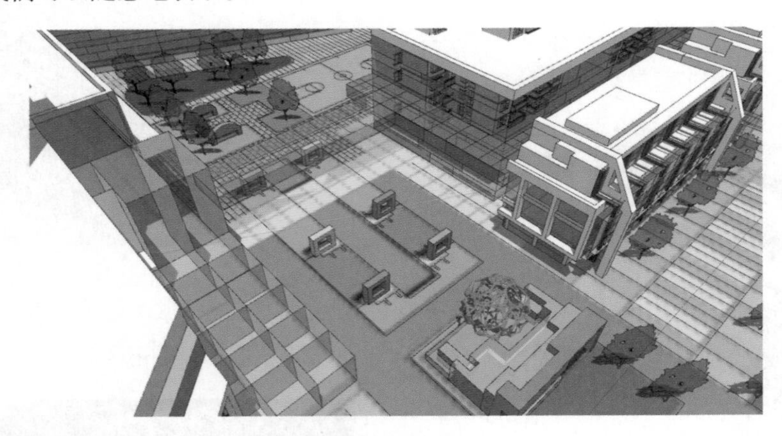

在主入口处添加些景观灯柱，整体 SU 模型就完成了。

6.3 成果输出

6.3.1 图片输出

鸟瞰图

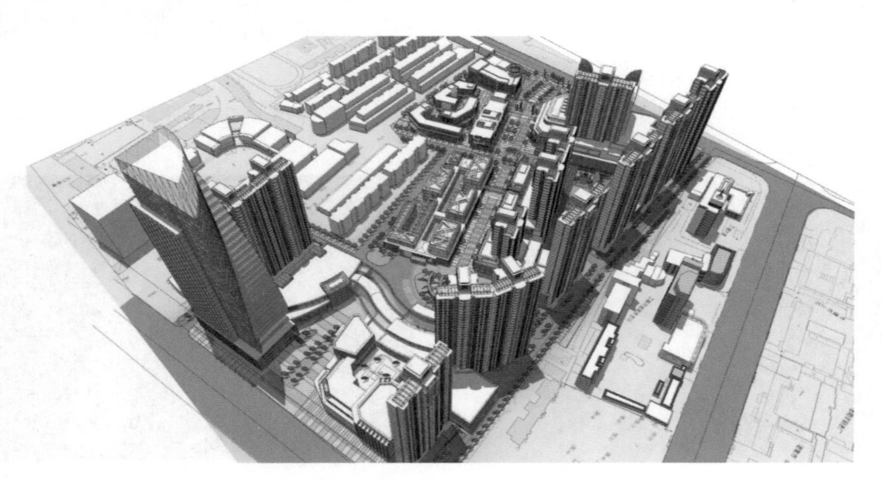

国际购物广场

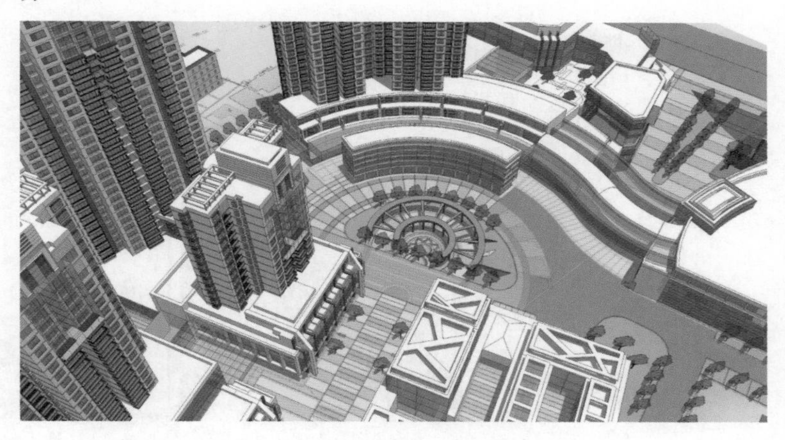

中心广场

主题购物街区

西入口

北部透视

商业街

6.3.2 在 Photoshop 中的处理及优化

我们要制作出从黑白到彩色和谐过渡的效果。

选择需要处理的模型角度，打上阴影导出 JPG 图片，像素设置为 4000 点。

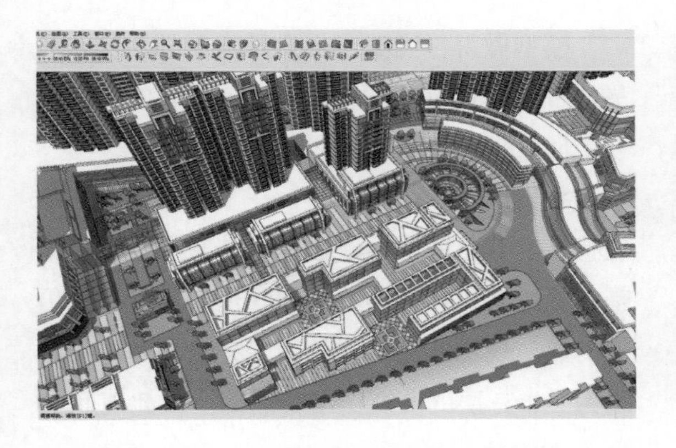

再导出相同角度的黑白线框图，将此作为 Photoshop 的素材之一。调出风格菜单，选择黑白线框模式，导出的大小依旧为像素 4000 点。

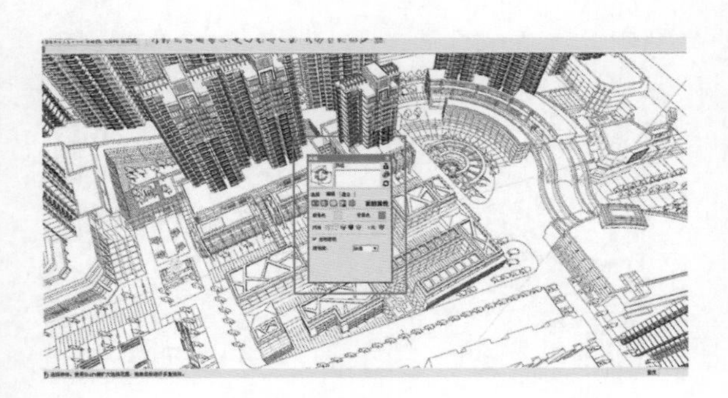

在 Photoshop 中打开将刚刚导出的两张图片。

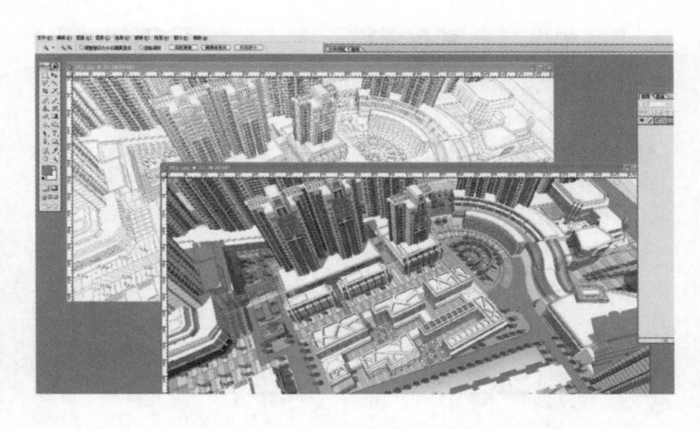

将彩色的图片拖至黑白线框图之上，在拖动的时候按住 Shift 键，这样就有类似 CAD 中原点插入的效果。

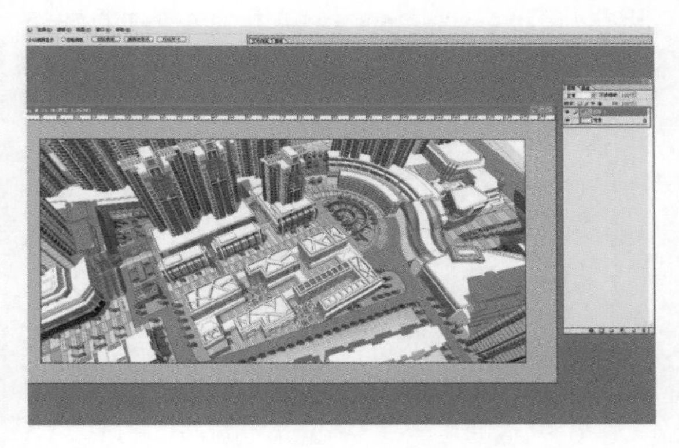

框选出需要表现的部分。

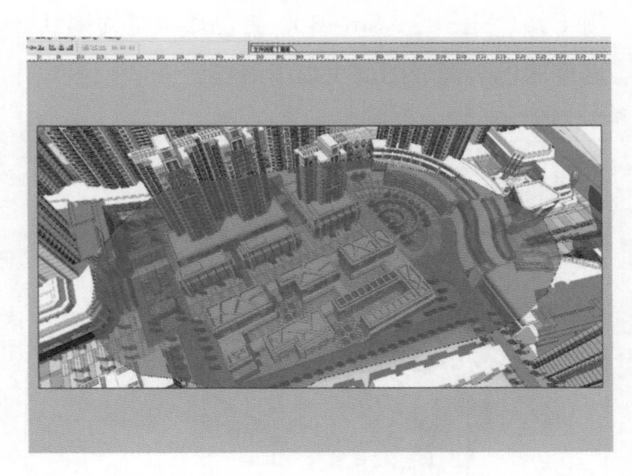

反选（快捷键 Ctrl+Shift+I），将反选的区域羽化（快捷键 Ctrl+Alt+D），羽化值为 100。

按 Delete 键，删除彩色的部分，黑白线框的部分就显现出来了，并且带有渐变的效果。

调整彩色部分的颜色，可以根据个人习惯来操作。在这里作者运用 Photoshop 中色彩平衡工具（快捷键：Ctrl+B），将色泽调整为偏红，这样的色泽使得图面更显卡通些。

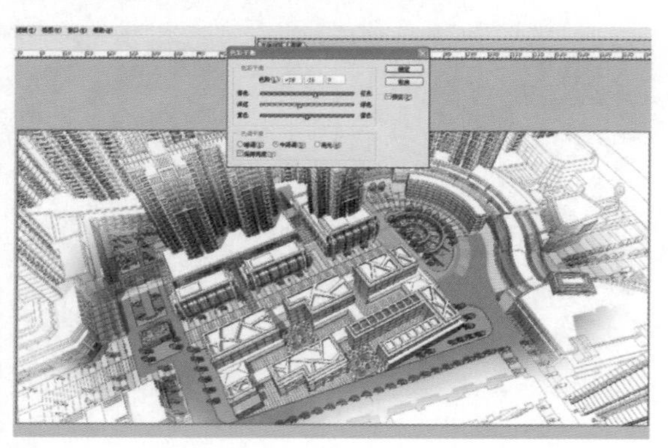

完成后的效果。

6.4 相关技巧总结

6.4.1 结合现状来解决规划布局

模型做得再完美，也只是表现的手法，只是整个设计过程中的一部分——外表的那一部分，现在我们说下内在灵魂的那部分。

我们回过来大致地分析一下规划范围中的现状。橙黄色的待拆建住宅，从布局上看应该是 6 层的老式住宅楼，偏红的色块为配套的沿街商业。现状北侧的建筑用于办公，南侧的建筑为二、三层的商贸街沿街店铺。就此现状特点，方案中必然要有个过渡性质的建筑。

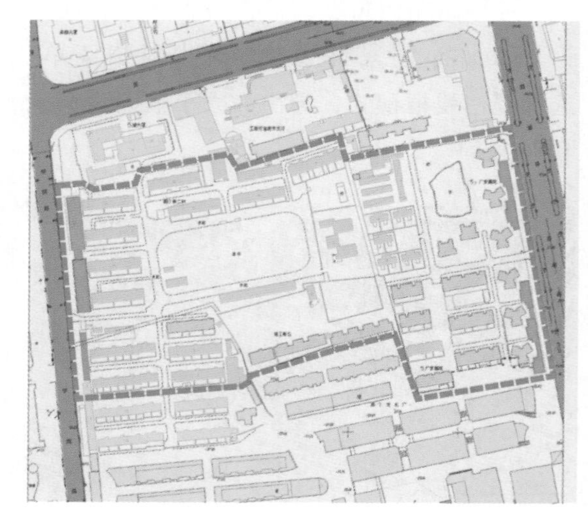

我们回到方案中看看。

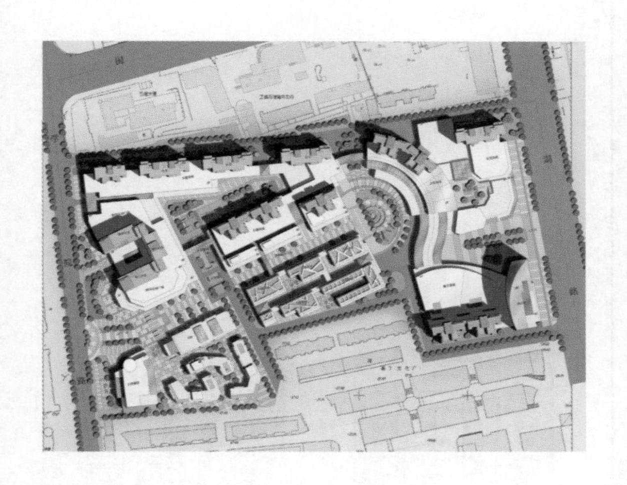

在基地的西南侧布局了一些主题商业和娱乐性质的建筑，意在为南侧的现状商贸街做过渡：一是建筑性质上的过渡，二是南侧人行流线的引入。

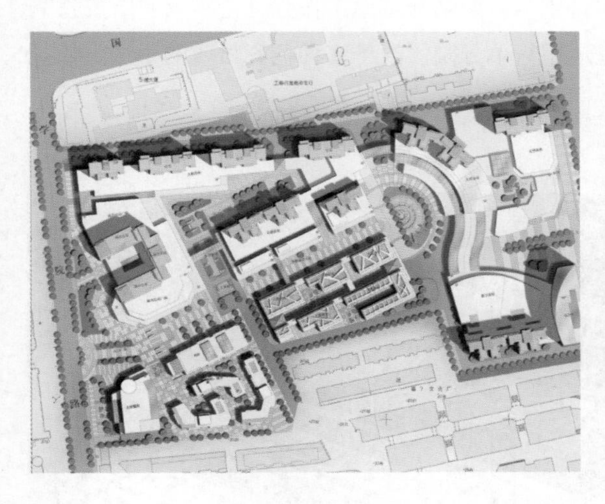

在基地的北侧布置住宅，住宅的布置方法基本是一字排开，一是为了更好地满足容积率的要求，二是为了提高住宅的采光率，使视野更广。

并且，住宅的底部都是商业的裙房，这样相当于将基地南侧的商业气息延伸至整个项目，并且提高了商业气息的浓度。

地标建筑的选址，布局于基地的东南角，依于路口。在满足退界要求的同时，更要满足消防要求。

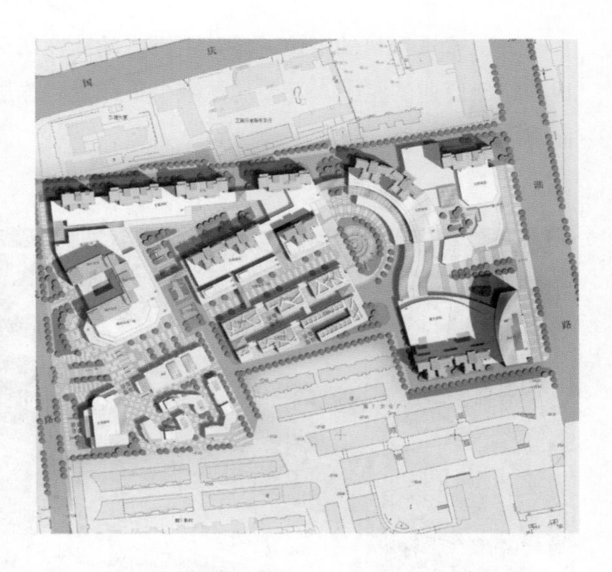

6.4.2 建模的技巧

1. 在平时的工作中可以多积累些住宅的模型，在一些概念性方案中，可以直接用现成的模型，省时又出效果，就像第 2 章的案例一样。但在本项目中，涉及一些建筑设计，那就必须根据相关的设计来制作模型了。

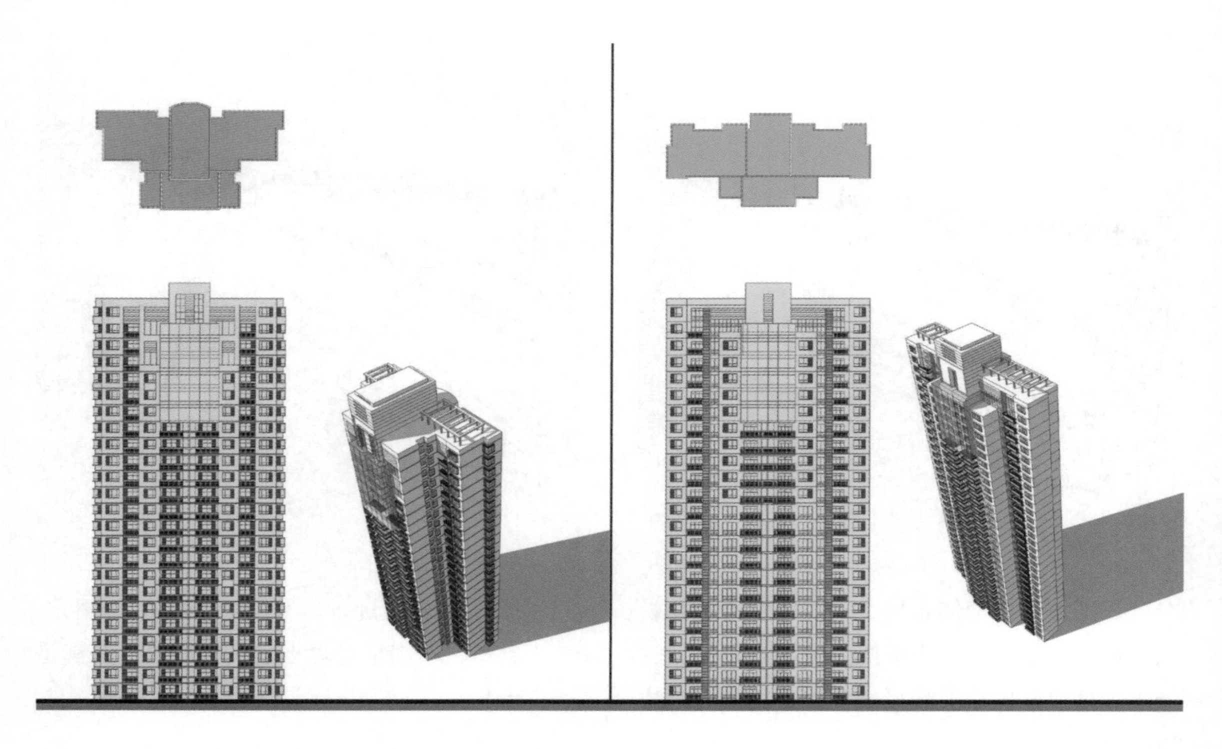

2. 由于本项目的定位，设计范围内的商业裙房特别多，要精雕细琢工作强度会很大。既要适当地表达出商业的氛围，又要尽量减少工作量，这里运用简单分割、给予多种色彩材质的手法，使画面富有商业感。

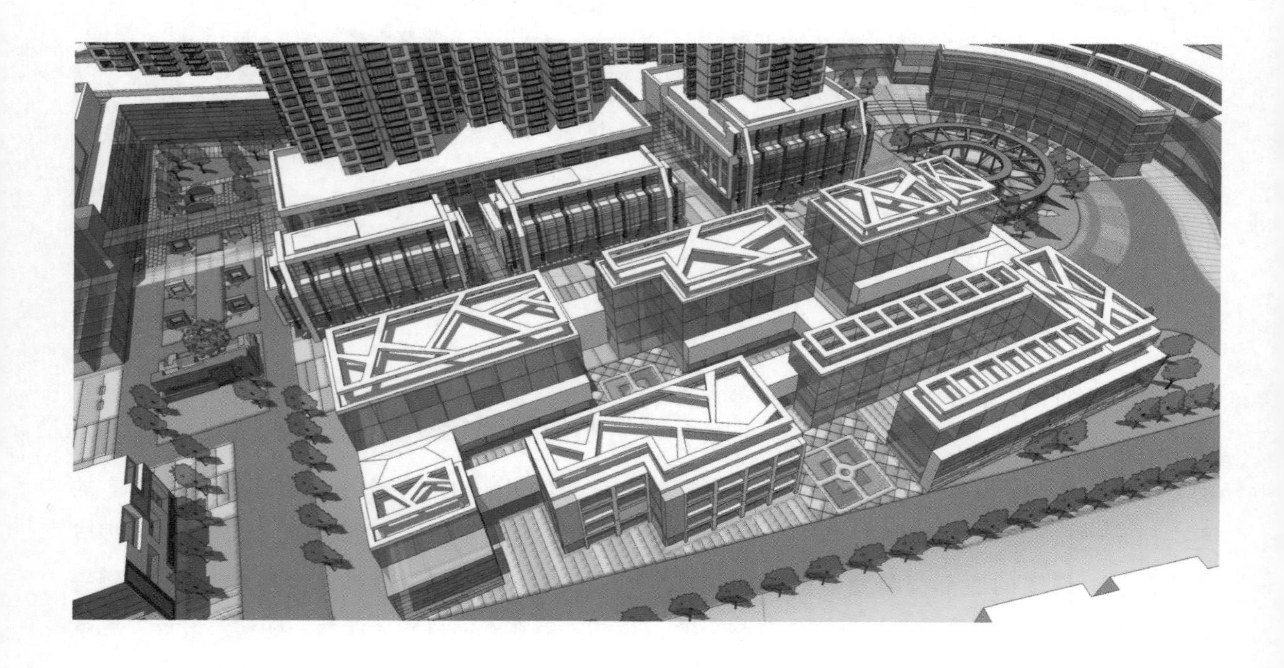

第 7 章

07

展示 SketchUp 多面的表达性 ——分析图制作

7.1 传统的分析图
7.2 三维分析图
7.3 特色分析
7.4 平面难以实现的分析

在普通的规划项目中，设计文本的主要组成依次为现状分析、SWOT 分析、案例分析、功能定位、方案设计、总体分析图、节点设计、节点分析图、分期建设规划、主要经济技术指标、投资估算等。由此可见，除了规划方案以外，剩余部分基本都是为了解释方案设计、强调方案理念而编写的文字和制作的图片，这里的图片大部分都是分析图。故分析是整个方案设计中的最重要的组成部分之一。

本章将通过引入一个车站及周边规划项目，讲述如何制作更丰富更直观的分析图。

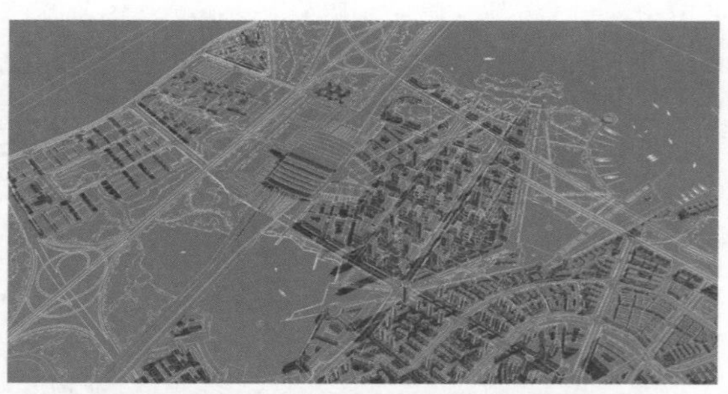

7.1 传统的分析图

传统的分析图可称之为平面分析图，是以点、线、面的二维图像形式结合一定的文字材料来阐述方案设计理念。使用的绘制软件多为 CAD、Photoshop、Illustrator 等。

规划项目中一般都会制作以下几种平面分析图。

1. 现状分析图。介绍现状的用地性质和规划限制。所谓规划限制，就是在设计方案的时候，有些地方是不能变更的，比如基本农田、高压走廊、保护建筑和已经被征的用地等。

2. 规划用地分析图。图中所要展示的是，经过规划设计后新的用地性质分别是什么。一般规划用地图会在 CAD 软件中绘制，用 pline 线精确地勾勒出每一块用地，并用 hatch 命令将这些用地分类、填色。这样的做法既能完成用地图的制作，又能通过 CAD 软件计算出各个用地的面积数据。

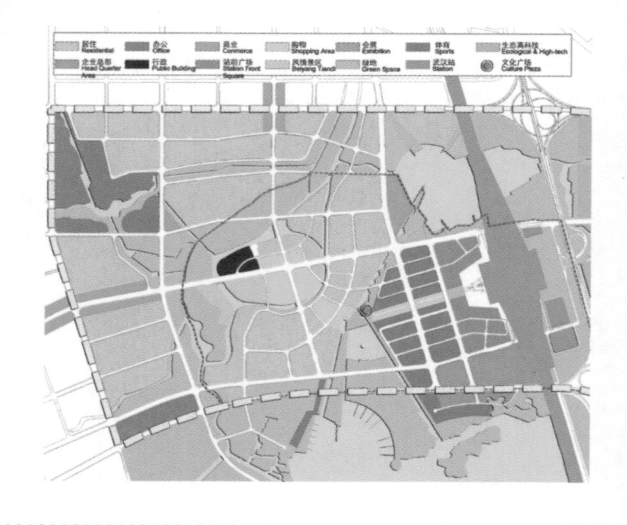

3. 功能结构分析图。明确地表达出规划方案中的功能片区、主要发展轴线和生态轴线等。

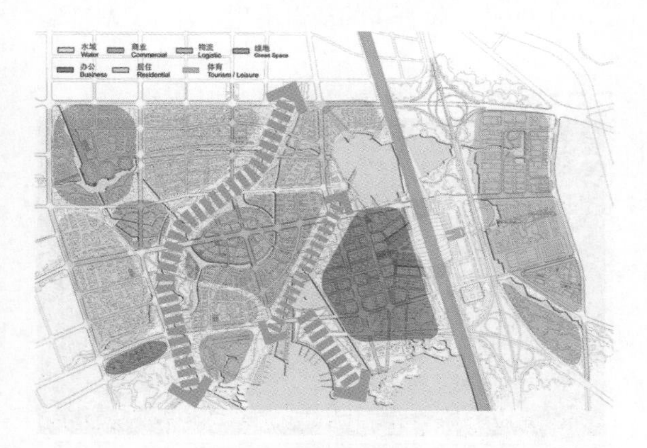

4. 交通分析图。解释规划方案中的道路等级、停车位置、地下车库出入口位置等。

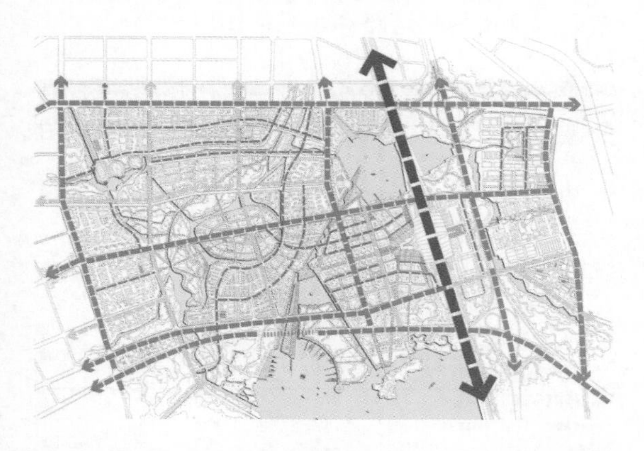

5. 绿化与水系分析图。概念地反映出规划方案中环境的生态率，也是今后计算整个项目绿地率的一个参照。

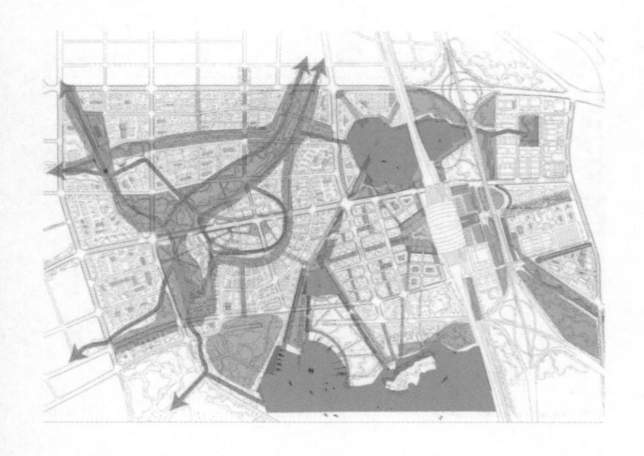

6. 景观节点与视线分析图。体现出规划设计中的景观轴线、景观节点、观景视线等。

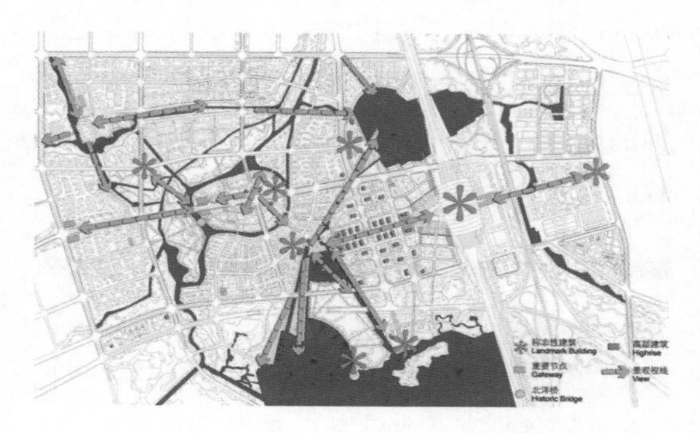

7. 开发强度分析图能展现出建设资金的投入强度。

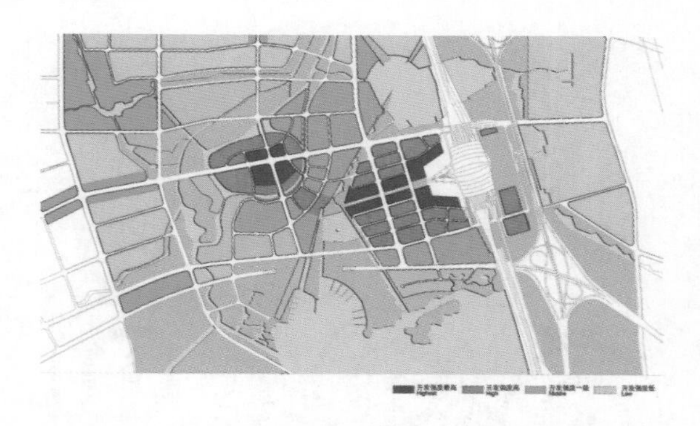

8. 分期建设分析图。根据分期建设的建筑量可估算投资回报。

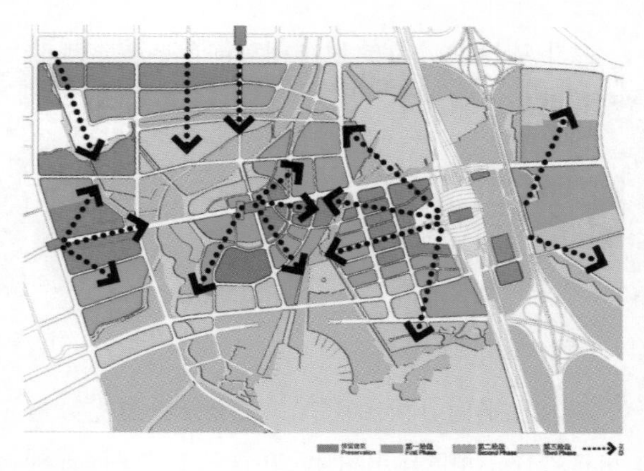

9. 服务半径分析图。本项目为车站区域规划，在一定范围内必然有地铁站的出入口，这样

组成的服务半径会带来人气，我们称之为TOD模式。创造一个让使用者感觉更轻松和享受的步行环境，是一个成功的车站区域规划首先需完成的任务，行人愿意步行的距离为大约五分钟的路程，为300 ~ 600 m，这个范围确定了TOD模式的主要区域范围。

> **注意：**
> TOD(Transit-Oriented-Development)是“以公共交通为导向”的开发模式，是国际上具有代表性的城市社区开发模式，同时，也是新城市主义最具代表性的模式之一。

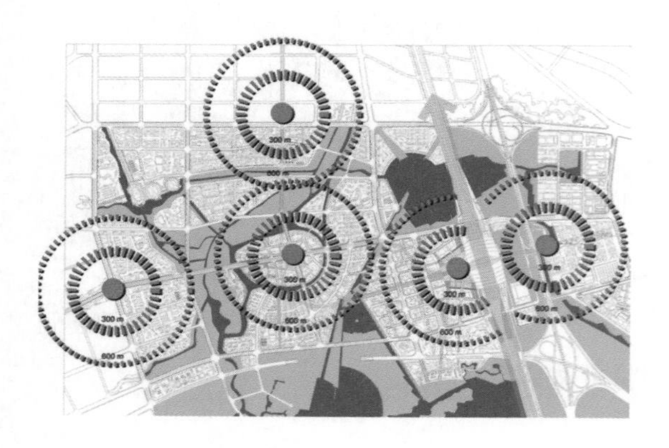

上述这些分析的制作相对简单，按常规的套路就能绘制出来。

7.2 三维分析图

7.2.1 优势

相比平面分析图而言，三维分析图优势是可选择任一角度输出图片。在视觉上比平面分析图更有冲击力。三维分析图一般是为了补充平面分析图。

7.2.2 制作过程

1. 制作三维分析的基本模型。打开CAD图。

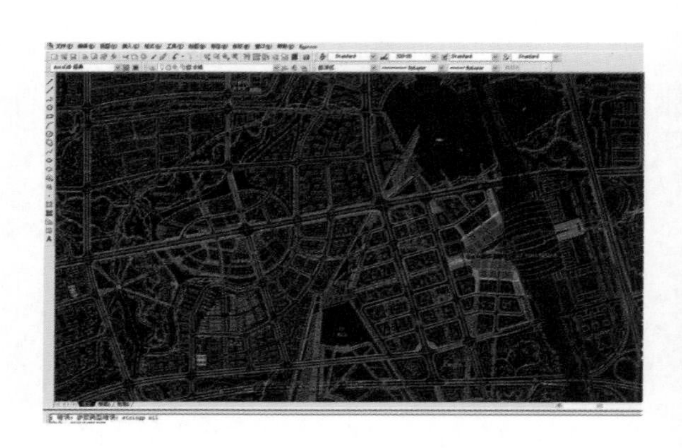

打开“图层特性管理器”，关闭一些图层，暂时只保留规划道路和水系的图层。

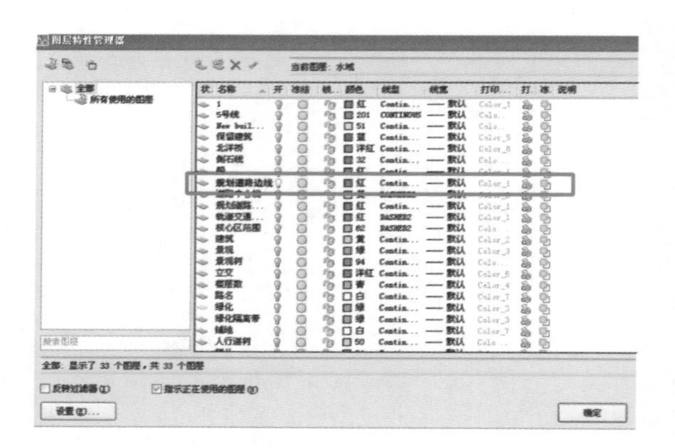

整理完后，将规划道路和水系单独写块出来并导入SU中。

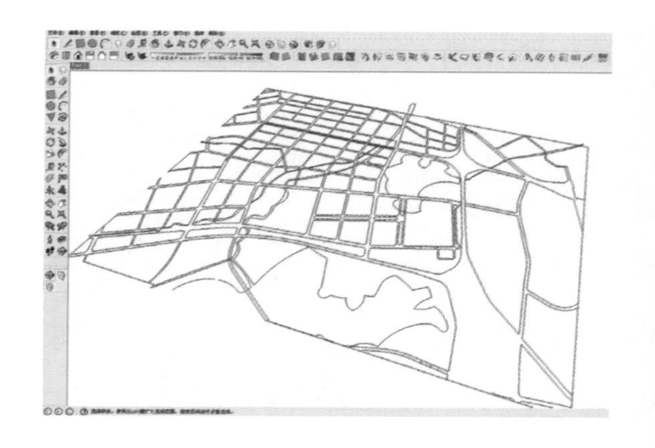

缝合成面，使用推拉工具将每个被路网、水系分割出来的地块向上推拉 15 m，增加立体感。

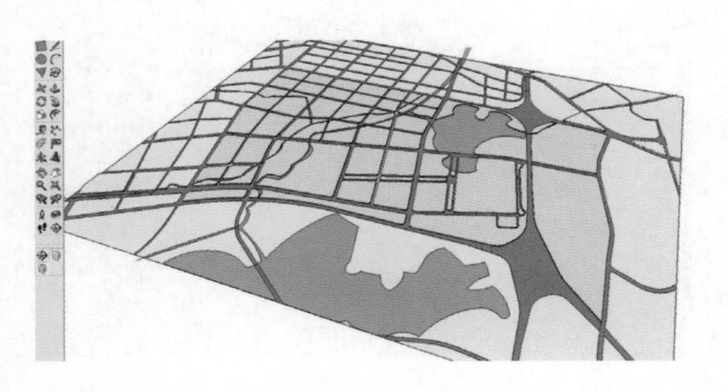

在模型中添加铁路线（黄色）、地铁站（绿色）、规划范围线（蓝色）、高架（白色）。添加完毕后，该模型即可作为所有三维分析的工作底图。

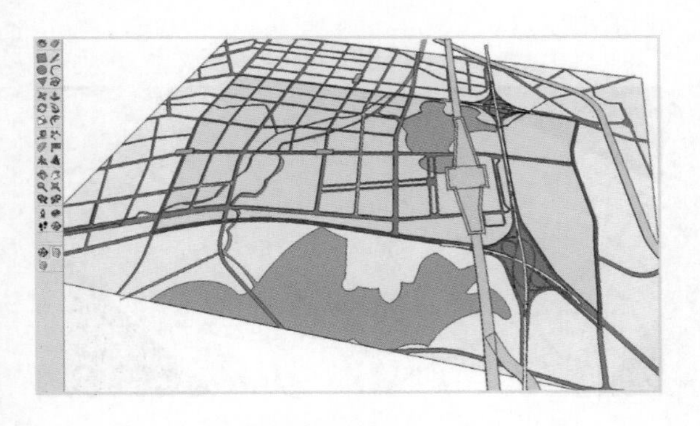

2. 制作“景观视线”的三维分析图。

根据本项目的现状条件以及规划设计，绘制出两个景观节点（右侧的河流交汇处和车站站前广场）和两个现状保留的景观节点（红色圆柱形）。

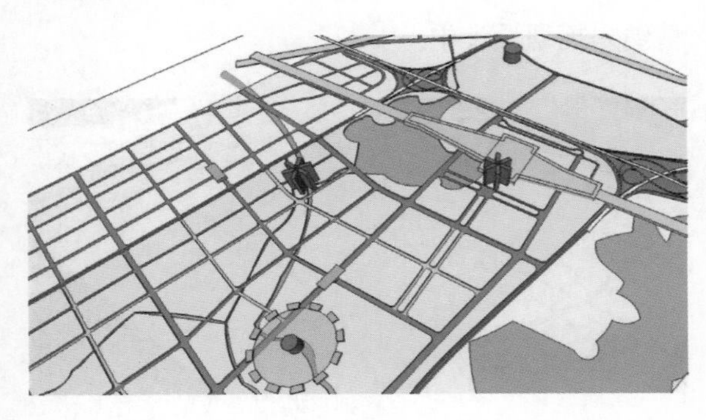

制作主要的景观轴线。使用多边形命令，边数设置为“3”，绘制一个三角形作为景观轴线的箭头。

使用矩形命令，将箭头绘制完整，并拉开一定的厚度。

根据规划设计，在模型中添加箭头。

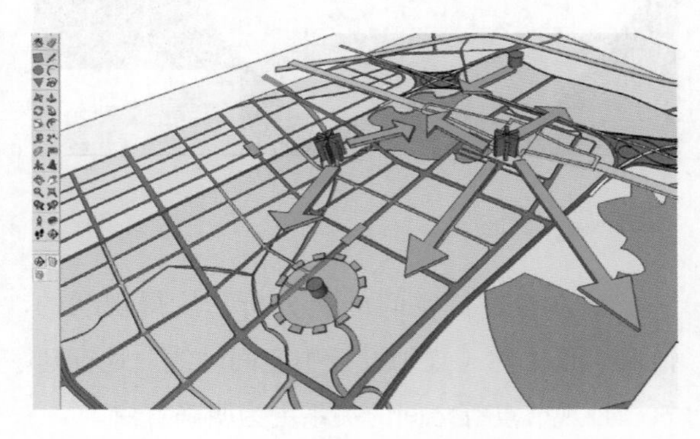

选择一个恰当的输出角度，并在阴影设置中点选“显示光影”，明暗值设置为 20，以使模型更具有立体感。

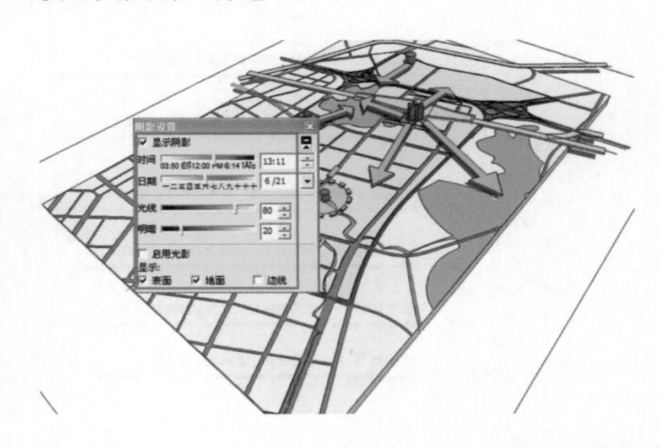

将其导出，在 Photoshop 软件中打开。添加底色并调整一下颜色。

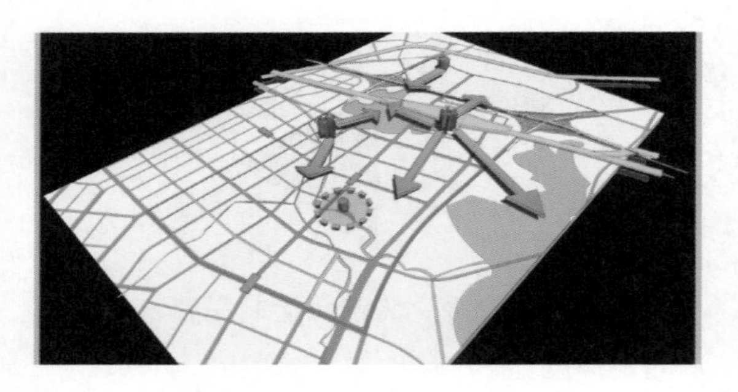

最后添加文字加以标注就完成了。怎么样？比平面分析图更酷吧。

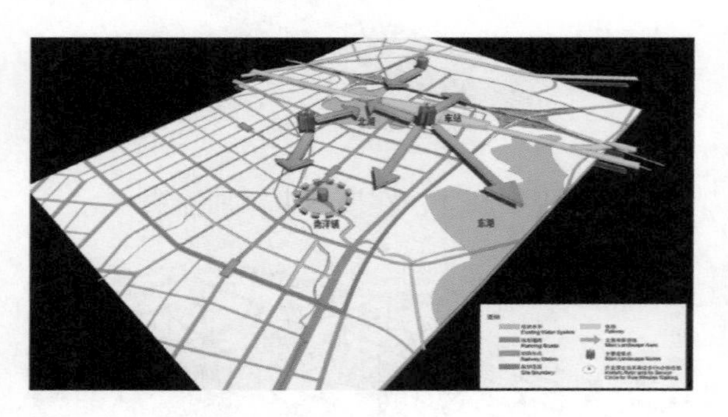

7.2.3 表达

对方案进行空间的上分析，使得现状的情况一目了然，规划设计中空间轴线、地标建筑、景观节点等之间的关系更为明确直白。

1. 对现状用地的解释。将现状的地形、规划设计范围、道路系统、用地属性、地铁线从平面分析图中一一独立出来，重新组合。

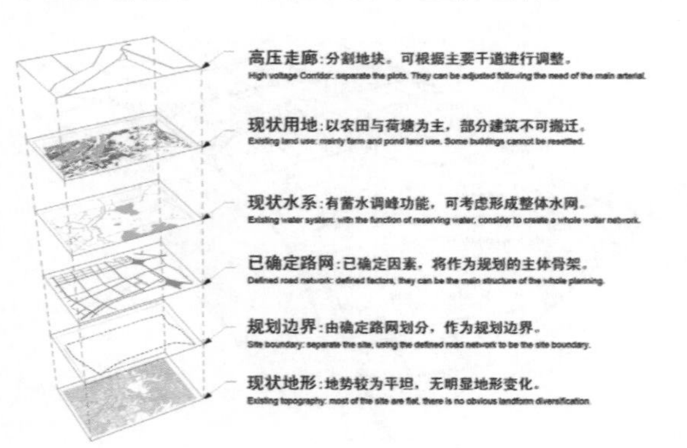

与传统的平面分析图比较一下，三维的更为简洁、直观。

2. 现状对规划设计的一些限制。湖与湖之间的对应关系、保留的现状建筑、垃圾处理厂的设计（图中绿色树丛部分）在三维的图幅中表达地清清楚楚，让甲方更直观地了解本次规划的出发点。

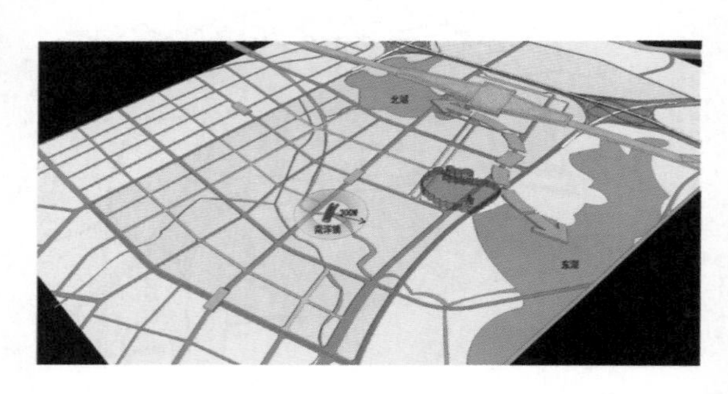

3. 强调规划空间上的轴线关系。展示规划设计的主要轴线“城市发展轴”在规划设计中规定了城市建筑的建造方向。东西向为城市发展的衍生，是由城市中心向车站的方向发展的；南北方向的景观轴线，将长江与东湖的风情纳入规划设计中。

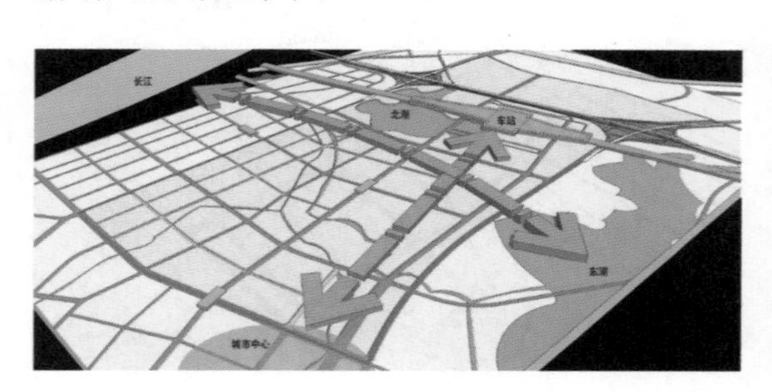

7.3 特色分析

7.3.1 优势

除了做一些阐述空间关系的常规分析以外，还可以制作一些辅助的分析。

7.3.2 制作过程

1. 绘制地形

用矩形工具随意地制作出一些地块。

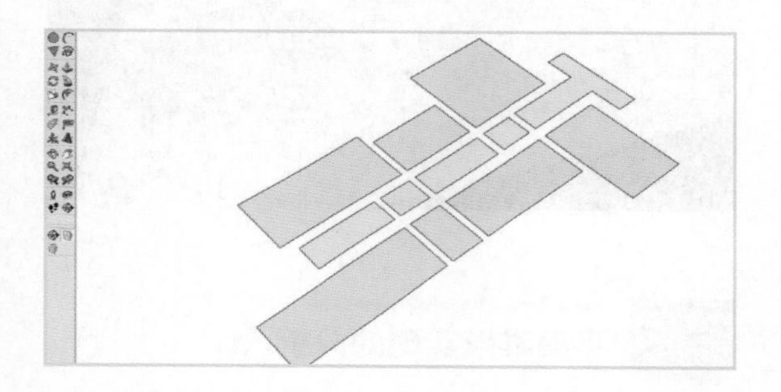

给予地块材质上的区分并加上建筑体量。

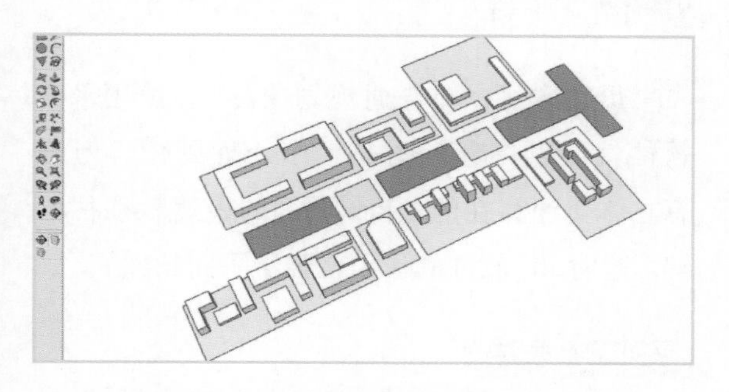

图中黄颜色的地块为地标建筑所在的位置。

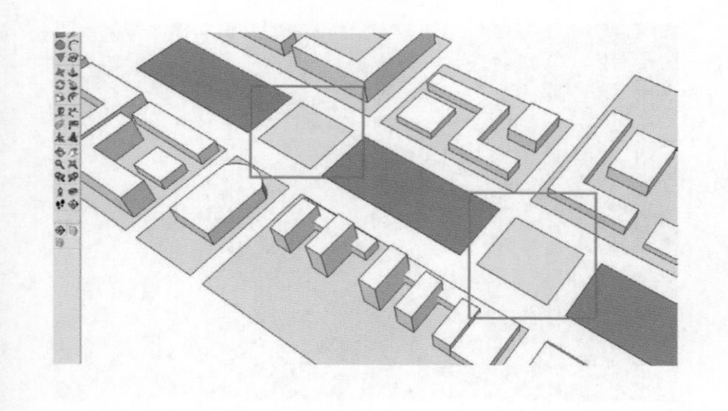

2. 挑选合适的地标建筑

这里我们可以依赖于 SU 中 get models 按钮来寻找适合分析的模型组件。

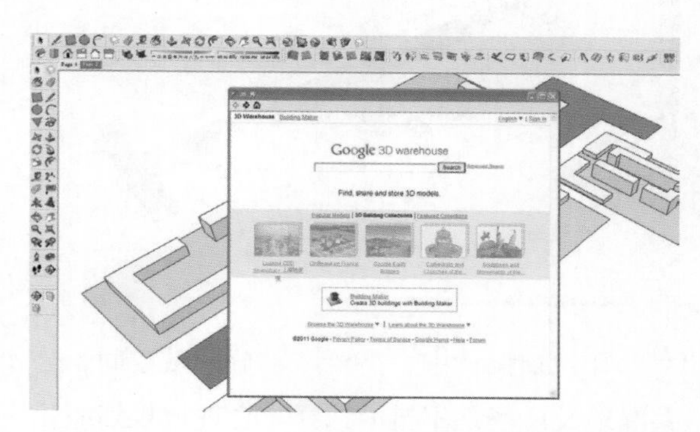

输入“building”字样进行搜索，得出许多现成的模型，这里的模型一般都是现实中已经建成的建筑。

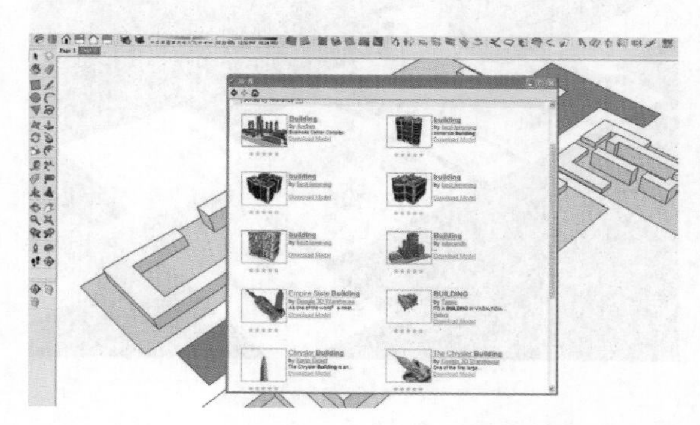

寻找到合适的建筑，将其列为绿色轴线中的地标建筑。地标建筑在形式上可以分为两类，一种体态高大耸拔，另一种高度不大但造型复杂。这里各选一种放置在绿化轴线上。

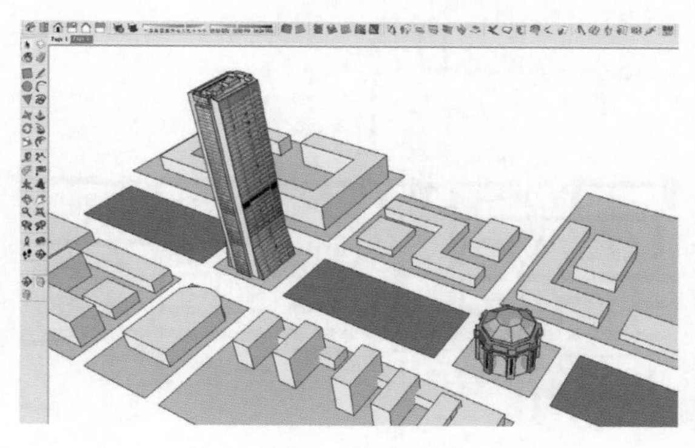

最后加上少许细节就可以出图了。

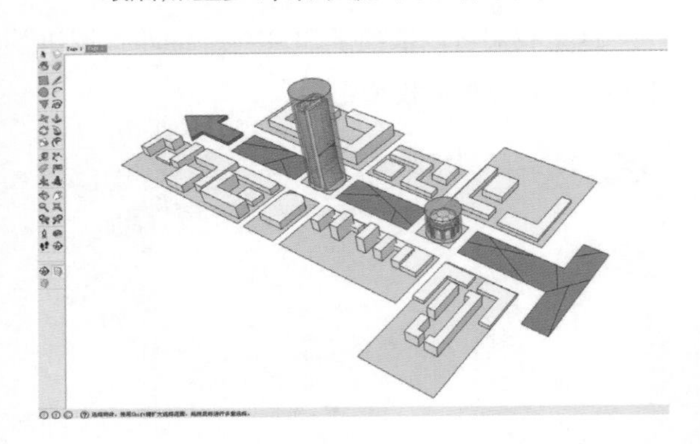

在规划设计中，需要一部分开敞空间，公共绿地及广场是不错的选择。合理地规划绿化轴线，将一些地标建筑融入到轴线当中去，可强化轴线感。

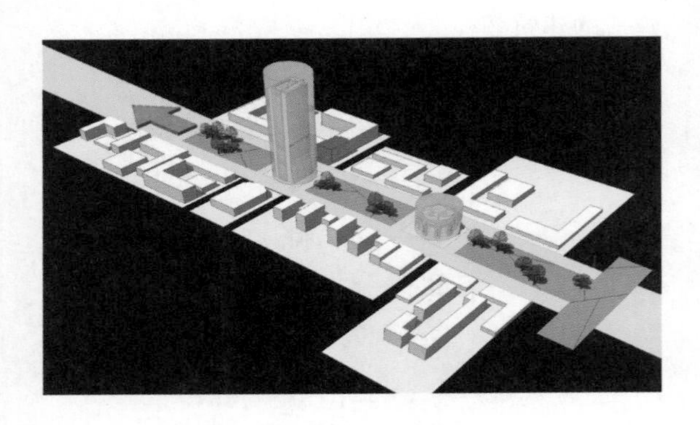

7.3.3 表达

1. 路网密度分析。解释规划设计中路网设计的准则——越是建筑量大、开发强度大的地方，路网的密度也越大。

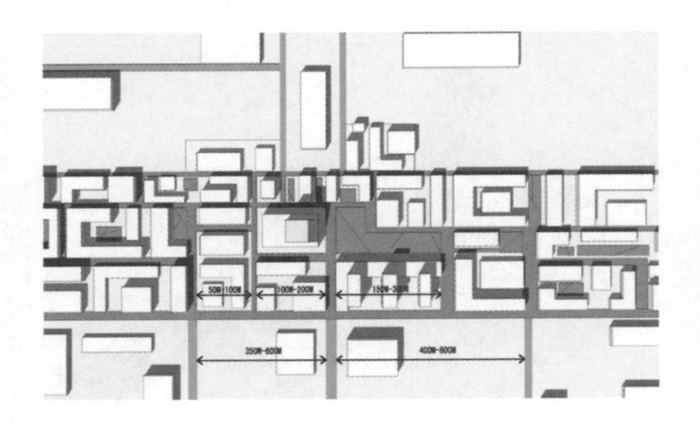

2. 主题公园。遍布基地的绿色网络通过赋予不同主题以提升其趣味性，并可实现互补与多样化。根据不同的现状条件及大小，可建设若干例如自然森林、水岸休闲、极限运动、花卉园艺、卡通主题、湿地等不同主题的城市生态公园。

7.4 平面难以实现的分析

7.4.1 优势

毋庸置疑，在普通规划项目中，使用平面软件就可以将分析图的制作处理到位。但是有立体交通存在的项目，平面的表达就往往不够，这时 SU 软件的作用就强于平面软件了。

7.4.2 表达

进站流线

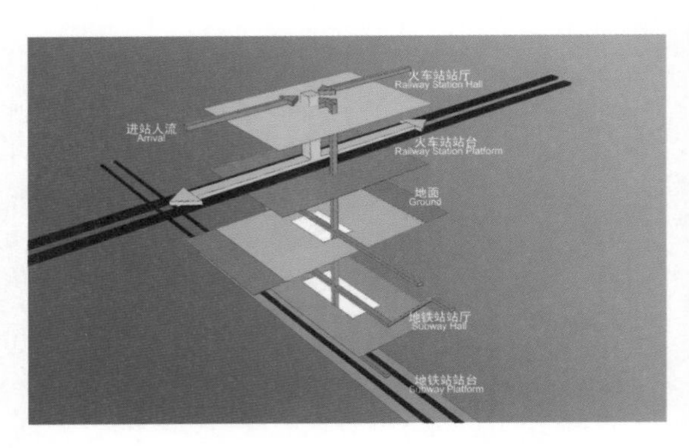

出站流线

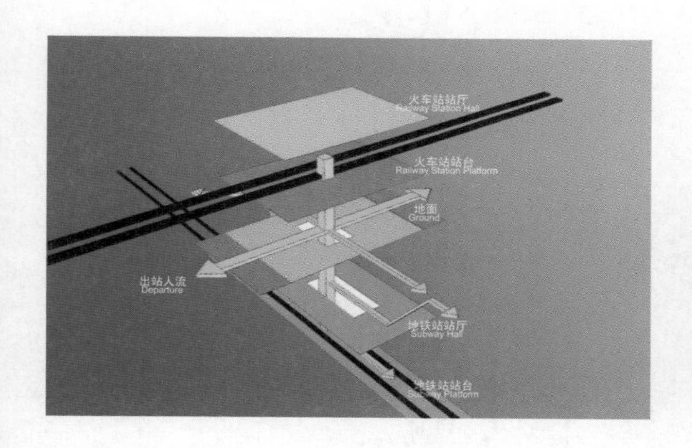

地下商业与地铁的联系

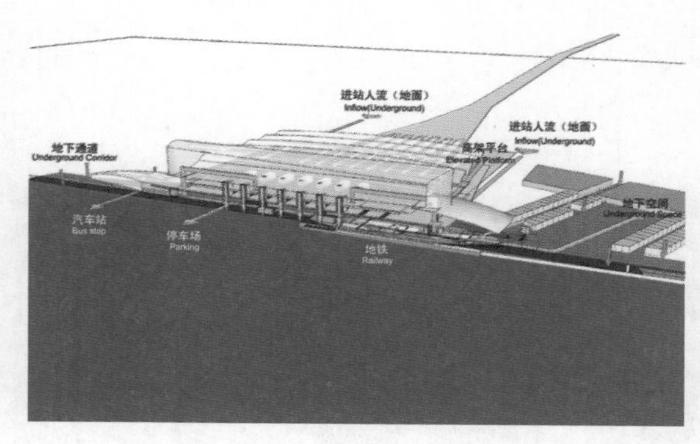

地下商业交通情况

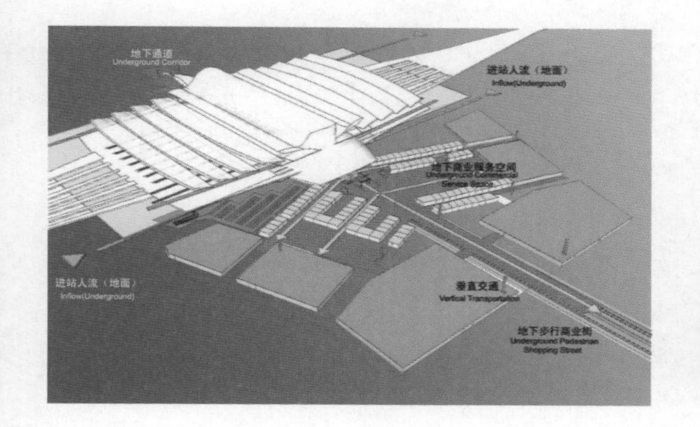

火车与地铁的换乘交通

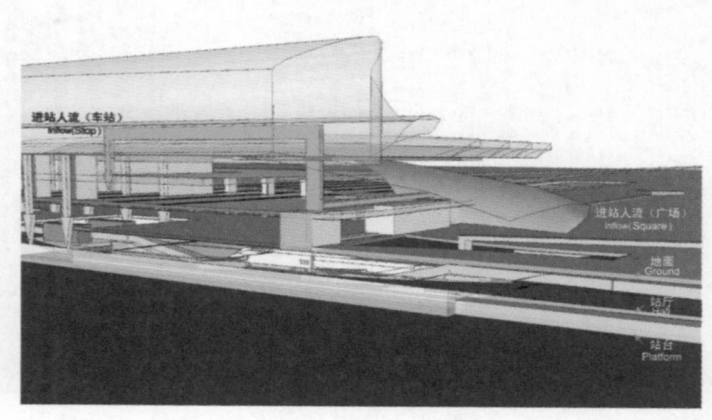

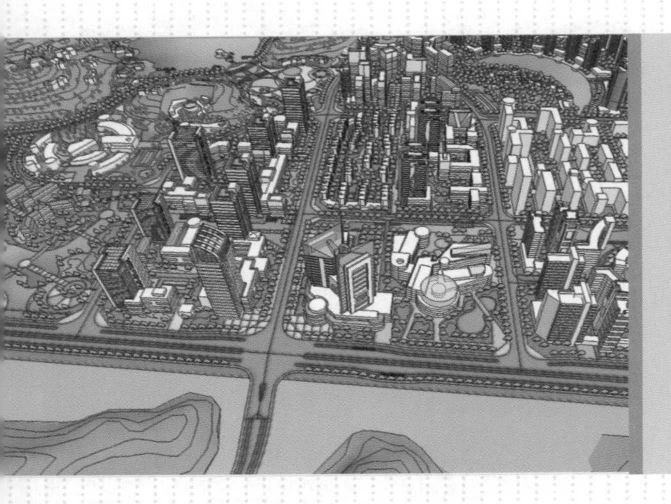

第 8 章

08

表达 SketchUp 的动态性
——动画制作

关于 SU 模型的制作，无论是使用纯 SU 图，还是用 Photoshop 处理、配合插件渲染，抑或是运用次时代的利器 Lumion、渲影、LumenRT 等软件进行后期处理，大部分都是为了最后的图片输出。

选择不同的角度导出图片可作为规划建筑的体量分析或者设计的局部意向来丰富文本。经过渲染后，可以很好地表现设计效果。但最能直接表达设计意图与体现设计精髓的非动态影像莫属。SU 的动画就能做到这一点。

这里以第 4 章的某山体规划项目的模型为例，因为该模型的动画涵盖了普通的环游动画以及建筑的生长动画制作等的基本方法。

8.1 设计漫游路径

首先我们必须设计出整个动画的漫游路径。作者的设计路径如下图，路径一先在山后迂回，然后翻过山头，最后环游项目核心区。

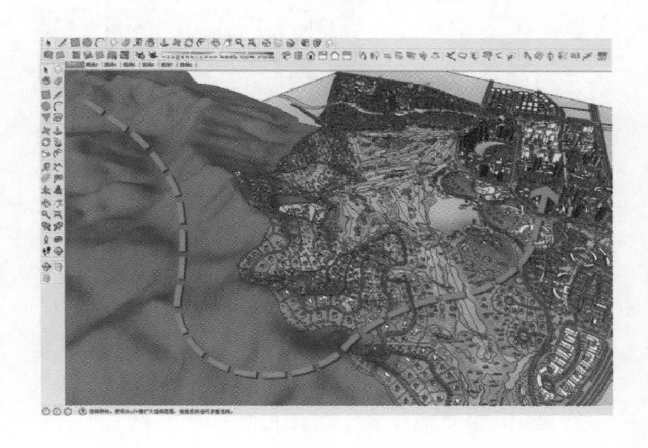

路径二，在路径一完成后马上切换镜头，将漫游路径行走于核心区主轴线之上再环绕本次项目中的两大节点——月亮湾、太阳湖。我们可将核心区域的建筑制作成可以生长的剖面动画。

将诸如此类的路径全部合成在一起，就可以组成这个项目的 SU 动画。

8.2 设置页面

SU 的动画原理是，设置多个路径点，软件会自动生成路径点之间的环游过渡。我们根据预先设计的路径一来添加动画环游的路径点。点击菜单栏窗口 > 页面。

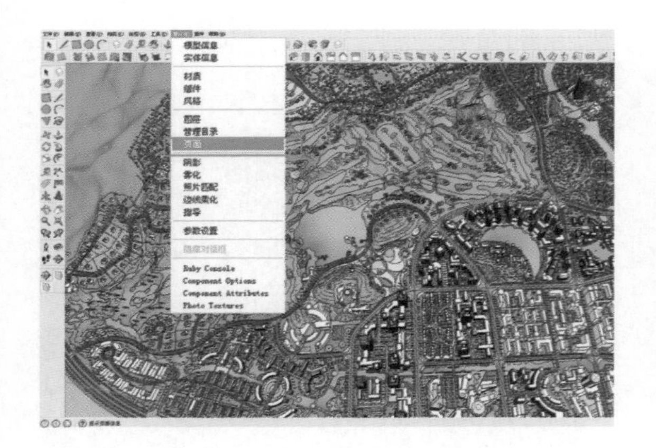

弹出以下编辑框，通过点击左上角的加号来逐个添加路径点。

添加路径点的另一方法是直接点击菜单栏查看 > 动画 > 添加页面。两者的效果基本一致，前者更细腻一些，有多个选项满足不同的需要。

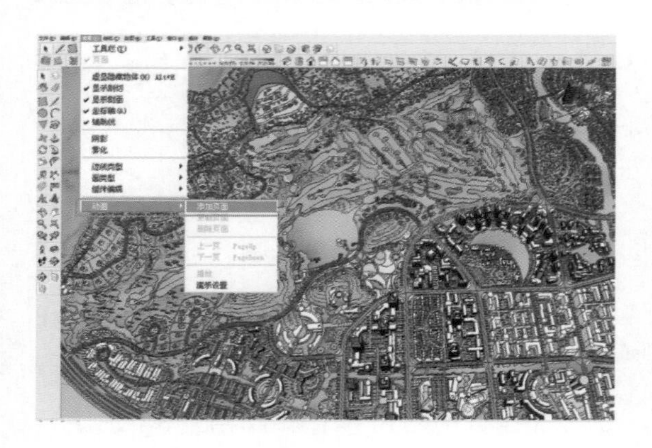

设置完毕，图中的页面 1 至页面 8 为路径一的动画漫游路径。

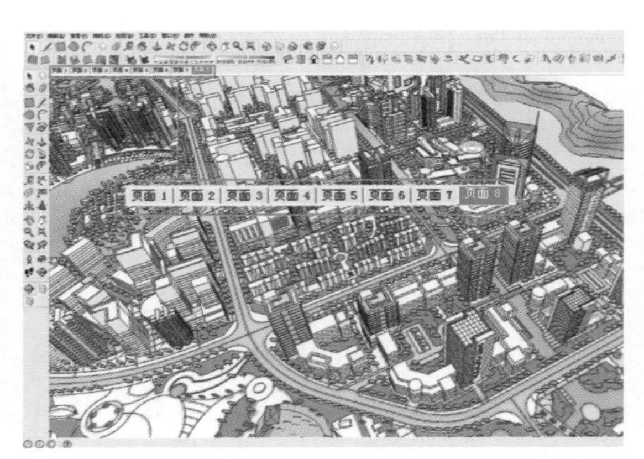

这里要设置一下路径环游的速度，将每个页面之间的转换时间设置一下。同样有两种方法调出编辑选项。

方法一：点击查看 > 动画 > 演示设置。

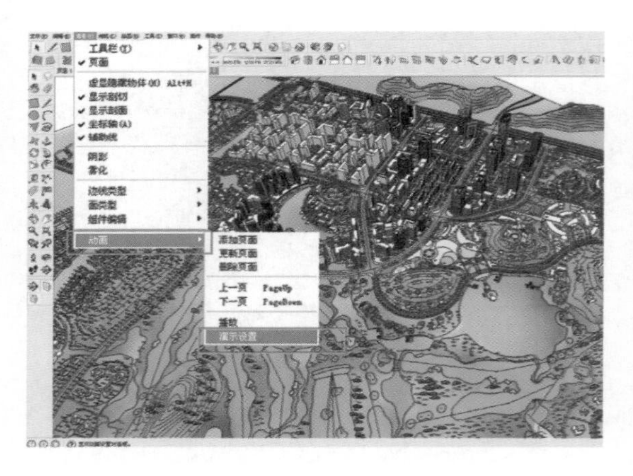

方法二：点击窗口 > 模型信息。

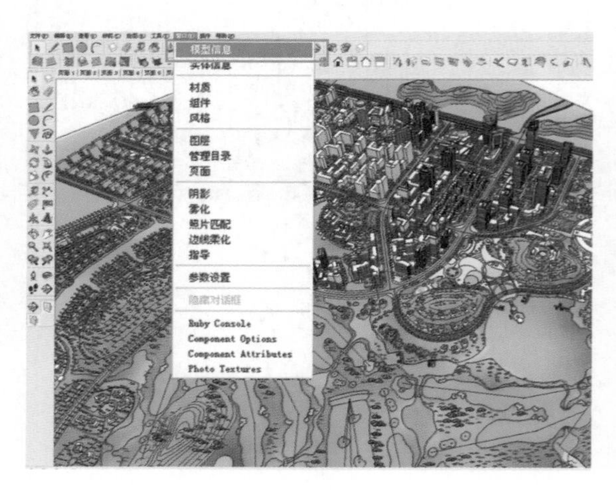

在弹出的对话框中点击“动画”这一栏，就出现了编辑路径点之间转换时间的选项。

“允许页面过渡”：显而易见若要使用页面间过渡的功能就选择这个选项，反之则不选择；第二行的“10”秒表示页面 A 到页面 B 过渡时所使用的时间；第三行的“0”表示从页面 A 过渡到页面 B 之后停顿的时间，制作动画的时候一般都设置为 0。至于两个页面过渡所用的时间多少合适，要根据设计方案与规划理念的基调，是欢快激昂还是温和委婉，还要配合最后的音乐风格。

这里为了迎合本项目大规模用地以及设计方案华丽的两大特征，动画在行走时候的速度需缓而慢，故就将页面的转换时间设置成 10 秒。

8.3 SketchUp 生长动画

SU 除了单纯的环游动画以外还可以制作出建筑的生长动画——路径二的制作。首先将核心区域也就是要制作生长动画的模型进行编组，区分出来。

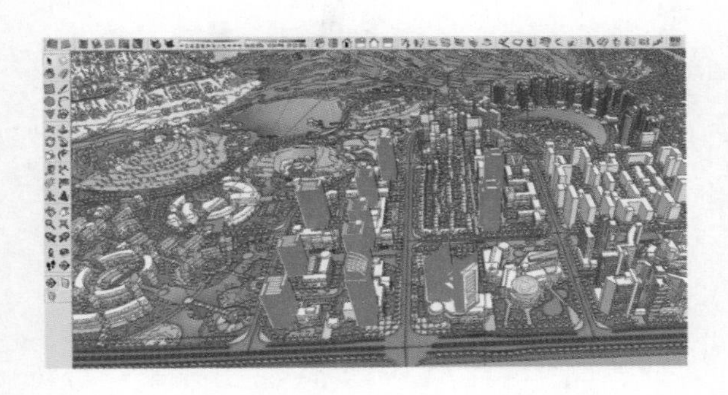

点击查看 > 组件编辑 > 隐藏剩余模型。或者将快捷设置为官方常用快捷键模式，这样只需要按键盘上的“I”就可将组外模型隐藏。

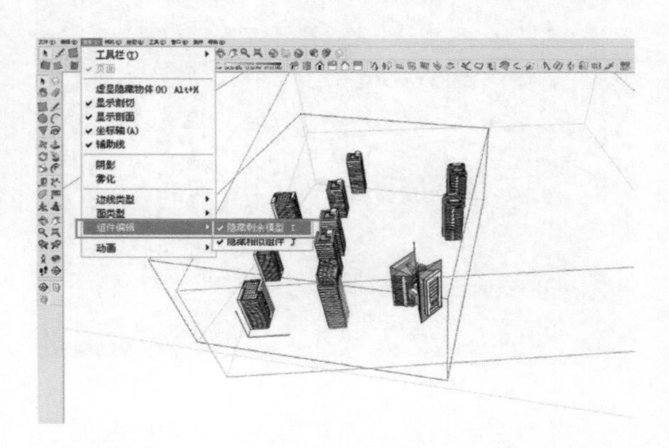

使用剖面工具完成制作生长动画的第一个步骤，在图中我们可以看到剖切面和被剖切到的线。

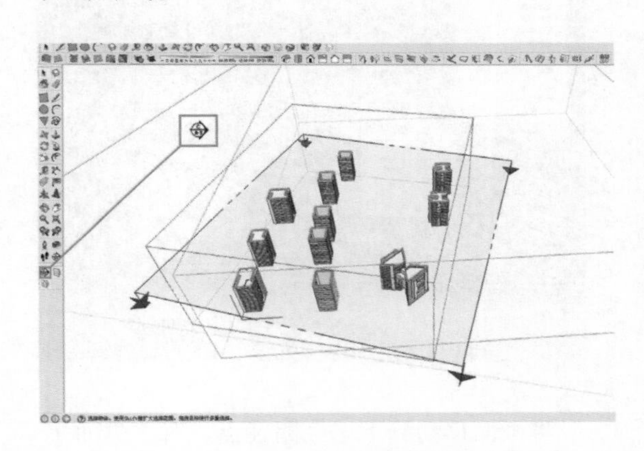

使用移动命令将剖面移动到该组的底部，也就是生长的起点。

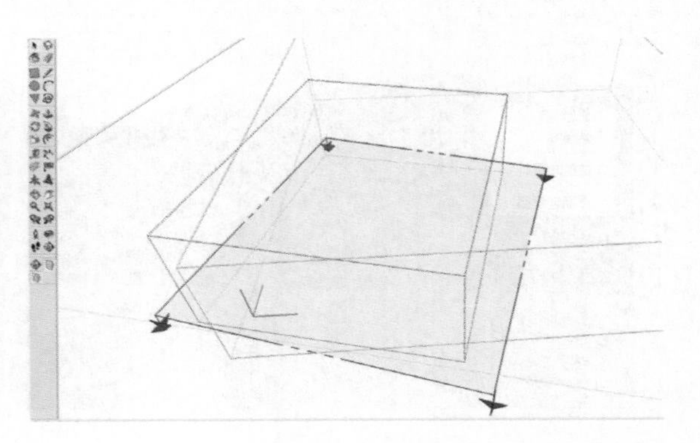

按 ESC 键退出该组回到整个模型画面，可以发现需要被生长的部分已经被隐藏。

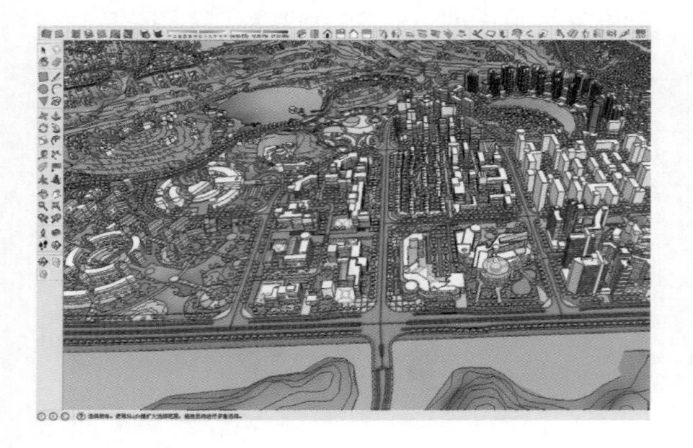

将当前的场景页面作为生长动画的起始镜头，添加动画页面。

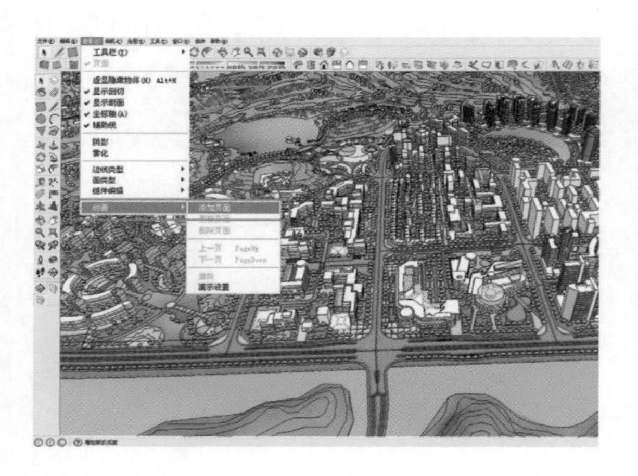

将画面移动到下一个路径点，对“页面 1”点击右键，添加页面。

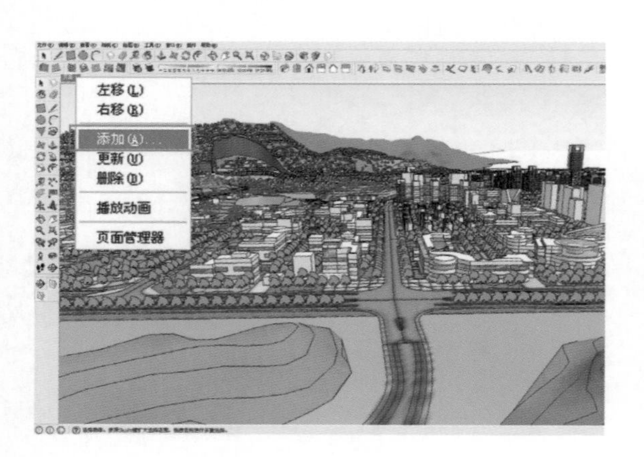

从而得出了“页面 2”。

按“显示\隐藏剖面”按钮，显示之前被剖面隐藏的物体。

为了更方便地设置动画页面，我们变换一下视角。双击进入该建筑组群，按“显示\隐藏剖切”按钮，将之前设置的剖切面显示出来，这两个按钮的名称相似，一个是“显示或隐藏剖切到的物体”，一个是“显示或隐藏剖切面”，切勿搞错。

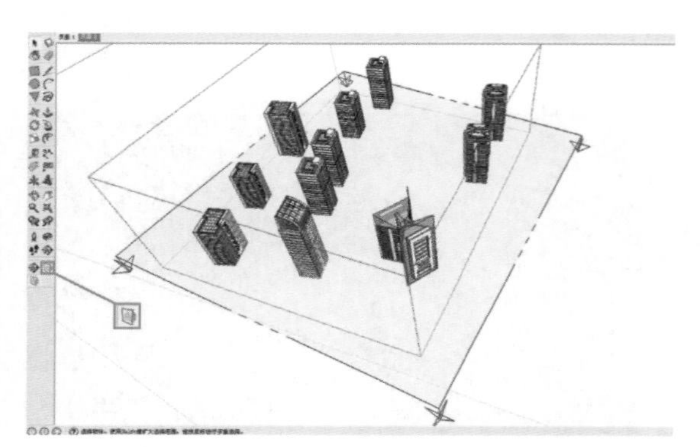

使用复制命令将底部的剖切面向上复制，并移动到模型的顶部，即生长的终点。

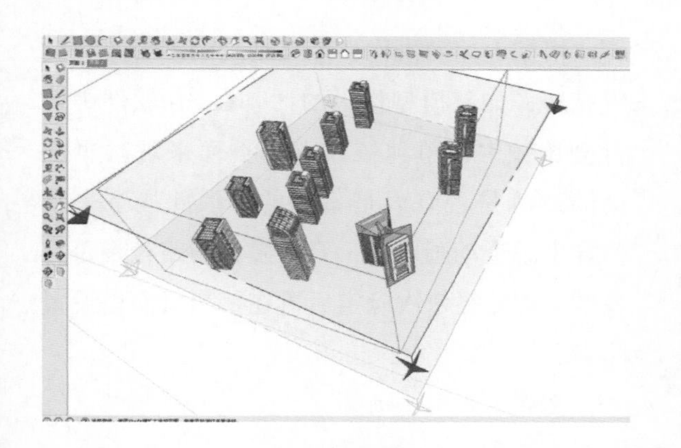

按 ESC 退出该组回到整个模型画面，按“显示\隐藏剖切”按钮，将剖切面都隐藏掉。

并对“页面 2”进行更新，这样就把之前的剖面生长保存下来了。

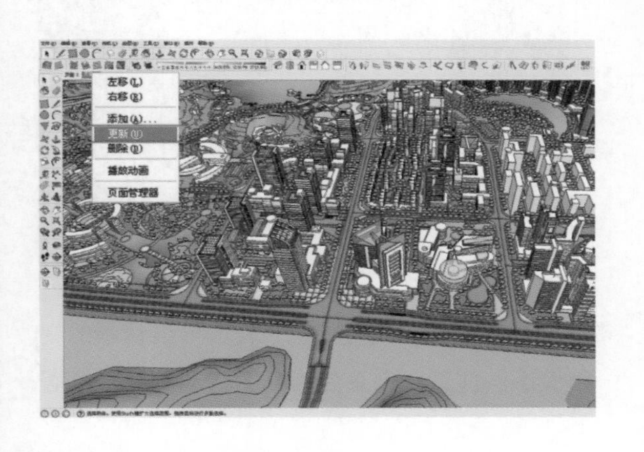

可以转换任何视角作为建筑生长的终点，找到满意的角度后直接对“页面 2”进行更新操作就可以了。

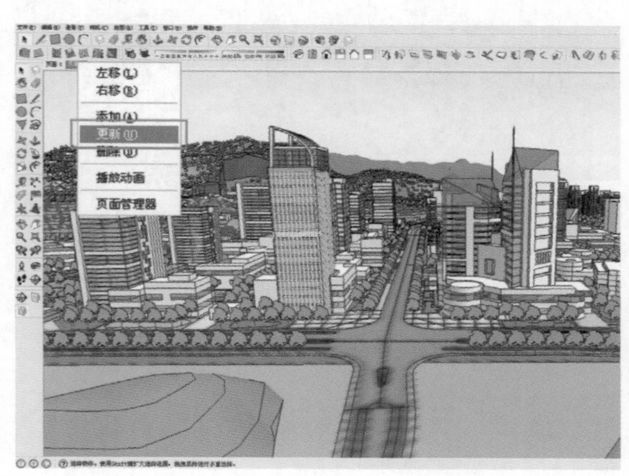

设置生长点的操作完毕后，接下来按照路径二的指示环游月亮湖与太阳湖，并添加页面 3 至页面 9 作为环游过程中相对应的路径点。注意阴影先不要设置。

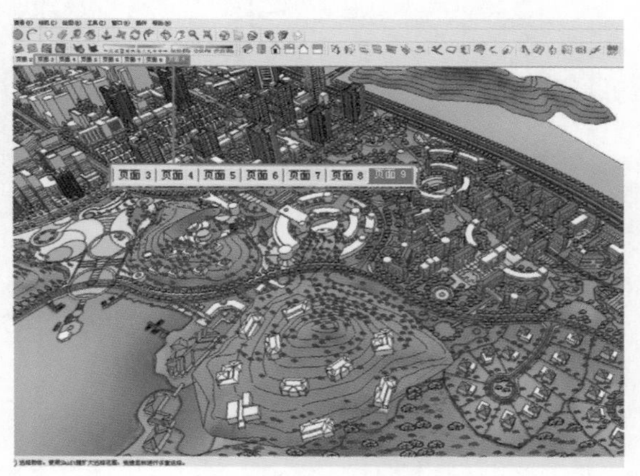

路径设置完毕后，逐个点击设置的页面，观察页面与页面之间的过渡是否顺畅，若感觉过渡僵硬，可作调整后更新当前页面。

可以发现在生长部分中，剖切线的颜色为红色而且线形相对较宽，关于这一点我们还要进行进一步的设置。

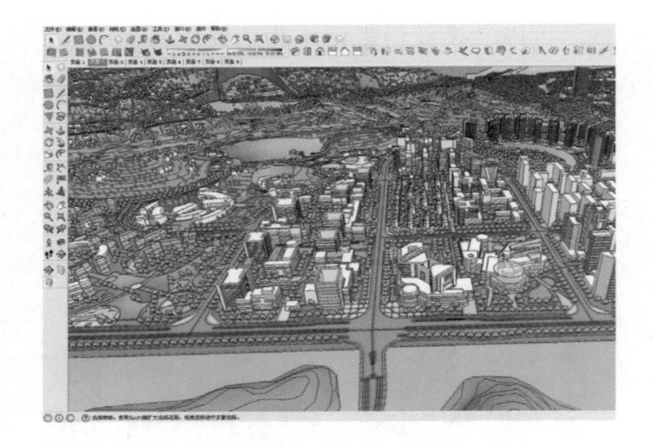

点击“窗口”>“风格”。

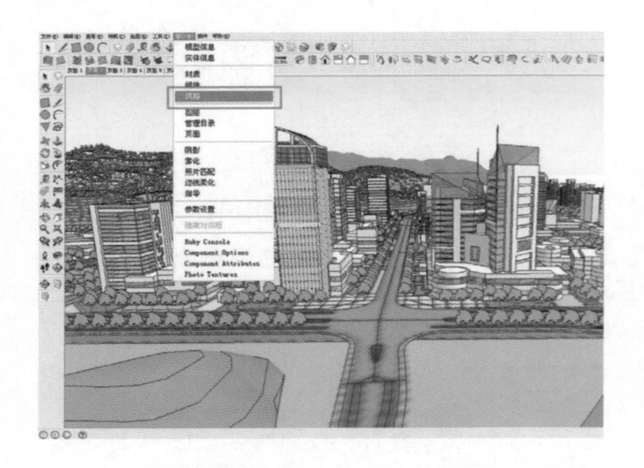

进入编辑页面，点击“编辑”中的“模型设置”，如何设置剖切线的颜色与线宽，一目了然。一般只要按照下图的设置，将“显示剖切”编辑为黑色，“剖切宽度”修改为“1”即可。

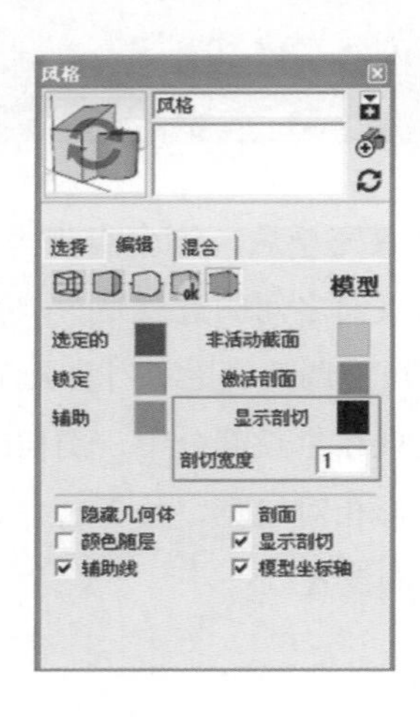

8.4 输出视频的手法

根据上述的操作，生长动画的漫游路径设置完毕，如果模型量大的话，在 SU 软件中运行会比较卡，单纯依靠点击页面来观察页面间的过渡是否有误是不够的。因此接下来我们导出一个动画小样，看看漫游的路径是否有差错。待路径依次确定后再在每个页面里设置阴影。

文件 > 导出 > 动画。

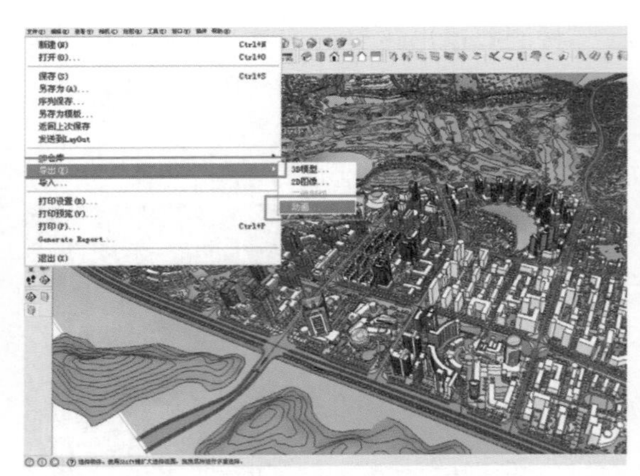

弹出导出动画的设置界面，点击右下角的“选项”，对导出动画的格式进行设置。

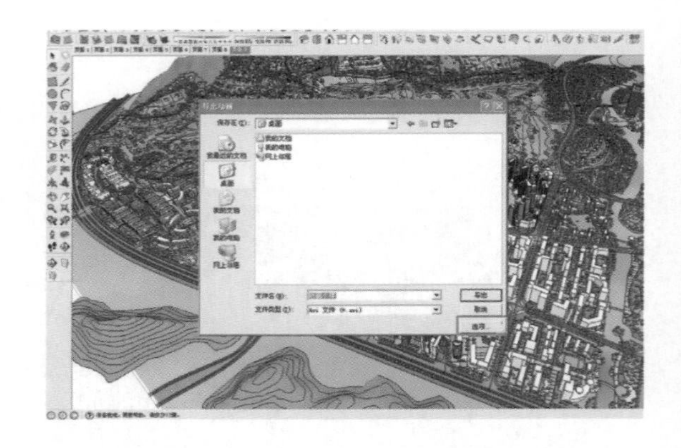

“宽度 200，高度 150”表示导出动画的视频大小，这里我们只是为了看清动画路径是否

合适而导出的小样。所以设置在 200 以下，100 以上即可。

“4:03”为视频的长宽比。

“24”表示每秒的画面是由 24 张图片组成的，帧数越高导出的动画越细腻，当然所需的时间也就越长。为了使小样相对流畅，帧数设置在“24”即可。

“Cinepak Codec by Radius”是默认的编码器，是众多输出编码器中的一种。

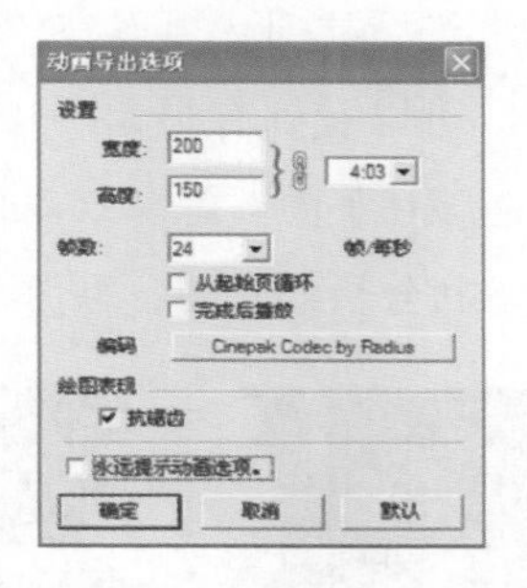

设置结束后点击“确定”，退回到导出动画的设置界面，按“导出”。

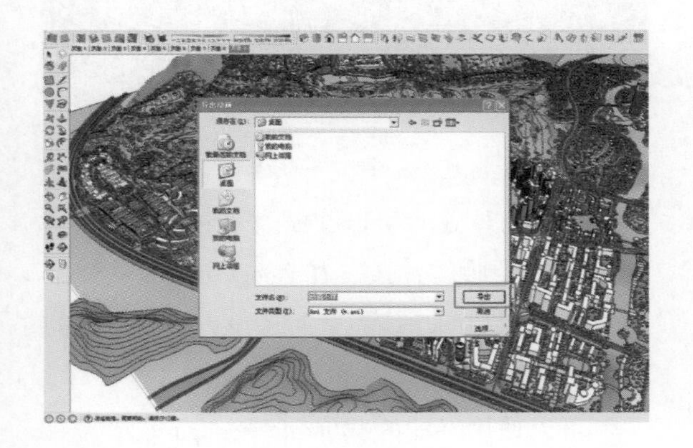

根据模型量的不同，小样的导出时间为 10 ~ 30 分钟不等。若觉得时间太长，可以将之前设置的宽度与帧数的值设置的再小一些。

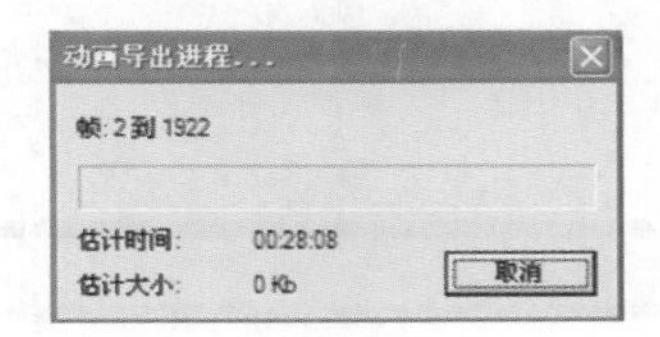

导出结束后看一下小样动画，观察所有的动画路径及路径点之间的过渡是否顺畅，如不满意再对相对的路径点进行微调。关于调整方法，先点击需要调整的页面，然后调整该页面的镜头，最后对该页面进行“右键 > 更新”即可。然后再导出小样，直到满意为止。

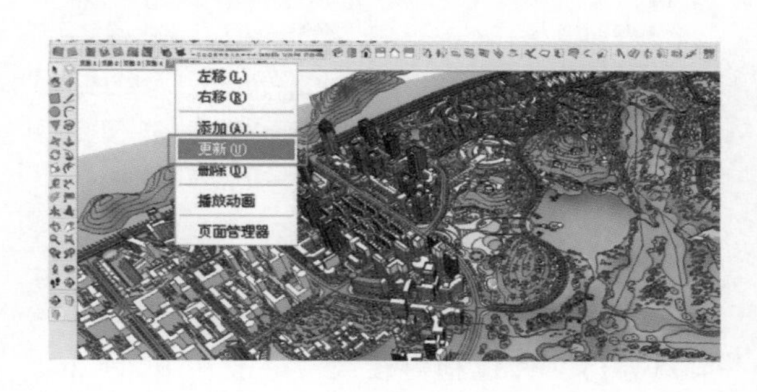

待小样确认后，依次点击每个页面，设置阴影并对该页面进行更新，之后就能导出正式的动画了。我们再次进入导出动画的设置界面进行相关设置。宽度的设置一般在 800 ~ 1200，越大越清晰，但所消耗的时间越久。

注意：

关于宽度是不可能设置成 3000 或 4000 这样的大数值的，目前的高清也只不过是 1920×1080P。这里将视频宽度设置为 800 即可。长宽比设置成“16:09”，宽屏模式。帧数可设置在“24 ~ 30”，数值越大，输出的时间也越长。

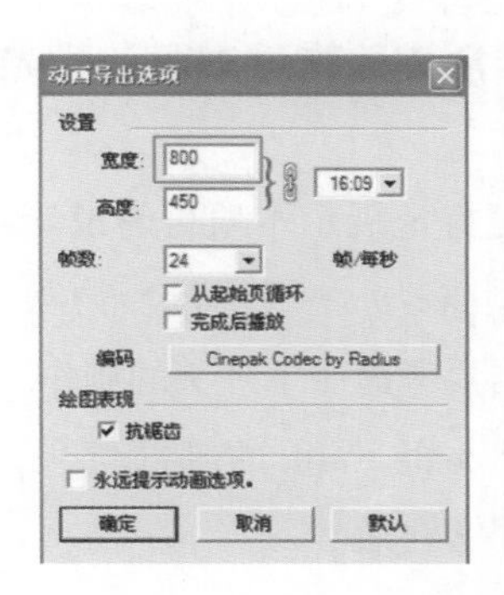

点击编码器选项。

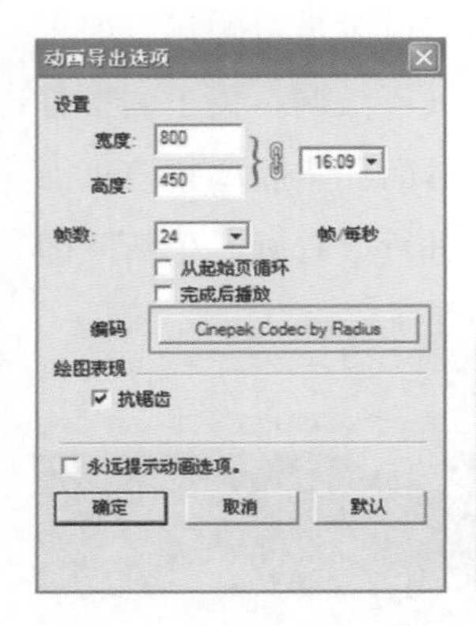

建议选择最后一个编码器——全帧（非压缩的），该编码器可以导出品质最好的动画，但是导出文件也相对较大，一般在 1G ~ 2G 之间，所以必须有足够大的硬盘空间。根据模型量的不同，导出动画的时间与文件大小也不同。

注意：

如果使用该编码器导出动画，SU 模型文件所设置的相关动画页面就不宜过多，不然会导致导出的文件容量过大，一旦超过电脑内存的容量，文件将被系统视为损坏不可用。可将完整的动画路径分成几段，逐一导出，最后在后期软件中拼合。

8.5 结合其他软件丰富动画内容

为了更好地展示本项目的设计，可以多增加几条动画路径，一并导出。待路径全部导出之后，还需要考虑一下片头的制作。

软件 Google Earth 的画面优美，用它制作动画片头非常合适。

在 Google Earth 中搜索项目名称，再根据现有的一些图纸进行比对，可以在软件中找到本项目的位置。可以看到有很大一片云，航拍的时候该地区应该在下雨。想拿 Google Earth 中的航拍图来做现状分析的底图，恐怕不行了。

但 Google Earth 中，一开始的从整个地球转到本项目位置的动态过程，完全可以用来制作成漫游动画的片头。在 Google Earth 软件中只有输出图片的功能，暂时还没有输出动画的功能。如何把这个动态画面截取出来呢？

可以使用专业的截屏软件 Snagit 截取需要的动态影像，这儿用的是 Snagit 9.0。

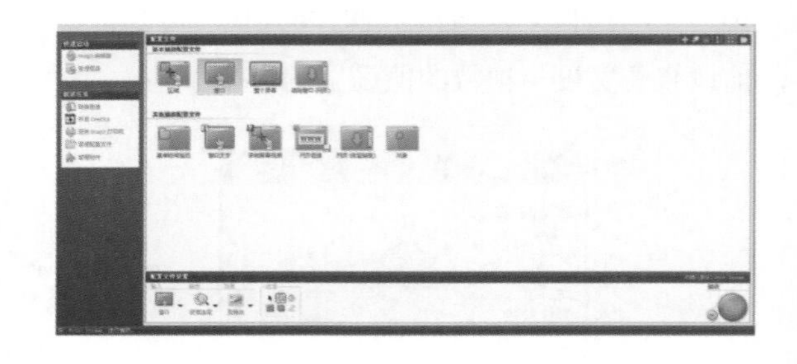

点击“视图 > 简洁视图”。

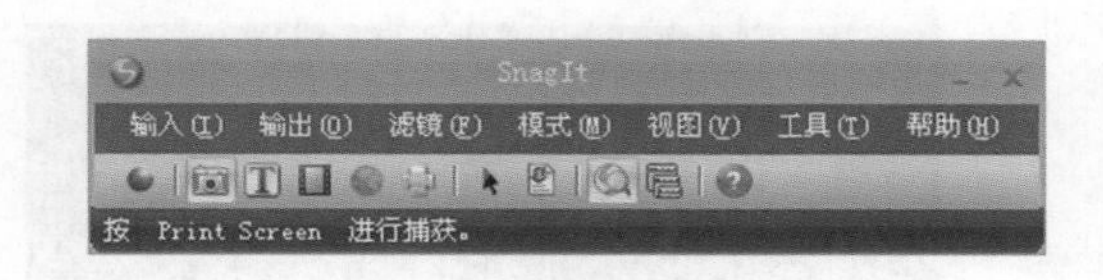

点选“视频捕获”按键。

选择截屏的输入形式，点击“输入 > 区域”，可以自由选择输出视频的长与宽。

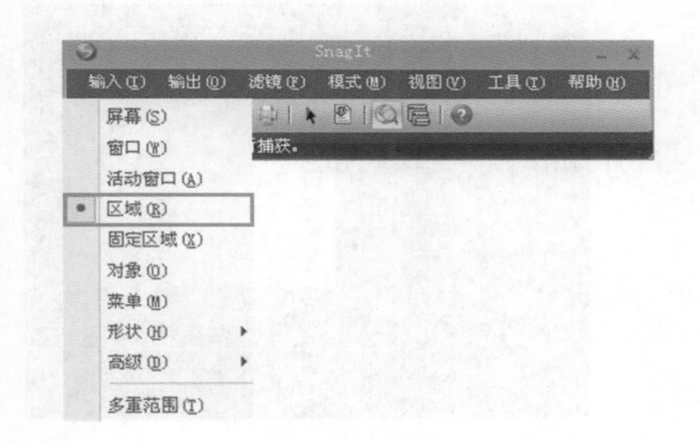

设置输出视频的格式，点击“输出 > 属性”。

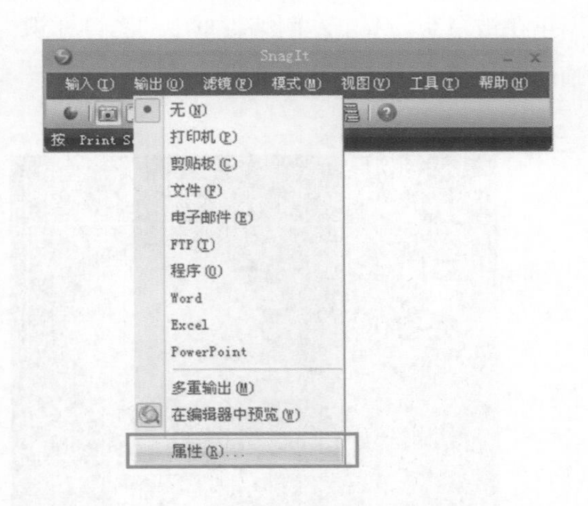

弹出“输出属性”的编辑框，先点掉“自动配置”前面的√，再点击“视频设置”选择编码压缩器，选择“全帧非压缩”。

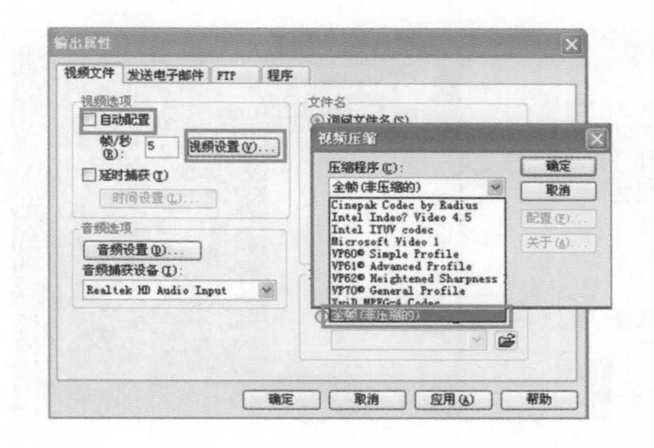

输出的帧数可按照24帧/秒来设置。最后点击“确认”，保存相关设置。

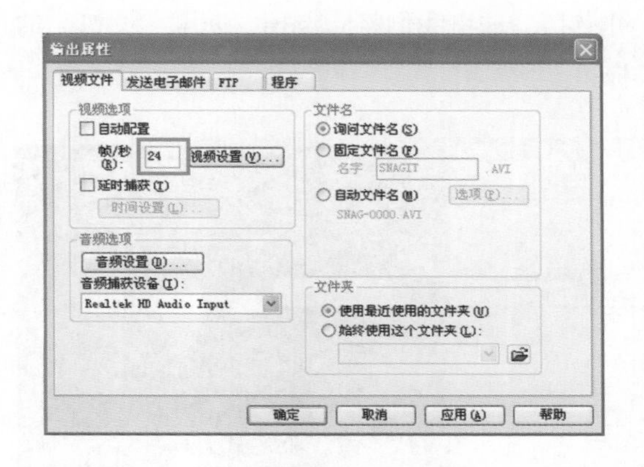

回到Google Earth中本项目现状位置的界面。如图点击“侧栏”，在画面左侧出现了几个对话框。

点击“添加地标”按钮，出现了一个“图钉”，将其移动到项目基地中央，还可以命名图钉。编辑完成后，点击确认。添加地标的作用是，使得Google Earth在环游中能够快速、精确、平稳地找到项目位置。

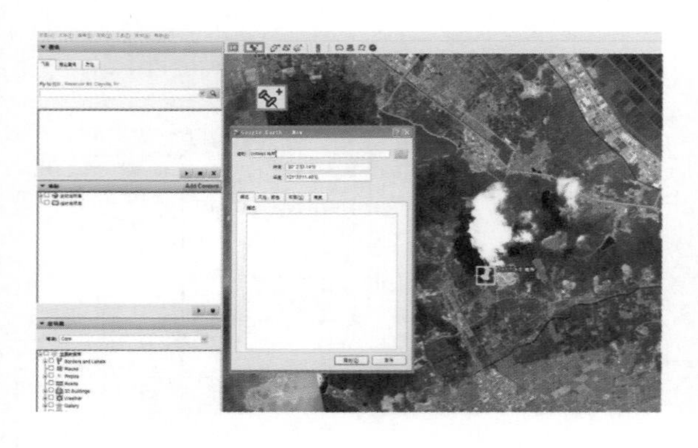

在侧栏中出现了“图钉”的标识。点击“图钉”前面的选项√，可以隐藏和显示画面中的“图钉”。这里我们将√点掉，隐藏“图钉”的标识。

上述操作皆为动态截屏前的准备工作，接着就可以开始录制 Google Earth 的整段漫游路径了。将视野转至整个地球，这里我们以非洲为起点。

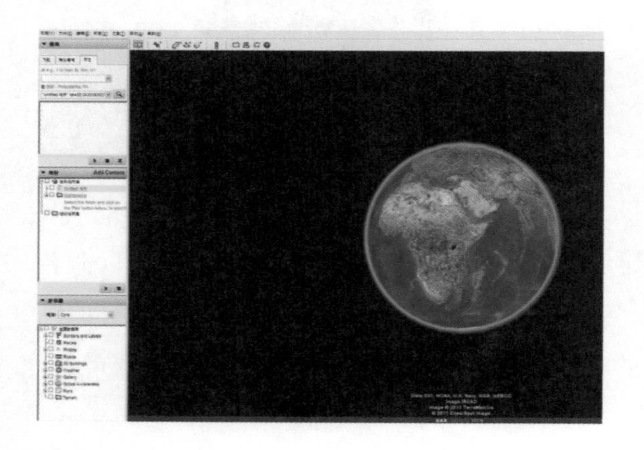

打开视频捕捉软件，点击红色录制按钮。

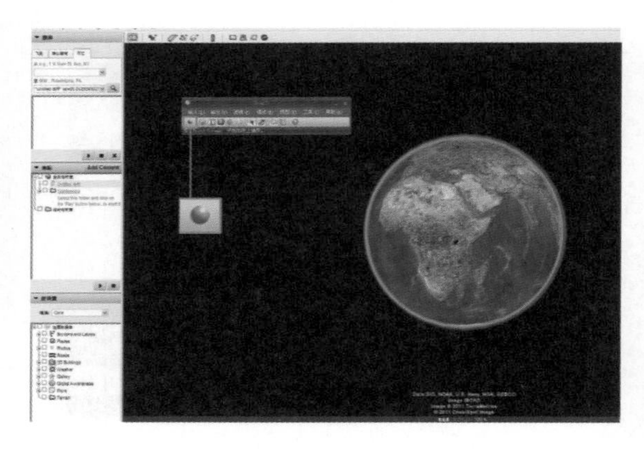

框选需要录制的范围，点击开始。

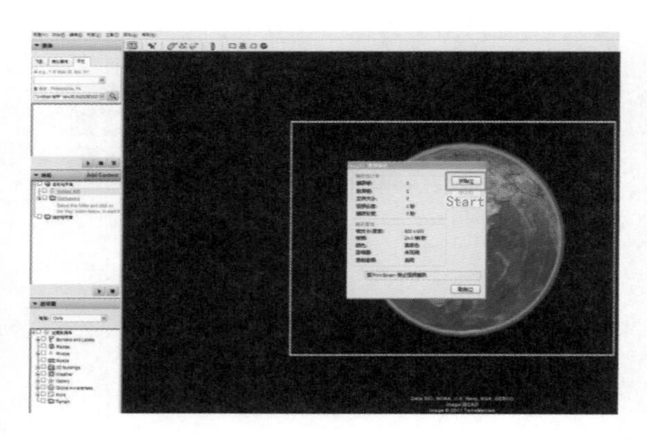

录像的框会不停地闪烁，这表示框内的范围正在被录制。双击左侧编辑框中的图钉标识，画面就从整个地球飞往之前设定的目的地了。

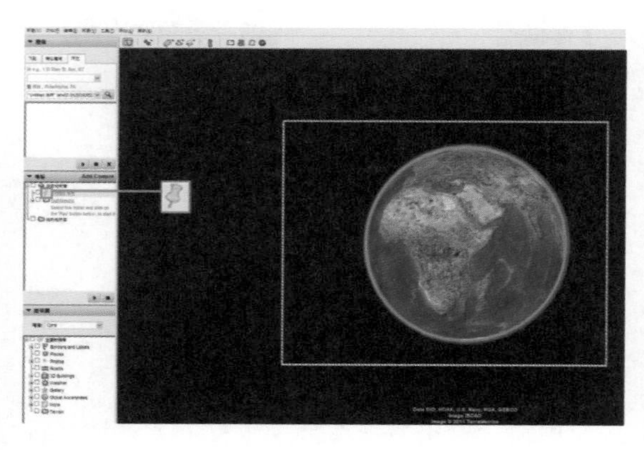

到达目的地范围，待视图平稳不动后停止录像。

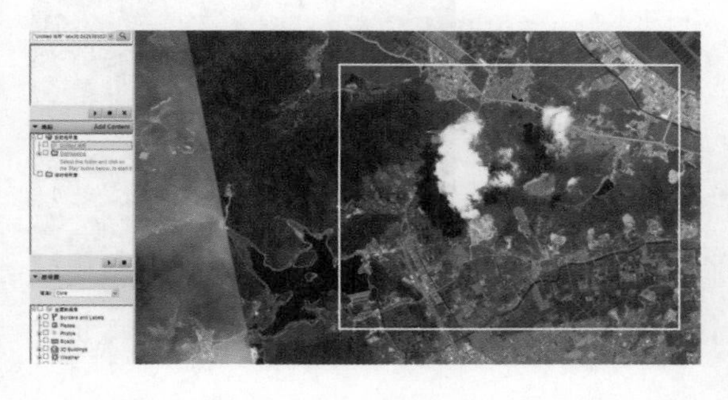

录制的时候，截屏软件会自动将操作界面隐藏，若要停止录像，双击电脑屏幕右下方的摄像机标识，弹出选项框，点击“停止”键停止录像。

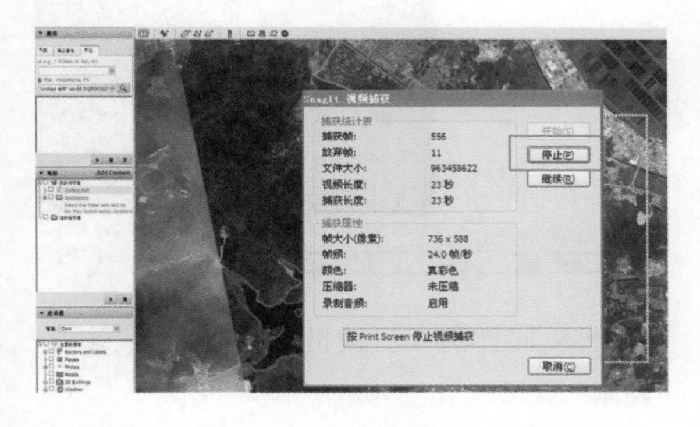

软件会将录制的文件生成整理出来。

自动整理完毕后，出现截屏软件编辑器的界面，在这里可以直接观看刚刚录制出来的视频文件，从而作出取舍。但是不建议马上点击观看，这样做非常损耗电脑资源，若电脑配置不高的话，非常容易死机，建议先进行保存，随后打开保存的视频文件进行观察。因为使用的是“全帧非压缩”的高清模型，所以文件的大小将近一个 G。

8.6 非线性编辑

截屏的视频、SU 输出的视频都完成之后，可进行非线性编辑。传统的线性编辑是按录像的时间顺序排列下来的，而非线性编辑是指在用计算机编辑视频的同时，实现多种丰富的处理效果，例如特效、添加音乐等。

可以使用相对简单、大众化的视频编辑软件 Windows Movie Maker。安装 Windows 系统的计算机都会自带这个软件。将导出的动画文件在 Windows Movie Maker 中逐个打开，并分别移入视频时间轴。

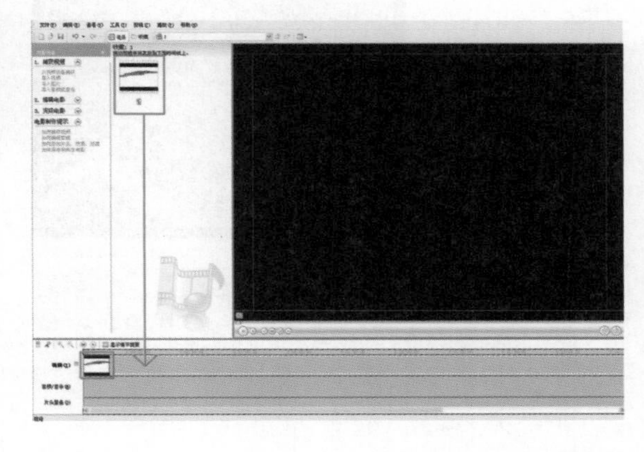

按照出场顺序依次摆列在时间轴上，其中截屏动画 1 段，SU 导出的动画 7 段。

在片头和片尾处加上一些文字。点击“工具 > 片头和片尾”。

先制作片头文字，点击“在电影开头添加片头”进入编辑页面。

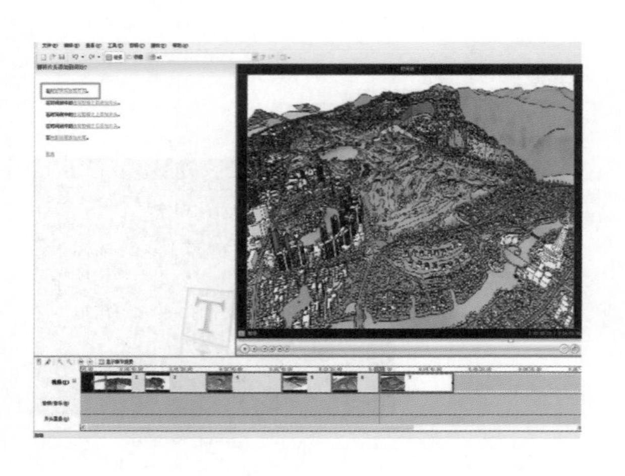

在编辑框中键入片头将要出现的文字。

调节片头字幕的文字样式、颜色、大小以及出现形式。

再以同样的方法编辑片尾文字，一般写“谢谢”就可以了。

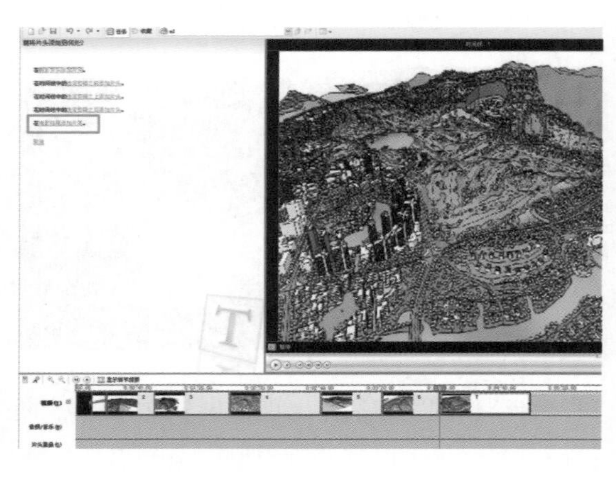

将编辑的指针点向第一段视频，也就是 Google Earth 中被截屏的片头。一般截屏出来的视频，其头与尾总有一些不需要的中间过程。

使用右侧的剪切工具，将该视频中不需要的部分剪掉。

剪切完毕后，将指针移动至首段视频末端。使用软件中拍照的功能，作出强调本项目基地位置的操作。

点击最右侧的拍照按钮将末端的图片保存下来。

在 Photoshop 中将图片打开。添加项目位置的标识，并将图片另存为。

将有标识和无标识的两张图都拖入 Windows Movie Maker 软件中，并将图拖入 Google Earth 视频之后。

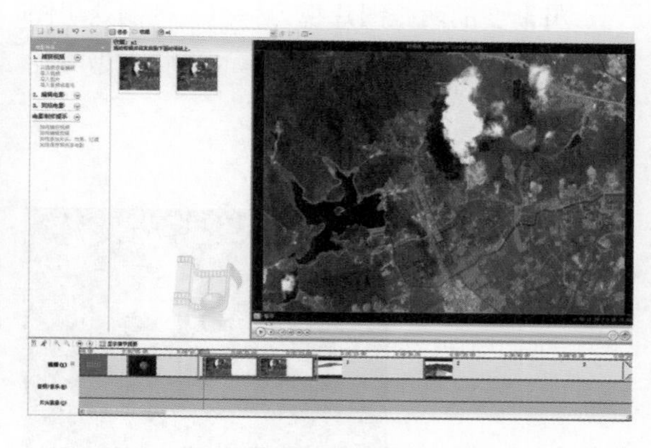

拉拽图片边缘使图片变短，图片的长短意味其播放时间的长短。

制作渐变的效果，使得这两张图片在过渡时产生渐变的效果。将有标识的图片向前挪动，叠加于无标识的图片上。重叠的部分就是渐变的部分。

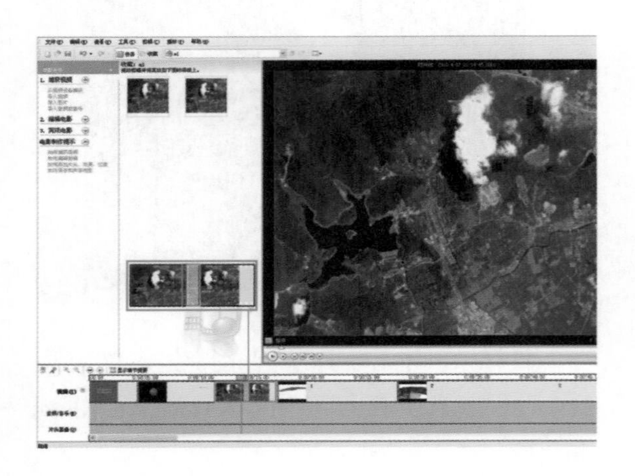

将渐变的两张图片视为一组，复制这组图片2～3次。并对前后相衔接的视频也做叠加渐变的操作。

操作形成的整个视频效果是这样的，片头出现项目名称，过渡到Google Earth的地球飞向项目基地的画面，基地范围闪烁2～3下，明确强调项目位置，然后过渡到SU动画直至结束。

关于Windows Movie Maker的视频效果，常用的有以下几种。

1. 加速效果

在SU中导出的视频文件是匀速的，在视频编辑的时候我们需要某段加速就需要运用到Windows Movie Maker的这个功能。用Windows Movie Maker中的剪切工具将需要加速的部分独立出来，对着该视频点右击>视频效果，双击“加速，双倍”后点击确定。

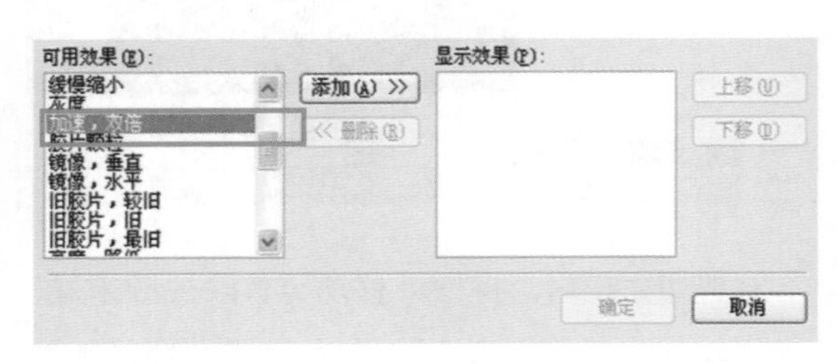

速度加倍了，视频长度自然就减半了。

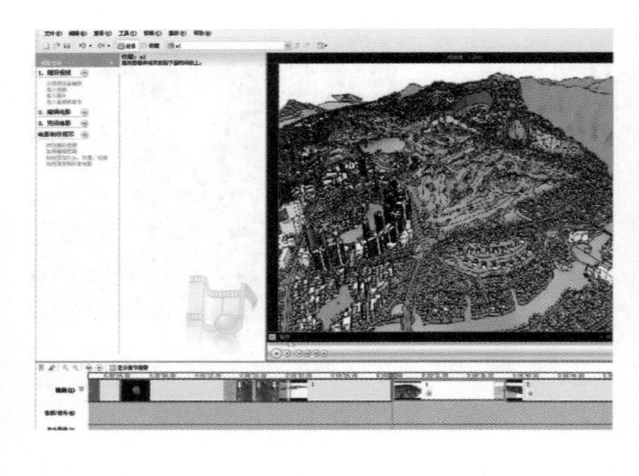

注意：

视频只能做加速编辑，不能使用减速的功能，若要制作视频的慢动作，必须在SU中导出的时候，将页面与页面之间过渡的时间设置得更长一些。

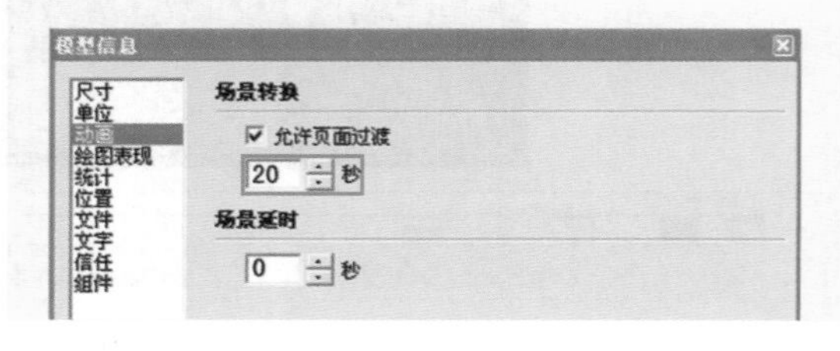

2. 旧胶片模式

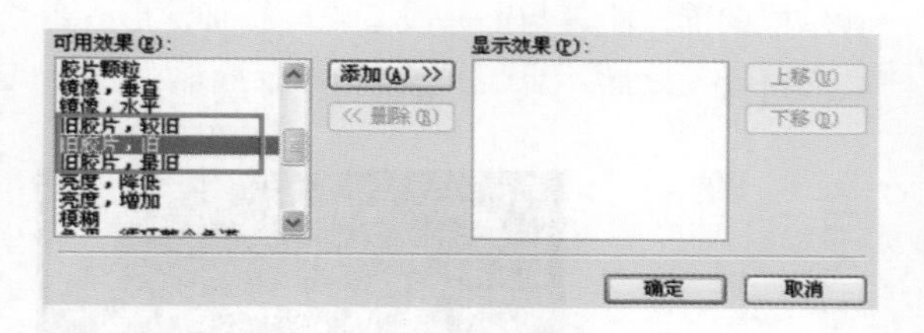

此模式可增加视频的艺术效果。软件中的显示相对模糊，但仅仅是编辑时的预览效果，在导出成品的时候，视频的精度会相对高一些。

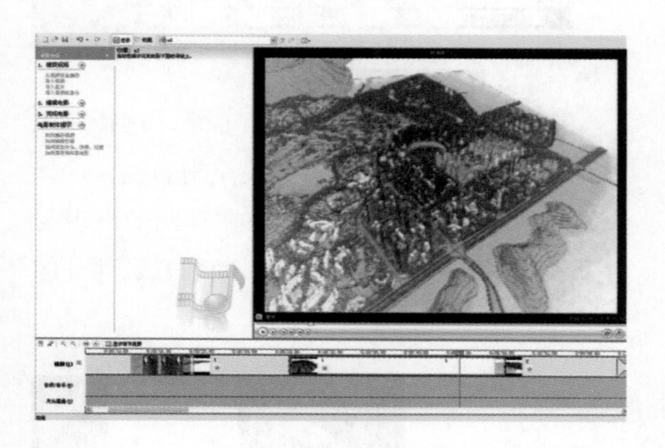

Windows Movie Maker 的视频效果繁多，这里不一一举例了。更多的特技与效果还等着有创意的读者自己去发现。

接下来讲一下如何运用 SU 中的“风格”功能，制作出 Windows Movie Maker 无法达到的渐变效果。拿之前的路径一来举例，一共 9 个页面。导出两段动画，其一是正常的“页面 1”至“页面 9”的环游；其二是删除后 6 个页面，只输出前 3 个页面，也就是 2 个时间段，共计 20 秒。随意挑选画面风格，这里我们选择 Blueprint 格式，逐个选择这 3 个页面，逐个选择 Blueprint 格式，并逐个将页面更新，这样做保证了每个页面的风格格式都为 Blueprint 格式。

选择 Blueprint 格式输出动画，需将底图删除，同时为了使动画更流畅，建议将模型中的树全部删除。

操作完毕后将这段 20 秒的动画导出。

将这一段动画置入时间轴中，并置于正常环游的“路径一”之前。

向前拽动“路径一”使其与 Blueprint 格式的动画重合、叠加。通过对视频文件剪切、拖动与校对，可用 Windows Movie Maker 软件预览，使得这两段动画的衔接更为连贯。这样的操作得出的结果是，动画画面会由全蓝色慢慢渐变为全彩色。视频的非线性编辑就完成了。

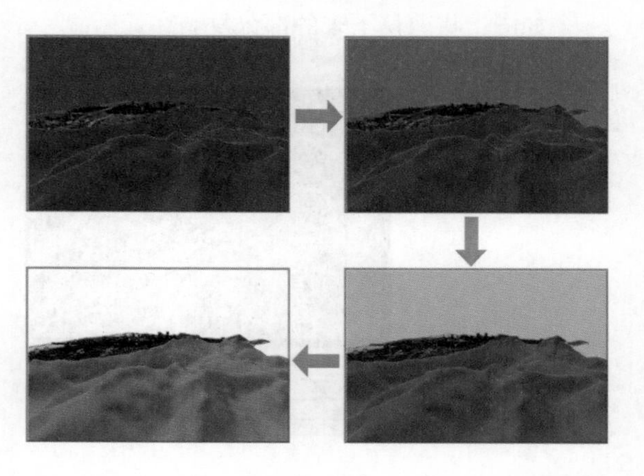

8.7 合成

为视频配置音乐。将事先选定的音乐移入音频时间轴。

动画视频的长度大于音乐音频的长度，对音乐进行编辑。剪切某一段音乐。

如图，将剪切下来的部分复制在最后。

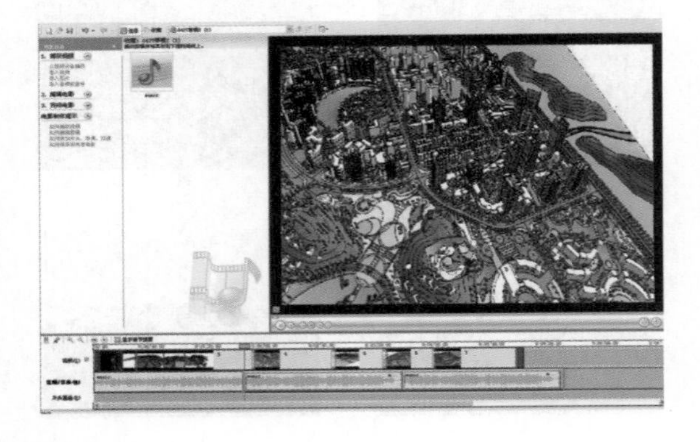

与处理视频过渡的方法一样，拖动最后的音乐段向前，使其与前一段音乐段叠加，形成音乐的过渡。试听一下，一般都可以平缓地过渡。

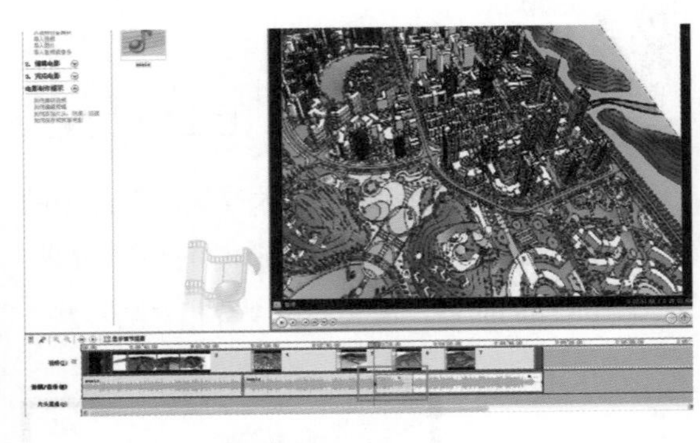

最后对第一段音乐段点击右键，选择“淡入”效果，对最后一段音乐段点击右键，选择“淡出”效果，这可以让音乐在动画的出现与消失变得格外得温和与委婉。动画音乐部分的编辑与合成就完成了。

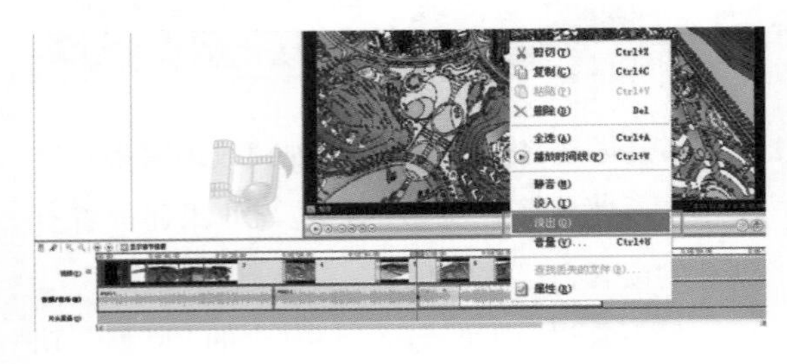

8.8 输出

导出动画。文件 > 保存电影文件。

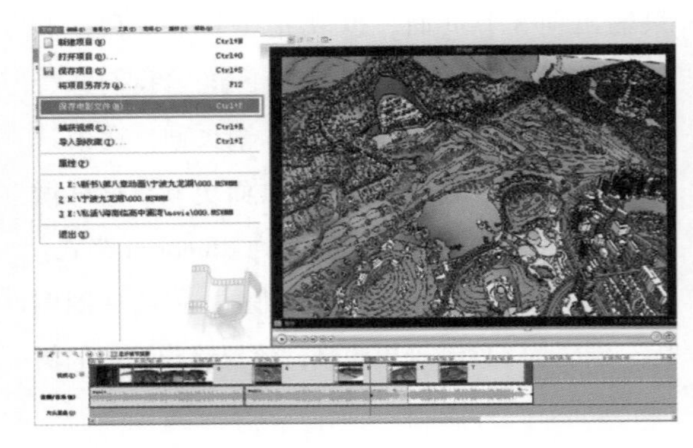

进入导出动画的对话框，点击“下一步”。

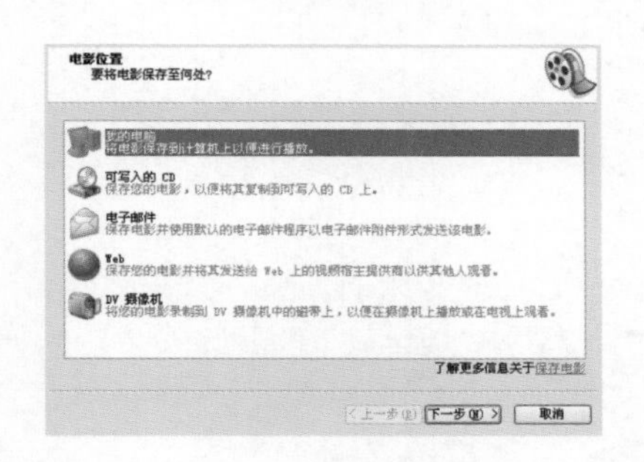

键入动画文件名称及保存路径，点击“下一步”。

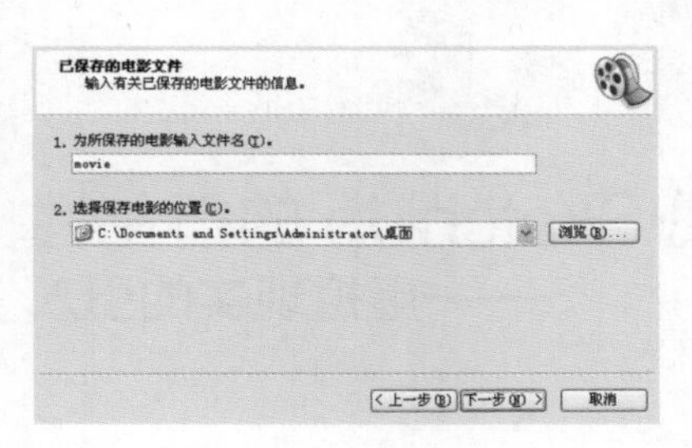

选择导出动画编码，选择“其他设置 >DV-AVI（PAL）”，这是作者电脑中，Windows Movie Maker 软件导出动画质量最高的编码。也可以选择同样是高输出质量的“高质量视频（PAL）”格式。

输出编码的等级由计算机显卡决定。有些高等级的 ATI 显卡在运用 Windows Movie Maker 软件时，可选择的编码器有“720P”格式，甚至高清的“1080P”格式。

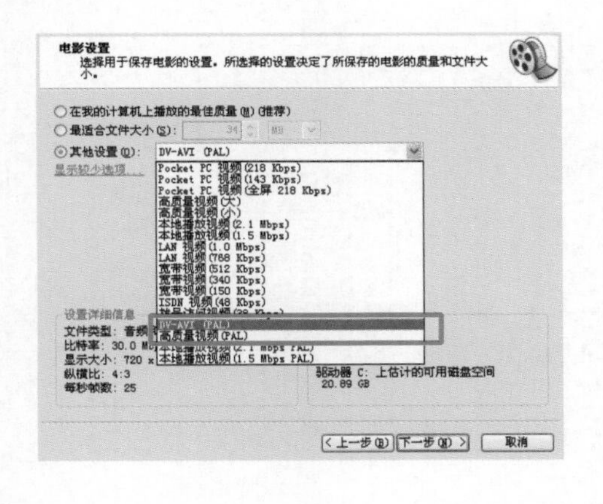

按下一步，导出。

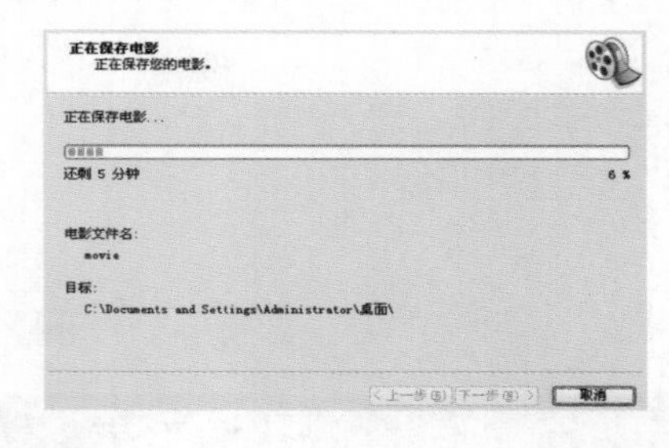

完成。

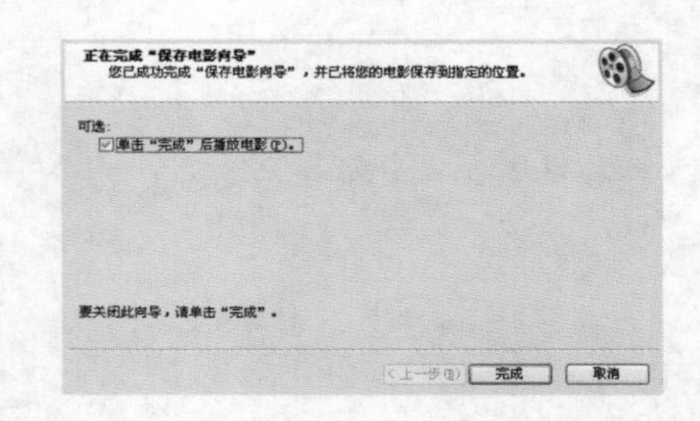

这样制作动画的整个过程就完成了，以最简单的方法制作出有效果有动感的 SU 动画。

8.9 结语

SU 的表达方式不仅仅局限于图片，对于更多的设计项目而言，3D 的演示才是项目汇报中的主角。SU 动画抑或是 lumion 的虚拟现实动画，都可以在整个项目的汇报中起到很好的效果。

总结一下制作一个相对完整的 SU 动画需要使用到的软件。

1. CAD——绘制方案；

2. SU——建模；

3. Photoshop——制作 SU 模型底图；

4. Google Earth——动画片头；

5. 截屏软件 Snagit——记录 Google Earth 的漫游；

6. Windows Movie Maker——编辑视频。

工欲善其事必先利其器，多才多艺才是王道。

第 9 章

09

呈现 SketchUp 的衍生性
——虚拟现实的引入

当年 SU 软件的出现使多少设计师为之兴奋，从学生时代的练习课题到工作中的项目实战，SU 帮助设计师们交出了一张又一张漂亮答卷。SU 将设计师从平面的束缚中彻底解放出来。如今，时隔数年，快速地制作立体造型已不再成为问题，摆在设计师面前的是如何更快捷、更好地表达、表现出方案的设计概念，使其在众多同类方案中脱颖而出，简单地说就是如何将设计表现得更完美，这时辅助 SU 表现的软件出现了，作为佼佼者的有“Lumion”，可以帮助设计师做出梦幻、迷人的虚拟现实效果。

9.1 Lumion 软件的界面简介

打开 Lumion 软件。这里使用的是“Lumion SP1”版本，版本不同，界面会有一些不同。

选择初始场景。这里我们选择中间的“Coastline”海岸线作为初始场景。

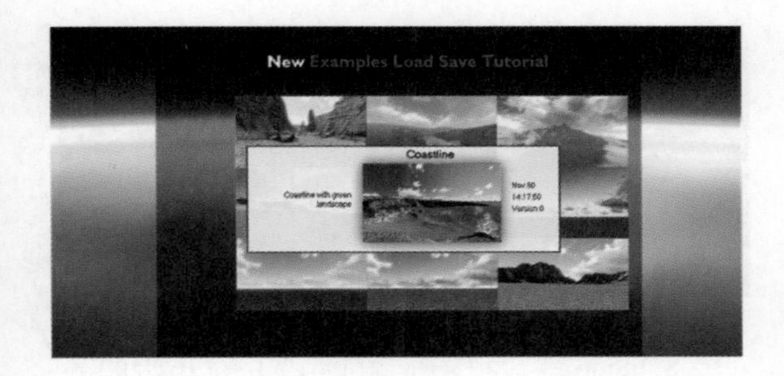

进入场景后，发觉所有的光感、水纹、地表材质都是现成的，放入需要表现的模型即可，非常方便。

界面的左右两侧都有编辑按钮，我们来认识一下。

软件界面的左下角有四个选项，是 Lumion 软件的主要编辑菜单，具体功能如图中所示。

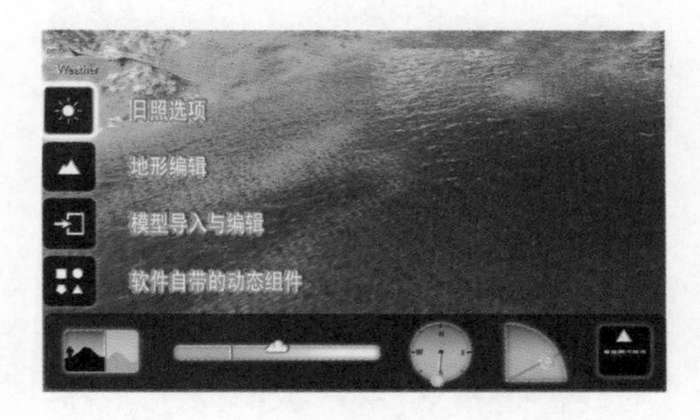

1. 日照选项中的菜单说明。

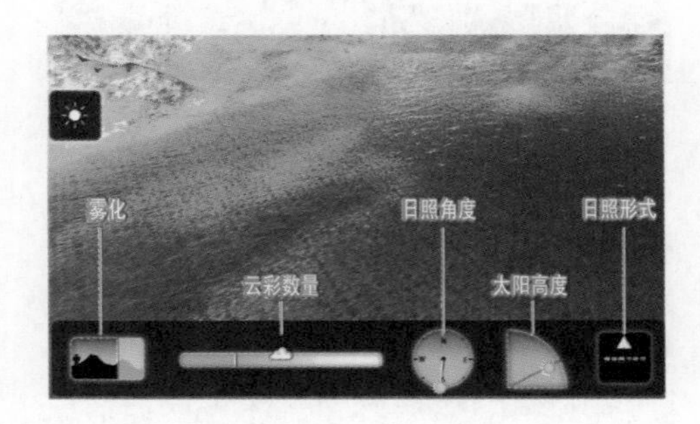

2. 地形编辑中的菜单说明。

（1）山体编辑菜单。

（2）水体编辑菜单。

（3）材质编辑菜单。

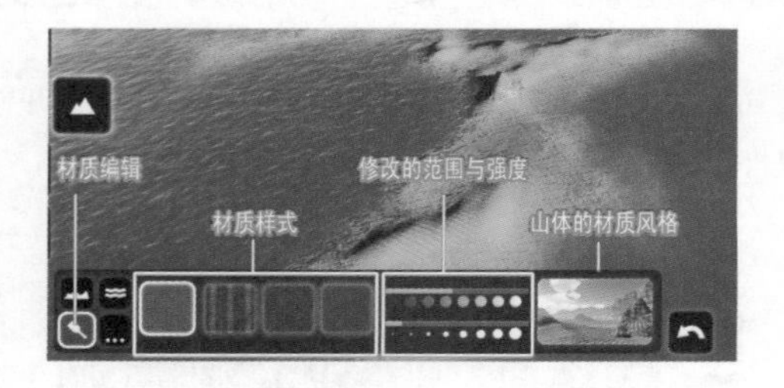

（4）地形编辑菜单。

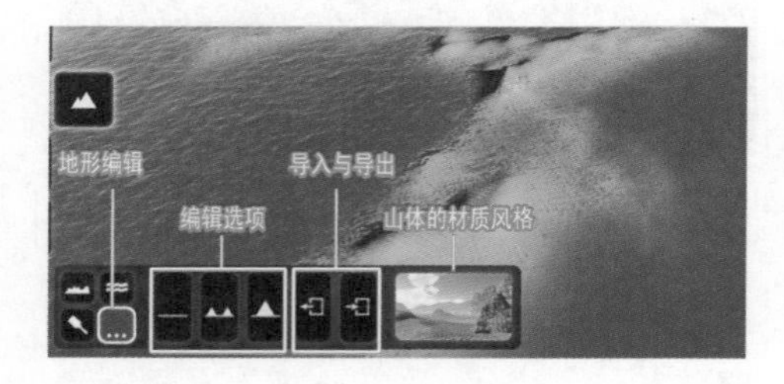

3. 模型编辑中的菜单说明。

4. 动态组件中的菜单说明。

5. 右下角的疑问按键，可以告诉使用者，在当前菜单中所有按键的意思。

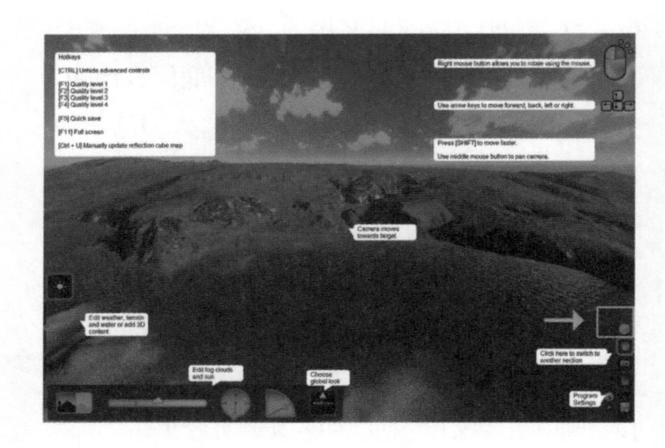

6. 拍照功能，简单地说就是图片输出功能。图幅大、质量高、速度快是 Lumion 软件图片输出功能的特色。

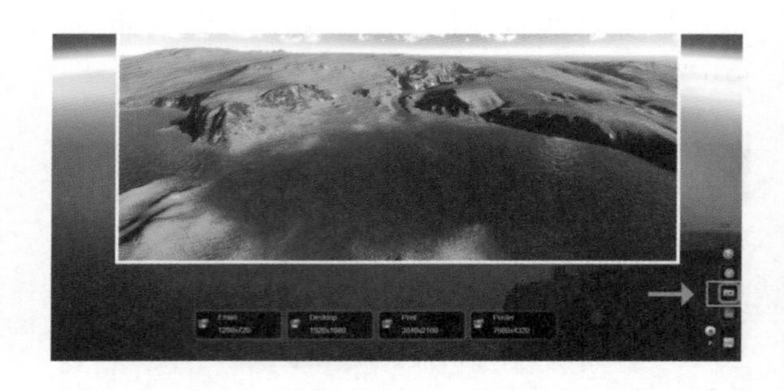

7. 电影功能，简单地说就是制作动画功能。动画路径的来源可以从即时录像、图片、已有的电影文件这三种方式中得到。

8. home 键，点击它就回到了一开始的界面，在此界面中我们可以进行新建、读取软件自带场景、读取曾保存过的场景、保存、教学等操作。

9. 场景键，点击后即回到制作场景界面。

10. 设置键，点击该键可进入设置菜单的界面。

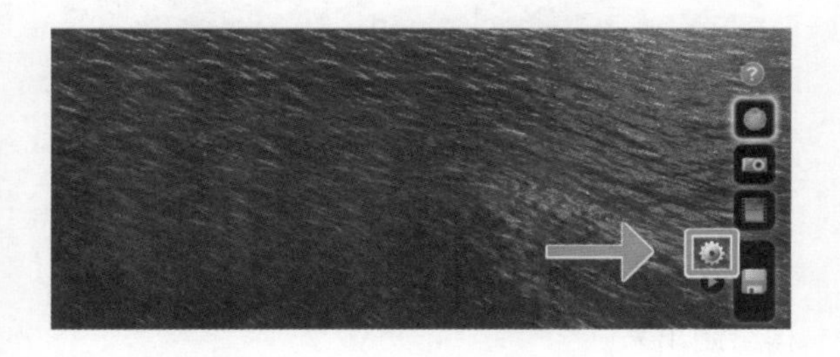

功能键的解释。

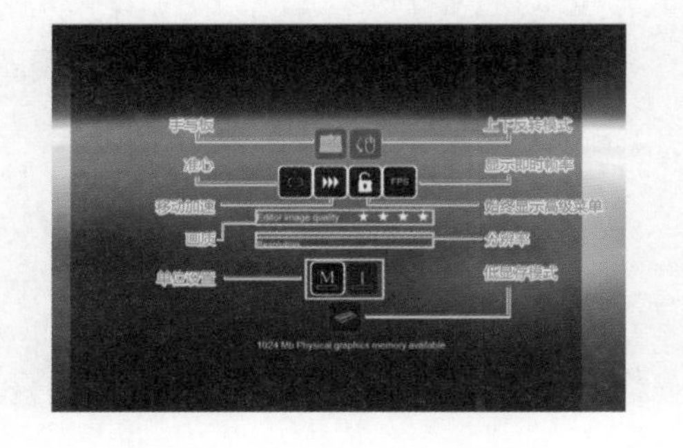

11. 剧场键。点击该键，场景界面中所有编辑菜单将被隐藏。适用于项目汇报的时候直接在场景中环游与演示。

9.2 项目实训

下面通过具体的实例制作来讲解 Lumion 的功能与特性。

将本书第二章节的规划模型作为 Lumion 的制作元素。如下图所示，一般在 SU 的表现中，地形的制作直接用彩色平面来处理就行了，这样的处理简单方便又实用，可以很好地将方案表现出来。

在 Lumion 中进行操作之前，必须对模型做一些调整。如图。

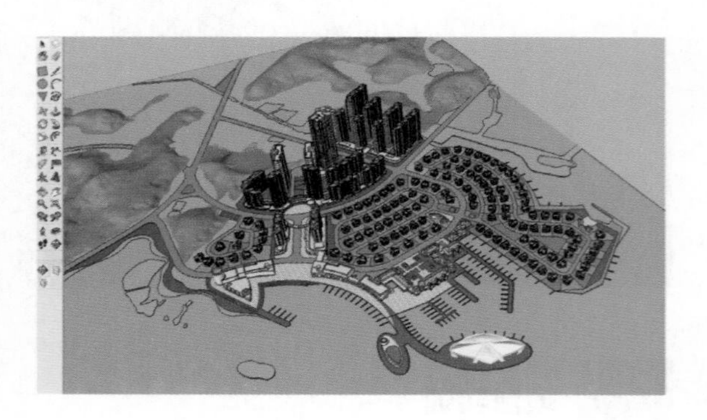

9.2.1 SU 模型的调整

1. 地形制作。为了使模型在 Lumion 软件中表现得更好，必须将地形模型在 SU 中绘制出来，并且给予合适的材质，因为这些材质会在 Lumion 中展现出来。

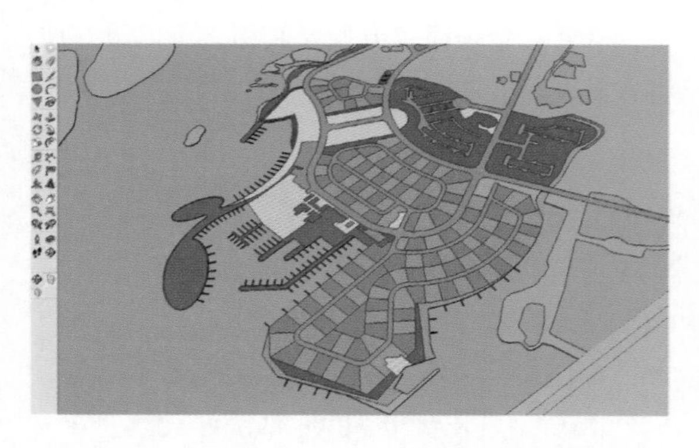

2. 添加细节。在 Lumion 中，观察场景的视角相对较低，而且贴近模型，若制作时间充裕应该增加多一些的细节。在本模型中，要注意以下这几点。

（1）增加船只泊位的细节。在 CAD 中，码头的泊位都是用单线条来表示的。

这里必须将泊位的单线条变成长方体，成为泊位与泊位之间的隔段。

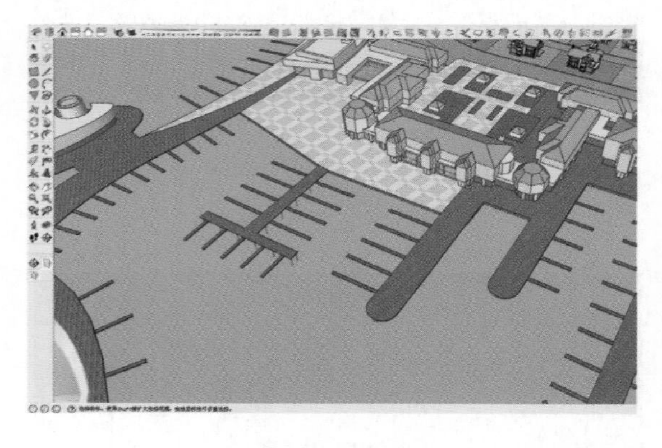

必要时，还需将码头木平台扎入水中的结构绘制出来。

（2）道路下沉。用推拉工具将道路线往下推拉，使道路与地块中的绿化形成些许高差。

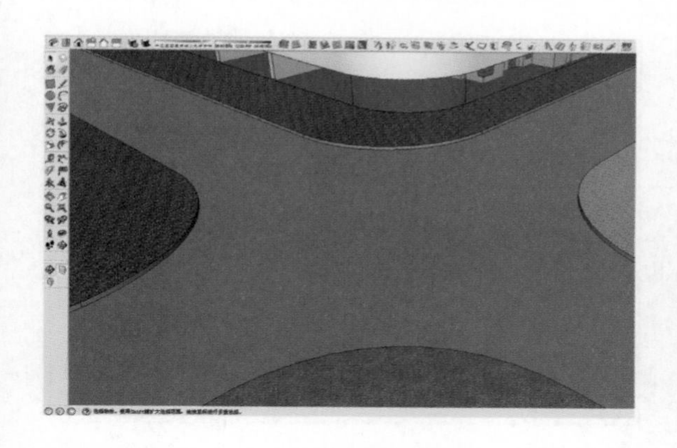

3. 合理分组。本方案的 SU 模型量相对较大，因为住宅模型用的是全模，而不是概念性的体块。为了保证能够正常导入 Lumion 软件中，必须将模型分组后逐一导出。

这里将模型分为六个组，地形、山体和 4 个建筑组团。如下图，4 个建筑组团的具体划分为：别墅一组；高层办公、商业及公寓一组；东部高层住宅一组；西部高层住宅一组。之所以把高层住宅的模型分为两组是因为高层建筑的模型量较大。

4. 材质区分。制作模型的时候往往不会去注意贴图的管理，若准备使用 Lumion 软件来制作最终表现的话，必须将材质作好区分。比如住宅外立面材质，有可能在制作的时候为了图方便，添加了用于铺地的黄色材质，导入到 Lumion 软件中就会产生麻烦，导致铺地和住宅外立面的材质同时被编辑。所以在整理的时候必须将材质完全区分开。

5. 删除原有的模型树。将原有的云线树、2D 树全部删除，绿化部分要在 Lumion 中添加制作。

6. 坐标原点。必须将整体模型移动至默认坐标点附近，因为在 Lumion 中编辑模型时，相关的编辑菜单都是从该模型的默认坐标点上出现的，模型离坐标点太远不方便操作。

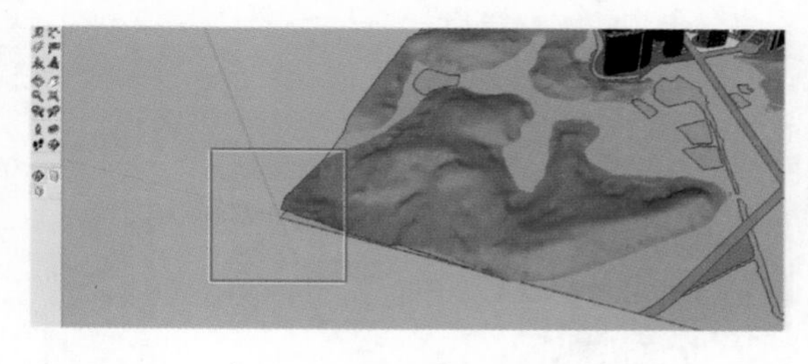

这样导入之前的准备工作就完成了。

9.2.2 SU 模型的导出

按照之前的分组依次导出，导出的格式选择为“dae”格式。

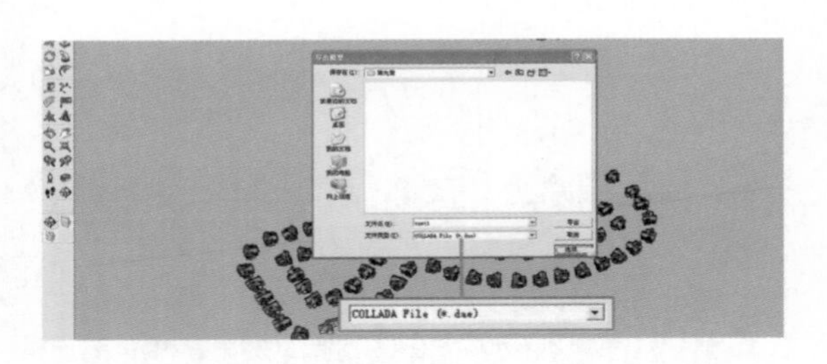

在选项中点选“导出边线”。在规划设计中，SU 模型的细节深度相对较浅，所以建议使用打开边线的手法来增加模型的细节，如果是表现建筑或者小场景的景观，就不必选择“导出边线”的选项。当然如果你的模型深度足够，也可以不导出模型的边线。

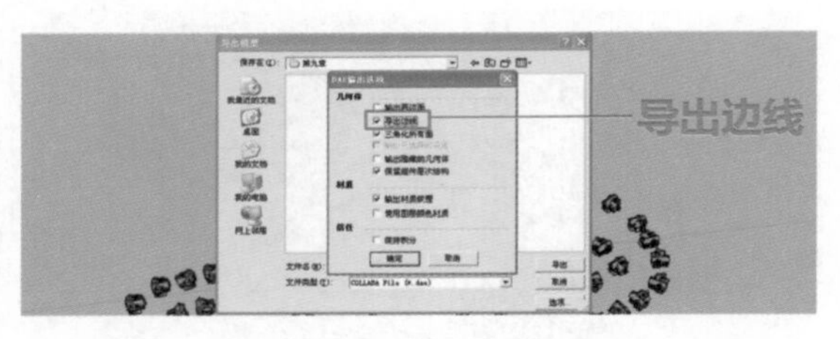

导出。就这样依次将 6 组单独导出来。

在导出山体的时候取消“导出边线”的选项。否则构成山体虚隐线将会全部呈现出来，影响美观。

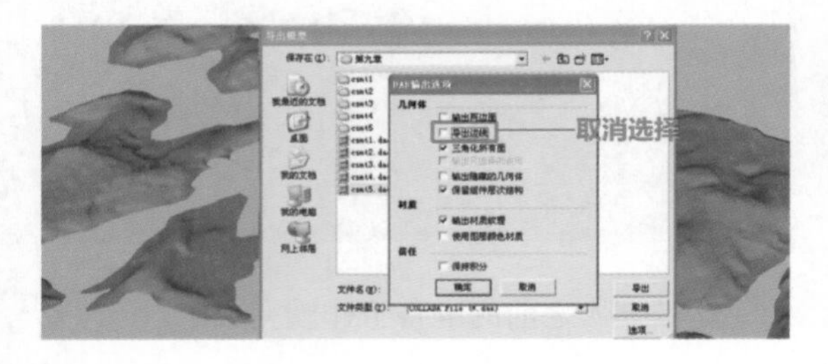

导出完毕后查看一下，材质和文件是一一对应的。

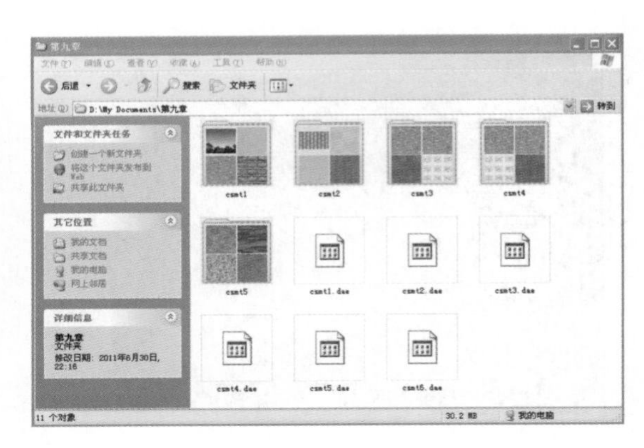

9.2.3 Lumion 中的编辑

1. 导入模型

打开 Lumion 软件，选择“Flat terrain”平坦地势的模式。

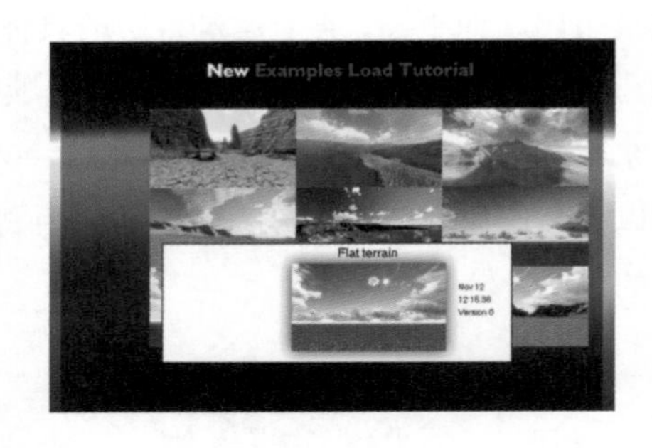

点击选择之后，进入了一马平川的草原。

键盘 W、A、S、D 键是场景中环游的方向键，Q 键是视野垂直向上，S 键是视野垂直向下，

按住 Shift 键 + 方向键是加速行走。这里为了能看清即将导入的 dae 格式模型，镜头向下并按 Shift 键 +S 放大视野。

点击“模型导入与编辑”中的加号，添加一个新的模型。

找到之前模型导出的路径，选择第一个“dae”格式的模型，也就是别墅模型，并点击“打开”按钮。

Lumion 软件会询问你是否将模型名称命名为编辑框中的名称。这里要注意的是，每次导入 Lumion 中的 dae 模型的名称都不能重复，Lumion 软件会把导入的 dae 文件列到软件自创的“图书馆”内，以后可以直接调用已经导入过的模型，无需等候。所以可以把常用的一些模型输入进去，但必须编辑好模型的名字，以免混淆。

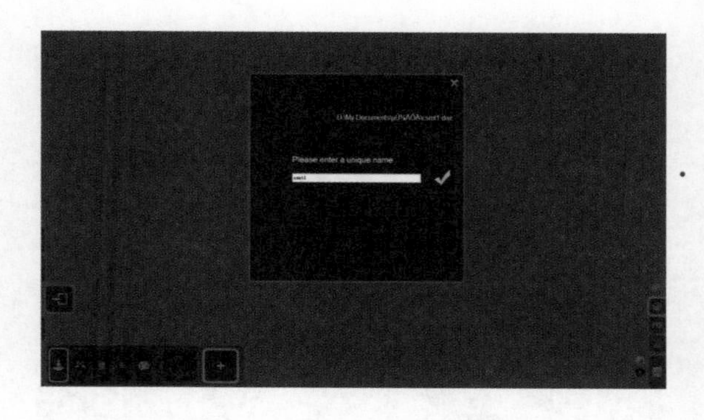

稍等片刻，别墅的模型就导入进来了，点击画面中央的白色框将别墅模型放置到场景中。要注意的是，如果导入时出错，说明模型量超出了电脑承受的范围，需要将模型再次拆分。

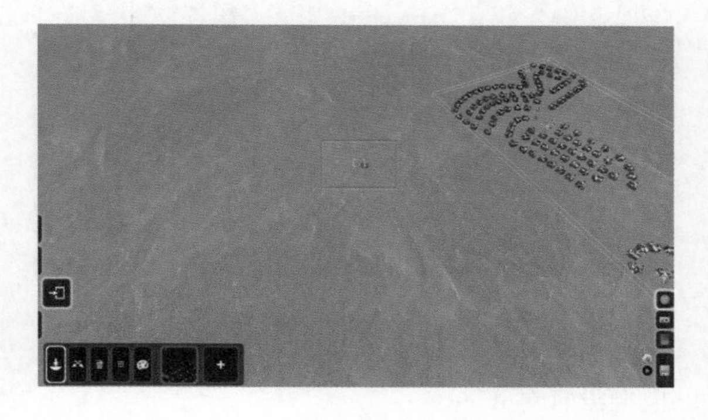

以此类推，将其余的五组模型逐个导入到 Lumion 中。要注意的是，场景的视角不要变动，这样可以使六组导入的模型扎堆在一起，方便以后的操作。

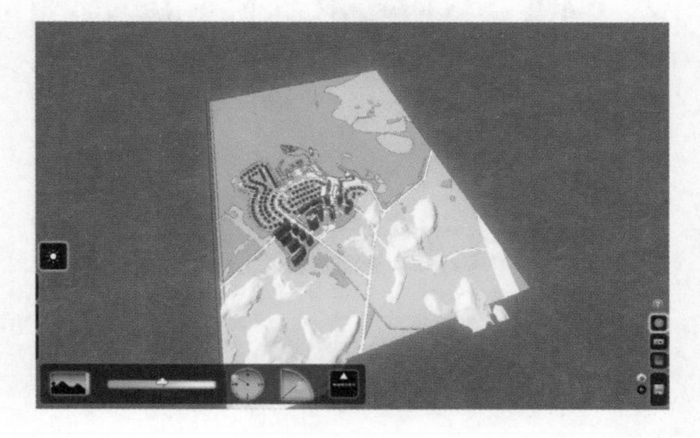

全部导入后，拉近视角看看，默认参数的效果就已经很不错了。

由于导入模型的放置点都是随意的，所以模型没有对齐。

点击“模型导入与编辑”中的“选项”按钮。

按住 Ctrl 键并控制鼠标，从右上至左下框选模型，以达到全选模型的目的。要注意的是，框选必须选到各个模型的坐标原点，这样才能选择到模型。

接着点击画面中的“选项“按钮，出现一上一下的两个编辑选项。选择下方“Transformation”选项。

点击进入后又出来七个编辑选项，点击“Align”选项。

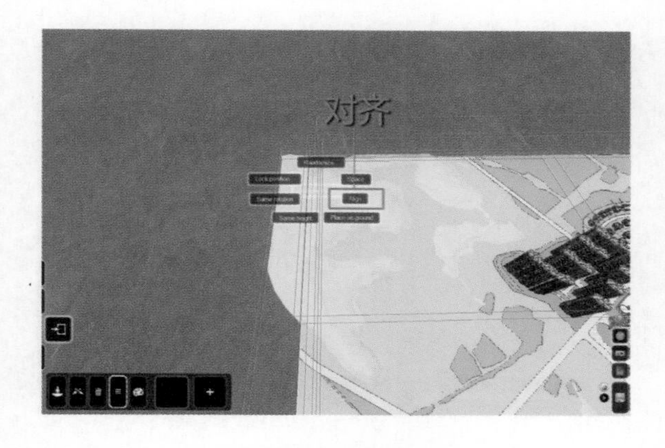

所选模型全部对齐至相对应的位置。

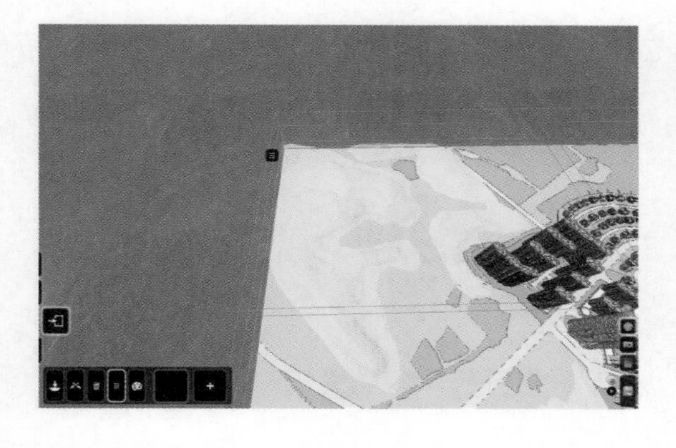

2. 模型的修改

这时有一个疑问产生了，如何修改导入的模型？

规划方案有了一些小的调整，比如删除下图中的码头，但在 Lumion 中是无法修改模型。

再次进入到 SU 的界面中。

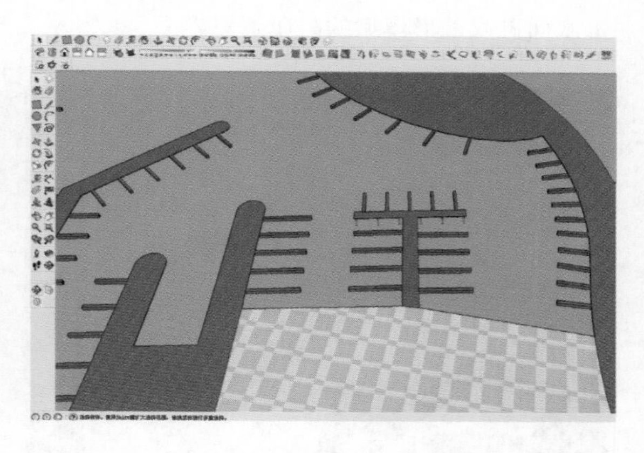

在地形中将码头部分删除。

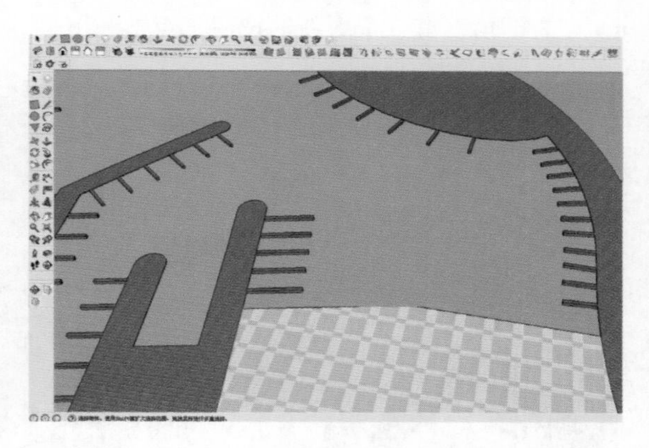

将地形的模型单独导出，同名覆盖原先导出的地形模型。

回到 Lumion 界面中，模型并没有发生变化。试着将模型更新，点击“材质”按钮后再

点击地形中的任意一点。水面比较大，可以点击水面进入地形模型的材质编辑界面。

右下角，有一个更新的按钮，点击一下。

模型被更新了，删除的码头不见了，这就是在 Lumion 中修改模型的方法。

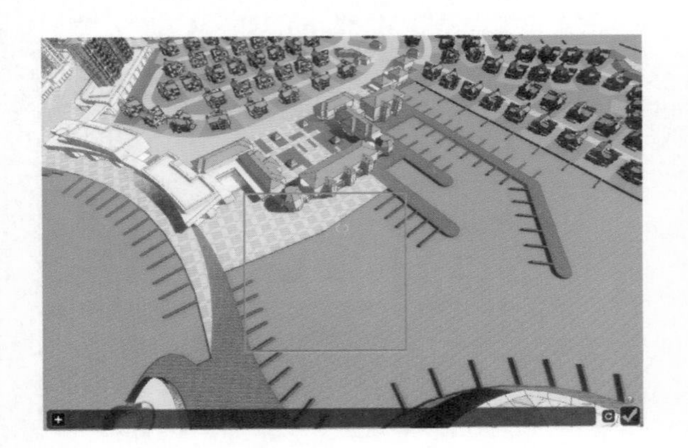

3. 模型的微调与保存

有时候，在模型导入对齐之后会有一部分的面与场景中的地面重叠，形成花面。解决的办法就是将场景中的模型向上移动一点。

将场景的视角转到模型坐标原点的位置。

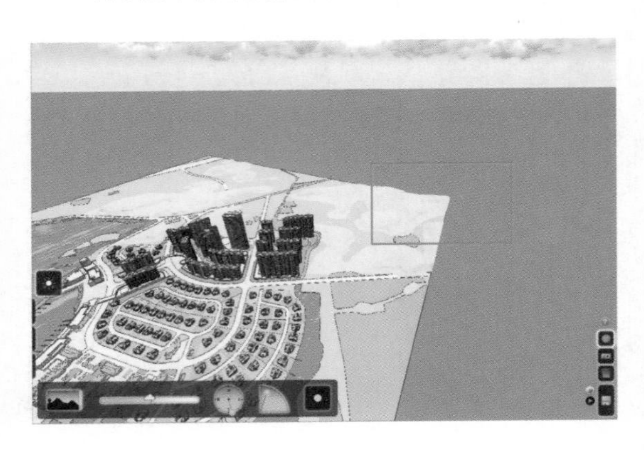

点击“模型导入与编辑”中的“移动”按钮。这样，6 个分组的编辑菜单都显示出来了。

对着坐标原点的位置框选模型，以达到全选的目的。这时发现，编辑菜单只显示了一个。

如图点击最上边的操作按钮，将模型做向上移动。这样模型中的水面与场景本身的地面就分开了，花面就消失了。

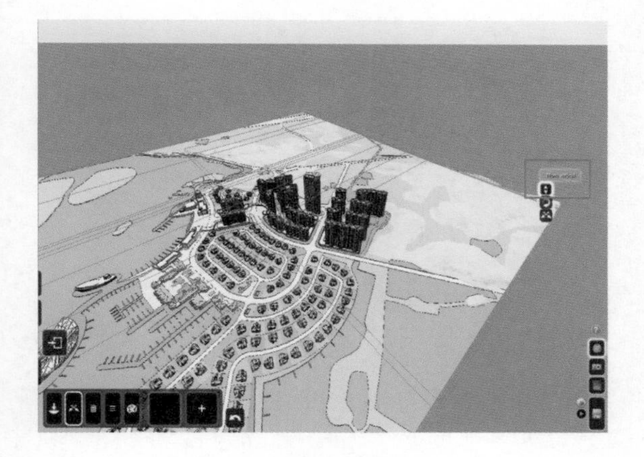

这样我们就成功地导入了 SU 模型。记得先将场景保存下来，点击保存。

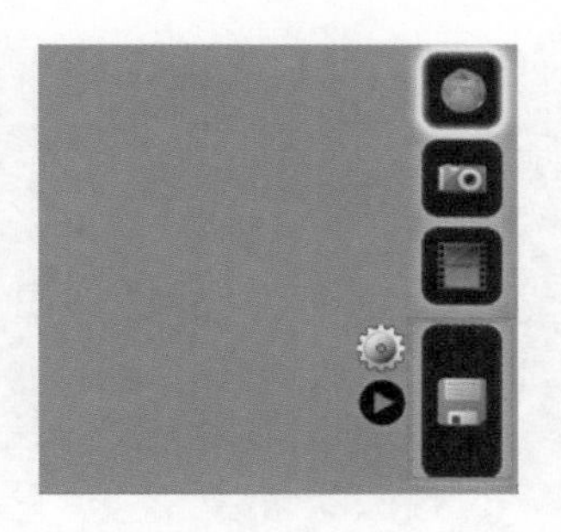

进入保存文件的界面，在“Name”栏中输入文件名称后点击右侧绿色的“√”，即保存完成。

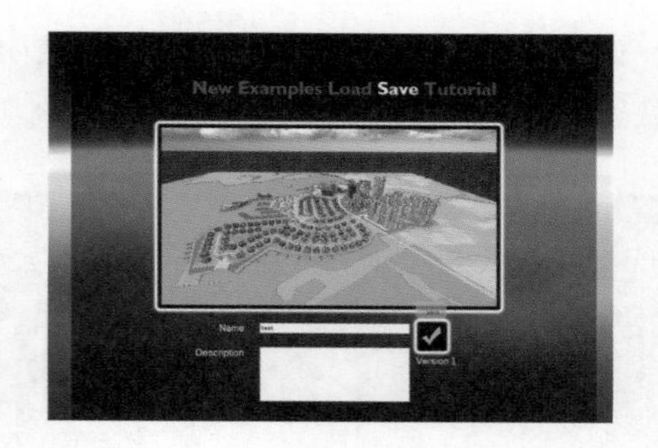

可以点击“Load”键观察，可随时读取已保存的文件。

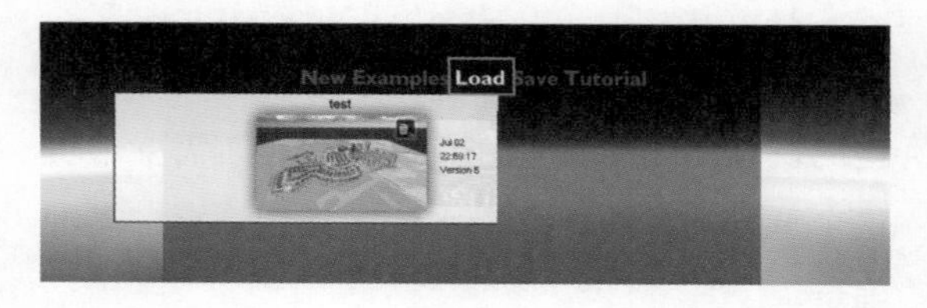

按场景键可再次进入 Lumion 的界面继续编辑。

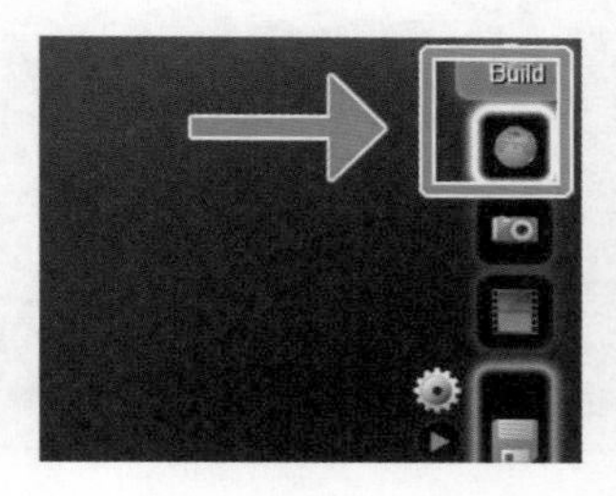

接下来的工作就是如何美化场景。

4. 材质编辑

（1）水体

将视角转至能看到较多水域的位置，点击“模型导入与编辑”中的“材质”按钮。

如图，在画面底端出现了一条黑色透明的带状编辑框，点击左下角的加号按钮添加材质。

点击之后将鼠标移动至水域中，出现了色差的现象。Lumion 是在询问你，是否需要编辑这个位置的材质。点击水域中任意一点，表示确定。

出现材质编辑菜单，在右上角“Costom”选项中，选择“Water”的材质。真实的水体材质就替换了原先 SU 中的材质，Lumion 中赋予的水材质质感非常真实。点击右下角的绿色勾，确定。

拉近画面观察水体，水波荡漾。

将视角转为顶视，观察水与陆地的交界处，因为倒影的关系，使得水岸边自动生成了色差。

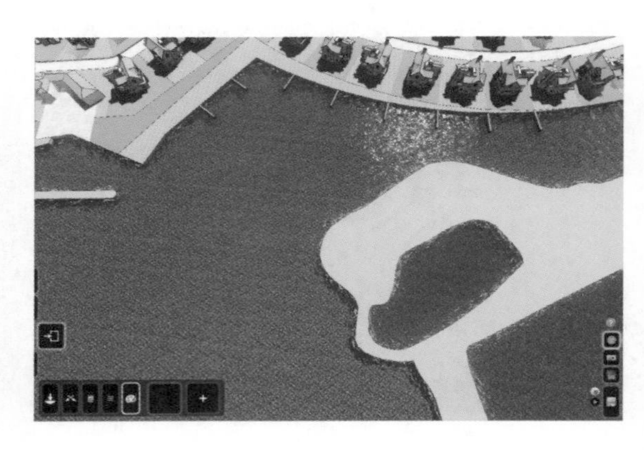

将视角转至滨水码头区，水中的倒影被 Lumion 表现得淋漓尽致。

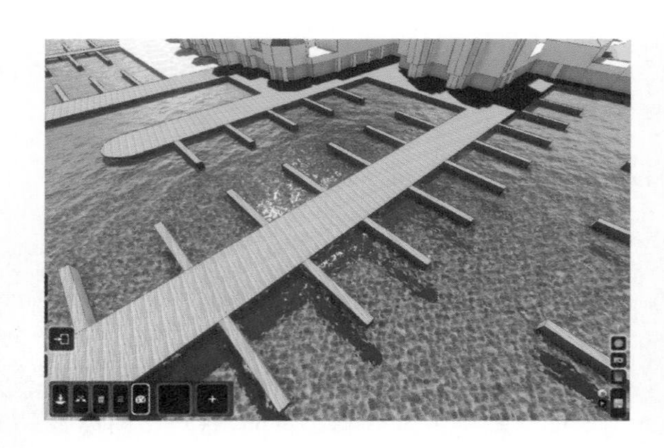

至于 Lumion 材质的删除，只需双击图中的垃圾桶图标即可复原到 SU 模型原有的材质。

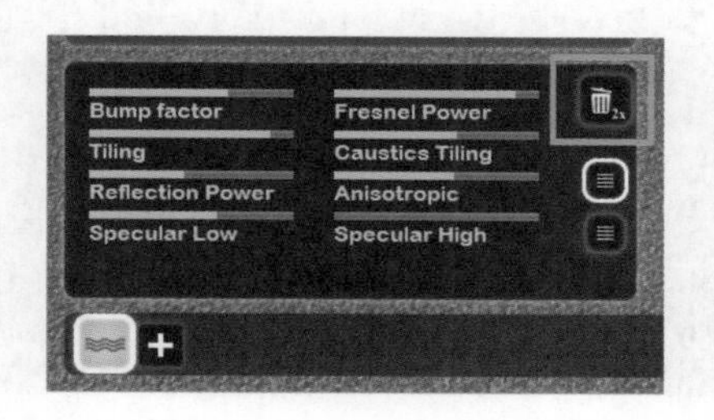

在选择模型中水域范围的时候，会出现如下图的色差现象，这个色彩范围覆盖了整个模型，以经验可以判断出，该材质位置为地形的底部。

不妨也给个“Water”的材质。

将场景视角转至水中然后向上看，原本白色的底部材质变成了水纹，可见之前的判断是正确的。

但真正的海底并不是这样的，还需要接着来添加场景中的水域。①点击“地形编辑”按钮；②点击“Water”按钮；③点击“放置”键。

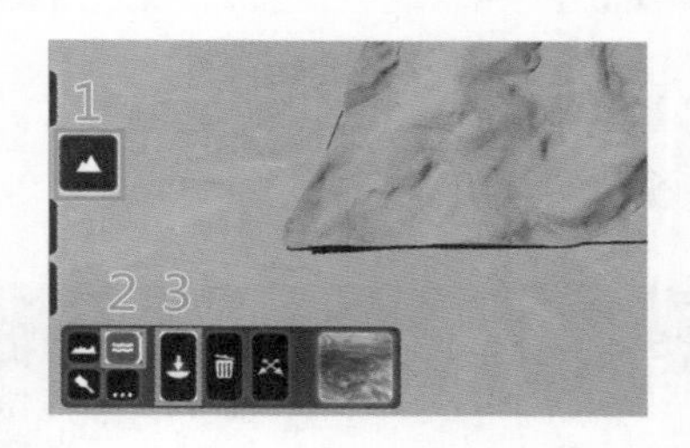

在场景中画一个矩形，水面就产生了。利用四个点位的移动键来放大水面。

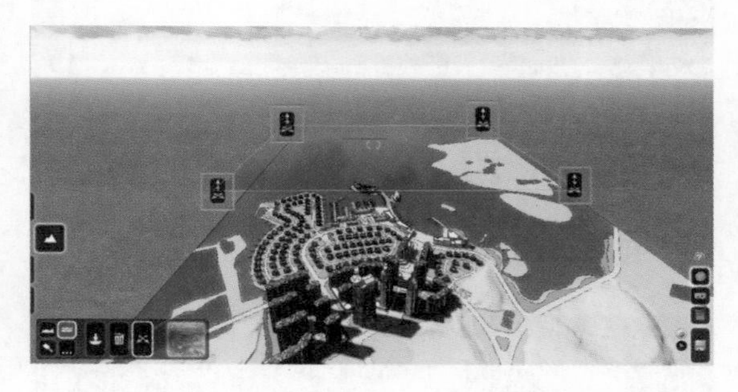

将水面做向上移动的操作，使其与场景中的地面脱离开。

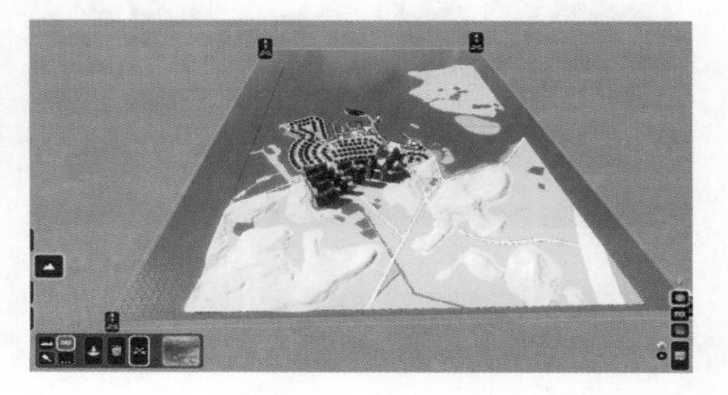

将视角转入水下，真正水底的画面就呈现在眼前。

（2）山体

将视角转至山体。

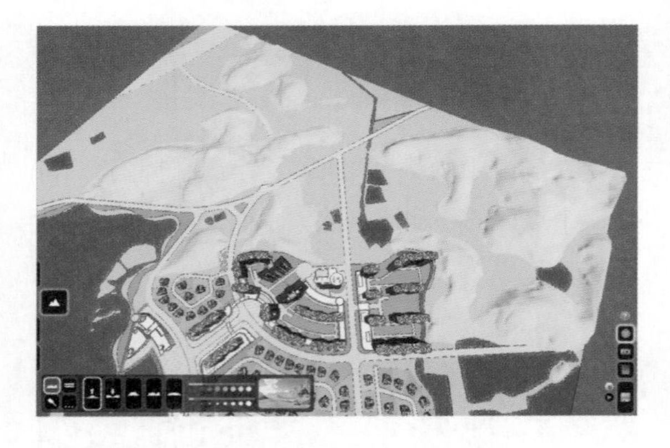

用同样的方法选择山体的材质。

选择“landscape”选项，山体的材质就与场景本身地面的材质一致了。

同理，选择规划范围周边的绿地。

将规划范围周边绿地的材质也变为场景本身地面的材质。

这样，山体及周边可进行随意地涂鸦。

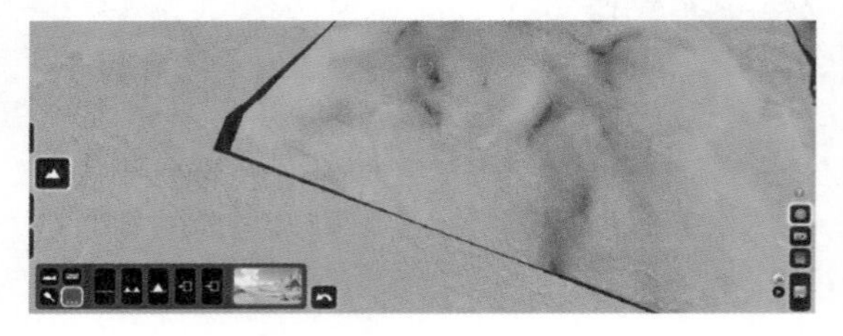

具体操作依次为：

① 点击地形编辑按钮；

② 选择“Color”选项；

③ 选择图案；

④ 编辑画笔的大小与强度。

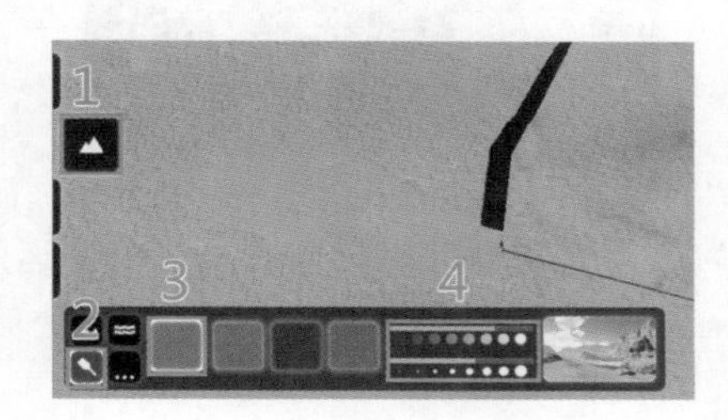

该画笔可以在材质为“landscape”的模型上自由地绘制出一些图案，对于一些山体项目还是有帮助的，这里可以发挥设计师手绘与搭配颜色的功底。

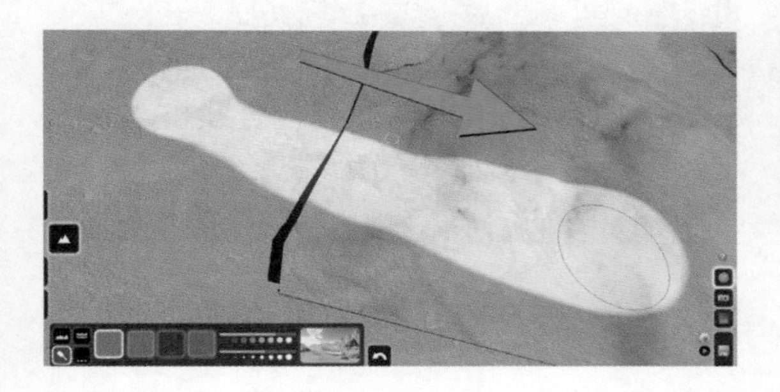

（3）玻璃

图中的建筑为本规划项目中的标志性建筑，立面的分割形式为传统的三段式风格，材质运用了大面积的玻璃幕墙，由一深一浅两种色系组成。

选择中间段的材质进行编辑。

选择杯子图案的选项，原先的材质一下变成了透明的玻璃。

同理，选择主楼中另一种玻璃材质，可以看到除了主楼之外，裙房、公寓的模型上也有色差出现，说明这些地方的材质是一样的，编辑时，这些地方的材质会一起跟着变化，所以在SU的建模阶段中，材质的区分与统一是相当重要的。

同样给予 Lumion 自带的玻璃材质，由这个角度看玻璃幕墙，效果相当不错。

相比之前的水体、山体材质的编辑，玻璃的材质编辑会相对复杂一些，需要根据参数的调整来确定玻璃的成像效果。

下图为玻璃材质参数中英文对照说明。参数中提及到一个名词“菲涅尔”，指的是反射/折射与视点角度之间的关系。简单的说假如你站在水边，低头看水，会发现水是清澈透明的，几乎没有反射的效果；但如果看远处的水面，则会发现水并不是透明的，反射效果很强。这就是“菲涅尔效应”。

参数的设置并没有一个固定的参考，为了更好的材质表现，需要在制作的时候一边观察一边设置。

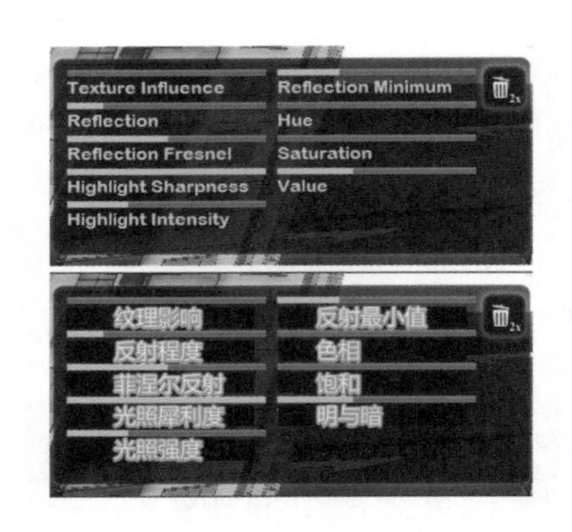

为了使这两种玻璃材质有所区分，运用色相、饱和这两项参数来区分它们的颜色。

将中间段的玻璃材质编辑成绿色。

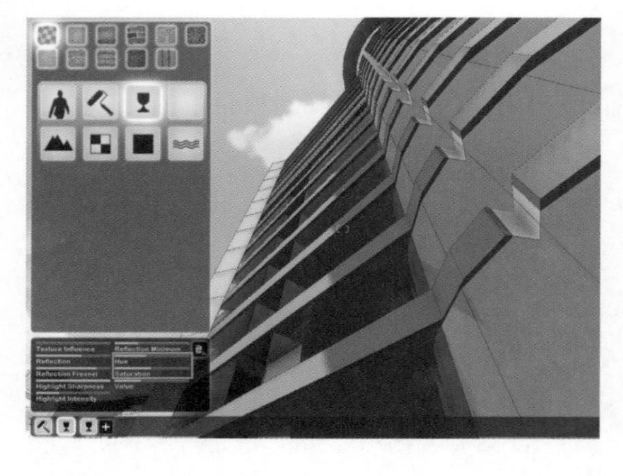

（4）铺地材质

在 SU 建模时，会给予模型一些材质，导入 Lumion 中这些材质依然存在。有些被导入的材质需要进行调试，如下图中的广场材质，近看效果不错。

但将视角拉远，看一个鸟瞰，该材质就会出现曝光过度的效果。

试着来调试这个材质，用之前的方法选中铺装的材质。如图点选“Standard”选项进行材质的参数设置。

注意：

凡是需要编辑从 SU 中导入的材质时，必须选择“Standard”选项。

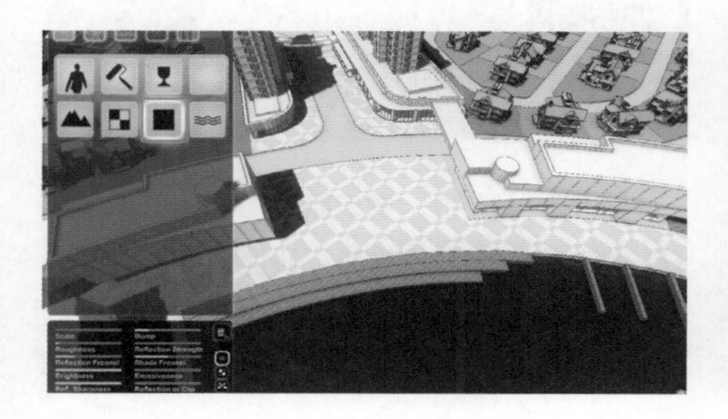

调整“Roughness”粗糙度与“Brightness”亮度的参数。前者调大，后者调小。

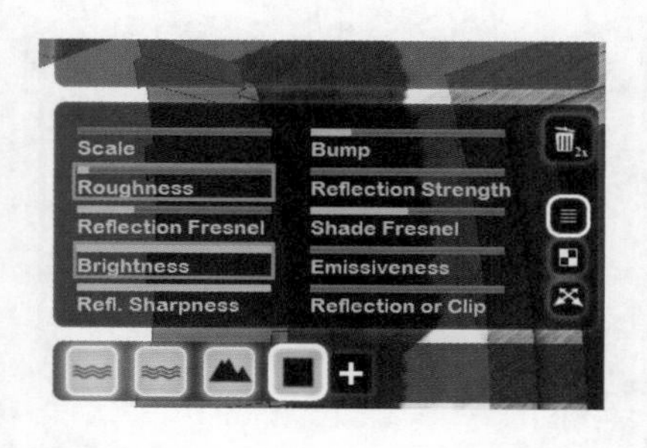

调整完毕后，曝光的现象就消失了。在导出鸟瞰图的时候，对材质的调试尤为重要。

5. 丰富场景

（1）添加绿化

Lumion 中拥有大量的动态组件，每个组件都相当细致，可直接使用。如图依次点击，找到树木的组件菜单，随意选择其中一颗作为场景模型中主要的绿化树。

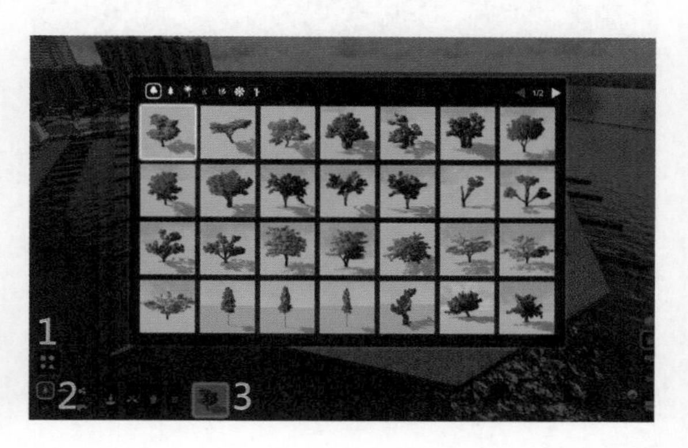

种植到场景中。

拉成近视角观察一下，效果佳。

如果已经打开了高级菜单模式，就会出现改变模型大小的“缩放”工具。使用“缩放”工具可以将成群的树，做的更有层次。

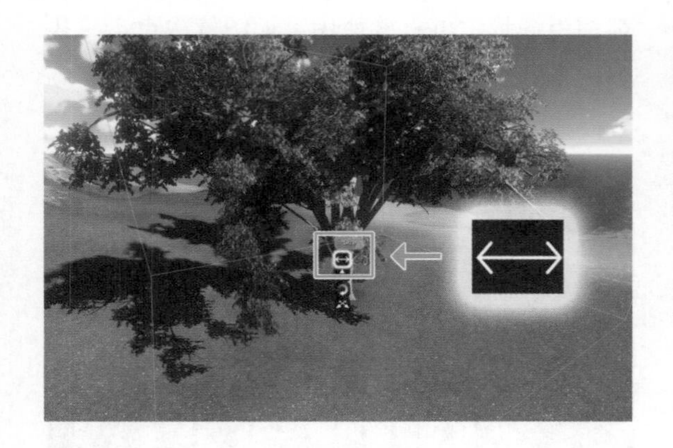

将树铺满整个规划基地，可以选择不同的树种、不同的比例来搭配。

换个角度观察一下绿化的种植情况，是否有遗漏的地方。

（2）添加船只

将视角移动到码头。

如图依次点击，找到船只的组件菜单，船只的组件只有三种，渔船、快艇、游艇。这里我们选择游艇的组件。因软件版本不同，所包含的模型组件的数量也不同。

可直接点击水面放置游艇组件。

也可按住鼠标左键不放，再拖动鼠标来确定放置游艇的位置。

放置进去的游艇组件，朝向都是一致的，可以用旋转工具旋转游艇。

在整个场景中添加游艇来丰富画面。

使用相同的操作，可在场景中放置人物与动物，使得整个模型的场景更加生动。

另外一个关于动态组件的编辑功能，是可按类别来删除动态组件。比如要将场景中的树木全部删除，可将菜单设置到“树木”的界面，点选“删除”选项，这时，鼠标只要经过树木周边就会出现许多的“删除”选项。

按住 Ctrl 键框选整个界面，出现了许多红色的线框，这说明场景中的树木已经被选择。再看之前放置进去的船只，并没有被选中。若要删除船只，那就把菜单设置到“交通工具”的界面后进行框选。

将鼠标随意的移动到某一棵树上，点击“删除”选项，所有的树木就都被删除了。

9.2.4 图片的导出

1. 光照与天空的设置

在 Lumion 中出图，主要依赖于环境光的烘托。但仅仅依靠光源位置、光源类别的调整是达不到需要的效果的。

若未开启高级模式，可按住 Ctrl 键，即会在屏幕左上角跳出调整相关参数的高级菜单。

简单介绍一下高级菜单中的选项

（1）光设置，阳光与阴影的设置。关于“阴影范围”的参数，建议调到最大，因为在场景中鸟瞰的时候，电脑为了减少计算会省略一些模型的阴影。“阴影范围”的参数调到最大，可以弥补一些阴影的显示。

（2）特效。关于“空间环境光遮蔽”，简单的说就是使被阴影覆盖的模型，产生明暗关系。关于风力的设置，能使动态组件的树摇摆地更厉害。

（3）相机参数。

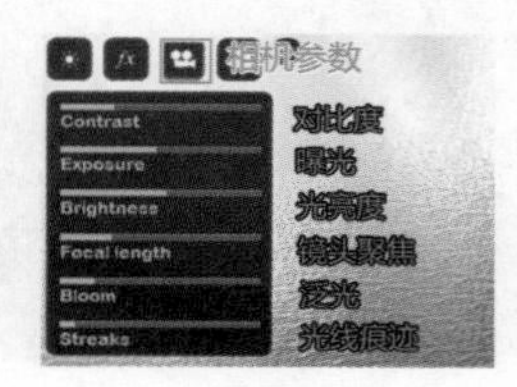

关于光线痕迹，指的是调整场景中的太阳光线的拖尾，如下图。

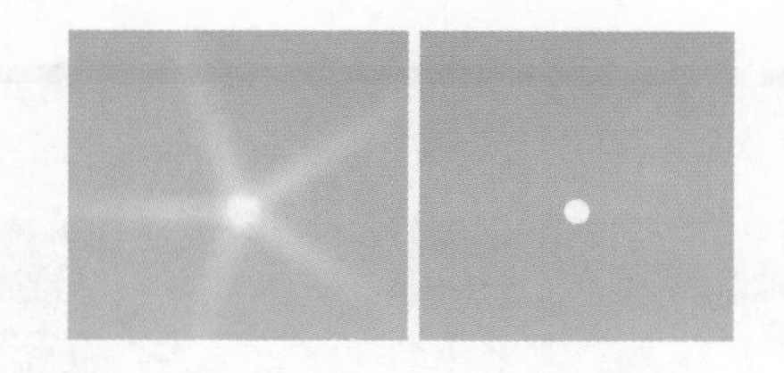

（4）云雾设置

根据上述设置，制作出你满意的环境参数。

如果在不断的调试参数中失去了控制，可选择图中的“恢复默认值”将参数全部还原，慎用。

在 2.0 版本中，设置全局光影效果的高级菜单，直接包含在太阳按钮里，不需要按住 Ctrl 键。

在 3.0 版本中，阳光与阴影的设置，被合并在导图和动画的设置中。

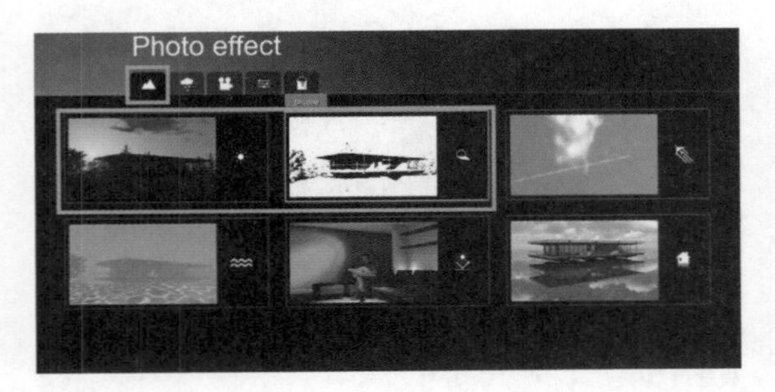

2. 页面的设置

在 Lumion 里并没有类似于 SU 中添加页面的功能，但可以运用 Lumion 中动画的功能来保存输出的角度。点击“电影按钮”进入动画编辑模式。

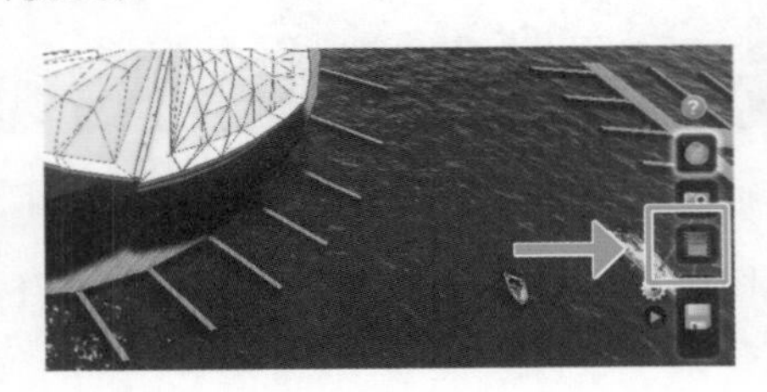

点击“页面 1”，再点击“录像”按钮。

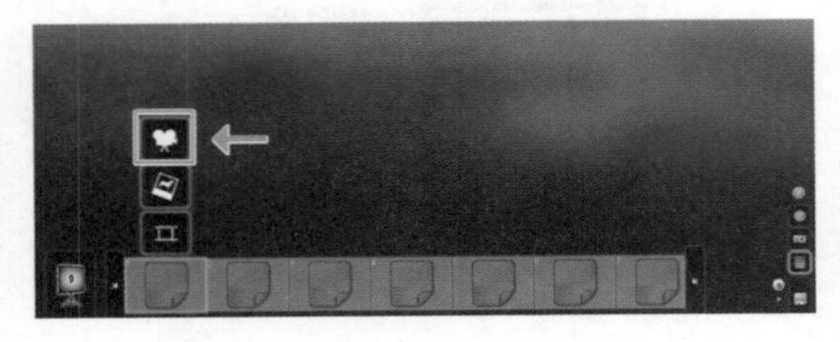

点击界面中照相机的按钮。

当前的画面即刻被捕捉下来，之后点击右下角的“√”完成设置。

如图，点击“页面 2”，再点击“录像”按钮。

拍下另一个视角后点击右下角的“√”完成设置。这样第二个页面就保存好了。

以此类推，可以将需要的视角全部保存下来。

如何修改已保存的角度呢？以修改“页面3”的角度为例，先点击“页面3”再点击左上角的“进入录像模式”按钮。

再次进入到编辑的界面，选择已保存的页面，发现原来的相机按钮多出了一个绿色的回旋符号，这是更新按钮，只有在选择已经保存的角度时才会出现。

移动鼠标，选择新的视角。确定采用这个角度后，点击更新按钮。

点击后，底部的缩略图也相应发生了变化，最后点击右下角的“√”完成设置。

这样输出角度的修改就完成了。

3. 输出

选择已保存的角度，点击“拍照功能”按钮。

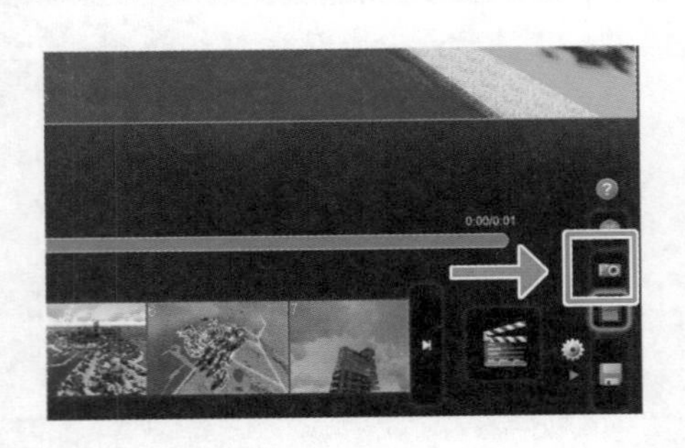

出现以下界面，一共有四种输出图片的尺寸供我们选择，从左至右依次是可以用于电子邮件的较小尺寸、与电脑分辨率一制的屏显尺寸、适合打印的尺寸、适合制作成海报的最大尺寸。

一般选择第三项“打印的尺寸”即可。

编辑图片输出的路径，输出的格式为 bmp 格式。

点击“保存”后，Lumion 开始输出。输出所消耗的时间还是相对较短的。

输出后，观察一下文件的大小。由于 bmp 格式的关系，图的容量比较大。

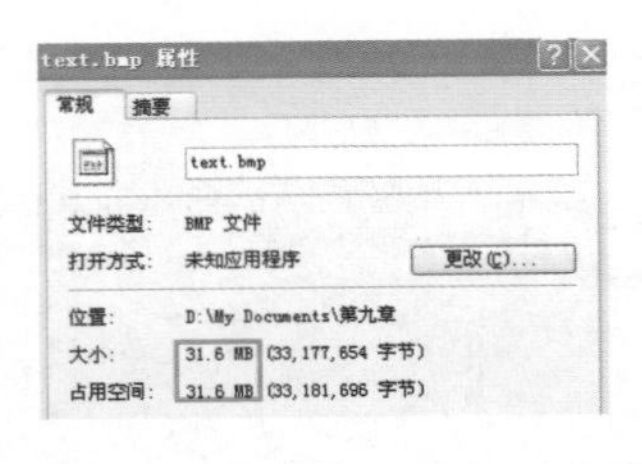

双击打开图纸看一下，效果还是很不错的。

4. 在 Photoshop 中的处理

或许对 Lumion 操作界面还不是太熟悉，或许对 Lumion 中的参数设置还不是太精通，或许最后输出的图片并没达到预期的效果。没关系，还可以在 Photoshop 中处理一番。

在 Photoshop 中打开 Lumion 输出的图片，将其制作出突出码头的效果。

使用 Photoshop 中的裁剪工具将图片裁剪一下，得到自己想要的画面构图。

如图，用选区工具选出图中红色的范围。

快捷键 Ctrl+Shift+I 反选选区。

快捷键 Ctrl+Alt+D，打开羽化的选项，羽化值编辑为 200。这样做是为了被编辑选区与未被编辑选区之间的边缘产生相对柔和的过渡。

使用滤镜 > 模糊 > 高斯模糊工具，对选区进行弱化的编辑

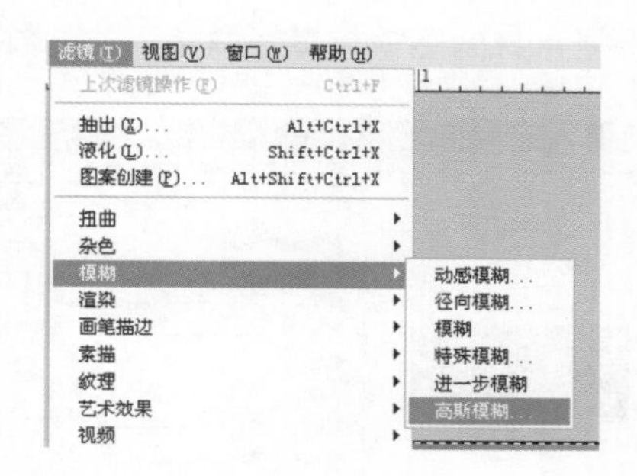

将模糊值编辑为“4.0”。可以再预览中看到实时的变化。

点击确定，完成选区范围的弱化操作。

接着亮化码头的范围，使用滤镜 > 渲染 > 光照效果的工具。

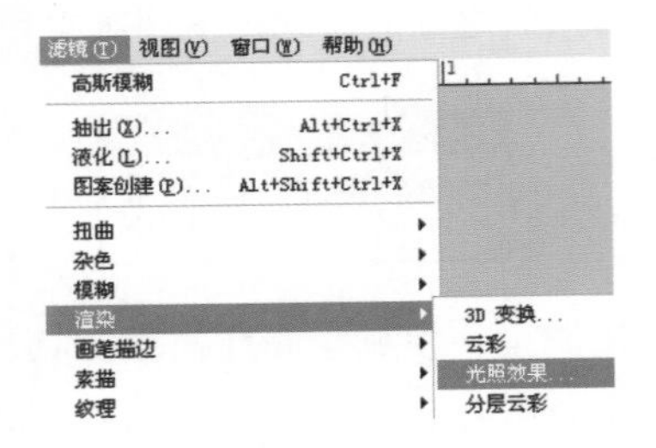

根据自身的感觉与喜好调整相关参数。

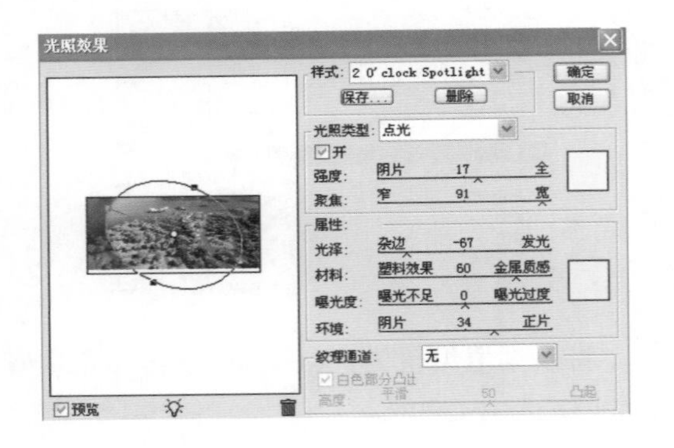

最后调整图片的色相，若想制作的梦幻一些，建议将红色、蓝色调整得多一点。

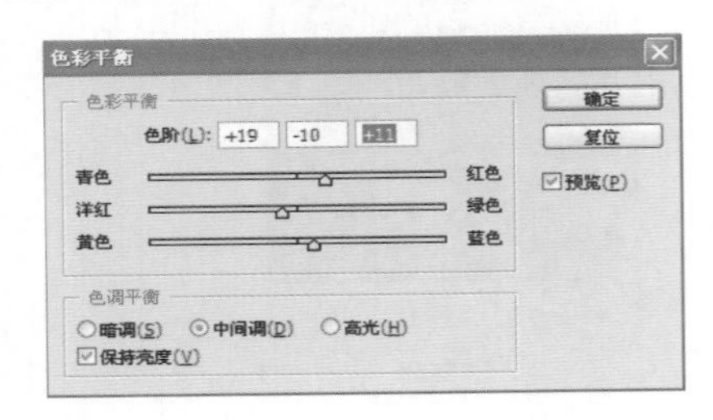

完成，有 lomo 相机的风格。

9.2.5 动画的制作

1. 基本步骤

点击“Movie”进入编辑动画的界面。

如图，点击第一个页面，再点击“Record”功能键。

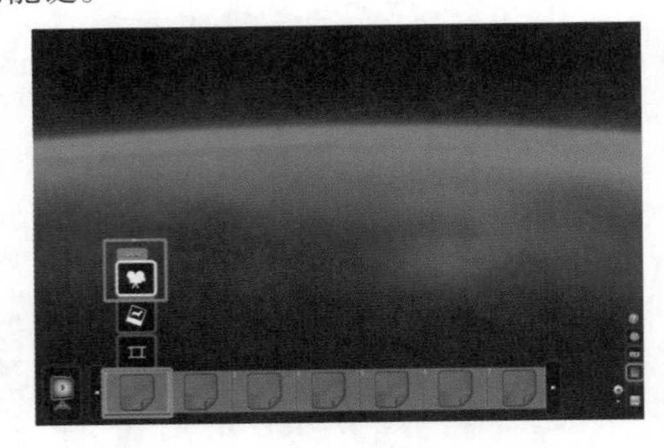

进入到了录像模式，将场景的视角转换到水底，由此开始我们的动画之旅。选择好视角后，点击中间的照相机按钮。

拍下第一张视角页面。Lumion 的动画设置与 SU 的动画设置的原理基本一致，都是通过设置动画页面，且依靠页面之间的自动过渡来实现动画环游的。

转到第二个视角，拍下第二个页面。

拍摄若干张后，第一条动画环游路径设置完成。点击右下角绿色的“√”，表示确认。若需要修改动画设置的页面，可参照之前讲解的图片输出的相关操作来更新页面。

完成后进入以下界面。

点击“Save Movie”按钮，进行动画的导出。

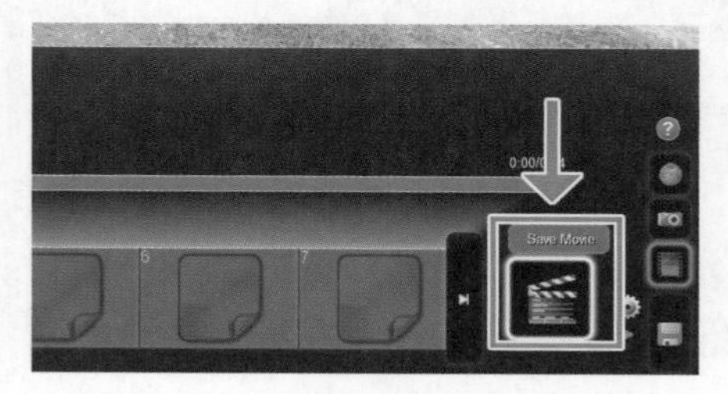

之后出现关于动画输出设置的编辑框。

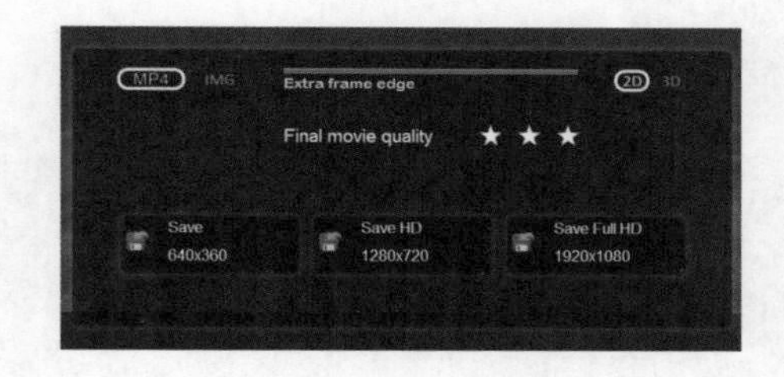

设置的解释如下图。输出形式可分为视频的 mp4 和静帧的 jpg 图片两种；细化边缘的设置就好比在 SU 中输出动画时的“抗锯齿”选项；输出格式分为 2D 和 3D；输出质量有一星至三星，级别越高，输出的图像越清晰，当然输出所需的时间也越久。最后输出尺寸，根据动画的用途选择相关的尺寸大小，越大则越清晰，同样输出的时间越久。

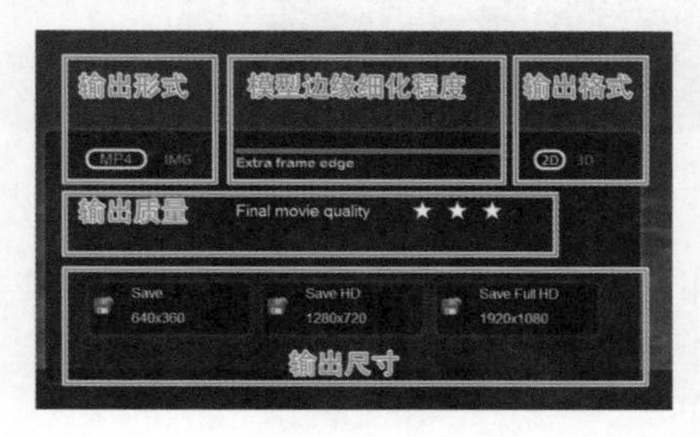

关于 2D 和 3D 区别在于，2D 输出的是单屏画面，3D 输出的是双屏画面。如下图是 3D 输出模式。

2. 特效简介

动画的路径设置完成后，可以对该动画做一些特效的处理，增加动画的效果。回到动画导出之前的界面。

点击画面左上方的特效按钮。

出现了动画特效的编辑选项，特效的种类相当多。我们从字面上解释一下这些特效的作用。

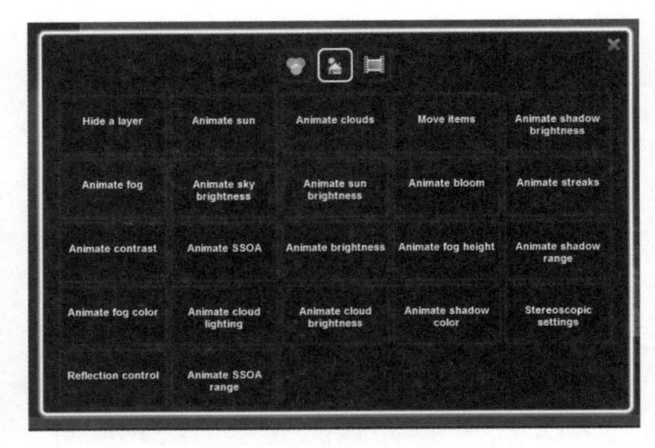

（1）颜色特效。

（2）场景特效

（3）剪辑特效。

3. 常用特效说明

（1）淡入淡出

打开一个 Lumion 自带的场景，结合该场景讲解特效的使用方法。

制作一段简单漫游路径，两个页面即可。

选择特效菜单中的“淡入淡出”。

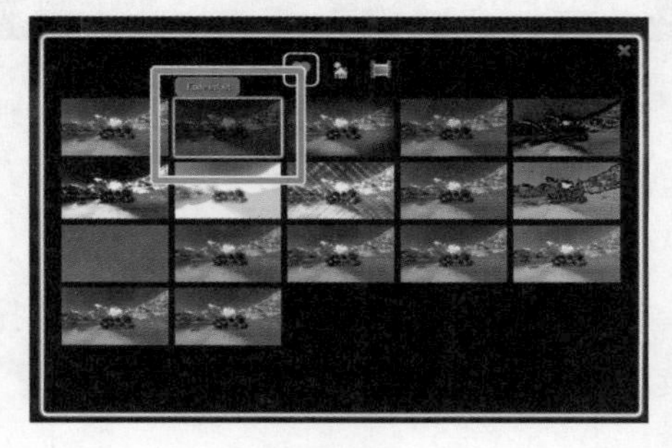

在画面的左上角会出现“淡入淡出”的编辑菜单。具体说明如下图。

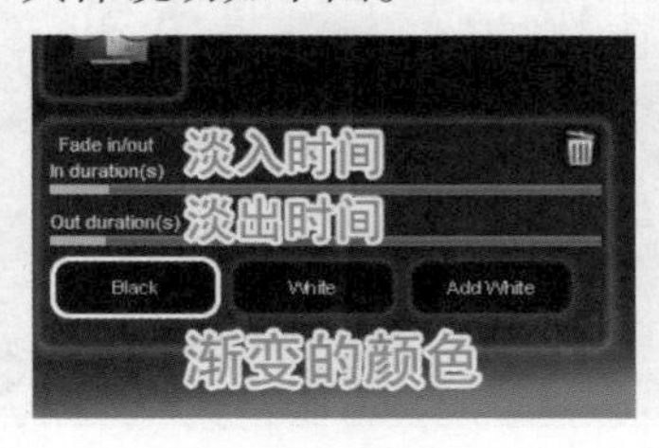

选择黑色作为“淡入淡出”的效果色。用鼠标拖动动画的时间轴，查看“淡入淡出”的效果。拖到片头处，由黑色渐渐过渡到整个漫游路径的动画中。

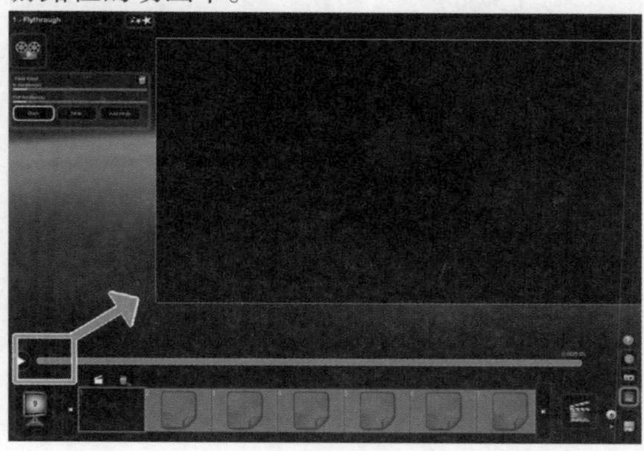

拖到片尾处，由漫游路径的动画中渐渐过渡成黑色。

（2）暗化周边

选择特效菜单中的“暗化周边”特效。

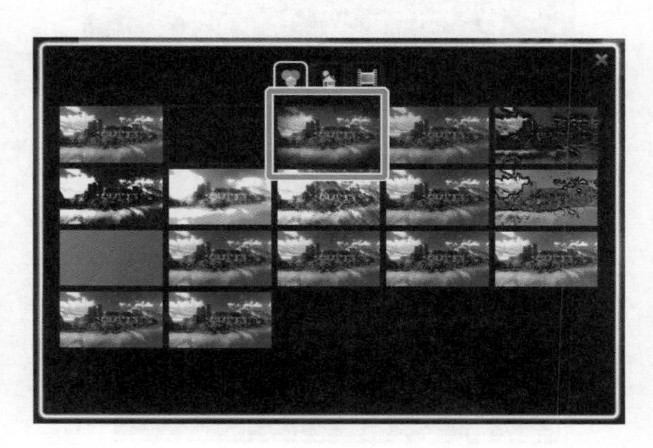

根据参数的变化，调节视频周边的暗度，形成类似于 Lomo 风格的效果。

（3）太阳动态

首先录制一个新的动画路径。

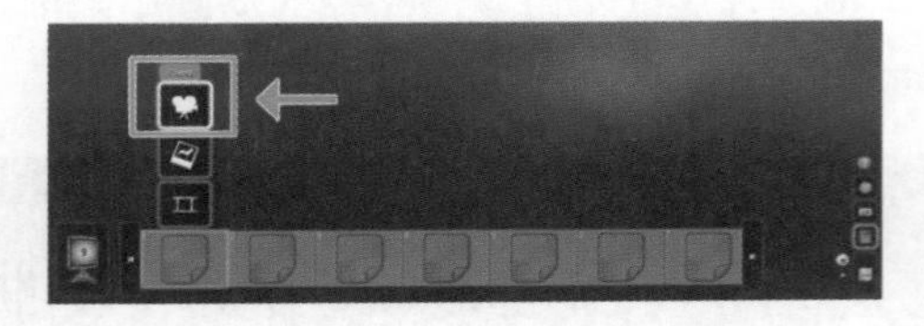

在同一角度拍摄两个相同的页面。下面将给两个页面赋予不同的太阳高度和角度，这样可以看到太阳的变化过程。

选择特效菜单中的“太阳动态”特效。

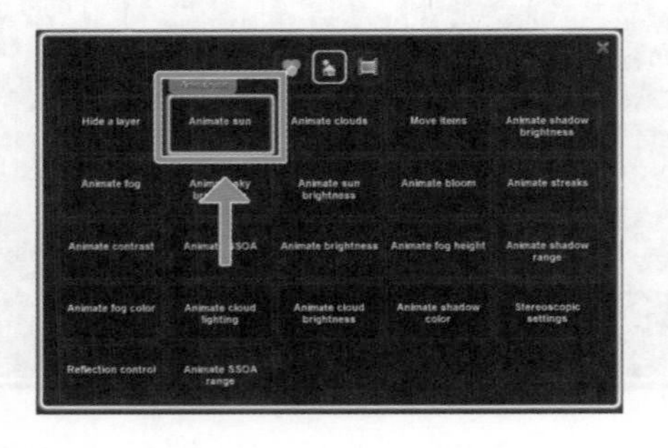

将动画的时间轴拖至片头处，使用左上角第一、第三条参数栏，设置动画开始的太阳高度和角度。

将动画的时间轴拖至片尾处，使用左上角第二、第四条参数栏，设置动画结束的太阳高度和角度。

设置完，播放一下。可以看到，太阳从画面右边匀速地移动到了画面的左边。

（4）物体移动

仍然使用上述讲解中的动画路径，选择特效菜单中的“物体移动”特效。

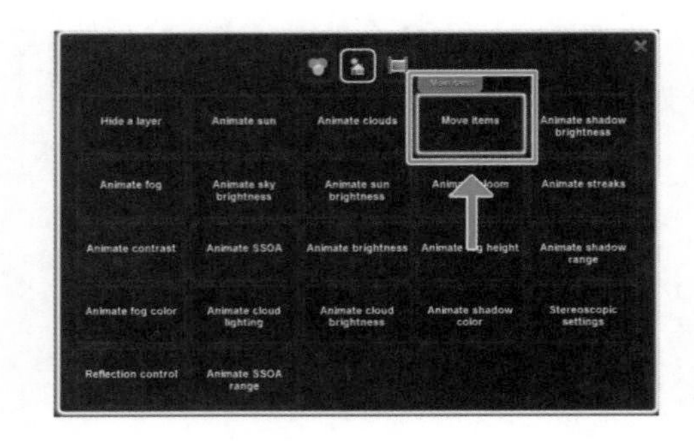

点击画面左上方的黑色按钮来选择要移动的物体。

点击后，所有可以移动的模型都出现了移动、旋转、缩放等编辑选项。

选择近景中的一艘船进行位移的编辑。画面的正下方有两个三角形，一个往左，一个往右。这是控制物体起始与结束位置的控制按钮。点击向左的三角。

将选定的船只移动到远方，并将其旋转。下图中的白点表明了该船只移动的初始位置。在向左的三角按钮被打开的状态下，场景中所有物体所在的位置就成了该物体移动的起始位置。

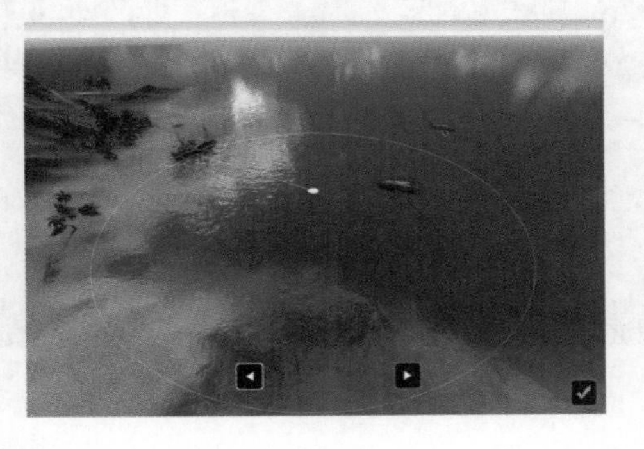

移动完毕后，画面中出现了一根红线，表示该船移动的始末位置。

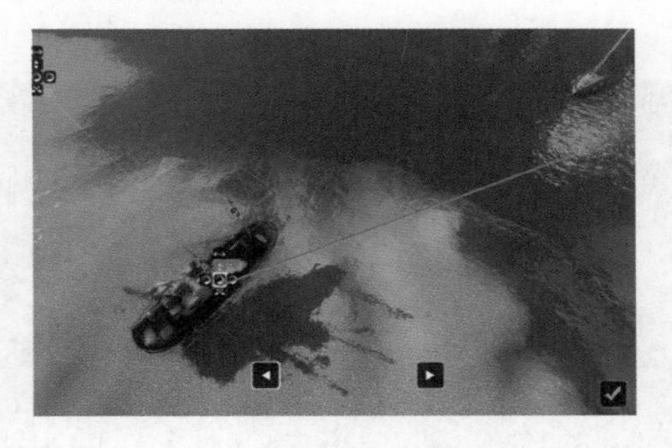

点向右的三角按钮，船瞬间回到初始位置。

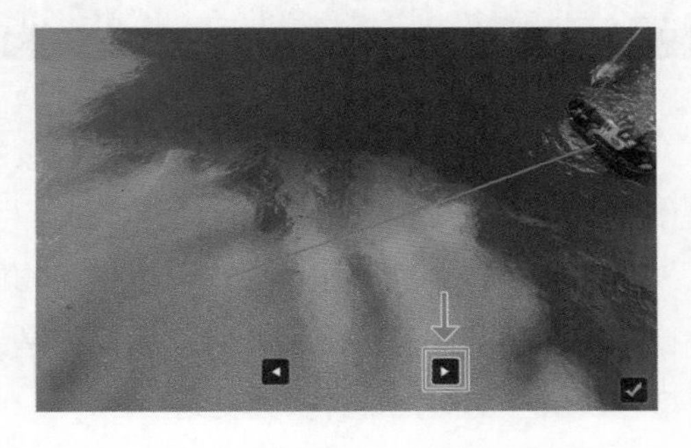

移动、旋转该模型，红线的长度也随之改变。同理在向右的三角按钮打开的状态下，场景中所有物体所在的位置就成了该物体移动的结束位置。设置完成后点击右下角绿色的“√”。

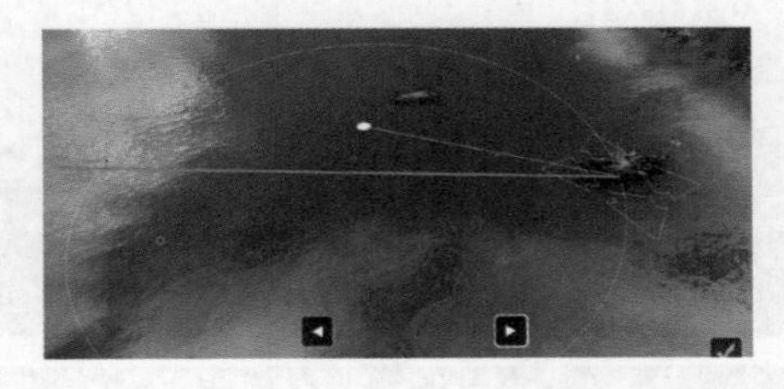

拖动时间轴，查看一下设置后的效果。将时间轴拖至动画片头处，船只的位置在左侧。

将时间轴拖至动画片尾处，船只的位置在右侧。说明设置成功了。

除了 Lumion 自带的植物模型，这个特效的操作可以同时编辑多个物体的位置始末。

通过这个特效的操作，不仅仅可以将物体进行移动与旋转，还可以进行缩放。也就是说模型可以从小变到大或者从大变到小。

Lumion 中还有一些动态行人的模型组件，可以通过上述移动的方法让行人在动画中真正走起来。

在 2.0 版本中，特效菜单中会有四个按钮，物体移动的特效在第四个按钮中的第二个按钮。

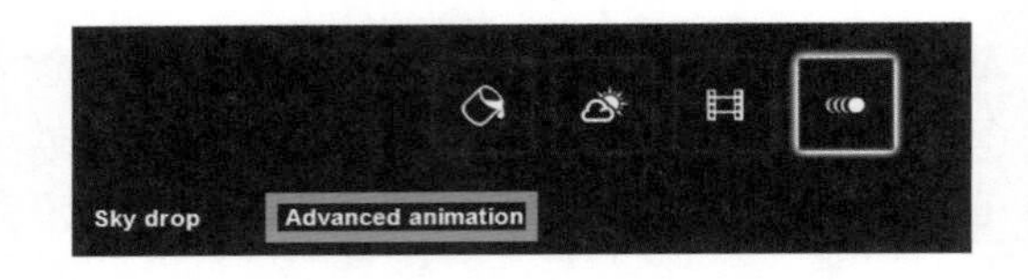

点击出现的编辑菜单，点击编辑按钮。

进入后，画面再次进入到了场景的界面，最下方出现了相关的编辑按钮。

使用左下角的移动命令，将画面中的两艘船拉远。

此时，下方的时间轴会出现一个点，可视为关键帧。若将鼠标移动到时间轴上这个点的时候，之前被移动的两艘船，会自动出现红点，这是为了告诉使用者，在这个关键帧的时候，有哪些物体发生了位置的变化。

将时间轴往后移动。

再次使用左下角的移动命令，移动这两艘船。同样下方的时间轴的相关位置上，又出现了一个点、一个关键帧。还出现了表示物体运行轨迹的红线。

在 3.0 版本中，相关的设置按钮在这里

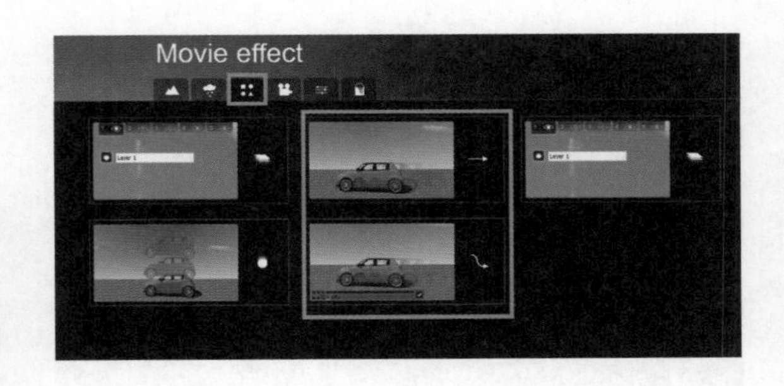

（6）动画剪切

在新的场景中制作出一段新的动画路径。三个页面即可。

选择特效菜单中的“动画剪切”特效。

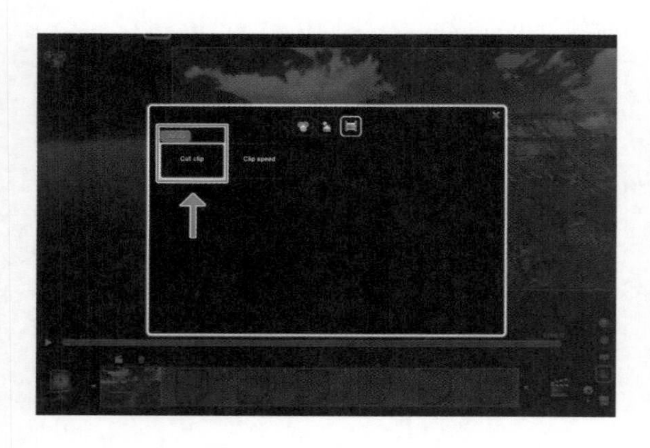

拖动动画时间轴，拖到需要删除的地方，再按图中“2”所指示的功能键。这样当前时间轴之前的部分就被删除了。

类似的操作可以将当前时间轴之后的部分删除。

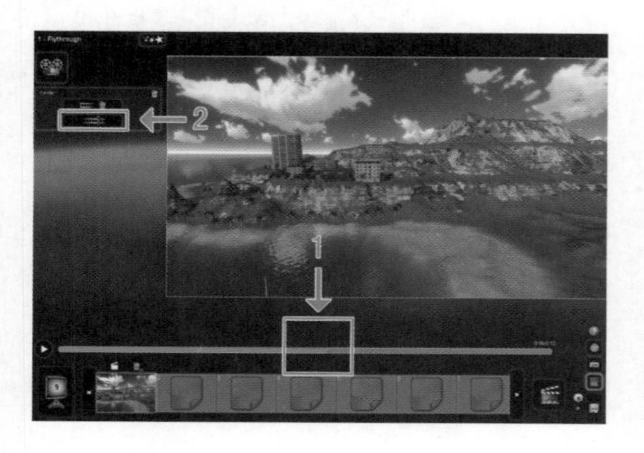

（7）动画速度

选择特效菜单中的“动画速度”特效。

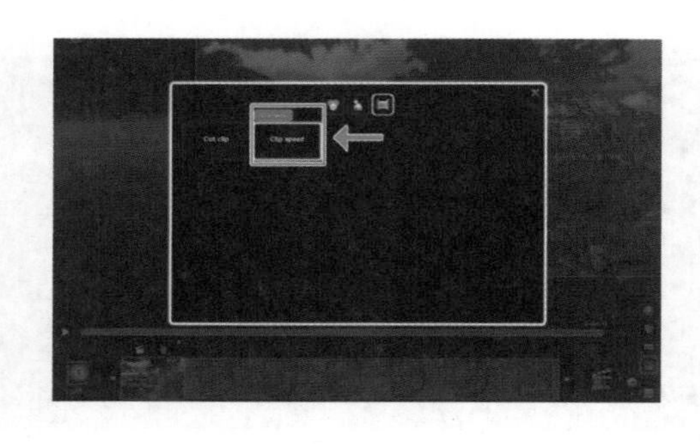

调整参数条可以减慢或加快动画运行的速度。

9.3 表现规划模型的小技巧

如下图，模型中水面的长度与宽度已经到达极限了，无法再扩大。若规划项目的用地再大一些的话，水面就无法完全覆盖至整个模型的范围了。规划项目的用地一般都比较大，三五个平方千米是经常的事，有时甚至可以达到几十个平方千米，该如何处理呢？

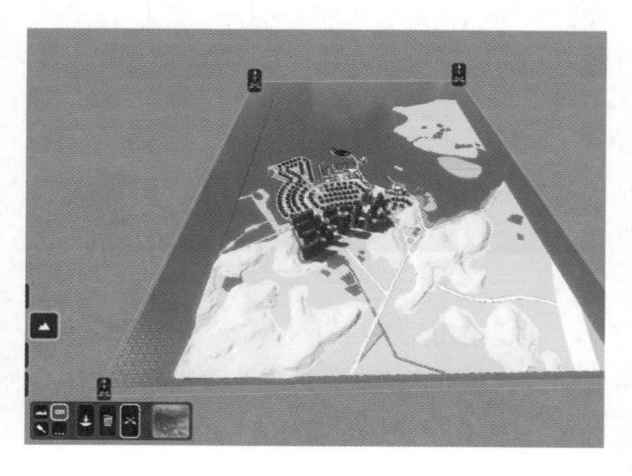

以第三章的规划模型为例。打开 SU 模型，以北部的岛屿为例。

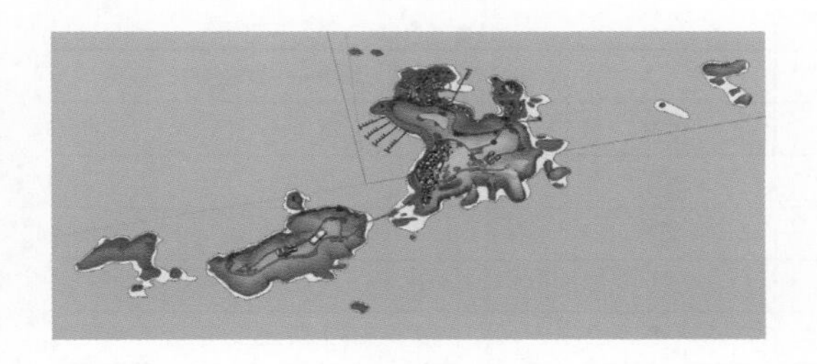

全选模型，使用缩放工具，将模型等比缩小至原来的 0.1 倍。

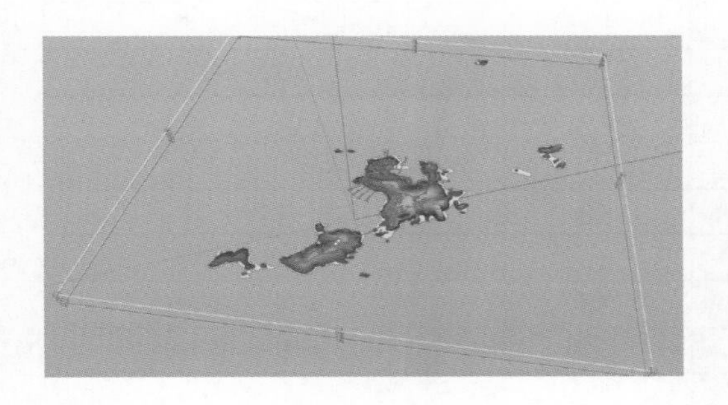

将缩小后的模型导入 Lumion 中，并在模型底部设置水面，将水面做到最大。

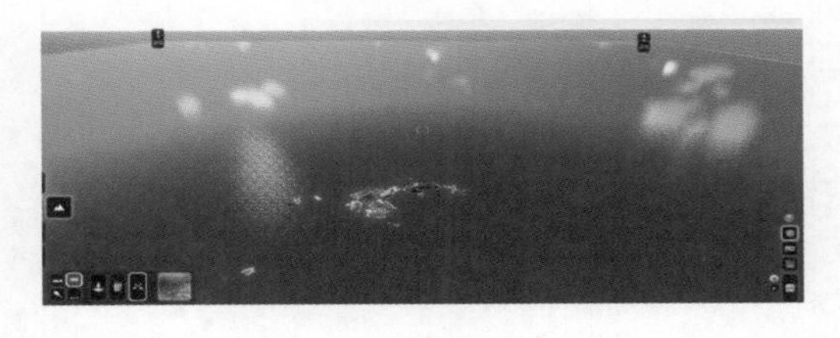

运用缩小模型的技巧可以解决用地过大的问题，但也有缺点，会使 Lumion 中自带的模型组件显得非常的巨大。

解决办法如下：

1. 不种树；

2. 缩放 Lumion 模型的大小；

3. 不使用 Lumion 中自带的模型组件，全由 SU 模型导入。

根据该项目的规划设计，岛上的种植树木相对较少。所以作者选择结合第 1 点和第 3 点方法。在 Lumion 中调整光照的参数，就可以直接出图了。

9.4 结语

1. 合理的运用 SU 与 Lumion，可以将规划方案的亮点表现得淋漓精致。

2. Lumion 拥有多种特效，以往只能在非线性编辑软件中才做出的效果，现在在 Lumion 中就能实现了。

3. 与 SU 的动画比较，Lumion 动画的优势在于，页面与页面过渡时没有顿挫感，也不会出现黑色边线密集的情况。制作完整的动画时，建议结合这两种动画形式，运用不同的动画路径，来合成出巧妙的过渡。

附录：快捷键查询表

<table>
<tr><td rowspan="15">常用工具</td><td colspan="2">选择工具</td><td>空格键</td><td></td><td>工具——选择</td></tr>
<tr><td>1</td><td>增加选择</td><td>点击选择工具后按住Ctrl</td><td></td><td></td></tr>
<tr><td>2</td><td>交互选择</td><td>激活后按住Shift</td><td></td><td></td></tr>
<tr><td>3</td><td>减少选择</td><td>激活后按住Ctrl+Shift</td><td></td><td></td></tr>
<tr><td>4</td><td>全选</td><td>Ctrl+A</td><td></td><td>编辑——全选</td></tr>
<tr><td colspan="2">组建工具</td><td>C</td><td></td><td>编辑——创建组件</td></tr>
<tr><td colspan="2">材质工具</td><td>B</td><td></td><td>窗口——材质</td></tr>
<tr><td>1</td><td>邻接填充</td><td>激活后按住Ctrl</td><td></td><td></td></tr>
<tr><td>2</td><td>替换材质</td><td>激活后按住Shift</td><td></td><td></td></tr>
<tr><td>3</td><td>邻接替换</td><td>激活后按住Ctrl+Shift</td><td></td><td></td></tr>
<tr><td>4</td><td>提取材质</td><td>激活后按住Alt</td><td></td><td></td></tr>
<tr><td colspan="2">删除工具</td><td>E</td><td rowspan="4"></td><td></td></tr>
<tr><td>1</td><td>隐藏边线</td><td>激活后按住Shift</td><td></td></tr>
<tr><td>2</td><td>柔化边线</td><td>激活后按住Ctrl</td><td>工具——橡皮擦</td></tr>
<tr><td>3</td><td>边线柔化</td><td>Ctrl+0</td><td>窗口——边线柔化</td></tr>
<tr><td rowspan="7">绘图工具</td><td colspan="2">矩形工具</td><td>R</td><td></td><td>绘图——矩形</td></tr>
<tr><td colspan="2">直线工具</td><td>L</td><td rowspan="2"></td><td rowspan="2">绘图——直线</td></tr>
<tr><td colspan="2">锁定参考</td><td>激活后按住Shift</td></tr>
<tr><td colspan="2">圆形工具</td><td>C</td><td></td><td>绘图——圆</td></tr>
<tr><td colspan="2">弧线工具</td><td>A</td><td></td><td>绘图——圆弧</td></tr>
<tr><td colspan="2">多边形工具</td><td>Alt+P</td><td></td><td>绘图——多边形</td></tr>
<tr><td colspan="2">手绘线工具</td><td>Alt +F</td><td></td><td>绘图——徒手画</td></tr>
<tr><td rowspan="13">修改工具</td><td colspan="2">移动工具</td><td>M</td><td rowspan="3"></td><td rowspan="3">工具——移动</td></tr>
<tr><td>1</td><td>复制</td><td>激活后按住Ctrl</td></tr>
<tr><td>2</td><td>强制拉伸</td><td>激活后按住Alt</td></tr>
<tr><td colspan="2">推拉工具</td><td>P</td><td rowspan="3"></td><td rowspan="3">工具——推 / 拉</td></tr>
<tr><td>1</td><td>强制推/拉</td><td>激活后按住Alt</td></tr>
<tr><td>2</td><td>推/拉复制</td><td>激活后按住Ctrl</td></tr>
<tr><td colspan="2">旋转工具</td><td>Q</td><td></td><td>工具——旋转</td></tr>
<tr><td colspan="2">路径跟随工具</td><td>D</td><td></td><td>工具——路径跟随</td></tr>
<tr><td colspan="2">缩放工具</td><td>S</td><td rowspan="4"></td><td rowspan="4">工具——调整大小</td></tr>
<tr><td>1</td><td>中心缩放</td><td>激活后按住Ctrl</td></tr>
<tr><td>2</td><td>非等比缩放</td><td>激活后按住Shift</td></tr>
<tr><td>3</td><td>中心非等比缩放</td><td>激活后按住Ctrl+Shift</td></tr>
<tr><td colspan="2">偏移工具</td><td>F</td><td></td><td>工具——偏移</td></tr>
<tr><td rowspan="6">实体工具</td><td colspan="2">外壳</td><td></td><td></td><td>工具——外壳</td></tr>
<tr><td colspan="2">相交</td><td></td><td></td><td>工具——实体工具——相交</td></tr>
<tr><td colspan="2">并集</td><td></td><td></td><td>工具——实体工具——并集</td></tr>
<tr><td colspan="2">去除</td><td></td><td></td><td>工具——实体工具——去除</td></tr>
<tr><td colspan="2">修剪</td><td></td><td></td><td>工具——实体工具——修剪</td></tr>
<tr><td colspan="2">拆分</td><td></td><td></td><td>工具——实体工具——拆分</td></tr>
<tr><td rowspan="3">沙盒工具</td><td colspan="2">等高线创建</td><td></td><td></td><td>绘图——沙盒——根据等高线创建</td></tr>
<tr><td colspan="2">网格创建</td><td></td><td></td><td>绘图——沙盒——根据网格创建</td></tr>
<tr><td colspan="2">曲面拉伸</td><td></td><td></td><td>工具——沙盒——曲面拉伸</td></tr>
</table>

续表

沙盒工具	曲面平整			工具——沙盒——曲面平整
	曲面投射			工具——沙盒——曲面投射
	添加细部			工具——沙盒——添加细部
	翻转边线			工具——沙盒——翻转边线
构造工具	辅助测量线	T		工具——卷尺
	标注工具			工具——尺寸标注
	辅助量角线	U		工具——量角器
	标注工具			工具——尺寸标注
	坐标轴工具	Y		工具——坐标轴
	显示/隐藏坐标轴	Alt+Y		视图——轴
	文字工具	Alt+Shift+T		工具——3D文字
镜头工具	视图环绕	O		镜头——环绕
	视图平移	H		镜头——平移
	视图缩放	Z		镜头——缩放
	视图放大	Ctrl+ Shift+W		镜头——缩放窗口
	前一视图			镜头——上一个
	后一视图			镜头——下一个
	全显视图	Shift+Z		镜头——充满视窗
视图工具	俯视图	F2		镜头——标准视图——顶部
	主视图	F3		镜头——标准视图——前
	左视图	F4		镜头——标准视图——左
	右视图	F5		镜头——标准视图——右
	后视图	F6		镜头——标准视图——后
	底视图	F7		镜头——标准视图——底部
	等轴	F8		镜头——标准视图——等轴
	透视显示	V		镜头——透视图
样式工具	X射线	T		视图——正面样式——X射线
	后边线	K		视图——边线样式——后边线
	线框	Alt+1		视图——正面样式——线框
	隐藏线	Alt+2		视图——正面样式——隐藏线
	阴影	Alt+3		视图——正面样式——阴影
	阴影纹理	Alt+4		视图——正面样式——阴影纹理
	单色	Alt+5		视图——正面样式——单色
	打开风格栏	Shift+0		窗口——样式
截面工具	剖切工具	N		工具——剖切平面
	显隐剖切	\		视图——显示剖切
	显隐剖面	Alt+\		视图——显示剖面
阴影工具	阴影设置	Shift+S		窗口——阴影
	阴影开关	Alt+S		视图——阴影
	日期工具		J F M A M J J A S O N D	
	时间工具		06:37 Noon 07:20	
太阳北极工具	北极箭头			
	方向设置			
	输入北角			

陈岭 Chen Ling
上海人，毕业于上海市城市管理学院环境艺术系。

2005 年正式从事规划设计工作，研究并推广 SketchUp 在规划项目中的实际运用，并得到了良好的效果。现任 SketchUp 中文官方论坛（www.SketchUpBBS.com）超级版主，管理并服务于规划、建筑、景观的 SketchUp 表现版块。

新浪微博：lance- 陈
本书的 qq 群：3034726